Florian Fuhrmann

Mathematik

Jahrgangsstufe 2
(Klasse 13)
Berufliches Gymnasium

von

Dr. Ulrich Benz
Franz Deissenrieder

Seit dem Schuljahr 2004/05 gelten in Baden-Württemberg an den beruflichen Gymnasien die neuen Lehrpläne für die Jahrgangsstufe 2, die frühere Klassenstufe 13. Das vorliegende Buch ist genau darauf abgestimmt.

Nachdem wir im Band für die Jahrgangstufe 1, der früheren Klasse 12, noch die Grundlagen der Matrizenrechnung behandelt haben, beginnen wir diesen Band mit einem Kapitel zur vektoriellen Geometrie. Dies kommt vor allem den Wünschen der Technischen Gymnasien entgegen. Die anderen beruflichen Gymnasien werden sich stärker dem Kapitel 2 mit den wirtschaftlichen Anwendungen widmen, das mit einer Vertiefung der Matrizenrechnung beginnt. Daran schließt sich ein Kapitel über Vektorräume an, das sich einige Kollegen als Wahlthema wünschen. Die Stochastik im Kapitel 4 ist für alle beruflichen Gymnasien verpflichtend. Sie wird daher sehr ausführlich behandelt.

In die neue Auflage haben wir die Erfahrungen aus den letzten Abiturprüfungen einfließen lassen. Großen Wert legten wir wieder auf eine schülergerechte und einfache Darstellung. Durch Musterlösungen und Beispiele eignet sich das Buch auch für Gruppenarbeiten, Selbststudium und moderne Unterrichtsformen. Jedes Kapitel endet mit einer Zusammenfassung der wichtigsten Lerninhalte und Aufgaben zum Üben, Entscheiden und Verstehen. Die Lösungen zu den Aufgaben können Sie auf einer CD erhalten. Die CD enthält auch die worksheets (CAS maple) zu den grafischen Darstellungen zur Vektorgeometrie.

Die Abbildungen der Displays von grafikfähigen Taschenrechnern zeigen die Taschenrechner, die am häufigsten in den Schulen eingesetzt werden, den CASIO CFX-9850GB Plus und den TEXAS INSTRUMENTS TI-83 Plus. Die abgebildeten Displays des CASIO-Rechners sind mit „* 1“, die des TI-Rechners mit „* 2“ gekennzeichnet.

Dr. Ulrich Benz
Franz Deissenrieder

2., überarbeitete Auflage, 2007

Westermann Schroedel Diesterweg
Schöningh Winklers GmbH
Postfach 33 20, 38023 Braunschweig
Telefon: 01805 996696 Telefax: 0531 708-664
service@winklers.de
www.winklers.de
Druck: westermann druck GmbH, Braunschweig
ISBN 978-3-8045-**5202**-9

Vorwort ... 2

LINEARE ALGEBRA

1 Vektorielle Geometrie ... 5
1.1 Das kartesische Koordinatensystem im Raum ... 5
1.2 Vektoren ... 13
1.2.1 Vektoren in der Physik ... 13
1.2.2 Vektoren in der Geometrie ... 17
1.3 Anschauliche Vektorrechnung ... 24
1.3.1 Addition von Vektoren ... 24
1.3.2 Multiplikation eines Vektors mit einem Skalar ... 27
1.3.3 Eigenschaften von Vektoren ... 32
1.3.4 Lineare Abhängigkeit und Unabhängigkeit von Vektoren ... 37
1.3.5 Basisvektoren ... 41
1.3.6 Vermischte Aufgaben ... 44
1.4 Geraden im Raum ... 47
1.4.1 Geradengleichungen ... 47
1.4.2 Geradengleichung von besonderen Geraden ... 57
1.4.3 Schnitt von Geraden und Lagebeziehungen ... 60
1.4.4 Geradenscharen ... 64
1.4.5 Abstand eines Punktes von einer Geraden ... 66
1.5 Ebenen im Raum ... 68
1.5.1 Parametergleichungen der Ebenen ... 69
1.5.2 Koordinatenform der Ebenengleichung ... 77
1.5.3 Besondere Ebenengleichungen ... 80
1.5.4 Aufgaben zu Ebenengleichungen ... 83
1.5.5 Schnitt einer Geraden mit der Ebene ... 85
1.5.6 Schnitt von Ebenen ... 91
1.6 Skalarprodukt von Vektoren (Technisches Gymnasium [TG]) ... 106
1.6.1 Definition und Anwendung des Skalarprodukts ... 106
1.6.2 Schnittttwinkel zwischen zwei Geraden ... 118
1.6.3 Bestimmung des Abstands eines Punktes von einer Geraden mithilfe des Skalarprodukts ... 119
1.6.4 Normalenform der Ebenengleichung ... 121
1.6.5 Schnittwinkel bei Ebenen ... 124
1.6.6 Abstandsprobleme ... 127
1.7 Das muss ich mir merken! ... 132
1.8 Haben Sie alles verstanden? Üben - Entscheiden - Verstehen ... 141

2 Wirtschaftliche Anwendungen ... 147
2.1 Weiterführung der Matrizenrechnung ... 147
2.1.1 Die Inverse einer Matrix ... 147
2.1.2 Rechenregeln für Matrizen ... 152
2.1.3 Das muss ich mir merken! ... 153
2.1.4 Matrizengleichungen ... 155
2.1.5 Haben Sie alles verstanden? Üben - Entscheiden - Verstehen ... 157
2.2 Wirtschaftliche Verflechtungen ... 160
2.2.1 Lineare Verflechtungen ... 160
2.2.2 Darstellung einer linearen Verflechtung ... 161
2.2.3 Verbrauch und Produktion ... 163
2.2.4 Kostenermittlung ... 164
2.2.5 Aufgaben zur linearen Verflechtung ... 165
2.2.6 Das muss ich mir merken! ... 172
2.3 Input-Output-Modell ... 173
2.3.1 Wassily Leontief und seine Idee ... 173
2.3.2 Das Leontief-Modell ... 175
2.3.3 Aufgaben zum Leontief-Modell ... 181
2.3.4 Das muss ich mir merken! ... 186
2.4 Lineare Optimierung ... 187
2.4.1 Worum geht es beim linearen Optimieren? ... 187
2.4.2 Das zeichnerische Lösungsverfahren ... 189

2.4.3 Aufgaben zur zeichnerischen Lösung ... 191
2.4.4 Rechnerische Lösung mit dem Simplexverfahren ... 194
2.4.5 Das muss ich mir merken! ... 204
2.4.6 Haben Sie alles verstanden?
Üben - Entscheiden - Verstehen ... 205

3 Vektorräume ... 208
3.1 Linearkombinationen von Vektoren ... 208
3.1.1 Was versteht man unter einer Linearkombination? ... 208
3.1.2 Lineare Abhängigkeit und Unabhängigkeit ... 209
3.1.3 Aufgaben zu Linearkombinationen ... 211
3.2 Vektorraum ... 212
3.2.1 Wann bilden Vektoren einen Vektorraum? ... 212
3.2.2 Eigenschaften eines Vektorraumes ... 214
3.2.3 Aufgaben zu Vektorräumen ... 216
3.3 Erzeugendensystem und Basis ... 217
3.3.1 Vektoren, die einen Raum erzeugen ... 217
3.3.2 Aufgaben zu Erzeugendensystemen und Basen ... 220
3.4 Basis und Dimension ... 221
3.4.1 Die Dimension eines Raumes ... 221
3.4.2 Aufgaben zur Dimension ... 224
3.5 Gleichungssysteme und Vektorräume ... 224
3.5.1 Die Struktur der Lösungsmenge ... 224
3.5.2 Aufgaben zu Lösungsmengen und Vektorräumen ... 226
3.6 Allgemeine Betrachtung von Vektorräumen ... 227
3.6.1 Verallgemeinerte Definition eines Vektorraumes ... 227
3.6.2 Aufgaben zu allgemeinen Vektorräumen ... 229
3.7 Das muss ich mir merken! ... 229
3.8 Haben Sie alles verstanden?
Üben - Entscheiden - Verstehen ... 231

4 Stochastik ... 236
4.1 Zufallsexperimente ... 237
4.1.1 Ein- und mehrstufige Zufallsexperimente - Darstellung durch Baumdiagramme -
Ergebnis und Ergebnismenge ... 237
4.1.2 Ereignisse und ihre Wahrscheinlichkeiten ... 244
4.1.3 Relative Häufigkeit und Wahrscheinlichkeit - Statistische Wahrscheinlichkeit ... 251
4.1.4 Simulation von Zufallsversuchen; Monte-Carlo-Methode ... 256
4.1.5 Axiomatische Definition der Wahrscheinlichkeit durch Kolmogorow ... 257
4.1.6 Berechnung der Wahrscheinlichkeit bei mehrstufigen Zufallsexperimenten -
Baumdiagramme und Pfadregeln ... 260
4.1.7 Anzahlbestimmungen - Kombinatorische Hilfsmittel ... 271
4.1.8 Bedingte Wahrscheinlichkeit ... 290
4.1.9 Unabhängigkeit von Ereignissen ... 296
4.1.10 Das muss ich mir merken! ... 303
4.1.11 Haben Sie alles verstanden?
Üben - Entscheiden - Verstehen ... 306
4.2 Zufallsvariable ... 308
4.2.1 Diskrete Zufallsvariable ... 308
4.2.2 Wahrscheinlichkeitsfunktion ... 310
4.2.3 Die kumulative Verteilungsfunktion einer Zufallsvariablen ... 314
4.2.4 Charakteristische Zahlen der Wahrscheinlichkeitsfunktionen ... 317
4.3 Binomial verteilte Zufallsvariablen ... 327
4.3.1 Bernoulli-Experimente und Bernoulli-Ketten ... 327
4.3.2 Die Binomialverteilung ... 330
4.3.3 Erwartungswert, Varianz und Standardabweichung einer binomial verteilten Zufallsvariablen 335
4.3.4 Bernoulli'sches Gesetz der großen Zahlen ... 338
4.4 Das muss ich mir merken! ... 342
4.5 Haben Sie alles verstanden?
Üben - Entscheiden - Verstehen ... 343

Stichwortverzeichnis ... 346

Bildquellenverzeichnis ... 352

LINEARE ALGEBRA

1 Vektorielle Geometrie

Sicherlich werden Sie erstaunt sein, dass Sie in dieser Jahrgangsstufe erneut aufgefordert werden, Geraden zu zeichnen und zu schneiden oder die Parallelität von Geraden festzustellen. Dahinter steckt jedoch große Philosophie. In der Mittelstufe wurden geometrische Gebilde (z. B. Geraden) und Sätze (z. B. Höhenschnittpunkt im Dreieck) durch Zeichnungen veranschaulicht. Diese in Griechenland entwickelte Geometrie hat uns insbesondere *Euklid* (ca. 365–300 v. Chr.) durch seine Schrift „Elemente der Geometrie" in einer auch heute noch gültigen Form überliefert („euklidische" Geometrie). *Descartes* (1596–1650) beschäftigte sich mit der Suche nach einer sicheren Methode zur Erkenntnisgewinnung. Die von ihm entwickelte „analytische" Geometrie diente als Idealbild einer Wissenschaft, in der alles aus wenigen klar festgestellten Prinzipien oder Axiomen deduzierbar ist. In der Eingangsklasse konnten Sie selbst die „Algebraisierung" der Geometrie erfahren. Eine Gerade ist durch die Gleichung $ax + by + c = 0$ darstellbar. Schnittpunkte von Geraden lassen sich ohne Zeichnung allein durch eine Rechnung ermitteln. Descartes ist es gelungen, die euklidische Geometrie mit der Algebra zu verbinden, indem er ein Koordinatensystem in der Ebene einführte.
Jetzt beschreiten wir einen weiteren analytischen Weg: Die „vektorielle" Behandlung der Geometrie. *Hermann Günther Graßmann* (1809–1877) und *William Rowan Hamilton* (1805–1865) entwickelten dieses neue „Werkzeug", das das Koordinatenrechnen sehr vereinfacht. Ein weiterer großer Vorteil dieser Methode besteht in der problemlosen Erweiterung der Geometrie auch auf räumliche Gebilde. Inzwischen ist die Vektorrechnung in vielen mathematischen und technischen Gebieten unentbehrlich, wie z. B. bei der Erzeugung von Computerbildern.

1.1 Das kartesische Koordinatensystem im Raum

In der Ebene ist ein Punkt durch ein geordnetes Zahlenpaar $(a \mid b)$ festgelegt $(a, b \in \mathbb{R})$.
Hierbei ist a seine x_1-Koordinate und b seine x_2-Koordinate (bzw. x- und y-Koordinate). Eine Ebene wird daher als zweidimensionaler Punktraum $\mathbb{R}^2$ bezeichnet.
Zur Festlegung eines Punktes im dreidimensionalen Anschauungsraum $\mathbb{R}^3$ benötigen wir eine dritte Zahl, also ein Koordinatensystem mit drei Achsen. Vom Ursprungspunkt 0 aus legt man die drei Achsen x_1, x_2 und x_3 so, dass sie paarweise aufeinander senkrecht stehen. Der Drehsinn ist durch die „Rechtehandregel" festgelegt (siehe Abbildung nächste Seite).

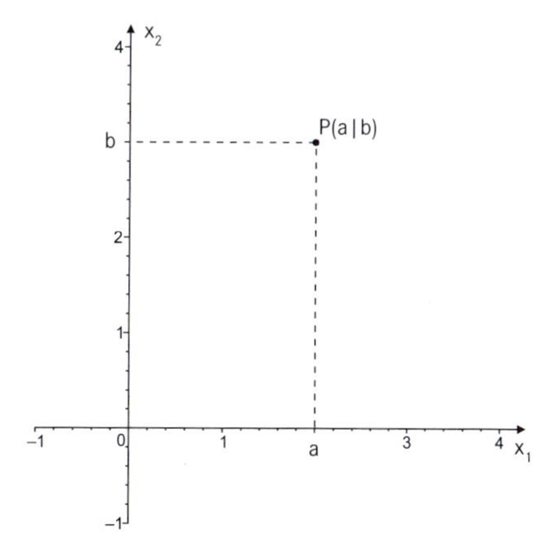

Im räumlichen kartesischen Koordinatensystem verwendet man dieselbe Einheitslänge auf allen drei Achsen. Die Achsen nennt man x_1-, x_2- und x_3-Achse. Die x_1-, x_2- und x_3-Achse wird auch als *x*-, *y*- und *z*-Achse bezeichnet. Dies ist insbesondere bei Computer-Algebra-Systemen der Fall (CAS, Maple oder Derive).
Leider müssen wir uns bei der Darstellung räumlicher Figuren mit zweidimensionalen Bildern begnügen. Beim Zeichnen verwendet man in der Regel ein **Normalbild in Isometrie:** Alle drei Einheitslängen auf den Achsen sind gleich lang und die Winkel zwischen den Achsen betragen jeweils 120°. Insbesondere ist diese Darstellung mit den Computer-Algebra-Systemen (CAS) leicht zu erzeugen.

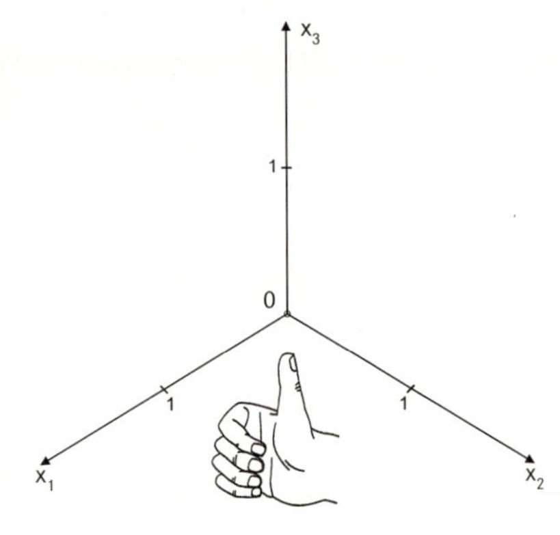

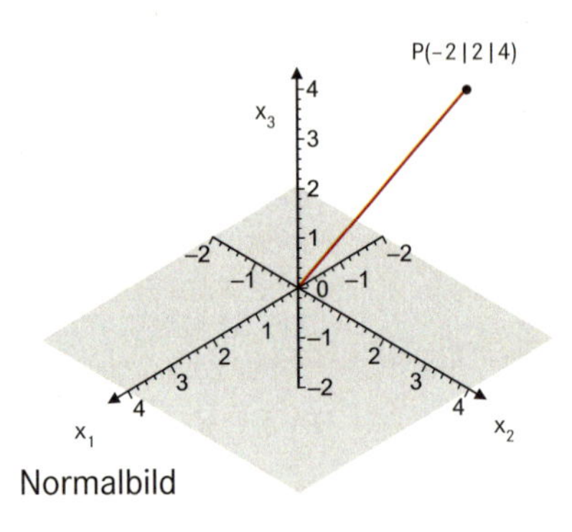

Normalbild

Koordinaten als „Box"

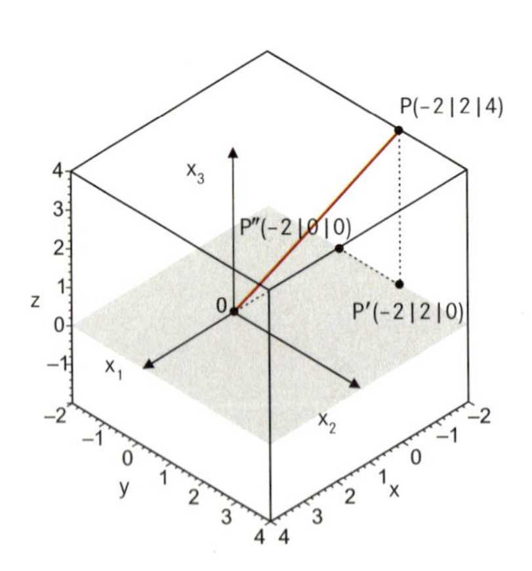

Drehkörper (Normalbild, Isometrie)

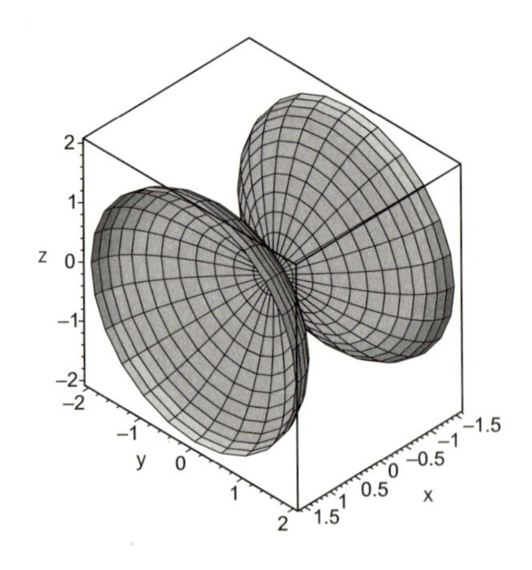

Für Handzeichnungen auf Karopapier verwendet man häufig ein **Schrägbild:**

Die x_3-Achse geht senkrecht nach oben, die x_2-Achse verläuft waagrecht nach rechts und die x_1-Achse geht unter 135° gegen die Waagrechte nach vorn. Die Einheiten liegen auf Gitterpunkten, d. h., die Einheitslänge auf der x_1-Achse beträgt $\frac{1}{2}\sqrt{2}$.

Schrägbild:

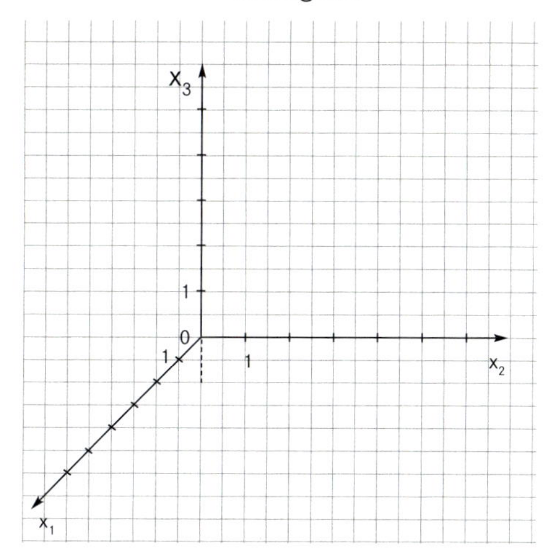

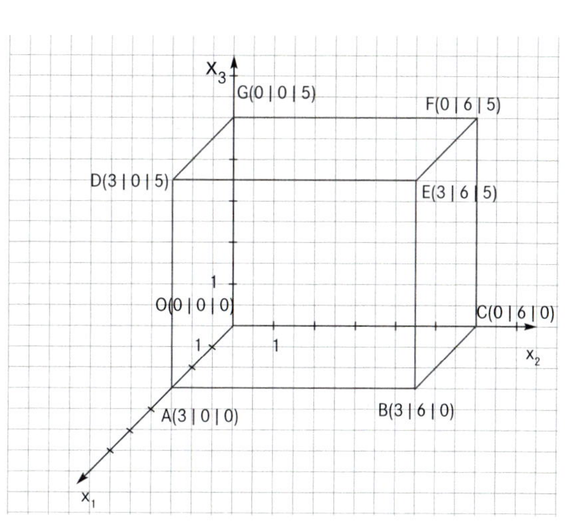

Die drei Koordinatenachsen definieren die drei Koordinatenebenen:

Für die Punkte $P(x_1 \mid x_2 \mid x_3)$ auf den Ebenen gilt:

x_1x_2-Ebene: $x_3 = 0$
x_2x_3-Ebene: $x_1 = 0$
x_1x_3-Ebene: $x_2 = 0$

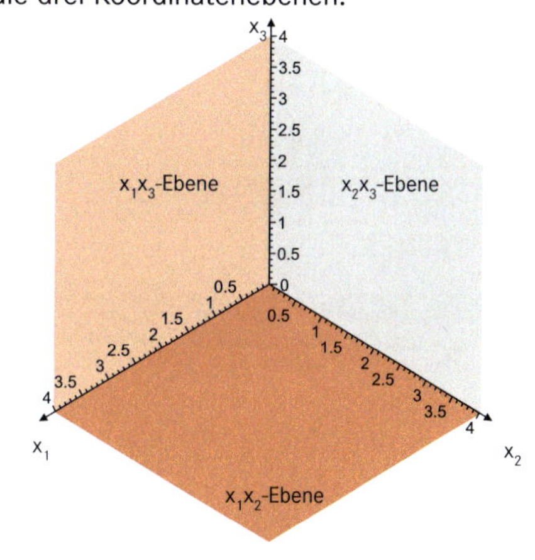

Die drei Koordinatenebenen gliedern den Raum in acht Teilräume, die Oktanten.

Für die Punkte $P(x_1 \mid x_2 \mid x_3)$ im Raum gilt:

Oktant	x_1	x_2	x_3
I	+	+	+
II	–	+	+
III	–	–	+
IV	+	–	+
V	+	+	–
VI	–	+	–
VII	–	–	–
VIII	+	–	–

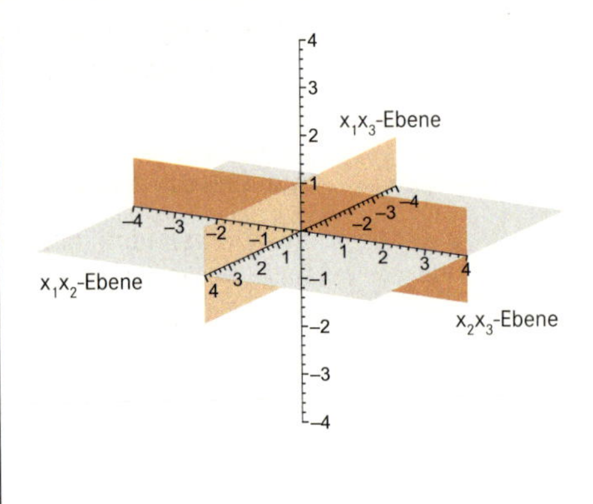

Die Punkte der Koordinatenebenen und -achsen gehören nicht zu den Oktanten.

Ein Punkt $P(a \mid b \mid c)$ hat den Abstand a zur x_2x_3-Ebene, den Abstand b zur x_1x_3- Ebene und den Abstand c zur x_1x_2-Ebene.

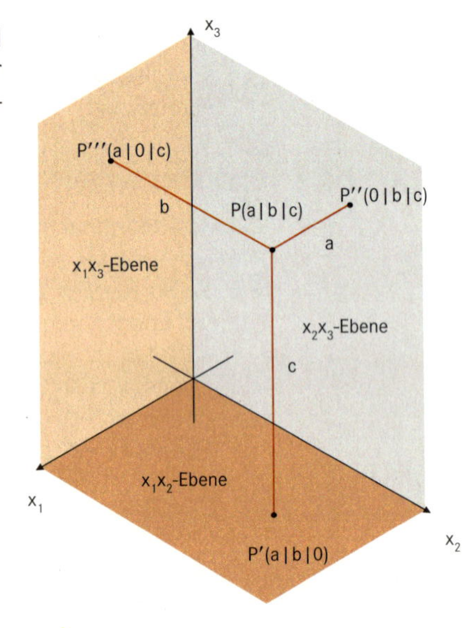

Jeder Punkt $P(a \mid b \mid c)$ repräsentiert ein geordnetes Tripel von reellen Zahlen aus $\mathbb{R}^3 = \{(x_1 \mid x_2 \mid x_3) \mid x_1, x_2, x_3 \in \mathbb{R}\}$.

Da a die x_1-Koordinate, b die x_2-Koordinate und c die x_3-Koordinate von P ist, können wir im Ursprung 0 starten und a Einheiten auf der x_1-Achse, b Einheiten parallel zur x_2-Achse und c Einheiten in Richtung der x_3-Achse zurücklegen, um P im Raum zu lokalisieren. Der Punkt $P(a \mid b \mid c)$ definiert ferner eine rechteckige „Box“ (Quader).

Die Punkte $Q(a \mid b \mid 0)$, $R(0 \mid b \mid c)$ und $S(a \mid 0 \mid c)$ entstehen aus der senkrechten Projektion des Punktes P auf die x_1x_2-, x_2x_3- und x_1x_3-Ebene.
Die Punkte $A(a \mid 0 \mid 0)$, $B(0 \mid b \mid 0)$ und $C(0 \mid 0 \mid c)$ sind die Projektionspunkte von P auf den Koordinatenachsen.

In der zweidimensionalen analytischen Geometrie ist eine Gleichung mit den Variablen x und y mit einer Kurve in $\mathbb{R}^2$ verbunden. In der dreidimensionalen analytischen Geometrie steht eine Gleichung mit den Variablen x_1, x_2 und x_3 (bzw. x, y, z) für eine Fläche in $\mathbb{R}^3$.

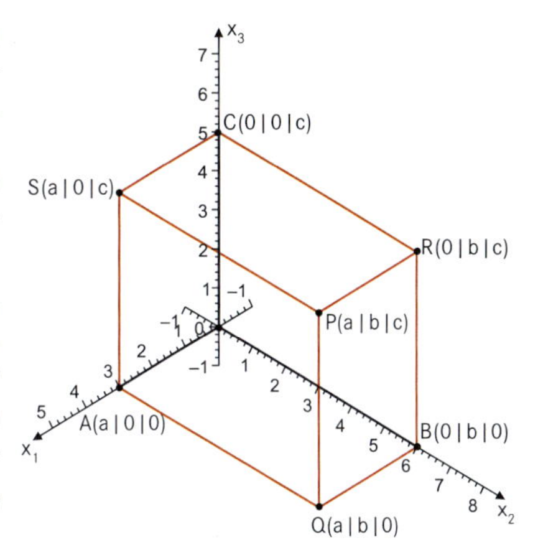

Das Zeichnen und Beschreiben von Punkten und Punktmengen, die durch einfache Gleichungen oder Ungleichungen definiert sind, schulen unsere Raumvorstellung.

BEISPIELE

1. Stellen Sie den Punkt $P(-5 \mid 4 \mid -3)$ mit den Projektionspunkten auf den Koordinatenachsen und Koordinatenebenen dar.

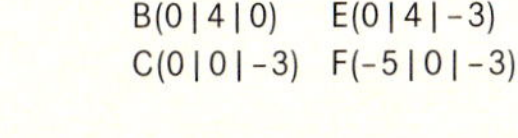

2. Welche Flächen sind durch $x_3 = 4$ und $x_2 = 3$ in $\mathbb{R}^3$ festgelegt?

Die Gleichung $x_3 = 4$ steht für die Menge $\{(x_1 \mid x_2 \mid x_3) \mid x_3 = 4\}$. Diese Punkte in $\mathbb{R}^3$, deren x_3-Koordinate 4 ist, bilden eine Ebene parallel zur x_1x_2-Ebene im Abstand $c = 4$.
Die Gleichung $x_2 = 3$ steht für die Menge $\{(x_1 \mid x_2 \mid x_3) \mid x_2 = 3\}$. Diese Punkte in $\mathbb{R}^3$, deren x_2-Koordinate 3 ist, bilden eine Ebene parallel zur x_1x_3-Ebene im Abstand $b = 3$.

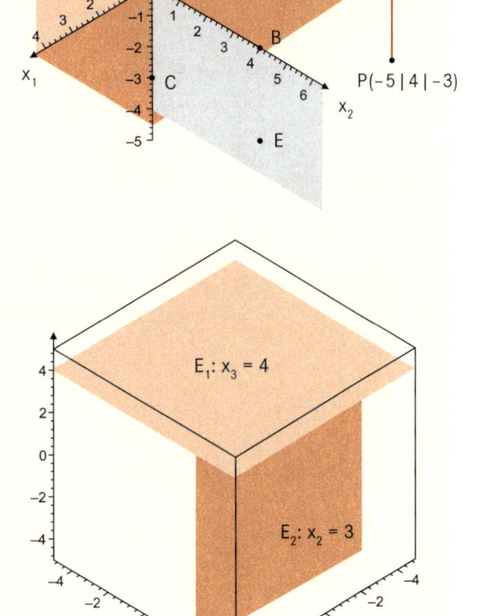

Bemerkung: $x_2 = 3$ steht für eine Fläche in $\mathbb{R}^3$, repräsentiert in $\mathbb{R}^2$ aber nur eine Linie.

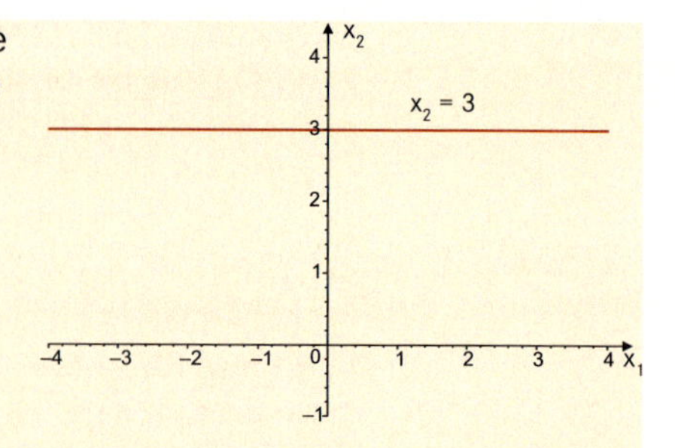

3. Beschreiben und skizzieren Sie die von der Gleichung $x_2 = x_1$ in $\mathbb{R}^3$ festgelegte Fläche.

   Alle Punkte in $\mathbb{R}^3$, deren x_1- und x_2-Koordinaten gleich sind, d. h. $\{(a \mid a \mid c) \mid a \in \mathbb{R},\ c \in \mathbb{R}\}$, bilden eine senkrechte Ebene, die die x_1x_2-Ebene entlang der Linie $x_2 = x_1$ und $x_3 = 0$ schneidet.

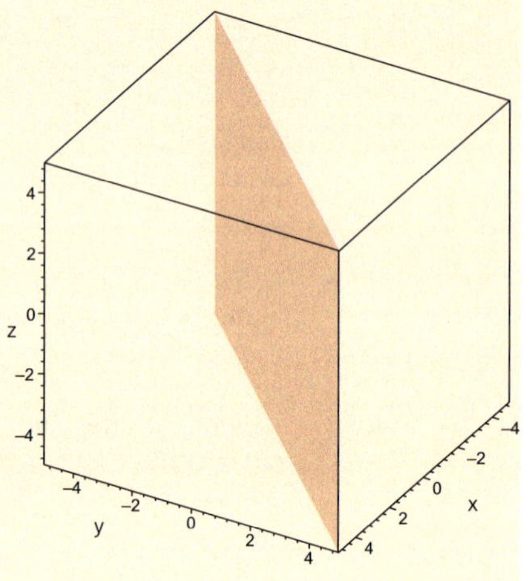

4. Beschreiben und skizzieren Sie die Menge aller Punkte $P(x_1 \mid x_2 \mid x_3)$, für die gilt: $x_1 > 0 \wedge x_3 > 0$.

   Alle Punkte im I. und IV. Oktanten $\{(x_1 \mid x_2 \mid x_3) \mid x_1 > 0 \wedge x_3 > 0 \wedge x_2 \in \mathbb{R}\}$

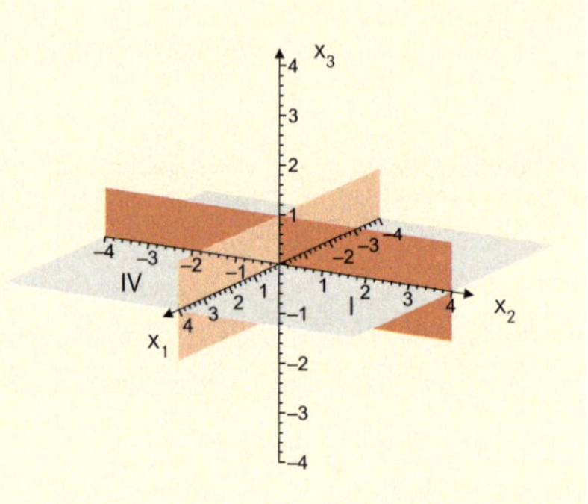

AUFGABE 1 Beschreiben Sie die Lage folgender Punkte:

a) A (3 | 0 | 0), B (-2 | 0 | 0), C (0 | 3 | 0), D (0 | -4 | 0), E (0 | 0 | 2), F (0 | 0 | -5)
b) G (2 | 3 | 0), H(-1 | 2 | 0), I (-3 | 0 | -2), J (2 | 0 | 1), K(0 | -1 | 3), L (0 | -2 | -3)

AUFGABE 2 Zeichnen Sie ein Koordinatensystem

a) Im Normalbild b) im Schrägbild

und tragen Sie folgende Punkte ein:

A(-2 | 0 | 1), B(0 | 2 | -2), C(3 | -2 | 0), D(4 | 4 | 2),
E(-3 | -3 | -3), F(3 | -2 | -1), G(3 | -4 | 1), H(-2 | 3 | 3)

AUFGABE 3 In welchem Oktanten, in welcher Koordinatenebene, auf welcher Koordinatenachse liegen die Punkte?

A(2 | -1 | 3), B(-2 | 1 | -3), C(2 | 1 | 3), D(2 | 1 | -3),
E(-2 | -1 | -3), F(-2 | 1 | 3), G(2 | -1 | -3), H(-2 | -1 | 3),
I(0 | 2 | 1), J(2 | 1 | 0), K(1 | 0 | 2), L(-2 | -1 | 0),
M(-2 | 0 | 0), N(0 | 3 | 0), P(0 | 0 | -3), Q(0 | 0 | 0)

AUFGABE 4 Welcher der Punkte $P(5 | 3 | 2)$, $Q(-5 | -1 | 4)$, $R(3 | 2 | -1)$ hat den geringsten Abstand zur x_1x_3-Ebene?

AUFGABE 5 Gegeben ist der Punkt $P(-2 | 3 | 1)$. Geben Sie die Koordinaten der Projektionspunkte auf der x_1x_2-, x_2x_3- und x_1x_3-Ebene an.

AUFGABE 6 a) Was wird durch $x_1 = 2$ in $\mathbb{R}^2$ beschrieben?
Was beschreibt $x_1 = 2$ in $\mathbb{R}^3$?

b) Was definiert die Gleichung $x_2 = 3$ in $\mathbb{R}^3$? Was repräsentiert $x_3 = 4$ in $\mathbb{R}^3$?
Was definiert das Gleichungspaar $x_2 = 3 \wedge x_3 = 4$ in $\mathbb{R}^3$?
Fertigen Sie eine Skizze zur Veranschaulichung.

AUFGABE 7 Beschreiben und skizzieren Sie die Fläche in $\mathbb{R}^3$, die durch $x_1 + x_2 = 2$ festgelegt ist.

AUFGABE 8 Beschreiben Sie in Worten, welche Teile von $\mathbb{R}^3$ durch folgende Gleichungen oder Ungleichungen festgelegt sind.

a) $x_1 = -2$ b) $x_2 > 2$ c) $x_2 > x_3$
d) $x_1 \cdot x_2 \cdot x_3 = 0$ e) $x_1 > 2 \wedge x_2 > 3$ f) $|x_3| \leq 3$

Im dreidimensionalen Punktraum $\mathbb{R}^3$ kann man wie in der euklidischen Elementargeometrie der Ebene $\mathbb{R}^2$ Streckenlängen zwischen zwei Punkten P_1 und P_2 definieren.

Ebene

$P_1(x_1 | y_1)$, $P_2(x_2 | y_2)$

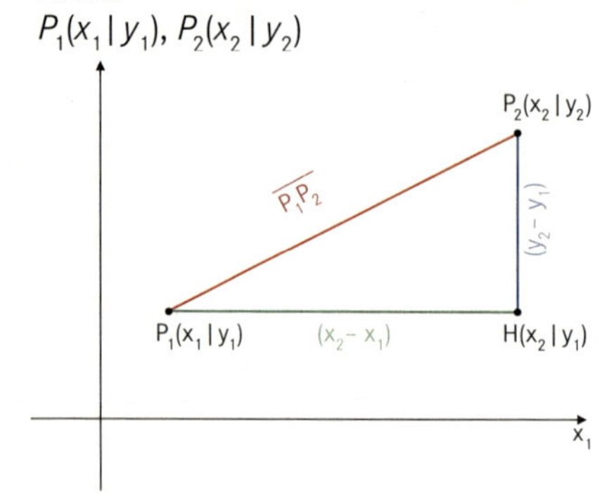

$d(P_1, P_2) =$

$|\overline{P_1P_2}| = \sqrt{(x_2 - x_1)^2 + (y_2 - y_1)^2}$

Raum

$P_1(x_1 | y_1 | z_1)$, $P_2(x_2 | y_2 | z_2)$

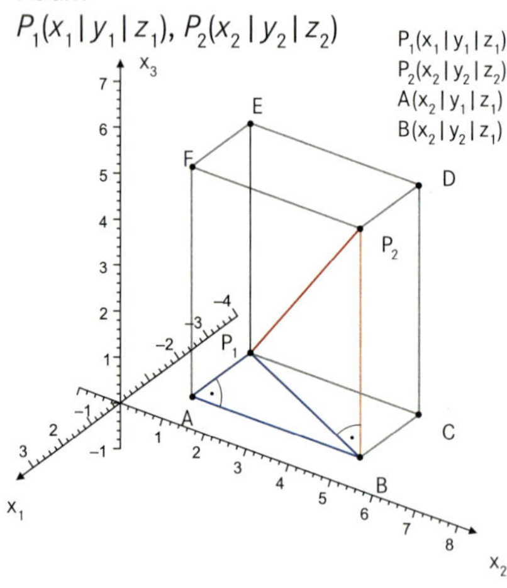

$d(P_1, P_2) = |\overline{P_1P_2}| =$

$\sqrt{(x_2 - x_1)^2 + (y_2 - y_1)^2 + (z_2 - z_1)^2}$

Die Streckenlänge zwischen zwei Punkten im Raum ist mithilfe der obigen Abbildung leicht begründbar. Die Strecke $\overline{P_1P_2}$ ist die Raumdiagonale des Quaders P_1ABCP_2DEF.

Mit $A(x_2, y_1, z_1)$ und $B(x_2, y_2, z_1)$ gilt:

$$|\overline{P_1A}| = (x_2 - x_1),\ |\overline{AB}| = (y_2 - y_1),\ |\overline{BP_2}| = (z_2 - z_1)$$

In den rechtwinkligen Dreiecken P_1BP_2 und P_1AB gilt nach dem Satz von Pythagoras:

(1) $|\overline{P_1P_2}|^2 = |\overline{P_1B}|^2 + |\overline{BP_2}|^2$ und

(2) $|\overline{P_1B}|^2 = |\overline{P_1A}|^2 + |\overline{AB}|^2$.

Durch Einsetzen von (2) in (1) erhält man:

(3) $|\overline{P_1P_2}|^2 = |\overline{P_1A}|^2 + |\overline{AB}|^2 + |\overline{BP_2}|^2 = |(x_2 - x_1)|^2 + |(y_2 - y_1)|^2 + |(z_2 - z_1)|^2$
$= (x_2 - x_1)^2 + (y_2 - y_1)^2 + (z_2 - z_1)^2$

und hieraus die Streckenlänge: $|\overline{P_1P_2}| = \sqrt{(x_2 - x_1)^2 + (y_2 - y_1)^2 + (z_2 - z_1)^2}$.

BEISPIEL Gegeben sind die Punkte $P(3\,|\,-1\,|\,6)$ und $Q(-1\,|\,4\,|\,2)$.
Welche Länge hat die Strecke $\overline{PQ}$?

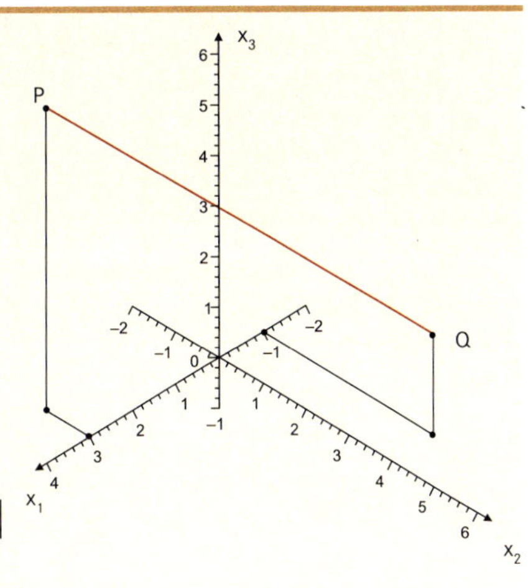

$$|\overline{PQ}| = \sqrt{(-1-3)^2+(4-(-1))^2+(2-6)^2}$$
$$= \sqrt{16+25+16} = \sqrt{57} \approx 7{,}55$$

Die Definition der Streckenlänge erfüllt alle Eigenschaften einer Metrik.

(1) $d(P,Q) = 0 \Leftrightarrow P = Q$; Strecke $|\overline{PQ}|$ ist genau dann null, wenn P gleich Q ist.

(2) $d(P, Q) = d(Q, P)$; die Streckenlängen $|\overline{PQ}|$ und $|\overline{QP}|$ sind gleich.

(3) $d(P,Q) + d(Q,R) \geq d(P,R)$ „Dreiecksungleichung"

$$|\overline{PQ}| + |\overline{QR}| \geq |\overline{PR}|$$

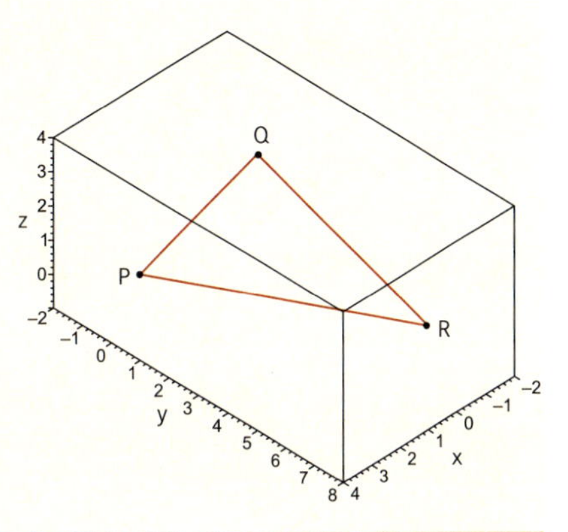

Man spricht dann vom euklidischen Raum $\mathbb{R}^3$.

AUFGABE 9 Zeigen Sie, dass das Dreieck ABC mit $A(1\,|\,2\,|\,-1)$, $B(-1\,|\,1\,|\,2)$ und $C(-2\,|\,4\,|\,0)$ ein gleichseitiges Dreieck ist.

AUFGABE 10 Untersuchen Sie mithilfe der „Dreiecksungleichung", ob die Punkte auf einer geraden Linie liegen.

a) $A(1\,|\,-15\,|\,11)$ $\quad B(5\,|\,1\,|\,3)$ $\quad C(7\,|\,9\,|\,-1)$
b) $D(1\,|\,2\,|\,-2)$ $\quad E(0\,|\,3\,|\,-4)$ $\quad F(3\,|\,0\,|\,1)$

1.2 Vektoren

1.2.1 Vektoren in der Physik

Bereits in der Mittelstufe begegnen wir Vektoren zum ersten Mal. Physikalische Größen wie etwa Masse, Zeit und Temperatur sind nach der Wahl einer Maßeinheit bereits durch die Angabe einer Maßzahl vollständig bestimmt (z. B. m = 4 kg, t = 5 s,

T = 300 K). Man bezeichnet sie als skalare Größen (Wert, Zahl auf einer Skala ohne Richtung). Im Gegensatz hierzu erfordern physikalische Größen wie etwa Kraft, Geschwindigkeit und Weg zusätzlich die Angabe einer Richtung und eines Anfangspunktes. Zur Darstellung dieser vektoriellen Größen verwendet man Pfeile, welche die Richtung und den Angriffspunkt angeben und deren Länge zugleich die Maßzahl der betreffenden Größe bezüglich der festgelegten Einheit (z. B. N, $\frac{m}{s}$, m) ist.

Teilchen auf einer Kreisbahn in der Ebene

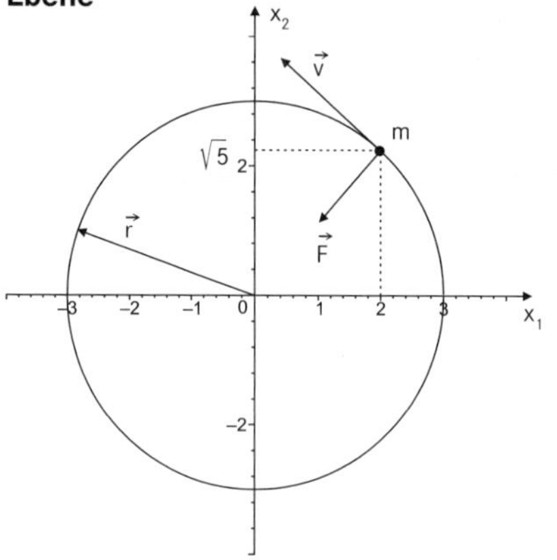

Der Geschwindigkeitsvektor $\vec{v}$ und Kraftvektor $\vec{F}$ am Ort $P(2 \mid \sqrt{5})$

Die Länge der Pfeile gibt den Betrag der Geschwindigkeit bzw. der Kraft an.

(Maßstab: 1 N ≙ 1 cm,
1 $\frac{m}{s}$ ≙ 1 cm, 1 m ≙ 1 cm)

$m = 1$ kg, $|\vec{r}| = 3$ m, $|\vec{v}| = 2\,\frac{m}{s}$,
$|\vec{F}| = \frac{4}{3}$ N

Die Pfeilrichtung gibt bei $\vec{v}$ die Bewegungsrichtung und bei $\vec{F}$ die Kraftrichtung an.

Addition von Vektoren

Zieht man mit 3 Federwaagen an einem Angriffspunkt, der in Ruhe bleiben soll, so müssen sich die drei Kräfte zu null addieren. Die Vektoren stellt man als gerichtete Strecken (Pfeile) dar, deren Länge dem Betrag der Kräfte entspricht.

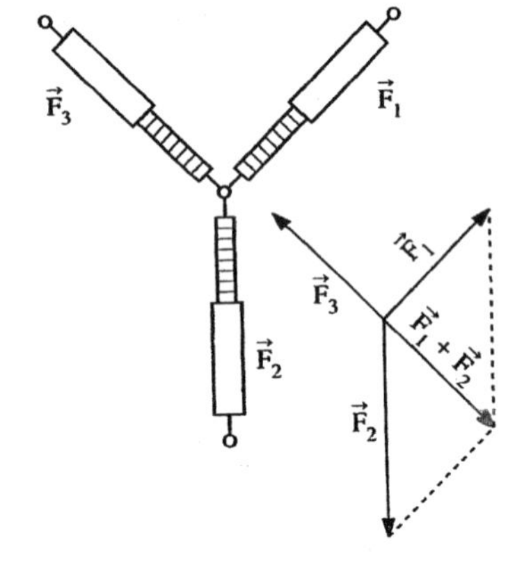

$\vec{F_1} + \vec{F_2}$ ergibt sich als Diagonale des Kräfteparallelogramms mit $\vec{F_1}$ und $\vec{F_2}$ als Seiten. $\vec{F_1} + \vec{F_2}$ stellt dann die Gegenkraft zu $\vec{F_3}$ dar, sodass gilt:

$$\vec{F_1} + \vec{F_2} + \vec{F_3} = 0.$$

Greifen mehrere Einzelkräfte, etwa $\vec{F_1}, \vec{F_2}, \vec{F_3}, \vec{F_4}$, an einem Punkt an, so wäre es unübersichtlich, die resultierende Kraft $\vec{F_R} = \vec{F_1} + \vec{F_2} + \vec{F_3} + \vec{F_4}$ über die Parallelogrammregel zu bilden. Man trägt besser die Pfeile nacheinander an, d. h., man lässt den jeweils neu zu addierenden Pfeil im Endpunkt des bereits gebildeten Teilsummenpfeils beginnen (s. Abbildung auf der folgenden Seite).

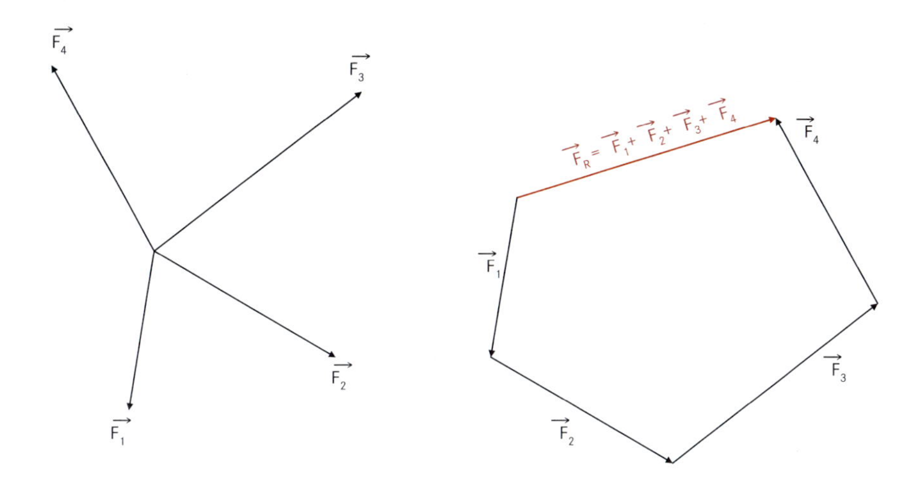

Die Vektoreigenschaften treten auch bei der Überlagerung von Geschwindigkeiten auf.

Waagrechter Wurf
Resultierende Geschwindigkeit $\vec{v}_r$ am Ort $P(a \mid b)$.
Geschwindigkeitskomponenten:
$\vec{v}_x$ in waagrechter Richtung
$\vec{v}_y$ in senkrechter Richtung (Fallgeschwindigkeit)

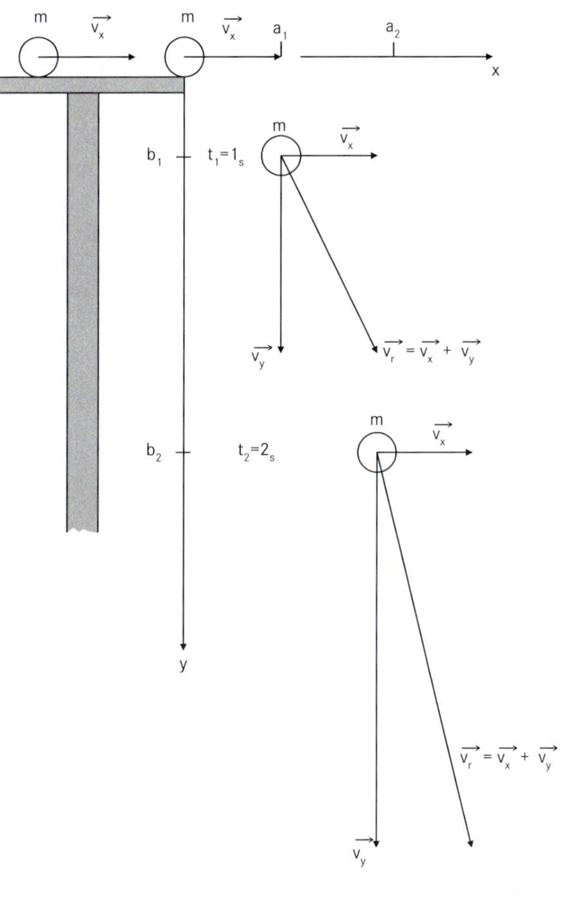

Bei vielen physikalischen Problemstellungen wird die Zerlegung einer Kraft (bzw. eines Vektors) gefordert. So wird die Gewichtskraft $\vec{F}_g$ von der schiefen Ebene in eine Hangabtriebskraft $\vec{F}_H$ und eine Kraft senkrecht zur Ebene $\vec{F}_N$ zerlegt.

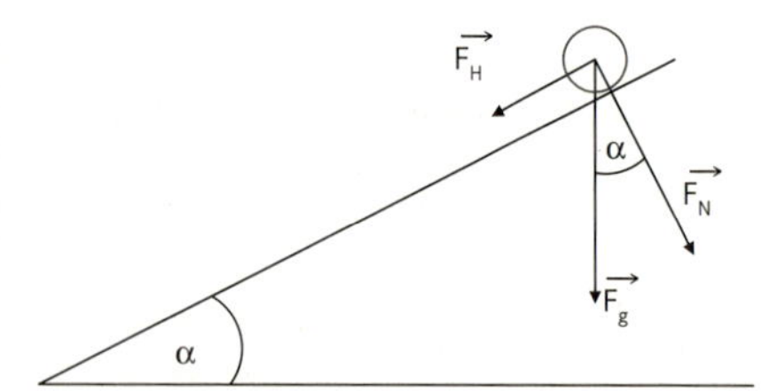

Weitere Beispiele für die Vektorrechnung sind die Berechnung der mechanischen Arbeit und die Bewegung eines Elektrons senkrecht zur Magnetfeldrichtung.

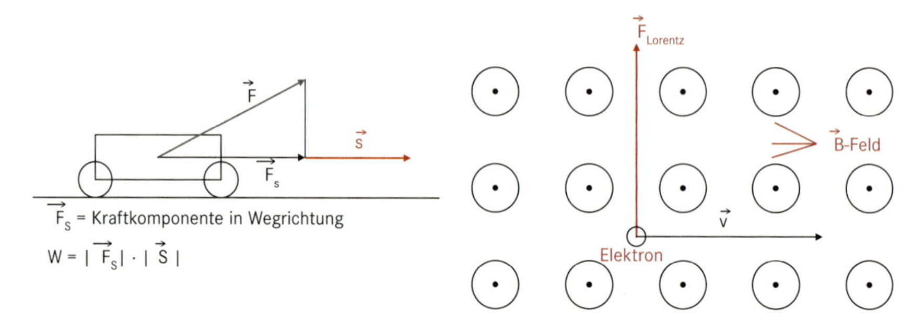

Wir werden bei der Behandlung der geometrischen Vektoren auf die Verwendung der Vektorrechnung in der Physik zurückkommen.

AUFGABE 1 Welche der folgenden Größen sind Vektoren, welche Größen sind Skalare?

a) die Kosten für eine Rockkonzertkarte
b) die Windströmung am Seeufer
c) die Kletterroute von Zermatt zum Gipfel des Matterhorns
d) die Anzahl der Schüler/-innen in Baden-Württemberg

AUFGABE 2 Ein Fluss ist 30 m breit. Die Strömungsgeschwindigkeit soll überall $0{,}3\,\frac{m}{s}$ betragen. Ein Modellboot fährt im stehenden Wasser mit der Geschwindigkeit $0{,}2\,\frac{m}{s}$, und zwar stets senkrecht zur Strömung. Um welche Strecke wird das Boot abgetrieben, bis es das andere Ufer erreicht?

AUFGABE 3 Ein Fadenpendel mit der Pendelmasse $m = 1$ kg ist um $\alpha = 20°$ gegenüber der Senkrechten ausgelenkt. Wir groß ist die Spannkraft im Faden?

1.2.2 Vektoren in der Geometrie

Die Vektorrechnung bewährt sich nicht nur in der Physik als wirkungsvolles Hilfsmittel, sondern ist ganz besonders geeignet bei der Bearbeitung geometrischer Probleme.
Mit dem Vektorkonzept kann die algebraische Behandlung der Geometrie – etwa die Beschreibung von Geraden und Ebenen – leicht im dreidimensionalen Anschauungsraum erfolgen.
Bereits Zahlen und die Addition bzw. Subtraktion von Zahlen auf der Zahlengeraden können vektoriell gedeutet und jeder von 0 verschiedenen Zahl P kann auf der Zahlengeraden ein Pfeil $\overrightarrow{OP}$ zugeordnet werden.

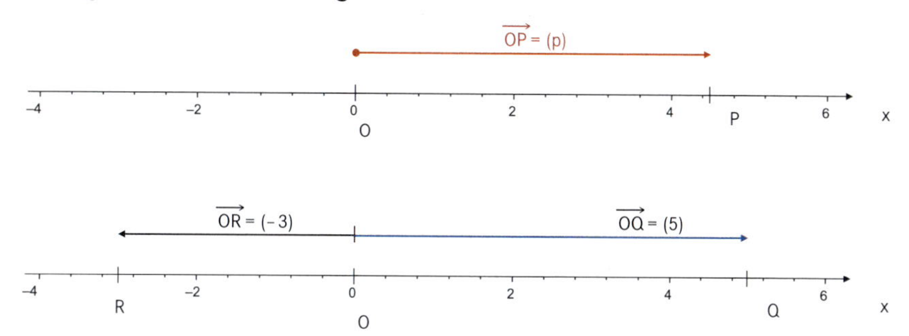

(p) ist die Koordinate bzw. Komponente des eindimensionalen Pfeils.

Die Länge der Pfeile entspricht dem Betrag der Zahl. Pfeile von 0 zu positiven und Pfeile von 0 zu negativen Zahlen haben entgegengesetzte Richtung.
Die Addition und Subtraktion ist mithilfe von Pfeilen gut zu veranschaulichen. Pfeile addiert man, indem man sie „Fuß an Spitze" aneinanderhängt. Der Ergebnispfeil geht vom Fuß des ersten Pfeils zur Spitze des letzten Pfeils.

Beispiel: 3 + 4 = 7

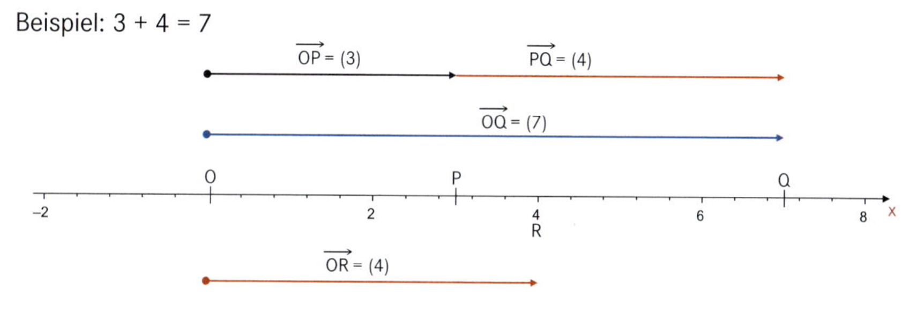

Die Additionsaufgabe $3+4 = 7$ kann mit Pfeilen gelöst werden. Der erste Pfeil $\overrightarrow{OP}$ beginnt im Ursprung O, hat die Länge 3 und führt zur Zahl (zum Ort) 3.
Pfeile, die in O beginnen, bezeichnet man als Ortsvektoren. Durch Antragen eines zweiten Pfeils $\overrightarrow{PQ}$ der Länge 4 im Endpunkt P des ersten Pfeils erhält man den Summenpfeil $\overrightarrow{OQ} = \overrightarrow{OP} + \overrightarrow{PQ}$ = Zahl (Ort) 7.
Es ist zu beachten, dass der zweite Summand 4 durch einen Pfeil dargestellt wird, der zwar die gleiche Länge und Richtung wie der von O nach 4 führende Pfeil hat, dessen Anfangspunkt hier aber auf den Punkt 3 gelegt wurde. Die Addition bzw. Subtraktion mit Pfeilen erfordert die „freie Verschiebbarkeit" des „Summandenpfeils": $\overrightarrow{OR} = \overrightarrow{PQ}$.

Das Antragen eines Vektorpfeils in einem Punkt der Zahlengeraden bedeutet also geometrisch die Verschiebung des Punktes. Die Addition von 4 bedeutet somit z. B.: „Verschiebe um 4 Einheiten nach rechts."

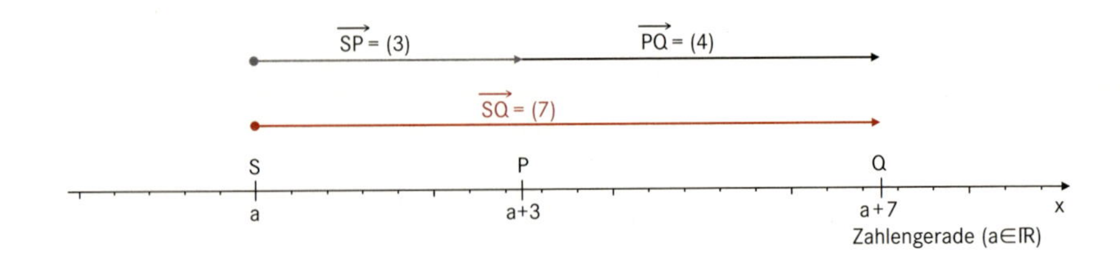

Man kann auch beide Summanden als frei verschiebbare Pfeile (Vektoren) auffassen.
Das Ergebnis der Addition ist dann der Vektor $\overrightarrow{SQ} = \overrightarrow{SP} + \overrightarrow{PQ} = (3) + (4) = (7)$.
Die Verschiebung um 3 nach rechts, gefolgt von der Verschiebung um 4 nach rechts, führt zum gleichen Resultat wie die Verschiebung um 7 nach rechts.
Die Subtraktion wird ebenfalls durch die „Addition" von Pfeilen bzw. Vektoren erklärt. Die Gleichung $3 - 2 = 1$ bedeutet: Verschiebung eines Punktes S um 3 nach rechts, gefolgt von der Verschiebung um 2 nach links, ergibt das gleiche Ergebnis wie eine Verschiebung von S um 1 nach rechts.

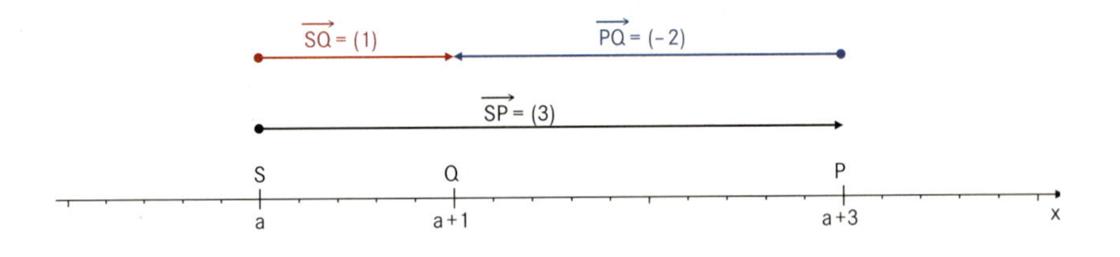

$$\overrightarrow{SP} + \overrightarrow{PQ} = \overrightarrow{SQ}$$
$$3 + (-2) = 1$$

AUFGABE 1 Erläutern Sie die dargestellten „Pfeilrechnungen".

a)

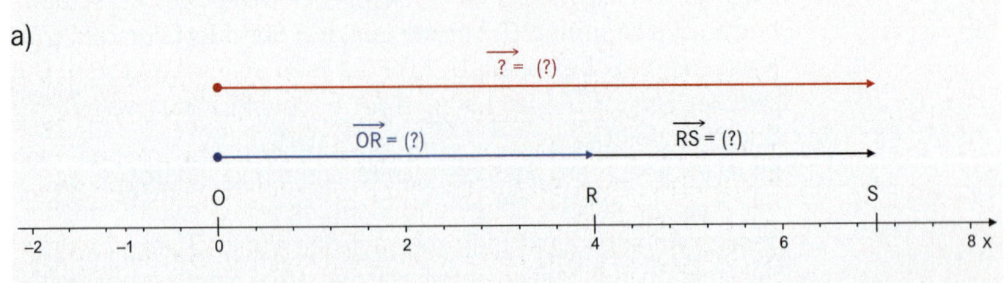

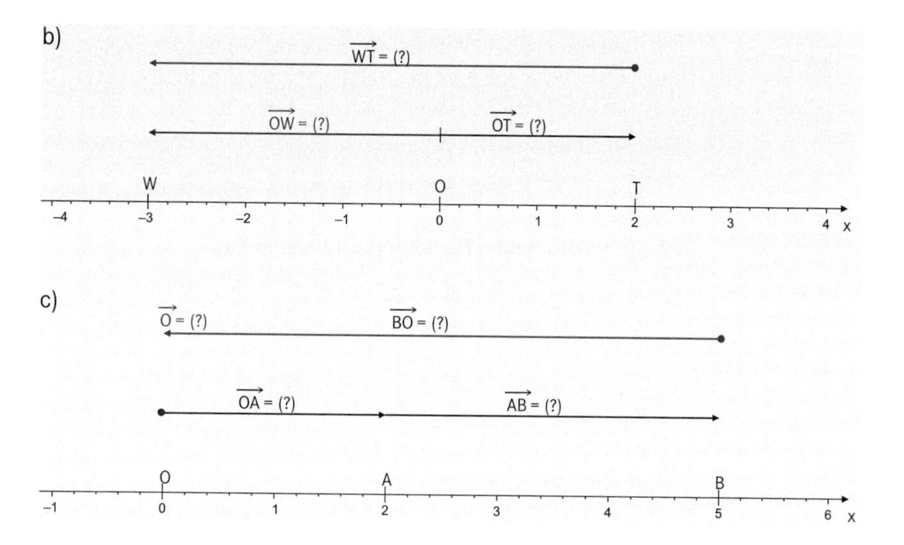

Wir können nun diese Pfeilrechnung mit Punkten der eindimensionalen Zahlengeraden $\mathbb{R}^1$ erweitern auf die zweidimensionale euklidische Ebene $\mathbb{R}^2$ und auf den euklidischen Anschauungsraum $\mathbb{R}^3$.

Alle nebenstehenden Pfeile sind äquivalent zueinander in dem Sinne, dass sie dieselbe Länge und Richtung haben. Obwohl sie sich an verschiedenen Orten befinden, bewirken die Pfeile die Verschiebung eines Anfangspunktes ($O, A, C, E, \ldots$) in einen Endpunkt ($P, B, D, F, \ldots$), indem man den Anfangspunkt um 2 Einheiten nach rechts und 3 Einheiten nach oben verschiebt.

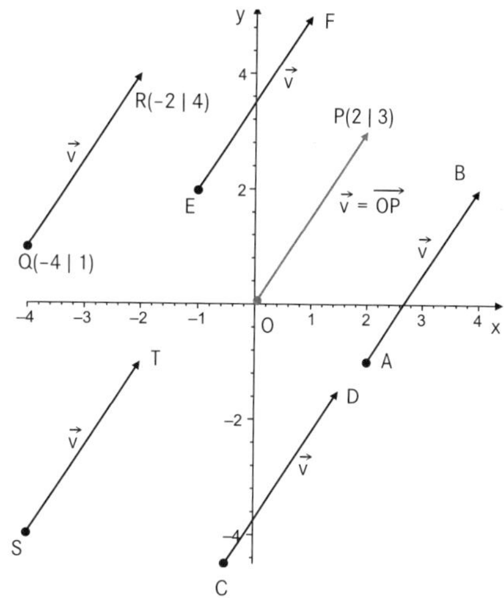

Repräsentanten $\overrightarrow{OP}, \overrightarrow{AB}, \overrightarrow{CD}, \ldots$ des Vektors $\vec{v} = \begin{pmatrix} 2 \\ 3 \end{pmatrix}$

Wir nennen Pfeile parallelgleich, wenn sie dieselbe Länge und Richtung haben. Für die Menge aller parallelgleichen Pfeile verwendet man den Begriff **Vektor.** Ein einzelner Pfeil dieser Menge heißt Repräsentant des Vektors. In anderen Worten: Wir betrachten einen Vektor als die Menge aller äquivalenten (gleich langen und gleich gerichteten) Pfeile.
Als Symbol für einen Vektor verwendet man kleine bepfeilte lateinische Buchstaben: $\vec{v}$, $\vec{a}$, $\vec{b}$.

Die parallelgleichen Pfeile $\overrightarrow{OP} = \overrightarrow{AB} = \overrightarrow{CD} = \ldots$ sind durch die Zahlen 2 und 3 (Koordinaten des Vektors) festgelegt. Wir symbolisieren daher den Vektor mit $\vec{v} = \begin{pmatrix} 2 \\ 3 \end{pmatrix}$.

Ein zweidimensionaler Vektor kann als geordnetes Zahlenpaar begriffen werden. Wir verwenden $\begin{pmatrix} 2 \\ 3 \end{pmatrix}$ für einen Vektor zur Unterscheidung zum geordneten Zahlenpaar $(2 \mid 3)$, das für einen Punkt in der Ebene steht.

DEFINITION

Ein zweidimensionaler Vektor ist ein geordnetes Paar $\vec{a} = \begin{pmatrix} a_1 \\ a_2 \end{pmatrix}$ von reellen Zahlen.

Ein dreidimensionaler Vektor ist ein geordnetes Tripel $\vec{a} = \begin{pmatrix} a_1 \\ a_2 \\ a_3 \end{pmatrix}$ von reellen Zahlen.

Die Zahlen a_1, a_2 und a_3 sind die Komponenten* des Vektors $\vec{a}$ in x_1-, x_2- und x_3-Richtung.

Ein Repräsentant des Vektors $\vec{a} = \begin{pmatrix} a_1 \\ a_2 \end{pmatrix}$ ist ein Pfeil $\overrightarrow{AB}$ von einem beliebigen Punkt $A(x_1 \mid x_2)$ zu einem Punkt $B(x_1 + a_1 \mid x_2 + a_2)$.

Ein spezieller Repräsentant des Vektors $\vec{a}$ ist der Pfeil vom Ursprung $O(0 \mid 0)$ zum Punkt $P(a_1 \mid a_2)$.

$\overrightarrow{OP} = \begin{pmatrix} a_1 \\ a_2 \end{pmatrix}$ wird als Ortsvektor des Punktes $P(a_1 \mid a_2)$ bezeichnet.

Analog gilt für einen dreidimensionalen Vektor $\vec{a} = \begin{pmatrix} a_1 \\ a_2 \\ a_3 \end{pmatrix}$, dass $\overrightarrow{OP} = \begin{pmatrix} a_1 \\ a_2 \\ a_3 \end{pmatrix}$ der Ortsvektor des Punktes $P(a_1 \mid a_2 \mid a_3)$ ist.

Auch hier hat der Vektor $\vec{a} = \begin{pmatrix} a_1 \\ a_2 \\ a_3 \end{pmatrix}$ Repräsentanten $\overrightarrow{AB}$, deren Anfangspunkt $A(x_1 \mid x_2 \mid x_3)$ ist und deren Endpunkt $B(x_1 + a_1 \mid x_2 + a_2 \mid x_3 + a_3)$ ist.

---

* Die Zahlen a_1, a_2 und a_3 werden auch als Koordinaten des Vektors $\vec{a} = \begin{pmatrix} a_1 \\ a_2 \\ a_3 \end{pmatrix}$ bezeichnet.

Dies ist jedoch nur für den Ortsvektor $\overrightarrow{OP}$ vom Ursprung $O(0,0,0)$ zum Punkt $P(a_1, a_2, a_3)$ unmittelbar zutreffend. Der Vektor $\vec{a}$ steht jedoch für alle Vektoren, die den Punkt $A(x_1 \mid x_2 \mid x_3)$ auf den Punkt $B(x_1 + a_1 \mid x_2 + a_2 \mid x_3 + a_3)$ verschieben ($\vec{a} = \overrightarrow{AB}$). Der Punkt A wird also zunächst um $\vec{a}_1$ in x_1-Richtung, dann um $\vec{a}_2$ in x_2-Richtung und schließlich um $\vec{a}_3$ in x_3-Richtung auf den Punkt B verschoben.

$\vec{a}_1 = \begin{pmatrix} a_1 \\ 0 \\ 0 \end{pmatrix}$, $\vec{a}_2 = \begin{pmatrix} 0 \\ a_2 \\ 0 \end{pmatrix}$, $\vec{a}_3 = \begin{pmatrix} 0 \\ 0 \\ a_3 \end{pmatrix}$ sind daher Komponenten des Vektors $\vec{a}$.

Ein Repräsentant des Vektors $\vec{a}$ steht somit in jedem Raumpunkt zur Verfügung.

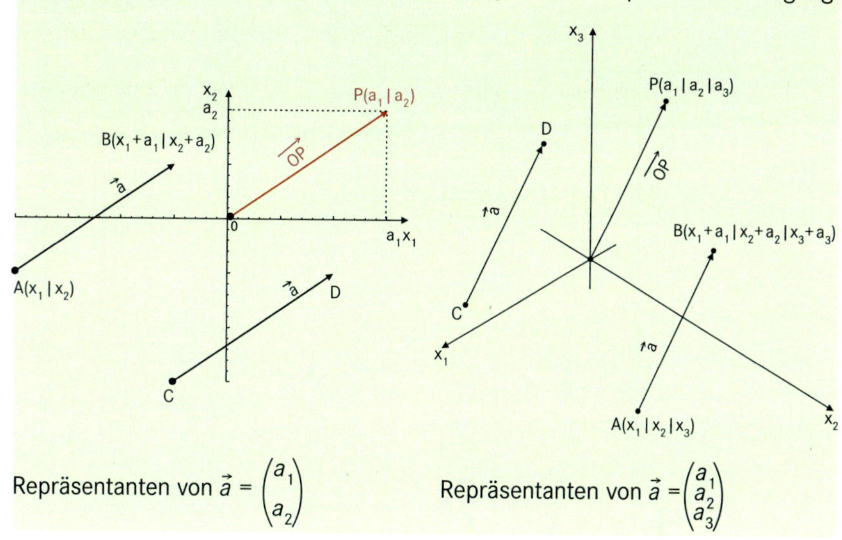

Wir können auch von zwei Punkten $Q(q_1 \mid q_2 \mid q_3)$ und $R(r_1 \mid r_2 \mid r_3)$ ausgehen. Der Vektor

$\vec{a} = \begin{pmatrix} a_1 \\ a_2 \\ a_3 \end{pmatrix}$ mit dem Repräsentanten $\overrightarrow{QR}$ ist dann wegen $r_1 = q_1 + a_1$, $r_2 = q_2 + a_2$,

$r_3 = q_3 + a_3$: $\qquad \vec{a} = \begin{pmatrix} r_1 - q_1 \\ r_2 - q_2 \\ r_3 - q_3 \end{pmatrix}.$

Die auftretenden Koordinatendifferenzen sind unabhängig vom speziellen Punktepaar (Q, R), das hier den Vektor repräsentiert.

Ist $\overrightarrow{QR} = \overrightarrow{Q'R'}$ und hat Q' die Koordinaten $q_1{}'$, $q_2{}'$, $q_3{}'$ und R' die Koordinaten $r_1{}'$, $r_2{}'$, $r_3{}'$, so gilt auch $a_1 = r_1{}' - q_1{}'$, $a_2 = r_2{}' - q_2{}'$, $a_3 = r_3{}' - q_3{}'$, woraus folgt:

$$\vec{a} = \begin{pmatrix} r_1{}' - q_1{}' \\ r_2{}' - q_2{}' \\ r_3{}' - q_3{}' \end{pmatrix}.$$

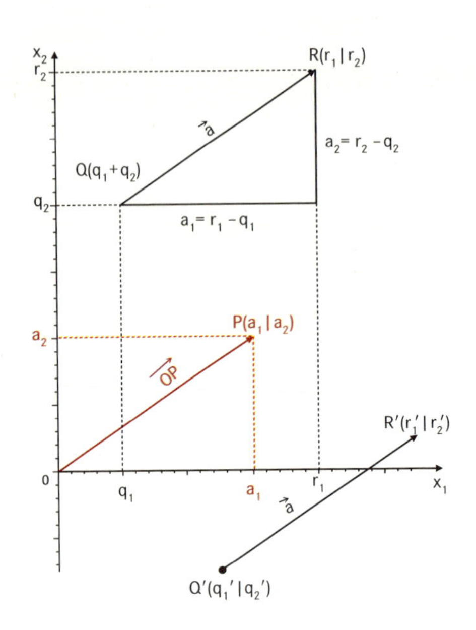

Vektor $\vec{a} = \begin{pmatrix} a_1 \\ a_2 \end{pmatrix}$ *in einer Ebene:*

Repräsentanten von $\vec{a}$

$\overrightarrow{OP} = \begin{pmatrix} a_1 \\ a_2 \end{pmatrix}$ Ortsvektor

$\overrightarrow{QR} = \begin{pmatrix} r_1 - q_1 \\ r_2 - q_2 \end{pmatrix}$

$\overrightarrow{Q'R'} = \begin{pmatrix} r_1' - q_1' \\ r_2' - q_2' \end{pmatrix}$

Die gezeichneten Punkte:
$P(3 \mid 2)$, $Q(1 \mid 4)$, $R(4 \mid 6)$,
$Q'(\frac{5}{2} \mid -\frac{3}{2})$, $R'(\frac{11}{2} \mid \frac{1}{2})$

Vektor $\vec{a} = \begin{pmatrix} a_1 \\ a_2 \\ a_3 \end{pmatrix}$ *im Raum:*

Repräsentanten von $\vec{a}$

$\overrightarrow{OP} = \begin{pmatrix} a_1 \\ a_2 \\ a_3 \end{pmatrix}$ Ortsvektor

$\overrightarrow{QR} = \begin{pmatrix} r_1 - q_1 \\ r_2 - q_2 \\ r_3 - q_3 \end{pmatrix}$

$\overrightarrow{Q'R'} = \begin{pmatrix} r_1' - q_1' \\ r_2' - q_2' \\ r_3' - q_3' \end{pmatrix}$

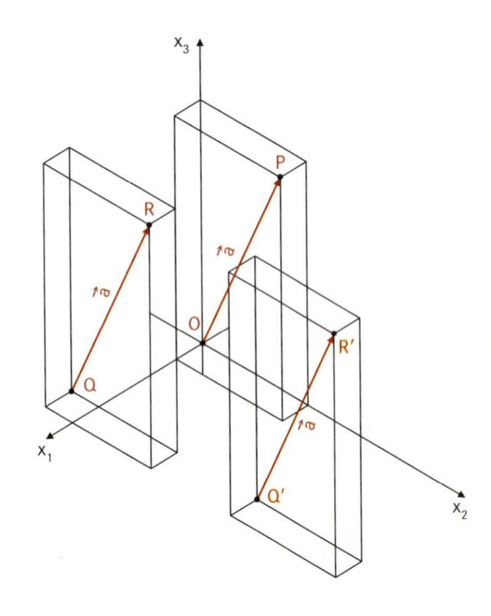

Die gezeichneten Punkte:
$P(1 \mid 2 \mid 3)$, $Q(2 \mid -2 \mid 2)$, $R(3 \mid 0 \mid 5)$,
$Q'(4 \mid 3 \mid 0)$, $R'(5 \mid 5 \mid 3)$

Die Länge bzw. der Betrag eines Vektors $\vec{a}$ ist für alle Repräsentanten des Vektors gleich und wird durch $|\vec{a}|$ gekennzeichnet.
Wir können die Formel für die Streckenlängen (Seite 12) anwenden und erhalten:

Die Länge eines zweidimensionalen Vektors $\vec{a} = \begin{pmatrix} a_1 \\ a_2 \end{pmatrix}$ ist $|\vec{a}| = \sqrt{a_1^2 + a_2^2}$.

Die Länge eines dreidimensionalen Vektors $\vec{a} = \begin{pmatrix} a_1 \\ a_2 \\ a_3 \end{pmatrix}$ ist $|\vec{a}| = \sqrt{a_1^2 + a_2^2 + a_3^2}$.

Bemerkung:
$|\overrightarrow{QR}| = \sqrt{(r_1 - q_1)^2 + (r_2 - q_2)^2 + (r_3 - q_3)^2}$, da
$a_1 = r_1 - q_1$, $a_2 = r_2 - q_2$, $a_3 = r_3 - q_3$

Der einzige Vektor mit der Länge 0 ist der Nullvektor $\vec{o} = \begin{pmatrix} 0 \\ 0 \end{pmatrix}$ bzw. $\vec{o} = \begin{pmatrix} 0 \\ 0 \\ 0 \end{pmatrix}$.

Dieser Vektor hat auch keine spezifische Richtung.

Bemerkung:
In Kapitel 8 des Buches für die Jahrgangsstufe 1 wurde ein Vektor als eine Matrix eingeführt, die nur eine einzige Spalte hat.
Die dort behandelten Vektorrechnungen gelten natürlich auch für unsere geometrischen Vektoren.

BEISPIELE

1. Ermitteln Sie den Vektor $\vec{a}$, dessen Repräsentant seinen Anfangspunkt in $Q(3 \mid -2 \mid 2)$ und seinen Endpunkt bzw. seine Spitze in $R(-1 \mid 3 \mid 4)$ hat. Welchen Betrag hat der Vektor?

   Lösung: Es gilt $\vec{a} = \overrightarrow{QR} = \begin{pmatrix} r_1 - q_1 \\ r_2 - q_2 \\ r_3 - q_3 \end{pmatrix} = \begin{pmatrix} -1-3 \\ 3-(-2) \\ 4-2 \end{pmatrix} = \begin{pmatrix} -4 \\ 5 \\ 2 \end{pmatrix}$

   $|\vec{a}| = \sqrt{(-4)^2 + 5^2 + 2^2} = \sqrt{45}$

2. Gegeben ist der Ortsvektor $\overrightarrow{OP} = \begin{pmatrix} 2 \\ -1 \\ 4 \end{pmatrix}$.

   Vom Punkt $A(-2 \mid 0 \mid -1)$ aus soll der zu $\overrightarrow{OP}$ parallelgleiche Pfeil $\overrightarrow{AB}$ gebildet werden.
   Welche Koordinaten muss der Punkt B haben?
   Veranschaulichen Sie $\overrightarrow{OP}$ und $\overrightarrow{AB}$ im Koordinatensystem.

   Lösung: $\overrightarrow{AB} = \begin{pmatrix} b_1 - (-2) \\ b_2 - 0 \\ b_3 - (-1) \end{pmatrix} = \begin{pmatrix} 2 \\ -1 \\ 4 \end{pmatrix}$

   $\Rightarrow \overrightarrow{OB} = \begin{pmatrix} 0 \\ -1 \\ 3 \end{pmatrix}$ bzw. $B(0 \mid -1 \mid 3)$

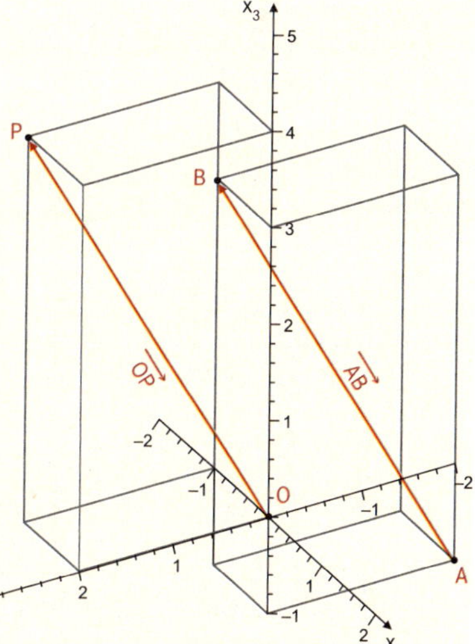

AUFGABE 2 Welche Beziehung besteht zwischen dem Punkt $P(-2 \mid 3)$ und dem Vektor $\vec{a} = \begin{pmatrix} -2 \\ 3 \end{pmatrix}$?

AUFGABE 3 Weshalb sind die Vektoren $\overrightarrow{AB}$ und $\overrightarrow{BA}$ nicht gleich?

AUFGABE 4 Ermitteln Sie den Vektor $\vec{a}$, dessen Repräsentant durch den Pfeil $\overrightarrow{AB}$ gegeben ist. Berechnen Sie $|\vec{a}|$. Zeichnen Sie $\overrightarrow{AB}$ und den äquivalenten Repräsentanten des Vektors mit dem Startpunkt im Ursprung.

a) $A(3 \mid 1), B(5 \mid 5)$
b) $A(-1 \mid 2), B(-3 \mid -1)$
c) $A(1 \mid 2 \mid 0), B(3 \mid 2 \mid -1)$
d) $A(2 \mid -3 \mid -1), B(-3 \mid 2 \mid 2)$

1.3 Anschauliche Vektorrechnung

1.3.1 Addition von Vektoren

Geometrisch – Vektoren als Pfeilmenge

Die Definition der Vektoraddition für den zweidimensionalen Fall ist unten dargestellt. Oft wird die Definition für die Vektoraddition als „Dreiecksgesetz" bezeichnet (Bild 3 oder Bild 5).

In Bild 6 erkennt man die in der Physik übliche Vektoradditionsregel, das so genannte Parallelogrammgesetz.

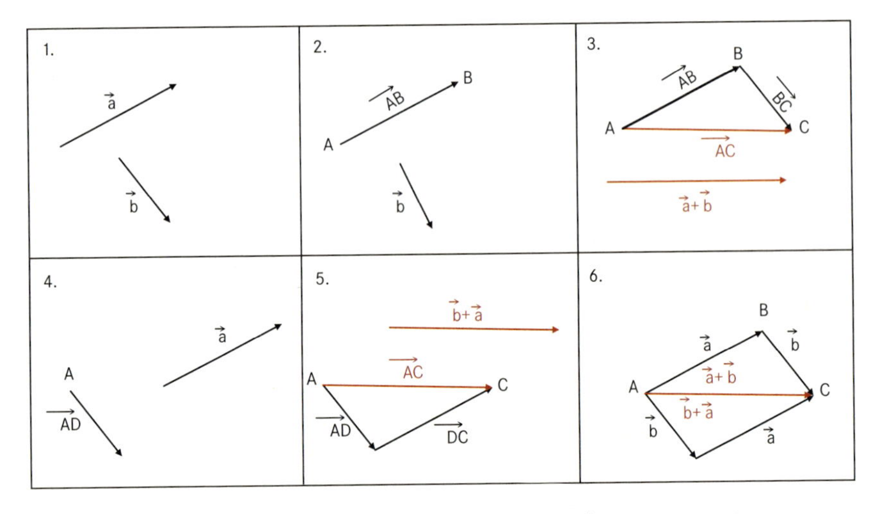

Man hängt an die Pfeilspitze eines Repräsentanten $\overrightarrow{AB}$ des Vektors $\vec{a}$ einen passenden Repräsentanten $\overrightarrow{BC}$ des Vektors $\vec{b}$ an, das heißt einen Pfeil, der da anfängt, wo der erste aufhört. Der Summenvektor $\vec{a} + \vec{b}$ führt vom Anfangspunkt des ersten zur Spitze des zweiten Pfeils (Bild 3). Die bildliche Darstellung zeigt, dass man dasselbe Ergebnis erhält, wenn man zunächst mit dem Repräsentanten $\overrightarrow{AD}$ des Vektors $\vec{b}$ beginnt und dann den Repräsentanten $\overrightarrow{DC}$ des Vektors $\vec{a}$ anfügt (Bild 5).

Auch hinter der Regel, dass der Summenvektor $\vec{a} + \vec{b}$ sich als Diagonale eines Parallelogramms ergibt, dessen Seiten die Vektoren $\vec{a}$ und $\vec{b}$ sind (Bild 6), steht die oben beschriebene „Pfeiladdition“.

Kommutativgesetz der Vektoraddition

Aus der oben dargestellten geometrischen Addition von Vektoren folgt unmittelbar: $\vec{a} + \vec{b} = \vec{b} + \vec{a}$

Arithmetisch – Vektoren in Koordinatendarstellung

Jeder zweidimensionale Vektor $\vec{a} = \begin{pmatrix} a_1 \\ a_2 \end{pmatrix}$ lässt sich in eine Summe aufspalten:

$$\vec{a} = \begin{pmatrix} a_1 \\ a_2 \end{pmatrix} = \begin{pmatrix} a_1 \\ 0 \end{pmatrix} + \begin{pmatrix} 0 \\ a_2 \end{pmatrix}.$$

Dabei bedeutet $\begin{pmatrix} a_1 \\ 0 \end{pmatrix}$ eine Verschiebung parallel zur x_1-Achse und $\begin{pmatrix} 0 \\ a_2 \end{pmatrix}$ eine Verschiebung parallel zur x_2-Achse.

Die Vektoren $\vec{a}_1 = \begin{pmatrix} a_1 \\ 0 \end{pmatrix}$ und $\vec{a}_2 = \begin{pmatrix} 0 \\ a_2 \end{pmatrix}$ bezeichnet man als Komponenten des Vektors $\vec{a}$.

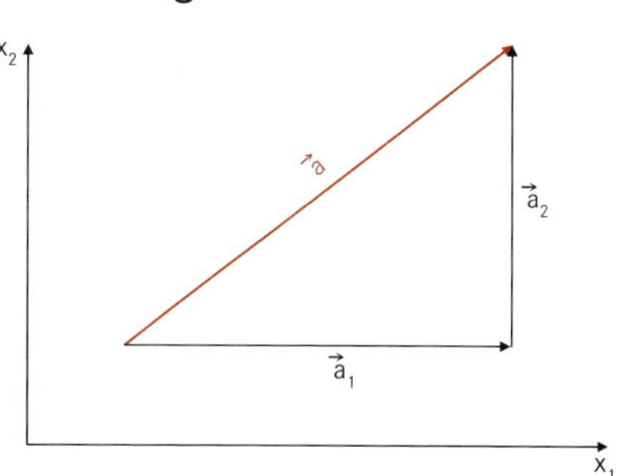

DEFINITION

Sind die Vektoren $\vec{a} = \begin{pmatrix} a_1 \\ a_2 \end{pmatrix}$ und $\vec{b} = \begin{pmatrix} b_1 \\ b_2 \end{pmatrix}$ gegeben, so ergibt sich der Summenvektor $\vec{a} + \vec{b}$ durch die Addition der entsprechenden Koordinaten der zwei Vektoren:

$$\vec{a} + \vec{b} = \begin{pmatrix} a_1 \\ a_2 \end{pmatrix} + \begin{pmatrix} b_1 \\ b_2 \end{pmatrix} = \begin{pmatrix} a_1 + b_1 \\ a_2 + b_2 \end{pmatrix}.$$

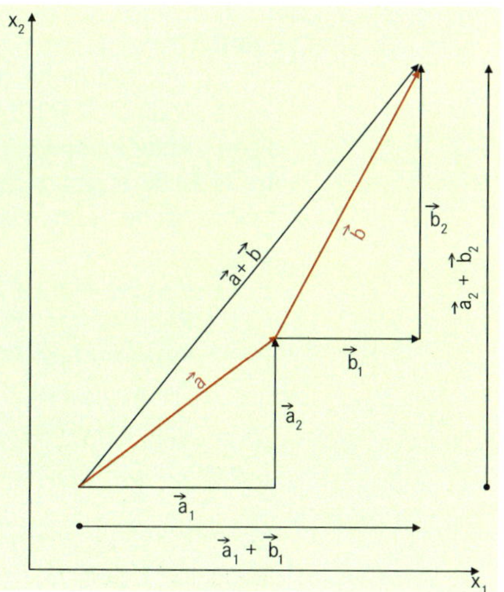

Analog gilt für dreidimensionale Vektoren

$\vec{a} + \vec{b} = \begin{pmatrix} a_1 \\ a_2 \\ a_3 \end{pmatrix} + \begin{pmatrix} b_1 \\ b_2 \\ b_3 \end{pmatrix} = \begin{pmatrix} a_1 + b_1 \\ a_2 + b_2 \\ a_3 + b_3 \end{pmatrix}.$

Das Kommutativgesetz ergibt sich aus dem entsprechenden Gesetz für die reellen Zahlen:

$\vec{a} + \vec{b} = \vec{b} + \vec{a}$, da $\begin{pmatrix} a_1 + b_1 \\ a_2 + b_2 \\ a_3 + b_3 \end{pmatrix} = \begin{pmatrix} b_1 + a_1 \\ b_2 + a_2 \\ b_3 + a_3 \end{pmatrix}$.

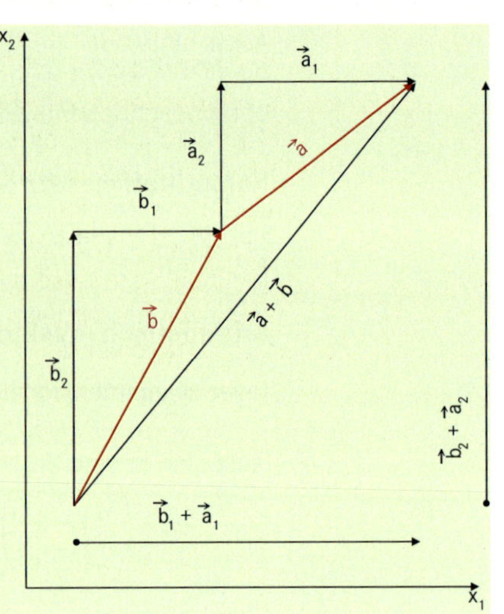

BEISPIEL

Gegeben sind die Vektoren $\vec{a} = \begin{pmatrix} 3 \\ -1 \\ 1 \end{pmatrix}$ und $\vec{b} = \begin{pmatrix} 2 \\ 5 \\ 2 \end{pmatrix}$.

Ermitteln Sie den Summenvektor $\vec{a} + \vec{b}$.

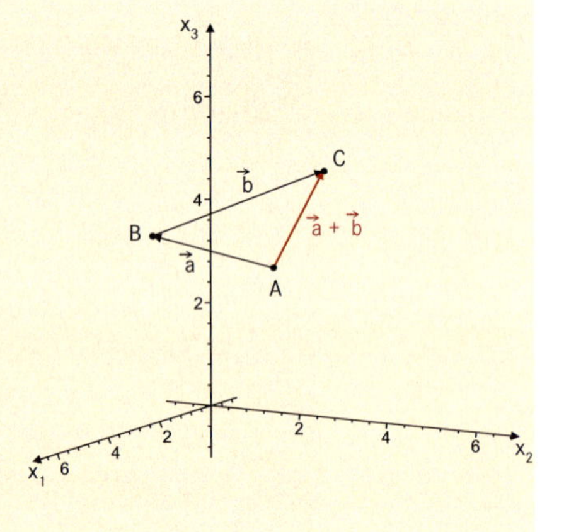

Lösung:

Für die geometrische und die arithmetische Addition kann man einen beliebigen Anfangspunkt A wählen. Mit $A(-1 \mid 2 \mid 3)$ ergibt sich dann folgende geometrische und arithmetische Lösung:

Repräsentant $\overrightarrow{AB}$ für $\vec{a}$
Repräsentant $\overrightarrow{BC}$ für $\vec{b}$
Repräsentant $\overrightarrow{AC}$ für $\vec{a} + \vec{b}$
Die Koordinaten der Raumpunkte:
$B(4 \mid 1 \mid 4)$ und $C(6 \mid 6 \mid 6)$

$\vec{a} + \vec{b} = \begin{pmatrix} 3 \\ -1 \\ 1 \end{pmatrix} + \begin{pmatrix} 2 \\ 5 \\ 2 \end{pmatrix} = \begin{pmatrix} 5 \\ 4 \\ 3 \end{pmatrix}$

1.3.2 Multiplikation eines Vektors mit einem Skalar

Ein Vektor $\vec{a}$ kann mit einer reellen Zahl s multipliziert werden. Im Rahmen der Vektorrechnung bezeichnen wir die reelle Zahl s als Skalar, um sie von einem Vektor deutlich zu unterscheiden.
Wir werden z. B. fordern, dass $2 \cdot \vec{a}$ derselbe Vektor wie $\vec{a} + \vec{a}$ ist, d. h., der Vektor $2\vec{a}$ hat die Richtung und die zweifache Länge von $\vec{a}$.

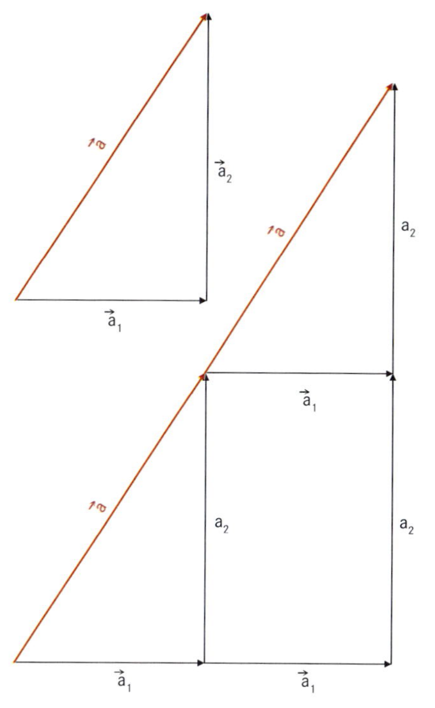

SATZ Für jeden Skalar $s \in \mathbb{R}$ gilt:

falls $s > 0$:
Der Vektor $s \cdot \vec{a}$ hat dieselbe Richtung wie $\vec{a}$.
falls $s < 0$:
Der Vektor $s \cdot \vec{a}$ ist entgegengesetzt gerichtet zu $\vec{a}$.
falls $s = 0$:
Der Vektor $s \cdot \vec{a}$ ist der Nullvektor.
Die Länge (der Betrag) des Vektors beträgt $|s| \cdot |\vec{a}|$.
Alle Vektoren $s\vec{a}$ sind parallel zueinander.
Insbesondere gilt:
Ist der Vektor $\vec{b}$ ein Vielfaches des Vektors $\vec{a}$ ($\vec{b} = s \cdot \vec{a}$), dann sind die Vektoren $\vec{a}$ und $\vec{b}$ parallel.
Man nennt sie auch **kollineare Vektoren.**

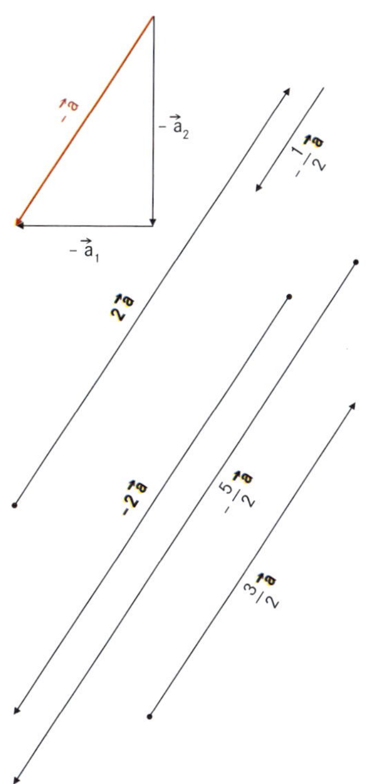

Bemerkung:
$s\vec{a}$ steht für die Pfeilmenge, die von einem Pfeil $\overrightarrow{AC}$ repräsentiert wird, der die *s*-fache Länge eines Repräsentanten $\overrightarrow{AB}$ des Vektors $\vec{a}$ hat.

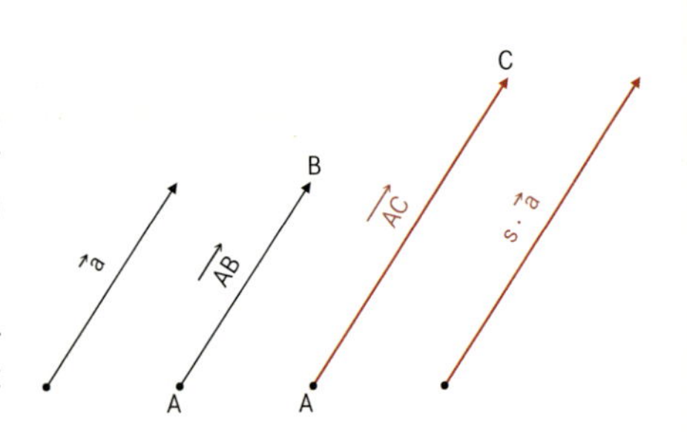

Für die Skalarmultiplikation eines Vektors in Koordinatendarstellung erhält man aus $2\vec{a} = \vec{a} + \vec{a}$:

$$2 \cdot \begin{pmatrix} a_1 \\ a_2 \end{pmatrix} = \begin{pmatrix} a_1 \\ a_2 \end{pmatrix} + \begin{pmatrix} a_1 \\ a_2 \end{pmatrix} = \begin{pmatrix} 2a_1 \\ 2a_2 \end{pmatrix}$$

und generell:

Ein Vektor wird mit einem Skalar multipliziert, indem man jede Koordinate mit dem Skalar multipliziert.

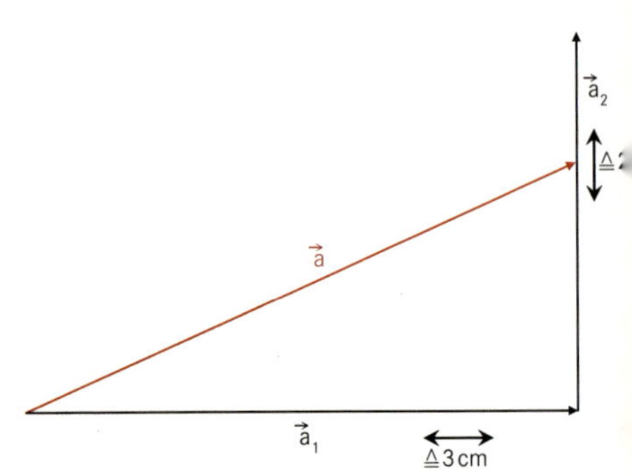

SATZ Ist s ein Skalar und $\vec{a} = \begin{pmatrix} a_1 \\ a_2 \end{pmatrix}$, dann ist der Vektor $s \cdot \vec{a} = \begin{pmatrix} sa_1 \\ sa_2 \end{pmatrix}$.

Analog gilt für die dreidimensionalen Vektoren:

$$s \cdot \vec{a} = s \begin{pmatrix} a_1 \\ a_2 \\ a_3 \end{pmatrix} = \begin{pmatrix} sa_1 \\ sa_2 \\ sa_3 \end{pmatrix}$$

Für den Betrag bzw. die Länge des Vektors $s\vec{a}$ ergibt sich:

$$\begin{aligned} |s\vec{a}| &= \sqrt{(sa_1)^2 + (sa_2)^2} \\ &= \sqrt{s^2(a_1^2 + a_2^2)} \\ &= \sqrt{s^2} \cdot \sqrt{a_1^2 + a_2^2} = |s| \cdot |\vec{a}| \end{aligned}$$

Dies gilt analog für dreidimensionale Vektoren:

Die Länge von $s\vec{a}$ ist also das $|s|$-fache der Länge von $\vec{a}$.

Für $s > 0$
haben $\vec{a}_1$ und $s\vec{a}_1$ und $\vec{a}_2$ und $s\vec{a}_2$ dasselbe Vorzeichen, d. h., $\vec{a}$ und $s\vec{a}$ haben dieselbe Richtung.

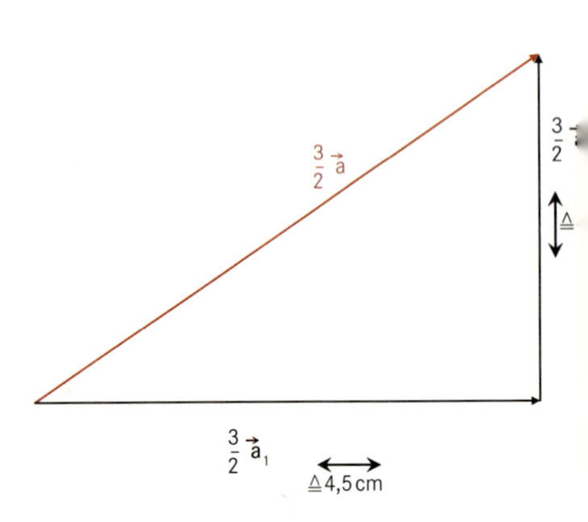

Für $s < 0$
haben $\vec{a}_1$ und $s\vec{a}_1$ und $\vec{a}_2$ und $s\vec{a}_2$ entgegengesetzte Vorzeichen, d. h., $\vec{a}$ und $s\vec{a}$ haben entgegengesetzte Richtungen.

Speziell gilt für $s = -1$:
$(-1) \cdot \vec{a} = -\vec{a}$
Der Vektor $-\vec{a}$ hat dieselbe Länge wie $\vec{a}$, zeigt jedoch in die entgegengesetzte Richtung.

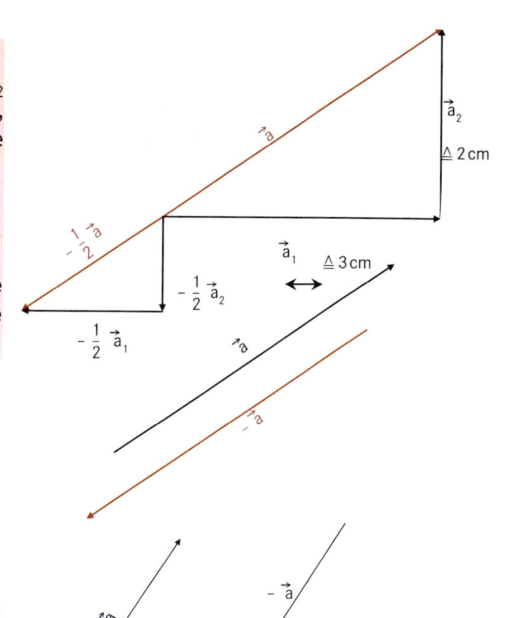

Differenz von Vektoren
Nun können wir auch die Differenz von zwei Vektoren festlegen.
$\overrightarrow{AB}$ und $\overrightarrow{AC}$ sind Repräsentanten der Vektoren $\vec{a}$ bzw. $\vec{b}$. $\overrightarrow{CB}$ ist dann ein Repräsentant des Vektors $\vec{a} - \vec{b}$.

In Koordinatendarstellung ergibt sich für die Differenz der zwei Vektoren

$$\vec{a} - \vec{b} = a + (-\vec{b})$$

$$\text{mit } \vec{a} = \begin{pmatrix} a_1 \\ a_2 \end{pmatrix}, \quad \vec{b} = \begin{pmatrix} b_1 \\ b_2 \end{pmatrix}:$$

$$\vec{a} - \vec{b} = \begin{pmatrix} a_1 - b_1 \\ a_2 - b_2 \end{pmatrix}.$$

Analog gilt für dreidimensionale Vektoren:

$$\vec{a} - \vec{b} = \begin{pmatrix} a_1 - b_1 \\ a_2 - b_2 \\ a_3 - b_3 \end{pmatrix}$$

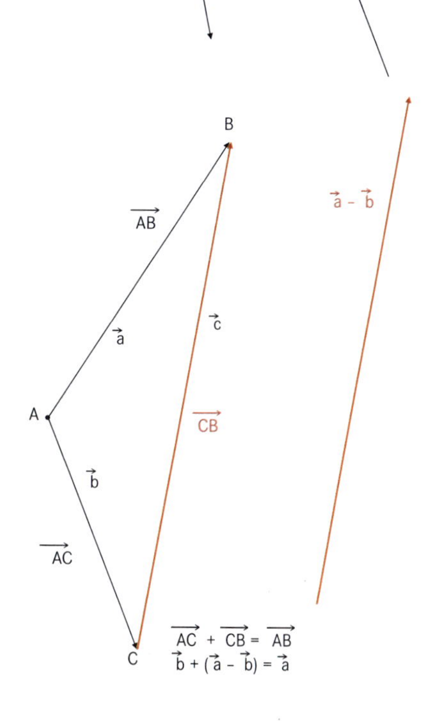

In den nebenstehenden Bildern ist $\vec{b} + (\vec{a} - \vec{b}) = \vec{a}$ und $-\vec{b} + \vec{a} = \vec{a} - \vec{b}$ dargestellt („Dreiecksgesetz“ für die Addition von Vektoren).

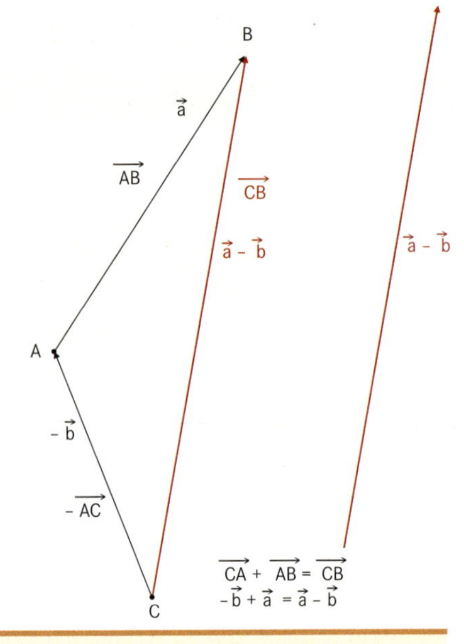

BEISPIEL

Gegeben sind $\vec{a} = \begin{pmatrix} 2 \\ -2 \\ 1 \end{pmatrix}$ und $\vec{b} = \begin{pmatrix} -1 \\ 0 \\ 3 \end{pmatrix}$.

Bestimmen Sie die Vektoren $\vec{a} + \vec{b}$, $\vec{a} - \vec{b}$, $2\vec{b}$ sowie $2\vec{a} + 3\vec{b}$.
Berechnen Sie die Länge der Vektoren.

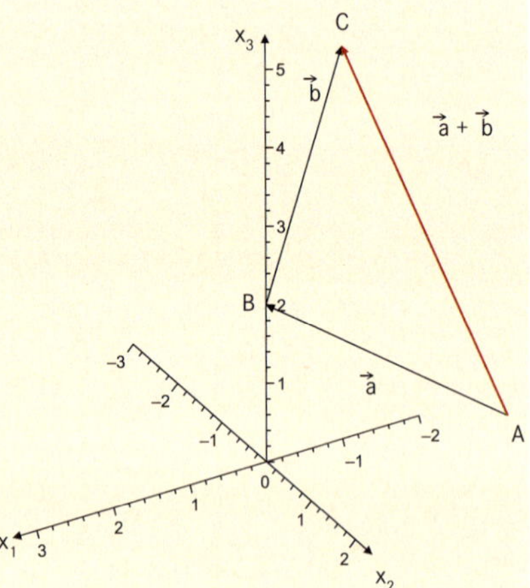

Lösung:
Für die geometrische Darstellung kann man zunächst einen beliebigen Anfangspunkt A wählen. Mit $A(-2 \mid 2 \mid 1)$ ist dann $B(0 \mid 0 \mid 2)$ und $C(-1 \mid 0 \mid 5)$.
$\overrightarrow{AB}$, $\overrightarrow{BC}$ und $\overrightarrow{AC}$ sind Repräsentanten der Vektoren $\vec{a}$, $\vec{b}$ und $(\vec{a} + \vec{b})$.

$$\overrightarrow{AB} = \begin{pmatrix} 2 \\ -2 \\ 1 \end{pmatrix}, \ \overrightarrow{BC} = \begin{pmatrix} -1 \\ 0 \\ 3 \end{pmatrix}, \ \overrightarrow{AC} = \begin{pmatrix} 1 \\ -2 \\ 4 \end{pmatrix}$$

$$\vec{a} + \vec{b} = \begin{pmatrix} 2 \\ -2 \\ 1 \end{pmatrix} + \begin{pmatrix} -1 \\ 0 \\ 3 \end{pmatrix} = \begin{pmatrix} 1 \\ -2 \\ 4 \end{pmatrix}$$

$D(-3 \mid 2 \mid 4)$, $\overrightarrow{AD}$ Repräsentant für $\vec{b}$,
$\overrightarrow{DB}$ Repräsentant für $\vec{a} - \vec{b}$

$$\overrightarrow{DB} = \begin{pmatrix} 3 \\ -2 \\ -2 \end{pmatrix} \vec{a} - \vec{b} = \begin{pmatrix} 2 \\ -2 \\ 1 \end{pmatrix} - \begin{pmatrix} -1 \\ 0 \\ 3 \end{pmatrix} = \begin{pmatrix} 3 \\ -2 \\ -2 \end{pmatrix}$$

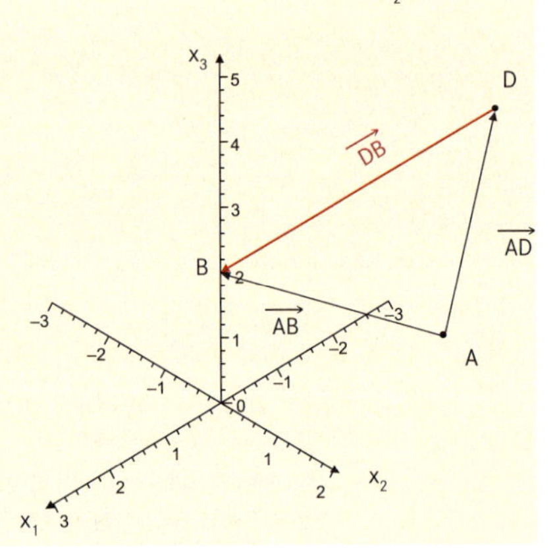

$\overrightarrow{AE} = 2 \cdot \overrightarrow{AD}$ Repräsentant für $2 \cdot \vec{b}$

$E(-4 \mid 2 \mid 7)$, $\overrightarrow{AE} = \begin{pmatrix} -2 \\ 0 \\ 6 \end{pmatrix}$

$2 \cdot \vec{b} = 2\begin{pmatrix} -1 \\ 0 \\ 3 \end{pmatrix} = \begin{pmatrix} -2 \\ 0 \\ 6 \end{pmatrix}$

$\overrightarrow{AF} = 2\,\overrightarrow{AB}$ Repräsentant für $2\,\vec{a}$
$\overrightarrow{FG}$ Repräsentant für $3\,\vec{b}$
$\overrightarrow{AG}$ Repräsentant für $2\,\vec{a} + 3\,\vec{b}$
$F(2 \mid -2 \mid 3)$, $G(-1 \mid -2 \mid 12)$

$\overrightarrow{AF} = \begin{pmatrix} 4 \\ -4 \\ 2 \end{pmatrix}$, $\overrightarrow{FG} = \begin{pmatrix} -3 \\ 0 \\ 9 \end{pmatrix}$, $\overrightarrow{AG} = \begin{pmatrix} 1 \\ -4 \\ 11 \end{pmatrix}$

$2\,\vec{a} + 3\,\vec{b} = \begin{pmatrix} 4 \\ -4 \\ 2 \end{pmatrix} + \begin{pmatrix} -3 \\ 0 \\ 9 \end{pmatrix} = \begin{pmatrix} 1 \\ -4 \\ 11 \end{pmatrix}$

$|\vec{a}| = \sqrt{4+4+1} = 3,$
$|\vec{b}| = \sqrt{1+0+9} = \sqrt{10} \approx 3{,}16$
$|\vec{a}+\vec{b}| = \sqrt{1+4+16} = \sqrt{21} \approx 4{,}58$
$|\vec{a}-\vec{b}| = \sqrt{9+4+4} = \sqrt{17} \approx 4{,}12$
$|2\vec{b}| = \sqrt{4+0+36} = \sqrt{40}$
$= 2 \cdot \sqrt{10} \approx 6{,}32$
$|2\vec{a}+3\vec{b}| = \sqrt{1+16+121}$
$= \sqrt{138} \approx 11{,}75$

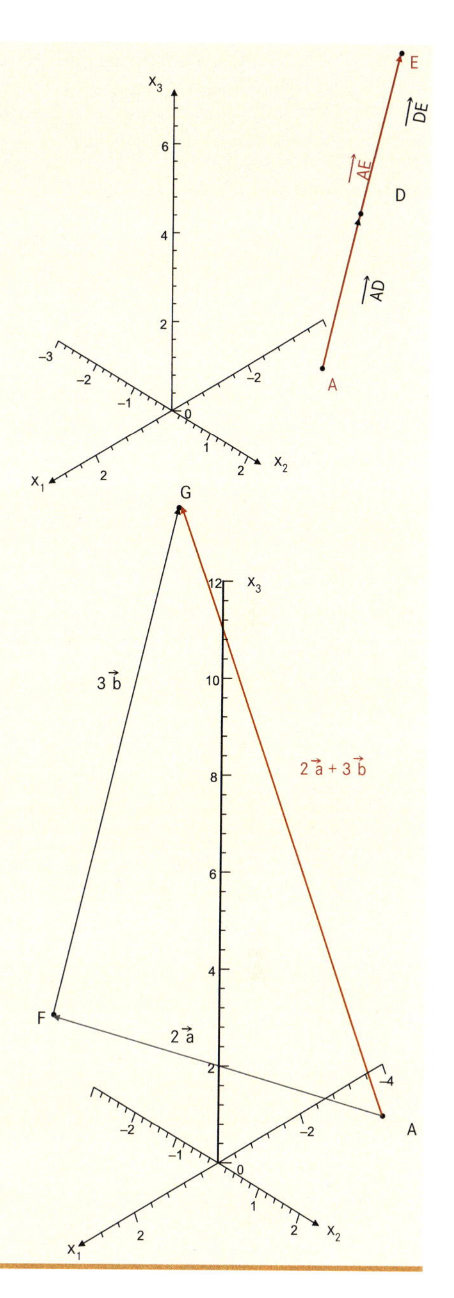

Wir haben bisher die Addition bzw. Skalarmultiplikation an Repräsentanten der Vektoren $\vec{a}$ bzw. $\vec{b}$ veranschaulicht. Dies sollte deutlich hervorheben, dass ein Vektor für eine Pfeilmenge steht. Künftig wollen wir die Repräsentanten $\overrightarrow{AB}$ und $\overrightarrow{CD}$ des Vektors $\vec{a}$ ($\overrightarrow{AB} \in \vec{a} \wedge \overrightarrow{CD} \in \vec{a}$) mit $\overrightarrow{AB} = \overrightarrow{CD} = \vec{a}$ bezeichnen und stets damit meinen, dass $\overrightarrow{AB}$ und $\overrightarrow{CD}$ gleich lange und gleich orientierte Pfeile sind, die sich höchstens durch eine Parallelverschiebung voneinander unterscheiden.

1.3.3 Eigenschaften von Vektoren

Wir können die Betrachtung zu unseren Vektoren ausweiten und den Begriff des Vektorraumes einführen.
Mit V^2 bezeichnen wir die Menge aller zweidimensionalen Vektoren und mit V^3 die Menge aller dreidimensionalen Vektoren.
Generell ist dann V^n die Menge aller n-dimensionalen Vektoren.

Ein n-dimensionaler Vektor ist ein geordnetes n-Tupel: $\vec{a} = \begin{pmatrix} a_1 \\ a_2 \\ \vdots \\ a_n \end{pmatrix}$, wobei $a_1, a_2, \dots a_n$ reelle Zahlen sind und als Komponenten des Vektors $\vec{a}$ bezeichnet werden.

Ein n-dimensionaler Vektor wird benutzt, um bestimmte messbare Größen bzw. Zahlen in einer geordneten Form zu notieren. Beispiele sind der Lösungsvektor eines linearen Gleichungssystems mit n Gleichungen $\vec{x} = \begin{pmatrix} x_1 \\ x_2 \\ \vdots \\ x_n \end{pmatrix}$

oder der Preisvektor für die Zutaten eines Kuchens $\vec{p} = \begin{pmatrix} p_1 \\ p_2 \\ \vdots \\ p_n \end{pmatrix}$

(die Koordinaten bzw. Komponenten $p_1, p_2, \dots, p_n$ stehen hier für die Kosten von 1 kg Mehl, 1 Ei, ..., 1 kg Quark). In der Einstein'schen Relativitätstheorie kennzeichnen vierdimensionale

Vektoren $\vec{w} = \begin{pmatrix} x_1 \\ x_2 \\ x_3 \\ t \end{pmatrix}$ den Ort im Raum und die Zeit.

Die Addition und die Skalarmultiplikation sind für n-dimensionale Vektoren analog zu den zweidimensionalen und dreidimensionalen Vektoren definiert.

Vektoren: $\vec{a} = \begin{pmatrix} a_1 \\ a_2 \\ \vdots \\ a_n \end{pmatrix}$, $\vec{b} = \begin{pmatrix} b_1 \\ b_2 \\ \vdots \\ b_n \end{pmatrix}$, $\vec{c} = \begin{pmatrix} c_1 \\ c_2 \\ \vdots \\ c_n \end{pmatrix}$; Skalare: $s, r \in \mathbb{R}$

Addition: $\vec{a} + \vec{b} = \begin{pmatrix} a_1 + b_1 \\ a_2 + b_2 \\ \vdots \\ a_n + b_n \end{pmatrix}$; Skalarmultiplikation: $s \cdot \vec{a} = \begin{pmatrix} sa_1 \\ sa_2 \\ \vdots \\ sa_n \end{pmatrix}$

Für alle Vektoren eines Vektorraumes V^n gelten nun bezüglich der zuvor erklärten Addition und Skalarmultiplikation acht Eigenschaften, die wir mit unseren frei verschiebbaren Pfeilen in der Anschauungsebene erläutern.

DEFINITION

Eigenschaften von Vektoren

Wenn $\vec{a}$, $\vec{b}$ und $\vec{c}$ Vektoren des Vektorraumes V^n sind und s, r Skalare, dann gilt:

1. $\vec{a} + \vec{b} = \vec{b} + \vec{a}$	Kommutativgesetz
2. $\vec{a} + (\vec{b} + \vec{c}) = (\vec{a} + \vec{b}) + \vec{c}$	Assoziativgesetz
3. $\vec{a} + \vec{o} = \vec{a}$	Neutrales Element der Addition; $\vec{o}$ heißt Nullvektor.
4. $\vec{a} + (-\vec{a}) = \vec{o}$	Inverses Element zu $\vec{a}$ ist $-\vec{a}$.
5. $s(\vec{a} + \vec{b}) = s\vec{a} + s\vec{b}$	Distributivgesetz für Vektoren
6. $(s + r)\vec{a} = s\vec{a} + r\vec{a}$	Distributivgesetz für Zahlen (Skalare)
7. $(s \cdot r) \cdot \vec{a} = s \cdot (r \cdot \vec{a})$	Assoziativgesetz für Zahlen (Skalare)
8. $1 \cdot \vec{a} = \vec{a}$	Neutrales Element der Skalar-Multiplikation ist 1.

Diese acht Eigenschaften von Vektoren können wir sofort geometrisch oder arithmetisch verständlich machen.

1. Das *Kommutativgesetz* haben wir bereits bei der Definition der Addition von Vektoren (Kapitel 1.3.1, S. 25) gezeigt.
2. Das *Assoziativgesetz* ergibt sich aus der nebenstehenden Abbildung. $\overrightarrow{PQ}$, $\overrightarrow{QR}$ und $\overrightarrow{RS}$ sind Repräsentanten der Vektoren $\vec{a}$, $\vec{b}$ und $\vec{c}$. $\overrightarrow{PR}$, $\overrightarrow{QS}$ und $\overrightarrow{PS}$ sind Repräsentanten der Vektoren $\vec{a} + \vec{b}$, $\vec{b} + \vec{c}$ und $\vec{a} + \vec{b} + \vec{c}$. $\overrightarrow{PS}$ erhält man, indem man zuerst $\overrightarrow{PQ} + \overrightarrow{QR} = \overrightarrow{PR}$ bildet und dann $\overrightarrow{RS}$ hinzuaddiert oder zu $\overrightarrow{PQ}$ den Summenvektor $\overrightarrow{QR} + \overrightarrow{RS} = \overrightarrow{QS}$ addiert.

   In Koordinatendarstellung ergibt sich das Assoziativgesetz aus dem Assoziativgesetz für reelle Zahlen.

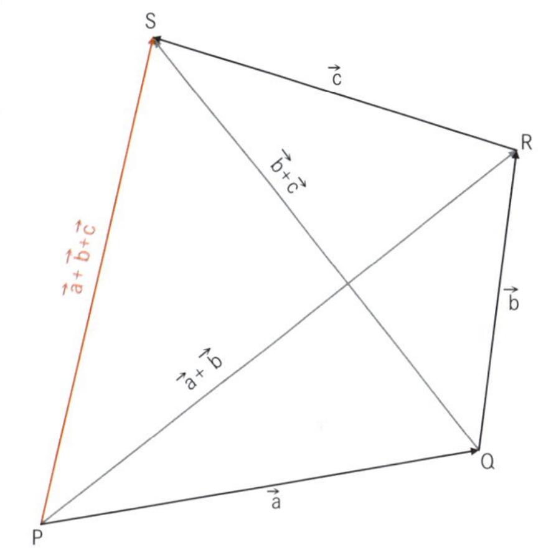

$$\vec{a} = \begin{pmatrix} a_1 \\ a_2 \end{pmatrix}, \vec{b} = \begin{pmatrix} b_1 \\ b_2 \end{pmatrix}, \vec{c} = \begin{pmatrix} c_1 \\ c_2 \end{pmatrix}$$

$$\vec{a} + (\vec{b} + \vec{c}) = (\vec{a} + \vec{b}) + \vec{c}$$

$$= \begin{pmatrix} a_1 \\ a_2 \end{pmatrix} + \begin{pmatrix} b_1+c_1 \\ b_2+c_2 \end{pmatrix} = \begin{pmatrix} a_1+b_1 \\ a_2+b_2 \end{pmatrix} + \begin{pmatrix} c_1 \\ c_2 \end{pmatrix}$$

$$= \begin{pmatrix} a_1+b_1+c_1 \\ a_2+b_2+c_2 \end{pmatrix}$$

Die Addition mehrerer Vektoren kann nun über die so genannte Vektorkette erklärt werden.

$\vec{a} + \vec{b} + \vec{c} + \vec{d} = (\vec{a} + \vec{b}) + \vec{c} + \vec{d}$
$= (\vec{a} + \vec{b} + \vec{c}) + \vec{d}$

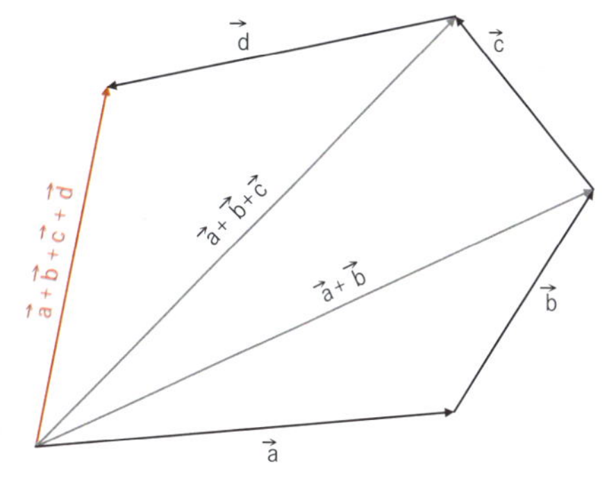

3. *Neutrales Element bezüglich der Addition* ist der Nullvektor $\vec{o}$. Ein Pfeil verändert sich nicht, wenn man an ihn einen „Punktpfeil“ $\overrightarrow{RR}$ anhängt.
   $\vec{a} + \vec{o} = \begin{pmatrix} a_1 \\ a_2 \end{pmatrix} + \begin{pmatrix} 0 \\ 0 \end{pmatrix} = \begin{pmatrix} a_1 \\ a_2 \end{pmatrix} = \vec{a}$

4. *Inverses Element bezüglich der Addition*
   Hängt man an einen Pfeil $\overrightarrow{PQ}$ (Repräsentant für $\vec{a}$) den entgegengesetzten Pfeil $\overrightarrow{QP} = -\overrightarrow{PQ}$, so erhält man einen „Punktpfeil“ $\overrightarrow{PP}$.
   Es gilt also: $\vec{a} + (-1) \cdot \vec{a} = \vec{a} - \vec{a} = \vec{o}$
   $\begin{pmatrix} a_1 \\ a_2 \end{pmatrix} + (-1) \cdot \begin{pmatrix} a_1 \\ a_2 \end{pmatrix} = \begin{pmatrix} a_1 \\ a_2 \end{pmatrix} - \begin{pmatrix} a_1 \\ a_2 \end{pmatrix} = \begin{pmatrix} 0 \\ 0 \end{pmatrix}$

5. *Distributivgesetz für Vektoren*
   Das *s*-fache eines Pfeils von $\vec{a} + \vec{b}$ ist nach den Strahlensätzen die Summe des *s*-fachen der Pfeile für $\vec{a}$ und $\vec{b}$.
   Es gilt also $s \cdot (\vec{a} + \vec{b}) = s\vec{a} + s\vec{b}$ (Zeichnung für $s = 3$).
   In Koordinatendarstellung ($n = 2$):
   $s\begin{pmatrix} a_1 + b_1 \\ a_2 + b_2 \end{pmatrix} = s\begin{pmatrix} a_1 \\ a_2 \end{pmatrix} + s\begin{pmatrix} b_1 \\ b_2 \end{pmatrix}$

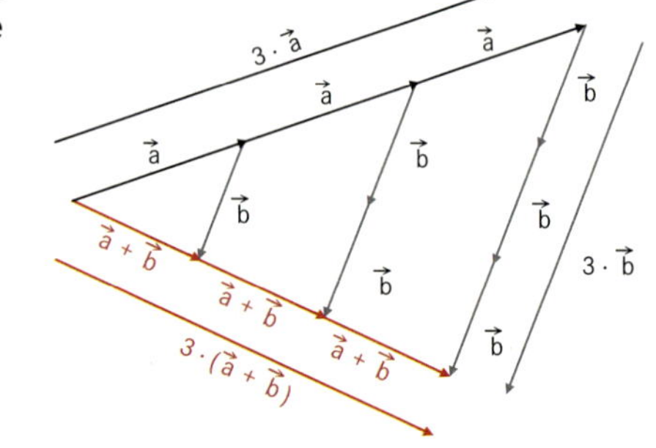

6. *Distributivgesetz für Skalare*
   Die nebenstehende Zeichnung mit $s = 3$, $r = 2$ zeigt unmittelbar:
   $(s + r)\,\vec{a} = s\vec{a} + r\vec{a}$

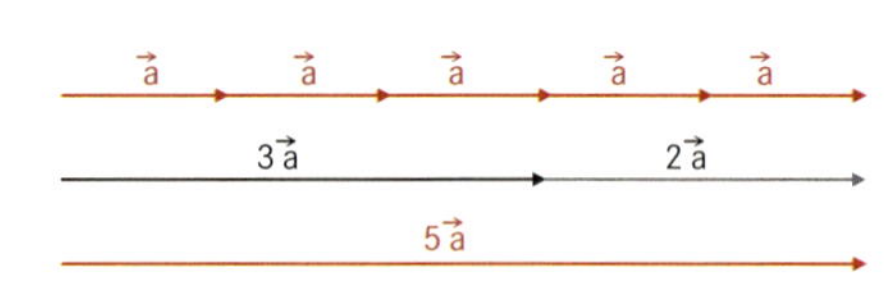

7. *Assoziativgesetz für Skalare*
   Auch hier erkennt man für $s = 3$ und $r = 2$ sofort:
   $(s \cdot r) \cdot \vec{a} = s \cdot (r \cdot \vec{a})$

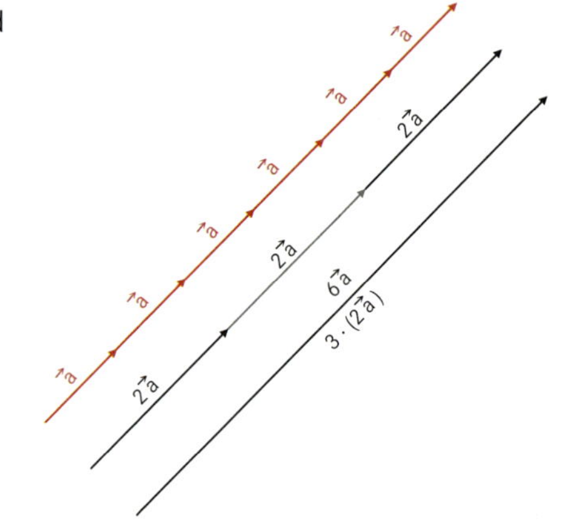

8. *Neutrales Element bezüglich der Skalarmultiplikation*
   1 ist hier das neutrale Element, da das 1-fache eines Pfeils der Pfeil selbst ist.
   $1 \cdot \vec{a} = \vec{a}$ oder $1 \cdot \begin{pmatrix} a_1 \\ a_2 \end{pmatrix} = \begin{pmatrix} a_1 \\ a_2 \end{pmatrix}$

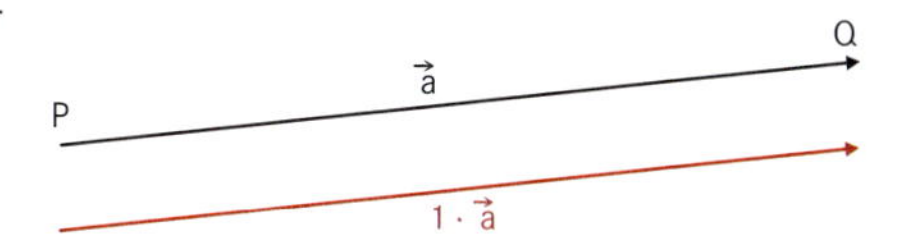

Nachdem wir hier angedeutet haben, dass Vektoren im abstrakten Sinn nichts anderes sind als Elemente eines Vektorraums mit den oben festgelegten acht Eigenschaften, wollen wir wieder zurückkehren zu unseren geometrischen Vektoren der Ebene und des Raums.

BEISPIELE

1. A, B und C sind die Eckpunkte eines Dreiecks.
   Ermitteln Sie $\overrightarrow{AB} + \overrightarrow{BC} + \overrightarrow{CA}$.

   Lösung:
   $\overrightarrow{AB} + \overrightarrow{BC} + \overrightarrow{CA} = \vec{o}$ (Nullvektor)

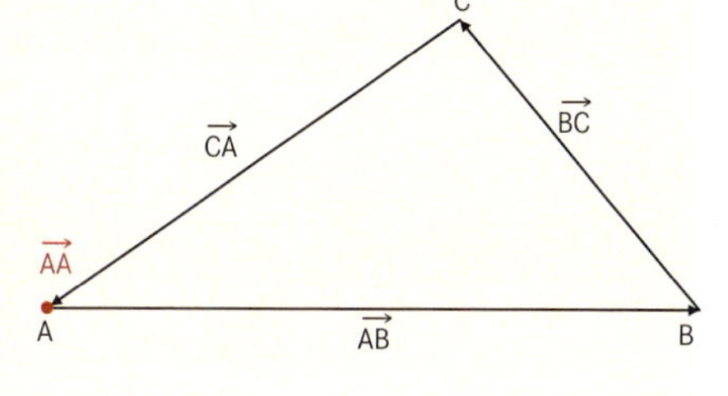

2. Gegeben ist die Gerade $g = (A, B)$. Der Punkt C innerhalb der Strecke AB auf der Geraden g ist doppelt so weit von B wie von A entfernt. Wenn die Vektoren $\vec{a} = \overrightarrow{OA}$, $\vec{b} = \overrightarrow{OB}$ und $\vec{c} = \overrightarrow{OC}$ sind, dann gilt:

   $\vec{c} = \frac{2}{3}\vec{a} + \frac{1}{3}\vec{b}$

   Lösung:
   Der Vektor $\overrightarrow{AC} = \frac{1}{3}\overrightarrow{AB}$ und
   $\overrightarrow{AB} = \vec{b} - \vec{a}$.
   Damit ergibt sich:
   $\vec{c} = \overrightarrow{OC} = \overrightarrow{OA} + \overrightarrow{AC} = \vec{a} + \frac{1}{3}(\vec{b} - \vec{a})$
   $= \frac{2}{3}\vec{a} + \frac{1}{3}\vec{b}$

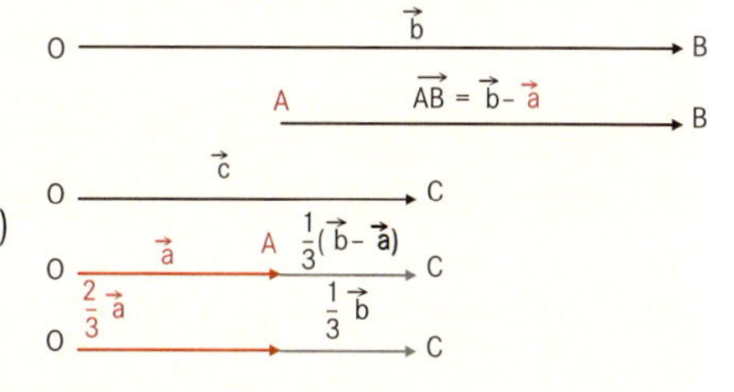

3. a) Gegeben sind die Vektoren $\vec{a} = \begin{pmatrix} 2 \\ -1 \end{pmatrix}$, $\vec{b} = \begin{pmatrix} 3 \\ 2 \end{pmatrix}$ und $\vec{c} = \begin{pmatrix} 12 \\ 1 \end{pmatrix}$.

   Zeichnen Sie Repräsentanten der Vektoren.

   b) Ermitteln Sie aus der Zeichnung die Skalare s und r, sodass gilt:
   $\vec{c} = s\vec{a} + r\vec{b}$

   c) Berechnen Sie s und r.

Lösungen:

a)

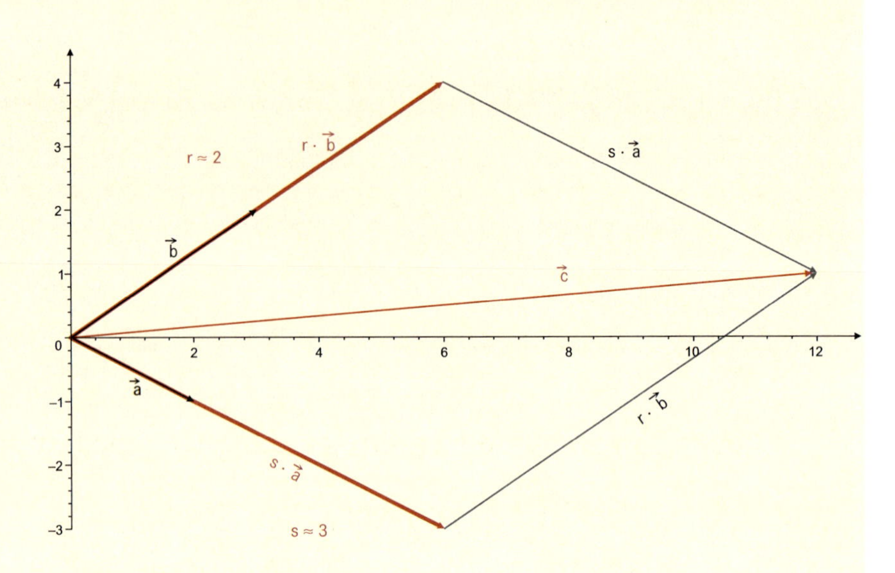

b) Aus der Zeichnung (Vektorparallelogramm) ergibt sich für $s = 3$ und $r = 2$.

c) Rechnung: $s\begin{pmatrix} 2 \\ -1 \end{pmatrix} + r\begin{pmatrix} 3 \\ 2 \end{pmatrix} = \begin{pmatrix} 12 \\ 1 \end{pmatrix}$

ergibt:

$$\begin{aligned} 2s + 3r &= 12 \quad | \\ \wedge\ -s + 2r &= 1 \quad | \cdot 2 \\[1em] 7r &= 14 \\ r &= 2 \\[1em] s &= 2r - 1 = 4 - 1 \\ s &= 3 \end{aligned}$$

4. Verwenden Sie Vektoren, um zu zeigen, dass in jedem Dreieck die Strecke zwischen zwei Seitenmittelpunkten parallel zur dritten Dreiecksseite verläuft und halb so lang ist wie diese.

Lösung:

Mit den Vektoren $\overrightarrow{AC}$, $\overrightarrow{CB}$, $\overrightarrow{BA}$

$\overrightarrow{M_bC} = \frac{1}{2}\overrightarrow{AC}$ und $\overrightarrow{CM_a} = \frac{1}{2}\overrightarrow{CB}$ gilt:

(1) $\overrightarrow{AC} + \overrightarrow{CB} = \overrightarrow{BA} \quad | \cdot \frac{1}{2}$

(2) $\frac{1}{2}\overrightarrow{AC} + \frac{1}{2}\overrightarrow{CB} = \frac{1}{2}\overrightarrow{BA}$

(3) $\overrightarrow{M_bC} + \overrightarrow{CM_a} = \overrightarrow{M_aM_b}$

(4) Aus (2) und (3) folgt:
$\overrightarrow{M_aM_b} = \frac{1}{2}\overrightarrow{BA}$

$\overrightarrow{M_aM_b}$ ist damit parallel zu $\overrightarrow{BA}$ und hat die halbe Länge.
Analog kann man mit $\overrightarrow{M_cM_b}$ oder $\overrightarrow{M_cM_a}$ verfahren.

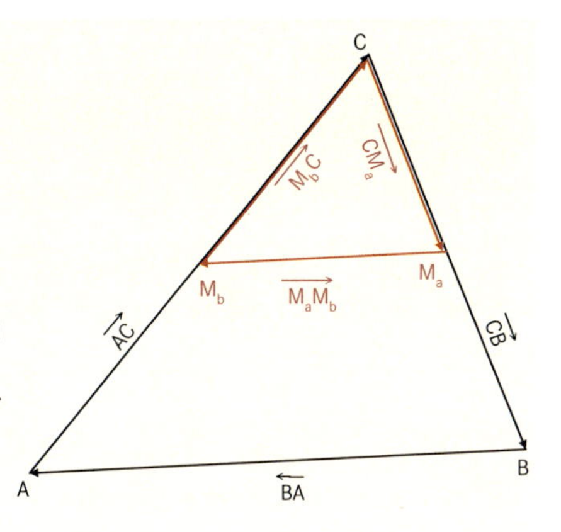

1.3.4 Lineare Abhängigkeit und Unabhängigkeit von Vektoren

Zwei Vektoren sind *linear abhängig*, wenn gilt: $r \cdot \vec{a} + s \cdot \vec{b} = \vec{o}$.
Dabei sind $\vec{a} \neq \vec{o}$ und $\vec{b} \neq \vec{o}$ und die zwei reellen Zahlen $r \in \mathbb{R}$, $s \in \mathbb{R}$ nicht beide null.

Hieraus folgt ($r \neq 0$): $\vec{a} = -\frac{s}{r}\vec{b}$.

Zwei linear abhängige Vektoren haben dieselbe Richtung oder sind entgegengesetzt gerichtet, d. h., sie sind parallel. Als Ortsvektor führen sie zu Punkten einer Geraden *h* durch den Ursprung.

Zwei Vektoren sind *linear unabhängig*, wenn die Gleichung $r \cdot \vec{a} + s \cdot \vec{b} = \vec{o}$ ($\vec{a}, \vec{b} \neq \vec{o}$) nur die triviale Lösung $r = 0$ und $s = 0$ besitzt.
Anschaulich bedeutet dies, dass kein Vektor ein Vielfaches des anderen ist.

Zwei linear unabhängige Vektoren spannen eine Ebene im Raum auf.
Sind $r \cdot \vec{a}$ und $s \cdot \vec{b}$ Ortsvektoren, so wird durch $\vec{x} = r \cdot \vec{a} + s \cdot \vec{b}$ die Menge aller Punkte *X* einer Ebene durch den Koordinatenursprung 0 festgelegt.

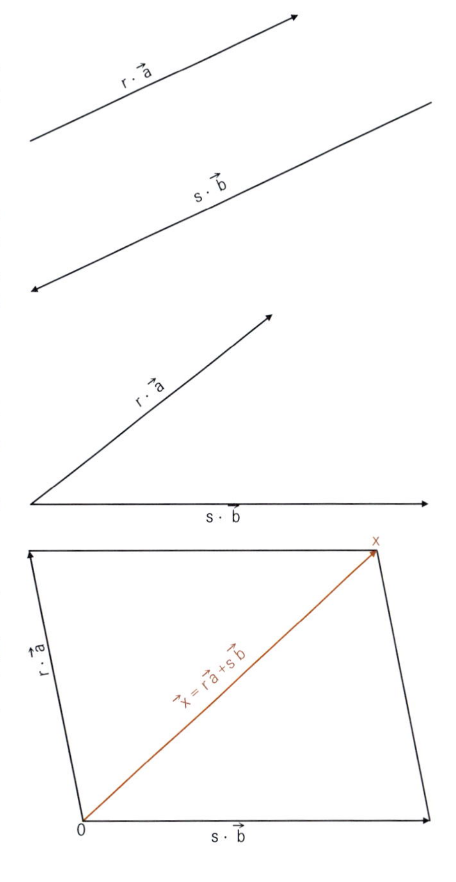

BEISPIEL 1. Sind die Vektoren $\vec{a} = \begin{pmatrix} 2 \\ 3 \\ 4 \end{pmatrix}$; $\vec{b} = \begin{pmatrix} 3 \\ \frac{9}{2} \\ 6 \end{pmatrix}$ linear abhängig?

Man erhält das lineare Gleichungssystem (siehe Kapitel 9, Jahrgangsstufe 1):

$$r\begin{pmatrix} 2 \\ 3 \\ 4 \end{pmatrix} + s\begin{pmatrix} 3 \\ \frac{9}{2} \\ 6 \end{pmatrix} = \begin{pmatrix} 0 \\ 0 \\ 0 \end{pmatrix}$$

$2r + 3s = 0$

$3r + \frac{9}{2}s = 0$

$4r + 6s = 0$

Gauß-Algorithmus

r	s		
2	3	0	$\mid \cdot 3$ (+) ; $\mid \cdot (-2)$
3	$\frac{9}{2}$	0	$\mid \cdot (-2)$
4	6	0	(+)
2	3	0	
0	0	0	
0	0	0	

$0 \cdot s = 0$

$s = c,\ c \in \mathbb{R}$

$2r + 3c = 0$

$r = -\frac{3}{2}c$

$-\frac{3}{2}c \cdot \vec{a} + c \cdot \vec{b} = \vec{o}$

$\vec{a} = \frac{2}{3} \cdot \vec{b}$

$\vec{a}$ und $\vec{b}$ sind linear abhängig.

Probe

$-\frac{3}{2}c \cdot \vec{a} + c \cdot \vec{b} = \vec{o}$

$$\begin{pmatrix} -3c \\ -\frac{9}{2}c \\ -6c \end{pmatrix} + \begin{pmatrix} 3c \\ \frac{9}{2}c \\ 6c \end{pmatrix} = \begin{pmatrix} 0 \\ 0 \\ 0 \end{pmatrix}$$

Lösung mit dem *grafikfähigen Taschenrechner* (GTR):

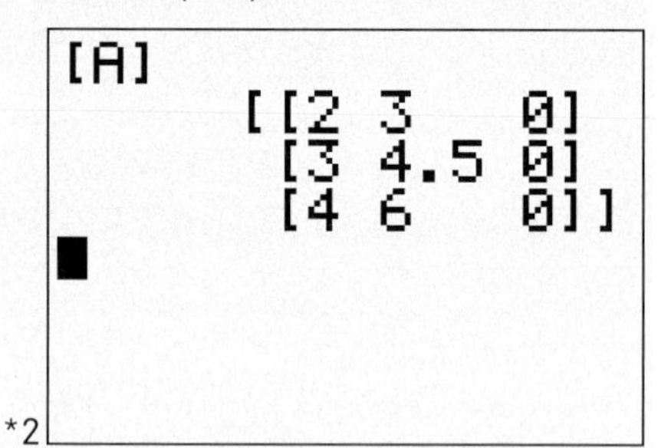

*2

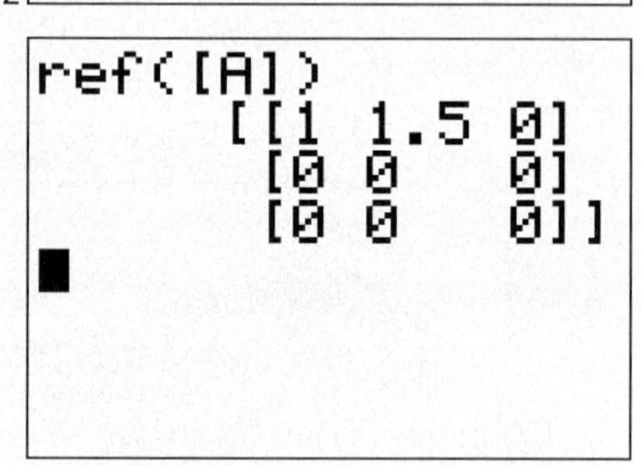

Man erhält sofort: $r + 1{,}5\,s = 0$,
mit $s = c$: $r = -1{,}5\,c$;
$-1{,}5\,c \cdot \vec{a} + c \cdot \vec{b} = 0$;
$\vec{a} = \frac{2}{3}\vec{b}$

2. Prüfen Sie, ob $\vec{a} = \begin{pmatrix} 2 \\ 3 \\ 4 \end{pmatrix}$ und $\vec{b} = \begin{pmatrix} 1 \\ -2 \\ 5 \end{pmatrix}$ linear unabhängig sind.

Lösung:

Man erhält wiederum das lineare Gleichungssystem.

$r \cdot \vec{a} + s \cdot \vec{b} = \vec{o}$

$$r \cdot \begin{pmatrix} 2 \\ 3 \\ 4 \end{pmatrix} + s \cdot \begin{pmatrix} 1 \\ -2 \\ 5 \end{pmatrix} = \begin{pmatrix} 0 \\ 0 \\ 0 \end{pmatrix}$$

Gauß-Algorithmus

r	s		
2	1	0	$\vert \cdot 3$; $\vert \cdot (-2)$
3	−2	0	$\vert \cdot (-2)$ +
4	5	0	+
2	1	0	
0	7	0	$\vert \cdot 3$
0	3	0	$\vert \cdot (-7)$ +
2	1	0	
0	7	0	
0	0	0	

$$7 \cdot s = 0$$
$$s = 0$$
$$2r + 0 = 0$$
$$r = 0$$

Lösung mit dem *grafikfähigen Taschenrechner* (GTR):

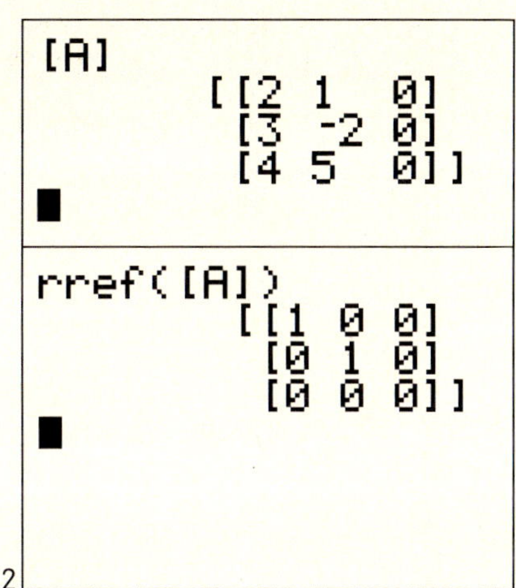

*2

Es existiert nur die triviale Lösung:
$r = 0$ und $s = 0$, also sind $\vec{a}$ und $\vec{b}$ linear unabhängig.

Für drei Vektoren $\vec{a}$, $\vec{b}$, $\vec{c}$ gilt entsprechend: $\vec{a}$, $\vec{b}$, $\vec{c}$ sind linear unabhängig, wenn für $r \cdot \vec{a} + q \cdot \vec{b} + s \cdot \vec{c} = \vec{o}$ nur die triviale Lösung $r = 0 \wedge q = 0 \wedge s = 0$ existiert.

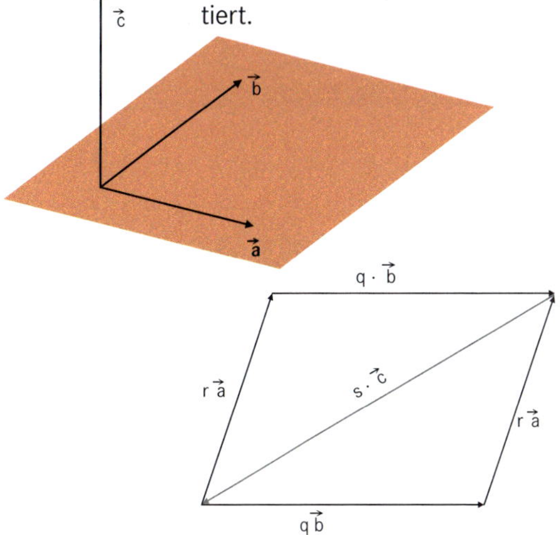

Betrachtet man $\vec{a}$, $\vec{b}$, $\vec{c}$ als Ortsvektoren und sind $\vec{a}$ und $\vec{b}$ linear unabhängig, bedeutet dies, dass $\vec{c}$ nicht zu der von $\vec{a}$ und $\vec{b}$ aufgespannten Ebene gehört, sondern aus der Ebene herauszeigt. Natürlich liegt dann auch $\vec{a}$ nicht in der von $\vec{b}$ und $\vec{c}$ gebildeten Ebene und $\vec{b}$ nicht in der von $\vec{a}$ und $\vec{c}$ gebildeten Ebene.

Drei Vektoren sind linear abhängig, wenn für $r \cdot \vec{a} + q \cdot \vec{b} + s \cdot \vec{c} = \vec{o}$ nichttriviale Lösungen existieren. Das heißt, $\vec{a}$, $\vec{b}$ und $\vec{c}$ liegen in einer Ebene. $\vec{a}$ lässt sich dann als Linearkombination von $\vec{b}$ und $\vec{c}$ darstellen, $\vec{b}$ als Linearkombination von $\vec{a}$ und $\vec{c}$ sowie $\vec{c}$ als Linearkombination von $\vec{a}$ und $\vec{b}$.
$\vec{a} = -\frac{q}{r}\vec{b} - \frac{s}{r}\vec{c}$, $\vec{b} = -\frac{r}{q}\vec{a} - \frac{s}{q}\vec{c}$,
$\vec{c} = -\frac{r}{s}\vec{a} - \frac{q}{s}\vec{b}$

SATZ Für den Anschauungsraum gilt:

Sind $\vec{a}$, $\vec{b}$ und $\vec{c}$ linear unabhängige Vektoren, dann ist jeder weitere Vektor $\vec{v}$ eindeutig als Linearkombination von $\vec{a}$, $\vec{b}$ und $\vec{c}$ darstellbar.
$\vec{v} = q \cdot \vec{a} + p \cdot \vec{b} + r \cdot \vec{c}$ $(q, p, r \in \mathbb{R})$

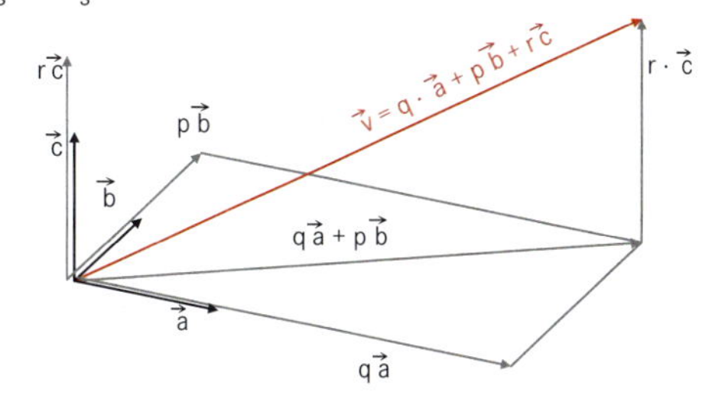

Punktraum, Vektorraum und affiner Punktraum

Wir sind von den zwei- und dreidimensionalen Punkträumen ($\mathbb{R}^2$, $\mathbb{R}^3$) unserer Anschauung ausgegangen und haben eine axiomatische Grundlegung der Geometrie und eine strenge Begriffsbildung vermieden. Man kann jedem Punkt P durch den Ortsvektor $\overrightarrow{OP}$ einen Vektor zuordnen und gelangt so zu den Vektorräumen V^2 und V^3.

In den Abituraufgaben zur analytischen Geometrie werden Sie manchmal neben $\mathbb{R}^3$ für den Punktraum und neben V^3 für den Vektorraum auch die Bezeichnung A^3 für den affinen Punktraum vorfinden.

Im Rahmen unserer Aufgaben versteht man unter dem affinen Punktraum einen Raum mit Vektoren und Punkten. Neben den Axiomen des Vektorraumes sind noch zwei weitere Festlegungen getroffen:

1. Ein Vektor ordnet jedem Punkt genau einen Punkt zu.
2. Zu den Punkten A, B gibt es genau einen Vektor, der A in B überführt; er heißt $\overrightarrow{AB}$.

AUFGABE 1 Zeigen Sie, dass $\vec{a} = \begin{pmatrix} 1 \\ 2 \\ -2 \end{pmatrix}$, $\vec{b} = \begin{pmatrix} 2 \\ 10 \\ 11 \end{pmatrix}$ und $\vec{c} = \begin{pmatrix} 14 \\ -5 \\ 2 \end{pmatrix}$ linear unabhängig sind.

AUFGABE 2

a) Bestimmen Sie alle Werte von $k \in \mathbb{R}\setminus\{0\}$, für welche die Vektoren

$\vec{a}_k = \begin{pmatrix} 1 \\ 3 \\ 0 \\ k \end{pmatrix}$, $\vec{b}_k = \begin{pmatrix} 1 \\ 2k \\ 1 \\ 0 \end{pmatrix}$, $\vec{c}_k = \begin{pmatrix} 1 \\ -k \\ 1 \\ 1 \end{pmatrix}$, $\vec{v}_k = \begin{pmatrix} 0 \\ -2k \\ k \\ -3 \end{pmatrix}$ linear abhängig sind.

b) Für welche Werte von k sind $\vec{a}_k$, $\vec{b}_k$ und $\vec{c}_k$ linear unabhängig?

AUFGABE 3 Im Vektorraum V^3 sind für $t \in \mathbb{R}$ folgende Vektoren gegeben:

$\vec{a}_t = \begin{pmatrix} 1 \\ 0 \\ t \end{pmatrix}$, $\vec{b}_t = \begin{pmatrix} -1 \\ \frac{1}{t} \\ 2 \end{pmatrix}$, $\vec{c}_t = \begin{pmatrix} 1-t \\ -1 \\ -1 \end{pmatrix}$, $t \in \mathbb{R}\setminus\{0\}$

a) Zeigen Sie, dass die Vektoren $\vec{a}_3$, $\vec{b}_3$ und $\vec{c}_3$ linear unabhängig sind.

b) Für welche Werte von t sind die drei Vektoren linear abhängig?

c) Geben Sie für diese Fälle $\vec{c}_t$ als Linearkombination von $\vec{a}_t$ und $\vec{b}_t$ an.

AUFGABE 4 Im Vektorraum V^3 sind für $t \in \mathbb{R}$ folgende Vektoren gegeben:

$\vec{a}_t = \begin{pmatrix} 2t \\ -1 \\ 7 \end{pmatrix}$, $\vec{b}_t = \begin{pmatrix} 1 \\ 1-t \\ -2 \end{pmatrix}$, $\vec{c}_t = \begin{pmatrix} 1 \\ 5 \\ 2+t \end{pmatrix}$ und $\vec{v}_t = \begin{pmatrix} 2t \\ -2 \\ 6 \end{pmatrix}$

a) Zeigen Sie durch Rechnung, dass die Vektoren $\vec{a}_t$, $\vec{b}_t$ und $\vec{c}_t$ für $t = -1$ linear abhängig sind.

b) Für welche Werte $t \in \mathbb{R}$ sind die Vektoren $\vec{a}_t$, $\vec{b}_t$ und $\vec{c}_t$ linear unabhängig? Geben Sie für diese t den Vektor $\vec{v}_t$ als Linearkombination von $\vec{a}_t$, $\vec{b}_t$ und $\vec{c}_t$ an.

AUFGABE 5 Im Vektorraum V^3 sind die Vektoren $\vec{a}_t$, $\vec{b}_t$ und $\vec{c}$ gegeben durch:

$$\vec{a}_t = \begin{pmatrix} 1 \\ t^2+1 \\ 3t \end{pmatrix}, \vec{b}_t = \begin{pmatrix} t+2 \\ 1 \\ 1 \end{pmatrix}, \vec{c} = \begin{pmatrix} -1 \\ 1 \\ -1 \end{pmatrix}; t \in \mathbb{R}$$

a) Zeigen Sie, dass für $t = 0$ die Vektoren $\vec{a}_t$ und $\vec{b}_t$ linear unabhängig sind.

b) Lässt sich der Vektor $\vec{v} = \begin{pmatrix} 5 \\ 3 \\ 2 \end{pmatrix}$ als Linearkombination von $\vec{a}_0$ und $\vec{b}_0$ darstellen?

c) Weisen Sie nach, dass $\vec{a}_0$ und $\vec{b}_0$ und $\vec{c}$ linear unabhängig sind.
Stellen Sie den Vektor $\vec{u} = \begin{pmatrix} 3 \\ 4 \\ 1 \end{pmatrix}$ als Linearkombination dieser Vektoren dar.

AUFGABE 6 Im Vektorraum V^3 sind die Vektoren $\vec{a}_t = \begin{pmatrix} -1 \\ -t \\ t-1 \end{pmatrix}$ und $\vec{b} = \begin{pmatrix} 2 \\ 1 \\ 1 \end{pmatrix}$, $t \in \mathbb{R}$ gegeben.

a) Zeigen Sie, dass $\vec{a}_0$ und $\vec{b}$ linear unabhängig sind.
Für welches t sind $\vec{a}_t$ und $\vec{b}$ linear abhängig?

b) Für $t \in \mathbb{R} \setminus \{\frac{1}{2}\}$ soll $\vec{x} = \begin{pmatrix} x_1 \\ x_2 \\ x_3 \end{pmatrix} = r \cdot \vec{a}_t + s \cdot \vec{b}$ als Linearkombination von $\vec{a}_t$ und $\vec{b}$ dargestellt werden. Welche Beziehung muss dann zwischen x_1, x_2 und x_3 bestehen?

AUFGABE 7 Im Vektorraum V^3 sind folgende Vektoren gegeben:

$$\vec{a} = \begin{pmatrix} 2 \\ -3 \\ -5 \end{pmatrix}, \vec{b}_k = \begin{pmatrix} 1 \\ k \\ k \end{pmatrix} \text{ und } \vec{c}_k = \begin{pmatrix} 1-k \\ -1 \\ -2 \end{pmatrix}; k \in \mathbb{R}$$

a) Zeigen Sie, dass $\vec{a}$, $\vec{b}_1$ und $\vec{c}_1$ linear unabhängig sind.
Stellen Sie $\vec{v} = \begin{pmatrix} -1 \\ 1 \\ 1 \end{pmatrix}$ als Linearkombination von $\vec{a}$, $\vec{b}_1$ und $\vec{c}_1$ dar.

b) $\vec{x}_k = \vec{a} + \vec{b}_k - \vec{c}_k$. Für welchen Wert von k ist $\vec{x}_k = \frac{1}{2}\begin{pmatrix} 7 \\ -1 \\ -3 \end{pmatrix}$?

1.3.5 Basisvektoren

Man kann im Koordinatensystem spezielle Vektoren als Basis auszeichnen. Mit der zuvor definierten Vektoraddition und Skalarmultiplikation und den acht Vektoreigenschaften kann somit eine weitere Darstellung der Vektorrechnung erfolgen.

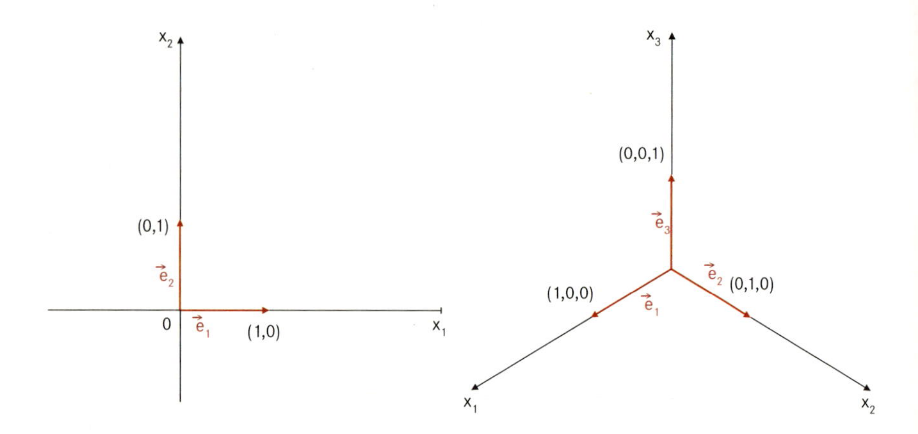

Die kanonischen* Basisvektoren spielen eine besondere Rolle im dreidimensionalen Vektorraum V^3.

DEFINITION

Wir definieren als kanonische Basisvektoren:

$$\vec{e}_1 = \begin{pmatrix} 1 \\ 0 \\ 0 \end{pmatrix}, \vec{e}_2 = \begin{pmatrix} 0 \\ 1 \\ 0 \end{pmatrix} \text{ und } \vec{e}_3 = \begin{pmatrix} 0 \\ 0 \\ 1 \end{pmatrix}.$$

$\vec{e}_1$, $\vec{e}_2$ und $\vec{e}_3$ haben die Länge 1 und zeigen in die positive Richtung der x_1-, x_2- und x_3-Achse.

Im zweidimensionalen Vektorraum definieren wir analog: $\vec{e}_1 = \begin{pmatrix} 1 \\ 0 \end{pmatrix}$ und $\vec{e}_2 = \begin{pmatrix} 0 \\ 1 \end{pmatrix}$.

Mit diesen Basisvektoren lässt sich nun jeder Vektor der Ebene und jeder Vektor des Raumes eindeutig darstellen als Summe von Vielfachen dieser Basisvektoren. Man sagt auch: Die Basisvektoren spannen die Ebene bzw. den Raum auf.

Für den Vektor $\vec{a} = \begin{pmatrix} a_1 \\ a_2 \end{pmatrix}$ können wir auch schreiben:

$$\vec{a} = \begin{pmatrix} a_1 \\ 0 \end{pmatrix} + \begin{pmatrix} 0 \\ a_2 \end{pmatrix}$$

$$\vec{a} = a_1 \begin{pmatrix} 1 \\ 0 \end{pmatrix} + a_2 \begin{pmatrix} 0 \\ 1 \end{pmatrix}$$

$$\vec{a} = a_1 \cdot \vec{e}_1 + a_2 \cdot \vec{e}_2$$

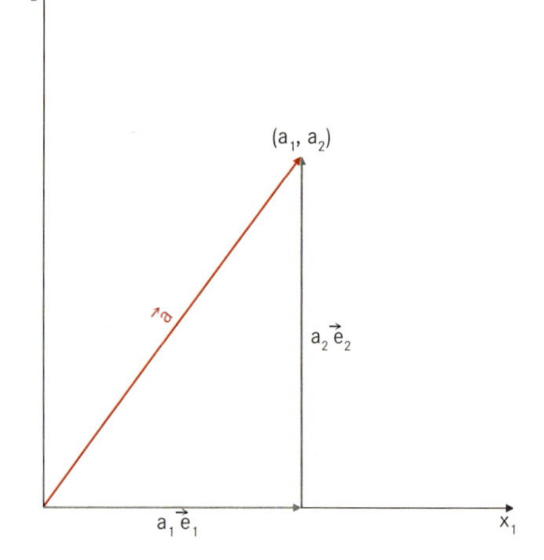

Somit kann jeder Vektor des Raumes V^2 mithilfe der kanonischen Basisvektoren $\vec{e}_1$ und $\vec{e}_2$ dargestellt werden.

So z. B. $\vec{a} = \begin{pmatrix} 3 \\ 2 \end{pmatrix} = 3 \cdot \vec{e}_1 + 2 \cdot \vec{e}_2$

* Kanon, lat.: Regel, Norm, Vereinbarungen

Ebenso können wir für den Vektor

$\vec{a} = \begin{pmatrix} a_1 \\ a_2 \\ a_3 \end{pmatrix}$ schreiben:

$$\vec{a} = \begin{pmatrix} a_1 \\ 0 \\ 0 \end{pmatrix} + \begin{pmatrix} 0 \\ a_2 \\ 0 \end{pmatrix} + \begin{pmatrix} 0 \\ 0 \\ a_3 \end{pmatrix}$$

$$\vec{a} = a_1 \begin{pmatrix} 1 \\ 0 \\ 0 \end{pmatrix} + a_2 \begin{pmatrix} 0 \\ 1 \\ 0 \end{pmatrix} + a_3 \begin{pmatrix} 0 \\ 0 \\ 1 \end{pmatrix}$$

$$\vec{a} = a_1 \cdot \vec{e}_1 + a_2 \cdot \vec{e}_2 + a_3 \cdot \vec{e}_3$$

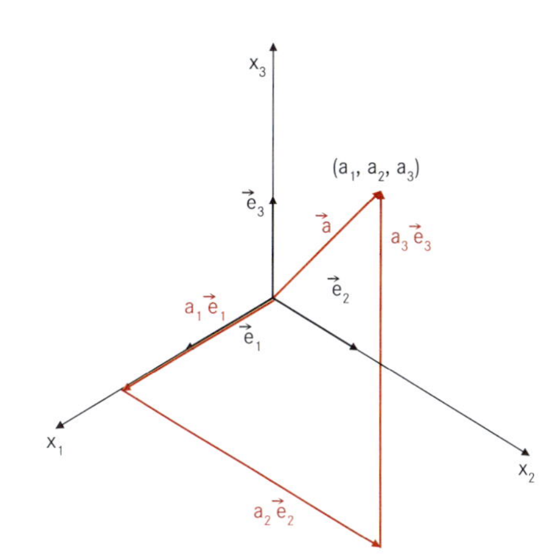

Jeder Vektor $\vec{a}$ des Raumes V^3 ist damit als Summe von Vielfachen der Basisvektoren $\vec{e}_1$, $\vec{e}_2$ und $\vec{e}_3$ darstellbar, so z. B.:

$$\vec{a} = \begin{pmatrix} 2 \\ 3 \\ 4 \end{pmatrix} = 2 \cdot \vec{e}_1 + 3 \cdot \vec{e}_2 + 4 \cdot \vec{e}_3$$

Bemerkung: Man kann Vektoren somit durch Koordinaten beschreiben oder durch Komponenten darstellen.

$\vec{a} = \begin{pmatrix} a_1 \\ a_2 \\ a_3 \end{pmatrix}$; $a_1, a_2, a_3 \in \mathbb{R}$ heißen Koordinaten von $\vec{a}$.

$\vec{a} = a_1\vec{e}_1 + a_2\vec{e}_2 + a_3\vec{e}_3$; die Vektoren $a_1\vec{e}_1$, $a_2\vec{e}_2$ und $a_3\,\vec{e}_3$ heißen Komponenten von $\vec{a}$.

BEISPIEL Gegeben sind die Vektoren $\vec{a} = 2\vec{e}_1 + 3\vec{e}_2 - \vec{e}_3$ und $\vec{b} = \vec{e}_1 + 6\vec{e}_3$. Geben Sie den Vektor $\vec{c} = 3\vec{a} - 2\vec{b}$ mithilfe der Basisvektoren $\vec{e}_1$, $\vec{e}_2$ und $\vec{e}_3$ an.

Lösung:

Mit den Vektoreigenschaften 1, 2, 5, 6 und 7 können wir umformen:

$$\vec{c} = 3\vec{a} - 2\vec{b} = 3(2\vec{e}_1 + 3\vec{e}_2 - \vec{e}_3) - 2(\vec{e}_1 + 6\vec{e}_3)$$
$$= 6\vec{e}_1 + 9\vec{e}_2 - 3\vec{e}_3 - 2\vec{e}_1 - 12\vec{e}_3 = 4\vec{e}_1 + 9\vec{e}_2 - 15\vec{e}_3$$

Einheitsvektor $\vec{a}^{\,0}$ in Richtung des Vektors $\vec{a}$

Ein Einheitsvektor hat die Länge (den Betrag) 1.
$\vec{e}_1$, $\vec{e}_2$ und $\vec{e}_3$ sind spezielle Einheitsvektoren.
Im Allgemeinen existiert zu jedem Vektor $\vec{a}$ ($\vec{a} \neq \vec{o}$) ein Einheitsvektor $\vec{a}^{\,0}$ mit derselben Richtung wie $\vec{a}$.

$$\vec{a}^{\,0} = \frac{1}{|\vec{a}|}\,\vec{a} = \frac{\vec{a}}{|\vec{a}|}$$

Zum Beweis setzen wir einfach $s = \frac{1}{|\vec{a}|}$. Dann ist $\vec{a}^{\,0} = s \cdot \vec{a}$. Da s ein positiver Skalar ist, hat $\vec{a}^{\,0}$ dieselbe Richtung wie $\vec{a}$. Für die Länge gilt dann:

$$|\vec{a}^{\,0}| = |s \cdot \vec{a}| = |s| \cdot |\vec{a}| = \frac{1}{|\vec{a}|} \cdot |\vec{a}| = 1.$$

BEISPIEL Finden Sie den Einheitsvektor in Richtung des Vektors $\vec{a} = 2\vec{e}_1 - \vec{e}_2 + 2\vec{e}_3$.

Lösung:
Die Länge von $\vec{a}$:
$|\vec{a}| = \sqrt{2^2 + (-1)^2 + 2^2} = \sqrt{9} = 3$
$\vec{a}^0 = \frac{1}{3}\vec{a} = \frac{2}{3}\vec{e}_1 - \frac{1}{3}\vec{e}_2 + \frac{2}{3}\vec{e}_3$

Bei vielen Anwendungen in der Physik und den Ingenieurwissenschaften ist die Darstellung der Vektoren mithilfe von Basisvektoren hilfreich.

1.3.6 Vermischte Aufgaben

AUFGABE 1 Drücken Sie den Vektor $\vec{a}$ mithilfe der Vektoren $\vec{b}$ und $\vec{c}$ aus.

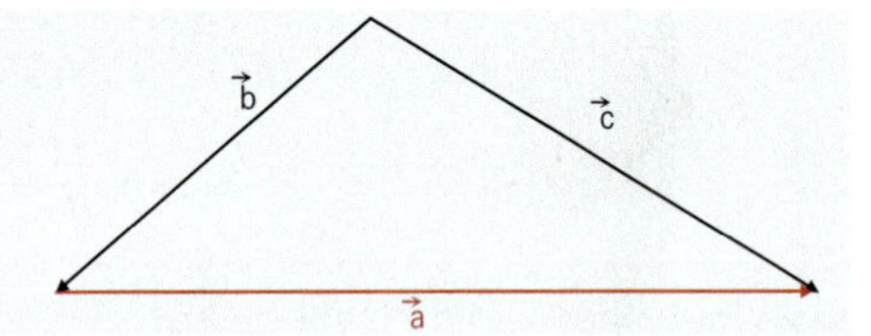

AUFGABE 2 Geben Sie für jede Kombination von Vektoren einen einzigen Vektor an.

a) $\overrightarrow{AB} + \overrightarrow{BC}$ b) $\overrightarrow{CD} + \overrightarrow{DA}$
c) $\overrightarrow{DA} + \overrightarrow{AB} + \overrightarrow{BC}$ d) $\overrightarrow{CD} - \overrightarrow{CB}$

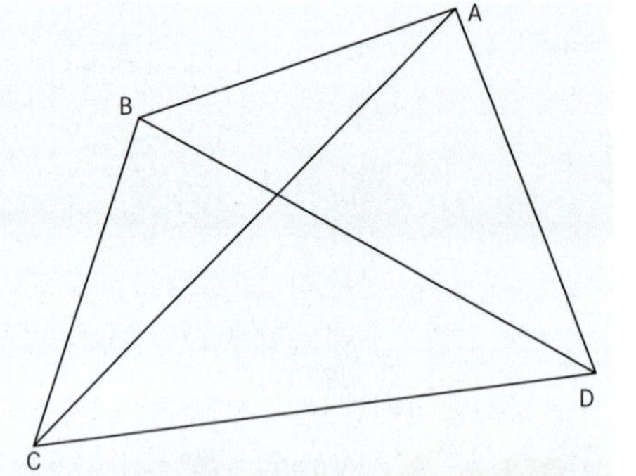

AUFGABE 3 Übertragen Sie die Vektoren $\vec{a}$ und $\vec{b}$ in Ihr Heft.
Ermitteln Sie dann die folgenden Vektoren.

a) $\vec{a} + \vec{b}$ b) $\vec{b} - \vec{a}$ c) $3\vec{a}$
d) $-\frac{1}{3}\vec{b}$ e) $3\vec{a} + \vec{b}$ f) $4\vec{a} - \vec{b}$

AUFGABE 4 Ermitteln Sie die Summe der Vektoren $\vec{a} + \vec{b}$.
Skizzieren Sie die Vektoren im Koordinatensystem.

a) $\vec{a} = \begin{pmatrix} -1 \\ 3 \end{pmatrix}, \vec{b} = \begin{pmatrix} 3 \\ -2 \end{pmatrix}$ b) $\vec{a} = \begin{pmatrix} 2 \\ -3 \end{pmatrix}, \vec{b} = \begin{pmatrix} -3 \\ 2 \end{pmatrix}$

c) $\vec{a} = \begin{pmatrix} 2 \\ 0 \\ 1 \end{pmatrix}, \vec{b} = \begin{pmatrix} 1 \\ 0 \\ 3 \end{pmatrix}$ d) $\vec{a} = \begin{pmatrix} -2 \\ 1 \\ 3 \end{pmatrix}, \vec{b} = \begin{pmatrix} 2 \\ -3 \\ -1 \end{pmatrix}$

AUFGABE 5 Ermitteln Sie $|\vec{a}|$, $\vec{a}+\vec{b}$, $\vec{b}-\vec{a}$, $2\vec{b}$ und $2\vec{a}-3\vec{b}$.

a) $\vec{a} = \begin{pmatrix} -3 \\ 4 \end{pmatrix}, \vec{b} = \begin{pmatrix} 5 \\ 2 \end{pmatrix}$
b) $\vec{a} = 2\vec{e}_1 - \vec{e}_2, \vec{b} = \vec{e}_1 + 3\vec{e}_2$

c) $\vec{a} = \begin{pmatrix} 6 \\ 2 \\ 3 \end{pmatrix}, \vec{b} = \begin{pmatrix} -3 \\ 1 \\ -2 \end{pmatrix}$
d) $\vec{a} = \begin{pmatrix} -2 \\ -4 \\ -6 \end{pmatrix}, \vec{b} = \begin{pmatrix} 3 \\ 5 \\ 4 \end{pmatrix}$

e) $\vec{a} = 2\vec{e}_1 - 3\vec{e}_2 + \vec{e}_3, \vec{b} = -3\vec{e}_1 - 2\vec{e}_3$
f) $\vec{a} = 3\vec{e}_2 + 2\vec{e}_3, \vec{b} = -2\vec{e}_1 + 3\vec{e}_3$

AUFGABE 6 Gegeben sind die Vektoren $\vec{a} = \begin{pmatrix} 1 \\ 3 \\ -2 \end{pmatrix}, \vec{b} = \begin{pmatrix} -4 \\ 0 \\ 0 \end{pmatrix}$ und $\vec{c} = \begin{pmatrix} 3 \\ 1 \\ 5 \end{pmatrix}$.

Welcher Vektor $\vec{d}$ ergänzt $\vec{a}+\vec{b}+\vec{c}+\vec{d}$ zur geschlossenen Vektorkette?

AUFGABE 7 Für welchen Vektor $\vec{a}$ sind die Gleichungen richtig?

a) $2\vec{a} + 3 \cdot \begin{pmatrix} 2 \\ -1 \\ -3 \end{pmatrix} = \begin{pmatrix} 8 \\ 1 \\ -3 \end{pmatrix}$
b) $3\left(\vec{a} - \begin{pmatrix} 3 \\ -1 \\ 2 \end{pmatrix}\right) = \begin{pmatrix} -7 \\ 1 \\ -8 \end{pmatrix} + 4\vec{a}$

AUFGABE 8 Für die Multiplikation eines Vektors $\vec{a}$ mit einem Skalar s gilt: $s\vec{a} = \begin{pmatrix} sa_1 \\ sa_2 \\ sa_3 \end{pmatrix}$.

Schreiben Sie die Vektoren als Produkt: $s \cdot \begin{pmatrix} a_1 \\ a_2 \\ a_3 \end{pmatrix}$.

a) $\vec{a} = \begin{pmatrix} -30 \\ 15 \\ 10 \end{pmatrix}$
b) $\vec{a} = \begin{pmatrix} -21 \\ 6 \\ 12 \end{pmatrix}$
c) $\vec{a} = \begin{pmatrix} -2 \\ 6 \\ 8 \end{pmatrix}$

AUFGABE 9 Die Strecke $\overrightarrow{AD}$ wird durch die Punkte $B(-1 \mid -2 \mid 3)$ und $C(2 \mid 1 \mid 4)$ in drei gleich lange Teilstücke zerlegt. Bestimmen Sie die Koordinaten von A und D. Skizzieren Sie.

AUFGABE 10 Eine Strecke $\overrightarrow{AB}$ wird durch C im Verhältnis s geteilt, wenn $\overrightarrow{AC} = s \cdot \overrightarrow{CB}$ ist.

a) Welche Werte nimmt s an, wenn C innerhalb der Strecke $\overrightarrow{AB}$ liegt?
Welche Werte nimmt s an, wenn C außerhalb der Strecke $\overrightarrow{AB}$ liegt?

b) Ermitteln Sie s für $A(-1 \mid 2)$, $B(5 \mid 6)$, $C_1(2 \mid 4)$ und $C_2(8 \mid 8)$.

AUFGABE 11 Menelaos aus Alexandria (ca. 100 n. Chr.) hat den nach ihm benannten Satz über die durch eine Transversale des ebenen Dreiecks ABC entstehenden Teilverhältnisse hergeleitet.

$$\frac{\overrightarrow{CF}}{\overrightarrow{FB}} \cdot \frac{\overrightarrow{AE}}{\overrightarrow{EC}} \cdot \frac{\overrightarrow{BD}}{\overrightarrow{DA}} = -1$$

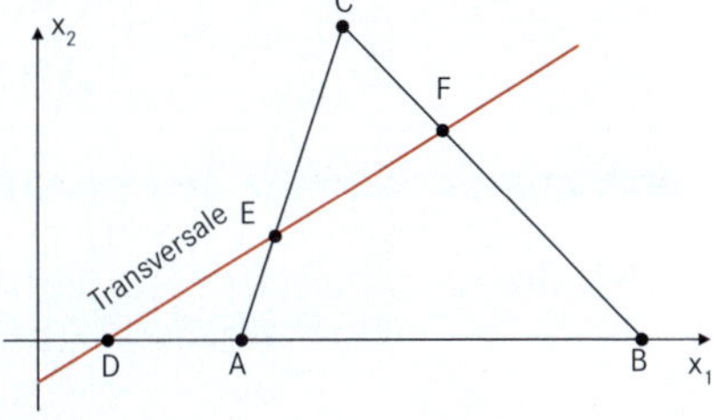

a) Zeigen Sie, dass mit den Punkten $A(3 \mid 0)$, $B(9 \mid 0)$, $D(1 \mid 0)$, $E(\frac{7}{2} \mid \frac{3}{2})$, $F(6 \mid 3)$ und $C(\frac{9}{2} \mid \frac{9}{2})$ die Behauptung von Menelaos stimmt.

b) Beweisen Sie den Satz mithilfe der Vektorrechnung.
(Tipp: Setze $\overrightarrow{CF} = r \cdot \overrightarrow{FB}$, $\overrightarrow{AE} = s \cdot \overrightarrow{EC}$ und $\overrightarrow{BD} = t \cdot \overrightarrow{DA}$; $r \cdot s \cdot t = -1$)

AUFGABE 12 Ermitteln Sie den Einheitsvektor $\vec{a}^0$, der dieselbe Richtung wie der gegebene Vektor $\vec{a}$ hat.

a) $\vec{a} = \begin{pmatrix} 4 \\ -3 \end{pmatrix}$ b) $\vec{a} = \begin{pmatrix} 4 \\ 8 \\ -1 \end{pmatrix}$ c) $\vec{a} = 6\vec{e}_1 - 2\vec{e}_2 + 3\vec{e}_3$

AUFGABE 13 Die Seiten des Dreiecks ABC legen die Vektoren $\vec{c} = \overrightarrow{AB}$ und $\vec{b} = \overrightarrow{AC}$ fest. Drücken Sie den Vektor $\overrightarrow{AM_a}$ (Seitenhalbierende s_a) durch die Vektoren $\vec{c}$ und $\vec{b}$ aus.

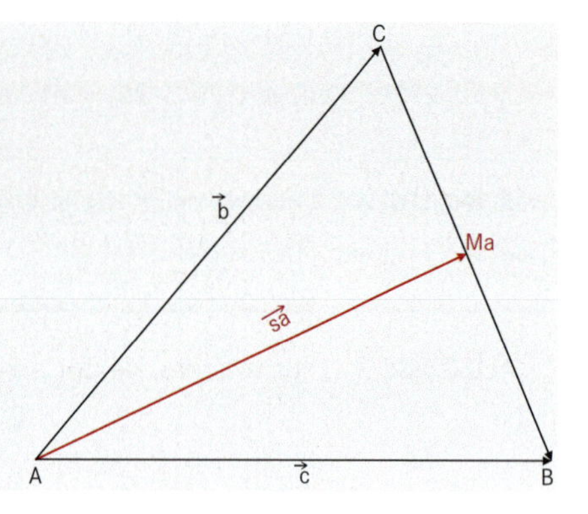

AUFGABE 14 Die Vektoren $\vec{a}$, $\vec{b}$ und $\vec{c}$ bilden einen Spat („schiefer Quader") mit den Ecken $OADBCGEF$. $\overrightarrow{AF}$ ist eine Raumdiagonale und M ist ihr Mittelpunkt.

a) Der Vektor $\overrightarrow{OM}$ soll mithilfe der Kantenvektoren $\vec{a} = \overrightarrow{OA}$, $\vec{b} = \overrightarrow{OB}$ und $\vec{c} = \overrightarrow{OC}$ ausgedrückt werden.

b) Zeigen Sie: Alle vier Raumdiagonalen eines Spats schneiden sich in einem Punkt und halbieren sich gegenseitig.

c) Lösen Sie die Aufgabenstellung mit den Vektoren

$$\overrightarrow{OA} = \begin{pmatrix} 2 \\ 5 \\ -1 \end{pmatrix}, \overrightarrow{OB} = \begin{pmatrix} -3 \\ 2 \\ 0 \end{pmatrix} \text{ und } \overrightarrow{OC} = \begin{pmatrix} 1 \\ 3 \\ 7 \end{pmatrix}.$$

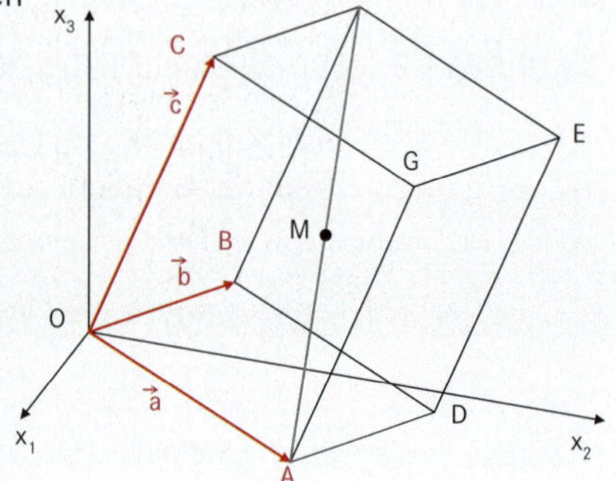

AUFGABE 15 Die Vektoren $\vec{a}$ und $\vec{b}$ und $\vec{c}$ seien nicht parallele Vektoren der Ebene ($\vec{a}, \vec{b}, \vec{c} \neq \vec{o}$).

a) Begründen Sie geometrisch, dass es stets Skalare s und r gibt, sodass $\vec{c} = s \cdot \vec{a} + r \cdot \vec{b}$ ist.

b) Verwenden Sie für Ihre Begründung die Darstellung der Vektoren in Komponentenschreibweise.

AUFGABE 16 Welchen Abstand haben die Punkte $A(-4 \mid -3 \mid 2)$ und $B(2 \mid 4 \mid -3)$ voneinander?

AUFGABE 17 Berechnen Sie die Beträge (Länge) der Vektoren. Geben Sie den jeweils dazugehörigen Einheitsvektor an.

$$\vec{a} = \begin{pmatrix} 3 \\ 0 \\ 4 \end{pmatrix} \quad \vec{b} = \begin{pmatrix} -1 \\ 3 \\ \sqrt{6} \end{pmatrix} \quad \vec{c} = \frac{1}{2}\begin{pmatrix} 2 \\ -2 \\ 5 \end{pmatrix}$$

AUFGABE 18 Welche besondere Eigenschaft hat das Dreieck ABC?

a) $A(1 \mid -2 \mid 3)$, $B(3 \mid 1 \mid 7)$, $C(-1 \mid -5 \mid -1)$ b) $A(-1 \mid 2 \mid 3)$, $B(1 \mid 3 \mid 6)$, $C(2 \mid 6 \mid 8)$

AUFGABE 19 Gegeben sind die Punkte $A(-3 \mid 4 \mid -7)$ und $B(5 \mid -4 \mid 7)$. Welche Koordinaten haben die Punkte C und D, die auf der Geraden durch A und B liegen und 9 LE Abstand von A haben?

1.4 Geraden im Raum

In der Eingangsklasse wurde eine Gerade durch die Punkte $P_1(x_1 \mid y_1)$ und $P_2(x_2 \mid y_2)$ als Punktmenge der Ebene beschrieben, deren Zahlenpaare $(x \mid y)$ die Gleichung

$\frac{y - y_1}{x - x_1} = \frac{y_2 - y_1}{x_2 - x_1}$ (Zweipunkteform der Geradengleichung)

bzw.

$\frac{y - y_1}{x - x_1} = m$ (Punkt-Steigungs-Form der Geradengleichung) erfüllen.

Mithilfe der Vektoren lässt sich nun eine Gerade als Punktmenge des Raumes (bzw. einer Ebene) auf anschauliche Weise beschreiben.

Zur Herleitung der Geradengleichungen dienen wiederum ein Punkt A auf der Geraden (Aufpunkt) und ein Vektor $\vec{v}$ in Richtung der Geraden oder zwei Punkte A und B auf der Geraden.

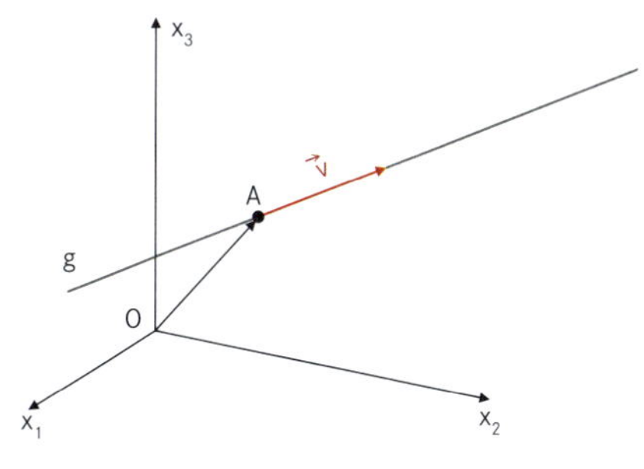

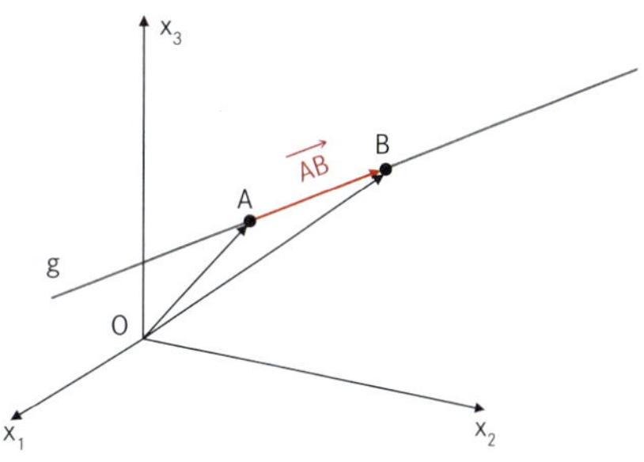

1.4.1 Geradengleichungen

Punkt-Richtungs-Form der Geradengleichung

Der Ortsvektor $\overrightarrow{OA} = \vec{a} = \begin{pmatrix} a_1 \\ a_2 \\ a_3 \end{pmatrix}$

führt zum Punkt A im Raum (A wird als **Aufpunkt** bezeichnet).

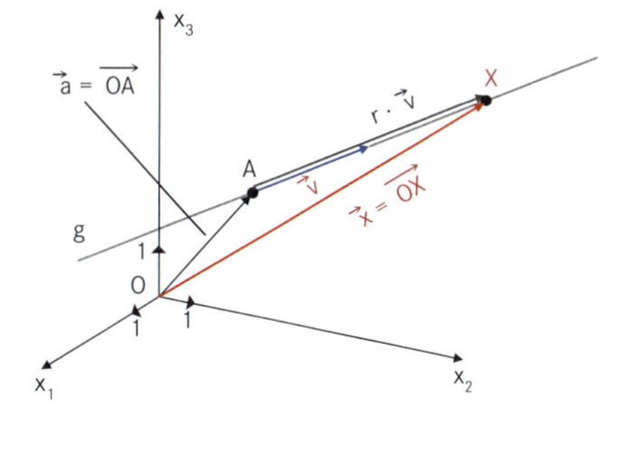

Trägt man den **Richtungsvektor** $\vec{v} = \begin{pmatrix} v_1 \\ v_2 \\ v_3 \end{pmatrix}$

der Geraden g in A an, so gelangt man durch Vielfache des Vektors $\vec{v}$ zu allen Punkten X der Geraden g durch A. Umgekehrt gehört zu jedem Punkt X der

Geraden g genau eine reelle Zahl r, sodass $\overrightarrow{AX} = r \cdot \vec{v}$. Die durch den Punkt A und den Richtungsvektor $\vec{v}$ festgelegte Gerade g ist dann durch die Menge aller **Ortsvektoren**

$$\overrightarrow{OX} = \vec{x} = \vec{a} + r \cdot \vec{v},\ r \in \mathbb{R}$$

beschrieben.

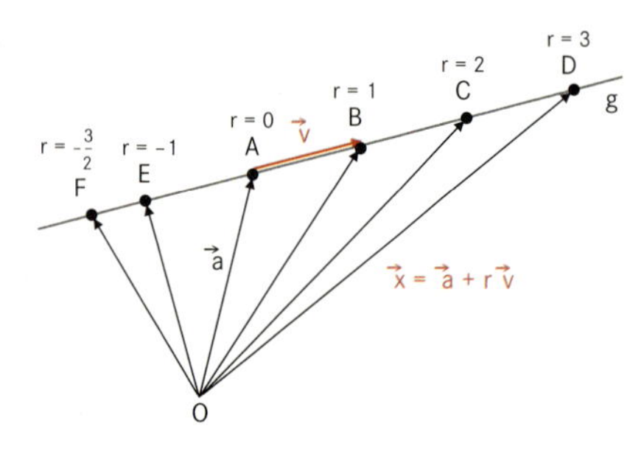

Vektorgleichung von g: $\vec{x} = \vec{a} + r \cdot \vec{v}$

Jeder Wert von r legt einen Ortsvektor $\vec{x} = \overrightarrow{OX}$ zu einem Punkt der Geraden fest.

Wenn der Richtungsvektor $\vec{v} = \begin{pmatrix} v_1 \\ v_2 \\ v_3 \end{pmatrix}$ in Koordinatenform gegeben ist, dann haben wir für $r\vec{v} = \begin{pmatrix} rv_1 \\ rv_2 \\ rv_3 \end{pmatrix}$. Mit $\vec{x} = \begin{pmatrix} x_1 \\ x_2 \\ x_3 \end{pmatrix}$ und $\vec{a} = \begin{pmatrix} a_1 \\ a_2 \\ a_3 \end{pmatrix}$ erhalten wir die

Parameterform der Geradengleichung von g:

$$\begin{pmatrix} x_1 \\ x_2 \\ x_3 \end{pmatrix} = \begin{pmatrix} a_1 \\ a_2 \\ a_3 \end{pmatrix} + r \begin{pmatrix} v_1 \\ v_2 \\ v_3 \end{pmatrix} = \begin{pmatrix} a_1 + rv_1 \\ a_2 + rv_2 \\ a_3 + rv_3 \end{pmatrix}$$

Zwei Vektoren sind genau dann gleich, wenn sämtliche entsprechende Koordinaten (Komponenten) gleich sind. Wir erhalten somit drei skalare Gleichungen (Koordinatengleichungen):

$$x_1 = a_1 + rv_1 \wedge x_2 = a_2 + rv_2 \wedge x_3 = a_3 + rv_3\ (r \in \mathbb{R})$$

Sie sind Parametergleichungen der Geraden g durch den Punkt $A(a_1 \mid a_2 \mid a_3)$ und parallel zum Vektor $\vec{v} = \begin{pmatrix} v_1 \\ v_2 \\ v_3 \end{pmatrix}$.

Jeder Wert des Parameters r ergibt einen Punkt $P(x_1 \mid x_2 \mid x_3)$ auf g.

1. $A(4 \mid 4 \mid 2)$ liegt auf der Geraden g, die parallel zum Vektor $\vec{v} = \begin{pmatrix} -2 \\ 4 \\ -1 \end{pmatrix}$ verläuft.
Geben Sie die Parameterform der Geradengleichung an.
Skizzieren Sie g.

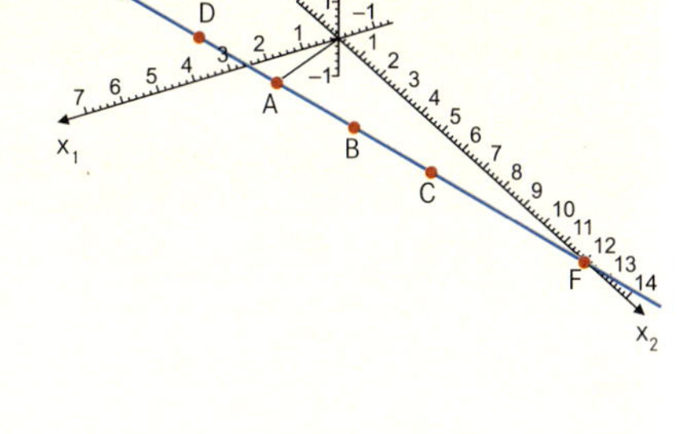

Lösung:

$$\vec{x} = \begin{pmatrix} x_1 \\ x_2 \\ x_3 \end{pmatrix} = \begin{pmatrix} 4 \\ 4 \\ 2 \end{pmatrix} + r \begin{pmatrix} -2 \\ 4 \\ -1 \end{pmatrix} = \begin{pmatrix} 4-2r \\ 4+4r \\ 2-r \end{pmatrix}$$

$A(4 \mid 4 \mid 2)$	$r = 0$	$D(5 \mid 2 \mid \frac{5}{2})$	$r = -\frac{1}{2}$
$B(3 \mid 6 \mid \frac{3}{2})$	$r = \frac{1}{2}$	$E(6 \mid 0 \mid 3)$	$r = -1$
$C(2 \mid 8 \mid 1)$	$r = 1$	$F(0 \mid 12 \mid 0)$	$r = 2$

2. a) Zeichnen Sie die Gerade h mit der Gleichung:
$$\vec{x} = \begin{pmatrix} 5 \\ 3 \\ 6 \end{pmatrix} + r \begin{pmatrix} 3 \\ -1 \\ 2 \end{pmatrix}.$$
b) Welche Koordinaten haben die Punkte auf h mit $r = 0$, $r = 1$, $r = 1{,}5$, $r = -1$, $r = -2$?
c) Liegt der Punkt $H(-1 \mid 5 \mid 3)$ auf der Geraden h?

Lösung:
a)

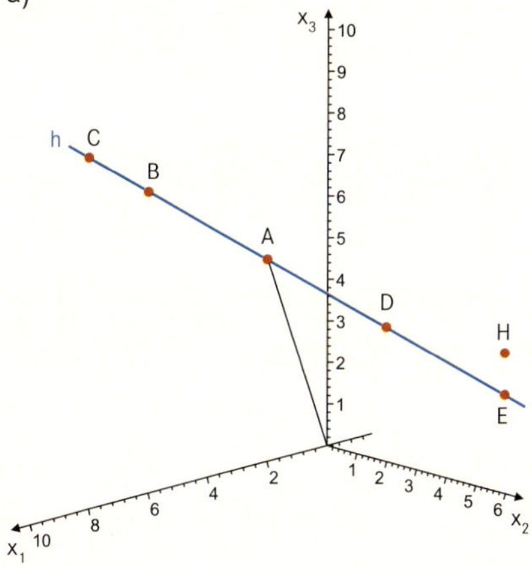

b) $A(5 \mid 3 \mid 6)$, $B(8 \mid 2 \mid 8)$, $C(\frac{19}{2} \mid \frac{3}{2} \mid 9)$, $D(2 \mid 4 \mid 4)$, $E(-1 \mid 5 \mid 2)$
c) Es müssen alle drei Koordinatengleichungen erfüllt sein:
(1) $-1 = 5 + 3r \wedge$ (2) $5 = 3 - r \wedge$ (3) $3 = 6 + 2r$
(1) ist mit $r = -2$ und (2) ist auch mit $r = -2$ richtig, aber (3) ist nur mit $r = -1{,}5$ richtig. H liegt nicht auf h.

3. Die Gerade l geht durch den Punkt $A(2\,|\,-1\,|\,4)$ und läuft parallel zum Vektor $\vec{v} = -\vec{e_1} + 3\,\vec{e_2} - 2\vec{e_3}$.
   a) Geben Sie die Vektor- und Parametergleichung von l an.
   b) Finden Sie zwei Punkte Q und R auf l.

Lösung:

a) $\vec{a} = \overrightarrow{OA} = \begin{pmatrix} 2 \\ -1 \\ 4 \end{pmatrix} = 2\vec{e_1} - \vec{e_2} + 4\vec{e_3}$ und $\vec{v} = -\vec{e_1} + 3\vec{e_2} - 2\vec{e_3} = \begin{pmatrix} -1 \\ 3 \\ -2 \end{pmatrix}$

Vektorgleichung: $\vec{x} = \vec{a} + r\vec{v}$

$\vec{x} = (2-r)\,\vec{e_1} + (-1+3\,r)\,\vec{e_2} + (4-2\,r)\vec{e_3}$

Parametergleichungen:

$\begin{pmatrix} x_1 \\ x_2 \\ x_3 \end{pmatrix} = \begin{pmatrix} 2 \\ -1 \\ 4 \end{pmatrix} + r\begin{pmatrix} -1 \\ 3 \\ -2 \end{pmatrix}$, folgt:

(1) $x_1 = 2 - r \wedge$ (2) $x_2 = -1 + 3\,r \wedge$ (3) $x_3 = 4-2\,r$

b) Für jeden Wert von r erhält man einen Punkt auf l: z. B. $r = 1$, $Q(1\,|\,2\,|\,2)$; $r = -2$, $R(4\,|\,-7\,|\,8)$.

Die Gerade g ist durch $A \in g$ und den Richtungsvektor $\vec{v}$ eindeutig festgelegt. Zur Aufstellung der Geradengleichung kann jedoch jeder andere Punkt $B \in g$ als Aufpunkt und jeder Richtungsvektor $\vec{u} = q \cdot \vec{v}$ $(q \in \mathbb{R} \setminus \{0\})$ verwendet werden. Die Geradengleichung sieht dann anders aus, und ohne eine kleine Rechnung ist oft nicht erkennbar, dass dieselbe Gerade beschrieben ist.

In unserem 1. Beispiel lautete die Gleichung für die Gerade g:

$$\vec{x} = \begin{pmatrix} 4 \\ 4 \\ 2 \end{pmatrix} + r\begin{pmatrix} -2 \\ 4 \\ -1 \end{pmatrix}$$

Wählen wir zum Beispiel $B(3\,|\,6\,|\,\frac{3}{2}) \in g$ als Aufpunkt, den Vektor $\vec{u} = \begin{pmatrix} 1 \\ -2 \\ 0{,}5 \end{pmatrix}$ als zu $\vec{v}$ parallelen Richtungsvektor und als Parameter $s \in \mathbb{R}^*$, dann erhalten wir eine veränderte Gleichung für die Gerade g:

$$\vec{x} = \begin{pmatrix} 3 \\ 6 \\ 1{,}5 \end{pmatrix} + s\begin{pmatrix} 1 \\ -2 \\ 0{,}5 \end{pmatrix}$$

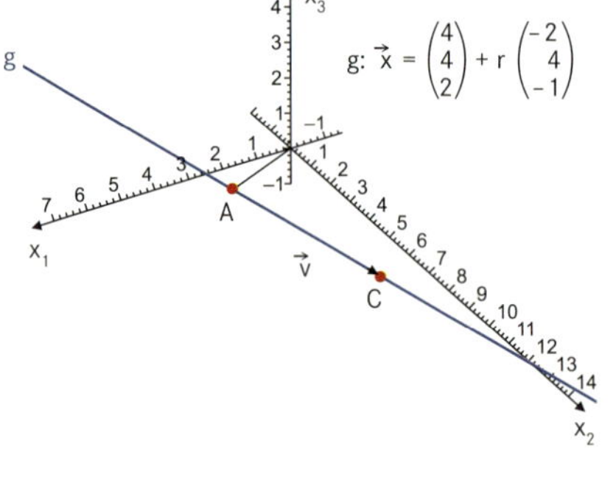

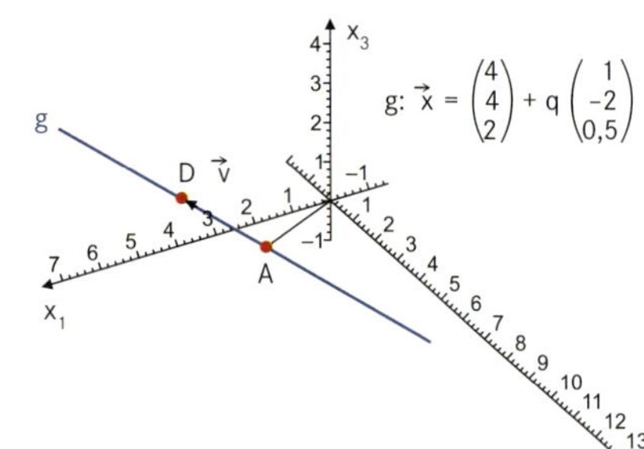

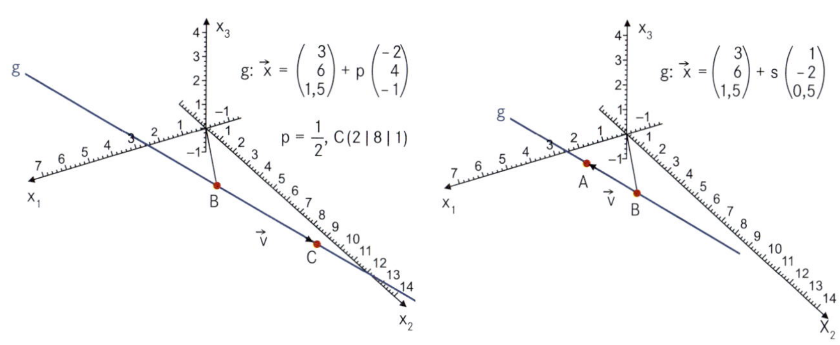

In den Bildern ist die Gerade g dargestellt, deren Geradengleichung je nach Wahl von Aufpunkt, parallelem Richtungsvektor und Parameter ein anderes Aussehen annimmt.

Aufpunkt	Richtungsvektor	Parameter	Geradengleichung
$A(4 \mid 4 \mid 2)$	$\vec{v} = \begin{pmatrix} -2 \\ 4 \\ -1 \end{pmatrix}$	r	$\vec{x} = \begin{pmatrix} 4 \\ 4 \\ 2 \end{pmatrix} + r \begin{pmatrix} -2 \\ 4 \\ -1 \end{pmatrix}$
$A(4 \mid 4 \mid 2)$	$\vec{u} = \begin{pmatrix} 1 \\ -2 \\ 0{,}5 \end{pmatrix}$	q	$\vec{x} = \begin{pmatrix} 4 \\ 4 \\ 2 \end{pmatrix} + q \begin{pmatrix} 1 \\ -2 \\ 0{,}5 \end{pmatrix}$
$B(3 \mid 6 \mid \frac{3}{2})$	$\vec{v} = \begin{pmatrix} -2 \\ 4 \\ -1 \end{pmatrix}$	p	$\vec{x} = \begin{pmatrix} 3 \\ 6 \\ \frac{3}{2} \end{pmatrix} + p \begin{pmatrix} -2 \\ 4 \\ -1 \end{pmatrix}$
$B(3 \mid 6 \mid \frac{3}{2})$	$\vec{u} = \begin{pmatrix} 1 \\ -2 \\ 0{,}5 \end{pmatrix}$	s	$\vec{x} = \begin{pmatrix} 3 \\ 6 \\ \frac{3}{2} \end{pmatrix} + s \begin{pmatrix} 1 \\ -2 \\ 0{,}5 \end{pmatrix}$

Parameter / Punkte	r	q	p	s
$A(4 \mid 4 \mid 2)$	0	0	$-\frac{1}{2}$	1
$B(3 \mid 6 \mid \frac{3}{2})$	$\frac{1}{2}$	−1	0	0
$C(2 \mid 8 \mid 1)$	1	−2	$\frac{1}{2}$	−1
$D(5 \mid 2 \mid \frac{5}{2})$	$-\frac{1}{2}$	1	−1	2
$E(6 \mid 0 \mid 3)$	−1	2	$-\frac{3}{2}$	3

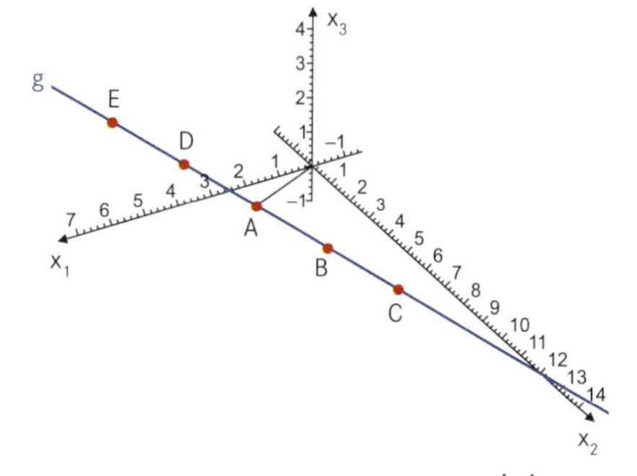

Generell müssen gleiche Geraden dieselbe Richtung haben, d. h., wenn $\vec{v} = \begin{pmatrix} v_1 \\ v_2 \\ v_3 \end{pmatrix}$ die Richtung der Geraden beschreibt, dann muss jeder parallele Vektor $\vec{u}$ direkt proportionale Koordinaten zu v_1, v_2 und v_3 besitzen.

$$\vec{u} = \begin{pmatrix} u_1 \\ u_2 \\ u_3 \end{pmatrix} = \begin{pmatrix} kv_1 \\ kv_2 \\ kv_3 \end{pmatrix}, \quad \frac{u_1}{v_1} = \frac{u_2}{v_2} = \frac{u_3}{v_3} = k$$

An den Ortsvektoren zu den Aufpunkten kann man nicht sofort erkennen, ob sie zu Punkten auf der Geraden oder zu Punkten auf einer parallel verschobenen Geraden führen.

Prüfung auf die Identität von zwei Geraden

BEISPIEL

$$g_1\colon \vec{x} = \begin{pmatrix} 2 \\ 3 \\ 5 \end{pmatrix} + r\begin{pmatrix} 1 \\ 2 \\ 1{,}5 \end{pmatrix}, \quad g_2\colon \vec{x} = \begin{pmatrix} 0 \\ -1 \\ 2 \end{pmatrix} + s\begin{pmatrix} 1{,}5 \\ 3 \\ 2{,}25 \end{pmatrix}$$

Die Geraden haben dieselbe Richtung, da für die Richtungsvektoren gilt:

$$\begin{pmatrix} 1{,}5 \\ 3 \\ 2{,}25 \end{pmatrix} = \frac{3}{2} \cdot \begin{pmatrix} 1 \\ 2 \\ 1{,}5 \end{pmatrix}$$

Wenn sie identisch sind, dann muss auch noch gelten:

$$(\vec{x} = \vec{x})\colon \begin{pmatrix} 2 \\ 3 \\ 5 \end{pmatrix} + r\begin{pmatrix} 1 \\ 2 \\ 1{,}5 \end{pmatrix} = \begin{pmatrix} 0 \\ -1 \\ 2 \end{pmatrix} + s\begin{pmatrix} 1{,}5 \\ 3 \\ 2{,}25 \end{pmatrix}$$

$$r\begin{pmatrix} 1 \\ 2 \\ 1{,}5 \end{pmatrix} - s\begin{pmatrix} 1{,}5 \\ 3 \\ 2{,}25 \end{pmatrix} = \begin{pmatrix} 0 \\ -1 \\ 2 \end{pmatrix} - \begin{pmatrix} 2 \\ 3 \\ 5 \end{pmatrix} = \begin{pmatrix} -2 \\ -4 \\ -3 \end{pmatrix}$$

Zur Lösung dieses linearen Gleichungssystems setzt man den *Gauß-Algorithmus* an:

r	s		
1	−1,5	−2	$\mid \cdot (-2)$ $\mid \cdot (-\frac{3}{2})$
2	−3	−4	← + (Zeile 1 · (−2))
1,5	−2,25	−3	← + (Zeile 1 · (−3/2))
1	−1,5	−2	
0	0	0	
0	0	0	

$r = 1{,}5\,s - 2$

Eingesetzt in

$$g_1\colon \vec{x} = \begin{pmatrix} 2 \\ 3 \\ 5 \end{pmatrix} + (1{,}5\,s - 2)\begin{pmatrix} 1 \\ 2 \\ 1{,}5 \end{pmatrix} \text{ ergibt}$$

$$g_2\colon \vec{x} = \begin{pmatrix} 0 \\ -1 \\ 2 \end{pmatrix} + s\begin{pmatrix} 1{,}5 \\ 3 \\ 2{,}25 \end{pmatrix}.$$

$r = 1{,}5\,s - 2$ ist der Zusammenhang zwischen den Parametern r und s, der zur selben Geraden führt.

AUFGABE 1 Geben Sie die Vektorgleichung und eine Parametergleichung für die Geraden an.

a) Eine Gerade durch $P(3 \mid -4 \mid 2)$ und parallel zum Vektor $\vec{v} = \vec{e_1} - 2\vec{e_2} + 2{,}5\,\vec{e_3}$.

b) Eine Gerade durch $P(1 \mid 5 \mid 2)$ und parallel zu $\vec{v} = \begin{pmatrix} 1{,}5 \\ 0{,}5 \\ -4 \end{pmatrix}$.

c) Eine Gerade durch $P(4 \mid -2 \mid 6)$ und parallel zum Vektor $\vec{v} = \vec{e_1} - 0{,}5\vec{e_2} + 1{,}5\vec{e_3}$.

AUFGABE 2 Gegeben ist eine Gerade $g\colon \vec{x} = \begin{pmatrix} 3 \\ 0 \\ 4 \end{pmatrix} + r \begin{pmatrix} 1 \\ 4 \\ 2 \end{pmatrix}$.

Berechnen Sie die Punkte $P_r \in g$, die zu den Parameterwerten r gehören.
$r_1 = 0$; $r_2 = -1$; $r_3 = 1$; $r_4 = -1{,}5$; $r_5 = 10$

AUFGABE 3 Welche Gleichung hat die Gerade durch den Ursprung, die parallel zur Geraden mit der Gleichung $\vec{x} = 2\,t\vec{e_1} + (1-t)\,\vec{e_2} + (4+3\,t)\,\vec{e_3}$ verläuft?

AUFGABE 4 Zeigen Sie durch Rechnung, dass

$$\vec{x} = \begin{pmatrix} 2 \\ 8 \\ 1 \end{pmatrix} + r \begin{pmatrix} 2 \\ -4 \\ 1 \end{pmatrix} \text{ und } \vec{x} = \begin{pmatrix} 5 \\ 2 \\ 2{,}5 \end{pmatrix} + t \begin{pmatrix} -0{,}5 \\ 1 \\ -0{,}25 \end{pmatrix}$$

dieselbe Gerade beschreiben.

AUFGABE 5 Zeigen Sie durch Rechnung, dass durch

$$\vec{x} = \begin{pmatrix} 2 \\ 8 \\ 1 \end{pmatrix} + r \begin{pmatrix} 2 \\ -4 \\ 1 \end{pmatrix} \text{ und } \vec{x} = \begin{pmatrix} 3 \\ 6 \\ 3 \end{pmatrix} + t \begin{pmatrix} -1 \\ 2 \\ -0{,}5 \end{pmatrix}$$

parallele Geraden beschrieben werden.

Zweipunkteform der Geradengleichung

Zwei verschiedene Punkte A und B des Raumes legen eine Gerade $g = (AB)$ fest.

$$\overrightarrow{OA} = \vec{a} = \begin{pmatrix} a_1 \\ a_2 \\ a_3 \end{pmatrix} \text{ und } \overrightarrow{OB} = \vec{b} = \begin{pmatrix} b_1 \\ b_2 \\ b_3 \end{pmatrix}$$

sind die Ortsvektoren zu A und B.
Der Richtungsvektor der Geraden g ist dann

$$\overrightarrow{AB} = \vec{v} = \vec{b} - \vec{a} = \begin{pmatrix} b_1 - a_1 \\ b_2 - a_2 \\ b_3 - a_3 \end{pmatrix}.$$

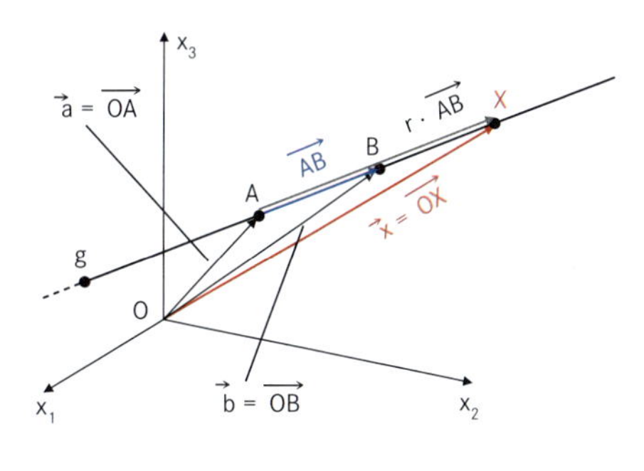

Als Parameterdarstellungen von g ergeben sich hiermit:

Mit A als Aufpunkt: $\vec{x} = \vec{a} + r \cdot \overrightarrow{AB} = \begin{pmatrix} a_1 \\ a_2 \\ a_3 \end{pmatrix} + r \cdot \begin{pmatrix} b_1 - a_1 \\ b_2 - a_2 \\ b_3 - a_3 \end{pmatrix}$

Mit B als Aufpunkt: $\vec{x} = \vec{b} + r \cdot \overrightarrow{AB} = \begin{pmatrix} b_1 \\ b_2 \\ b_3 \end{pmatrix} + r \cdot \begin{pmatrix} b_1 - a_1 \\ b_2 - a_2 \\ b_3 - a_3 \end{pmatrix}$

oder: $\vec{x} = \vec{b} + s \cdot \overrightarrow{BA} = \begin{pmatrix} b_1 \\ b_2 \\ b_3 \end{pmatrix} + s \cdot \begin{pmatrix} a_1 - b_1 \\ a_2 - b_2 \\ a_3 - b_3 \end{pmatrix}$

BEISPIEL $A(2 \mid 3 \mid 5), \vec{a} = \begin{pmatrix} 2 \\ 3 \\ 5 \end{pmatrix}$; $B(3 \mid 5 \mid \frac{13}{2}), \vec{b} = \begin{pmatrix} 3 \\ 5 \\ 6{,}5 \end{pmatrix}, \overrightarrow{AB} = \begin{pmatrix} 1 \\ 2 \\ 1{,}5 \end{pmatrix}$; $\overrightarrow{BA} = \begin{pmatrix} -1 \\ -2 \\ -1{,}5 \end{pmatrix}$

$g\colon \vec{x} = \begin{pmatrix} 2 \\ 3 \\ 5 \end{pmatrix} + r \begin{pmatrix} 1 \\ 2 \\ 1{,}5 \end{pmatrix}$ oder $\vec{x} = \begin{pmatrix} 3 \\ 5 \\ 6{,}5 \end{pmatrix} + s \begin{pmatrix} -1 \\ -2 \\ -1{,}5 \end{pmatrix}$

Kollinearität von Punkten

Drei paarweise verschiedene Punkte A, B, C des Raumes heißen kollinear, wenn sie auf einer Geraden liegen. $\vec{a}$, $\vec{b}$ und $\vec{c}$ sind Ortsvektoren zu A, B, C. Die Gerade $g = (AB)$ hat dann die Gleichung: $g\colon \vec{x} = \vec{a} + r(\vec{b} - \vec{a})$.
Der Punkt C liegt auf dieser Geraden, wenn es ein $s \in \mathbb{R}$ gibt, sodass $\overrightarrow{OC} = \vec{a} + s(\vec{b} - \vec{a})$.

BEISPIEL Zeigen Sie, dass $A(6 \mid -4 \mid 0)$, $B(4 \mid 0 \mid 6)$ und $C(3 \mid 2 \mid 9)$ auf einer Geraden liegen.

$g = (AB)\colon \vec{x} = \begin{pmatrix} 6 \\ -4 \\ 0 \end{pmatrix} + r \begin{pmatrix} -2 \\ 4 \\ 6 \end{pmatrix}$; $\overrightarrow{OC} = \begin{pmatrix} 3 \\ 2 \\ 9 \end{pmatrix} = \begin{pmatrix} 6 \\ -4 \\ 0 \end{pmatrix} + s \begin{pmatrix} -2 \\ 4 \\ 6 \end{pmatrix}$

$s \begin{pmatrix} -2 \\ 4 \\ 6 \end{pmatrix} = \begin{pmatrix} -3 \\ 6 \\ 9 \end{pmatrix}$ wahr für $s = -\frac{3}{2} \Rightarrow C \in g$.

Punktprobe

Soll geprüft werden, ob ein Punkt P auf einer Geraden liegt, deren Geradengleichung bekannt ist, so ist dies eine Prüfung auf Kollinearität.

BEISPIEL Liegen die Punkte $P(5 \mid 5 \mid 0)$ und $Q(1 \mid 3 \mid 0)$ auf der Geraden $g\colon \vec{x} = \begin{pmatrix} -3 \\ 1 \\ 2 \end{pmatrix} + r \begin{pmatrix} 4 \\ 2 \\ -1 \end{pmatrix}$?

Lösung:

Setzt man die Koordinaten der Punkte in die Geradengleichung ein, so muss gelten:

$$\overrightarrow{OP} = \vec{a} + r\vec{v}$$

$$\begin{pmatrix} 5 \\ 5 \\ 0 \end{pmatrix} = \begin{pmatrix} -3 \\ 1 \\ 2 \end{pmatrix} + r\begin{pmatrix} 4 \\ 2 \\ -1 \end{pmatrix} \text{ oder } \begin{pmatrix} 8 \\ 4 \\ -2 \end{pmatrix} = r\begin{pmatrix} 4 \\ 2 \\ -1 \end{pmatrix}$$

$r = 2$ erfüllt die Gleichung. P liegt auf g.

$$\overrightarrow{OQ} = \vec{a} + r\vec{v}$$

$$\begin{pmatrix} 1 \\ 3 \\ 0 \end{pmatrix} = \begin{pmatrix} -3 \\ 1 \\ 2 \end{pmatrix} + r\begin{pmatrix} 4 \\ 2 \\ -1 \end{pmatrix} \text{ oder } \begin{pmatrix} 4 \\ 2 \\ -2 \end{pmatrix} = r\begin{pmatrix} 4 \\ 2 \\ -1 \end{pmatrix}$$

Es gibt kein r, das die Gleichung erfüllen kann. Q liegt nicht auf g.

Punkteschar einer Geraden

Aus der Parameterdarstellung einer Geraden g:

$$\begin{pmatrix} x_1 \\ x_2 \\ x_3 \end{pmatrix} = \begin{pmatrix} a_1 \\ a_2 \\ a_3 \end{pmatrix} + r\begin{pmatrix} v_1 \\ v_2 \\ v_3 \end{pmatrix} = \begin{pmatrix} a_1 + rv_1 \\ a_2 + rv_2 \\ a_3 + rv_3 \end{pmatrix}$$

ergibt sich unmittelbar, dass alle Punkte $P(a_1+rv_1 \mid a_2+rv_2 \mid a_3+rv_3)$ auf der Geraden liegen.

Hiermit kann man leicht besondere Punkte der Geraden ermitteln.

BEISPIEL $g\colon \vec{x} = \begin{pmatrix} 10 \\ -4 \\ 6 \end{pmatrix} + r\begin{pmatrix} 2{,}5 \\ -2 \\ 1 \end{pmatrix}$ Ein Punkt auf der Geraden g hat die Koordinaten $P(10 + \frac{5}{2}r \mid -4 - 2r \mid 6 + r)$.

Ein Punkt H auf der Geraden, der sich genau 3 Einheiten über der x_1x_2-Ebene befindet, kann schnell ermittelt werden: $x_3 = 3 \Rightarrow 6 + r = 3 \Rightarrow r = -3$

Ergebnis: $H(\frac{5}{2} \mid 2 \mid 3)$

Auch lässt sich z. B. angeben, in welchem Punkt D die Gerade die x_1x_3-Ebene durchstößt: $x_2 = 0 \Rightarrow -4 - 2r = 0 \Rightarrow r = -2$

Ergebnis: $D(5 \mid 0 \mid 4)$

Spurpunkte einer Geraden

Für die Punkte $P(a_1+rv_1 \mid a_2+rv_2 \mid a_3+rv_3)$ einer Geraden, in denen sie die Koordinatenebenen durchstößt, gilt:

$$x_1x_2\text{-Ebene } (x_3 = 0)\colon D_1\left(a_1 - \frac{a_3 \cdot v_1}{v_3} \;\middle|\; a_2 - \frac{a_3 \cdot v_2}{v_3} \;\middle|\; 0\right)$$

$$x_2x_3\text{-Ebene } (x_1 = 0)\colon D_2\left(0 \;\middle|\; a_2 - \frac{a_1 \cdot v_2}{v_1} \;\middle|\; a_3 - \frac{a_1 \cdot v_3}{v_1}\right)$$

$$x_1x_3\text{-Ebene } (x_2 = 0)\colon D_3\left(a_1 - \frac{a_2 \cdot v_1}{v_2} \;\middle|\; 0 \;\middle|\; a_3 - \frac{a_2 \cdot v_3}{v_2}\right)$$

Für Zeichnungen und Skizzen sind die Spurpunkte fast unverzichtbar.

BEISPIEL

$$g\colon \vec{x} = \begin{pmatrix} 10 \\ -4 \\ 6 \end{pmatrix} + r \begin{pmatrix} 2{,}5 \\ -2 \\ 1 \end{pmatrix}$$

$D_1(-5 \mid 8 \mid 0)$
$D_2(0 \mid 4 \mid 2)$
$D_3(5 \mid 0 \mid 4)$

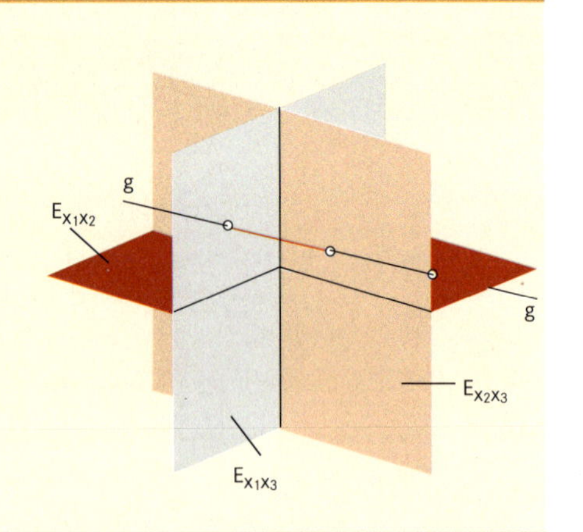

AUFGABE 6 Die Gerade g geht durch die Punkte A und B.
Geben Sie eine Parameterdarstellung von g an.

a) $A(0 \mid 0 \mid 0)$, $B(3 \mid 2 \mid 1)$ b) $A(2 \mid 1 \mid -1)$, $B(2 \mid 2 \mid -3)$
c) $A(-2 \mid 0 \mid 4)$, $B(3 \mid -2 \mid 2)$ d) $A(3 \mid 2 \mid -3)$, $B(0 \mid 1 \mid 2)$

AUFGABE 7 Gegeben sind die Punkte $A(1 \mid 0 \mid 1)$, $B(2 \mid 1 \mid 1)$ und $C(1 \mid 1 \mid 2)$.
Die Gerade g_1 geht durch A und B, die Gerade g_2 geht durch A und C.
Geben Sie die Geradengleichungen an.

AUFGABE 8 Gegeben sind die Punkte $A\,(-2 \mid 1 \mid -2)$, $B\,(1 \mid 2 \mid 3)$ und $C\,(3 \mid -1 \mid 2)$.
Bestimmen Sie die Geradengleichung $g = (AB)$.
Ermitteln Sie die Gleichung der zu g parallelen Geraden h durch C.

AUFGABE 9 Die Gerade g_1 geht durch die Punkte $P(-1 \mid 3 \mid 1)$ und $Q(3 \mid 1 \mid 5)$.
Die Gerade g_2 geht durch die Punkte $D(-3 \mid 4 \mid -1)$ und $E(7 \mid -1 \mid 9)$.
Zeigen Sie, dass alle vier Punkte auf einer Geraden liegen.

AUFGABE 10 Ein Dreieck hat die Eckpunkte $A(3 \mid 0 \mid 0)$, $B(0 \mid 5 \mid 0)$ und $C(0 \mid 0 \mid 4)$. Geben Sie die Gleichungen der Geraden an, auf denen die Seiten des Dreiecks legen.

AUFGABE 11 Gegeben sind zwei Geraden $g\colon \vec{x} = \begin{pmatrix} 3 \\ 1 \\ 3 \end{pmatrix} + r \begin{pmatrix} -1 \\ 2 \\ 1 \end{pmatrix}$ und $h\colon \vec{x} = \begin{pmatrix} 0 \\ 4 \\ -1 \end{pmatrix} + s \begin{pmatrix} 2 \\ -1 \\ 5 \end{pmatrix}$

Welcher der Punkte $A(-2 \mid 5 \mid -6)$, $B(1 \mid 5 \mid 5)$, $C(1 \mid \frac{7}{2} \mid \frac{3}{2})$, $D(2 \mid 3 \mid 4)$, $E(4 \mid -1 \mid 2)$ liegt auf welcher Geraden?
Zeichnen Sie die Geraden und Punkte in ein Koordinatensystem.

AUFGABE 12 Für eine Gerade sind zwei Gleichungen gegeben:

$$\vec{x} = \begin{pmatrix} 2 \\ 1 \\ 3 \end{pmatrix} + r \begin{pmatrix} -1 \\ 2 \\ 0,5 \end{pmatrix} \text{ und } \vec{x} = \begin{pmatrix} -2 \\ 9 \\ 5 \end{pmatrix} + s \begin{pmatrix} 3 \\ -6 \\ -1,5 \end{pmatrix}$$

a) $r = 1$ legt einen Punkt fest.
Welchen Wert muss man für s wählen, um denselben Punkt zu erhalten?

b) Welchen r-Wert hat der Punkt für $s = 2$?

c) Zeigen Sie: s ist direkt proportional zu r.

AUFGABE 13 Gegeben sind die Geradengleichung

$g: \vec{x} = (-3+2r)\,\vec{e_1} + (2-3r)\,\vec{e_2} + (-1+5r)\,\vec{e_3}$ und die Punkte

$A(1 \mid a_2 \mid a_3)$, $B(b_1 \mid 0 \mid b_3)$, $C(c_1 \mid c_2 \mid 0)$, $D(d_1 \mid 5 \mid d_3)$, $E(e_1 \mid e_2 \mid 4)$.

Berechnen Sie die fehlenden Koordinaten in A bis E so, dass die Punkte auf g liegen.

AUFGABE 14 Die Punkte $A_r(2-r \mid 3r \mid 1+r)$ liegen auf einer Geraden.
Geben Sie die Geradengleichung an.

AUFGABE 15 Finden Sie Parametergleichungen für die Geraden.

a) Gerade durch den Ursprung und den Punkt $A(-1 \mid -2 \mid 6)$.

b) Gerade durch die Punkte $B(1 \mid 3 \mid -2)$ und $C(1 \mid 4 \mid -4)$.

c) Gerade durch die Punkte $D(0 \mid 2 \mid 4)$ und $E(2 \mid 4 \mid -3)$.

d) Gerade durch die Punkte $F(3 \mid 0 \mid -2)$ und $G(2 \mid 3 \mid 0)$.

1.4.2 Geradengleichung von besonderen Geraden

1. Koordinatenachsen

Zunächst sind auch die Koordinatenachsen Geraden im Raum.

x_1-Achse: $\vec{x} = r \begin{pmatrix} 1 \\ 0 \\ 0 \end{pmatrix} = r \cdot \vec{e_1}$; x_2-Achse: $\vec{x} = s \begin{pmatrix} 0 \\ 1 \\ 0 \end{pmatrix} = s \cdot \vec{e_2}$;

x_3-Achse: $\vec{x} = q \begin{pmatrix} 0 \\ 0 \\ 1 \end{pmatrix} = q \cdot \vec{e_3}$.

2. Parallelen zu den Koordinatenachsen

Jede Gerade mit zwei Nullen im Richtungsvektor ist eine Parallele zu einer Koordinatenachse.

BEISPIEL

$$g: \vec{x} = \begin{pmatrix} 1 \\ 3 \\ 4 \end{pmatrix} + r \begin{pmatrix} 2 \\ 0 \\ 0 \end{pmatrix}$$
$$= (1 + 2r)\,\vec{e_1} + 3\vec{e_2} + 4\vec{e_3}$$

$$h: \vec{x} = \begin{pmatrix} 3 \\ 4 \\ 2 \end{pmatrix} + s \begin{pmatrix} 0 \\ -1 \\ 0 \end{pmatrix}$$
$$= 3\vec{e_1} + (4 - s)\,\vec{e_2} + 2\vec{e_3}$$

$$l: \vec{x} = \begin{pmatrix} 3 \\ 2{,}5 \\ 1 \end{pmatrix} + q \begin{pmatrix} 0 \\ 0 \\ 3 \end{pmatrix}$$
$$= 3\vec{e_1} + 2{,}5\,\vec{e_2} + (1 + 3q)\vec{e_3}$$

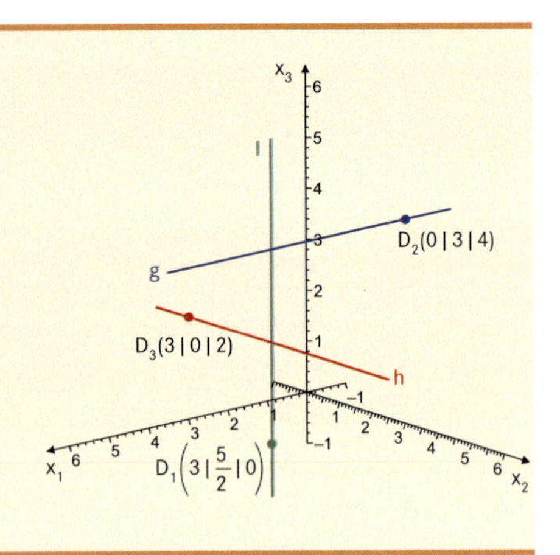

3. Parallelen zu den Koordinatenebenen

Jede Gerade mit einer Null im Richtungsvektor verläuft parallel zu einer Koordinatenebene.

BEISPIEL

Parallel zur x_1x_2-Ebene:
$D_5(0 \mid -3 \mid 4)$, $D_3(3 \mid 0 \mid 4)$

$$g: \vec{x} = \begin{pmatrix} 1 \\ -2 \\ 4 \end{pmatrix} + r \begin{pmatrix} 1 \\ 1 \\ 0 \end{pmatrix}$$

Parallel zur x_2x_3-Ebene:
$D_6(3 \mid -2 \mid 0)$, $D_4(3 \mid 0 \mid 2)$

$$h: \vec{x} = \begin{pmatrix} 3 \\ -1 \\ 1 \end{pmatrix} + s \begin{pmatrix} 0 \\ 1 \\ 1 \end{pmatrix}$$

Parallel zur x_3x_1-Ebene:
$D_1(4 \mid 3 \mid 0)$, $D_2(0 \mid 3 \mid 3)$

$$l: \vec{x} = \begin{pmatrix} 2 \\ 3 \\ 1{,}5 \end{pmatrix} + q \begin{pmatrix} -4 \\ 0 \\ 3 \end{pmatrix}$$

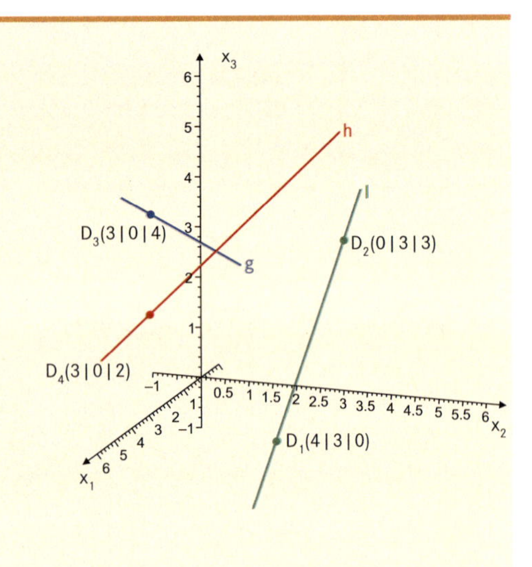

4. Ursprungsgeraden

Jede Gerade durch den Ursprung $O(0 \mid 0 \mid 0)$ und den Aufpunkt $A(a_1 \mid a_2 \mid a_3)$ hat die Gleichung

$$\vec{x} = \begin{pmatrix} 0 \\ 0 \\ 0 \end{pmatrix} + r \begin{pmatrix} a_1 \\ a_2 \\ a_3 \end{pmatrix} = r \begin{pmatrix} a_1 \\ a_2 \\ a_3 \end{pmatrix} \text{ oder}$$

$$\vec{x} = \begin{pmatrix} a_1 \\ a_2 \\ a_3 \end{pmatrix} + r\begin{pmatrix} a_1 \\ a_2 \\ a_3 \end{pmatrix} = (1+r)\begin{pmatrix} a_1 \\ a_2 \\ a_3 \end{pmatrix}.$$

Ein weiterer Punkt B auf der durch A gehenden Ursprungsgeraden hat die Koordinaten $B(ra_1 \mid ra_2 \mid ra_3)$ bzw. $B(sa_1 \mid sa_2 \mid sa_3)$ mit $s = (r+1)$.

Das heißt: Jeder Ortsvektor zu einem Punkt der Geraden ist ein Vielfaches des Richtungsvektors $\overrightarrow{OB} = s \cdot \overrightarrow{OA}$.

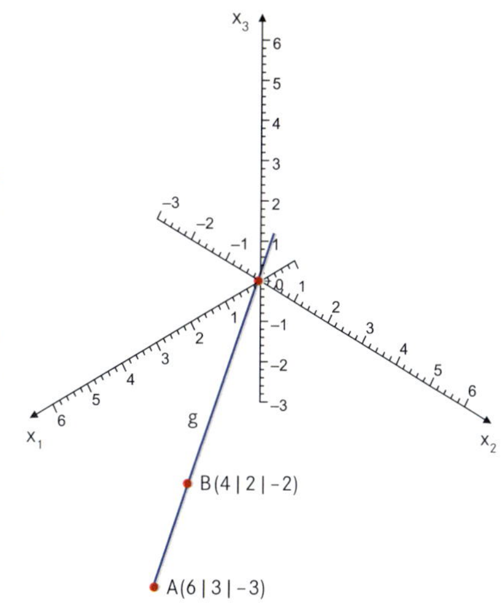

BEISPIEL $g\colon \vec{x} = \begin{pmatrix} 6 \\ 3 \\ -3 \end{pmatrix} + r\begin{pmatrix} -2 \\ -1 \\ 1 \end{pmatrix}$, $O(0 \mid 0 \mid 0) \in g \; (r = 3)$

Eine einfachere Gleichung für $g\colon \vec{x} = s\begin{pmatrix} 2 \\ 1 \\ -1 \end{pmatrix}$

AUFGABE 1 Welche Gleichung hat eine Gerade, die durch $P(2 \mid 3 \mid 4)$ geht und

a) parallel zur x_3-Achse läuft;
b) parallel zur x_1x_3-Ebene läuft;
c) durch den Ursprung geht?

Berechnen Sie die Spurpunkte und skizzieren Sie die Geraden im Koordinatensystem.

AUFGABE 2 Welche Lage hat eine Gerade im Koordinatensystem mit drei, zwei, einem oder keinem Spurpunkt?

AUFGABE 3 Weshalb liegen die Punkte $A(2 \mid 6 \mid 4)$ und $B(-3 \mid -9 \mid -6)$ auf einer Ursprungsgeraden?
Geben Sie eine Gleichung der Geraden an.

AUFGABE 4 Geben Sie die Gleichung der Geraden an, die durch den Ursprung geht und parallel zur Geraden g mit der Gleichung: $\vec{x} = 2r\vec{e_1} + (1-r)\vec{e_2} + (4+3r)\,\vec{e_3}$ verläuft.

1.4.3 Schnitt von Geraden und Lagebeziehungen

Für zwei Geraden im Raum $g: \vec{x} = \vec{a} + r \cdot \vec{v}$ und $h: \vec{x} = \vec{b} + s \cdot \vec{u}$ ergeben sich sich **vier unterschiedliche Fälle** hinsichtlich ihrer Lage zueinander:

1. Die Geraden schneiden sich

a) Die Geraden sind identisch:

$g \cap h = g, (g = h) \quad \wedge \quad \vec{v} = s \cdot \vec{u}$

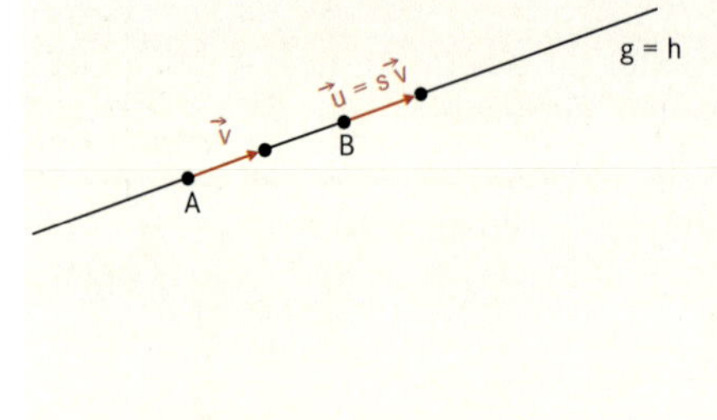

b) Die Geraden schneiden sich in einem Punkt:

$g \cap h = \{S\} \quad \wedge \quad \vec{v} \neq s \cdot \vec{u}$

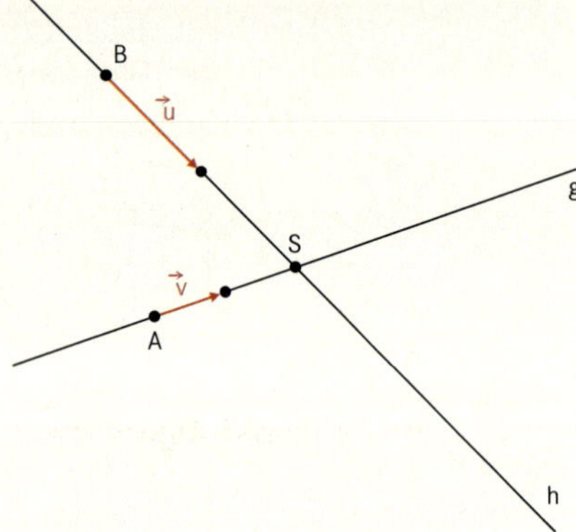

2. Die Geraden schneiden sich nicht

a) Die Geraden sind echt parallel:
$g \cap h = \{\,\} \quad \wedge \quad \vec{v} = s \cdot \vec{u}$

b) Die Geraden sind windschief:
$g \cap h = \{\,\} \quad \wedge \quad \vec{v} \neq s \cdot \vec{u}$

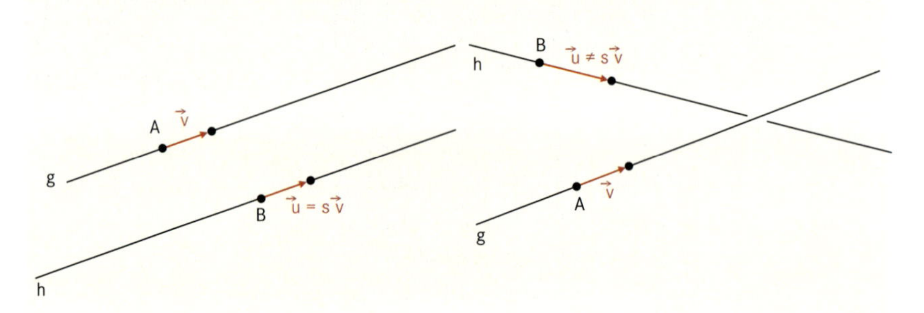

1. Die Geraden schneiden sich

a) *Die Geraden g und h sind* ***identisch****:* $g = h$

Jeder Punkt X der Geraden g ist auch ein Punkt der Geraden h; $X \in g \Longleftrightarrow X \in h$. Das lineare Gleichungssystem hat unendlich viele Lösungen, wie im vorherigen Abschnitt 1.4.1 dargestellt.

b) *Die Geraden schneiden sich in einem Punkt:* $g \cap h = \{ S \}$
Das dazugehörige lineare Gleichungssystem ist eindeutig lösbar.

$$g\colon\ \vec{x} = \begin{pmatrix} -2 \\ 1 \\ 1 \end{pmatrix} + r \begin{pmatrix} 1 \\ -1 \\ 0{,}5 \end{pmatrix}$$

$$h\colon\ \vec{x} = \begin{pmatrix} 1 \\ 3 \\ 2 \end{pmatrix} + s \begin{pmatrix} -1 \\ -4 \\ 0 \end{pmatrix}$$

$$g \cap h \Rightarrow \begin{pmatrix} -2 \\ 1 \\ 1 \end{pmatrix} + r \begin{pmatrix} 1 \\ -1 \\ 0{,}5 \end{pmatrix} = \begin{pmatrix} 1 \\ 3 \\ 2 \end{pmatrix} + s \begin{pmatrix} -1 \\ -4 \\ 0 \end{pmatrix}$$

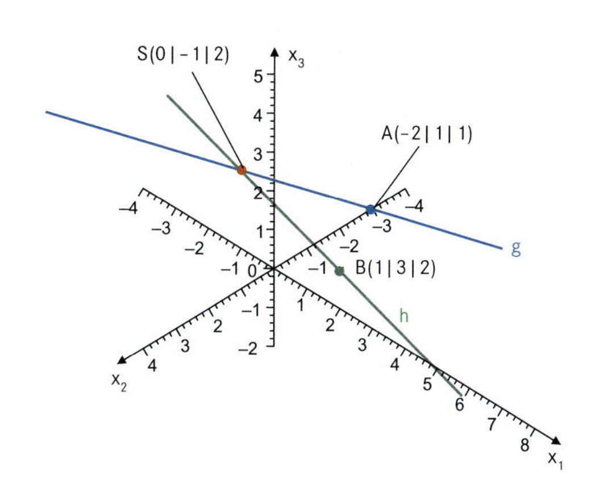

Gauß-Algorithmus

r	s	
1	1	3
-1	4	2 (+)
0,5	0	1 $\mid \cdot (-2)$ (+)
1	1	3
0	5	5 $\mid :5$
0	1	1 $\mid \cdot (-1)$ (+)
1	1	3
0	1	1
0	0	0

$s = 1;\ r + 1 = 3$
$r = 2$

Berechnung Schnittpunkt *S*:

$$r \text{ in } g\colon \vec{x} = \begin{pmatrix} -2 \\ 1 \\ 1 \end{pmatrix} + 2 \begin{pmatrix} 1 \\ -1 \\ 0{,}5 \end{pmatrix} = \begin{pmatrix} 0 \\ -1 \\ 2 \end{pmatrix}$$

bzw.

$$s \text{ in } h\colon \vec{x} = \begin{pmatrix} 1 \\ 3 \\ 2 \end{pmatrix} + \begin{pmatrix} -1 \\ -4 \\ 0 \end{pmatrix} = \begin{pmatrix} 0 \\ -1 \\ 2 \end{pmatrix}$$

Die Geraden schneiden sich in:
$S(0 \mid -1 \mid 2)$

2. Die Geraden schneiden sich nicht

In der Ebene folgt daraus, dass die Geraden parallel sind. Im Raum gibt es neben dieser Möglichkeit auch die Möglichkeit, dass die Geraden, ohne sich zu schneiden, aneinander vorbeigehen. Solche Geraden nennt man windschief.

a) *Die Geraden sind echt parallel*: $g \cap h = \{\,\}$ und $\vec{u} = k \cdot \vec{v}$, $(\vec{v} \parallel \vec{u})$
Das lineare Gleichungssystem ist unlösbar und für die Richtungsvektoren gilt $\vec{v} = s \cdot \vec{u}$. Die Richtungsvektoren sind linear abhängig (gleiche Richtung).

BEISPIEL $g: \vec{x} = \begin{pmatrix} -2 \\ 1 \\ 1 \end{pmatrix} + r \begin{pmatrix} 1 \\ -1 \\ 0{,}5 \end{pmatrix}$

$h: \vec{x} = \begin{pmatrix} 1 \\ 3 \\ 2 \end{pmatrix} + s \begin{pmatrix} -2 \\ 2 \\ -1 \end{pmatrix}$

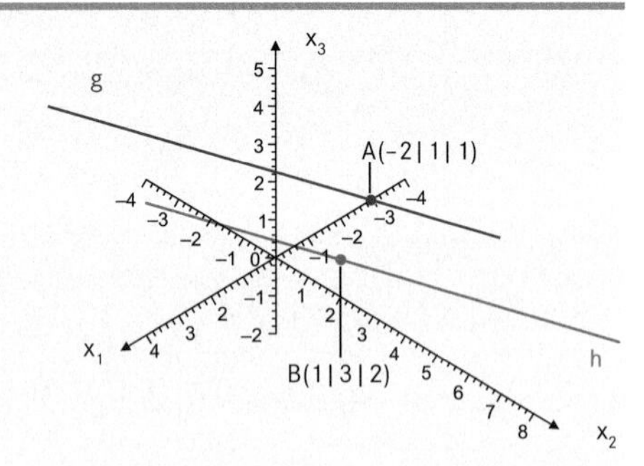

$g \cap h \Rightarrow$

r	s	
1	2	3
-1	2	2 (+ Zeile 1)
0,5	1	1 | ·(−2) (+ Zeile 1)
1	2	3
0	0	5
0	0	1

$0 \cdot s = 1$ (unlösbar)

Die Geraden haben keinen Punkt gemeinsam:

$$g \cap h = \{\}$$

Für die Richtungsvektoren gilt:

$\vec{v} = s \cdot \vec{u}$

$\begin{pmatrix} 1 \\ -1 \\ 0{,}5 \end{pmatrix} = s \begin{pmatrix} -2 \\ 2 \\ -1 \end{pmatrix}$ mit $s = -\frac{1}{2}$

Die Geraden haben dieselbe Richtung, g und h sind parallel.

b) *Die Geraden sind windschief*: $g \cap h = \{\}$ und $\vec{v} \neq s \cdot \vec{u}$

Das lineare Gleichungssystem ist unlösbar und die Richtungsvektoren sind linear unabhängig (verschiedene Richtungen).

BEISPIEL $g: \vec{x} = \begin{pmatrix} -2 \\ 1 \\ 1 \end{pmatrix} + r \begin{pmatrix} 1 \\ -1 \\ 0{,}5 \end{pmatrix}$ $h: \vec{x} = \begin{pmatrix} 1 \\ 3 \\ 2 \end{pmatrix} + s \begin{pmatrix} -1 \\ -2 \\ 2 \end{pmatrix}$

$g \cap h \Rightarrow$

r	s	
1	1	3
-1	2	2 (+ Zeile 1)
0,5	-2	1 | ·(−2) (+ Zeile 1)
1	1	3
0	3	5 | ·5
0	5	1 | ·−3) (+)
1	1	3
0	3	5
0	0	22

$0 \cdot s = 22$ (unlösbar)

Die Geraden haben keinen Punkt gemeinsam:

$g \cap h = \{\}$

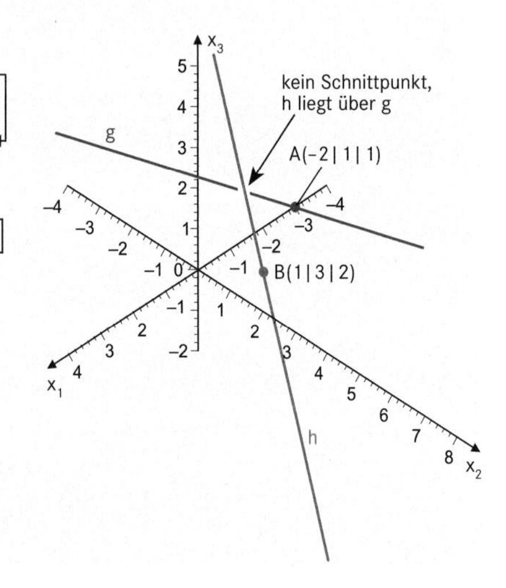

Für die Richtungsvektoren gibt es kein s, sodass gilt: $\vec{v} = s \cdot \vec{u}$

$$\begin{pmatrix} 1 \\ -1 \\ 0{,}5 \end{pmatrix} = s \begin{pmatrix} -1 \\ -2 \\ 2 \end{pmatrix} \Rightarrow \begin{array}{l} s = -1 \\ s = \frac{1}{2} \\ s = 4 \end{array}$$

Widerspruch!
Die Geraden sind daher windschief!

AUFGABE 1 Gegeben sind $A(-2 \mid 1 \mid -2)$, $B(1 \mid 2 \mid 3)$ und $C(3 \mid -1 \mid 2)$.
Bestimmen Sie die Geradengleichung $g = (A, B)$.
Ermitteln Sie die Gleichung der zu g parallelen Geraden h durch C.

AUFGABE 2 Die Gerade $g: \vec{x} = \begin{pmatrix} 6 \\ 3 \\ -2 \end{pmatrix} + r \begin{pmatrix} -4 \\ -2 \\ 3 \end{pmatrix}$ schneidet eine Koordinatenachse.
Ermitteln Sie den Schnittpunkt.

AUFGABE 3 Zeigen Sie, dass die Geraden $g_1: \vec{x} = \begin{pmatrix} 1 \\ -2 \\ 4 \end{pmatrix} + r \begin{pmatrix} 1 \\ 3 \\ -1 \end{pmatrix}$ und $g_2: \vec{x} = \begin{pmatrix} 0 \\ 3 \\ -3 \end{pmatrix} + s \begin{pmatrix} 2 \\ 1 \\ 4 \end{pmatrix}$ windschief zueinander liegen.

AUFGABE 4 Gegeben sind $g: \vec{x} = \begin{pmatrix} 4 \\ -2 \\ 6 \end{pmatrix} + r \begin{pmatrix} -1 \\ 0{,}5 \\ -1{,}5 \end{pmatrix}$ und $h: \vec{x} = \begin{pmatrix} 5 \\ 3{,}5 \\ 1 \end{pmatrix} + s \begin{pmatrix} 2 \\ -1 \\ 3 \end{pmatrix}$
Wie liegen g und h zueinander? Welche Besonderheit weist g auf?

AUFGABE 5 Gegeben sind die drei Geraden $g: \vec{x} = \begin{pmatrix} 0 \\ 2 \\ 9 \end{pmatrix} + r \begin{pmatrix} 6 \\ 2 \\ -3 \end{pmatrix}$, $h: \vec{x} = \begin{pmatrix} -3 \\ 5 \\ 1{,}5 \end{pmatrix} + s \begin{pmatrix} -6 \\ 2 \\ 1 \end{pmatrix}$
und $k: \vec{x} = \begin{pmatrix} -3 \\ 5 \\ 5 \end{pmatrix} + q \begin{pmatrix} -3 \\ 1 \\ -1{,}25 \end{pmatrix}$. Wie liegen g, h und k zueinander?

AUFGABE 6 Gegeben ist ein Tetraeder mit den Punkten $A(4 \mid -1 \mid 0)$, $B(3 \mid 4 \mid 1)$, $C(-2 \mid 1 \mid -1)$ und $D(1 \mid 0 \mid 6)$.
Zeigen Sie: Jede Tetraederkante hat genau eine zu ihr windschiefe Kante.

AUFGABE 7 Bestimmen Sie in den Geradengleichungen für a, b, c, d reelle Zahlen, sodass für die Geraden g und h gilt:
(1) $g = h$, (2) g ist parallel zu h, (3) g und h schneiden sich, (4) g ist windschief zu h.

a) $g: \vec{x} = \begin{pmatrix} 1 \\ a \\ 2 \end{pmatrix} + r \cdot \begin{pmatrix} b \\ 3 \\ 4 \end{pmatrix}$, $h: \vec{x} = \begin{pmatrix} c \\ 0 \\ 3 \end{pmatrix} + s \cdot \begin{pmatrix} 3 \\ 1 \\ d \end{pmatrix}$

b) $g: \vec{x} = \begin{pmatrix} 2 \\ 0 \\ 3 \end{pmatrix} + r \cdot \begin{pmatrix} d \\ -1 \\ 1 \end{pmatrix}$, $h: \vec{x} = \begin{pmatrix} -1 \\ 0 \\ a \end{pmatrix} + s \cdot \begin{pmatrix} 2 \\ b \\ c \end{pmatrix}$

AUFGABE 8 Gegeben sind die Geraden $g\colon \vec{x} = \begin{pmatrix} -1 \\ 3 \\ 5 \end{pmatrix} + r\begin{pmatrix} -2 \\ 4 \\ 5 \end{pmatrix}$ und $h\colon \vec{x} = \begin{pmatrix} 1 \\ 5 \\ 6 \end{pmatrix} + s\begin{pmatrix} 1 \\ 2 \\ 6 \end{pmatrix}$.

a) Zeigen Sie, dass g und h windschief zueinander sind.

b) Von $A(2\,|\,-2\,|\,3)$ aus soll eine Gerade k gefunden werden, die g und h schneidet.

c) Kann von jedem Punkt des Raumes eine Gerade gefunden werden, die g und h schneidet?

1.4.4 Geradenscharen

Nachdem der GTR in der Schule als Werkzeug für die Bearbeitung von Mathematikaufgaben Eingang gefunden hat, wird immer öfter ein Parameter eingeführt und schon müssen die linearen Gleichungssysteme wieder „von Hand" gerechnet werden.

Die Gleichung einer Geraden g hat bereits einen „Geradenparameter" (z. B.: r, s, q, ...). Kommt noch ein weiterer „Scharparameter" (z. B.: a, b, ...) hinzu, so beschreibt die Gleichung unendlich viele Geraden. Zu jedem Wert von a gehört eine spezielle Gerade der Schar.

Wie wir von den Kurvenscharen der Analysis wissen, können bestimmte Geraden oder der Ort von besonderen Geradenpunkten gesucht werden.

Im Rahmen unserer Schulaufgaben wird nur ein linearer Scharparameter im Aufpunkt oder im Richtungsvektor auftreten.

BEISPIELE 1. *Scharparameter im Aufpunkt*

$$g_a\colon \vec{x} = \begin{pmatrix} 3-2a \\ -1+4a \\ 1+4a \end{pmatrix} + r\begin{pmatrix} 1 \\ -1 \\ 2 \end{pmatrix}$$

Welche Schargerade schneidet die x_2-Koordinatenachse?

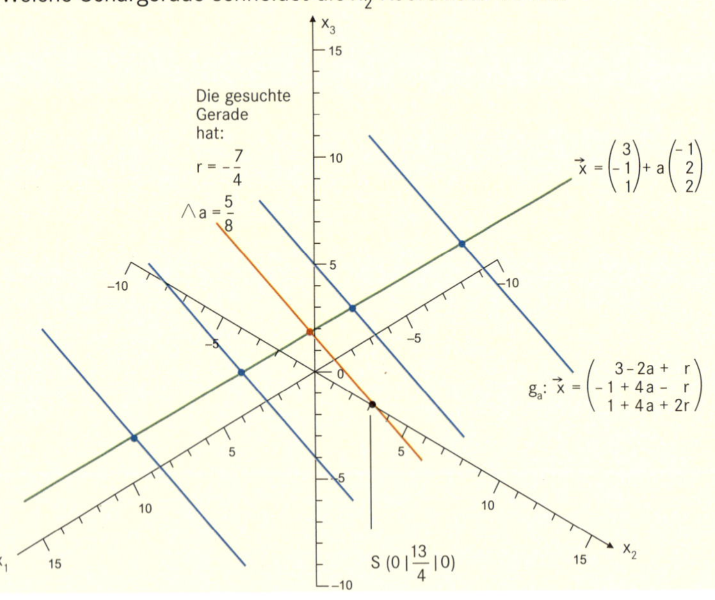

Alle Geraden haben denselben Richtungsvektor $\vec{v} = \begin{pmatrix} 1 \\ -1 \\ 2 \end{pmatrix}$.

Die Aufpunkte liegen auf der Geraden $\vec{x} = \begin{pmatrix} 3 \\ -1 \\ 1 \end{pmatrix} + a\begin{pmatrix} -1 \\ 2 \\ 2 \end{pmatrix}$.

Der Schnitt der Geradenschar mit der x_2-Koordinatenachse ($\vec{x} = s\begin{pmatrix} 0 \\ 1 \\ 0 \end{pmatrix}$) ergibt die drei Gleichungen:

$$\begin{array}{llll} (1) & 3-2a+r & = 0 & \mid \cdot(-2) \\ (2) & -1+4a-r & = s & \\ (3) & 1+4a+2r & = 0 & + \\ \hline -2(1)+(3) = \quad (4) & -5+8a & = 0 & \end{array}$$

$$a = \tfrac{5}{8},\ r = \tfrac{10}{8} - \tfrac{27}{8} = -\tfrac{7}{4}$$

Eingesetzt in (2): $-1 + \frac{5}{2} + \frac{7}{4} = s \Rightarrow s = \frac{13}{4}$

Die Schargerade mit $a = \frac{5}{8}$, $r = -\frac{7}{4}$ schneidet die x_2-Achse in $S(0 \mid \frac{13}{4} \mid 0)$.

2. *Scharparameter im Richtungsvektor*

$$g_a\colon \vec{x} = \begin{pmatrix} 1 \\ -2 \\ 3 \end{pmatrix} + r\begin{pmatrix} 2 \\ 5 \\ 3-a \end{pmatrix}$$

Alle Geraden gehen durch den von a unabhängigen Aufpunkt $A(1 \mid -2 \mid 3)$. Wählt man z. B. für den Parameterwert $r = 1$, dann erkennt man, dass alle Punkte, die zu $r = 1$ gehören, auf der Geraden

$$g_{1a}\colon \vec{x} = \begin{pmatrix} 1 \\ -2 \\ 3 \end{pmatrix} + \begin{pmatrix} 2 \\ 5 \\ 3-a \end{pmatrix} = \begin{pmatrix} 3 \\ 3 \\ 6 \end{pmatrix} + a\begin{pmatrix} 0 \\ 0 \\ -1 \end{pmatrix} \text{ liegen.}$$

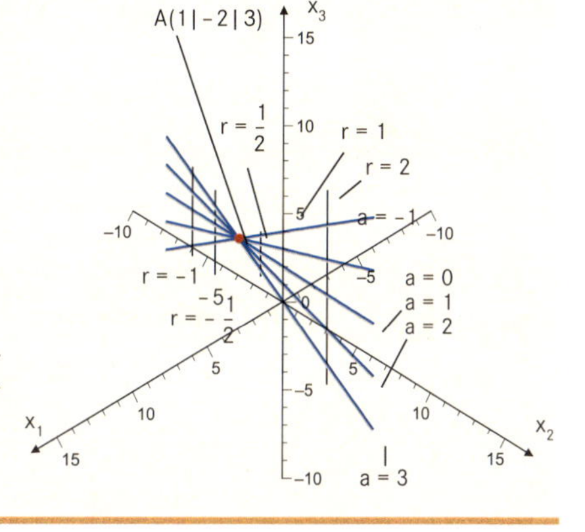

Die Abbildung zeigt die Büschelgeraden zu $a = -1, 0, 1, 2, 3$ und die zur x_3-Achse parallelen Geraden mit $r = 1, -\frac{1}{2}, \frac{1}{2}, 1, 2$.

AUFGABE 1 Gegeben sind die Punkte $P(2 \mid a \mid 1)$ und $Q(4 \mid a+3 \mid 5)$.

a) Wie lautet die Gleichung der Schargeraden durch Punkt P und Q?

b) Welche parallelen Schargeraden schneiden eine Koordinatenachse? Geben Sie die Schnittpunkte an.

AUFGABE 2 Berechnen Sie die Gleichungen der Büschelgeraden zu den Scharparametern $a = -1, 0, 1, 2, 3$ für das Geradenbüschel von Beispiel 2.

$$g_a: \vec{x} = \begin{pmatrix} 1 \\ -2 \\ 3 \end{pmatrix} + r \begin{pmatrix} 2 \\ 5 \\ 3-a \end{pmatrix}$$

Wo liegen die Punkte des Büschels, deren Geradenparameter $r = 3$ ist?

AUFGABE 3 Gegeben ist das Geradenbüschel durch: g_a: $\vec{x} = \begin{pmatrix} 2 \\ -1 \\ 3 \end{pmatrix} + r \begin{pmatrix} a \\ a-3 \\ a+1 \end{pmatrix}$

Welche Büschelgerade
a) geht durch den Ursprung,
b) ist parallel zur x_1x_2-Ebene,
c) verläuft durch $A(-1 \mid -1 \mid -1)$?

AUFGABE 4 Finden Sie die Gleichung der dargestellten Geradenschar.

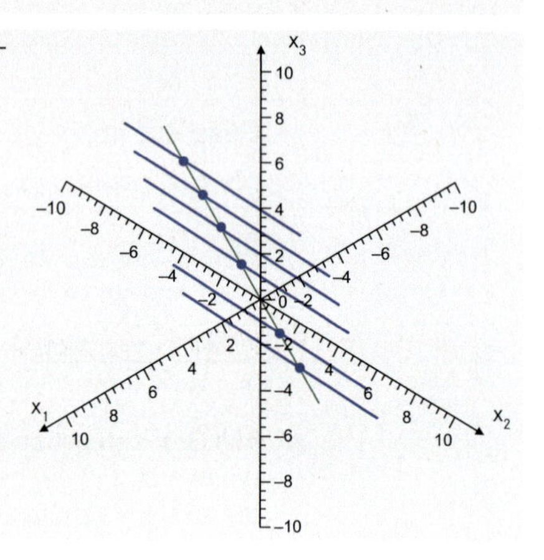

1.4.5 Abstand eines Punktes von einer Geraden

BEISPIEL

1. Welchen Abstand hat der Punkt $P(4 \mid 9 \mid 12)$ von der Geraden g?

$$\vec{x} = \begin{pmatrix} 1 \\ -1 \\ 2 \end{pmatrix} + r \begin{pmatrix} -1 \\ 3 \\ 3 \end{pmatrix}?$$

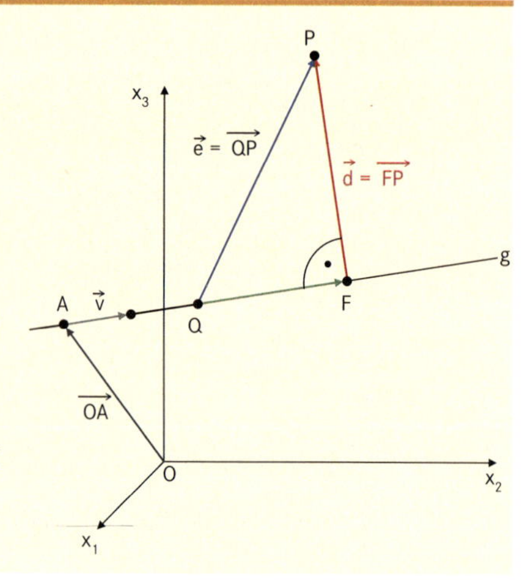

Lösungsstrategie:

Ein beliebiger Punkt Q auf der Geraden g hat die Koordinaten

$Q(1-r \mid -1+3r \mid 2+3r)$.

Für die Entfernung $\overline{QP}$ kann der Betrag des Vektors berechnet werden.

$$|\vec{e}| = |\overline{QP}| = \left|\begin{pmatrix} 4-1+r \\ 9+1-3r \\ 12-2-3r \end{pmatrix}\right| = \left|\begin{pmatrix} 3+r \\ 10-3r \\ 10-3r \end{pmatrix}\right| = \sqrt{(3+r)^2 + (10-3r)^2 + (10-3r)^2}$$

Der Abstand (≙ kürzeste Entfernung) des Punktes P von der Geraden g ist die Lotstrecke $\overline{FP}$.

Hier erinnert man sich gerne an die schönen Optimierungsaufgaben in der Jahrgangsstufe 1. Die Koordinaten des Fußpunktes F und damit die Länge des Abstandsvektors $|\vec{d}| = |\overline{FP}|$ ergeben sich aus der Bedingung, dass die Entfernung $|\vec{e}|$ minimal wird.

Mit dem GTR erhält man (Variable $r = x$ setzen):

*2
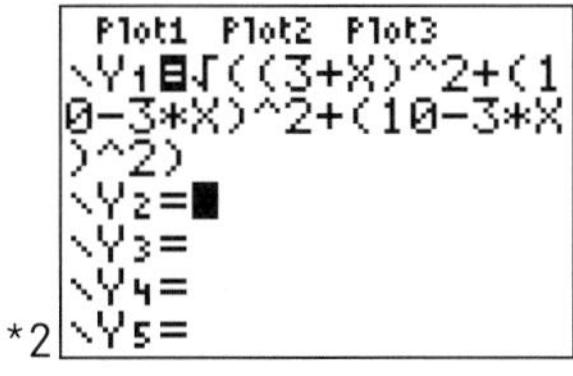

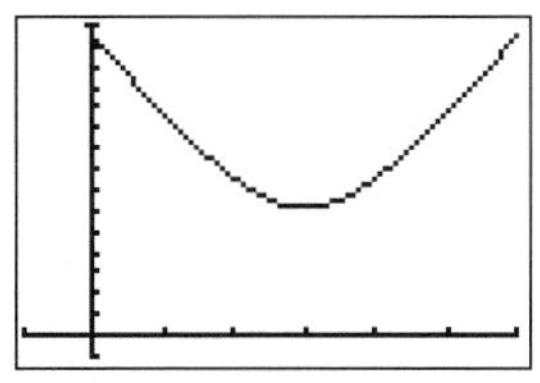

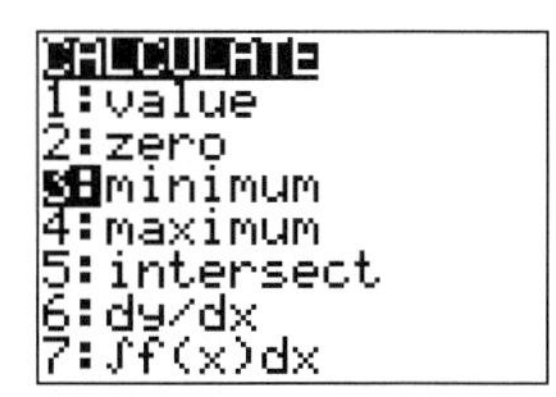

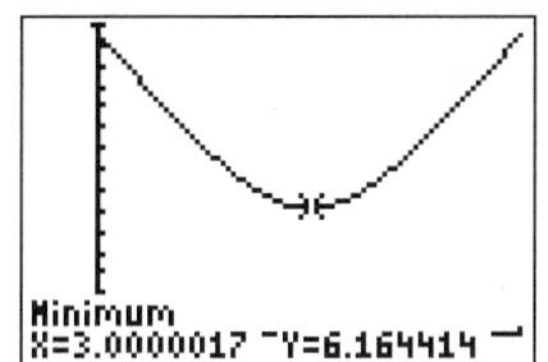

Einsetzen von $x = 3$ bzw. $r = 3$ ergibt den Fußpunkt $F(-2\,|\,8\,|\,11)$,

den Abstandsvektor $\vec{d} = \begin{pmatrix} 6 \\ 1 \\ 1 \end{pmatrix}$ und den Abstand

$|\vec{d}| = \sqrt{36+1+1} = \sqrt{38} \approx 6{,}16$ LE

2. Welchen Abstand haben die parallelen Geraden g und h voneinander?

$$g:\quad \vec{x} = \begin{pmatrix} 1 \\ -2 \\ 1 \end{pmatrix} + r\begin{pmatrix} -2 \\ 3 \\ -1 \end{pmatrix}, \qquad h:\quad \vec{x} = \begin{pmatrix} 2 \\ 1 \\ -2 \end{pmatrix} + s\begin{pmatrix} 4 \\ -6 \\ 2 \end{pmatrix}$$

Lösungsstrategie:

Man wählt einen Punkt P auf g, z. B. $r = 1$: $P(-1\,|\,1\,|\,0)$.

Ein beliebiger Punkt Q auf h hat die Koordinaten $Q(2+4s\,|\,1-6s\,|\,-2+2s)$.

Für die Entfernung $\overline{PQ}$ gilt: $|\overline{PQ}| = \sqrt{(3+4s)^2 + 36s^2 + (-2+2s)^2}$

Mit dem GTR kann wiederum rasch der Abstand (Minimum der Entfernung) gefunden werden.

*2
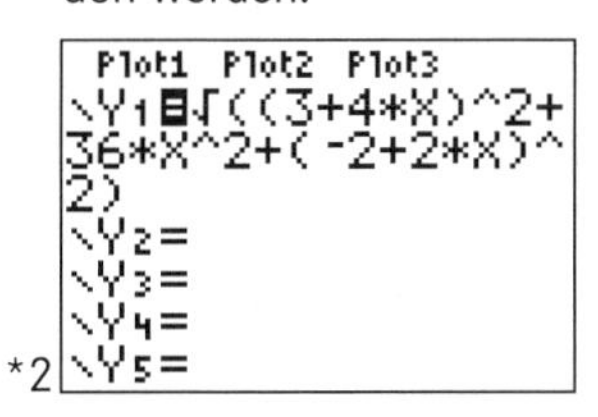

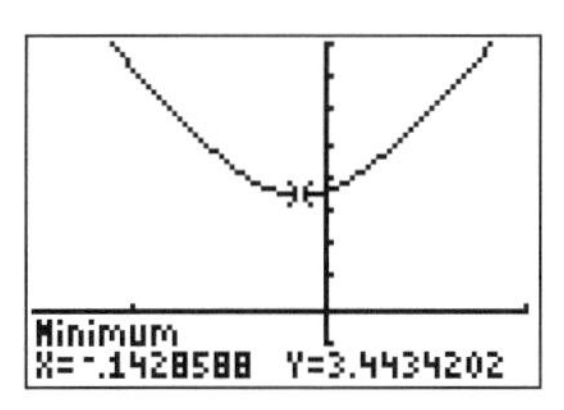

Der Abstand zwischen den Geraden g und h beträgt ca. 3,44 LE. Mit $x = -0{,}14286$ bzw. $s = -0{,}14286$ erhält man den Punkt $F(1{,}4286\,|\,1{,}8572\,|\,-2{,}2857)$ auf der Geraden h.

Es gilt: $\overrightarrow{PF}$ ist senkrecht zu den Geraden g und h.

AUFGABE 1 Welchen Abstand hat der Punkt P von der Geraden g?

a) $g\colon \vec{x} = \begin{pmatrix} 2 \\ 2 \\ 0 \end{pmatrix} + r \begin{pmatrix} 1 \\ -3 \\ 5 \end{pmatrix}$, $P(1 \mid 2 \mid 3)$

b) $g\colon \vec{x} = \begin{pmatrix} 5 \\ 0 \\ 1 \end{pmatrix} + r \begin{pmatrix} 1 \\ 3 \\ 2 \end{pmatrix}$, $P(1 \mid 0 \mid -1)$

c) $g\colon \vec{x} = \begin{pmatrix} -2 \\ 3 \\ 1 \end{pmatrix} + r \begin{pmatrix} 1 \\ 2 \\ 3 \end{pmatrix}$, $P(2 \mid 3 \mid 9)$

AUFGABE 2 Welchen Abstand haben die parallelen Geraden g und h voneinander?

a) $g\colon \vec{x} = \begin{pmatrix} 3 \\ 1 \\ 4 \end{pmatrix} + r \begin{pmatrix} -2 \\ 1 \\ -1 \end{pmatrix}$, $h\colon \vec{x} = \begin{pmatrix} 1 \\ -1 \\ 0 \end{pmatrix} + s \begin{pmatrix} -2 \\ 1 \\ -1 \end{pmatrix}$

b) $g\colon \vec{x} = \begin{pmatrix} 5 \\ 3 \\ 2 \end{pmatrix} + r \begin{pmatrix} 3 \\ -2 \\ 1 \end{pmatrix}$, $h\colon \vec{x} = \begin{pmatrix} 2 \\ -1 \\ 6 \end{pmatrix} + s \begin{pmatrix} 3 \\ -2 \\ 1 \end{pmatrix}$

AUFGABE 3 Welche Gerade g geht durch den Punkt $P(0 \mid 1 \mid 2)$, ist orthogonal zur Geraden $h\colon \vec{x} = \begin{pmatrix} 1 \\ 1 \\ 0 \end{pmatrix} + r \begin{pmatrix} 1 \\ -1 \\ 2 \end{pmatrix}$ und schneidet die Gerade h?

1.5 Ebenen im Raum

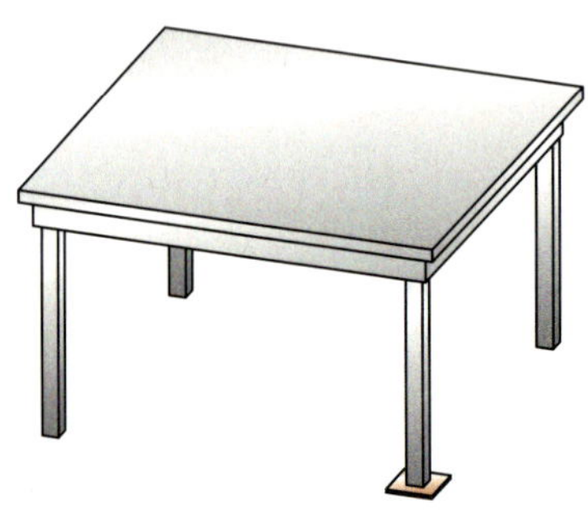

Wir kennen es vom Gasthaus: Man sitzt an einem Tisch mit vier Beinen, dieser „wackelt“ und ein Tischbein muss mit Bierdeckeln unterlegt werden. Ein runder Tisch mit drei Beinen dagegen ist stets stabil. Weshalb ist das so?

Eine Ebene E (Tischplatte) im Raum ist eindeutig bestimmt durch:

a) drei Punkte P, A und B, die nicht auf einer Geraden liegen.

b) einen Punkt P und zwei verschiedene Richtungsvektoren $\vec{v}$ und $\vec{u}$ ($\vec{v} \neq k \cdot \vec{u}$) (z. B. P und $\overrightarrow{PA} = \vec{v}$ und $\overrightarrow{PB} = \vec{u}$).

c) eine Gerade und einen Punkt, der nicht auf der Geraden liegt (z. B. $g = (P, A)$ und $B \notin g$).
d) zwei sich schneidende Geraden (z. B. $g = (P, A)$ und $h = (P, B)$, $g \cap h = \{P\}$).
e) zwei echte parallele Geraden (z. B. $g = (P, A)$ und $h = \overrightarrow{OB} + r \cdot \overrightarrow{PA}$).
f) einen Punkt und einen Vektor senkrecht zur Ebene. (Diese Ebenenfestlegung beschreiben wir im Kapitel 1.6.4 unter Verwendung des Skalarproduktes von Vektoren.)

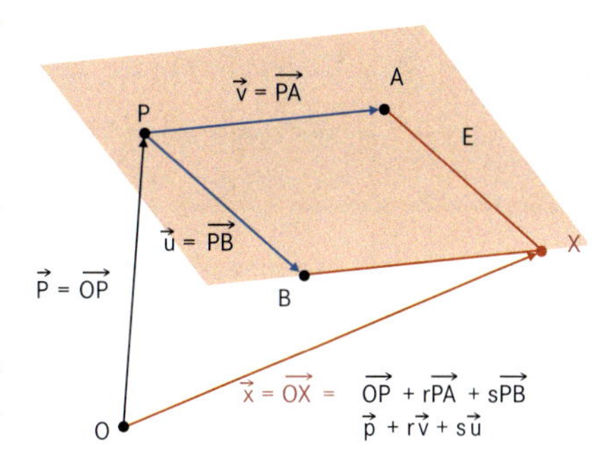

Die Fälle b) bis e) lassen sich stets auf die Tatsache zurückführen, dass drei Punkte eine Ebene im Raum festlegen. Wir wollen uns daher diesem Hauptthema zuwenden und erörtern, wie man zu einer mathematischen Formulierung für eine Ebene kommt.

1.5.1 Parametergleichungen der Ebenen

a) Dreipunktegleichung der Ebene

Ist eine Ebene E durch drei Punkte P, A und B, die nicht alle auf derselben Geraden liegen, festgelegt, so gilt für die Ortsvektoren $\vec{x} = \overrightarrow{OX}$ zu einem beliebigen Punkt X der Ebene E:

$$E: \vec{x} = \overrightarrow{OP} + r \cdot \overrightarrow{PA} + s \cdot \overrightarrow{PB}$$

In Koordinatendarstellung: $\begin{pmatrix} x_1 \\ x_2 \\ x_3 \end{pmatrix} = \begin{pmatrix} p_1 \\ p_2 \\ p_3 \end{pmatrix} + r \begin{pmatrix} a_1 - p_1 \\ a_2 - p_2 \\ a_3 - p_3 \end{pmatrix} + s \begin{pmatrix} b_1 - p_1 \\ b_2 - p_2 \\ b_3 - p_3 \end{pmatrix}$

In Vektordarstellung: $\vec{x} = \vec{p} + r \cdot (\vec{a} - \vec{p}) + s \cdot (\vec{b} - \vec{p})$

DEFINITIONEN

P heißt **Aufpunkt** der Ebene. Den Vektor $\vec{p} = \overrightarrow{OP} = \begin{pmatrix} p_1 \\ p_2 \\ p_3 \end{pmatrix}$ nennt man **Stützvektor.**

Die Richtungsvektoren $\vec{v} = \overrightarrow{PA} = \overrightarrow{OA} - \overrightarrow{OP} = \begin{pmatrix} p_1 - a_1 \\ p_2 - a_2 \\ p_3 - a_3 \end{pmatrix}$ und $\vec{u} = \overrightarrow{OB} - \overrightarrow{OP} = \begin{pmatrix} b_1 - p_1 \\ b_2 - p_2 \\ b_3 - p_3 \end{pmatrix}$ bezeichnet man als **Spannvektoren** der Ebene.

Mit $\vec{a} = \overrightarrow{OA} = \begin{pmatrix} a_1 \\ a_2 \\ a_3 \end{pmatrix}$ und $\vec{b} = \overrightarrow{OB} = \begin{pmatrix} b_1 \\ b_2 \\ b_3 \end{pmatrix}$ erhält man die **Vektordarstellung der Ebene.**

Die Variablen r und s, die alle reellen Zahlen unabhängig voneinander annehmen können, heißen **Parameter der Ebenengleichung.**

BEISPIEL Gegeben sind die Punkte $P(1 \mid -1 \mid 2)$, $A(-1 \mid 1 \mid 4)$ und $B(2 \mid 4 \mid 5)$.

a) Prüfen Sie, ob A, B und C auf derselben Geraden liegen.

b) Ermitteln Sie eine Parametergleichung der durch die Punkte P, A und B festgelegten Ebene E_1.

c) Zeigen Sie, dass P, A und B auf der Ebene E_2 mit der Gleichung:
$\vec{x} = \begin{pmatrix} -5 \\ -7 \\ 0 \end{pmatrix} + p\begin{pmatrix} -1 \\ 7 \\ 5 \end{pmatrix} + q\begin{pmatrix} 3 \\ 3 \\ 1 \end{pmatrix}$ liegen.

Lösung:

a) Gleichung der Geraden durch P und A: $\vec{x} = \begin{pmatrix} 1 \\ -1 \\ 2 \end{pmatrix} + r\begin{pmatrix} -2 \\ 2 \\ 2 \end{pmatrix}$

Punktprobe mit B: $\begin{pmatrix} 2 \\ 4 \\ 5 \end{pmatrix} = \begin{pmatrix} 1 \\ -1 \\ 2 \end{pmatrix} + r\begin{pmatrix} -2 \\ 2 \\ 2 \end{pmatrix} \Rightarrow \begin{matrix} r = -\frac{1}{2} \\ r = 2{,}5 \\ r = 1{,}5 \end{matrix}$ Widerspruch $B \notin (P, A)$

P, A und B legen somit eine Ebene fest.

b) E_1: $\vec{x} = \overrightarrow{OP} + r \cdot \overrightarrow{PA} + s \cdot \overrightarrow{PB}$

$$E_1: \begin{pmatrix} x_1 \\ x_2 \\ x_3 \end{pmatrix} = \begin{pmatrix} 1 \\ -1 \\ 2 \end{pmatrix} + r\begin{pmatrix} -1-1 \\ 1-(-1) \\ 4-2 \end{pmatrix} + s\begin{pmatrix} 2-1 \\ 4-(-1) \\ 5-2 \end{pmatrix} = \begin{pmatrix} 1 \\ -1 \\ 2 \end{pmatrix} + r\begin{pmatrix} -2 \\ 2 \\ 2 \end{pmatrix} + s\begin{pmatrix} 1 \\ 5 \\ 3 \end{pmatrix}$$

Wählt man $r = 1$ und $s = 2$, so erhält man den Punkt $X(1 \mid 11 \mid 10)$ auf der Ebene E_1.

c) Punktprobe in E_2 mit P: $\begin{pmatrix} 1 \\ -1 \\ 2 \end{pmatrix} = \begin{pmatrix} -5 \\ -7 \\ 0 \end{pmatrix} + p\begin{pmatrix} -1 \\ 7 \\ 5 \end{pmatrix} + q\begin{pmatrix} 3 \\ 3 \\ 1 \end{pmatrix}$

Gauß-Verfahren:

p	q		
-1	3	6	$\cdot 7$; $\cdot 5$
7	3	6	+ (Zeile 1 · 7)
5	1	2	+ (Zeile 1 · 5)
-1	3	6	
0	24	48	: 12
0	16	32	: (-8); +
-1	3	6	
0	1	2	
0	0	0	

Eindeutig lösbar:

$q = 2$, $p = 0$

Probe:

$\begin{pmatrix} 1 \\ -1 \\ 2 \end{pmatrix} = \begin{pmatrix} -5 \\ -7 \\ 0 \end{pmatrix} + 0\begin{pmatrix} -1 \\ 7 \\ 5 \end{pmatrix} + 2\begin{pmatrix} 3 \\ 3 \\ 1 \end{pmatrix}$

$P \in E_2$ wahr!

Punktprobe in E_2 mit A: $\begin{pmatrix}-1\\1\\4\end{pmatrix} = \begin{pmatrix}-5\\-7\\0\end{pmatrix} + p\begin{pmatrix}-1\\7\\5\end{pmatrix} + q\begin{pmatrix}3\\3\\1\end{pmatrix}$

Gauß-Verfahren:

p	q		
−1	3	4	$\vert\cdot 7$ $\vert\cdot 5$
7	3	8	← +
5	1	4	← +
−1	3	4	
0	24	36	$\vert : 12$ +
0	16	24	$\vert : (-8)$ ←
−1	3	4	
0	8	12	
0	0	0	

Eindeutig lösbar: $q = \frac{3}{2}$, $p = \frac{1}{2}$

Probe:

$\begin{pmatrix}-1\\1\\4\end{pmatrix} = \begin{pmatrix}-5\\-7\\0\end{pmatrix} + \frac{1}{2}\begin{pmatrix}-1\\7\\5\end{pmatrix} + \frac{3}{2}\begin{pmatrix}3\\3\\1\end{pmatrix}$

$A \in E_2$ wahr!

Punktprobe in E_2 mit B: $\begin{pmatrix}2\\4\\5\end{pmatrix} = \begin{pmatrix}-5\\-7\\0\end{pmatrix} + p\begin{pmatrix}-1\\7\\5\end{pmatrix} + q\begin{pmatrix}3\\3\\1\end{pmatrix}$

Gauß-Verfahren:

p	q		
−1	3	7	$\vert\cdot 7$ $\vert\cdot 5$
7	3	11	← +
5	15		← +
−1	3	7	
0	24	60	$\vert : 12$ +
0	16	40	$\vert : (-8)$ ←
−1	3	7	
0	2	5	
0	0	0	

Eindeutig lösbar: $q = \frac{5}{2}$, $p = \frac{1}{2}$

Probe:

$\begin{pmatrix}2\\4\\5\end{pmatrix} = \begin{pmatrix}-5\\-7\\0\end{pmatrix} + \frac{1}{2}\begin{pmatrix}-1\\7\\5\end{pmatrix} + \frac{5}{2}\begin{pmatrix}3\\3\\1\end{pmatrix}$

$B \in E_2$ wahr!

Da P, A und B auch auf E_2 liegen und drei Punkte eine Ebene eindeutig festlegen, folgt hieraus, dass die Ebenen E_1 und E_2 identisch sind. Dies ist aber den Ebenengleichungen nicht anzusehen. Ähnlich wie bei den Geradengleichungen können bei Ebenen zur Aufstellung der Ebenengleichung ein beliebiger Aufpunkt P' und zwei weitere Punkte A' und B' der Ebene gewählt werden.

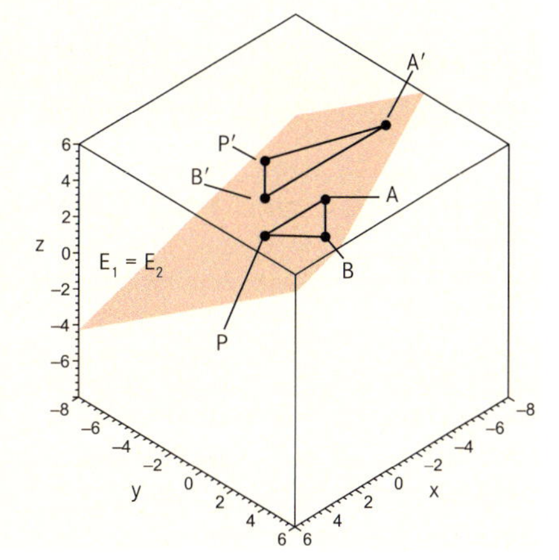

$P(1|-1|2)$, $A(-1|1|4)$ und $B(2|4|5)$ führen zur Ebenengleichung

$$E_1: \vec{x} = \begin{pmatrix} 1 \\ -1 \\ 2 \end{pmatrix} + r\begin{pmatrix} -2 \\ 2 \\ 2 \end{pmatrix} + s\begin{pmatrix} 1 \\ 5 \\ 3 \end{pmatrix}.$$

Die Punkte $P'(-5\,|-7\,|\,0)$, $A'(6\,|\,0\,|\,5)$ und $B'(-2\,|-4\,|\,1)$ ergeben die Ebenengleichung

$$E_2: \vec{x} = \begin{pmatrix} -5 \\ -7 \\ 0 \end{pmatrix} + p\begin{pmatrix} -1 \\ 7 \\ 5 \end{pmatrix} + q\begin{pmatrix} 3 \\ 3 \\ 1 \end{pmatrix}.$$

Wir können aber zeigen, dass P', A' und B' auch auf der Ebene E_1 liegen. Setzt man in E_1 für die Parameter $r = 2$ und $s = -2$, so ergibt sich $\overrightarrow{OP}' = \begin{pmatrix} -5 \\ -7 \\ 0 \end{pmatrix}$; für $r = 3$ und $s = -1$ erhält man $\overrightarrow{OA}' = \begin{pmatrix} -6 \\ 0 \\ 5 \end{pmatrix}$ und für $r = 1$ und $s = -1$ ergibt sich $\overrightarrow{OB}' = \begin{pmatrix} -2 \\ -4 \\ 1 \end{pmatrix}$.

Da man aus den Ebenengleichungen nicht ohne Weiteres erkennen kann, ob zwei Ebenen sich schneiden oder ob sie identisch oder parallel sind, wird man eine Entscheidung erst nach Rechnung treffen können. In Kapitel 1.5.6 erörtern wir die Lagebeziehungen von zwei Ebenen.

b) Punkt-Richtungs-Form der Ebenengleichung

Sind von einem Punkt P der Ebene aus zwei Richtungsvektoren $\vec{v} = \begin{pmatrix} v_1 \\ v_2 \\ v_3 \end{pmatrix}$ und $\vec{u} = \begin{pmatrix} u_1 \\ u_2 \\ u_3 \end{pmatrix}$ ($\vec{v} \neq k \cdot \vec{u}$, $\vec{v}$ und $\vec{u}$ nicht kollinear) gegeben, so ist die Ebene wiederum durch drei Punkte festgelegt, wenn wir $\vec{v}$ und $\vec{u}$ als Verschiebungsvektoren begreifen, die den Punkt P auf der Ebene nach A bzw. B verschieben.

Jeder Vektor $r\vec{v} + s\vec{u}$ ($r, s \in \mathbb{R}$) führt von P aus zu einem Punkt der Ebene. In Umkehrung hierzu ergibt sich, dass jeder Punkt X der Ebene dargestellt werden kann durch einen Ortsvektor der Form: $\overrightarrow{OX} = \vec{x} = \vec{p} + r\vec{v} + s\vec{u}$.

In Koordinatenform:

$$\begin{pmatrix} x_1 \\ x_2 \\ x_3 \end{pmatrix} = \begin{pmatrix} p_1 \\ p_2 \\ p_3 \end{pmatrix} + r\begin{pmatrix} v_1 \\ v_2 \\ v_3 \end{pmatrix} + s\begin{pmatrix} u_1 \\ u_2 \\ u_3 \end{pmatrix}$$

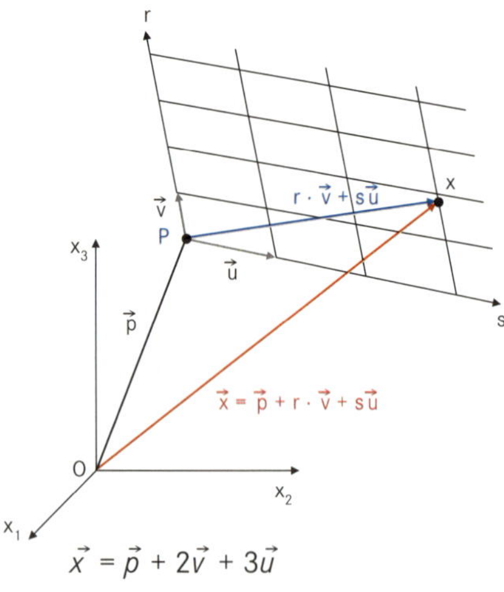

$\vec{x} = \vec{p} + 2\vec{v} + 3\vec{u}$

Die Abbildung auf Seite 72 zeigt, wie auf einer Ebene durch einen „Stützpunkt“ P und die Spannvektoren $\vec{v}$ und $\vec{u}$ ein Koordinatengitter (i. Allg. schiefwinklig) erzeugt wird.

Die Parameter r und s sind dann die Koordinaten des Ebenenpunktes X bezüglich des von $\vec{v}$ und $\vec{u}$ aufgespannten Koordinatengitters.

BEISPIEL Gegeben sind der Raumpunkt $P(3 \mid 4 \mid 5)$ und zwei Richtungsvektoren
$\vec{v} = \begin{pmatrix} 1 \\ -2 \\ 2 \end{pmatrix}$ und $\vec{u} = \begin{pmatrix} 2 \\ 3 \\ -1 \end{pmatrix}$.

a) Untersuchen Sie, ob $\vec{v}$ und $\vec{u}$ kollinear sind.

b) Liegt der Punkt $Q(7 \mid 3 \mid 8)$ auf der von P und den Vektoren $\vec{v}$ und $\vec{u}$ festgelegten Ebene?

c) Gegeben ist die Ebenengleichung $E_2: \vec{x} = \begin{pmatrix} 8 \\ 8 \\ 5 \end{pmatrix} + r\begin{pmatrix} -1 \\ 9 \\ -7 \end{pmatrix} + s\begin{pmatrix} 3 \\ 1 \\ 1 \end{pmatrix}$.

Zeigen Sie, dass E_2 die oben durch P, $\vec{v}$ und $\vec{u}$ festgelegte Ebene ist.

Lösungen:

a) $\vec{v}$ und $\vec{u}$ spannen dann eine Ebene auf, wenn $\vec{v} \neq k \cdot \vec{u}$ ist.

$$\begin{pmatrix} 1 \\ -2 \\ 2 \end{pmatrix} = k\begin{pmatrix} 2 \\ 3 \\ -1 \end{pmatrix} \Rightarrow \begin{matrix} k = \frac{1}{2} \\ k = -\frac{2}{3} \\ k = -2 \end{matrix} \quad \text{Widerspruch!}$$

$\vec{v} \neq k \cdot \vec{u}$. Die Richtungsvektoren sind nicht kollinear.

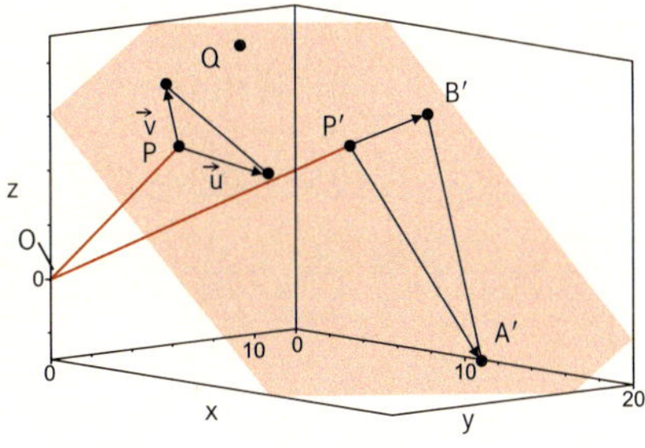

b) Eine Gleichung der durch P, $\vec{v}$ und $\vec{u}$ festgelegten Ebene

$$E_1: \vec{x} = \begin{pmatrix} 3 \\ 4 \\ 5 \end{pmatrix} + r\begin{pmatrix} 1 \\ -2 \\ 2 \end{pmatrix} + s\begin{pmatrix} 2 \\ 3 \\ -1 \end{pmatrix};$$

Punktprobe mit Q: $\begin{pmatrix} 7 \\ 3 \\ 8 \end{pmatrix} = \begin{pmatrix} 3 \\ 4 \\ 5 \end{pmatrix} + r\begin{pmatrix} 1 \\ -2 \\ 2 \end{pmatrix} + s\begin{pmatrix} 2 \\ 3 \\ -1 \end{pmatrix}$

Entweder man sieht, dass mit $r = 2$ und $s = 1$ die Gleichung erfüllt wird und somit $Q \in E_1$ ist, oder man muss das lineare Gleichungssystem lösen.

$$\begin{array}{lrcrl} (1) & r + 2s & = & 4 & |\cdot 2 \text{ (zu (2) addieren) } + \\ (2) & -2r + 3s & = & -1 & \\ (3) & 2r + s & = & 5 & \\ \hline 2\cdot(1) + (2): & 7s & = & 7 & \\ & s & = & 1 & \\ \text{in (3):} & 2r + 1 & = & 5 & \Rightarrow r = 2 \end{array}$$

c) Es gibt verschiedene Möglichkeiten zur Überprüfung.
Wir können drei Punkte P', A' und B' auf E_2 ermitteln und dann zeigen, dass diese Punkte auch auf E_1 liegen.
$p = 0 \wedge q = 0$: $P'(8 \mid 8 \mid 5)$; $p = 1 \wedge q = 0$: $A'(7 \mid 17 \mid -2)$; $p = 0 \wedge q = 1$: $B'(11 \mid 9 \mid 6)$
Punktprobe mit E_1:

$$P': \begin{pmatrix} 8 \\ 8 \\ 5 \end{pmatrix} = \begin{pmatrix} 3 \\ 4 \\ 5 \end{pmatrix} + r\begin{pmatrix} 1 \\ -2 \\ 2 \end{pmatrix} + s\begin{pmatrix} 2 \\ 3 \\ -1 \end{pmatrix} \qquad r = 1 \wedge s = 2 \quad P' \in E_1$$

$$A': \begin{pmatrix} 7 \\ 17 \\ -2 \end{pmatrix} = \begin{pmatrix} 3 \\ 4 \\ 5 \end{pmatrix} + r\begin{pmatrix} 1 \\ -2 \\ 2 \end{pmatrix} + s\begin{pmatrix} 2 \\ 3 \\ -1 \end{pmatrix} \qquad r = -2 \wedge s = 3 \quad A' \in E_1$$

$$B': \begin{pmatrix} 11 \\ 9 \\ 6 \end{pmatrix} = \begin{pmatrix} 3 \\ 4 \\ 5 \end{pmatrix} + r\begin{pmatrix} 1 \\ -2 \\ 2 \end{pmatrix} + s\begin{pmatrix} 2 \\ 3 \\ -1 \end{pmatrix} \qquad r = 2 \wedge s = 3 \quad B' \in E_1$$

c) Gerade und Punktgleichung der Ebene

Ist die Gerade g mit dem Aufpunkt P und dem Richtungsvektor $\vec{v}$ gegeben, so gilt:

$$g: \vec{x} = \overrightarrow{OP} + r\vec{v} = \begin{pmatrix} p_1 \\ p_2 \\ p_3 \end{pmatrix} + r\begin{pmatrix} v_1 \\ v_2 \\ v_3 \end{pmatrix}.$$

Der weitere gegebene Punkt $B(b_1 \mid b_2 \mid b_3) \notin g$ der Ebene legt einen zweiten Richtungsvektor fest.

$$\vec{u} = \overrightarrow{OB} - \overrightarrow{OP} = \overrightarrow{PB} = \begin{pmatrix} b_1 - p_1 \\ b_2 - p_2 \\ b_3 - p_3 \end{pmatrix}$$

Wählen wir also den Aufpunkt für die Gerade auch als Aufpunkt der Ebene und den Richtungsvektor $\vec{v}$ der Geraden und den Richtungsvektor $\vec{u} = \overrightarrow{PB}$, dann erhalten wir die schon besprochene Punkt-Richtungs-Gleichung der Ebene.

$$\vec{x} = \overrightarrow{OP} + r \cdot \vec{v} + s \cdot (\overrightarrow{OB} - \overrightarrow{OP})$$
$$\vec{x} = \vec{p} + r \cdot \vec{v} + s \cdot (\vec{b} - \vec{p})$$
$$\vec{x} = \vec{p} + r \cdot \vec{v} + s \cdot \vec{u}$$

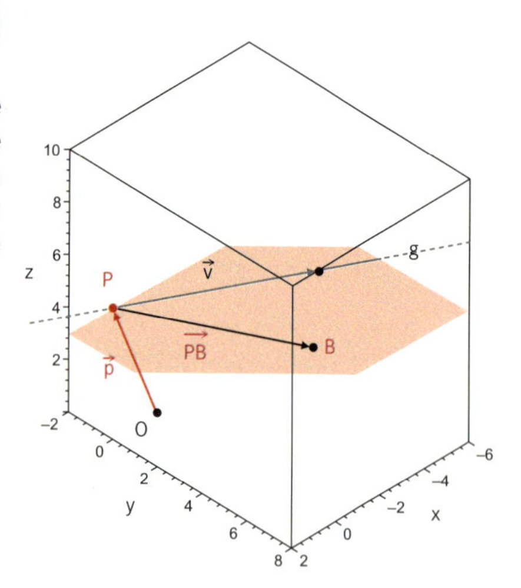

BEISPIEL Gegeben sind die Gerade: $\vec{x} = \begin{pmatrix} 2 \\ -1 \\ 3 \end{pmatrix} + r \begin{pmatrix} -1 \\ 2 \\ -2 \end{pmatrix}$ und der Punkt $B(3 \mid 2 \mid 4)$.

a) Bestimmen Sie die durch g und B festgelegte Ebene E_1.

b) Zeigen Sie, dass g und der Punkt $C(-2 \mid -3 \mid -3)$ dieselbe Ebene E_1 festlegen.

Lösungen:

a) $E_1: \vec{x} = \begin{pmatrix} 2 \\ -1 \\ 3 \end{pmatrix} + r \begin{pmatrix} -1 \\ 2 \\ -2 \end{pmatrix} + s \begin{pmatrix} 1 \\ 3 \\ 1 \end{pmatrix}$

b) Man muss nur zeigen, dass C auf E_1 liegt.

$$\begin{pmatrix} -2 \\ -3 \\ -3 \end{pmatrix} = \begin{pmatrix} 2 \\ -1 \\ 3 \end{pmatrix} + r \begin{pmatrix} -1 \\ 2 \\ -2 \end{pmatrix} + s \begin{pmatrix} 1 \\ 3 \\ 1 \end{pmatrix}$$

$r = 2 \wedge s = -2 \Rightarrow C \in E_1$

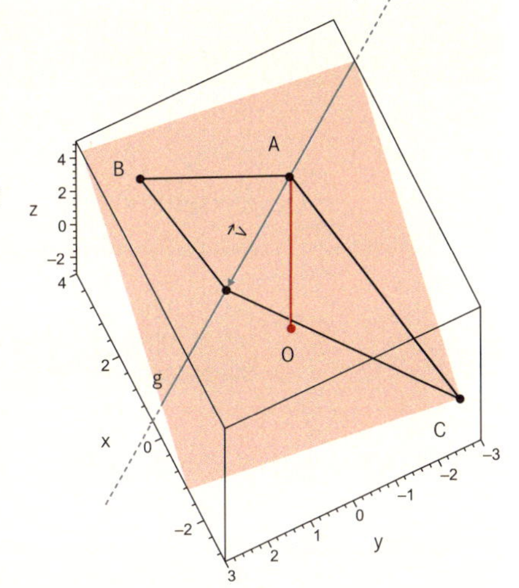

d) Zwei sich schneidende Geraden – Gleichung der Ebene

Man kann als Aufpunkt der Ebene den Schnittpunkt S der Geraden g und h wählen, als Richtungsvektoren am besten gleich die Richtungsvektoren $\vec{v}$ und $\vec{u}$ der Geraden. Noch rascher gelangt man zur Ebenengleichung, wenn man als Aufpunkt den Aufpunkt P einer Geraden nimmt und als Richtungsvektoren wiederum die Richtungsvektoren der Geraden:

$$E: \vec{x} = \overrightarrow{OS} + r \cdot \vec{v} + s \cdot \vec{u} \quad \text{oder} \quad E: \vec{x} = \overrightarrow{OP} + r \cdot \vec{v} + s \cdot \vec{u}$$

BEISPIEL Gegeben sind die Geradengleichungen

$g: \vec{x} = \begin{pmatrix} 0 \\ -4 \\ -2 \end{pmatrix} + r \begin{pmatrix} 1 \\ 3 \\ 4 \end{pmatrix}$ und

$h: \vec{x} = \begin{pmatrix} 2 \\ -5 \\ 4 \end{pmatrix} + r \begin{pmatrix} -1 \\ 4 \\ -2 \end{pmatrix}$.

a) Prüfen Sie, ob die Geraden windschief sind.

b) Ermitteln Sie eine Ebenengleichung für die von g und h festgelegte Ebene.

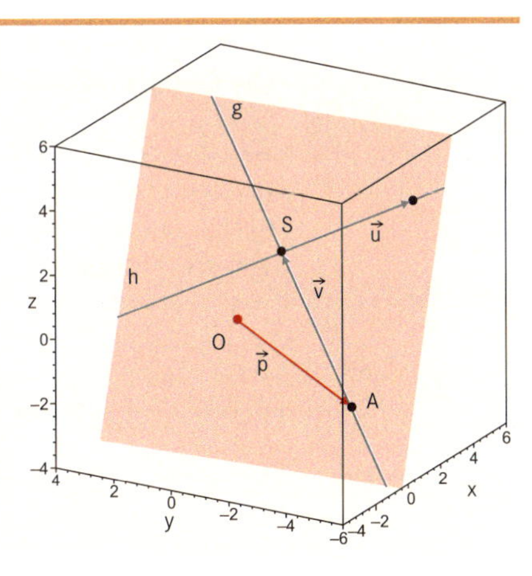

Lösungen:

a) $g \cap h$: Gauß-Algorithmus

r	s		
1	1	2	$\mid \cdot (-3)$ $\mid \cdot (-4)$
3	-4	-1	+
4	2	6	+
1	1	2	
0	-7	-7	
0	-2	-2	

$s = 1$; $r = 2 - s$; $r = 1$

Eindeutig lösbar.

Berechnung von $\{S\} = g \cap h$

$r = 1$ in g:

$$\vec{x} = \begin{pmatrix} 0 \\ -4 \\ -2 \end{pmatrix} + 1 \begin{pmatrix} 1 \\ 3 \\ 4 \end{pmatrix} = \begin{pmatrix} 1 \\ -1 \\ 2 \end{pmatrix}$$

$s = 1$ in h:

$$\vec{x} = \begin{pmatrix} 2 \\ -5 \\ 4 \end{pmatrix} + 1 \begin{pmatrix} -1 \\ 4 \\ -2 \end{pmatrix} = \begin{pmatrix} 1 \\ -1 \\ 2 \end{pmatrix}$$

Die Geraden schneiden sich in $S(1 \mid -1 \mid 2)$, sind also nicht windschief.

b) Wenn man den Schnittpunkt der beiden Geraden ermittelt hat, kann man diesen als Aufpunkt für die Ebenengleichung wählen. Als Richtungsvektoren bieten sich die Richtungsvektoren der Geraden an.

$$E: \vec{x} = \begin{pmatrix} 1 \\ -1 \\ 2 \end{pmatrix} + r \begin{pmatrix} 1 \\ 3 \\ 4 \end{pmatrix} + s \begin{pmatrix} -1 \\ 4 \\ -2 \end{pmatrix}.$$

Die Ebenengleichung $\vec{x} = \begin{pmatrix} 0 \\ -4 \\ -2 \end{pmatrix} + r \begin{pmatrix} 1 \\ 3 \\ 4 \end{pmatrix} + s \begin{pmatrix} -1 \\ 4 \\ -2 \end{pmatrix}$ beschreibt dieselbe Ebene.

Als Aufpunkt wurde der Aufpunkt auf der Geraden g gewählt.

e) Zwei echt parallele Geraden – Gleichung der Ebene

Sind die parallelen Geraden g und h gegeben, so kann für die von ihnen festgelegte Ebene eine Ebenengleichung angegeben werden.

Man wählt zum Beispiel den Aufpunkt A der Geraden g und als Richtungsvektoren den Richtungsvektor $\vec{v}$ der Geraden g und den Vektor $\overrightarrow{AB}$, der die Aufpunkte der Geraden g und h verbindet.

$$E: \vec{x} = \overrightarrow{OA} + r\vec{v} + s \cdot \overrightarrow{AB}$$

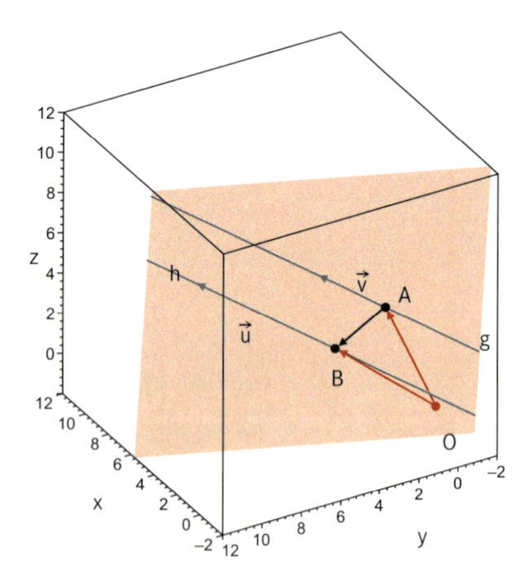

BEISPIEL Gegeben sind die Geraden $g: \vec{x} = \begin{pmatrix}1\\2\\5\end{pmatrix} + r\begin{pmatrix}1\\3\\2\end{pmatrix}$ und $h: \vec{x} = \begin{pmatrix}2\\4\\3\end{pmatrix} + s\begin{pmatrix}2\\6\\4\end{pmatrix}$.

a) Zeigen Sie, dass g und h echt parallel sind.

b) Ermitteln Sie eine Ebenengleichung für die von g und h festgelegte Ebene.

Lösungen:

a) Es muss gelten: $g \cap h = \{\}$ und $\vec{v} = k \cdot \vec{u}$

Gauß-Algorithmus

r	s	
1	-2	1 $\mid \cdot(-3)$, $\mid \cdot(-2)$
3	-6	2 ← +
2	-4	-2 ← +
1	-2	1
0	0	-1
0	0	-4

Unlösbar, kein gemeinsamer Punkt.

$\vec{v} = k\vec{u}$

$$\begin{pmatrix}1\\3\\2\end{pmatrix} = k\begin{pmatrix}2\\6\\4\end{pmatrix},\ k = \tfrac{1}{2}$$

Also haben die Geraden g und h dieselbe Richtung.

b) $E: \vec{x} = \begin{pmatrix}1\\2\\5\end{pmatrix} + r\begin{pmatrix}1\\3\\2\end{pmatrix} + s\begin{pmatrix}1\\2\\-2\end{pmatrix}$

1.5.2 Koordinatenform der Ebenengleichung

Eine Ebene lässt sich besonders gut räumlich darstellen, wenn man die Schnittpunkte P_1, P_2 und P_3 der Ebene E mit den Koordinatenachsen kennt.

BEISPIEL $P_1(2 \mid 0 \mid 0)$, $P_2(0 \mid 3 \mid 0)$, $P_3(0 \mid 0 \mid 4)$

Die Ebenengleichung in Parameterdarstellung (P_1 als Aufpunkt):

$$E: \vec{x} = \begin{pmatrix}x_1\\x_2\\x_3\end{pmatrix} = \begin{pmatrix}2\\0\\0\end{pmatrix} + r\begin{pmatrix}-2\\3\\0\end{pmatrix} + s\begin{pmatrix}-2\\0\\4\end{pmatrix}$$

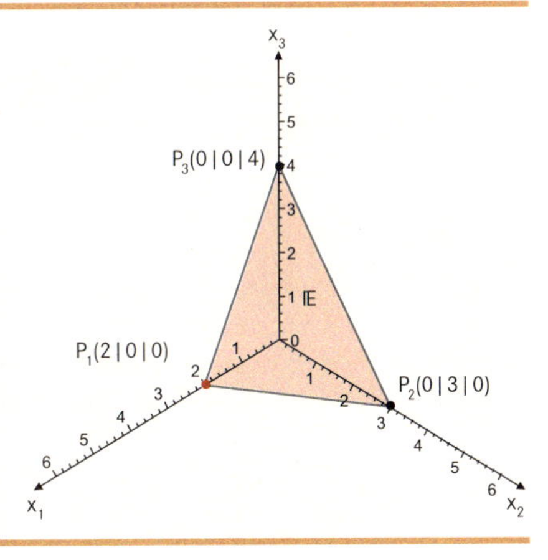

Eliminiert man die Parameter r und s, so gelangt man zur Koordinatenform der Ebenengleichung.

An ihr kann man nun sofort die Schnittpunkte der Ebene mit den Koordinatenachsen erkennen.

$$\begin{array}{rl} x_1 = 2 - 2r - 2s & | \cdot 3 \\ x_2 = 3r & | \cdot 2 \\ x_3 = 4s & \\ \hline 3x_1 + 2x_2 = 6 - 6s & | \cdot 2 \\ x_3 = 4s & | \cdot 3 \\ \hline \end{array}$$

$E\colon 6x_1 + 4x_2 + 3x_3 = 12$

Koordinatenform der Ebenengleichung

$a_1x_1 + a_2x_2 + a_3x_3 = d$ heißt Koordinatenform der Ebenengleichung.

Diese Gleichung gibt die Beziehung zwischen den Koordinaten des allgemeinen Ebenenpunktes $X(x_1 \mid x_2 \mid x_3)$ an.

Setzt man in $6x_1 + 4x_2 + 3x_3 = 12$ für $x_2 = 0$ und $x_3 = 0$, so folgt $6x_1 = 12$
$x_1 = 2$ $P_1(2 \mid 0 \mid 0) \in x_1$-Achse
für $x_1 = 0$ und $x_3 = 0$, so folgt $4x_2 = 12$
$x_2 = 3$ $P_2(0 \mid 3 \mid 0) \in x_2$-Achse
für $x_1 = 0$ und $x_2 = 0$, so folgt $3x_3 = 12$
$x_3 = 4$ $P_3(0 \mid 0 \mid 4) \in x_3$-Achse

Die *Elimination der Parameter* ergibt für das Gleichungssystem eine einzige lineare Gleichung, deren Lösungsmenge die Menge aller Ortsvektoren zu den Punkten der Ebene ist.

Sind bei der Koordinatenform der Ebenengleichung $a_1x_1 + a_2x_2 + a_3x_3 = d$ alle Koeffizienten a_1, a_2, a_3 und d von null verschieden, dann lässt sich die **Achsenabschnittsform** erzeugen (Division mit d und Umformung zum Doppelbruch):

$$\frac{x_1}{\frac{d}{a_1}} + \frac{x_2}{\frac{d}{a_2}} + \frac{x_3}{\frac{d}{a_3}} = 1,$$

Achsenabschnittsform aus der Koordinatenform $a_1x_1 + a_2x_2 + a_3x_3 = d$

Hieraus können die *Schnittpunkte der Ebene mit den Achsen* direkt abgelesen werden.

BEISPIEL

$$6x_1 + 4x_2 + 3x_3 = 12$$

$$\frac{x_1}{\frac{12}{6}} + \frac{x_2}{\frac{12}{4}} + \frac{x_3}{\frac{12}{3}} = 1$$

$$\frac{x_1}{2} + \frac{x_2}{3} + \frac{x_3}{4} = 1$$

$P_1(2 \mid 0 \mid 0)$, $P_2(0 \mid 3 \mid 0)$, $P_3(0 \mid 0 \mid 3)$

Nachdem wir gezeigt haben, wie aus der Parametergleichung der Ebene durch Eliminieren der Parameter die Koordinatengleichung der Ebene entsteht, wollen wir nun auch die Umkehrung zeigen. Jede lineare Koordinatengleichung (bei der nicht alle Koeffizienten zugleich null sind) beschreibt eine Ebene und für diese

Ebene kann natürlich auch wieder eine Parametergleichung der Ebene angegeben werden. Wir zeigen dies an unserem Beispiel:

BEISPIEL $E: 6x_1 + 4x_2 + 3x_3 = 12$

Zur Umwandlung in eine Parametergleichung müssen wir zwei Koordinaten als freie Parameter betrachten.
Zum Beispiel: $x_1 = p$, $x_2 = q$; für x_3 ergibt sich dann aus der Koordinatengleichung:
$6p + 4q + 3x_3 = 12$:
$x_3 = 4 - 2p - \frac{4}{3}q$
und hieraus:

$$E: \vec{x} = \begin{pmatrix} x_1 \\ x_2 \\ x_3 \end{pmatrix} = \begin{pmatrix} p \\ q \\ 4 - 2p - \frac{4}{3}q \end{pmatrix} = \begin{pmatrix} 0 \\ 0 \\ 4 \end{pmatrix} + p\begin{pmatrix} 1 \\ 0 \\ -2 \end{pmatrix} + q\begin{pmatrix} 0 \\ 1 \\ -\frac{4}{3} \end{pmatrix}$$

Dies ist wiederum eine Parametergleichung von E.

SATZ Jede lineare Gleichung der Form: $a_1\mathbf{x_1} + a_2\mathbf{x_2} + a_3\mathbf{x_3} = \mathbf{d}$ (nicht alle $a_i = 0$) beschreibt eine Ebene.
Diese Gleichung heißt Koordinatengleichung der Ebene, da die Koordinaten aller Punkte $P(p_1 \mid p_2 \mid p_3)$ der Ebene diese Gleichung erfüllen.

Es gilt also: $a_1p_1 + a_2p_2 + a_3p_3 = d$.

Oft ist die unanschauliche Koordinatengleichung der Ebene bei Berechnungen von Vorteil.
So kann z. B. schnell geprüft werden, ob ein Punkt in der Ebene liegt.

$Q(-2 \mid 3 \mid 4)$ liegt in $E: 6x_1 + 4x_2 + 3x_3 = 12$,
da $6 \cdot (-2) + 4 \cdot 3 + 3 \cdot 4 = -12 + 12 + 12 = 12$

BEISPIELE

1. Gegeben ist die Parametergleichung der Ebene
$$E: \vec{x} = \begin{pmatrix} -1 \\ 2 \\ 3 \end{pmatrix} + r\begin{pmatrix} 2 \\ 1 \\ -1 \end{pmatrix} + s\begin{pmatrix} 3 \\ 5 \\ 2 \end{pmatrix}.$$
   a) Ermitteln Sie die Koordinatengleichung der Ebene E.
   b) Prüfen Sie, welche der Punkte $A(0 \mid 6 \mid 6)$, $B(-2 \mid -2 \mid 1)$ und $C(-3 \mid -6 \mid -3)$ in der Ebene E liegen.

Lösungen:

a)
(1) $x_1 = -1 + 2r + 3s$
(2) $x_2 = 2 + r + 5s$
(3) $x_3 = 3 - r + 2s$

(1) − 2(2) = (4) $\quad x_1 - 2x_2 = -5 - 7s$
(2) + (3) = (5) $\quad x_2 + x_3 = 5 + 7s$ (+)

E: $x_1 - x_2 + x_3 = 0$

b) A: $1 \cdot 0 - 1 \cdot 6 + 1 \cdot 6 = 0$ w!, $A \in E$
B: $1 \cdot (-2) - 1 \cdot (-2) + 1 \cdot 1 = 1 \neq 0$ f!, $B \notin E$
C: $1 \cdot (-3) - 1 \cdot (-6) + 1 \cdot (-3) = 0$ w!, $C \in E$
Der Ursprung $O(0 \mid 0 \mid 0)$ liegt ebenfalls in E.

2. Die Ebene E ist gegeben durch die Koordinatengleichung: $4x_1 + 5x_2 - 5x_3 = 18$. Finden Sie eine Parametergleichung der Ebene E.

Lösung:
Wir setzen die Koordinaten $x_2 = r$ und $x_3 = s$. Für x_1 ergibt sich dann aus der Ebenengleichung:

$x_1 = \frac{9}{2} - \frac{5}{4}r + \frac{1}{2}s$. Die Parametergleichung der Ebene ist dann:

$$E: \vec{x} = \begin{pmatrix} x_1 \\ x_2 \\ x_3 \end{pmatrix} = \begin{pmatrix} \frac{9}{2} - \frac{5}{4}r + \frac{1}{2}s \\ r \\ s \end{pmatrix} = \begin{pmatrix} \frac{9}{2} \\ 0 \\ 0 \end{pmatrix} + r \begin{pmatrix} -\frac{5}{4} \\ 1 \\ 0 \end{pmatrix} + s \begin{pmatrix} \frac{1}{2} \\ 0 \\ 1 \end{pmatrix}$$

3. Gegeben ist die Ebene E durch die Koordinatengleichung: $6x_1 + 8x_2 + 12x_3 = 24$. Formen Sie in die Achsenabschnittsform um und geben Sie die Schnittpunkte der Ebene mit den Koordinatenachsen an. Skizzieren Sie die Ebene.

Lösung:
Man kann zunächst die Koordinatengleichung so vereinfachen, dass die Koeffizienten teilerfremde, ganze Zahlen sind.

$6x_1 + 8x_2 + 12x_3 = 24$
$3x_1 + 4x_2 + 6x_3 = 12$

Achsenabschnittsform:

$$\frac{x_1}{\frac{12}{3}} + \frac{x_2}{\frac{12}{4}} + \frac{x_3}{\frac{12}{6}} = 1$$

$$\frac{x_1}{4} + \frac{x_2}{3} + \frac{x_3}{2} = 1$$

Schnittpunkte:
$P_1(4 \mid 0 \mid 0)$, $P_2(0 \mid 3 \mid 0)$, $P_3(0 \mid 0 \mid 2)$

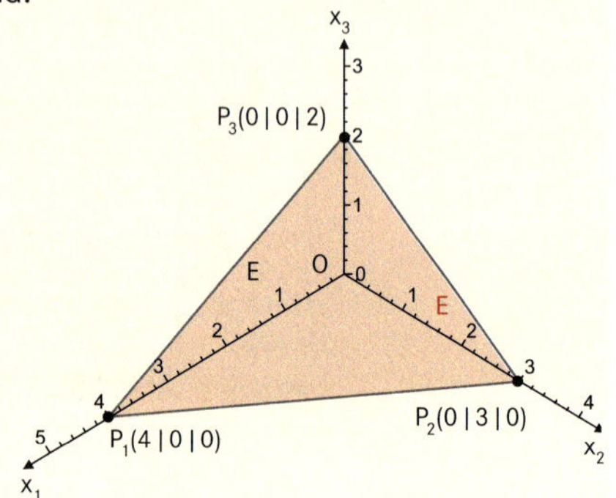

1.5.3 Besondere Ebenengleichungen

Koordinatenebenen

Für die Koordinatenebenen erhält man die Parameter- bzw. Koordinatengleichungen:

$$E_{x_1x_2}: \vec{x} = r \begin{pmatrix} 1 \\ 0 \\ 0 \end{pmatrix} + s \begin{pmatrix} 0 \\ 1 \\ 0 \end{pmatrix}$$

$x_1 = r$
$x_2 = s \quad \Longleftrightarrow x_3 = 0$ in R^3
$x_3 = 0$

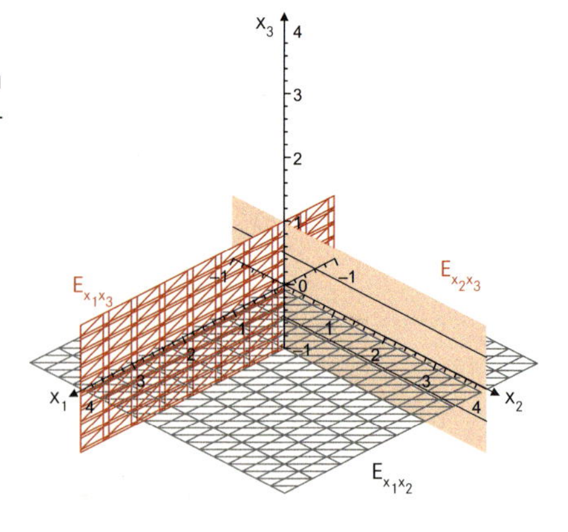

$E_{x_2x_3}: \vec{x} = r\begin{pmatrix}0\\1\\0\end{pmatrix} + q\begin{pmatrix}0\\0\\1\end{pmatrix}$

$x_1 = 0$
$x_2 = s \quad \Longleftrightarrow x_1 = 0$ in R^3
$x_3 = q$

$E_{x_1x_3}: \vec{x} = q\begin{pmatrix}0\\0\\1\end{pmatrix} + r\begin{pmatrix}1\\0\\0\end{pmatrix}$

$x_1 = r$
$x_2 = 0 \quad \Longleftrightarrow x_2 = 0$ in R^3
$x_3 = q$

Ebenen parallel zu einer Koordinatenebene

Ist eine Ebene E_1 parallel im Abstand $a = 3$ zur Ebene $E_{x_1x_2}$, dann gilt für alle Punkte auf E_1, dass $x_3 = 3$ ist.
In der Parametergleichung erkennt man die Parallelität daran, dass in beiden Richtungsvektoren die x_3-Koordinate null ist.

Koordinatengleichung: $x_3 = a$
Eine Parametergleichung:

$$\vec{x} = \begin{pmatrix}1\\4\\a\end{pmatrix} + r\begin{pmatrix}-1\\2\\0\end{pmatrix} + s\begin{pmatrix}3\\-2\\0\end{pmatrix}$$

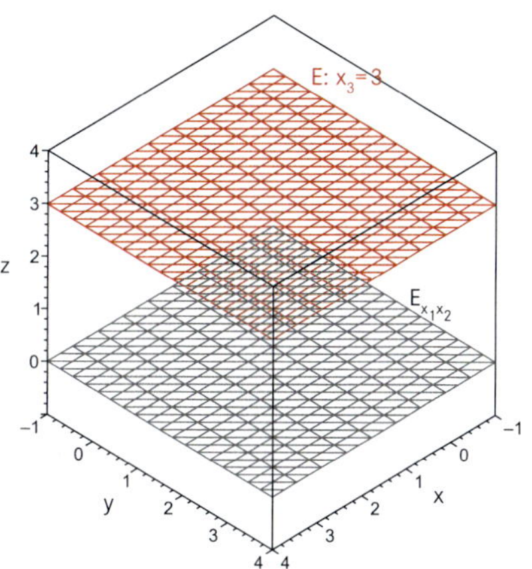

Entsprechend gilt für parallele Ebenen zur $E_{x_2x_3}$-Ebene:

$$x_1 = b \text{ oder } \vec{x} = \begin{pmatrix}b\\2\\0\end{pmatrix} + r\begin{pmatrix}0\\1\\-2\end{pmatrix} + s\begin{pmatrix}0\\-4\\1\end{pmatrix}$$

und für parallele Ebenen zur $E_{x_1x_3}$-Ebene:

$$x_2 = c \text{ oder } \vec{x} = \begin{pmatrix}1\\c\\2\end{pmatrix} + r\begin{pmatrix}4\\0\\1\end{pmatrix} + s\begin{pmatrix}-1\\0\\2\end{pmatrix}$$

Ebenen parallel zu einer Koordinatenachse

Die Parallelität einer Ebene zu einer Koordinatenachse kann an ihrer Koordinatengleichung $a_1x_1 + a_2x_2 + a_3x_3 = d$ leicht erkannt werden.
Ist der Koeffizient $a_i = 0$, dann verläuft die Ebene parallel zur x_i-Achse.

BEISPIEL

Ist $a_2 = 0$, dann erhalten wir die Ebenengleichung:
$E: a_1x_1 + a_3x_3 = d$.

Mit $a_1 = 2$, $a_3 = 1$ und $d = 4$ ergibt sich die Ebenengleichung:
$E: 2x_1 + x_3 = 4$ und $x_2 = k$ $(k \in \mathbb{R})$.

Die Punkte $P_1(0 \mid 0 \mid 4)$, $P_2(0 \mid k \mid 4)$ oder $P_3(4 \mid 2 \mid -4)$ liegen somit auf der Ebene.

Eine Parametergleichung der Ebene lautet dann:

$$\vec{x} = \begin{pmatrix} 0 \\ 0 \\ 4 \end{pmatrix} + k \begin{pmatrix} 0 \\ 1 \\ 0 \end{pmatrix} + s \begin{pmatrix} 2 \\ 1 \\ -4 \end{pmatrix}.$$

Dieser Parametergleichung kann man die Parallelität zur x_2-Achse sofort ansehen, da ein Richtungsvektor parallel zur x_2-Achse läuft.

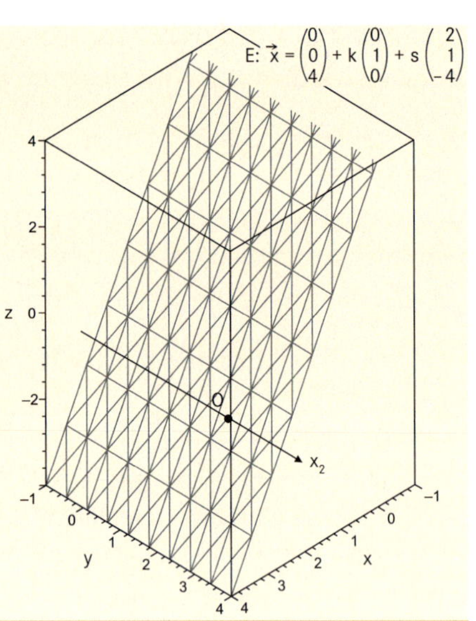

Ebenen durch den Ursprung

Liegt der Ursprung $O(0 \mid 0 \mid 0)$ auf der Ebene, dann muss für die Koordinatengleichung der Ebene gelten:

$a_1x_1 + a_2x_2 + a_3x_3 = 0.$

Der Parametergleichung einer Ebene durch den Ursprung sieht man dies nur sofort an, wenn als Aufpunkt $O(0 \mid 0 \mid 0)$ gewählt wurde.

$\vec{x} = r\vec{v} + s\vec{u}$

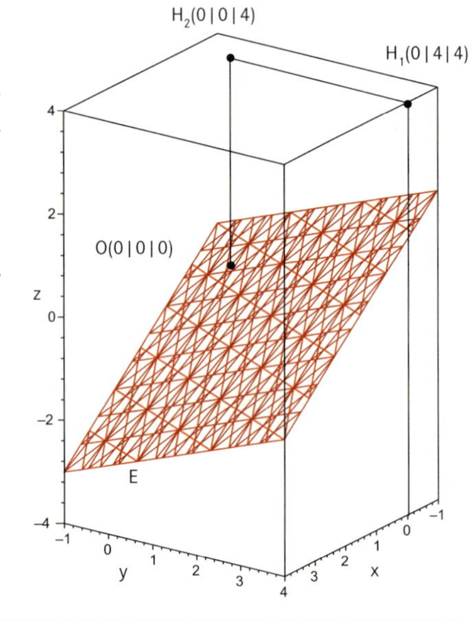

BEISPIEL

E: $2x_1 - x_2 + 3x_3 = 0$

$x_2 = 2x_1 + 3x_3$

$x_1 = r$

$x_3 = s$

$\vec{x} = \begin{pmatrix} 0 \\ 0 \\ 0 \end{pmatrix} + r \begin{pmatrix} 1 \\ 2 \\ 0 \end{pmatrix} + s \begin{pmatrix} 0 \\ 3 \\ 1 \end{pmatrix}$, aber auch $\quad \vec{x} = \begin{pmatrix} 2 \\ 10 \\ 2 \end{pmatrix} + r \begin{pmatrix} 1 \\ 2 \\ 0 \end{pmatrix} + s \begin{pmatrix} 0 \\ 3 \\ 1 \end{pmatrix}$

1.5.4 Aufgaben zu Ebenengleichungen

AUFGABE 1 Gegeben ist die Ebene E durch die drei Punkte $A(-3 \mid 4 \mid 2)$, $B(-3 \mid -4 \mid 6)$, $C(0 \mid 8 \mid -2)$.
Geben Sie die Ebenengleichung in Parameterform und Koordinatenform an.
Zeichnen Sie die Ebene in ein kartesisches Koordinatensystem.

AUFGABE 2 Gegeben sind die Punkte $A(1 \mid 0 \mid 1)$, $B(2 \mid 1 \mid 1)$, $C(1 \mid 1 \mid 2)$, $D(0 \mid 0 \mid 5)$ und $F(2 \mid 2 \mid 2)$.
Ermitteln Sie die Parameter- und die Koordinatenform der Ebenengleichung durch die Punkte A, B und C. Liegen die Punkte D und F in der Ebene?

AUFGABE 3 Die Geraden g_1: $\vec{x} = \begin{pmatrix} 0 \\ -6 \\ 2 \end{pmatrix} + r \begin{pmatrix} 5 \\ 5 \\ 0 \end{pmatrix}$ und g_2: $\vec{x} = \begin{pmatrix} 5 \\ -1 \\ 2 \end{pmatrix} + s \begin{pmatrix} 2 \\ 3 \\ 1 \end{pmatrix}$ spannen die Ebene E auf.
Geben Sie die Ebenengleichung an.

AUFGABE 4 Eine Ebene E enthält den Punkt $P(3 \mid 4 \mid 1)$ und wird von den Vektoren $\vec{v} = \begin{pmatrix} -1 \\ 1 \\ 2 \end{pmatrix}$ und $\vec{u} = \begin{pmatrix} 3 \\ 2 \\ -2 \end{pmatrix}$ aufgespannt. Geben Sie eine Parametergleichung der Ebene an.
Untersuchen Sie, ob der Punkt $A(-1 \mid 3 \mid 4)$ auf E liegt.

AUFGABE 5 Zeigen Sie, dass sich die Geraden g: $\vec{x} = \begin{pmatrix} 4 \\ 0 \\ 0 \end{pmatrix} + r \begin{pmatrix} 5 \\ 2 \\ 3 \end{pmatrix}$ und h: $\vec{x} = \begin{pmatrix} 0 \\ -5 \\ 2 \end{pmatrix} + s \begin{pmatrix} 1 \\ -3 \\ 1 \end{pmatrix}$ schneiden.
Geben Sie die Koordinatengleichung der Ebene an, auf der die Geraden liegen.

AUFGABE 6 Zeigen Sie, dass die Lösungsmenge der linearen Gleichung $6x_1 + 10x_2 + 7x_3 = 50$ eine Ebene beschreibt. Liegen die Punkte $P(0 \mid 3 \mid 3)$, $Q(3 \mid -1 \mid 6)$ und $R(5 \mid 2 \mid 0)$ auf dieser Ebene?

AUFGABE 7
a) Welche Gleichung hat die Ebene durch die Punkte $P(0 \mid 3 \mid 3)$, $Q(3 \mid 0 \mid 3)$ und $R(3 \mid 3 \mid 0)$?
b) Ermitteln Sie die Schnittpunkte der Ebene mit den Koordinatenachsen. Skizzieren Sie die Ebene.

AUFGABE 8 Eine Ebene schneidet die Koordinatenachsen in $A(4 \mid 0 \mid 0)$, $B(0 \mid 3 \mid 0)$ und $C(0 \mid 0 \mid 2)$. Geben Sie eine Gleichung für die Ebene an.

AUFGABE 9 Finden Sie eine Ebenengleichung der Ebene durch den Ursprung und die Punkte $P(2 \mid -4 \mid 6)$ und $Q(5 \mid 1 \mid 3)$.

AUFGABE 10
a) Eine Ebene E_1 enthält die Gerade g: $\vec{x} = \begin{pmatrix} 0 \\ 1 \\ 2 \end{pmatrix} + r \begin{pmatrix} 3 \\ 1 \\ -1 \end{pmatrix}$ und den Punkt $P(1 \mid 2 \mid 3)$.
b) Eine Ebene E_2 geht durch den Punkt $Q(6 \mid 0 \mid -2)$ und enthält die Gerade h: $\vec{x} = \begin{pmatrix} 4 \\ 3 \\ 7 \end{pmatrix} + s \begin{pmatrix} -2 \\ 5 \\ 4 \end{pmatrix}$.

Geben Sie eine Parameterdarstellung und eine Koordinatengleichung der Ebenen E_1 und E_2 an.

AUFGABE 11 Prüfen Sie, ob die zwei Geraden eine Ebene festlegen können. Geben Sie gegebenenfalls eine Ebenengleichung an.

a) $g\colon \vec{x} = \begin{pmatrix} 4 \\ -5 \\ 1 \end{pmatrix} + r\begin{pmatrix} 2 \\ 4 \\ -3 \end{pmatrix}$, $h\colon \vec{x} = \begin{pmatrix} 2 \\ -1 \\ 0 \end{pmatrix} + s\begin{pmatrix} 1 \\ 3 \\ 2 \end{pmatrix}$

b) $l\colon\ x_1 = -6l,\ x_2 = 1 + 9l,\ x_3 = -3l$, $m\colon\ \vec{x} = \begin{pmatrix} 1 \\ 4 \\ 0 \end{pmatrix} + m\begin{pmatrix} 2 \\ -3 \\ 1 \end{pmatrix}$

c) $n\colon x_1 - 1 = -x_2 + 2 = \dfrac{x_3}{3}$, $o\colon \vec{x} = \begin{pmatrix} 2 \\ 1 \\ 4 \end{pmatrix} + o\begin{pmatrix} -1 \\ 2 \\ 1 \end{pmatrix}$

AUFGABE 12 Bestimmen Sie eine Parameterdarstellung der Ebene E.

a) $E\colon -x_1 + 3x_2 + 5x_3 = 8$
b) $E\colon 5x_1 + 2x_2 - 4x_3 = 12$
c) $E\colon 7x_1 - 5x_2 + 4x_3 = 15$
d) $E\colon 2x_1 - 5x_3 = 0$
e) $E\colon 3x_1 + 5x_2 = 6$
f) $E\colon -x_1 + x_2 = -1$

AUFGABE 13 Die Punkte $P(2\mid 1\mid 3)$, $Q(9\mid 5\mid 1)$ und $R(3\mid 2\mid 7)$ bestimmen die Ebene E:
$\vec{x} = \overrightarrow{OP} + r\overrightarrow{PQ} + s\overrightarrow{PR}$.
Welche Koordinaten hat der Punkt X auf der Ebene, der zu den Parameterwerten r und s gehört?

a) $r = 1, s = 0$
b) $r = -1, s = -1$
c) $r = \frac{1}{2}, s = 2$
d) $r = \frac{3}{2}, s = -\frac{3}{2}$
e) $r = 0{,}3, s = -0{,}6$
f) $r = 0, s = 1$

AUFGABE 14 Geben Sie Parameterdarstellungen von drei Geraden an, die auf der Ebene E liegen.

a) $E\colon \vec{x} = \begin{pmatrix} 3 \\ 1 \\ 4 \end{pmatrix} + r\begin{pmatrix} 2 \\ 1 \\ 3 \end{pmatrix} + s\begin{pmatrix} 2 \\ -6 \\ -1 \end{pmatrix}$
b) $E\colon x_1 - 5x_2 - 2x_3 = -10$

AUFGABE 15 Geben Sie zu der Ebene $E\colon 2\,x_1 + 3\,x_2 - 2\,x_3 = 4$ drei Parameterdarstellungen an, die sich im Aufpunkt unterscheiden und bei denen keiner der Richtungsvektoren parallel zu einer anderen Darstellung der Ebene ist.

AUFGABE 16 Für welche Zahl $a \in R$ liegt der Punkt $A(1\mid a\mid -2)$ auf der Ebene durch die Punkte $P(-1\mid 2\mid -3)$, $Q(2\mid -3\mid 1)$ und $R(3\mid 5\mid 4)$?

AUFGABE 17 Die Ebenen E_1, E_2 und E_3 haben eine besondere Lage im Koordinatensystem. Ermitteln Sie die Koordinatengleichungen der Ebenen und beschreiben Sie die Ebenen in Worten.

$E_1\colon \vec{x} = \begin{pmatrix} 2 \\ 3 \\ 0 \end{pmatrix} + r\begin{pmatrix} 2 \\ 1 \\ 3 \end{pmatrix} + s\begin{pmatrix} -1 \\ 3 \\ 0 \end{pmatrix}$
$E_2\colon \vec{x} = \begin{pmatrix} 5 \\ -5 \\ 2 \end{pmatrix} + p\begin{pmatrix} -1 \\ 1 \\ -1 \end{pmatrix} + q\begin{pmatrix} 1 \\ -1 \\ 0 \end{pmatrix}$

$E_3\colon \vec{x} = \begin{pmatrix} 4 \\ 2 \\ 0 \end{pmatrix} + m\begin{pmatrix} 2 \\ 0 \\ 0 \end{pmatrix} + n\begin{pmatrix} 0 \\ 0 \\ 3 \end{pmatrix}$

AUFGABE 18

a) Ermitteln Sie die Ebenengleichungen (Parameter- und Koordinatengleichung) der sechs Seitenflächen des im Bild dargestellten Quaders.

b) Geben Sie die Gleichung der Ebene durch die Punkte A, E und G an.

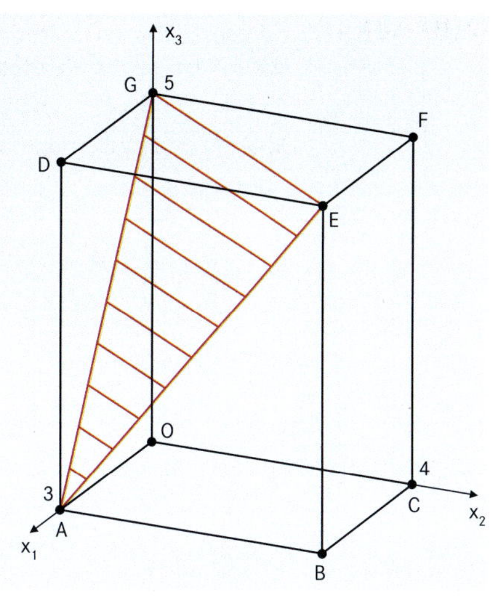

AUFGABE 19 Gegeben ist eine Geradenschar durch g_a: $\vec{x} = \begin{pmatrix} 3 \\ 2 \\ 1 \end{pmatrix} + r\begin{pmatrix} 1-a \\ -1+2a \\ 2+a \end{pmatrix}$.

Zeigen Sie, dass alle Geraden in einer Ebene liegen.

AUFGABE 20 Eine Ebene geht durch die Achsenpunkte $A(3 \mid 0 \mid 0)$, $B(0 \mid 2 \mid 0)$ und $C(0 \mid 0 \mid -4)$.

a) Geben Sie die Achsenabschnittsform der Ebene an.

b) Bestimmen Sie die Koordinatengleichung der Ebene.

c) Geben Sie eine Parametergleichung der Ebene an.

d) Skizzieren Sie die Ebene im Koordinatensystem.

AUFGABE 21

a) Liegt die Gerade g: $\vec{x} = \begin{pmatrix} 2 \\ 3 \\ 1 \end{pmatrix} + r\begin{pmatrix} -2 \\ 1 \\ 3 \end{pmatrix}$ auf der Ebene E: $6x_1 - 3x_2 + 5x_3 = 8$?

b) Zeigen Sie allgemein, dass eine Gerade g: $\vec{x} = \begin{pmatrix} p_1 \\ p_2 \\ p_3 \end{pmatrix} + r\begin{pmatrix} v_1 \\ v_2 \\ v_3 \end{pmatrix}$ genau dann auf der Ebene E: $a_1x_1 + a_2x_2 + a_3x_3 = d$ liegt, wenn die Gleichungen $a_1p_1 + a_2p_2 + a_3p_3 = d$ und $a_1v_1 + a_2v_2 + a_3v_3 = 0$ gelten.

1.5.5 Schnitt einer Geraden mit der Ebene

Welche Situationen können eintreten?
Die Gerade g: $\vec{x} = \vec{p} + r\vec{v}$ und die Ebene E: $\vec{x} = \vec{q} + s\vec{u} + k\vec{w}$ können folgende Lagebeziehungen einnehmen:

<table>
<tr><th>g liegt in E</th><th>g und E sind parallel</th><th>g und E schneiden sich</th></tr>
<tr><td>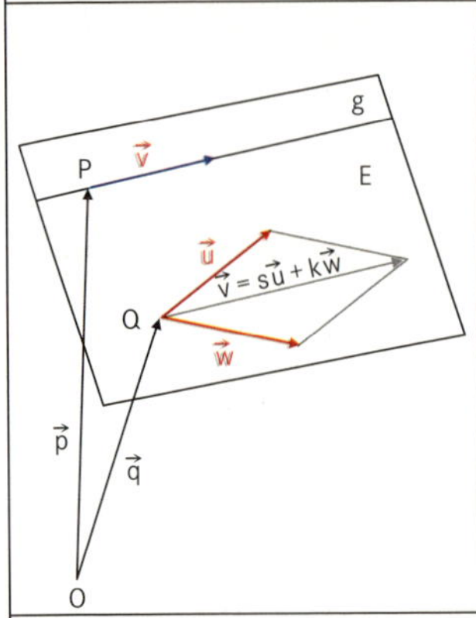
</td><td>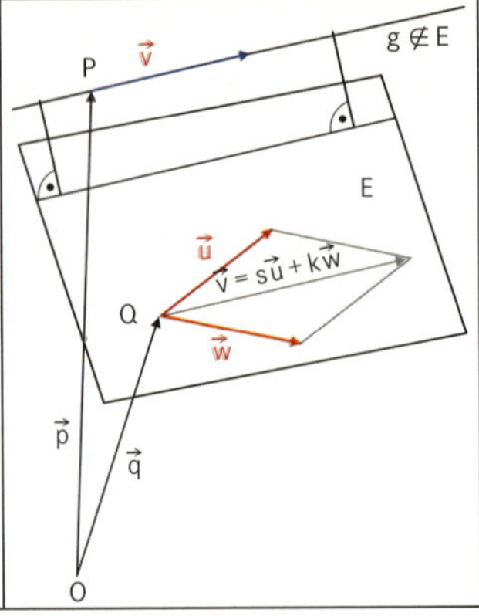
</td><td>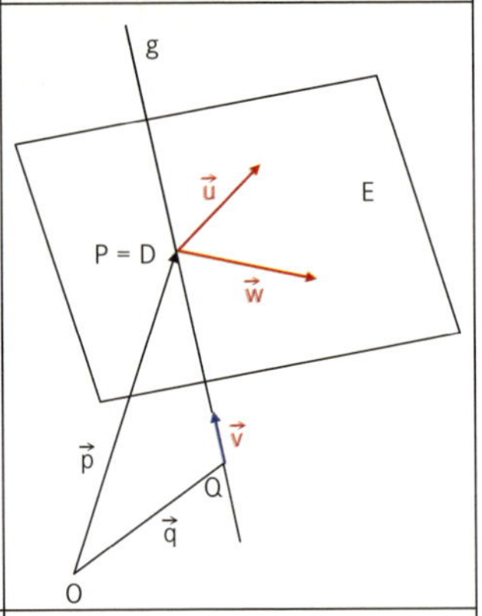
</td></tr>
<tr><td colspan="2">Richtungsvektoren sind linear abhängig:
$\vec{v} = s\vec{u} + k\vec{w}$</td><td>linear unabhängig:
$\vec{v} \neq s\vec{u} + k\vec{w}$</td></tr>
<tr><td>P und Q liegen in g bzw. E
$g \cap E = g$</td><td>$P \in g$ und $Q \in E$
$g \cap E = \{\,\}$</td><td>$g \cap E = \{S\}$
S: Durchstoßpunkt</td></tr>
</table>

Die analytische Vektorgeometrie eröffnet uns die Möglichkeit, mithilfe der Algebra die Lagebeziehungen zwischen Gerade und Ebene durch Rechnung herauszufinden. Wir verlagern die „Augengeometrie“ auf das Lösen von linearen Gleichungssystemen. Der Schnitt der Geraden g: $\vec{x} = \vec{p} + r\vec{v}$ mit der Ebene E: $\vec{x} = \vec{q} + s\vec{u} + k\vec{w}$ führt auf das lineare Gleichungssystem:

In Vektorform:

$$r\vec{v} - s\vec{u} - k\vec{w} = \vec{q} - \vec{p}$$

In Koordinatenform:

$$r\begin{pmatrix} v_1 \\ v_2 \\ v_3 \end{pmatrix} - s\begin{pmatrix} u_1 \\ u_2 \\ u_3 \end{pmatrix} - k\begin{pmatrix} w_1 \\ w_2 \\ w_3 \end{pmatrix} = \begin{pmatrix} q_1 - p_1 \\ q_2 - p_2 \\ q_3 - p_3 \end{pmatrix}$$

Sehen wir uns nun an Beispielen an, wie durch Rechnung die Gerade-Ebene-Beziehungen herausgefunden werden.

Vorbemerkung:

Bei Schnittaufgaben muss man darauf achten, dass die Parameter verschieden benannt sind; notfalls müssen gleiche Parameter bei Gerade und Ebene zuerst umbenannt werden!

Das Schnittproblem $g \cap E$ führt auf ein lineares Gleichungssystem von drei Gleichungen für die drei Unbekannten r, s und k.

Man erhält den **Gauß-Algorithmus.**

r	s	k	
v_1	$-u_1$	$-w_1$	$q_1 - p_1$
v_2	$-u_2$	$-w_2$	$q_2 - p_2$
v_3	$-u_3$	$-w_3$	$q_3 - p_3$

Bei eindeutiger Lösbarkeit haben Ebene und Gerade genau einen Schnittpunkt *D* (Durchstoßpunkt).

Bei Unlösbarkeit ist die Gerade parallel zur Ebene.
Der Richtungsvektor $\vec{v}$ ist eine Linearkombination von $\vec{u}$ und $\vec{w}$.
Der Aufpunkt der Geraden liegt nicht in der Ebene.

Bei unendlich vielen Lösungen gilt: Die Schnittmenge ist die Gerade *g*.
Die Gerade liegt dann in der Ebene.
Der Richtungsvektor $\vec{v}$ ist eine Linearkombination von $\vec{u}$ und $\vec{w}$.
Der Aufpunkt der Geraden ist Element der Ebene.

BEISPIEL Gegeben ist die Ebene $E: \vec{x} = \begin{pmatrix} 3 \\ 2 \\ -1 \end{pmatrix} + s \begin{pmatrix} 1 \\ -2 \\ 0 \end{pmatrix} + k \begin{pmatrix} 0 \\ -1 \\ -4 \end{pmatrix}$.

Welche Lage haben die Geraden *g*, *h*, *k* zur Ebene *E*?

a) $g: \vec{x} = \begin{pmatrix} 2 \\ 6 \\ 7 \end{pmatrix} + r \begin{pmatrix} 1 \\ 0 \\ 8 \end{pmatrix}$

b) $h: \vec{x} = \begin{pmatrix} 2 \\ 8 \\ 4 \end{pmatrix} + m \begin{pmatrix} 1 \\ 1 \\ 1 \end{pmatrix}$

c) $k: \vec{x} = \begin{pmatrix} 5 \\ 2 \\ 3 \end{pmatrix} + l \begin{pmatrix} 1 \\ -3 \\ -4 \end{pmatrix}$

Lösungen:

a) $E \cap g$
Gauß-Algorithmus

s	*k*	*r*		
1	0	-1	-1	$\vert \cdot 2$
-2	-1	0	4	+
0	-4	-8	8	
1	0	-1	-1	
0	-1	-2	2	$\vert \cdot (-4)$
0	-4	-8	8	+
1	0	-1	-1	
0	-1	-2	2	
0	0	0	0	

$r = c,\ c \in \mathbb{R}$

Unendlich viele Lösungen:
g liegt in *E*:

$\vec{x} = \begin{pmatrix} 2 \\ 6 \\ 7 \end{pmatrix} + c \begin{pmatrix} 1 \\ 0 \\ 8 \end{pmatrix}$

bzw. $s = -2c - 2$
$k = c - 1$

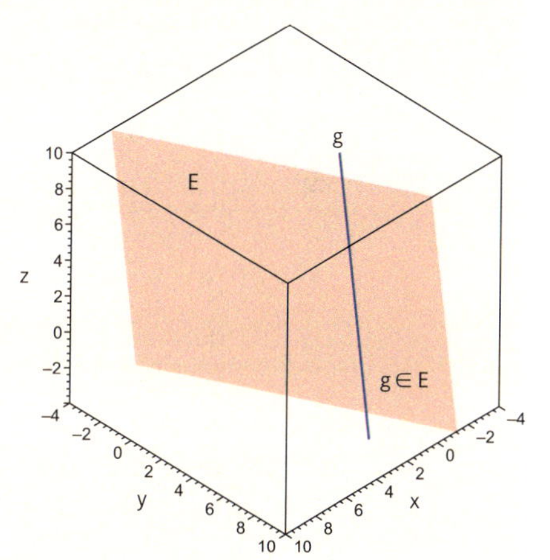

in $E: \vec{x} = \begin{pmatrix} 2 \\ 6 \\ 7 \end{pmatrix} + c \begin{pmatrix} 1 \\ 0 \\ 8 \end{pmatrix}$

b) $E \cap h$

Gauß-Algorithmus

s	k	m	
1	0	−1	−1 |· 2
−2	−1	−1	6 ← +
0	−4	−1	5
1	0	−1	−1
0	−1	−3	4 |· (−4)
0	−4	−1	5 ← +
1	0	−1	−1
0	−1	−3	4
0	0	11	−11

$m = 1$

Eindeutig lösbar.

h schneidet E in

$$\vec{x} = \begin{pmatrix} 2 \\ 8 \\ 4 \end{pmatrix} - \begin{pmatrix} 1 \\ 1 \\ 1 \end{pmatrix} = \begin{pmatrix} 1 \\ 7 \\ 3 \end{pmatrix}.$$

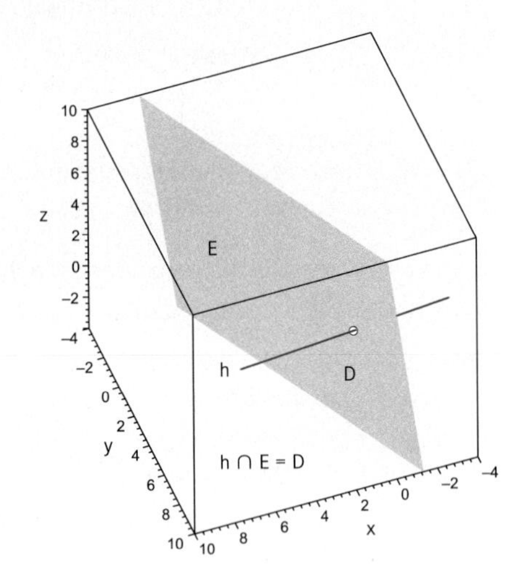

Durchstoßpunkt: $D(1\,|\,7\,|\,3)$

Man kann auch s und k berechnen und dann in E einsetzen, was zwar umständlich ist, jedoch eine Kontrolle ergibt.

c) $E \cap k$

Gauß-Algorithmus

s	k	l	
1	0	1	2 |· 2
−2	−1	−3	0 ← +
0	−4	−4	4
1	0	1	2
0	−1	−1	0 |· (−4)
0	−4	−4	4 ← +
1	0	1	2
0	−1	−1	0
0	0	0	4

Unlösbar:

Die Gerade k ist parallel zu E.

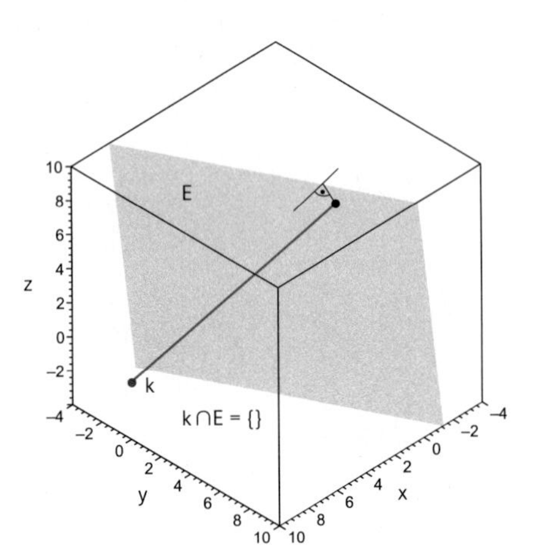

Ist die Ebenengleichung in Koordinatenform gegeben, so kann die Schnittaufgabe wie in den folgenden Beispielen gelöst werden. (Beachten Sie: Es gibt keine Koordinatenform einer Geraden im Raum.)

BEISPIELE $E: 8x_1 + 4x_2 - x_3 = 33$, g, h und k wie im vorherigen Beispiele:

a) $E \cap g$

$$8(2 + r) + 4 \cdot 6 - (7 + 8r) = 33$$
$$33 = 33$$

$\Rightarrow g$ liegt in E

b) $E \cap h$

$$8(2 + m) + 4(8 + m) - (4 + m) = 33$$
$$44 + 11m = 33$$
$$m = -1$$

$\Rightarrow h$ schneidet E in $D(1 \mid 7 \mid 3)$

c) $E \cap k$

$$8(5 + l) + 4(2 - 3l) - (3 - 4l) = 33$$
$$45 = 33$$

$\Rightarrow k$ ist parallel zu E

DEFINITION **Spurpunkte**

Die Durchstoßpunkte einer Geraden durch die Koordinatenebenen heißen Spurpunkte.

BEISPIEL $g: \vec{x} = \begin{pmatrix} -3 \\ 9 \\ 8 \end{pmatrix} + r \begin{pmatrix} -3 \\ 3 \\ 4 \end{pmatrix}$

$g \cap E_{x_1x_2}$: $\quad x_1 = -3 - 3r$, $x_2 = 9 + 3r$, $x_3 = 8 + 4r$ $\quad \wedge \quad x_3 = 0 \quad \Rightarrow \quad r = -2$

$g \cap E_{x_2x_3}$: $\quad x_1 = 0 \Rightarrow r = -1$

$g \cap E_{x_3x_1}$: $\quad x_2 = 0 \Rightarrow r = -3$

$D_{x_1x_2}(3 \mid 3 \mid 0)$
$D_{x_2x_3}(0 \mid 6 \mid 4)$
$D_{x_3x_1}(6 \mid 0 \mid -4)$

Die Abbildung zeigt die Gerade g im Koordinatensystem mit den Durchstoßpunkten bzw. Spurpunkten.

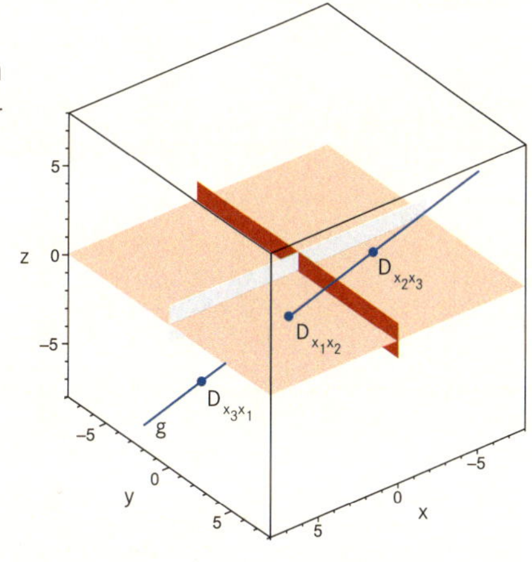

AUFGABE 1 Im Vektorraum $\mathbb{R}^3$ sind die Gerade $g: \vec{x} = \begin{pmatrix} -1 \\ -3 \\ -3 \end{pmatrix} + r \begin{pmatrix} 4 \\ -2 \\ -3 \end{pmatrix}, r \in \mathbb{R}$
und die Ebene $E: x_1 + 2x_2 + 2x_3 = 8$ gegeben.
Untersuchen Sie, ob die Gerade die Ebene schneidet, parallel zur Ebene ist oder in der Ebene liegt.

AUFGABE 2 Die Vektoren $\vec{a} = \begin{pmatrix} 0 \\ 1 \\ 3 \end{pmatrix}$, $\vec{b} = \begin{pmatrix} -3 \\ -2 \\ 0 \end{pmatrix}$ und $\vec{c} = \begin{pmatrix} 3 \\ -2 \\ 1 \end{pmatrix}$ des Vektorraums $\mathbb{R}^3$ bilden die Ebene $E: \vec{x} = \vec{c} + r\vec{a} + s\vec{b}$ $(r, s \in \mathbb{R})$.

a) Bestimmen Sie die Ebenengleichung in Koordinatenform.

b) Welche Lagebeziehung zur Ebene hat die Gerade $g: \vec{x} = \begin{pmatrix} 3 \\ -1 \\ 4 \end{pmatrix} + q \begin{pmatrix} 1 \\ 1 \\ 1 \end{pmatrix}, q \in \mathbb{R}$?

AUFGABE 3 Berechnen Sie die Spurpunkte der Geraden $g: \vec{x} = \begin{pmatrix} -4 \\ 4 \\ 2 \end{pmatrix} + r \begin{pmatrix} 0 \\ -2 \\ 1 \end{pmatrix}, r \in \mathbb{R}$.

Welche besondere Lage hat die Gerade g im Koordinatensystem?

AUFGABE 4 Gegeben sind im Vektorraum $\mathbb{R}^3$ die Ebene $E_k: \vec{x} = \begin{pmatrix} 4 \\ -2 \\ 3 \end{pmatrix} + r \begin{pmatrix} k \\ k-1 \\ 0 \end{pmatrix} + s \begin{pmatrix} -2 \\ 1 \\ k \end{pmatrix}$
und die Gerade $g: \vec{x} = \begin{pmatrix} 8 \\ -2 \\ 1 \end{pmatrix} + q \begin{pmatrix} 0 \\ 2 \\ 2 \end{pmatrix}$ $(r, s, q, k \in \mathbb{R})$.

Für welche k liegt die Gerade in der Ebene? Für welche k ist die Gerade parallel zur Ebene? Für welche k durchstößt die Gerade die Ebene?

AUFGABE 5 Gegeben sind im Vektorraum $\mathbb{R}^3$ die Ebene $E_k: \vec{x} = \begin{pmatrix} 1 \\ -1 \\ -1 \end{pmatrix} + r \begin{pmatrix} 2 \\ 1 \\ -8 \end{pmatrix} + s \begin{pmatrix} -3 \\ 3k \\ 7-4k \end{pmatrix}$
und die Gerade $g: \vec{x} = \begin{pmatrix} -1 \\ 5{,}5 \\ -6 \end{pmatrix} + q \begin{pmatrix} 3 \\ -6 \\ 1 \end{pmatrix}$ $(k, r, s, q \in \mathbb{R})$.

Welche Lagebeziehungen sind zwischen der Geraden und der Ebene möglich?

AUFGABE 6 Im Vektorraum $\mathbb{R}^3$ sind folgende Vektoren gegeben:

$\vec{a}_k = \begin{pmatrix} 1 \\ 1-k \\ -2 \end{pmatrix}, \vec{b}_k = \begin{pmatrix} 1 \\ 5 \\ t+2 \end{pmatrix}, \vec{c}_k = \begin{pmatrix} -2k \\ 1 \\ -7 \end{pmatrix}$ und $\vec{d}_k = \begin{pmatrix} -2k \\ 2 \\ -6 \end{pmatrix}, k \in \mathbb{R}$.

Die Vektoren bilden folgende Punktmengen:

$E_k: \vec{x} = \vec{c}_k + r\vec{a}_k + s\vec{b}_k$ und $g_k: \vec{x} = \vec{d}_k + q \begin{pmatrix} 0 \\ 1 \\ 1 \end{pmatrix}$ $(k, r, s, q \in \mathbb{R})$.

a) Für welches k ist E_k eine Gerade?

b) Bestimmen Sie die Schnittmenge von E_k und g_k in Abhängigkeit von k.

1.5.6 Schnitt von Ebenen

Zwei Ebenen

Welche Situationen können eintreten? Die Ebenen E_1: $\vec{x} = \vec{p} + r\vec{v} + s\vec{u}$ und E_2: $\vec{x} = \vec{q} + t\vec{m} + k\vec{w}$ können folgende Lagebeziehungen einnehmen:

<table>
<tr><th>E_1 und E_2 sind identisch</th><th>E_1 und E_2 sind parallel</th><th>E_1 und E_2 schneiden sich</th></tr>
<tr><td></td><td></td><td></td></tr>
<tr><td colspan="2">Richtungsvektoren sind linear abhängig:
$\vec{m} = r\vec{v} + s\vec{u}$ und $\vec{w} = a\vec{v} + b\vec{u}$</td><td>linear unabhängig:
$\vec{m} \neq a\vec{v} + b\vec{u}$; $\vec{w} \neq c\vec{v} + d\vec{u}$</td></tr>
<tr><td>P und Q liegen in E_1 bzw. E_2
$E_1 \cap E_2 = E_1$</td><td>$P \in E_1$ und $Q \in E_2$
$E_1 \cap E_2 = \{\,\}$</td><td>$E_1 \cap E_2 = g$
g: Schnittgerade</td></tr>
</table>

René Descartes (1596 - 1650) hat uns mit der Algebraisierung der Geometrie die Möglichkeit eröffnet, die Lagebeziehungen zwischen Ebenen rein durch Rechnung zu ermitteln. Wir verlagern die „Augengeometrie" auf das Lösen von linearen Gleichungssystemen. Der Schnitt von zwei Ebenen E_1: $\vec{x} = \vec{p} + r\vec{v} + s\vec{u}$ und E_2: $\vec{x} = \vec{q} + t\vec{m} + k\vec{w}$ führt auf das lineare Gleichungssystem:

In Vektorform:

$$r\vec{v} + s\vec{u} - t\vec{m} - k\vec{w} = \vec{q} - \vec{p}$$

In Koordinatenform:

$$r\begin{pmatrix} v_1 \\ v_2 \\ v_3 \end{pmatrix} + s\begin{pmatrix} u_1 \\ u_2 \\ u_3 \end{pmatrix} - t\begin{pmatrix} m_1 \\ m_2 \\ m_3 \end{pmatrix} - k\begin{pmatrix} w_1 \\ w_2 \\ w_3 \end{pmatrix} = \begin{pmatrix} q_1 - p_1 \\ q_2 - p_2 \\ q_3 - p_3 \end{pmatrix}$$

Sehen wir uns nun an Beispielen an, wie durch Rechnung die Ebenenbeziehungen herausgefunden werden.

Zwei Ebenen sind identisch

Durch die Wahl verschiedener Aufpunkte und Richtungsvektoren können die Ebenengleichungen derselben Ebene verschieden aussehen. Erst eine rechnerische Prüfung lässt die *Identität von zwei Ebenen* sicher erkennen.

BEISPIEL E_1: $\vec{x}_1 = \begin{pmatrix} 2 \\ 3 \\ 1 \end{pmatrix} + r\begin{pmatrix} 1 \\ 2 \\ -2 \end{pmatrix} + s\begin{pmatrix} -1 \\ -5 \\ 4 \end{pmatrix}$ E_2: $\vec{x}_2 = \begin{pmatrix} 2 \\ 0 \\ 3 \end{pmatrix} + r\begin{pmatrix} 3 \\ 12 \\ -10 \end{pmatrix} + s\begin{pmatrix} -3 \\ -9 \\ 8 \end{pmatrix}$

Für das Gleichungssystem muss man die Parameter von E_2 ändern:

$$\vec{x}_2 = \begin{pmatrix} 2 \\ 0 \\ 3 \end{pmatrix} + c\begin{pmatrix} 3 \\ 12 \\ -10 \end{pmatrix} + d\begin{pmatrix} -3 \\ -9 \\ 8 \end{pmatrix}.$$

Im Fall von identischen Ebenen muss gelten: $E_1 \cap E_2 = E_1$ bzw. $E_1 \cap E_2 = E_2$ ($\vec{x}_1 = \vec{x}_2$). Das zugehörige lineare Gleichungssystem lösen wir mit dem Gauß-Verfahren.

Gauß-Algorithmus

r	s	c	d	
1	-1	-3	3	0 $\mid \cdot (-2) \mid \cdot 2$
2	-5	-12	9	-3 (+)
-2	4	10	-8	2 (+)
1	-1	-3	3	0
0	-3	-6	3	-3 $\mid \cdot 2$
0	2	4	-2	2 $\mid \cdot 3$ (+)
1	-1	-3	3	0 } I
0	-3	-6	3	-3 } I
0	0	0	0	0 } I

I ergibt:

$$\begin{aligned} 0 \cdot d &= 0 \\ d &= t \in \mathbb{R} \\ -3s - 6c + 3t &= -3 \\ s &= 1-2c \\ r - s - 3c + 3t &= 0 \\ r - 1 + 2c - t - 3c + 3t &= 0 \\ r &= 1 + c - 2t \end{aligned}$$

s und r in E_1:

$$\vec{x}_1 = \begin{pmatrix} 2 \\ 3 \\ 1 \end{pmatrix} + \begin{pmatrix} 1 \\ 2 \\ -2 \end{pmatrix} + \begin{pmatrix} c \\ 2 \\ -2c \end{pmatrix} - \begin{pmatrix} 2t \\ 4t \\ -4t \end{pmatrix} + \begin{pmatrix} -1 \\ -5 \\ 4 \end{pmatrix} + \begin{pmatrix} 2c \\ 10c \\ -8c \end{pmatrix} + \begin{pmatrix} -t \\ -5t \\ 4t \end{pmatrix}$$

$$\vec{x}_1 = \begin{pmatrix} 2 \\ 0 \\ 3 \end{pmatrix} + c\begin{pmatrix} 3 \\ 12 \\ -10 \end{pmatrix} + t\begin{pmatrix} -3 \\ -9 \\ 8 \end{pmatrix} = \vec{x}_2$$

Sind die Koordinatengleichungen der identischen Ebenen E_1 und E_2 gegeben, so ist die Ebenengleichung von E_2 ein Vielfaches (bzw. gleich) der Ebenengleichung von E_1.

Für unser **Beispiel:**

$$E_1\!: \vec{x}_1 = \begin{pmatrix} 2 \\ 3 \\ 1 \end{pmatrix} + r\begin{pmatrix} 1 \\ 2 \\ -2 \end{pmatrix} + s\begin{pmatrix} -1 \\ -5 \\ 4 \end{pmatrix} \text{ wird zu } -2x_1 - 2x_2 - 3x_3 = -13.$$

$$E_2\!: \vec{x}_2 = \begin{pmatrix} 2 \\ 0 \\ 3 \end{pmatrix} + r\begin{pmatrix} 3 \\ 12 \\ -10 \end{pmatrix} + s\begin{pmatrix} -3 \\ -9 \\ 8 \end{pmatrix} \text{ wird zu } 2x_1 + 2x_2 + 3x_3 = 13.$$

$E_2 \cap E_1 \Rightarrow 0 = 0$ (Alle Punkte der Ebene E_2 sind auch Punkte der Ebene E_1.)

Die Koordinatengleichung von E_2 ist das (−1)fache der Koordinatengleichung von E_1.

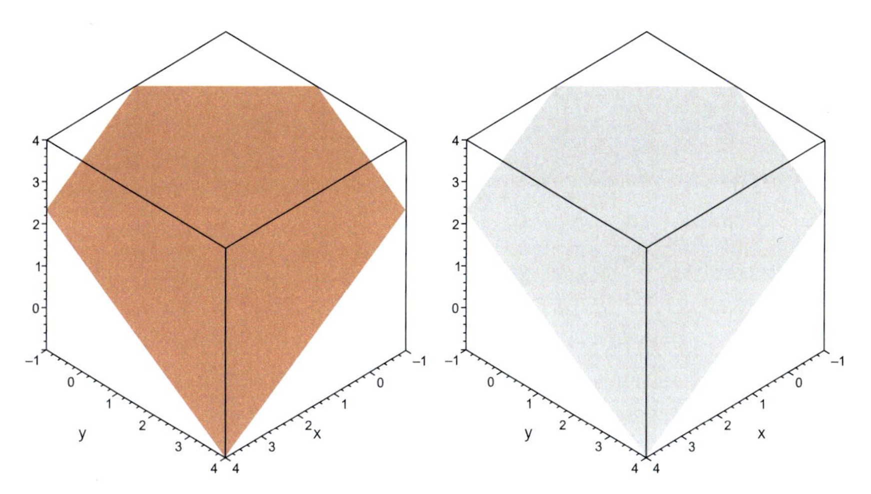

E_1: erst rot

E_2: dann grau

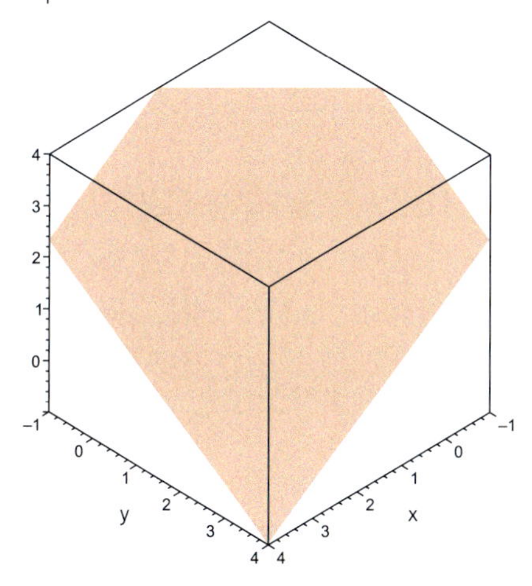

$E_1 \cap E_2$: gibt rosa!

Zwei Ebenen sind parallel

Zwei *parallele Ebenen* haben keinen Punkt gemeinsam. Die Schnittmenge der beiden Ebenen ist somit leer. $E_1 \cap E_2 = \{\}$.

Das zugehörige Gleichungssystem ist unlösbar.

BEISPIEL $E_1\colon \vec{x}_1 = \begin{pmatrix}2\\1\\3\end{pmatrix} + r\begin{pmatrix}2\\6\\4\end{pmatrix} + s\begin{pmatrix}-3\\6\\9\end{pmatrix}$, $E_2\colon \vec{x}_2 = \begin{pmatrix}-5\\3\\1\end{pmatrix} + c\begin{pmatrix}1\\-2\\-3\end{pmatrix} + d\begin{pmatrix}3\\9\\6\end{pmatrix}$

$$E_1 \cap E_2 \Rightarrow \begin{pmatrix}2\\1\\3\end{pmatrix} + r\begin{pmatrix}2\\6\\4\end{pmatrix} + s\begin{pmatrix}-3\\6\\9\end{pmatrix} = \begin{pmatrix}-5\\3\\1\end{pmatrix} + c\begin{pmatrix}1\\-2\\-3\end{pmatrix} + d\begin{pmatrix}3\\9\\6\end{pmatrix}$$

Gauß-Algorithmus

r	s	c	d		
2	-3	-1	-7	-7	$\cdot(-3)$; $\cdot(-2)$
6	6	2	-9	2	+
4	9	3	-6	-2	+
2	-3	-1	-3	-7	
0	15	5	0	23	$\cdot(-1)$
0	15	5	0	12	+
2	-3	-1	-3	-7	
0	15	5	0	23	
0	0	0	0	11	

$0 \cdot d = 11$ (unlösbar)

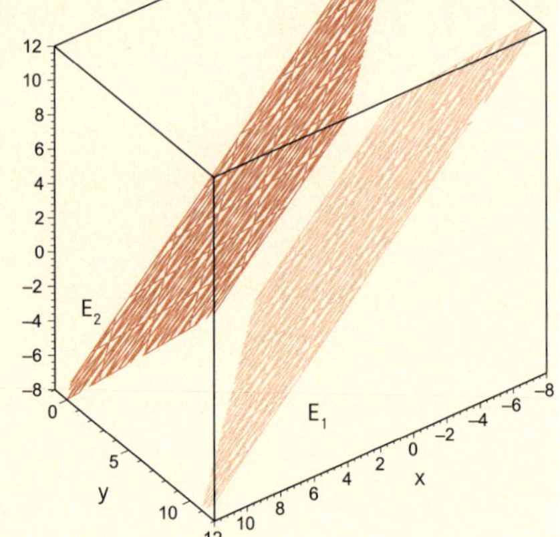

Für die Koordinatengleichungen von zwei parallelen Ebenen gilt:

$E_1: a_1x_1 + a_2x_2 + a_3x_3 = d$

$E_2: za_1x_1 + za_2x_2 + za_3x_3 = e \qquad (z \in \mathbb{R} \wedge e \neq z \cdot d)$

Für unser Beispiel:

$$E_1: \vec{x}_1 = \begin{pmatrix} 2 \\ 1 \\ 3 \end{pmatrix} + r\begin{pmatrix} 2 \\ 6 \\ 4 \end{pmatrix} + s\begin{pmatrix} -3 \\ 6 \\ 9 \end{pmatrix} \quad \text{wird zu } x_1 - x_2 + x_3 = 4.$$

$$E_2: \vec{x}_2 = \begin{pmatrix} -5 \\ 3 \\ 1 \end{pmatrix} + c\begin{pmatrix} 1 \\ -2 \\ -3 \end{pmatrix} + d\begin{pmatrix} 3 \\ 9 \\ 6 \end{pmatrix} \quad \text{wird zu } -x_1 + x_2 - x_3 = 7.$$

$E_1 \cap E_2 \Rightarrow \quad 0 = 11 \quad$ (unlösbar, keine gemeinsamen Punkte)

Zwei Ebenen schneiden sich

Zwei nicht parallele, nicht identische Ebenen haben als Schnittmenge eine Gerade. $E_1 \cap E_2 = g$. g heißt *Schnittgerade*.

Bestimmung der Schnittgeraden

a) Beide Ebenengleichungen sind in Parameterform gegeben:

BEISPIEL

$$E_1: \vec{x}_1 = \begin{pmatrix} 4 \\ 0 \\ 0 \end{pmatrix} + r\begin{pmatrix} -4 \\ 5 \\ 0 \end{pmatrix} + s\begin{pmatrix} -4 \\ 0 \\ 3 \end{pmatrix} \qquad E_2: \vec{x}_2 = \begin{pmatrix} 0 \\ 0 \\ 5 \end{pmatrix} + p\begin{pmatrix} 3 \\ 0 \\ -5 \end{pmatrix} + q\begin{pmatrix} 0 \\ 2 \\ -5 \end{pmatrix}$$

$E_1 \cap E_2$ führt wieder zum Gauß-Verfahren:

r	s	p	q	
-4	-4	-3	0	-4 $\mid \cdot 5$
5	0	0	-2	0 $\mid \cdot 4$ +
0	3	5	5	5
-4	-4	-3	0	-4
0	-20	-15	-8	-20 $\mid \cdot 3$
0	3	5	5	5 $\mid \cdot 20$
-4	-4	-3	0	-4
0	-20	-15	-8	-20
0	0	55	76	40

Eine Variable ist frei wählbar:

$q = c$

$55p + 76c = 40$

$p = \frac{8}{11} - \frac{76}{55}c$

Eingesetzt in E_2: $\vec{x}_2 = \begin{pmatrix} 0 \\ 0 \\ 5 \end{pmatrix} + \begin{pmatrix} \frac{24}{11} \\ 0 \\ -\frac{40}{11} \end{pmatrix} + c\begin{pmatrix} -\frac{228}{55} \\ 0 \\ \frac{76}{11} \end{pmatrix} + c\begin{pmatrix} 0 \\ 2 \\ -5 \end{pmatrix}$

Schnittgerade g: $\vec{x}_2 = \begin{pmatrix} \frac{24}{11} \\ 0 \\ \frac{15}{11} \end{pmatrix} + c\begin{pmatrix} -\frac{228}{55} \\ 2 \\ \frac{21}{11} \end{pmatrix}$

Man erhält die Schnittgerade g natürlich auch, wenn man r und s in die Ebenengleichung E_1 einsetzt.

$5r - 2q = 0 \ (q = c)$

$r = \frac{2}{5}c$

$3s + 5p + 5q = 5$

$s = \frac{5}{11} + \frac{7}{11}c$

g: $\vec{x}_1 = \begin{pmatrix} 4 \\ 0 \\ 0 \end{pmatrix} + c\begin{pmatrix} -\frac{8}{5} \\ 2 \\ 0 \end{pmatrix} + \begin{pmatrix} -\frac{20}{11} \\ 0 \\ \frac{15}{11} \end{pmatrix} + c\begin{pmatrix} -\frac{28}{11} \\ 0 \\ \frac{21}{11} \end{pmatrix}$

$\vec{x}_1 = \begin{pmatrix} \frac{24}{11} \\ 0 \\ \frac{15}{11} \end{pmatrix} + c\begin{pmatrix} -\frac{228}{55} \\ 2 \\ \frac{21}{11} \end{pmatrix}$

b) Beide Ebenengleichungen sind in Koordinatenform gegeben:

BEISPIEL E_1: $15x_1 + 12x_2 + 20x_3 = 60$ E_2: $10x_1 + 15x_2 + 6x_3 = 30$

Gauß-Algorithmus

x_1	x_2	x_3		
15	12	20	60	$\cdot 2$
10	15	6	30	$\cdot(-3)$
15	12	20	60	
0	−21	22	30	

$x_3 = c$ frei wählbar

$-21x_2 + 22c = 30$

$x_2 = \frac{22}{21}c - \frac{10}{7}$

$x_1 = \frac{36}{7} - \frac{76}{35}c$

ergibt:

$$g: \vec{x} = \begin{pmatrix} x_1 \\ x_2 \\ x_3 \end{pmatrix} = \begin{pmatrix} \frac{36}{7} \\ -\frac{10}{7} \\ 0 \end{pmatrix} + c\begin{pmatrix} -\frac{76}{35} \\ \frac{22}{21} \\ 1 \end{pmatrix}$$

c) Eine Ebenengleichung ist in Koordinatenform, die andere in Parameterform gegeben:

BEISPIEL

$$E_1: \vec{x}_1 = \begin{pmatrix} 4 \\ 0 \\ 0 \end{pmatrix} + r\begin{pmatrix} -4 \\ 5 \\ 0 \end{pmatrix} + s\begin{pmatrix} -4 \\ 0 \\ 3 \end{pmatrix}$$

E_2: $10x_1 + 15x_2 + 6x_3 = 30$

aus E_1: $x_1 = 4 - 4r - 4s$

$x_2 = 5r$

$x_3 = 3s$

in E_2: $40 - 40r - 40s + 75r + 18s = 30$

$r = \frac{22}{35}s - \frac{2}{7}$

(s ist ein freier Parameter)

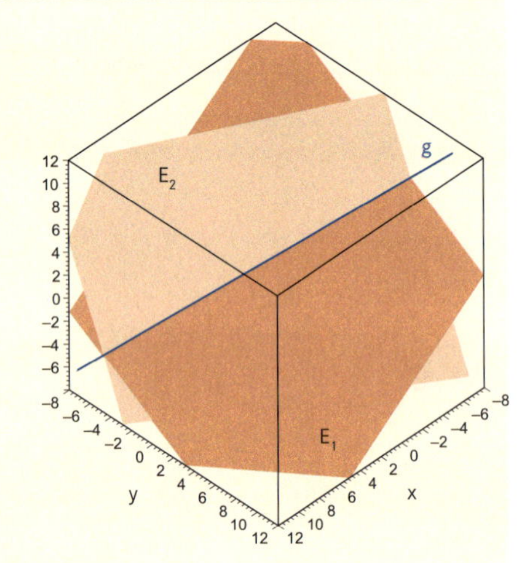

$$g: \vec{x} = \begin{pmatrix} 4 \\ 0 \\ 0 \end{pmatrix} + \begin{pmatrix} \frac{8}{7} \\ -\frac{10}{7} \\ 0 \end{pmatrix} + \begin{pmatrix} -\frac{88}{35} \\ \frac{22}{7} \\ 0 \end{pmatrix} \cdot s + \begin{pmatrix} -4 \\ 0 \\ 3 \end{pmatrix} \cdot s$$

$$\vec{x} = \begin{pmatrix} \frac{36}{7} \\ -\frac{10}{7} \\ 0 \end{pmatrix} + s\begin{pmatrix} -\frac{228}{35} \\ \frac{22}{7} \\ 3 \end{pmatrix}$$

Mit $s = \frac{1}{3}c$ sieht man die Gleichheit zu g in Beispiel b).

DEFINITION **Spurgerade**

Die Schnittgeraden einer Ebene mit den Koordinatenebenen heißen *Spurgeraden.*

BEISPIEL Ermitteln Sie die Spurgeraden der Ebene E_1:

$$\vec{x}_1 = \begin{pmatrix}4\\0\\0\end{pmatrix} + r\begin{pmatrix}-4\\5\\0\end{pmatrix} + s\begin{pmatrix}-4\\0\\3\end{pmatrix}$$

$E_1 \cap E_{x_1x_2}$

$x_3 = 0 \Rightarrow s = 0$

$$\vec{x}_{x_1x_2} = \begin{pmatrix}4\\0\\0\end{pmatrix} + r\begin{pmatrix}-4\\5\\0\end{pmatrix}$$

$E_1 \cap E_{x_2x_3}$

$x_1 = 0 \Rightarrow s = 1 - r$

$$\vec{x}_{x_2x_3} = \begin{pmatrix}0\\0\\3\end{pmatrix} + r\begin{pmatrix}0\\5\\-3\end{pmatrix}$$

$E_1 \cap E_{x_1x_3}$

$x_2 = 0 \Rightarrow r = 0$

$$\vec{x}_{x_3x_1} = \begin{pmatrix}4\\0\\0\end{pmatrix} + s\begin{pmatrix}-4\\0\\3\end{pmatrix}$$

Für die Zeichnung einer Ebene und der Spurgeraden im Koordinatensystem kann man auch zunächst die Schnittpunkte der Ebene mit den Koordinatenachsen ermitteln.

$E_1 \cap x_1$-Achse: $x_2 = 0 \wedge x_3 = 0 \quad \Rightarrow r = 0 \wedge s = 0$: $P_1(4 \mid 0 \mid 0)$
$E_1 \cap x_2$-Achse: $x_1 = 0 \wedge x_3 = 0 \quad \Rightarrow s = 0 \wedge r = 1$: $P_2(0 \mid 5 \mid 0)$
$E_1 \cap x_3$-Achse: $x_1 = 0 \wedge x_2 = 0 \quad \Rightarrow r = 0 \wedge s = 1$: $P_3(0 \mid 0 \mid 3)$

Die Spurgerade in der $E_{x_1x_2}$-Koordinatenebene ist die Gerade g_1 durch P_1 und P_2:

$$g_1\colon \vec{x}_{x_1x_2} = \begin{pmatrix}4\\0\\0\end{pmatrix} + p\begin{pmatrix}-4\\5\\0\end{pmatrix}$$

Die Spurgerade in der $E_{x_2x_3}$-Koordinatenebene ist die Gerade g_2 durch P_2 und P_3:

$$g_2\colon \vec{x}_{x_2x_3} = \begin{pmatrix}0\\5\\0\end{pmatrix} + q\begin{pmatrix}0\\-5\\3\end{pmatrix}$$

Die Spurgerade in der $E_{x_3x_1}$-Koordinatenebene ist die Gerade g_3 durch P_3 und P_1:

$$g_3\colon \vec{x}_{x_3x_1} = \begin{pmatrix}4\\0\\0\end{pmatrix} + t\begin{pmatrix}-4\\0\\3\end{pmatrix}$$

Wenn die Koordinatengleichung der Ebene gegeben ist, gestaltet sich die Ermittlung der Spurgeraden besonders einfach:

Beispiel: $E_1\colon \vec{x} = \begin{pmatrix}4\\0\\0\end{pmatrix} + r\begin{pmatrix}-4\\5\\0\end{pmatrix} + s\begin{pmatrix}-4\\0\\3\end{pmatrix}$

In Koordinatenform: $15\,x_1 + 12\,x_2 + 20\,x_3 = 60$

In Achsenabschnittsform:

$$\frac{x_1}{4} + \frac{x_2}{5} + \frac{x_3}{3} = 1$$

Schnittpunkte mit den Koordinatenachsen:
$P_1(4 \mid 0 \mid 0)$, $P_2(0 \mid 5 \mid 0)$, $P_3(0 \mid 0 \mid 3)$

Spurgeraden: $g_1 = (P_1,P_2)$, $g_2 = (P_2,P_3)$, $g_3 = (P_3,P_1)$

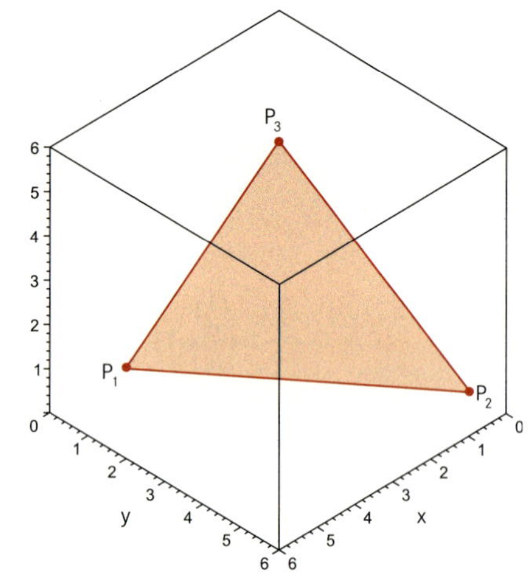

Drei Ebenen

Für drei Ebenen im Raum können bezüglich ihrer Lage zueinander **fünf verschiedene Situationen** eintreten.

1. Die drei Ebenen sind parallel.

$$\begin{aligned} E_1&: 35\,x_1 - 10\,x_2 + 42\,x_3 = 210 \\ E_2&: 35\,x_1 - 10\,x_2 + 42\,x_3 = -37 \\ E_3&: 35\,x_1 - 10\,x_2 + 42\,x_3 = -284 \end{aligned}$$

$$E_1 \cap E_2 \cap E_3 = \{\,\}$$

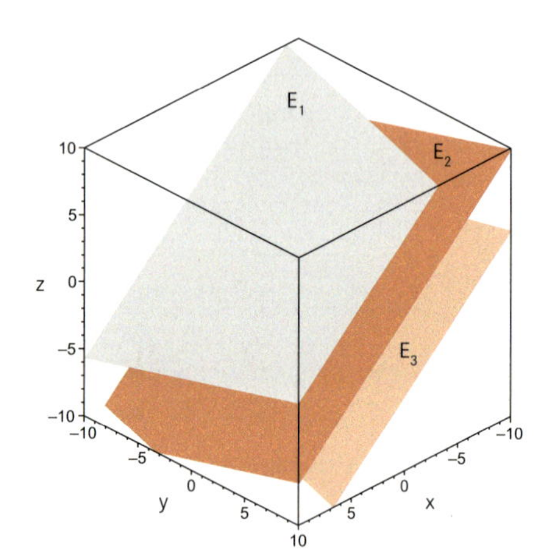

2. Genau zwei Ebenen E_1 und E_2 sind parallel und werden von der dritten Ebene E_3 geschnitten.
   Die Schnittgeraden $g = E_1 \cap E_2$ und $h = E_2 \cap E_3$ sind parallel.

$$\begin{aligned} E_1&: 35\,x_1 - 10\,x_2 + 42\,x_3 = 210 \\ E_2&: 35\,x_1 - 10\,x_2 + 42\,x_3 = -284 \\ E_3&: 7\,x_1 - 2\,x_2 - 41\,x_3 = -205 \end{aligned}$$

$$g: E_1 \cap E_3: \vec{x} = \begin{pmatrix} 0 \\ 0 \\ 5 \end{pmatrix} + t \begin{pmatrix} 2 \\ 7 \\ 0 \end{pmatrix}$$

$$h: E_2 \cap E_3: \vec{x} = \begin{pmatrix} 0 \\ 41 \\ 3 \end{pmatrix} + s \begin{pmatrix} 2 \\ 7 \\ 0 \end{pmatrix}$$

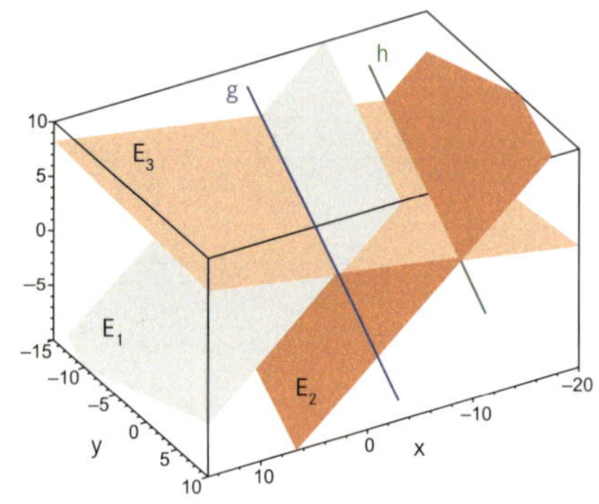

grau: E_1
dunkelrot: E_2
hellrot: E_3
$g = E_1 \cap E_3$
$h = E_2 \cap E_3$

3. Die drei Ebenenen haben parallele Schnittgeraden.

$$E_1:\ 35x_1 - 10x_2 + 42x_3 = 210$$
$$E_2:\ -35x_1 - 10x_2 + 51x_3 = -3$$
$$E_3:\ 7x_1 - 2x_2 - 41x_3 = -205$$

$$g: E_1 \cap E_2: \vec{x} = \begin{pmatrix} 0 \\ -\frac{1866}{155} \\ \frac{69}{31} \end{pmatrix} + t\begin{pmatrix} 2 \\ 7 \\ 0 \end{pmatrix}$$

$$h: E_1 \cap E_3: \vec{x} = \begin{pmatrix} 0 \\ 0 \\ 5 \end{pmatrix} + s\begin{pmatrix} 2 \\ 7 \\ 0 \end{pmatrix}$$

$$k: E_2 \cap E_3: \vec{x} = \begin{pmatrix} 0 \\ -\frac{5289}{154} \\ \frac{514}{77} \end{pmatrix} + r\begin{pmatrix} 2 \\ 7 \\ 0 \end{pmatrix}$$

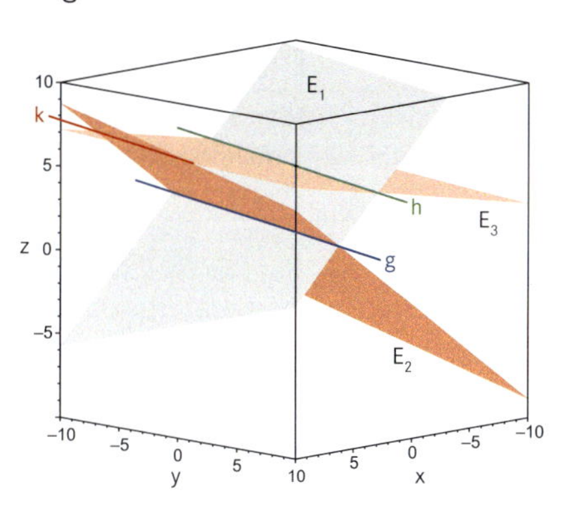

4. Die drei Ebenen schneiden sich in einem Punkt.

$$E_1:\ 35x_1 - 10x_2 + 42x_3 = 210$$
$$E_2:\ 6x_1 \qquad - x_3 = 1$$
$$E_3:\ 7x_1 - 2x_2 - 41x_3 = -205$$

$$g: E_1 \cap E_2: \vec{x} = \begin{pmatrix} \frac{1}{6} \\ -\frac{245}{12} \\ 0 \end{pmatrix} + t\begin{pmatrix} 10 \\ 287 \\ 60 \end{pmatrix}$$

$$h: E_1 \cap E_3: \vec{x} = \begin{pmatrix} 0 \\ 0 \\ 5 \end{pmatrix} + s\begin{pmatrix} 2 \\ 7 \\ 0 \end{pmatrix}$$

$$k: E_2 \cap E_3: \vec{x} = \begin{pmatrix} \frac{1}{6} \\ \frac{1237}{12} \\ 0 \end{pmatrix} + p\begin{pmatrix} 2 \\ -239 \\ 12 \end{pmatrix}$$

$$\{P\} = E_1 \cap E_2 \cap E_3: P(1 \mid \tfrac{7}{2} \mid 5)$$

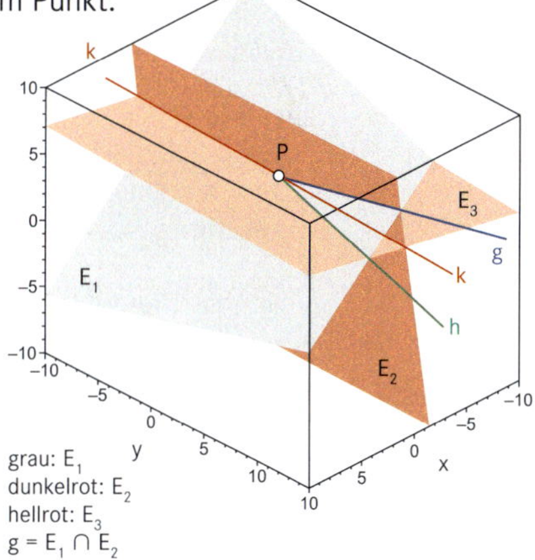

5. Alle drei Ebenen haben genau eine Schnittgerade gemeinsam.

$$E_1:\ 35x_1 - 10x_2 + 42x_3 = 210$$
$$E_2:\ -35x_1 + 10x_2 + 28x_3 = 140$$
$$E_3:\ 7x_1 - 2x_2 - 41x_3 = -205$$

$$g: E_1 \cap E_2: \vec{x} = \begin{pmatrix} 0 \\ 0 \\ 5 \end{pmatrix} + t\begin{pmatrix} 2 \\ 7 \\ 0 \end{pmatrix}$$

$$h: E_1 \cap E_3: \vec{x} = \begin{pmatrix} 0 \\ 0 \\ 5 \end{pmatrix} + s\begin{pmatrix} 2 \\ 7 \\ 0 \end{pmatrix}$$

$$k: E_2 \cap E_3: \vec{x} = \begin{pmatrix} 0 \\ 0 \\ 5 \end{pmatrix} + p\begin{pmatrix} 2 \\ 7 \\ 0 \end{pmatrix}$$

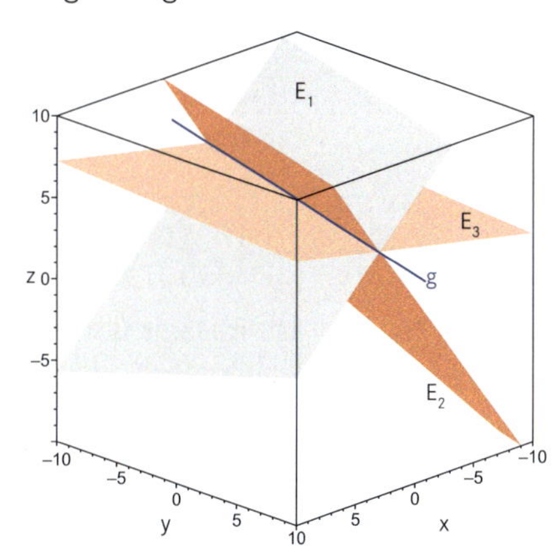

Bei der Behandlung der Lösbarkeit von linearen Gleichungssystemen mit drei Gleichungen und drei Unbekannten kommt von Ihnen, liebe Schüler/-innen, oft die Frage: Wozu braucht man das?

Hier ist eine Antwort:
Jede lineare Gleichung mit drei Unbekannten stellt eine Ebene im Raum dar. Bei drei Ebenen im Raum ergibt sich somit ein Gleichungssystem mit drei Gleichungen.
Ist das Gleichungssystem unlösbar, so liegt die Situation 1, 2 oder 3 vor.
Hat das Gleichungssystem genau eine Lösung, so haben wir die Situation 4.
Existieren für das Gleichungssystem unendlich viele Lösungen, so haben wir die Situation 5, oder alle drei Ebenen sind identisch.

Weitere Beispiele für den Schnitt von drei Ebenen befinden sich am Ende dieses Abschnittes in den Aufgaben 14–16.

Ebenenscharen
In vielen Abituraufgaben zur vektoriellen Geometrie enthält die Koordinatengleichung einer Ebene: $a_1x_1 + a_2x_2 + a_3x_3 = d$ noch einen linearen Parameter k.*
Diese Gleichungen beschreiben dann eine Ebenenschar wie z. B.:

$$E_k\colon (k-1)x_1 + (2k+3)x_2 + x_3 = 3 - 2k$$

DEFINITION Eine Ebenenschar E_k heißt **Ebenenbüschel,** wenn sich alle Ebenen der Schar in ein und derselben Geraden schneiden. Die gemeinsame Schnittgerade heißt **Trägergerade.**

Um die Trägergerade g zu berechnen, formt man E_k um:

$E_k\colon (k-1)x_1 + (2k+3)x_2 + x_3 + 2k - 3 = 0$
$-x_1 + 3x_2 + x_3 - 3 + k(x_1 + 2x_2 + 2) = 0$

Dies ist für alle $k \in \mathbb{R}$ nur erfüllt, wenn

(1) $-x_1 + 3x_2 + x_3 - 3 = 0$ und
(2) $x_1 + 2x_2 + 2 = 0$

(2) ergibt:
$x_1 = -2x_2 - 2$ mit $x_2 = r$ ist dann:
$x_1 = -2r - 2$; in (1) eingesetzt, folgt:
$2r + 2 + 3r + x_3 - 3 = 0$
$x_3 = 1 - 5r$

Die Trägergerade lautet:

$$\vec{x} = \begin{pmatrix} x_1 \\ x_2 \\ x_3 \end{pmatrix} = \begin{pmatrix} -2 \\ 0 \\ 1 \end{pmatrix} + r\begin{pmatrix} -2 \\ 1 \\ -5 \end{pmatrix}$$

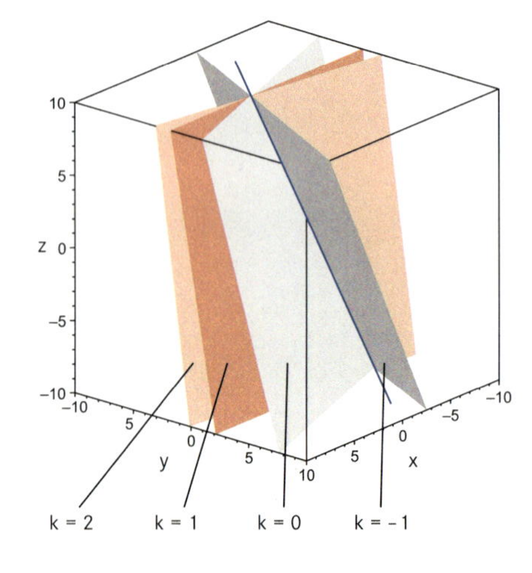

Die Trägergerade ist somit die Schnittgerade von E_0 und H, wenn die Ebenenschar E_k folgendermaßen geschrieben wird:

$E_0 + k \cdot H = 0$
bzw. $ax_1 + bx_2 + cx_3 - d + k(ex_1 + fx_2 + gx_3) = 0$

* Dies wird immer beliebter, weil dann der GTR die Rechnungen nicht mehr abnehmen kann.

DEFINITION Eine Ebenenschar heißt **Ebenenbündel** mit dem gemeinsamen **Trägerpunkt *G***, wenn alle Ebenen der Schar sich in *G* schneiden.

BEISPIEL $E_{k,m,n}$: $(4k + 3m + 5n)\,x_1 + (2k - 5m + 3n)\,x_2 - (7k - 6m + 4n)\,x_3 + 3k + m - 13n = 0$

Wir können die Gleichung für das Ebenenbündel nach *k*, *m* und *n* sortieren und erhalten dann drei Ebenen, die das Bündel erzeugen.

$E_{k,m,n}$: $k(4x_1 + 2x_2 - 7x_3 + 3) + m(3x_1 - 5x_2 - 6x_3 + 1) + n(5x_1 + 3x_2 + 4x_3 - 13) = 0$

Diese Gleichung ist für alle *k*, *m*, *n* erfüllt, wenn:

$$\begin{aligned} &(1)\ 4x_1 + 2x_2 - 7x_3 + 3 = 0 \\ \wedge &(2)\ 3x_1 - 5x_2 - 6x_3 + 1 = 0 \\ \wedge &(3)\ 5x_1 + 3x_2 + 4x_3 - 13 = 0 \end{aligned}$$

Das lineare Gleichungssystem ist eindeutig lösbar:
$x_1 = 2$, $x_2 = 5$ und $x_3 = 3$

Trägerpunkt: $G(2\,|\,5\,|\,3)$

BEISPIEL Gegeben sind die Ebenen E: $\vec{x} = \begin{pmatrix} 6 \\ -3 \\ 4 \end{pmatrix} + r\begin{pmatrix} 2 \\ -2 \\ 1 \end{pmatrix} + s\begin{pmatrix} -8 \\ 9 \\ -7 \end{pmatrix}$ und

E_a: $\vec{x} = \begin{pmatrix} 2a \\ -a \\ 6 \end{pmatrix} + q\begin{pmatrix} 0 \\ 1 \\ -3 \end{pmatrix} + p\begin{pmatrix} -a \\ a \\ -1 \end{pmatrix}$.

Gibt es eine Zahl $a \in \mathbb{R}$, sodass die Ebenen identisch sind?

Lösung:

Eine Möglichkeit besteht darin, beide Ebenengleichungen in ihre Koordinatenformen umzuwandeln (Elimination der Parameter *r, s, q, p*).

E:
$$\begin{aligned} x_1 &= 6 + 2r - 8s \\ x_2 &= -3 - 2r + 9s \\ x_3 &= 4 + r - 7s \quad |\cdot 2 \end{aligned}$$
$$\begin{aligned} x_1 + x_2 &= 3 + s \quad |\cdot 5 \\ x_2 + 2x_3 &= 5 - 5s \end{aligned}$$
$$5x_1 + 6x_2 + 2x_3 = 20$$

E_a:
$$\begin{aligned} x_1 &= 2a - pa \quad |\cdot(3a - 1) \\ x_2 &= -a + q + pa \quad |\cdot 3 \\ x_3 &= 6 - 3q - p \end{aligned}$$
$$3x_2 + x_3 = -3a + 6 + 3pa - p \quad |\cdot a$$
$$(3a - 1)x_1 + 3ax_2 + ax_3 = 3a^2 + 4a$$

Koeffizientenvergleich ergibt *E* ist identisch mit E_2, da für $a = 2$ gilt:
$3a - 1 = 5$ und $3a = 6$ und $a = 2$ und $3a^2 + 4a = 20$.

AUFGABE 1 Gegeben sind die Ebenen:

$$E_1: \; 2x_1 - 4x_2 + 9x_3 = 13 \text{ bzw. } \vec{x} = \begin{pmatrix} 0 \\ -1 \\ 1 \end{pmatrix} + t\begin{pmatrix} 3 \\ -3 \\ -2 \end{pmatrix} + u\begin{pmatrix} 0 \\ 9 \\ 4 \end{pmatrix}$$

$$E_2: \; -2x_1 - 5x_2 + 9x_3 = 5 \text{ bzw. } \vec{x} = \begin{pmatrix} 2 \\ 0 \\ 1 \end{pmatrix} + r\begin{pmatrix} 1 \\ -4 \\ -2 \end{pmatrix} + s\begin{pmatrix} 2 \\ 1 \\ 1 \end{pmatrix}$$

Bestimmen Sie die Schnittgerade der Ebenen mithilfe der Koordinatengleichungen, der Parametergleichungen, einer Koordinatengleichung und einer Parametergleichung. Bestimmen Sie die Spurgeraden.

AUFGABE 2 Die Ebenen E_1 und E_2 schneiden sich.
Geben Sie eine Gleichung der Schnittgeraden an.
Skizzieren Sie die Ebenen und ihre Schnittgeraden.

a) $E_1: x_2 + x_3 = 0$
$E_2: x_1 + x_2 = 0$

b) $E_1: x_3 = 0$
$E_2: x_1 - 2x_2 = 2$

c) $E_1: x_2 + x_3 = 0$
$E_2: x_1 + x_2 + x_3 = 0$

d) $E_1: x_2 = x_3$
$E_2: x_3 = x_1$

e) $E_1: x_2 = x_3$
$E_2: x_2 = x_1$

f) $E_1: x_1 = 2$
$E_2: x_2 = 3$

AUFGABE 3 Mit welcher Gleichung kann die Schnittgerade g der Ebenen E_1 und E_2 beschrieben werden?

a) $E_1: \vec{x} = \begin{pmatrix} 1 \\ 0 \\ 0 \end{pmatrix} + r\begin{pmatrix} 1 \\ 0 \\ 1 \end{pmatrix} + s\begin{pmatrix} 0 \\ 1 \\ 0 \end{pmatrix}$ $\quad E_2: \vec{x} = \begin{pmatrix} 0 \\ 1 \\ 1 \end{pmatrix} + p\begin{pmatrix} 0 \\ 0 \\ 1 \end{pmatrix} + q\begin{pmatrix} 1 \\ 1 \\ 0 \end{pmatrix}$

b) $E_1: \vec{x} = \begin{pmatrix} 1 \\ 0 \\ 0 \end{pmatrix} + r\begin{pmatrix} 3 \\ -2 \\ 3 \end{pmatrix} + s\begin{pmatrix} 1 \\ 1 \\ 2 \end{pmatrix}$ $\quad E_2: \vec{x} = \begin{pmatrix} 0 \\ 0 \\ 1 \end{pmatrix} + p\begin{pmatrix} 1 \\ -2 \\ 1 \end{pmatrix} + q\begin{pmatrix} 3 \\ -2 \\ 3 \end{pmatrix}$

c) $E_1: \vec{x} = r\begin{pmatrix} 2 \\ 1 \\ 2 \end{pmatrix} + s\begin{pmatrix} 2 \\ 1 \\ -2 \end{pmatrix}$ $\quad E_2: \vec{x} = \begin{pmatrix} -1 \\ 1 \\ -1 \end{pmatrix} + p\begin{pmatrix} -2 \\ 2 \\ -3 \end{pmatrix} + q\begin{pmatrix} 1 \\ -1 \\ 2 \end{pmatrix}$

AUFGABE 4 Wie liegen die Ebenen E_1 und E_2 zueinander?
Falls eine Schnittgerade existiert, geben Sie ihre Gleichung an.
Skizzieren Sie die Ebenen im Koordinatensystem.

a) $E_1: 2x_1 + 2x_2 + 2x_3 = 6$
$E_2: x_1 - 8x_2 + 2x_3 = 6$

b) $E_1: 2x_1 - 5x_2 + 2x_3 = 10$
$E_2: -x_1 + 2{,}5x_2 - x_3 = 5$

c) $E_1: -x_2 + 2x_3 = 0$
$E_2: 2x_1 - x_2 + 2x_3 = 6$

d) $E_1: -x_1 + 2x_2 + x_3 = -6$
$E_2: -x_1 + 2x_2 - 2x_3 = 12$

e) $E_1: 2x_1 - x_2 + 2x_3 = 0$
$E_2: 2x_1 - x_2 - x_3 = -6$

f) $E_1: 2x_1 - x_2 + 2x_3 = 0$
$E_2: -x_2 + 2x_3 = 0$

g) $E_1: 2x_1 - 2x_2 = 3$
$E_2: -x_1 - 2x_2 + x_3 = -6$

h) $E_1: x_1 - 2x_2 + x_3 = 8$
$E_2 \; x_1 - 2x_2 + 3x_3 = 4$

AUFGABE 5 Wie liegen die Ebenen E_1 und E_2 im Koordinatensystem?
Existiert eine Schnittgerade?

a) $E_1: x_1 - 3x_2 + x_3 = 6$

$E_2: \vec{x} = \begin{pmatrix} 1 \\ 3 \\ 3 \end{pmatrix} + r\begin{pmatrix} 1 \\ 0 \\ -1 \end{pmatrix} + s\begin{pmatrix} 3 \\ 1 \\ 0 \end{pmatrix}$

b) $E_1: x_1 + x_2 - 2x_3 = 4$

$E_2: \vec{x} = \begin{pmatrix} 2 \\ 4 \\ 1 \end{pmatrix} + r\begin{pmatrix} 0 \\ 1 \\ -1 \end{pmatrix} + s\begin{pmatrix} 1 \\ 0 \\ 2 \end{pmatrix}$

AUFGABE 6 Welche Lage haben die Ebenen E_1 und E_2?
Ermitteln Sie die Gleichung der Schnittgeraden, wenn sie existiert.

a) $E_1: \vec{x} = \begin{pmatrix} 3 \\ 4 \\ 4 \end{pmatrix} + r\begin{pmatrix} -4 \\ -4 \\ 1 \end{pmatrix} + s\begin{pmatrix} 2 \\ -3 \\ -3 \end{pmatrix}$ $\quad E_2: \vec{x} = \begin{pmatrix} -4 \\ 3 \\ 10 \end{pmatrix} + p\begin{pmatrix} 16 \\ 2 \\ -11 \end{pmatrix} + q\begin{pmatrix} 16 \\ 6 \\ -9 \end{pmatrix}$

b) $E_1: \vec{x} = \begin{pmatrix} 1 \\ -5 \\ 0 \end{pmatrix} + r\begin{pmatrix} 1 \\ -3 \\ 2 \end{pmatrix} + s\begin{pmatrix} 2 \\ -4 \\ 1 \end{pmatrix}$ $\quad E_2: \vec{x} = \begin{pmatrix} 7 \\ -3 \\ -2 \end{pmatrix} + p\begin{pmatrix} 3 \\ -5 \\ 0 \end{pmatrix} + q\begin{pmatrix} 1 \\ 1 \\ -4 \end{pmatrix}$

c) $E_1: \vec{x} = \begin{pmatrix} -3 \\ 4 \\ 5 \end{pmatrix} + r\begin{pmatrix} -5 \\ 3 \\ -1 \end{pmatrix} + s\begin{pmatrix} -3 \\ 1 \\ 1 \end{pmatrix}$ $\quad E_2: \vec{x} = \begin{pmatrix} 1 \\ 2 \\ 4 \end{pmatrix} + p\begin{pmatrix} 3 \\ -2 \\ -4 \end{pmatrix} + q\begin{pmatrix} 1 \\ -1 \\ -1 \end{pmatrix}$

AUFGABE 7 Welche Spurgeraden ergeben sich, wenn man die Ebene $E: 2x_1 - 3x_2 + 4x_3 = 12$ mit den Koordinatenebenen schneidet?

AUFGABE 8 In Wanderkarten wird das Profil der Landschaft durch Höhenlinien dargestellt.
Eine Bergwiese kann durch die Ebenengleichung $E: 5x_1 + 4x_2 + 20 = 40$ beschrieben werden.
Die x_1x_2-Ebene habe die Höhe 0.
Ermitteln Sie die Höhenlinien von E für $h = 1$, $h = 2$ und $h = 4$.

AUFGABE 9 Welche Werte müssen die Parameter a, b und c annehmen, dass für die Ebenen E_1 und E_2 gilt:

1. E_1 und E_2 schneiden sich (geben Sie die Gleichung der Schnittgeraden an).
2. E_1 und E_2 sind parallel.
3. E_1 und E_2 sind identisch.

a) $E_1: \vec{x} = \begin{pmatrix} a \\ 1 \\ 3 \end{pmatrix} + r\begin{pmatrix} 2 \\ 1 \\ 0 \end{pmatrix} + s\begin{pmatrix} 0 \\ 1 \\ 2 \end{pmatrix}$, $E_2: \vec{x} = \begin{pmatrix} 0 \\ 2 \\ 7 \end{pmatrix} + p\begin{pmatrix} 1 \\ b \\ 1 \end{pmatrix} + q\begin{pmatrix} 1 \\ 0 \\ c \end{pmatrix}$

b) $E_1: \vec{x} = \begin{pmatrix} 1 \\ 2 \\ 3 \end{pmatrix} + r\begin{pmatrix} -1 \\ 1 \\ 1 \end{pmatrix} + s\begin{pmatrix} 2 \\ -1 \\ 0 \end{pmatrix}$, $E_2: ax_1 + bx_2 + x_3 = c$

c) $E_1: ax_1 + 3x_2 - 2x_3 = 0$, $E_2: 2x_1 + bx_2 + cx_3 = 2$

AUFGABE 10 Geben Sie eine Parametergleichung und die Koordinatengleichung der Ebene E_2 an, die zur Ebene E_1 parallel ist und in der der Punkt P liegt.

a) $E_1\colon \vec{x} = \begin{pmatrix} 3 \\ 4 \\ 2 \end{pmatrix} + r \begin{pmatrix} 1 \\ 2 \\ 1 \end{pmatrix} + s \begin{pmatrix} -1 \\ 3 \\ 2 \end{pmatrix}$, $P(-1 \mid 5 \mid 1)$

b) $E_1\colon -x_1 + 8x_2 - 3x_3 = 68$, $P(0 \mid 9 \mid 4)$

AUFGABE 11 Zwei Ebenen, die sich schneiden, legen eine Gerade fest.
Die Gerade g liegt in E_1: $4x_1 + 4x_2 + 3x_3 = 12$ und E_2: $20x_1 - 12x_2 + 15x_3 = 60$.
Die Gerade h liegt in E_3: $-3x_1 + 4x_2 + 3x_3 = 12$ und E_4: $-3x_1 - 4x_2 + 3x_3 = 12$.
In welcher Ebene E_5 liegen die Geraden g und h?

AUFGABE 12 Gegeben sind die Vektoren

$$a_t = \begin{pmatrix} -2t \\ 1 \\ -7 \end{pmatrix}, b_t = \begin{pmatrix} -2t \\ 2 \\ -6 \end{pmatrix}, \vec{v}_t = \begin{pmatrix} 1 \\ 1-t \\ -2 \end{pmatrix} \text{ und } \vec{u}_t = \begin{pmatrix} 1 \\ 5 \\ t+2 \end{pmatrix}, t \in \mathbb{R}.$$

Die Ebene E_t ist gegeben durch: $\vec{x} = \vec{a}_t + r\vec{v}_t + s\vec{u}_t$.

Die Gerade g_t ist gegeben durch: $\vec{x} = \vec{b}_t + p \begin{pmatrix} 0 \\ 1 \\ 1 \end{pmatrix}$.

Die Ebene E_c ist gegeben durch: $x_1 - \frac{1}{4}x_2 + \frac{1}{4}x_3 = \frac{3}{2}c$, $c \in \mathbb{R}$.

a) Für welche t ist E_t keine Ebene, sondern eine Gerade?

b) Welche Schnittmengen von E_t und g_t ergeben sich in Abhängigkeit von t?

c) Für die Ebene E_5 ($t = 5$) soll die Koordinatenform bestimmt werden. Welche Schnittgerade h_c ergibt sich, wenn man E_5 mit E_c schneidet?
Woran erkennt man, dass h_c parallel zur x_2x_3-Ebene ist?

AUFGABE 13 a) Die Punkte $A(3 \mid -1 \mid -3)$, $B(5 \mid 4 \mid -8)$ und $C(4 \mid 0 \mid -7)$ legen die Ebene E fest.
- Ermitteln Sie für die Ebene E die Ebenengleichung in Koordinatenform.
- Ermitteln Sie die Schnittgerade (Spurgerade) von E mit der x_1x_2-Ebene.

b) Welche Koordinaten muss der Punkt D haben, damit das Viereck $ABCD$ ein Parallelogramm ist?

c) Für welche Werte von t liegt der Punkt $P_t(2 \mid t-1 \mid t^2)$ in der Ebene E?

d) Welche Lagebeziehung besteht zwischen der Ebene E und der Ebene

$$G_t\colon \vec{x} = \begin{pmatrix} 4 \\ 3 \\ 2t \end{pmatrix} + r \begin{pmatrix} t^2 \\ 4t-3 \\ -t-3 \end{pmatrix} + s \begin{pmatrix} 2-t \\ 5-t \\ 4t-5 \end{pmatrix} \text{ in Abhängigkeit von } t?$$

Geben Sie die Gleichung der Schnittgeraden von E und G_2 an.

AUFGABE 14 Gegeben ist das Gleichungssystem:

$$\begin{aligned} 2x_1 - 3x_2 - x_3 &= 0 \\ -3x_1 + 2x_2 + 2x_3 &= 0 \\ x_1 + x_2 - 3x_3 &= 0 \end{aligned}$$

Welche Lösung hat das Gleichungssystem?
Wie kann das Gleichungssystem geometrisch gedeutet werden?

AUFGABE 15 Wie kann das lineare Gleichungssystem:

$$\begin{aligned} 2x_1 - 3x_2 + x_3 &= 9 \\ x_1 + x_2 - 2x_3 &= 2 \\ 4x_1 - x_2 - 3x_3 &= 13 \end{aligned}$$

geometrisch gedeutet werden?
Welche geometrische Bedeutung hat die Lösungsmenge?

AUFGABE 16 Die Ebenen E_1, E_2 und E_3 schneiden sich in einem Punkt.
Welche Koordinaten hat dieser Punkt?

$$E_1\colon \vec{x} = \begin{pmatrix} 3 \\ -3 \\ 1 \end{pmatrix} + r\begin{pmatrix} 1 \\ 3 \\ 2 \end{pmatrix} + s\begin{pmatrix} 2 \\ 1 \\ 0 \end{pmatrix} \qquad E_2\colon \vec{x} = \begin{pmatrix} 0 \\ -1 \\ 1 \end{pmatrix} + r\begin{pmatrix} 2 \\ 1 \\ 3 \end{pmatrix} + s\begin{pmatrix} 0 \\ 1 \\ 1 \end{pmatrix}$$

$$E_3\colon \vec{x} = \begin{pmatrix} 4 \\ 1 \\ 3 \end{pmatrix} + r\begin{pmatrix} 3 \\ 2 \\ 1 \end{pmatrix} + s\begin{pmatrix} 1 \\ 0 \\ 1 \end{pmatrix}$$

(*Tipp:* Formen Sie in die Koordinatenform der Ebenengleichung um oder berechnen Sie zuerst eine Schnittgerade von zwei Ebenen und dann den Durchstoßpunkt der Schnittgeraden durch die dritte Ebene.)

AUFGABE 17 Gegeben ist im Anschauungsraum für $k \in \mathbb{R}$ die Ebenenschar E_k:

$$5(1 + 4k)x_1 + 2(5 + 4k)x_2 + 3(1 + 2k)x_3 + 6(1 - k) = 0$$

a) Für welchen Wert von k ist eine Ebene E_k parallel zur Ebene F:
$11x_1 + 2x_2 + 3x_3 + 6 = 0$?

b) Welche Gerade liegt in allen Ebenen E_k?

AUFGABE 18 Eine Ebene E wird festgelegt durch die Geraden h_a:

$$\vec{x} = \begin{pmatrix} 2 \\ -3 \\ -1 \end{pmatrix} + r\begin{pmatrix} 1 \\ a \\ 2a - 2 \end{pmatrix},\ a \in \mathbb{R},\ r \in \mathbb{R}.$$

Bestimmen Sie die Koordinatengleichung von E.

Untersuchen Sie, ob die Gerade $g\colon \vec{x} = \begin{pmatrix} 1 \\ 1 \\ -9 \end{pmatrix} + s\begin{pmatrix} 1 \\ -4 \\ 8 \end{pmatrix}$ mit jeder Geraden h_a einen eindeutigen Schnittpunkt besitzt.

AUFGABE 19 Die Punkte $P(2+k \mid -2+k \mid 3+k)$, $Q(k \mid -1+k \mid 3+2k)$ und $R(-2+k \mid k \mid 3+3k)$ bestimmen eine Ebenenschar E_k.

a) Geben Sie eine Gleichung der Ebenenschar E_k in Parameterdarstellung und in Koordinatenform an.

b) Für welches k ist eine Ebene der Schar parallel zu einer Koordinatenebene?

AUFGABE 20 Im Anschauungsraum sind für $k \in \mathbb{R}$ die Ebene E_k und die Gerade g_k gegeben durch:

$$E_k:\ \vec{x} = \begin{pmatrix} 2 \\ 3 \\ k \end{pmatrix} + q \begin{pmatrix} -3 \\ 1 \\ k \end{pmatrix} + r \begin{pmatrix} 1 \\ -1 \\ k \end{pmatrix} \quad \text{und} \quad g_k:\ \vec{x} = \begin{pmatrix} 0 \\ k \\ 4 \end{pmatrix} + s \begin{pmatrix} k+1 \\ -k+1 \\ k \end{pmatrix}$$

a) Zeigen Sie, dass alle Ebenen E_k ein Ebenenbüschel bilden. Geben Sie die Gleichung der gemeinsamen Schnittgeraden (Trägergeraden) an.

b) Ermitteln Sie für die Ebenenschar E_k eine Gleichung in Koordinatenform. Bestimmen Sie eine Gleichung der Schnittgeraden von E_1 mit der x_1x_2-Ebene.

c) Finden Sie eine Gleichung der Geraden h durch den Punkt $P(2 \mid 1 \mid -4)$, die parallel zur Ebene E_1 verläuft und die Gerade g_1 schneidet.

d) In welchem Punkt in Abhängigkeit von k schneidet g_k die x_2-Achse?
Welche Lage nehmen die Geraden g_k zur Ebene E_k in Abhängigkeit von k ein?

Die Vektoren als Hilfsmittel zur Behandlung der Geometrie im Anschauungsraum gestatten oft die Aufstellung von linearen Gleichungssystemen, deren Lösungen die geometrischen Sachverhalte offenlegen.

An den **Technischen Gymnasien** (TG) wird zusätzlich das Skalarprodukt von zwei Vektoren eingeführt. Dies ermöglicht eine einfache Bestimmung von Abständen und Winkeln sowie ein Verständnis für vektoriell formulierte physikalische Gesetze. Die Gleichung einer Ebene im Raum kann damit besonders elegant angegeben werden.

1.6 Skalarprodukt von Vektoren

1.6.1 Definition und Anwendung des Skalarprodukts

Bisher haben wir Vektoren addiert und mit einem Skalar multipliziert.

Nun wollen wir eine Multiplikation von zwei Vektoren definieren und aufzeigen, welchen Nutzen ein solches Produkt hat.

Definition des Skalarprodukts

BEISPIEL

Ein Kind zieht einen Schlitten den Berghang hoch. Die Kraft (in Newton) in Richtung der Schlittenschnur ist durch den Vektor $\vec{F} = \begin{pmatrix} 51 \\ 61 \end{pmatrix}$ gegeben. Der Wegvektor (in Meter), den das Kind bis zum Gipfel zurücklegt, beträgt $\vec{s} = \begin{pmatrix} 94 \\ 34 \end{pmatrix}$.

Welche Arbeit wurde beim Hochziehen des Schlittens vom Kind verrichtet?

In der Physik ist die Arbeit folgendermaßen definiert:
Arbeit = Kraftkomponente in Wegrichtung F_s mal zurückgelegtem Weg s.
$\boldsymbol{W} = \vec{F}_s \cdot \vec{s}$.

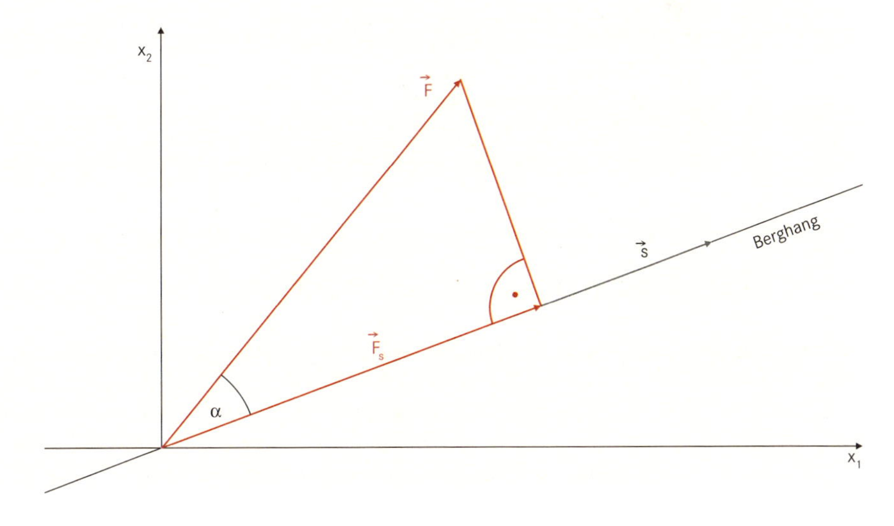

Wir können unsere Vektoren in ein Koordinatensystem zeichnen und sehen, dass $\vec{F}_s$ die Projektion des Vektors $\vec{F}$ auf den Vektor $\vec{s}$ ist. Ist α der kleinere Winkel $(0 \leq \alpha \leq 90°)$ zwischen den Vektoren $\vec{F}$ und $\vec{s}$, dann gilt für die Projektion von $\vec{F}$ auf $\vec{s}$:

$\cos\alpha = \frac{|\vec{F}_s|}{|\vec{F}|}$ oder $\vec{F}_s = |\vec{F}| \cdot \cos\alpha$.

Für die Arbeit ergibt sich dann:
$\boldsymbol{W} = |\vec{F}| \cdot |\vec{s}| \cdot \cos\alpha$.

Berechnung für unser Beispiel:
$|\vec{F}| = \sqrt{51^2 + 61^2} \approx 79{,}5$; $|\vec{s}| = \sqrt{94^2 + 34^2} \approx 100$;
$\alpha = \sphericalangle(\vec{s}, \vec{F}) = 30°$; $W = 79{,}5\ \text{N} \cdot 100\ \text{m} \cdot 0{,}866 = 6\,885\ \text{J}$

Für das Produkt $|\vec{F}| \cdot |\vec{s}| \cdot \cos\alpha$ definiert man allgemein:

DEFINITION Zwischen den Vektoren $\vec{a}$ und $\vec{b}$ sei der Winkel $\alpha = \sphericalangle(\vec{a}, \vec{b})$.
Dann heißt $\vec{a} \cdot \vec{b} = |\vec{a}| \cdot |\vec{b}| \cdot \cos\alpha$ das **Skalarprodukt** von $\vec{a}$ und $\vec{b}$.

Der Name Skalarprodukt für $\vec{a} \cdot \vec{b}$ drückt aus, dass dieses Produkt der Vektoren kein Vektor, sondern ein Skalar ist.
Zum Beispiel ist die Arbeit $\boldsymbol{W} = |\vec{F}| \cdot |\vec{s}| \cdot \cos\alpha$ eine Maßzahl (reelle Zahl).

Winkel α zwischen den Vektoren $\vec{a}$ und $\vec{b}$
Zwei Vektoren legen zwei Winkel fest. β ist im Allgemeinen überstumpf $(180° < \beta < 360°)$.
Für α soll gelten: $0 \leq \alpha < 90°$.

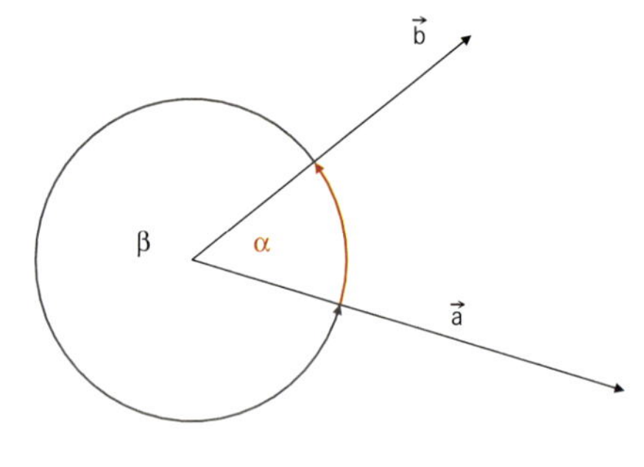

Projektionen
Wir haben die Projektion von $\vec{F}$ auf $\vec{s}$ in unserem Beispiel veranschaulicht.
Bei zwei Vektoren $\vec{a}$ und $\vec{b}$ kann natürlich die Projektion von $\vec{a}$ auf $\vec{b}$ und von $\vec{b}$ auf $\vec{a}$ gebildet werden.

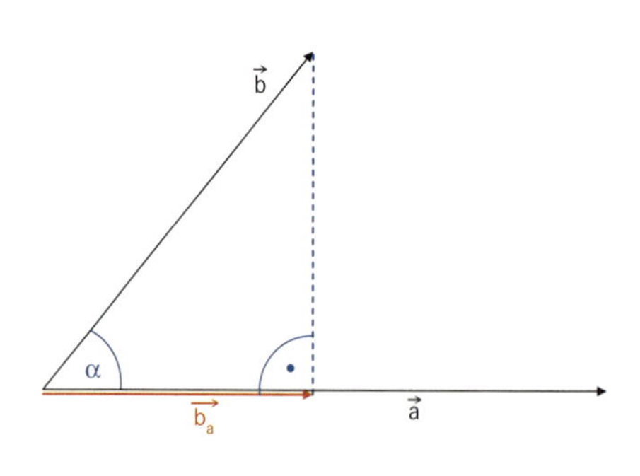

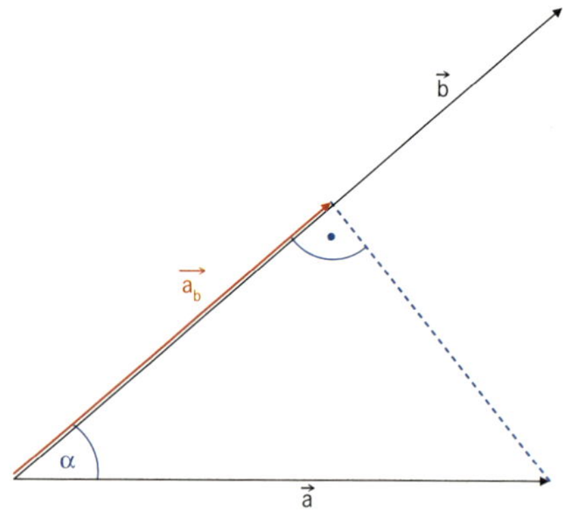

Es gilt ($0 \leq \alpha \leq 90°$):
$|\vec{a}_b| = |\vec{a}| \cdot \cos\alpha$
$|\vec{b}_a| = |\vec{b}| \cdot \cos\alpha$
$|\vec{a}_b| \cdot |\vec{b}| = |\vec{a}| \cdot |\vec{b}| \cdot \cos\alpha$
$|\vec{a}| \cdot |\vec{b}_a| = |\vec{a}| \cdot |\vec{b}| \cdot \cos\alpha$

Das Skalarprodukt $|\vec{a}| \cdot |\vec{b}| \cdot \cos\alpha$ ist für $0 \leq \alpha < 90°$ positiv, da die Beträge von Vektoren immer positiv sind und $\cos\alpha \geq 0$ ist.
Das Skalarprodukt ist für $90° < \alpha \leq 180°$ negativ, da $\cos\alpha$ in diesem Winkelbereich negativ ist.
Einige besondere Winkel können sofort aus dem Betrag des Skalarproduktes erkannt werden.

$\alpha = 0°$, $\vec{a} \cdot \vec{b} = |\vec{a}| \cdot |\vec{b}|$, da $\cos 0° = 1$. $\vec{a} \cdot \vec{a} = |\vec{a}|^2$, $|\vec{a}| = \sqrt{\vec{a} \cdot \vec{a}}$	Die Vektoren sind gleichgerichtet. Betrag, Länge des Vektors $\vec{a}$.
$\alpha = 180°$, $\vec{a} \cdot \vec{b} = -|\vec{a}| \cdot |\vec{b}|$, da $\cos 180° = -1$.	Die Vektoren sind entgegengesetzt gerichtet.
$\alpha = 90°$, $\vec{a} \cdot \vec{b} = 0$, da $\cos 90° = 0$.	Die Vektoren sind orthogonal (senkrecht) zueinander ($\vec{a} \perp \vec{b}$).

SATZ Die Vektoren $\vec{a}$ und $\vec{b}$ ($\vec{a} \wedge \vec{b} \neq \vec{o}$) sind genau dann orthogonal, wenn ihr Skalarprodukt $\vec{a} \cdot \vec{b} = 0$ ist.

Skalarprodukt in Koordinatenform, Winkel und Orthogonalität von Vektoren

Die Berechnung des Skalarproduktes $\vec{a} \cdot \vec{b}$ ist recht mühsam, da zuerst die Beträge $|\vec{a}|$ und $|\vec{b}|$ ermittelt werden müssen. Ferner muss der Winkel bekannt sein.

BEISPIEL

$$\vec{a} = \begin{pmatrix} 2 \\ 1 \\ 3 \end{pmatrix}, \quad \vec{b} = \begin{pmatrix} -1 \\ 2 \\ -2 \end{pmatrix}, \alpha = \sphericalangle(\vec{a}, \vec{b}) = 122{,}31°$$
$$\vec{a} \cdot \vec{b} = |\vec{a}| \cdot |\vec{b}| \cdot \cos\alpha = \sqrt{14} \cdot 3 \cdot (-0{,}5345) \approx -6$$

Ideal wäre es, wenn man das Skalarprodukt direkt aus den Koordinaten der Vektoren berechnen könnte.

In der Mittelstufe haben wir für ein allgemeines Dreieck den Kosinussatz kennen gelernt:

$c^2 = a^2 + b^2 - 2\,ab\cos\gamma$

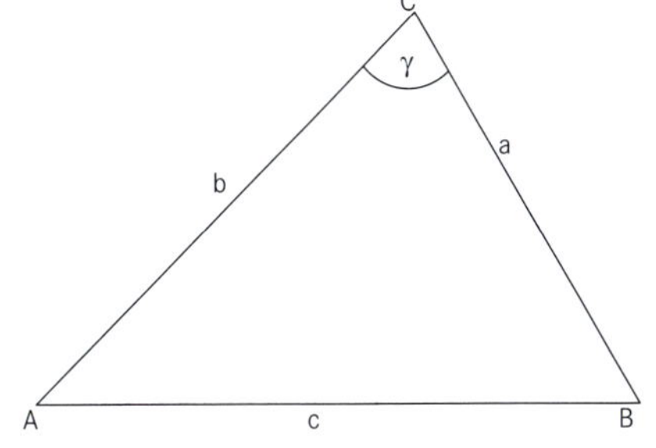

Wir können nun ein Vektorendreieck bilden und den Kosinussatz entsprechend umschreiben.

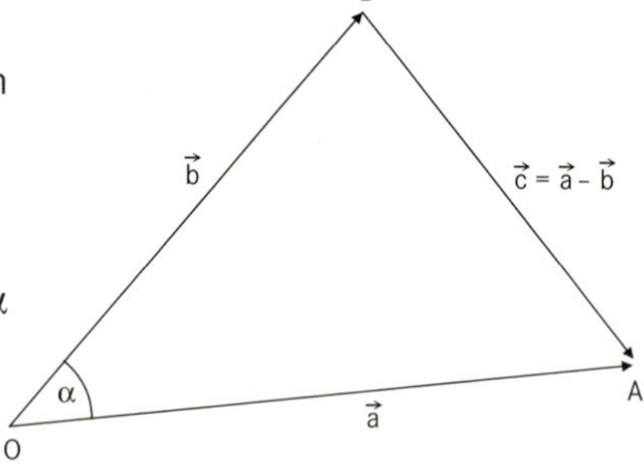

Die Seitenlängen im Dreieck *OAB* betragen $|\vec{a}|$, $|\vec{b}|$ und $|\vec{a}-\vec{b}|$.

Die Anwendung des Kosinussatzes ergibt:
$|\vec{a}-\vec{b}|^2 = |\vec{a}|^2 + |\vec{b}|^2 - 2\,|\vec{a}| \cdot |\vec{b}| \cdot \cos\alpha$

Mit dem Skalarprodukt
$\vec{a} \cdot \vec{b} = |\vec{a}| \cdot |\vec{b}| \cdot \cos\alpha$ folgt:

$|\vec{a}-\vec{b}|^2 = |\vec{a}|^2 + |\vec{b}|^2 - 2\vec{a} \cdot \vec{b}$

$\vec{a} \cdot \vec{b} = \frac{1}{2}\left(|\vec{a}|^2 + |\vec{b}|^2 - |\vec{a}-\vec{b}|^2\right)$

$\vec{a} = \begin{pmatrix} a_1 \\ a_2 \\ a_3 \end{pmatrix}, \vec{b} = \begin{pmatrix} b_1 \\ b_2 \\ b_3 \end{pmatrix}$

bzw. $\vec{a} = \begin{pmatrix} a_1 \\ a_2 \end{pmatrix}, \vec{b} = \begin{pmatrix} b_1 \\ b_2 \end{pmatrix}$

Vektoren im Raum bzw. in der Ebene

Es kann weiter umgeformt werden:

$\vec{a} \cdot \vec{b} = \frac{1}{2}\left([a_1^2 + a_2^2 + a_3^2] + [b_1^2 + b_2^2 + b_3^2] - [(a_1 - b_1)^2 + (a_2 - b_2)^2 + (a_3 - b_3)^2]\right)$

$\vec{a} \cdot \vec{b} = \frac{1}{2}(2\,a_1b_1 + 2\,a_2b_2 + 2\,a_3b_3)$

$\vec{a} \cdot \vec{b} = a_1b_1 + a_2b_2 + a_3b_3$

SATZ **Skalarprodukt der Vektoren $\vec{a}$ und $\vec{b}$ in Koordinatenform:**

$\vec{a} \cdot \vec{b} = \begin{pmatrix} a_1 \\ a_2 \end{pmatrix} \cdot \begin{pmatrix} b_1 \\ b_2 \end{pmatrix} = a_1b_1 + a_2b_2$ bzw. $\vec{a} \cdot \vec{b} = \begin{pmatrix} a_1 \\ a_2 \\ a_3 \end{pmatrix} \cdot \begin{pmatrix} b_1 \\ b_2 \\ b_3 \end{pmatrix} = a_1b_1 + a_2b_2 + a_3b_3$

Wir haben also zwei Formulierungen für das Skalarprodukt:

Geometrische Form (Anwendung in der Physik):
$\vec{a} \cdot \vec{b} = |\vec{a}| \cdot |\vec{b}| \cdot \cos\alpha$

Koordinatenform:
$\vec{a} \cdot \vec{b} = a_1b_1 + a_2b_2 + a_3b_3$

Winkel zwischen zwei Vektoren

Sind $\vec{a}$ und $\vec{b}$ keine Nullvektoren, dann kann der Winkel α ($0 \leq \alpha \leq 90°$) zwischen den Vektoren $\vec{a}$ und $\vec{b}$ mithilfe der obigen Formulierungen für das Skalarprodukt bestimmt werden.

$$\cos\alpha = \frac{\vec{a} \cdot \vec{b}}{|\vec{a}| \cdot |\vec{b}|} = \frac{a_1b_1 + a_2b_2 + a_3b_3}{\sqrt{a_1^2 + a_2^2 + a_3^2} \cdot \sqrt{b_1^2 + b_2^2 + b_3^2}} \text{ bzw.}$$

$$\cos\alpha = \frac{a_1b_1 + a_2b_2}{\sqrt{a_1^2 + a_2^2} \cdot \sqrt{b_1^2 + b_2^2}},$$

und somit: $\boldsymbol{\alpha = \cos^{-1}\left(\frac{|\vec{a} \cdot \vec{b}|}{|\vec{a}| \cdot |\vec{b}|}\right)}$

Richtungswinkel eines Vektors

Als Richtungswinkel des Vektors $\vec{a}$ ($\vec{a} \neq \vec{o}$) bezeichnen wir die Winkel α, β, γ $[0°; 180°]$, die zwischen $\vec{a}$ und der x_1-, x_2- und x_3-Achse liegen.

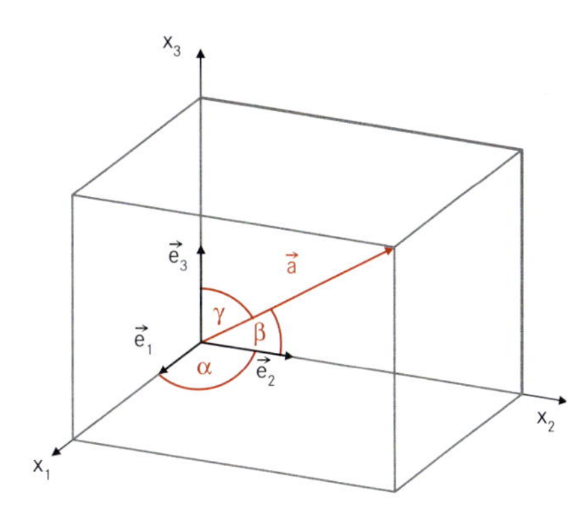

Es gilt:

$$(1)\ \cos\alpha = \frac{\vec{a} \cdot \vec{e}_1}{|\vec{a}| \cdot |\vec{e}_1|} = \frac{a_1}{|\vec{a}|};$$

analog gilt:

$$(2)\ \cos\beta = \frac{a_2}{|\vec{a}|} \text{ und}$$

$$(3)\ \cos\gamma = \frac{a_3}{|\vec{a}|}.$$

Wenn man die Terme in (1), (2) und (3) quadriert und addiert, erhält man:

$$\cos^2\alpha + \cos^2\beta + \cos^2\gamma = \frac{a_1^2 + a_2^2 + a_3^2}{|\vec{a}|^2} = 1.$$

Mit den Gleichungen (1), (2) und (3) können wir auch den Vektor $\vec{a}$ umschreiben in:

$$\vec{a} = \begin{pmatrix} a_1 \\ a_2 \\ a_3 \end{pmatrix} = |\vec{a}| \cdot \begin{pmatrix} \cos\alpha \\ \cos\beta \\ \cos\gamma \end{pmatrix}. \text{ Dies ergibt dann: } \vec{a}^0 = \frac{\vec{a}}{|\vec{a}|} = \begin{pmatrix} \cos\alpha \\ \cos\beta \\ \cos\gamma \end{pmatrix}.$$

Die Kosinuswerte der Richtungswinkel von $\vec{a}$ sind die Koordinaten bzw. die Komponenten des Einheitsvektors in der Richtung von $\vec{a}$.

Anwendungen des Skalarprodukts

BEISPIELE

1. Sind die Vektoren für die Kraft $\vec{F}$ und für den Weg $\vec{s}$ in Koordinatenform gegeben, dann kann die physikalische Arbeit $W = \vec{F} \cdot \vec{s} = F_1 \cdot s_1 + F_2 \cdot s_2 + F_3 \cdot s_3$ sofort berechnet werden:

   $W = \begin{pmatrix} 51 \\ 61 \end{pmatrix} \cdot \begin{pmatrix} 94 \\ 34 \end{pmatrix} = 51 \cdot 94 + 61 \cdot 34 = 6\,868$ (Rundungsunterschied zu Seite 108)

   Ist die Einheitslänge 1 Meter und die Krafteinheit 1 Newton, dann ist die Arbeit 6 868 Joule (Einstiegsaufgabe Kapitel 1.6).

2. Ein schwäbischer „Häuslebauer“ hat eine Garage mit Flachdach errichtet. Nach einem Urlaub in Ägypten beschließt er, eine Pyramide als Dach auf die Garage zu bauen.

   Berechnen Sie für die geplante Pyramide *ABCDE* den Winkel $\alpha = \sphericalangle(BEC)$ und den Winkel $\beta = \sphericalangle(AEB)$.

   Lösung:
   Der Winkel α liegt zwischen den Kanten $\overline{EB}$ und $\overline{EC}$.

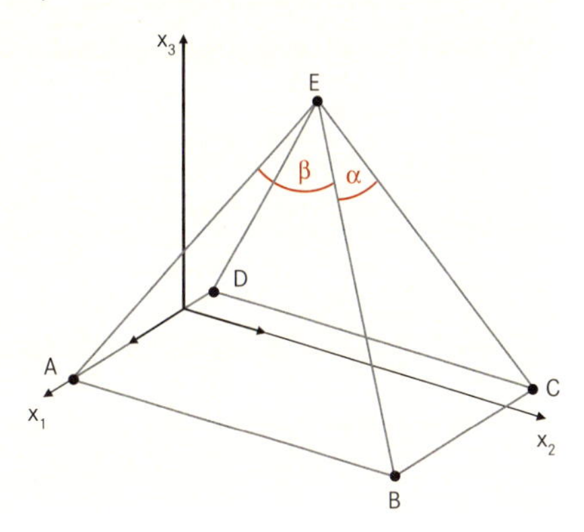

Mit den Vektoren $\overrightarrow{EB} = \begin{pmatrix} 2 \\ 4 \\ -6 \end{pmatrix}$ und $\overrightarrow{EC} = \begin{pmatrix} -2 \\ 4 \\ -6 \end{pmatrix}$ ergibt sich:

$$\cos \alpha = \frac{-4 + 16 + 36}{\sqrt{4 + 16 + 36} \cdot \sqrt{4 + 16 + 36}}; \ \alpha = 31°.$$

Der Winkel β liegt zwischen den Kanten $\overline{EA}$ und $\overline{EB}$.

Mit den Vektoren $\overrightarrow{EA} = \begin{pmatrix} 2 \\ -4 \\ -6 \end{pmatrix}$ und $\overrightarrow{EB} = \begin{pmatrix} 2 \\ 4 \\ -6 \end{pmatrix}$ ergibt sich:

$$\cos \beta = \frac{4 - 16 + 36}{\sqrt{4 + 16 + 36} \cdot \sqrt{4 + 16 + 36}}; \ \beta = 64{,}6°.$$

3. Ein Segelbootkapitän möchte über den Bodensee von Romanshorn $O(0 \mid 0)$ nach Friedrichshafen $F(8 \mid 10)$ segeln. Der Wegvektor ist durch $\vec{s} = \begin{pmatrix} 8 \\ 10 \end{pmatrix}$ gegeben (Weg in km).
   Aufgrund der Windverhältnisse musste der Kapitän seine Kursrichtung kreuzen und befindet sich momentan im Ort $P(3 \mid 7)$.
   Sein Ortsvektor ist: $\vec{p} = \overrightarrow{OP} = \begin{pmatrix} 3 \\ 7 \end{pmatrix}$.
   Welchen Weg $\overrightarrow{s_F}$ ist das Segelboot in Richtung Friedrichshafen vorangekommen?

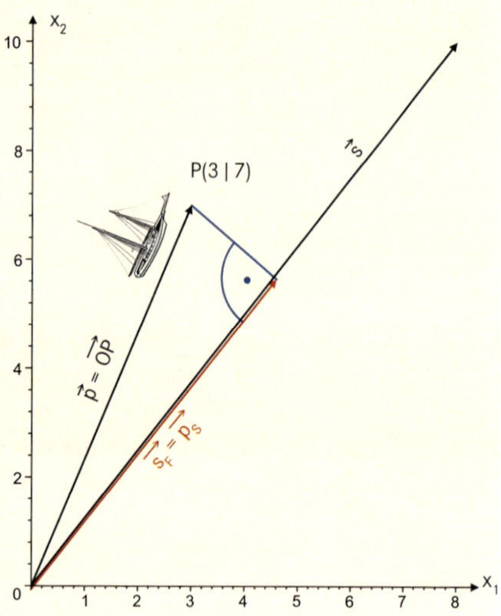

Lösung:
Wir sehen, dass $\overrightarrow{s_F}$ die Projektion des Vektors $\vec{p}$ auf $\vec{s}$ ist. Die Komponente $\vec{p}$ in Richtung $\vec{s}$ bezeichnen wir mit $\overrightarrow{p_s}$.

Es gilt: $\vec{p} \cdot \vec{s} = |\vec{p}| \cdot |\vec{s}| \cdot \cos \alpha \ \wedge \ |\overrightarrow{p_s}| = |\vec{p}| \cdot \cos \alpha$.

Daraus ergibt sich: $\vec{p} \cdot \vec{s} = |\vec{s}| \cdot |\overrightarrow{p_s}|$, $|\overrightarrow{p_s}| = \dfrac{\vec{p} \cdot \vec{s}}{|\vec{s}|} = \dfrac{24 + 70}{\sqrt{64 + 100}} = 7{,}34$.

Das Boot hat in Richtung Friedrichshafen die Strecke 7,34 (km) zurückgelegt.

4. Gegeben ist das Viereck *ABCD* mit $A(4 \mid 1 \mid 5)$, $B(2 \mid -2{,}5 \mid -6)$, $C(-1 \mid 4 \mid 3)$ und $D(0 \mid 7{,}5 \mid 14)$. Welches besondere Viereck liegt vor?

   Lösung: Die Diagonalen schneiden sich rechtwinklig.

   $\vec{a} = \overrightarrow{AC} = \begin{pmatrix} -5 \\ 3 \\ -2 \end{pmatrix}$, $\vec{b} = \overrightarrow{BD} = \begin{pmatrix} -2 \\ 10 \\ 20 \end{pmatrix}$; $\quad \vec{a} \cdot \vec{b} = 10 + 30 - 40 = 0$

5. Welche Vektoren sind zum Vektor $\vec{a} = \begin{pmatrix} 2 \\ 3 \\ 1 \end{pmatrix}$ und zum Vektor $\vec{b} = \begin{pmatrix} 3 \\ 2 \\ 2 \end{pmatrix}$ orthogonal?

Lösung: Der gesuchte Vektor sei $\vec{x} = \begin{pmatrix} x_1 \\ x_2 \\ x_3 \end{pmatrix}$.

Es muss gelten:

$$\begin{aligned} \vec{a} \cdot \vec{x} &= 2x_1 + 3x_2 + x_3 = 0 \quad | \cdot 3 \\ \vec{b} \cdot \vec{x} &= 3x_1 + 2x_2 + 2x_3 = 0 \quad | \cdot (-2) \quad + \end{aligned}$$

Gauß-Algorithmus (Stufenform):

$$\begin{aligned} 2x_1 + 3x_2 + x_3 &= 0 \\ 5x_2 - x_3 &= 0 \end{aligned}$$

Mit $x_3 = t$ erhält man den gesuchten Vektor:

$$\vec{x}_t = \begin{pmatrix} -\frac{4}{5}t \\ \frac{t}{5} \\ t \end{pmatrix} = \frac{1}{5}t \begin{pmatrix} -4 \\ 1 \\ 5 \end{pmatrix} \quad \text{Probe: } \frac{t}{5} \begin{pmatrix} -4 \\ 1 \\ 5 \end{pmatrix} \cdot \begin{pmatrix} 3 \\ 2 \\ 2 \end{pmatrix} = \frac{t}{5}(-12 + 2 + 10) = 0$$

$$\frac{t}{5} \begin{pmatrix} -4 \\ 1 \\ 5 \end{pmatrix} \cdot \begin{pmatrix} 2 \\ 3 \\ 1 \end{pmatrix} = \frac{t}{5}(-8 + 3 + 5) = 0$$

6. Welche Richtungswinkel hat der Vektor $\vec{a} = \begin{pmatrix} 1 \\ 2 \\ 3 \end{pmatrix}$?

Lösung:

$$|\vec{a}| = \sqrt{1+4+9} = \sqrt{14}; \; \cos\alpha = \frac{1}{\sqrt{14}} \Rightarrow \alpha = 74°;$$

$$\cos\beta = \frac{2}{\sqrt{14}} \Rightarrow \beta = 58°; \; \cos\gamma = \frac{3}{\sqrt{14}} \Rightarrow \gamma = 37°$$

7. Die Punkte $A(2\,|\,1\,|\,3)$, $B(3\,|\,-1\,|\,1)$ und $C(-1\,|\,4\,|\,0)$ legen ein Dreieck fest.

a) Zeigen Sie, dass A, B und C nicht auf einer Linie liegen.

b) Welcher Vektor $\vec{d}$ steht senkrecht auf der Dreiecksfläche?

Lösung:

a) Wenn $\vec{c} = \overrightarrow{AB} = \begin{pmatrix} 1 \\ -2 \\ -2 \end{pmatrix}$ und $\vec{b} = \overrightarrow{AC} = \begin{pmatrix} -3 \\ 3 \\ -3 \end{pmatrix}$ in einer Linie liegen,

also kein Dreieck aufspannen, dann gilt $\alpha = \sphericalangle(\vec{b}, \vec{c}) = 0°$ bzw. $180°$.

Das heißt $\vec{b} \cdot \vec{c} = \pm|\vec{b}| \cdot |\vec{c}|$, da $\cos 0° = 1$, $\cos 180° = -1$.

$-3 - 6 + 6 = \pm\sqrt{9+9+9} \cdot \sqrt{1+4+4}; \quad -3 \neq \pm 9\sqrt{3}$

Folgt: A, B und C bilden ein Dreieck.

b) Für einen Vektor $\vec{d} = \begin{pmatrix} d_1 \\ d_2 \\ d_3 \end{pmatrix}$ muss gelten:

$$\begin{array}{llrl} & \vec{d} \cdot \vec{c} = 0: & d_1 - 2\,d_2 - 2\,d_3 = 0 & | \cdot 3 \\ \text{und} & \vec{d} \cdot \vec{b} = 0: & -3\,d_1 + 3\,d_2 - 3\,d_3 = 0 & \leftarrow + \\ \hline & & d_1 - 2\,d_2 - 2\,d_3 = 0 & \\ & & -3\,d_2 - 9\,d_3 = 0 & \end{array}$$

Setze: $d_3 = t$, dann ist:
$d_2 = -3\,t$ und
$d_1 = -4\,t$

Der Vektor $\vec{d_t} = t \begin{pmatrix} -4 \\ -3 \\ 1 \end{pmatrix}$ steht senkrecht auf der Dreiecksfläche.

AUFGABE 1 Das Skalarprodukt erfüllt viele Eigenschaften, die auch für Produkte mit reellen Zahlen gelten.

Eigenschaften des Skalarprodukts:
$\vec{a}$, $\vec{b}$ und $\vec{c}$ sind Vektoren in $\mathbb{R}^3$ bzw. in $\mathbb{R}^2$. k ist ein Skalar.

Dann gilt:

1. $\vec{a} \cdot \vec{a} = |\vec{a}|^2$
2. $\vec{a} \cdot \vec{b} = \vec{b} \cdot \vec{a}$
3. $\vec{a} \cdot (\vec{b} + \vec{c}) = \vec{a} \cdot \vec{b} + \vec{a} \cdot \vec{c}$
4. $(k \cdot \vec{a}) \cdot \vec{b} = k \cdot (\vec{a} \cdot \vec{b}) = \vec{a} \cdot (k \cdot \vec{b})$
5. $\vec{0} \cdot \vec{a} = \vec{0}$

Beweisen Sie diese Eigenschaften.
Benutzen Sie die Definition: $\vec{a} \cdot \vec{b} = a_1 b_1 + a_2 b_2 + a_3 b_3$.

AUFGABE 2 Welche der folgenden Terme sind sinnvoll, welche sinnlos? Erklären Sie („·" Skalarprodukt von Vektoren).

a) $(\vec{a} \cdot \vec{b}) \cdot \vec{c}$
b) $(\vec{a} \cdot \vec{b})\vec{c}$
c) $|\vec{a}|(\vec{b} \cdot \vec{c})$
d) $\vec{a} \cdot (\vec{b} + \vec{c})$
e) $\vec{a} \cdot \vec{b} + \vec{c}$
f) $|\vec{a}| \cdot (\vec{b} + \vec{c})$

AUFGABE 3 Für die physikalische Arbeit gilt: $W = \vec{F} \cdot \vec{s}$.
Welche Energieänderung erfährt der Körper,

a) wenn $0 \leq \sphericalangle(\vec{F}, \vec{s}) < 90°$,
b) wenn $90° < \sphericalangle(\vec{F}, \vec{s}) < 180°$ ist?

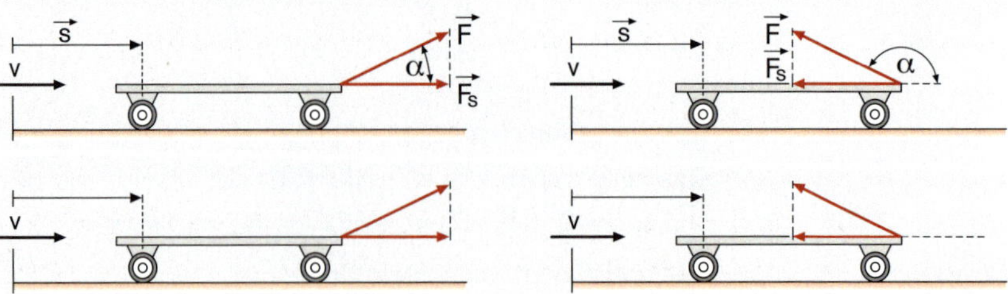

AUFGABE 4 Ein Elementarteilchen erfährt die Kraft $\vec{F} = 3\vec{e}_1 + 4\vec{e}_2 + 5\vec{e}_3$ im homogenen elektrischen Feld und wird dadurch vom Punkt $P(2 \mid 1 \mid 0)$ zum Punkt $Q(4 \mid 6 \mid 2)$ bewegt. Welche Arbeit wurde verrichtet?

AUFGABE 5 Gegeben sind die Vektoren $\vec{a}$ und $\vec{b}$. Sie haben die Längen 8 LE und 11 LE. Der Winkel zwischen den Vektoren beträgt 150°.
Berechnen Sie das Skalarprodukt.

AUFGABE 6 Berechnen Sie das Skalarprodukt der Vektoren $\vec{a}$ und $\vec{b}$.

a) $\vec{a} = \begin{pmatrix} 5 \\ -2 \end{pmatrix}, \vec{b} = \begin{pmatrix} 3 \\ 6 \end{pmatrix}$ b) $\vec{a} = \begin{pmatrix} -0{,}5 \\ 3 \end{pmatrix}, \vec{b} = \begin{pmatrix} 8 \\ -2 \end{pmatrix}$

c) $\vec{a} = \begin{pmatrix} 3 \\ 0 \\ 2 \end{pmatrix}, \vec{b} = \begin{pmatrix} 2 \\ -1 \\ -3 \end{pmatrix}$ d) $\vec{a} = \begin{pmatrix} -3 \\ 2 \\ 5 \end{pmatrix}, \vec{b} = \begin{pmatrix} 6 \\ -4 \\ -10 \end{pmatrix}$

e) $\vec{a} = \begin{pmatrix} 1 \\ 4 \\ 5 \end{pmatrix}, \vec{b} = \begin{pmatrix} 2 \\ -2 \\ 1 \end{pmatrix}$ f) $\vec{a} = \begin{pmatrix} 2 \\ 3 \\ 1 \end{pmatrix}, \vec{b} = \begin{pmatrix} 4 \\ 6 \\ 2 \end{pmatrix}$

g) $\vec{a} = \vec{e}_1 - 2\vec{e}_2 + 3\vec{e}_3, \vec{b} = 5\vec{e}_1 + 8\vec{e}_3$ h) $\vec{a} = 2\vec{e}_2 - 3\vec{e}_3, \vec{b} = 5\vec{e}_1 + 3\vec{e}_2 + 2\vec{e}_3$

i) $|\vec{a}| = 11, |\vec{b}| = 5, \alpha = 30°$ j) $|\vec{a}| = 4, |\vec{b}| = 2, \alpha = 120°$

AUFGABE 7 $\vec{a}$ ist ein Einheitsvektor ($|\vec{a}| = 1$).
Ermitteln Sie $\vec{a} \cdot \vec{b}$ und $\vec{a} \cdot \vec{c}$ für die unten gezeichneten Vektoren.

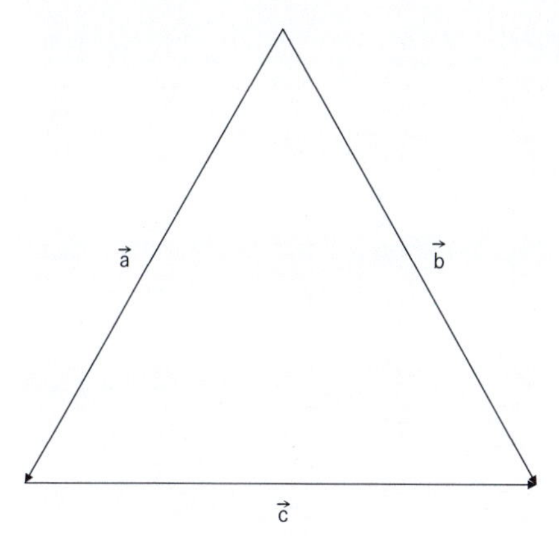

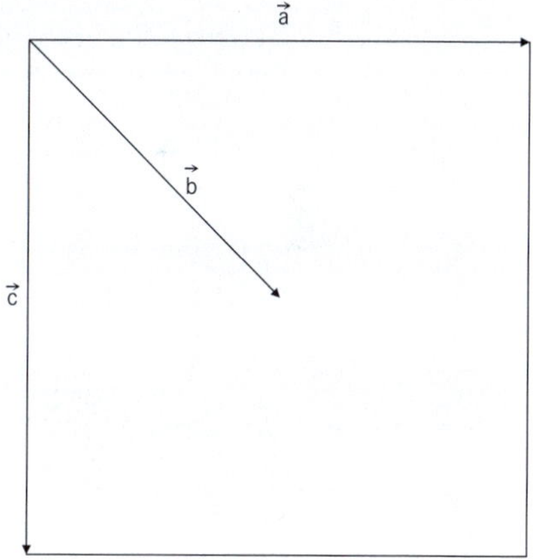

AUFGABE 8 Welchen Winkel schließen die Vektoren $\vec{a}$ und $\vec{b}$ ein?

a) $\vec{a} = \begin{pmatrix} 2 \\ 1 \end{pmatrix}, \vec{b} = \begin{pmatrix} 1 \\ 2 \end{pmatrix}$ b) $\vec{a} = \begin{pmatrix} 2 \\ 4 \end{pmatrix}, \vec{b} = \begin{pmatrix} 3 \\ 1 \end{pmatrix}$

c) $\vec{a} = \begin{pmatrix} 1 \\ 2 \\ 3 \end{pmatrix}, \vec{b} = \begin{pmatrix} 4 \\ 0 \\ -1 \end{pmatrix}$ d) $\vec{a} = \begin{pmatrix} 0 \\ 1 \\ 1 \end{pmatrix}, \vec{b} = \begin{pmatrix} 1 \\ 2 \\ -3 \end{pmatrix}$

AUFGABE 9

a) Bestimmen Sie den Winkel zwischen der Raumdiagonalen eines Würfels und einer Seitenkante.

b) Bestimmen Sie den Winkel zwischen der Raumdiagonalen eines Würfels und der Diagonalen einer Seitenfläche.

AUFGABE 10

Die Punkte A, B und C bilden ein Dreieck. Berechnen Sie die drei Winkel im Dreieck. (Runden Sie so, dass die Winkelsumme 180° ergibt.)

a) $A(2 \mid 1 \mid -3)$, $B(5 \mid 4 \mid 2)$, $C(0 \mid -1 \mid 6)$ b) $A(6 \mid 1 \mid 5)$, $B(-1 \mid -2 \mid 0)$, $C(1 \mid 2 \mid 3)$

AUFGABE 11

Entscheiden Sie, ob die Vektoren orthogonal, parallel oder schief zueinander liegen.

a) $\vec{a} = \begin{pmatrix} 3 \\ -6 \end{pmatrix}, \vec{b} = \begin{pmatrix} 1 \\ 2 \end{pmatrix}$ b) $\vec{a} = \begin{pmatrix} 2 \\ -3 \end{pmatrix}, \vec{b} = \begin{pmatrix} -3 \\ 2 \end{pmatrix}$

c) $\vec{a} = \begin{pmatrix} 6 \\ -8 \\ 2 \end{pmatrix}, \vec{b} = \begin{pmatrix} -5 \\ 3 \\ 7 \end{pmatrix}$ d) $\vec{a} = \begin{pmatrix} 3 \\ 4 \\ -1 \end{pmatrix}, \vec{b} = \begin{pmatrix} -1 \\ 2 \\ 5 \end{pmatrix}$

e) $\vec{a} = \begin{pmatrix} 4 \\ 9 \\ -3 \end{pmatrix}, \vec{b} = \begin{pmatrix} 6 \\ -1 \\ 5 \end{pmatrix}$ f) $\vec{a} = \begin{pmatrix} 2 \\ 6 \\ -4 \end{pmatrix}, \vec{b} = \begin{pmatrix} -3 \\ -9 \\ 6 \end{pmatrix}$

AUFGABE 12

Können Sie eine Zahl für s finden, sodass die Vektoren $\vec{a}$ und $\vec{b}$ orthogonal sind?

a) $\vec{a} = \begin{pmatrix} 2s \\ -3s \end{pmatrix}, \vec{b} = \begin{pmatrix} s \\ 4 \end{pmatrix}$ b) $\vec{a} = \begin{pmatrix} s \\ s^2 \\ s \end{pmatrix}, \vec{b} = \begin{pmatrix} 2 \\ s \\ -6 \end{pmatrix}$

AUFGABE 13

Gegeben sind die Vektoren $\vec{a} = \begin{pmatrix} 2 \\ -3 \\ 1 \end{pmatrix}$ und $\vec{b} = \begin{pmatrix} 1 \\ 6 \\ -2 \end{pmatrix}$.

a) Bestimmen Sie $\overrightarrow{a_b}$, die Projektion von $\vec{a}$ in Richtung von $\vec{b}$ ($\vec{a}$ auf $\vec{b}$).
b) Bestimmen Sie $\overrightarrow{b_a}$, die Projektion von $\vec{b}$ in Richtung von $\vec{a}$ ($\vec{b}$ auf $\vec{a}$).

AUFGABE 14

Welche Bedingung müssen $\vec{a}$ und $\vec{b}$ (keine Nullvektoren) erfüllen, wenn $|\overrightarrow{a_b}| = |\overrightarrow{b_a}|$ sein soll?

AUFGABE 15

Man kann zu zwei Vektoren $\vec{a}$ und $\vec{b}$ $(0 < \sphericalangle(\vec{a}, \vec{b}) < 90°)$ einen Vektor $(\vec{a} - s\vec{b})$, finden, der orthogonal zu $\vec{b}$ ist.
$s\vec{b}$ ist dann $\overrightarrow{a_b}$, die Projektion von $\vec{a}$ in Richtung $\vec{b}$.

Gegeben sind $\vec{a} = \begin{pmatrix} 5 \\ 3 \\ 7 \end{pmatrix}$ und $\vec{b} = \begin{pmatrix} 2 \\ -1 \\ 3 \end{pmatrix}$.

Bestimmen Sie die Zahl s so, dass $\vec{c} = \vec{a} - s\vec{b}$ orthogonal zu $\vec{b}$ ist.

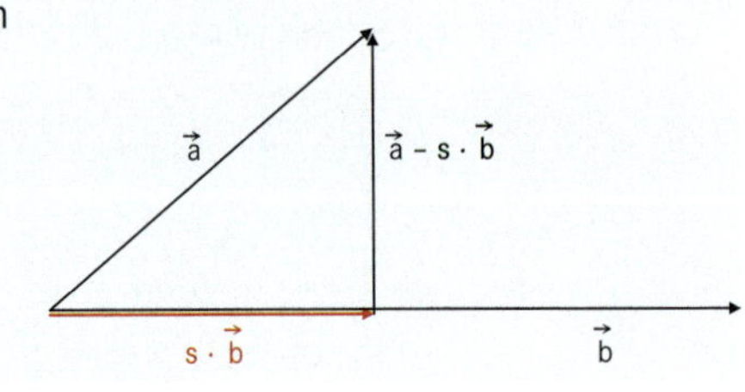

AUFGABE 16 Welcher Vektor mit der Länge 1 ist orthogonal zu den Vektoren $\vec{a} = \vec{e}_1 + \vec{e}_2$ und $\vec{b} = \vec{e}_1 + \vec{e}_3$?

AUFGABE 17 Welchen Wert muss man für s wählen, damit die Vektoren $\vec{a} = \begin{pmatrix} 1 \\ 0 \\ s \end{pmatrix}$ und $\vec{b} = \begin{pmatrix} 1 \\ 2 \\ 1 \end{pmatrix}$ einen Winkel von 60° einschließen?

AUFGABE 18 Welche Richtungswinkel besitzt der Vektor $\vec{a}$ zu den Koordinatenachsen?

a) $\vec{a} = \begin{pmatrix} 2 \\ 2 \\ 1 \end{pmatrix}$

b) $\vec{a} = \begin{pmatrix} -3 \\ -4 \\ 2 \end{pmatrix}$

c) $\vec{a} = \begin{pmatrix} 2{,}0 \\ 1{,}2 \\ 0{,}8 \end{pmatrix}$

d) $\vec{a} = 3\vec{e}_1 + 4\vec{e}_2 - 5\vec{e}_3$

AUFGABE 19 Zeigen Sie: Für jeden Vektor $\vec{c} = |\vec{a}|\vec{b} + |\vec{b}|\vec{a}$ $(\vec{a}, \vec{b}, \vec{c} \neq \vec{o})$ gilt:
Der Winkel zwischen $\vec{a}$ und $\vec{c}$ ist gleich dem Winkel zwischen $\vec{c}$ und $\vec{b}$.

AUFGABE 20 Ein Tetraeder hat sechs gleich lange Kanten. Die Winkel zwischen den Kanten sind ebenfalls alle gleich. Zeigen Sie, dass je zwei gegenüberliegende Kanten orthogonal zueinander sind.

AUFGABE 21 Eine Tochter wird von ihrer Mutter gebeten, nach der Schule noch 5 Eier, 3 Pizzas und 2 Salate mitzubringen. Die Tochter erstellt einen Einkaufsvektor $\boldsymbol{a} = \begin{pmatrix} 5 \\ 3 \\ 2 \end{pmatrix}$. Im Geschäft sieht sie, dass ein Ei 0,10 €, eine Pizza 2,50 € und ein Salat 0,60 € kosten. Sie erstellt noch einen Kostenvektor $\boldsymbol{k} = \begin{pmatrix} 0{,}1 \\ 2{,}5 \\ 0{,}6 \end{pmatrix}$.
Welche Bedeutung hat das Skalarprodukt $\boldsymbol{a}^T \cdot \boldsymbol{k}$?

Bemerkung: Das Skalarprodukt geometrischer Vektoren

$$\vec{a} \cdot \vec{b} = \begin{pmatrix} a_1 \\ a_2 \\ a_3 \end{pmatrix} \cdot \begin{pmatrix} b_1 \\ b_2 \\ b_3 \end{pmatrix} = a_1b_1 + a_2b_2 + a_3b_3$$

unterscheidet sich in der Schreibfigur vom Skalarprodukt der Vektoren $\vec{a}$ und $\vec{b}$ in der linearen Algebra: $\vec{a}^T \cdot \vec{b} = (a_1, a_2, a_3) \cdot \begin{pmatrix} b_1 \\ b_2 \\ b_3 \end{pmatrix} = a_1b_1 + a_2b_2 + a_3b_3$.

1.6.2 Schnittwinkel zwischen zwei Geraden

Schneiden sich die Geraden $g: \vec{x} = \vec{a} + r\vec{v}$ und $h: \vec{x} = \vec{b} + s\vec{u}$, dann kann der Winkel α zwischen den Geraden über das Skalarprodukt der Richtungsvektoren $\vec{v}$ und $\vec{u}$ bestimmt werden.

$$\cos\alpha = \frac{|\vec{v} \cdot \vec{u}|}{|\vec{v}| \cdot |\vec{u}|}$$

Die Betragsstriche im Zähler bewirken, dass $\cos\alpha \geq 0$ ist und somit für α stets der kleinere Schnittwinkel $0° \leq \alpha \leq 90°$ berechnet wird.

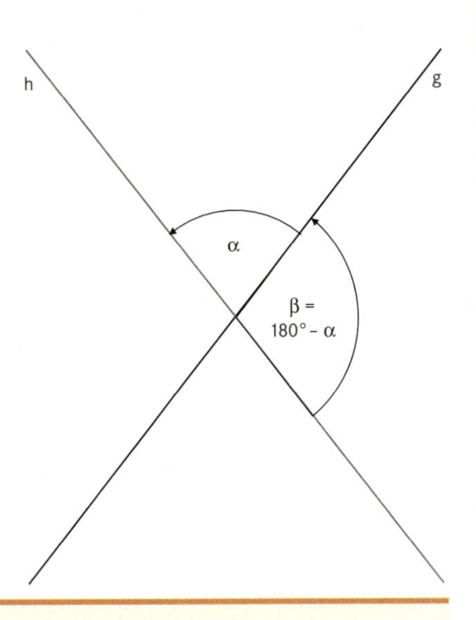

BEISPIEL Prüfen Sie, ob sich die Geraden

$$g: \vec{x} = \begin{pmatrix} 2 \\ 0 \\ 6 \end{pmatrix} + r\begin{pmatrix} 1 \\ 2 \\ -2 \end{pmatrix} \text{ und } h: \vec{x} = \begin{pmatrix} 0 \\ 3 \\ 3 \end{pmatrix} + s\begin{pmatrix} -3 \\ 1 \\ -1 \end{pmatrix}$$ in einem Punkt schneiden.

Berechnen Sie dann den Schnittwinkel zwischen g und h.

Lösung:

$g \cap h$ ergibt das lineare Gleichungssystem:

$$\begin{aligned} (1)\quad r + 3s &= -2 \\ (2)\quad 2r - s &= 3 \\ (3)\quad -2r + s &= -3 \end{aligned}$$

Die Lösung $r = 1$ und $s = 1$ ergibt den Schnittpunkt $P(3\,|\,2\,|\,4)$.

Schnittwinkel: $$\cos\alpha = \frac{|-3+2+2|}{\sqrt{1+4+4} \cdot \sqrt{9+1+1}} = \frac{1}{3\sqrt{11}}$$

$$\alpha = \cos^{-1}\left(\frac{1}{3\sqrt{11}}\right) = 84{,}2°$$

Bemerkung:

Die Formel für den Schnittwinkel von Geraden liefert stets ein „Ergebnis". Wenn aber kein Schnittpunkt existiert, kann es keinen Schnittwinkel geben.

AUFGABE 1 Zeigen Sie zuerst, dass sich die Geraden im Raum schneiden. Bestimmen Sie dann ihren Schnittwinkel.

a) $g: \vec{x} = \begin{pmatrix} 1 \\ -3 \\ 2 \end{pmatrix} + r\begin{pmatrix} 3 \\ 1 \\ -1 \end{pmatrix}$; $h: \vec{x} = \begin{pmatrix} 1 \\ 4 \\ 1 \end{pmatrix} + s\begin{pmatrix} -2 \\ -3 \\ 1 \end{pmatrix}$

b) $g: \vec{x} = \begin{pmatrix} 1 \\ -4 \\ 1 \end{pmatrix} + r\begin{pmatrix} -2 \\ -3 \\ 1 \end{pmatrix}$; $h: \vec{x} = \begin{pmatrix} 1 \\ -3 \\ 1 \end{pmatrix} + s\begin{pmatrix} 3 \\ 1 \\ -1 \end{pmatrix}$

c) $g: \vec{x} = \begin{pmatrix} -5 \\ 0 \\ 5 \end{pmatrix} + r \begin{pmatrix} 4 \\ 1 \\ -2 \end{pmatrix}$; $h: \vec{x} = \begin{pmatrix} 1 \\ 4 \\ -2 \end{pmatrix} + s \begin{pmatrix} 2 \\ -2 \\ 3 \end{pmatrix}$

d) $g: \vec{x} = \begin{pmatrix} 2 \\ 0 \\ 3 \end{pmatrix} + r \begin{pmatrix} 1 \\ 2 \\ 3 \end{pmatrix}$; $h: \vec{x} = \begin{pmatrix} 0 \\ -4 \\ -3 \end{pmatrix} + s \begin{pmatrix} 1 \\ 2 \\ 3 \end{pmatrix}$

e) $g: \vec{x} = \begin{pmatrix} 3 \\ -5 \\ 1 \end{pmatrix} + r \begin{pmatrix} -1 \\ 2 \\ 3 \end{pmatrix}$; $h: \vec{x} = \begin{pmatrix} -3 \\ -1 \\ 0 \end{pmatrix} + s \begin{pmatrix} 5 \\ -2 \\ 4 \end{pmatrix}$

f) $g = (P,Q)$, $P(6 \mid 0 \mid 6)$, $Q(-3 \mid 6 \mid 3)$; $h = (R,S)$, $R(2 \mid 5 \mid 1)$, $S(8 \mid -1 \mid 9)$

g) $g = (P,Q)$, $P(-6 \mid 4 \mid 7)$, $Q(4 \mid -2 \mid -7)$; $h = (R,S)$, $R(1 \mid 0 \mid 5)$, $S(-3 \mid 2 \mid -5)$

AUFGABE 2 Die Geraden liegen in der Ebene $\mathbb{R}^2$. Berechnen Sie die Schnittwinkel.

a) $\vec{x} = \begin{pmatrix} 2 \\ 3 \end{pmatrix} + r \begin{pmatrix} 1 \\ 1 \end{pmatrix}$, $\vec{x} = \begin{pmatrix} 3 \\ 2 \end{pmatrix} + s \begin{pmatrix} 0 \\ 1 \end{pmatrix}$

b) $\vec{x} = \begin{pmatrix} 4 \\ 1 \end{pmatrix} + r \begin{pmatrix} 2 \\ -3 \end{pmatrix}$, $\vec{x} = \begin{pmatrix} 1 \\ 4 \end{pmatrix} + s \begin{pmatrix} 2 \\ 2 \end{pmatrix}$

c) $\vec{x} = \begin{pmatrix} 2 \\ 3 \end{pmatrix} + r \begin{pmatrix} 1 \\ -1 \end{pmatrix}$, $\vec{x} = \begin{pmatrix} -1 \\ -2 \end{pmatrix} + s \begin{pmatrix} -3 \\ 3 \end{pmatrix}$

d) $\vec{x} = \begin{pmatrix} 1 \\ 3 \end{pmatrix} + r \begin{pmatrix} 3 \\ -5 \end{pmatrix}$, $\vec{x} = \begin{pmatrix} -3 \\ 2 \end{pmatrix} + s \begin{pmatrix} 2 \\ 3 \end{pmatrix}$

AUFGABE 3 Berechnen Sie für einen Quader mit den Kantenlängen $a = 10$, $b = 7$ und $c = 5$ den Schnittwinkel zwischen zwei Raumdiagonalen.

1.6.3 Bestimmung des Abstands eines Punktes von einer Geraden mithilfe des Skalarprodukts

BEISPIEL Welchen Abstand hat der Punkt $P(4 \mid 9 \mid 12)$

von der Geraden $\vec{x} = \begin{pmatrix} 1 \\ -1 \\ 2 \end{pmatrix} + r \begin{pmatrix} -1 \\ 3 \\ 3 \end{pmatrix}$?

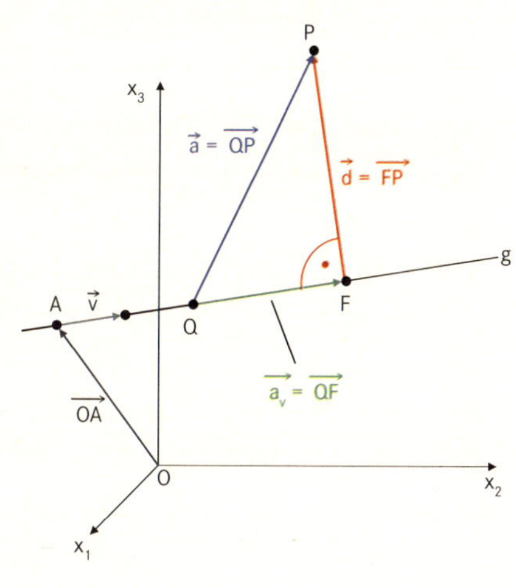

1. Lösungsstrategie:

Der Fußpunkt F liegt auf der Geraden und hat daher die Koordinaten $F(1-r \mid -1+3r \mid 2+3r)$.

Der Vektor $\vec{d} = \overrightarrow{FP} = \begin{pmatrix} 3+r \\ 10-3r \\ 10-3r \end{pmatrix}$ ist orthogonal zum Richtungsvektor $\vec{v} = \begin{pmatrix} -1 \\ 3 \\ 3 \end{pmatrix}$ der Geraden.

Die Koordinaten des Fußpunktes und damit die Länge des Abstandvektors $\vec{d}$ ergeben sich aus der Bedingung für das Skalarprodukt orthogonaler Vektoren:

Aus $\vec{d} \cdot \vec{v} = 0$ folgt: $-3r + 30 - 9r + 30 - 9r = 0 \Rightarrow r = 3$.

Einsetzen von $r = 3$ ergibt: Fußpunkt $F(-2 \mid 8 \mid 11)$, Abstandsvektor $\vec{d} = \begin{pmatrix} 6 \\ 1 \\ 1 \end{pmatrix}$.

Der Abstand ist $|\vec{d}| = \sqrt{36+1+1} = \sqrt{38} \approx 6{,}16$ (LE).

2. Lösungsstrategie:

Man wählt einen beliebigen Punkt Q (nicht den Fußpunkt des Lotes von P auf g) auf der Geraden g.
Zum Beispiel $r = 0$: $Q(1 \mid -1 \mid 2)$.

Dann bestimmt man den Vektor $\vec{a} = \overrightarrow{QP} = \begin{pmatrix} 3 \\ 10 \\ 10 \end{pmatrix}$ und berechnet die orthogonale Projektion von $\vec{a}$ auf den Richtungsvektor $\vec{v} = \begin{pmatrix} -1 \\ 3 \\ 3 \end{pmatrix}$ der Geraden g:

$$\vec{a}_v = \frac{\vec{a} \cdot \vec{v}}{|\vec{v}|^2} \cdot \vec{v} = \frac{57}{19} \cdot \begin{pmatrix} -1 \\ 3 \\ 3 \end{pmatrix} = \begin{pmatrix} -3 \\ 9 \\ 9 \end{pmatrix} \quad \left(\frac{\vec{v}}{|\vec{v}|} = \vec{v}^{\circ}, \text{ Einheitsvektor in Richtung von } \vec{v}\right)$$

Der Abstandsvektor ist $\vec{d} = \vec{a} - \vec{a}_v = \begin{pmatrix} 6 \\ 1 \\ 1 \end{pmatrix}$ und der Abstand ist der Betrag des Abstandsvektors: $|\overrightarrow{FP}| = |\vec{d}| = \sqrt{36+1+1} = \sqrt{38} \approx 6{,}16$ (LE).

Hier kommen die Aufgaben, die Sie schon aus Kapitel 1.4.5 kennen. Nun sollen dieselben Aufgaben mithilfe des Skalarprodukts gelöst werden.

AUFGABE 1 Welchen Abstand hat der Punkt P von der Geraden g?

a) $g\colon \vec{x} = \begin{pmatrix} 2 \\ 2 \\ 0 \end{pmatrix} + r \begin{pmatrix} 1 \\ -3 \\ 5 \end{pmatrix}$, $P(1 \mid 2 \mid 3)$

b) $g\colon \vec{x} = \begin{pmatrix} 5 \\ 0 \\ 1 \end{pmatrix} + r \begin{pmatrix} 1 \\ 3 \\ 2 \end{pmatrix}$, $P(1 \mid 0 \mid -1)$

c) $g\colon \vec{x} = \begin{pmatrix} -2 \\ 3 \\ 1 \end{pmatrix} + r \begin{pmatrix} 1 \\ 2 \\ 3 \end{pmatrix}$, $P(2 \mid 3 \mid 9)$

AUFGABE 2 Welche Gerade g geht durch den Punkt $P(0 \mid 1 \mid 2)$, ist orthogonal zur Geraden

$h\colon \vec{x} = \begin{pmatrix} 1 \\ 1 \\ 0 \end{pmatrix} + r \begin{pmatrix} 1 \\ -1 \\ 2 \end{pmatrix}$ und schneidet die Gerade h?

AUFGABE 3 Welchen Abstand haben die parallelen Geraden g und h voneinander?

a) g: $\vec{x} = \begin{pmatrix} 3 \\ 1 \\ 4 \end{pmatrix} + r \begin{pmatrix} -2 \\ 1 \\ -1 \end{pmatrix}$, h: $\vec{x} = \begin{pmatrix} 1 \\ -1 \\ 0 \end{pmatrix} + s \begin{pmatrix} -2 \\ 1 \\ -1 \end{pmatrix}$

b) g: $\vec{x} = \begin{pmatrix} 5 \\ 3 \\ 2 \end{pmatrix} + r \begin{pmatrix} 3 \\ -2 \\ 1 \end{pmatrix}$, h: $\vec{x} = \begin{pmatrix} 2 \\ -1 \\ 6 \end{pmatrix} + s \begin{pmatrix} 3 \\ -2 \\ 1 \end{pmatrix}$

1.6.4 Normalenform der Ebenengleichung

Eine weitere Möglichkeit zur Festlegung einer Ebene besteht in der am Anfang des Kapitels 1.5 aufgeführten Alternative f).

Ein Vektor $\vec{n}$ senkrecht zur Ebene legt die Richtung der Ebene vollständig fest und ersetzt die bisherigen Richtungsvektoren $\vec{v}$ und $\vec{u}$.

Es wird zusätzlich nur noch ein Punkt P (Aufpunkt) auf der Ebene benötigt, um die Ebene eindeutig beschreiben zu können.

Für jeden Punkt $X(x_1 \mid x_2 \mid x_3)$ auf der Ebene gilt dann: $\overrightarrow{PX} \cdot \vec{n} = 0$

(Skalarprodukt von zwei orthogonalen Vektoren).

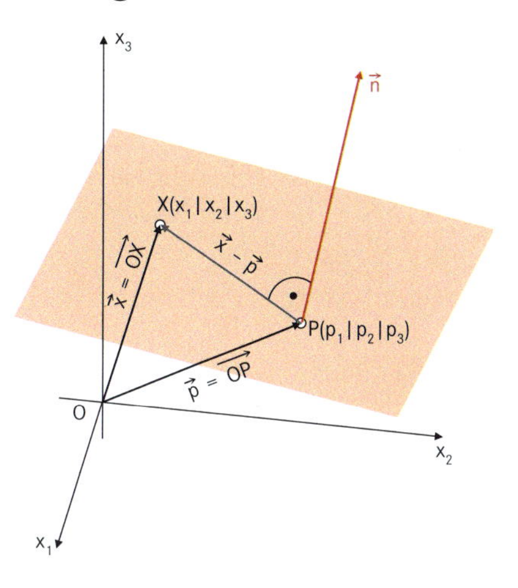

$\vec{n}$ heißt Normalenvektor der Ebene, wenn er orthogonal zu den Spannvektoren $\vec{v}$ und $\vec{u}$ ist.

$\vec{p}$ ist der Ortsvektor zum Stützpunkt P auf der Ebene. $\vec{p} = \overrightarrow{OP}$.

$\vec{x} - \vec{p}$ ist der Vektor von P zu einem beliebigen Punkt X auf der Ebene.

Da $\overrightarrow{OP} + \overrightarrow{PX} = \overrightarrow{OX}$ ist, gilt: $\overrightarrow{PX} = \overrightarrow{OX} - \overrightarrow{OP} = \vec{x} - \vec{p}$.

Normalenform der Ebenengleichung

Eine Ebene mit dem Stützvektor $\vec{p}$ und dem Normalenvektor $\vec{n}$ wird festgelegt durch die Gleichung: $(\vec{x} - \vec{p}) \cdot \vec{n} = 0$ bzw. $\vec{x} \cdot \vec{n} = \vec{p} \cdot \vec{n}$.

Die bisher verwendete Koordinatengleichung einer Ebene

$$a_1x_1 + a_2x_2 + a_3x_3 = d$$

kann als Skalarprodukt von zwei Vektoren geschrieben werden:

$$\begin{pmatrix} x_1 \\ x_2 \\ x_3 \end{pmatrix} \cdot \begin{pmatrix} a_1 \\ a_2 \\ a_3 \end{pmatrix} = d \text{ mit } \vec{x} = \begin{pmatrix} x_1 \\ x_2 \\ x_3 \end{pmatrix} \text{ und } \vec{n} = \begin{pmatrix} a_1 \\ a_2 \\ a_3 \end{pmatrix}.$$

$\vec{x} \cdot \vec{n} = d$; man kann zu $\vec{n}$ und d einen Vektor $\vec{p}$ finden, sodass das Skalarprodukt $\vec{p} \cdot \vec{n} = d$ ist.

Man erhält dann:

$$\vec{x} \cdot \vec{n} = \vec{p} \cdot \vec{n}.$$

$(\vec{x} - \vec{p}) \cdot \vec{n} = 0$, also ist $\vec{n}$ ein Normalenvektor der Ebene.

SATZ Ist eine Ebene E durch ihre Koordinatengleichung $a_1x_1 + a_2x_2 + a_3x_3 = d$ gegeben, so ist der Vektor $\vec{n} = \begin{pmatrix} a_1 \\ a_2 \\ a_3 \end{pmatrix}$ ein Normalenvektor der Ebene.

Man kann die Vektorgleichung $(\vec{x} - \vec{p}) \cdot \vec{n} = 0$ bzw. $\vec{x} \cdot \vec{n} = \vec{p} \cdot \vec{n}$ leicht wieder in die Koordinatengleichung umformen:

$$\begin{pmatrix} x_1 \\ x_2 \\ x_3 \end{pmatrix} \cdot \begin{pmatrix} a_1 \\ a_2 \\ a_3 \end{pmatrix} = \begin{pmatrix} p_1 \\ p_2 \\ p_3 \end{pmatrix} \cdot \begin{pmatrix} a_1 \\ a_2 \\ a_3 \end{pmatrix}.$$

$a_1x_1 + a_2x_2 + a_3x_3 = a_1p_1 + a_2p_2 + a_3p_3$, $(d = a_1p_1 + a_2p_2 + a_3p_3)$

Man sieht hieraus insbesondere: Unterscheiden sich die Koordinatengleichungen zweier Ebenen nur in der Konstanten d, so sind die Ebenen parallel zueinander. Sie haben denselben Normalenvektor.

BEISPIELE

1. Finden Sie die Gleichung der Ebene mit dem Normalenvektor $\vec{n} = \begin{pmatrix} 2 \\ 3 \\ 4 \end{pmatrix}$ durch den Punkt $P(2 \mid 4 \mid -1)$. Bestimmen Sie die Schnittpunkte mit den Koordinatenachsen und skizzieren Sie die Ebene.

   Lösung:

   Die Normalenform der Ebenengleichung $(\vec{x} - \vec{p}) \cdot \vec{n} = 0$ ergibt mit $\vec{p} = \overrightarrow{OP}$:

   $$\begin{pmatrix} x_1 - 2 \\ x_2 - 4 \\ x_3 + 1 \end{pmatrix} \cdot \begin{pmatrix} 2 \\ 3 \\ 4 \end{pmatrix} = 2\,x_1 - 4 + 3\,x_2 - 12 + 4\,x_3 + 4 = 0$$

   Die Koordinatengleichung ist dann $2\,x_1 + 3\,x_2 + 4\,x_3 = 12$.
   Schnittpunkte mit den Achsen: $A(6 \mid 0 \mid 0)$, $B(0 \mid 4 \mid 0)$, $C(0 \mid 0 \mid 3)$

2. Finden Sie die Gleichung der Ebene durch die Punkte $P(1 \mid 2 \mid 3)$, $Q(3 \mid -1 \mid 6)$ und $R(5 \mid 2 \mid 0)$.

   Lösung:

   Man könnte hier zunächst eine Parameterform für die Ebenengleichung wählen, z. B. $E\colon \vec{x} = \begin{pmatrix} 1 \\ 2 \\ 3 \end{pmatrix} + r \begin{pmatrix} 2 \\ -3 \\ 3 \end{pmatrix} + s \begin{pmatrix} 4 \\ 0 \\ -3 \end{pmatrix}$.

   Es geht aber auch über die Normalenform.
   Der Normalenvektor $\vec{n}$ muss orthogonal zu $\overrightarrow{PQ}$ und $\overrightarrow{PR}$ sein:

   $$\begin{pmatrix} 2 \\ -3 \\ 3 \end{pmatrix} \cdot \begin{pmatrix} n_1 \\ n_2 \\ n_3 \end{pmatrix} = 0 \text{ und } \begin{pmatrix} 4 \\ 0 \\ -3 \end{pmatrix} \cdot \begin{pmatrix} n_1 \\ n_2 \\ n_3 \end{pmatrix} = 0, \text{ folgt } \vec{n} = \begin{pmatrix} 3 \\ 6 \\ 4 \end{pmatrix}$$

Mit $(\vec{x} - \vec{p}) \cdot \vec{n} = 0$ ergibt sich die Ebenengleichung

$$E: \begin{pmatrix} x_1 - 1 \\ x_2 - 2 \\ x_3 - 3 \end{pmatrix} \cdot \begin{pmatrix} 3 \\ 6 \\ 4 \end{pmatrix} = 3\,x_1 - 3 + 6\,x_2 - 12 + 4\,x_3 - 12 = 0.$$

In Koordinatenform: $3\,x_1 + 6\,x_2 + 4\,x_3 = 27$

3. Finden Sie die Normalenform der Ebene E: $10\,x_1 + 2\,x_2 - 2\,x_3 = 5$.

Lösung:

Der Normalenvektor ist $\vec{n} = \begin{pmatrix} 10 \\ 2 \\ -2 \end{pmatrix}$. Ein Punkt P auf der Ebene kann leicht bestimmt werden ($x_1 = 0$, $x_3 = 0$): $P(0 \mid \frac{5}{2} \mid 0)$.

Ergibt die Normalenform von E: $\left(\begin{pmatrix} x_1 \\ x_2 \\ x_3 \end{pmatrix} - \begin{pmatrix} 0 \\ 2{,}5 \\ 0 \end{pmatrix}\right) \cdot \begin{pmatrix} 10 \\ 2 \\ -2 \end{pmatrix} = 0$

AUFGABE 1 Ermitteln Sie eine Gleichung für die beschriebenen Ebenen.

a) Die Ebene geht durch den Punkt $P(6 \mid 3 \mid 2)$ und ist senkrecht zum Vektor $\vec{n} = \begin{pmatrix} -2 \\ 1 \\ 5 \end{pmatrix}$.

b) Die Ebene geht durch den Punkt $P(1 \mid -1 \mid 1)$ und hat den Normalenvektor $\vec{n} = \begin{pmatrix} 1 \\ 1 \\ -1 \end{pmatrix}$.

c) Die Ebene geht durch den Punkt $Q(-2 \mid 8 \mid 10)$ und ist senkrecht zur Geraden $g: \vec{x} = \begin{pmatrix} 1 \\ 0 \\ 4 \end{pmatrix} + r \begin{pmatrix} 1 \\ 2 \\ -3 \end{pmatrix}$.

d) Die Ebene E_1 geht durch den Ursprung und ist parallel zur Ebene E_2: $x_1 + x_2 + x_3 = -2$.

e) Die Ebene E_1 geht durch den Punkt $P(4 \mid -2 \mid 3)$ und ist parallel zur Ebene E_2: $3\,x_1 - 8\,x_3 = 12$.

f) Die Ebene geht durch den Punkt $P(1 \mid -1 \mid 1)$ und die Gerade $g: \vec{x} = \begin{pmatrix} 4 \\ 3 \\ 7 \end{pmatrix} + r \begin{pmatrix} -2 \\ 5 \\ 4 \end{pmatrix}$ liegt auf der Ebene.

g) Die Ebene E_1 geht durch den Punkt $P(-1 \mid 2 \mid 1)$.
Die Schnittgerade g der Ebenen E_2: $x_1 + x_2 - x_3 = 2$ und E_3: $2\,x_1 - x_2 + 3\,x_3 = 1$ liegt auf der Ebene E_1.

AUFGABE 2 Aus der Koordinatengleichung einer Ebene kann ein Normalenvektor der Ebene ermittelt werden. Welcher Normalenvektor ist auch Stützvektor der Ebene E_1 bzw. E_2? Geben Sie die Ebenengleichung in Normalenform an.

a) E_1: $x_1 - x_2 + x_3 = 3$

b) E_2: $3\,x_1 - x_2 + 5\,x_3 = 75$

AUFGABE 3 Zwei sich schneidende Geraden g und h legen eine Ebene fest.

Bestimmen Sie die Ebenengleichung in Normalenform.

a) $g\colon \vec{x} = \begin{pmatrix} 2 \\ 1 \\ 5 \end{pmatrix} + r \begin{pmatrix} 3 \\ -1 \\ 2 \end{pmatrix}$ $\quad h\colon \vec{x} = \begin{pmatrix} 0 \\ -1 \\ 7 \end{pmatrix} + s \begin{pmatrix} -1 \\ 3 \\ -4 \end{pmatrix}$

b) $g\colon \vec{x} = \begin{pmatrix} 2 \\ 4 \\ -2 \end{pmatrix} + r \begin{pmatrix} -1 \\ 2 \\ -3 \end{pmatrix}$ $\quad h\colon \vec{x} = \begin{pmatrix} 4 \\ 5 \\ 5 \end{pmatrix} + s \begin{pmatrix} 1 \\ 3 \\ 4 \end{pmatrix}$

c) $g\colon \vec{x} = \begin{pmatrix} 1 \\ 4 \\ 2 \end{pmatrix} + r \begin{pmatrix} -1 \\ 1 \\ -3 \end{pmatrix}$ $\quad h\colon \vec{x} = \begin{pmatrix} 4 \\ 5 \\ 5 \end{pmatrix} + s \begin{pmatrix} 1 \\ 3 \\ 4 \end{pmatrix}$

1.6.5 Schnittwinkel bei Ebenen

Schnittwinkel von zwei Ebenen

Zwei parallele Ebenen, dazu gehören auch identische Ebenen, kann man sofort an ihren parallelen Normalenvektoren erkennen. So haben die Ebenen
$E_1\colon 3x_1 - 2x_2 + 5x_3 = 2$ und $E_2\colon -6x_1 + 4x_2 - 10x_3 = -4$
die Normalenvektoren $\vec{n}_1 = \begin{pmatrix} 3 \\ -2 \\ 5 \end{pmatrix}$ und $\vec{n}_2 = \begin{pmatrix} -6 \\ 4 \\ -10 \end{pmatrix}$ mit $\vec{n}_2 = -2\vec{n}_1$.

Zwei Ebenen, die nicht parallel sind, haben eine Schnittgerade gemeinsam.

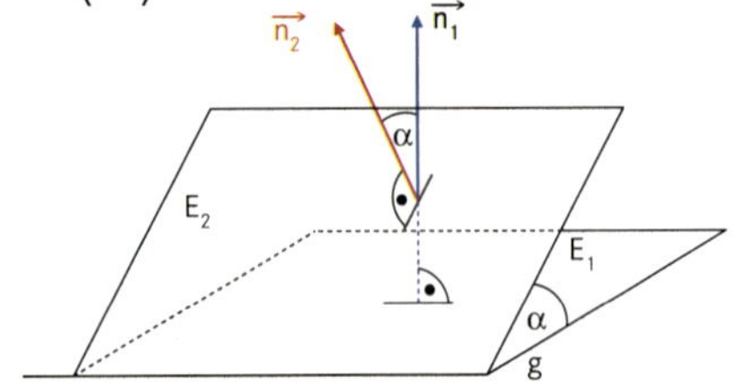

DEFINITION Der Winkel zwischen den zwei Ebenen E_1 und E_2 ist definiert als der spitze Winkel zwischen ihren Normalenvektoren $\vec{n}_1$ und $\vec{n}_2$.

BEISPIEL Bestimmen Sie die Schnittgerade g der Ebenen $E_1\colon x_1 + x_2 + x_3 = 1$ und $E_2\colon x_1 - 2x_2 + 3x_3 = 1$ und ermitteln Sie den Winkel α zwischen E_1 und E_2.

Lösung:

$$E_1 \cap E_2\colon \begin{aligned} x_1 + x_2 + x_3 &= 1 \\ x_1 - 2x_2 + 3x_3 &= 1 \\ 3x_2 - 2x_3 &= 0 \end{aligned}$$

Setzen Sie: $x_2 = r$
$x_3 = 1{,}5r$
$x_1 = 1 - 2{,}5r$

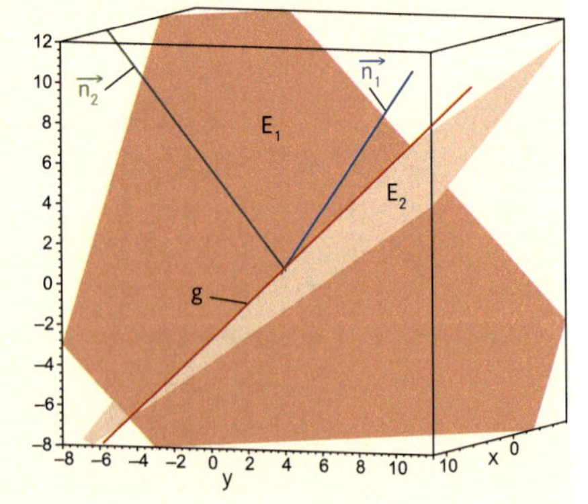

Schnittgerade g: $\vec{x} = \begin{pmatrix} 1 \\ 0 \\ 0 \end{pmatrix} + r \begin{pmatrix} -2{,}5 \\ 1 \\ 1{,}5 \end{pmatrix}$

Die Normalenvektoren sind

$\vec{n}_1 = \begin{pmatrix} 1 \\ 1 \\ 1 \end{pmatrix}$ und $\vec{n}_2 = \begin{pmatrix} 1 \\ -2 \\ 3 \end{pmatrix}$ und somit gilt

für den Winkel α zwischen den Ebenen bzw. Normalenvektoren:

$$\cos\alpha = \frac{|\vec{n}_1 \cdot \vec{n}_2|}{|\vec{n}_1| \cdot |\vec{n}_2|} = \frac{|1-2+3|}{\sqrt{1+1+1} \cdot \sqrt{1+4+9}} = \frac{2}{\sqrt{42}}$$

$$\alpha = \cos^{-1}\left(\frac{2}{\sqrt{42}}\right) = 72°$$

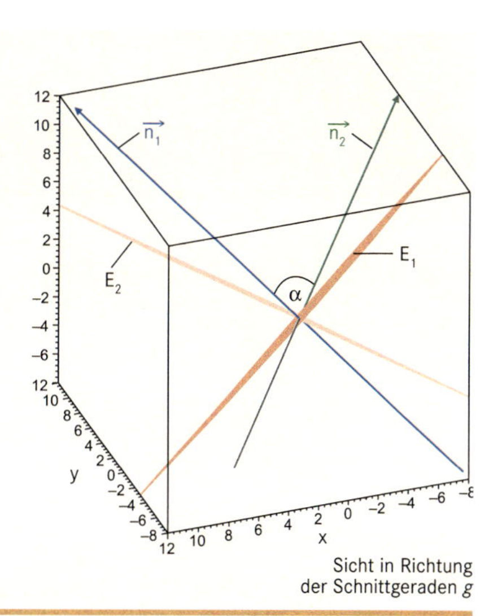

Sicht in Richtung der Schnittgeraden g

Schnittwinkel einer Geraden mit der Ebene

Für den Schnittwinkel α zwischen einer Geraden mit dem Richtungsvektor $\vec{v}$ und einer Ebene mit dem Normalenvektor $\vec{n}$ muss man beachten: Der spitze Winkel zwischen dem Normalenvektor $\vec{n}$ und dem Richtungsvektor $\vec{v}$ beträgt

$\beta = 90° - \alpha$ (Bild).

Da $\cos\beta = \cos(90° - \alpha) = \sin\alpha$ ist, ergibt sich der Schnittwinkel α aus:

$$\sin\alpha = \frac{|\vec{v} \cdot \vec{n}|}{|\vec{v}| \cdot |\vec{n}|} \quad (0 \leq \alpha \leq 90°).$$

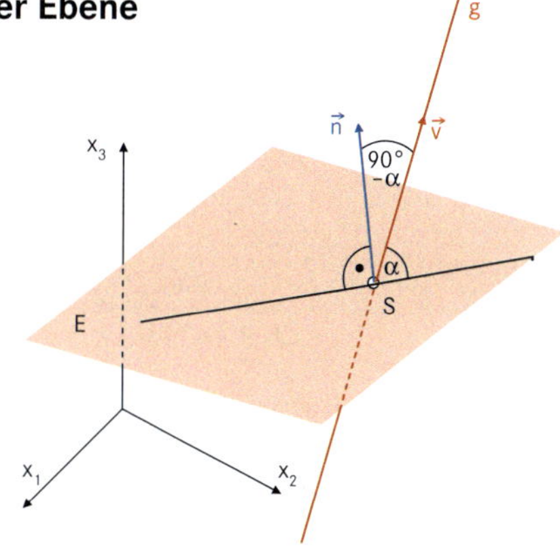

BEISPIEL In welchem Punkt und unter welchem Winkel schneidet die Gerade

g: $\vec{x} = \begin{pmatrix} x_1 \\ x_2 \\ x_3 \end{pmatrix} = \begin{pmatrix} 1 \\ 0 \\ 1 \end{pmatrix} + r \begin{pmatrix} -1 \\ 1 \\ 1 \end{pmatrix}$

die Ebene E: $2x_1 - x_2 + x_3 = 1$?

Lösung:

$g \cap E$: Wir setzen $x_1 = 1 - r$, $x_2 = r$ und $x_3 = 1 + r$ von der Geradengleichung in die Ebenengleichung ein: $2(1-r) - r + 1 + r = 1$, $-2r = -2$, $r = 1$

Durchstoßpunkt $D(0 \mid 1 \mid 2)$

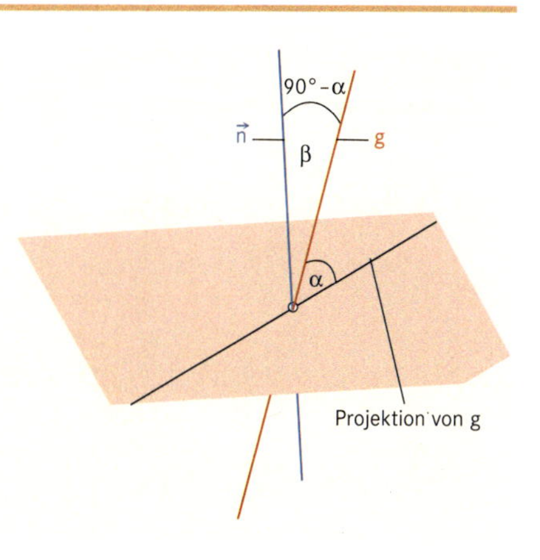

$$\sin\alpha = \frac{|\vec{v}\cdot\vec{n}|}{|\vec{v}|\cdot|\vec{n}|} = \frac{\left|\begin{pmatrix}-1\\1\\1\end{pmatrix}\cdot\begin{pmatrix}2\\-1\\1\end{pmatrix}\right|}{\sqrt{1+1+1}\cdot\sqrt{4+1+1}} = \frac{|-2|}{3\sqrt{2}}$$

$$\alpha = \sin^{-1}\left(\frac{\sqrt{2}}{3}\right) = 28{,}1°$$

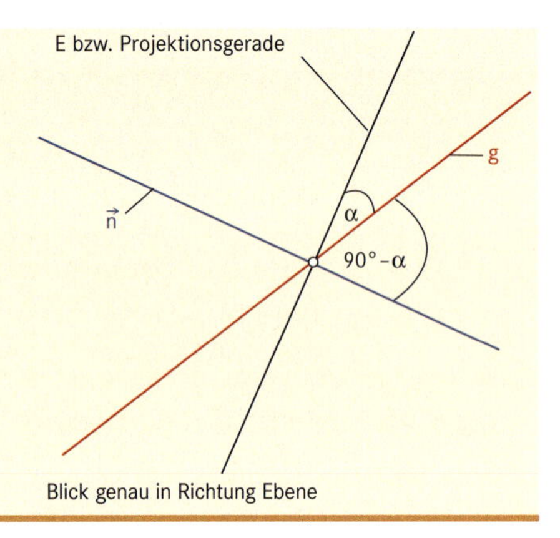

AUFGABE 1 Berechnen Sie die Schnittgerade und den Schnittwinkel zwischen den Ebenen E_1 und E_2.
Welche Ebenen sind parallel?

a) E_1: $x_1 + 2x_2 + 3x_3 = 1$ $\quad E_2$: $x_1 + x_2 + x_3 = 0$
b) E_1: $x_1 + x_2 = 1$ $\quad E_2$: $x_1 + x_3 = 1$
c) E_1: $3x_1 - 6x_2 - 7x_3 = 0$ $\quad E_2$: $x_1 + 4x_2 - 3x_3 = 1$
d) E_1: $4x_1 + 3x_2 - x_3 = 2$ $\quad E_2$: $-8x_1 - 6x_2 + 2x_3 = 1$
e) E_1: $4x_1 + 2x_2 + 2x_3 = 1$ $\quad E_2$: $2x_1 - 5x_2 + x_3 = 3$
f) E_1: $2x_1 - 3x_2 - 3x_3 = 13$ $\quad E_2$: $3x_1 + 5x_2 = 0$

AUFGABE 2 Berechnen Sie die Schnittwinkel zwischen den Ebenen E_1 und E_2 und deren Schnittgerade.

a) E_1: $\begin{pmatrix}x_1-1\\x_2+1\\x_3-2\end{pmatrix}\begin{pmatrix}2\\0\\-1\end{pmatrix} = 0$ $\qquad E_2$: $\begin{pmatrix}x_1-2\\x_2-3\\x_3\end{pmatrix}\begin{pmatrix}1\\1\\0\end{pmatrix} = 0$

b) E_1: $\begin{pmatrix}x_1-1\\x_2-1\\x_3+1\end{pmatrix}\begin{pmatrix}3\\-1\\1\end{pmatrix} = 0$ $\qquad E_2$: $\begin{pmatrix}x_1-4\\x_2-2\\x_3-1\end{pmatrix}\begin{pmatrix}-1\\2\\1\end{pmatrix} = 0$

c) E_1: $\vec{x} = \begin{pmatrix}5\\2\\3\end{pmatrix} + r\begin{pmatrix}2\\0\\1\end{pmatrix} + s\begin{pmatrix}-5\\0\\8\end{pmatrix}$ $\qquad E_2$: $\vec{x} = \begin{pmatrix}2\\3\\1\end{pmatrix} + r\begin{pmatrix}-3\\2\\0\end{pmatrix} + s\begin{pmatrix}4\\1\\3\end{pmatrix}$

AUFGABE 3 Ermitteln Sie den Durchstoßpunkt der Geraden g und der Ebene E. Berechnen Sie den Schnittwinkel der Geraden mit der Ebene.

a) g: $\vec{x} = \begin{pmatrix}1\\-1\\0\end{pmatrix} + r\begin{pmatrix}2\\0\\1\end{pmatrix}$ $\qquad E$: $-2x_1 - x_2 + x_3 = 5$

b) g: $\vec{x} = \begin{pmatrix}1\\0\\1\end{pmatrix} + r\begin{pmatrix}-1\\1\\1\end{pmatrix}$ $\qquad E$: $2x_1 - x_2 + x_3 = 1$

c) g: $\vec{x} = \begin{pmatrix}2\\4\\-9\end{pmatrix} + r\begin{pmatrix}1\\4\\-2\end{pmatrix}$ $\qquad E$: $x_1 + 5x_2 + 7x_3 = -27$

d) $g\colon \vec{x} = \begin{pmatrix} 3 \\ 6 \\ 9 \end{pmatrix} + r \begin{pmatrix} -1 \\ 2 \\ 0 \end{pmatrix}$ $E\colon \begin{pmatrix} x_1 - 8 \\ x_2 \\ x_3 - 1 \end{pmatrix} \cdot \begin{pmatrix} 4 \\ 5 \\ 1 \end{pmatrix} = 0$

e) $g\colon \vec{x} = \begin{pmatrix} 2 \\ 1 \\ 3 \end{pmatrix} + r \begin{pmatrix} 3 \\ 2 \\ 1 \end{pmatrix}$ $E\colon x_1 - 2x_2 + x_3 = 2$

f) $g\colon \vec{x} = \begin{pmatrix} 3 \\ 2 \\ 1 \end{pmatrix} + r \begin{pmatrix} 2 \\ -1 \\ 3 \end{pmatrix}$ $E\colon 5x_1 + 7x_2 - x_3 = 28$

AUFGABE 4 Wie groß ist der Winkel α zwischen einer Seitenfläche und der gegenüberliegenden Kante bei einem Tetraeder?

AUFGABE 5 Die Gerade $g\colon \vec{x} = \begin{pmatrix} 1 \\ 0 \\ 2 \end{pmatrix} + r \begin{pmatrix} -5 \\ -1 \\ 3 \end{pmatrix}$ durchstößt die Ebenen

$E_1\colon \vec{x} = \begin{pmatrix} 3 \\ -1 \\ 1 \end{pmatrix} + r \begin{pmatrix} -1 \\ 2 \\ 1 \end{pmatrix} + s \begin{pmatrix} 1 \\ 1 \\ 1 \end{pmatrix}$ und $E_2\colon 2x_1 + x_2 = 3$.

a) Berechnen Sie die Durchstoßpunkte D_1 und D_2.
b) Wie groß sind die Winkel zwischen g und E_1 und zwischen g und E_2?
c) Für welche $k \in \mathbb{R}$ ist g parallel zur Ebene $E_k\colon 2x_1 + x_2 + kx_3 = 3$?
d) Kann g in der Ebene $E_{k,l}\colon 2x_1 + x_2 + kx_3 = l$ liegen?

AUFGABE 6 Gegeben ist die Ebene $E\colon \begin{pmatrix} x_1 + 1 \\ x_2 - 2 \\ x_3 - 1 \end{pmatrix} \begin{pmatrix} 1 \\ 2 \\ 3 \end{pmatrix} = 0$ und die Gerade $g\colon \vec{x} = \begin{pmatrix} 3 \\ 1 \\ -2 \end{pmatrix} + r \begin{pmatrix} 1 \\ 1 \\ -1 \end{pmatrix}$.

a) Geben Sie eine Parameterform der Ebenengleichung an.
b) Unter welchem Winkel durchstößt die Gerade g die Ebene E? Geben Sie den Durchstoßpunkt D an.
c) Gibt es ein $k \in \mathbb{R}$ so, dass $g_k\colon \vec{x} = \begin{pmatrix} 3 \\ k \\ 2 \end{pmatrix} + r \begin{pmatrix} k^2 \\ k \\ 1 \end{pmatrix}$ parallel zu E ist?

1.6.6 Abstandsprobleme

Abstand eines Punktes von einer Ebene

Welchen Abstand hat der Punkt $P(p_1 \mid p_2 \mid p_3) \notin E$ von der Ebene $E\colon a_1x_1 + a_2x_2 + a_3x_3 = d$?

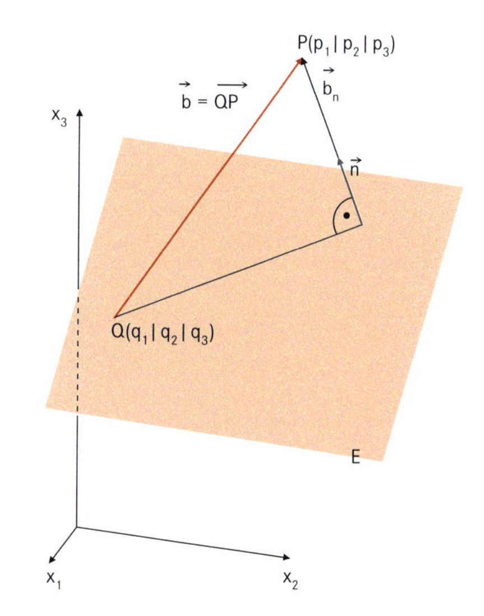

Wir wählen einen Punkt $Q(q_1 \mid q_2 \mid q_3)$ auf der Ebene und können den Vektor $\vec{b} = \overrightarrow{QP}$ festlegen:

$$\vec{b} = \begin{pmatrix} p_1 - q_1 \\ p_2 - q_2 \\ p_3 - q_3 \end{pmatrix}.$$

Aus der Zeichnung erkennt man, dass der Abstand a des Punktes P von der Ebene genau dem Betrag von $\vec{b}_n$, der Projektion des Vektors $\vec{b}$ auf den Normalenvektor

$\vec{n} = \begin{pmatrix} a_1 \\ a_2 \\ a_3 \end{pmatrix}$ der Ebene, entspricht.

Somit gilt:

$$a = |\vec{b}_n| = \frac{|\vec{n} \cdot \vec{b}|}{|\vec{n}|} = \frac{|a_1(p_1 - q_1) + a_2(p_2 - q_2) + a_3(p_3 - q_3)|}{\sqrt{a_1^2 + a_2^2 + a_3^2}}$$

$$= \frac{|a_1p_1 + a_2p_2 + a_3p_3 - a_1q_1 - a_2q_2 - a_3q_3|}{\sqrt{a_1^2 + a_2^2 + a_3^2}}$$

Da $Q(q_1 \mid q_2 \mid q_3)$ in der Ebene liegt, erfüllen seine Koordinaten die Ebenengleichung und es gilt:

$a_1q_1 + a_2q_2 + a_3q_3 = d.$

Hiermit können wir die Formel für den Abstand a eines Punktes $P(p_1 \mid p_2 \mid p_3)$ von der Ebene E: $a_1x_1 + a_2x_2 + a_3x_3 = d$ eleganter schreiben:

$$a = \frac{|a_1p_1 + a_2p_2 + a_3p_3 - d|}{\sqrt{a_1^2 + a_2^2 + a_3^2}}$$

BEISPIEL

Gegeben ist der Punkt $P(3 \mid -2 \mid 7)$ und die Ebene E: $4x_1 - 6x_2 + x_3 = 5$. Welchen Abstand hat der Punkt P von der Ebene?

Lösung:

Mit der oben entwickelten Abstandsformel ist die Lösung kein Problem:

$$a = \frac{|4 \cdot 3 + 6 \cdot 2 + 1 \cdot 7 - 5|}{\sqrt{16 + 36 + 1}} = \frac{26}{\sqrt{53}} \approx 3{,}57.$$

Ohne die Abstandsformel kann man folgende Strategie anwenden:

1. Lotgerade durch P, deren Richtungsvektor der Normalenvektor der Ebene ist.

$$l: \vec{x} = \begin{pmatrix} 3 \\ -2 \\ 7 \end{pmatrix} + r \begin{pmatrix} 4 \\ -6 \\ 1 \end{pmatrix}$$

2. Berechnung des Fußpunktes F durch Schneiden der Lotgeraden mit der Ebene.

$$\begin{pmatrix} x_1 \\ x_2 \\ x_3 \end{pmatrix} = \begin{pmatrix} 3 + 4r \\ -2 - 6r \\ 7 + r \end{pmatrix}$$

und $4x_1 - 6x_2 + x_3 = 5$ ergibt
$r = -\frac{26}{53}$ und $F(\frac{55}{53} \mid \frac{50}{53} \mid \frac{345}{53})$.

3. Berechnung des Abstandes a als Betrag des Vektors $\overrightarrow{PF}$:

$$a = |\overrightarrow{PF}|$$
$$= \sqrt{\left(\frac{55}{53} - 3\right)^2 + \left(\frac{50}{53} + 2\right)^2 + \left(\frac{345}{53} - 7\right)^2}$$
$$\approx 3{,}57$$

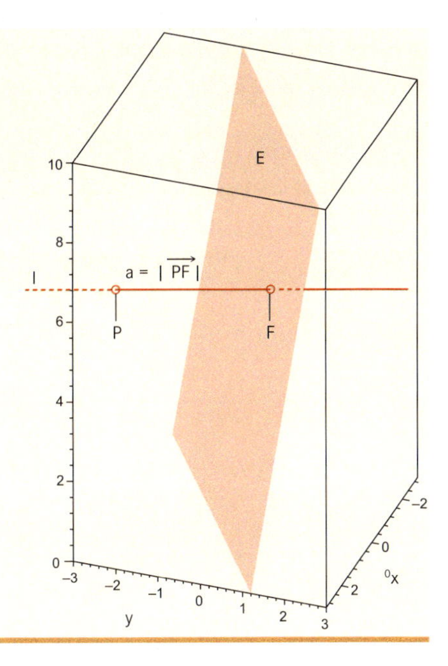

Abstand zwischen zwei parallelen Ebenen

BEISPIEL

Die Ebenen E_1: $3x_1 - 2x_2 + x_3 = -2$ und E_2: $6x_1 - 4x_2 + 2x_3 = 6$ sind parallel, da ihre Normalenvektoren

$$\vec{n}_1 = \begin{pmatrix} 3 \\ -2 \\ 1 \end{pmatrix} \text{ und } \vec{n}_2 = \begin{pmatrix} 6 \\ -4 \\ 2 \end{pmatrix}$$

parallel sind.

Den Abstand a zwischen den Ebenen können wir mit unserer „Punkt-Ebene-Abstandsformel" ermitteln. Hierzu müssen wir nur einen Punkt P auf der Ebene E_1 berechnen. Mit $x_1 = 0$ und $x_2 = 0$ ergibt sich $x_3 = -2$, also $P(0 \mid 0 \mid -2)$.

Der Abstand von P zur Ebene E_2 entspricht dem Abstand der parallelen Ebenen:

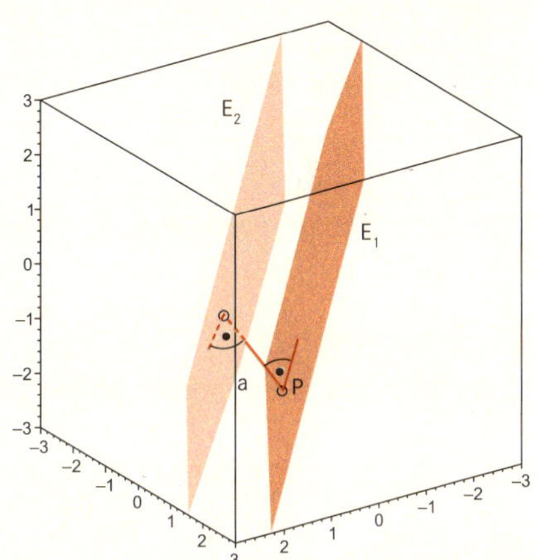

$$a = \frac{|6 \cdot 0 + 4 \cdot 0 + 1 \cdot (-2) - 6|}{\sqrt{36 + 16 + 4}} = \frac{8}{\sqrt{56}} \approx 1{,}07.$$

Alternativ hierzu kann man wieder eine Lotgerade durch einen Punkt P_1 der ersten Ebene aufstellen und diese Gerade mit der zweiten Ebene schneiden. Der Abstand des Schnittpunktes mit P_1 ist der gesuchte Abstand der Ebenen.

Abstand zwischen windschiefen Geraden

BEISPIEL Die Geraden g: $\vec{x} = \begin{pmatrix}1\\0\\3\end{pmatrix} + r\begin{pmatrix}-4\\-6\\2\end{pmatrix}$ und h: $\vec{x} = \begin{pmatrix}3\\6\\4\end{pmatrix} + s\begin{pmatrix}4\\8\\2\end{pmatrix}$ sind windschief zueinander. Windschiefe Geraden liegen in zwei parallelen Ebenen E_1 und E_2. Der Abstand zwischen g und h ist gleich dem Abstand der parallelen Ebenen. Der gemeinsame Normalenvektor $\vec{n}$ der Ebenen muss orthogonal zu den Richtungsvektoren $\vec{v}$ und $\vec{u}$ der Geraden sein.

$$\vec{n}\cdot\vec{v} = \begin{pmatrix}n_1\\n_2\\n_3\end{pmatrix}\cdot\begin{pmatrix}-4\\-6\\2\end{pmatrix} = 0 \text{ und } \vec{n}\cdot\vec{u} = \begin{pmatrix}n_1\\n_2\\n_3\end{pmatrix}\cdot\begin{pmatrix}4\\8\\2\end{pmatrix} = 0$$

$$\begin{aligned}-4n_1 + 6n_2 + 2n_3 &= 0\\ 4n_1 + 8n_2 + 2n_3 &= 0\\ 2n_2 + 4n_3 &= 0 \Rightarrow n_2 = -2n_3 \text{ und } n_1 = \tfrac{7}{2}n_3\end{aligned}$$

Mit $n_3 = t$ erhält man den Normalenvektor $\vec{n} = \begin{pmatrix}3{,}5t\\-2t\\t\end{pmatrix} = t\begin{pmatrix}3{,}5\\-2\\1\end{pmatrix}$.

Wenn wir z. B. $s = 0$ in der Geradengleichung von h wählen, erhalten wir den Punkt $B(3\,|\,6\,|\,4)$ auf der Geraden h und somit auch auf der Ebene E_2. Mit der Normalenform der Ebenengleichung erhalten wir

für E_2: $\begin{pmatrix}x_1-3\\x_2-6\\x_3-4\end{pmatrix}\cdot\begin{pmatrix}3{,}5\\-2\\1\end{pmatrix} = 0$

oder E_2: $3{,}5\,x_1 - 2\,x_2 + x_3 = 2{,}5$.

Einen Punkt $A(1\,|\,0\,|\,3)$ auf der Geraden g erhalten wir mit $r = 0$.

Der Abstand a dieses Punktes A von der Ebene E_2 entspricht dem Abstand der beiden Geraden g und h.

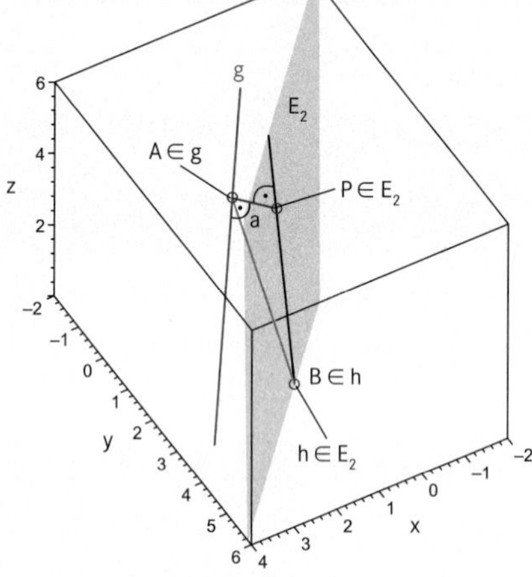

Lotgerade l von A auf die Ebene E_2. l: $\vec{x} = \begin{pmatrix}1\\0\\3\end{pmatrix} + q\begin{pmatrix}3{,}5\\-2\\1\end{pmatrix}$. Diese Lotgerade l geschnitten mit der Ebene E_2 ergibt:
$l \cap E_2 = P(0{,}1884\,|\,0{,}4638\,|\,2{,}768)$.

$$a = |\overrightarrow{AP}| = \sqrt{(1-0{,}1884)^2 + (-0{,}4638)^2 + (3-2{,}768)^2} \approx 0{,}963$$

Es ist schon sehr viel einfacher mit unserer „Punkt-Ebene-Abstandsformel" (siehe auch in der Formelsammlung):

$$a = \frac{|3{,}5\cdot 1 - 2\cdot 0 + 1\cdot 3 - 2{,}5|}{\sqrt{3{,}5^2 + 2^2 + 1^2}} = \frac{4}{\sqrt{17{,}25}} \approx 0{,}96.$$

AUFGABE 1 Welchen Abstand hat der Punkt P von der Ebene E?

a) $P(3 \mid 3 \mid 2)$ E: $2x_1 - 3x_2 + x_3 = -2$
b) $P(-2 \mid 3 \mid 4)$ E: $3x_1 + 2x_2 - 5x_3 = 4$
c) $P(2 \mid 8 \mid 5)$ E: $x_1 - 2x_2 - 2x_3 = 1$
d) $P(4 \mid 5 \mid 3)$ E: $-2x_1 + 4x_2 - 3x_3 = 3$

AUFGABE 2 Welchen Abstand haben die parallelen Ebenen E_1 und E_2?

a) E_1: $2x_1 - x_2 + x_3 = -2$ E_2: $6x_1 - 3x_2 + 3x_3 = 5$
b) E_1: $3x_1 - 6x_2 + 9x_3 = 4$ E_2: $x_1 - 2x_2 + 3x_3 = -2$

AUFGABE 3 Sind die parallelen Ebenen in der Form E_1: $a_1x_1 + a_2x_2 + a_3x_3 = d_1$ und E_2: $a_1x_1 + a_2x_2 + a_3x_3 = d_2$ gegeben, dann gilt für den Abstand der Ebenen:

$a = \dfrac{|d_1 - d_2|}{\sqrt{a_1^2 + a_2^2 + a_3^2}}$. Beweisen Sie diese Formel.

AUFGABE 4 Welche Ebenen haben einen Abstand von 5 LE von der Ebene E: $2x_1 - x_2 + 2x_3 = 2$?

AUFGABE 5 Zeigen Sie, dass die Geraden g und h windschief sind. Welchen Abstand haben die Geraden voneinander?

a) $g: \vec{x} = \begin{pmatrix} 0 \\ 2 \\ 3 \end{pmatrix} + r \begin{pmatrix} 1 \\ 2 \\ 3 \end{pmatrix}$ $h: \vec{x} = s \begin{pmatrix} 1 \\ 1 \\ 1 \end{pmatrix}$

b) $g: \vec{x} = \begin{pmatrix} 1 \\ 5 \\ -2 \end{pmatrix} + r \begin{pmatrix} 2 \\ 15 \\ 6 \end{pmatrix}$ $h: \vec{x} = \begin{pmatrix} 1 \\ 1 \\ 0 \end{pmatrix} + s \begin{pmatrix} 1 \\ 6 \\ 2 \end{pmatrix}$

AUFGABE 6 Eine Ebene ist in Koordinatenform gegeben. E: $a_1x_1 + a_2x_2 + a_3x_3 = d$. Begründen Sie, weshalb der Normalenvektor der Ebene $\vec{n} = \begin{pmatrix} a_1 \\ a_2 \\ a_3 \end{pmatrix}$ ist.

AUFGABE 7 Gegeben ist die Ebene E: $2x_1 - 3x_2 + x_3 = 0$ und die Punkte $P(3 \mid -2 \mid 2)$ und $Q(5 \mid 0 \mid 4)$.

Zeigen Sie, dass die Gerade g durch P und Q parallel zur Ebene ist. Welchen Abstand hat die Gerade von der Ebene?

AUFGABE 8 Welchen Abstand hat der Punkt $P(2 \mid 8 \mid 5)$ von der Ebene durch die Punkte $A(7 \mid 1 \mid 2)$, $B(-3 \mid -1 \mid -1)$ und $C(5 \mid 3 \mid -1)$?

1.7 Das muss ich mir merken!

1. Definition eines Vektors

Ein Vektor $\vec{a}$ ist eine Menge von gleichgerichteten, gleich langen Pfeilen.
Die Pfeile sind Repräsentanten des Vektors.

Die Länge eines Repräsentanten des Vektors $\vec{a}$ bezeichnet man als Betrag des Vektors $|\vec{a}|$.

Zu jedem Vektor $\vec{a}$ gibt es einen Repräsentanten, der im Ursprung des Koordinatensystems beginnt. Man bezeichnet ihn als **Ortsvektor.**

Nullvektor $\vec{o}$ ist der Vektor mit dem Betrag $|\vec{o}| = 0$ und keiner speziellen Richtung.

Zwei Vektoren $\vec{a}$ und $\vec{b}$ ($\vec{a}, \vec{b} \neq \vec{o}$) sind gleich, wenn $|\vec{a}| = |\vec{b}|$ und $\vec{a} \parallel \vec{b}$ mit gleichem Richtungssinn.

Gegenvektor zu $\vec{a}$ ist $-\vec{a}$. Als Differenzvektor von $\vec{a}$ und $\vec{b}$ bezeichnet man den Vektor $\vec{a} + (-\vec{b}) = \vec{a} - \vec{b}$.

2. Darstellung von Vektoren im Raum $\mathbb{R}^3$ bzw. der Ebene $\mathbb{R}^2$.

Wir verwenden stets das kartesische Koordinatensystem.

Koordinatendarstellung

$$\vec{a} = \overrightarrow{PQ} = \begin{pmatrix} q_1 - p_1 \\ q_2 - p_1 \\ q_3 - p_3 \end{pmatrix} = \begin{pmatrix} a_1 \\ a_2 \\ a_3 \end{pmatrix}$$

In der Ebene:

$$\vec{a} = \overrightarrow{PQ} = \begin{pmatrix} q_1 - p_1 \\ q_2 - p_2 \end{pmatrix} = \begin{pmatrix} a_1 \\ a_2 \end{pmatrix}$$

$(a_i = q_i - p_i)$

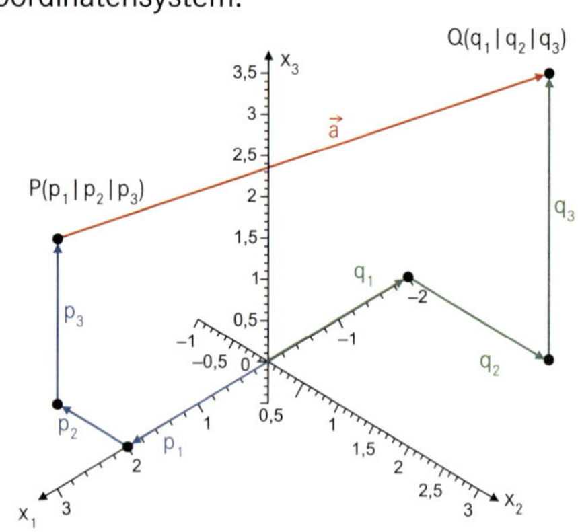

Komponentendarstellung

Ortsvektor $\vec{p} = \overrightarrow{OP} = p_1\vec{e}_1 + p_2\vec{e}_2 + p_3\vec{e}_3$
Vektor $\vec{a} = \overrightarrow{PQ}$
$= (q_1 - p_1)\vec{e}_1 + (q_2 - p_2)\vec{e}_2 + (q_3 - p_3)\vec{e}_3$
$= a_1\vec{e}_1 + a_2\vec{e}_2 + a_3\vec{e}_3$

In der Ebene:
$\vec{p} = \overrightarrow{OP} = p_1\vec{e}_1 + p_2\vec{e}_2$
$\vec{a} = \overrightarrow{PQ}$
$= (q_1 - p_1)\vec{e}_1 + (q_2 - p_2)\vec{e}_2 = a_1\vec{e}_1 + a_2\vec{e}_2$

$\vec{e}_1$, $\vec{e}_2$ und $\vec{e}_3$ sind die Einheitsvektoren der Koordinatenachsen.

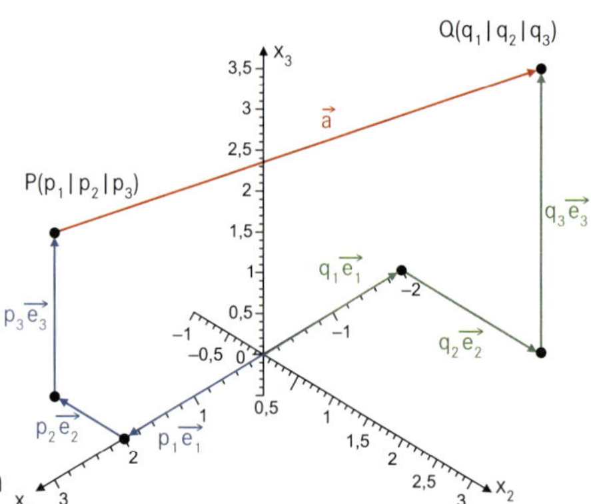

3. Länge bzw. Betrag eines Vektors

$\vec{a} = \begin{pmatrix} a_1 \\ a_2 \\ a_3 \end{pmatrix}$; dann ist $|\vec{a}| = \sqrt{a_1^2 + a_2^2 + a_3^2}$.

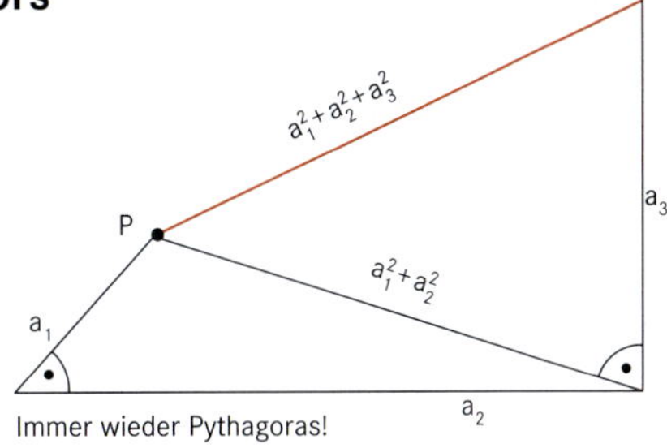

Immer wieder Pythagoras!

$\overrightarrow{PQ} = \begin{pmatrix} q_1 - p_1 \\ q_2 - p_2 \\ q_3 - p_3 \end{pmatrix}$; dann ist $|\overrightarrow{PQ}| = \sqrt{(q_1 - p_1)^2 + (q_2 - p_2)^2 + (q_3 - p_3)^2}$.

In der Ebene: $|\vec{a}| = \sqrt{a_1^2 + a_2^2}$, $|\overrightarrow{PQ}| = \sqrt{(q_1 - p_1)^2 + (q_2 - p_2)^2}$

4. Einfache Vektorrechnung

Addition und Subtraktion

$\vec{a} = \begin{pmatrix} a_1 \\ a_2 \\ a_3 \end{pmatrix}$, $\vec{b} = \begin{pmatrix} b_1 \\ b_2 \\ b_3 \end{pmatrix}$

$\vec{a} + \vec{b} = \begin{pmatrix} a_1 + b_1 \\ a_2 + b_2 \\ a_3 + b_3 \end{pmatrix}$

$\vec{a} - \vec{b} = \begin{pmatrix} a_1 - b_1 \\ a_2 - b_2 \\ a_3 - b_3 \end{pmatrix}$

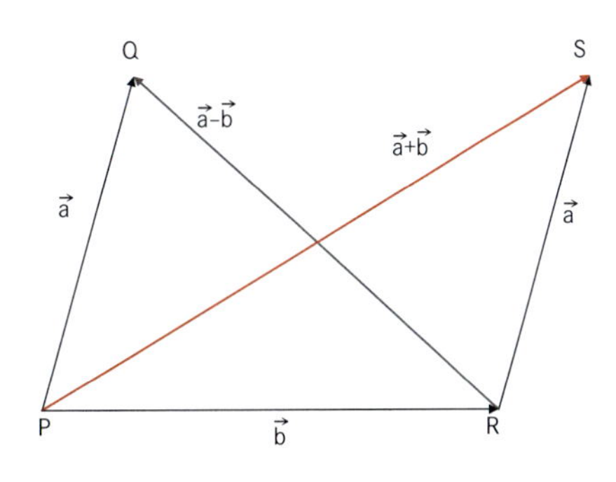

Es gilt:

$\vec{a} + \vec{o} = \vec{o} + \vec{a} = \vec{a}$ $\quad$ $\vec{a} + \vec{b} = \vec{b} + \vec{a}$

$\vec{a} + (-\vec{a}) = \vec{o}$ $\quad$ $(\vec{a} + \vec{b}) + \vec{c} = \vec{a} + (\vec{b} + \vec{c})$

Dreicksgleichung:

$|\vec{a}| + |\vec{b}| \geq |\vec{c}|$

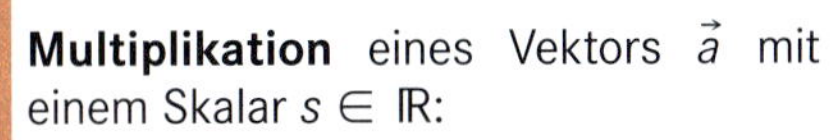

Multiplikation eines Vektors $\vec{a}$ mit einem Skalar $s \in \mathbb{R}$:

$s \cdot \vec{a} = s \begin{pmatrix} a_1 \\ a_2 \\ a_3 \end{pmatrix} = \begin{pmatrix} sa_1 \\ sa_2 \\ sa_3 \end{pmatrix}$

$\vec{a}$ und $s \cdot \vec{a}$ sind parallele, gleichgerichtete Vektoren.

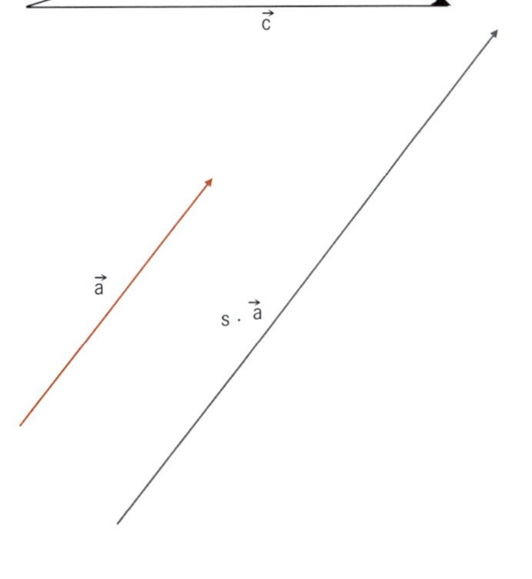

5. Lineare Abhängigkeit/ Unabhängigkeit von zwei bzw. drei Vektoren

Zwei Vektoren $\vec{a}$ und $\vec{b}$ ($\vec{b} \neq \vec{o}$) sind genau dann linear abhängig, wenn es eine Zahl $s \in \mathbb{R}$ gibt, sodass gilt: $\vec{a} = s\,\vec{b}$.

Die Vektoren sind dann **kollinear.**

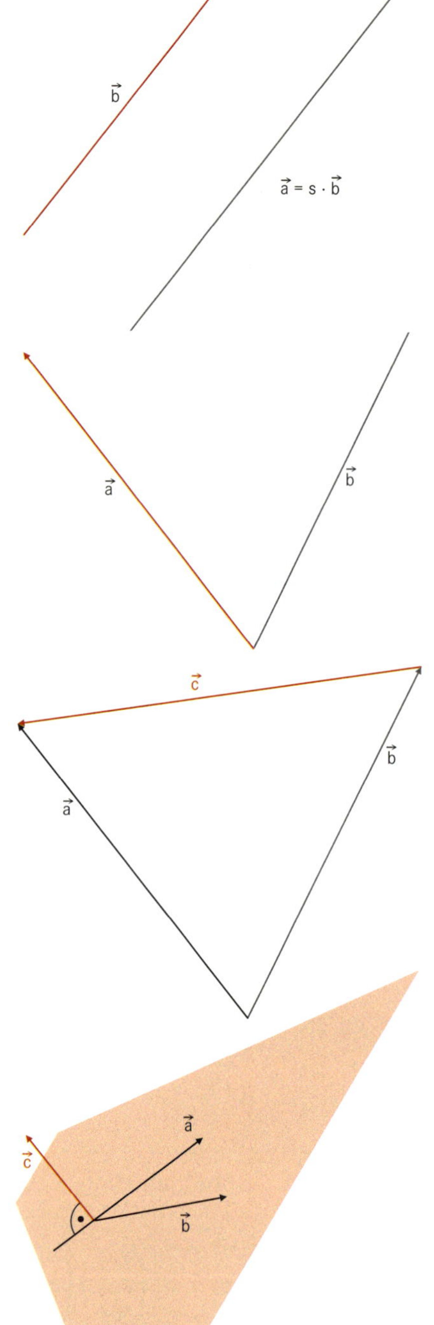

Zwei Vektoren $\vec{a}$ und $\vec{b}$ sind **linear unabhängig,** wenn $r\vec{a} + s\vec{b} = \vec{o}$ nur die Lösung $r = 0$ und $s = 0$ hat. Zwei linear unabhängige Vektoren spannen eine Ebene $\mathbb{R}^2$ auf, z. B.: $\vec{a} = \vec{e}_1$ und $\vec{b} = \vec{e}_2$.

Drei Vektoren $\vec{a}$, $\vec{b}$ und $\vec{c}$ sind genau dann **linear abhängig**, wenn (mindestens) einer als Linearkombination der anderen darstellbar ist: $\vec{a} = r\vec{b} + s\vec{c}$. Die Vektoren liegen dann in einer Ebene. $\vec{a}$, $\vec{b}$ und $\vec{c}$ sind **komplanar.**

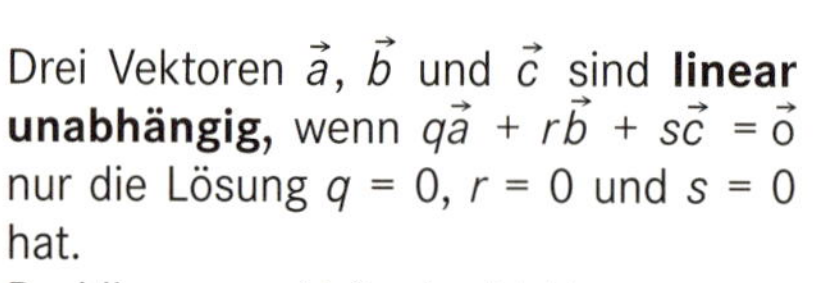

Drei Vektoren $\vec{a}$, $\vec{b}$ und $\vec{c}$ sind **linear unabhängig,** wenn $q\vec{a} + r\vec{b} + s\vec{c} = \vec{o}$ nur die Lösung $q = 0$, $r = 0$ und $s = 0$ hat.
Drei linear unabhängige Vektoren spannen einen Raum $\mathbb{R}^3$ auf, z. B. $\vec{a} = \vec{e}_1$, $\vec{b} = \vec{e}_2$ und $\vec{c} = \vec{e}_3$.

6. Skalarprodukt $\vec{a} \cdot \vec{b}$ von zwei Vektoren (TG)

$$\vec{a} \cdot \vec{b} = \begin{pmatrix} a_1 \\ a_2 \\ a_3 \end{pmatrix} \cdot \begin{pmatrix} b_1 \\ b_2 \\ b_3 \end{pmatrix} = a_1b_1 + a_2b_2 + a_3b_3 \text{ mit } \vec{a} = \begin{pmatrix} a_1 \\ a_2 \\ a_3 \end{pmatrix} \text{ und } \vec{b} = \begin{pmatrix} b_1 \\ b_2 \\ b_3 \end{pmatrix}$$

Das Skalarprodukt ist eine reelle Zahl.

Eigenschaften: $\vec{a} \cdot \vec{b} = \vec{b} \cdot \vec{a}$, $\vec{a} \cdot (\vec{b} + \vec{c}) = \vec{a} \cdot \vec{b} + \vec{a} \cdot \vec{c}$
$(s\vec{a}) \cdot \vec{b} = s(\vec{a} \cdot \vec{b})$, $\vec{a} \cdot \vec{a} = \vec{a}^2 \geq 0$ und $|\vec{a}| = \sqrt{\vec{a}^2}$

Winkel zwischen zwei Vektoren $\vec{a}$ und $\vec{b}$ ($\vec{a}, \vec{b} \neq \vec{o}$)

$\alpha = \sphericalangle(\vec{a}, \vec{b})$

$\vec{a} \cdot \vec{b} = |\vec{a}| \cdot |\vec{b}| \cdot \cos \alpha$

$$\cos \alpha = \frac{\vec{a} \cdot \vec{b}}{|\vec{a}| \cdot |\vec{b}|}$$

Es gilt:

$\vec{a} \cdot \vec{b} > 0 \Rightarrow 0 \leq \alpha < 90°$
$\vec{a} \cdot \vec{b} < 0 \Rightarrow 90° < \alpha \leq 180°$
$\vec{a} \cdot \vec{b} = 0 \Rightarrow \alpha = 90°$,

d. h., $\vec{a}$ und $\vec{b}$ sind orthogonal ($\vec{a} \perp \vec{b}$).

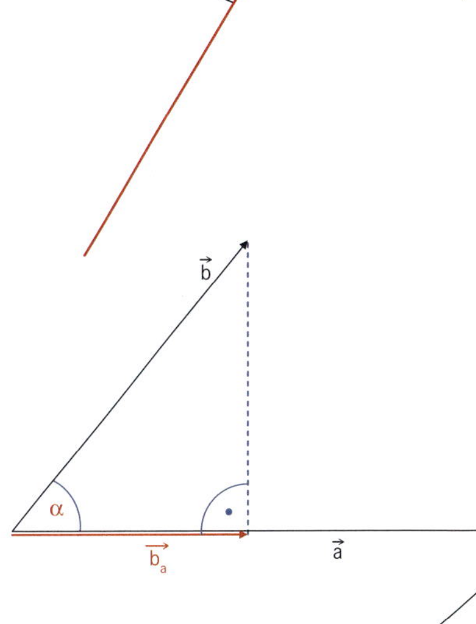

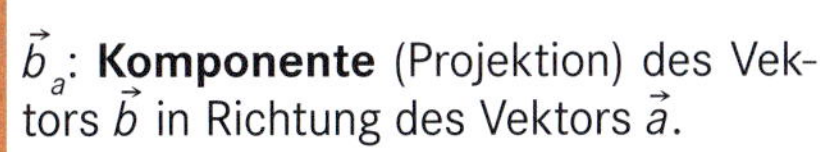

$\vec{b}_a$: **Komponente** (Projektion) des Vektors $\vec{b}$ in Richtung des Vektors $\vec{a}$.

$$|\vec{b}_a| = |\vec{b}| \cdot \cos \alpha = \frac{\vec{a} \cdot \vec{b}}{|\vec{a}|} \cdot \vec{a}$$

$\vec{a}_b$: **Komponente** (Projektion) des Vektors $\vec{a}$ in Richtung des Vektors $\vec{b}$.

$$|\vec{a}_b| = |\vec{a}| \cdot \cos \alpha = \frac{\vec{a} \cdot \vec{b}}{|\vec{b}|} \cdot \vec{b}$$

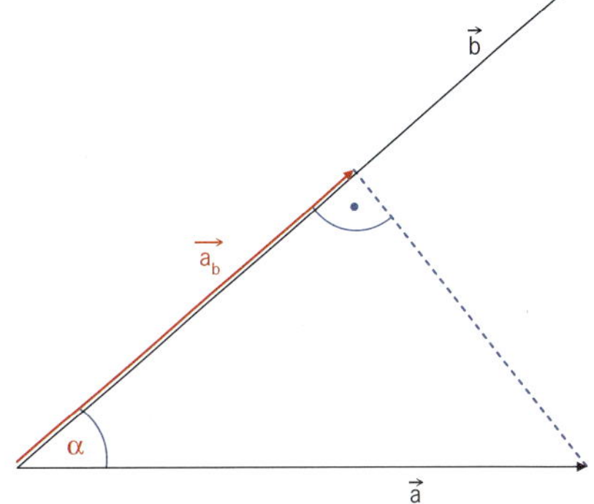

Einheitsvektor: $\vec{a}^0 = \frac{1}{|\vec{a}|} \cdot \vec{a}$

7. Geradendarstellung

Zweipunktegleichung

Gegeben sind $P(p_1 \mid p_2 \mid p_3)$ und $Q(q_1 \mid q_2 \mid q_3)$;
$\vec{p} = \overrightarrow{OP}$ und $\vec{q} = \overrightarrow{OQ}$ (Ortsvektoren zu P und Q).
Die Gerade hat dann die Gleichung:
$\vec{x} = \vec{p} + r(\vec{q} - \vec{p})$.

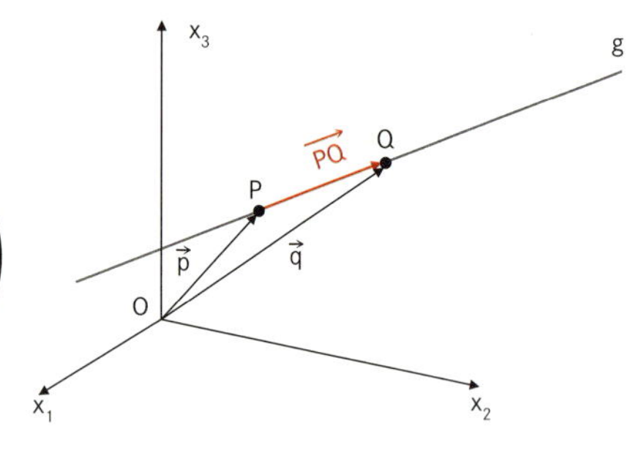

Im Raum: $\vec{x} = \begin{pmatrix} x_1 \\ x_2 \\ x_3 \end{pmatrix} = \begin{pmatrix} p_1 \\ p_2 \\ p_3 \end{pmatrix} + r \begin{pmatrix} q_1 - p_1 \\ q_2 - p_2 \\ q_3 - p_3 \end{pmatrix}$

In der Ebene:

$$\vec{x} = \begin{pmatrix} x_1 \\ x_2 \end{pmatrix} = \begin{pmatrix} p_1 \\ p_2 \end{pmatrix} + r \begin{pmatrix} q_1 - p_1 \\ q_2 - p_2 \end{pmatrix}$$

Punkt-Richtungs-Gleichung

Gegeben ist ein Punkt $P(p_1 \mid p_2 \mid p_3)$ auf der Geraden und ein Richtungsvektor der Geraden.

$\vec{p} = \overrightarrow{OP}$ (Ortsvektor zu P)

$\vec{v} = \begin{pmatrix} v_1 \\ v_2 \\ v_3 \end{pmatrix}$ (Richtungsvektor)

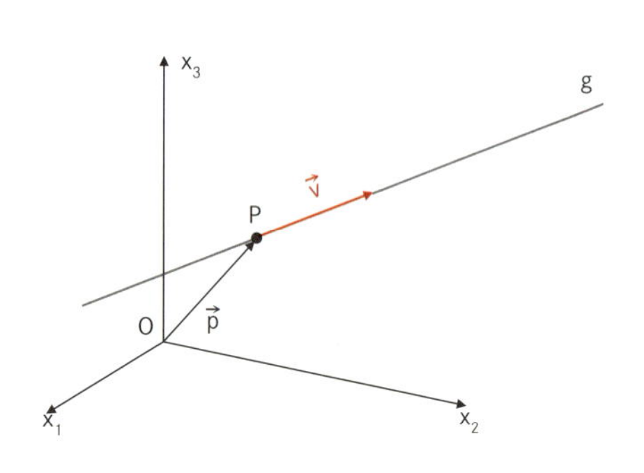

Die Gerade hat dann die Gleichung:
$\vec{x} = \vec{p} + r\vec{v}$.

Im Raum: $\vec{x} = \begin{pmatrix} x_1 \\ x_2 \\ x_3 \end{pmatrix} = \begin{pmatrix} p_1 \\ p_2 \\ p_3 \end{pmatrix} + r \begin{pmatrix} v_1 \\ v_2 \\ v_3 \end{pmatrix}$

In der Ebene:

$$\vec{x} = \begin{pmatrix} x_1 \\ x_2 \end{pmatrix} = \begin{pmatrix} p_1 \\ p_2 \end{pmatrix} + r \begin{pmatrix} v_1 \\ v_2 \end{pmatrix}$$

8. Ebenendarstellungen

Dreipunktegleichung

$P(p_1 \mid p_2 \mid p_3)$, $Q(q_1 \mid q_2 \mid q_3)$ und $R(r_1 \mid r_2 \mid r_3)$ legen eine Ebene E fest, wenn sie nicht kollinear sind.

$\vec{p} = \overrightarrow{OP}$, $\vec{q} = \overrightarrow{OQ}$ und $\vec{r} = \overrightarrow{OR}$ sind die Ortsvektoren.

$E\colon \vec{x} = \vec{p} + t \cdot (\vec{q} - \vec{p}) + s \cdot (\vec{r} - \vec{p})$; $t, s \in \mathbb{R}$ sind Parameter.

$$E\colon \vec{x} = \begin{pmatrix} x_1 \\ x_2 \\ x_3 \end{pmatrix} = \begin{pmatrix} p_1 \\ p_2 \\ p_3 \end{pmatrix} + t \cdot \begin{pmatrix} q_1 - p_1 \\ q_2 - p_2 \\ q_3 - p_3 \end{pmatrix} + s \cdot \begin{pmatrix} r_1 - p_1 \\ r_2 - p_2 \\ r_3 - p_3 \end{pmatrix}$$

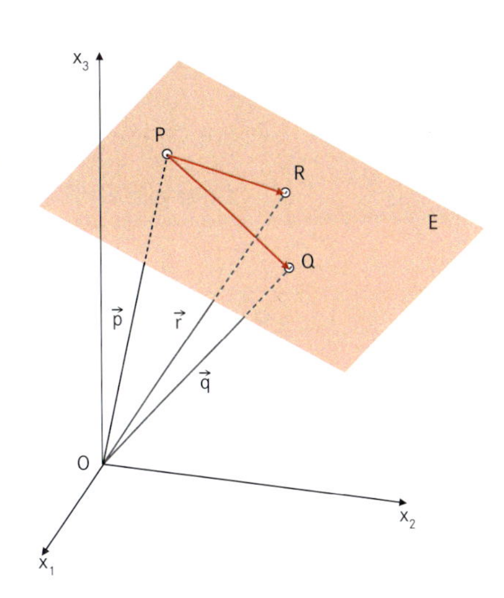

Punkt-Richtungs-Form

$P(p_1 | p_2 | p_3) \in E$ und zwei linear unabhängige Richtungsvektoren $\vec{v}$ und $\vec{u}$ sind gegeben.

$E\colon \vec{x} = \vec{p} + t \cdot \vec{v} + s \cdot \vec{u}$; $t, s \in R$ sind Parameter; $\vec{p} = \overrightarrow{OP}$

$$E\colon \vec{x} = \begin{pmatrix} x_1 \\ x_2 \\ x_3 \end{pmatrix} = \begin{pmatrix} p_1 \\ p_2 \\ p_3 \end{pmatrix} + t \cdot \begin{pmatrix} v_1 \\ v_2 \\ v_3 \end{pmatrix} + s \cdot \begin{pmatrix} u_1 \\ u_2 \\ u_3 \end{pmatrix}$$

Koordinatengleichung

$E\colon a_1x_1 + a_2x_2 + a_3x_3 = d$; $a_1, a_2, a_3 \in R$ und $a_1^2 + a_2^2 + a_3^2 \neq 0$

Normalenform (TG)

$\vec{p} = \overrightarrow{OP}$: Ortsvektor zu $P \in E$
$\vec{x} = \overrightarrow{OX}$: Ortsvektor zu einem beliebigen Punkt $X \in E$
$\vec{n}$: Normalenvektor der Ebene
$\overrightarrow{PX} = \vec{x} - \vec{p}$; es gilt, da $\overrightarrow{PX} \perp \vec{n}$:

$$(\vec{x} - \vec{p}) \cdot \vec{n} = 0 \text{ bzw. } \begin{pmatrix} x_1 - p_1 \\ x_2 - p_2 \\ x_3 - p_3 \end{pmatrix} \cdot \begin{pmatrix} n_1 \\ n_2 \\ n_3 \end{pmatrix} = 0.$$

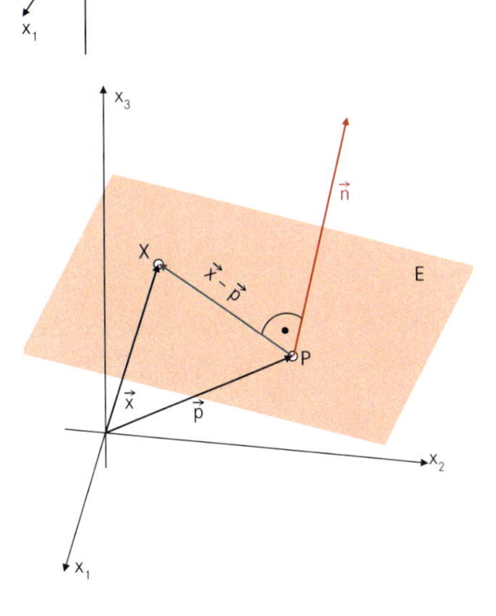

Die Koeffizienten a_1, a_2 und a_3 der Koordinatengleichung $a_1x_1 + a_2x_2 + a_3x_3 = d$ liefern die Koordinaten des Normalenvektors $\vec{n} = \begin{pmatrix} a_1 \\ a_2 \\ a_3 \end{pmatrix}$. Für die Richtungsvektoren $\vec{v}$ und $\vec{u}$ gilt: $\vec{v} \cdot \vec{n} = 0$ und $\vec{u} \cdot \vec{n} = 0$.

9. Schnittwinkel

Zwei sich schneidende Geraden

$\vec{v}$ und $\vec{u}$ sind Richtungsvektoren der Geraden g_1 und g_2.

$\cos \alpha$

$= \dfrac{|\vec{v} \cdot \vec{u}|}{|\vec{v}| \cdot |\vec{u}|}$, $|\vec{v} \cdot \vec{u}|$ damit $0° \leq \alpha < 90°$

$\cos \alpha$

$= \dfrac{|v_1 \cdot u_1 + v_2 \cdot u_2 + v_3 \cdot u_3|}{\sqrt{v_1^2 + v_2^2 + v_3^2} \cdot \sqrt{u_1^2 + u_2^2 + u_3^2}}$

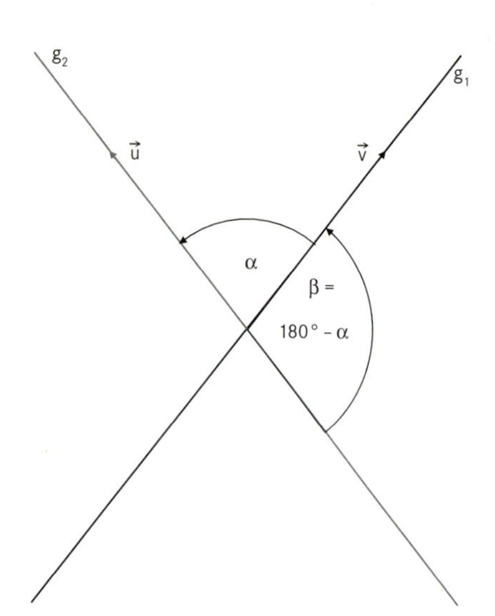

Gerade und Ebene

$\vec{v}$ ist der Richtungsvektor der Geraden.
$\vec{n}$ ist der Normalenvektor der Ebene.

$\sin \alpha$

$= \dfrac{|\vec{n} \cdot \vec{v}|}{|\vec{n}| \cdot |\vec{v}|}$, $|\vec{n} \cdot \vec{v}|$ damit $0° \leq \alpha < 90°$

$\sin \alpha$

$= \dfrac{|n_1 \cdot v_1 + n_2 \cdot v_2 + n_3 \cdot v_3|}{\sqrt{n_1^2 + n_2^2 + n_3^2} \cdot \sqrt{v_1^2 + v_2^2 + v_3^2}}$

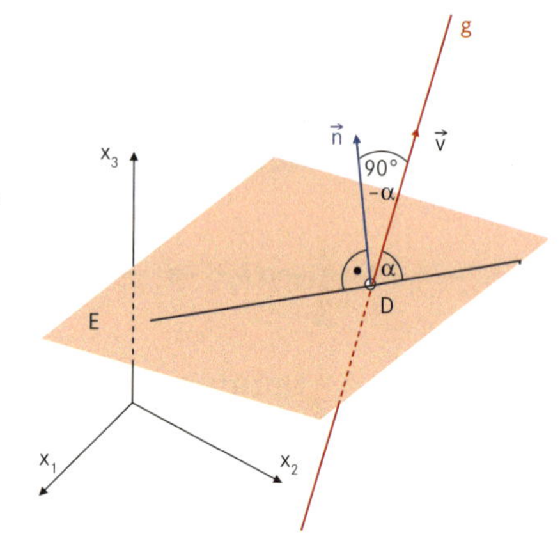

Zwei Ebenen

$\vec{n}_1$ ist der Normalenvektor der Ebene E_1.
$\vec{n}_2$ ist der Normalenvektor der Ebene E_2.

$\cos \alpha$

$= \dfrac{|\vec{n}_1 \cdot \vec{n}_2|}{|\vec{n}_1| \cdot |\vec{n}_2|}$, $|\vec{n}_1 \cdot \vec{n}_2|$ damit

$0° \leq \alpha < 90°$

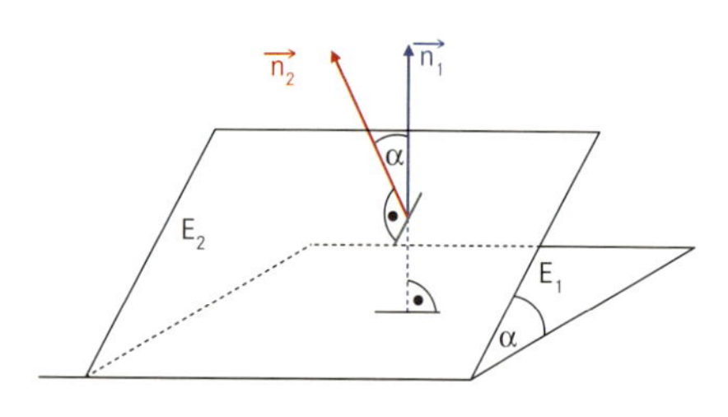

10. Abstände

Unter **Abstand** von Punkt zu Gerade, Punkt zu Ebene, Gerade zu Gerade und Ebene zu Ebene versteht man die **minimale Entfernung.**

Die Verbindungsstrecke der Punkte mit minimaler Entfernung ist stets orthogonal zur Geraden oder Ebene.

1. Entfernung zweier Punkte *P* und *Q*, Betrag des Vektors

P ——— Q

$$d(P;Q) = |\overrightarrow{PQ}| = \sqrt{((q_1 - p_1)^2 + (q_2 - p_2)^2 + (q_3 - p_3)^2)}$$

2. Abstand *a* eines Punktes *P* zu einer Geraden *g*

a) Mit Skalarprodukt (TG)

In der Ebene:

Geradengleichung: $a_1x_1 + a_2x_2 = d$,

$$P(p_1 \mid p_2);\ a = \frac{|a_1 \cdot p_1 + a_2 \cdot p_2 - d|}{\sqrt{a_1^2 + a_2^2}}$$

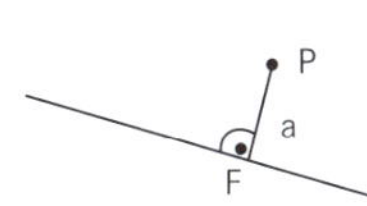

Im Raum:

Der Abstand a des Punktes $P(p_1 \mid p_2 \mid p_3)$ von der Geraden $g\colon \vec{x} = \begin{pmatrix} q_1 \\ q_2 \\ q_3 \end{pmatrix} + r \cdot \begin{pmatrix} v_1 \\ v_2 \\ v_3 \end{pmatrix}$

ist gleich dem Betrag des Vektors $\overrightarrow{PF}$, wobei F Fußpunkt des Lotes von P auf g ist.

$F \in g$ bedeutet:

$F(a_1 + rv_1 \mid a_2 + rv_2 \mid a_3 + rv_3)$.

Da $\overrightarrow{PF}$ orthogonal zu $\vec{v}$ ist, gilt:

$\overrightarrow{PF} \cdot \vec{v} = 0$, woraus die Koordinaten von F bestimmt werden können.

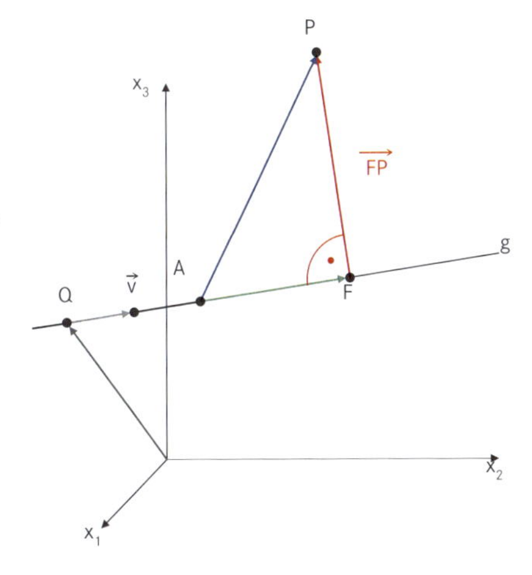

b) Ohne Skalarprodukt

Für die Entfernung des Punktes $P(p_1 \mid p_2 \mid p_3) \notin g$ von dem zunächst beliebigen Punkt $F(a_1 + rv_1 \mid a_2 + rv_2 \mid a_3 + rv_3)$ auf der Geraden g gilt:

$$d(P;F) = \sqrt{(a_1 + rv_1 + p_1)^2 + (a_2 + rv_2 + p_2)^2 + (a_3 + rv_3 + p_3)^2}$$

Die minimale Entfernung (Abstand) des Punktes P von der Geraden p erhält man mit dem GTR, indem man den Graph der Funktion

$d\colon r \mapsto = \sqrt{(a_1 + rv_1 + p_1)^2 + (a_2 + rv_2 + p_2)^2 + (a_3 + rv_3 + p_3)^2}$ zeichnen lässt und mit dem GTR das Minimum bestimmt. Der Tiefpunkt T hat die Koordinaten $T(r \mid a)$. a ist der Abstand (minimale Entfernung). Mit r können die Koordinaten des Fußpunktes F berechnet werden.

3. Abstand eines Punktes $P(p_1 | p_2 | p_3)$ zur Ebene (TG)

Ebene E: $a_1x_1 + a_2x_2 + a_3x_3 = d$; $\quad d(P;E) = a = \dfrac{|a_1p_1 + a_2p_2 + a_3p_3 - d|}{\sqrt{a_1^2 + a_2^2 + a_3^2}}$

4. Abstand zwischen den windschiefen Geraden g und h (TG)

Sind g: $\vec{x} = \vec{p} + r \cdot \vec{v}$ und h: $\vec{x} = \vec{q} + s \cdot \vec{u}$ windschiefe Geraden im Raum und ist $\vec{n}^o$ ein Einheitsvektor mit $\vec{n}^o \cdot \vec{v} = 0 \wedge \vec{n}^o \cdot \vec{u} = 0$, dann gilt für den Abstand a zwischen g und h:
$a = |(\vec{q} - \vec{p}) \cdot \vec{n}^o|$.

11. Lagebeziehungen

1. Zwei Geraden g: $\vec{x} = \vec{p} + r \cdot \vec{v}$ und h: $\vec{x} = \vec{q} + s \cdot \vec{u}$ im Raum

Parallel – ohne gemeinsame Punkte: $g \cap h = \{\}$, $\vec{v} = k \cdot \vec{u}$;
parallel – identische Geraden: $g \cap h = g$, $\vec{v} = k \cdot \vec{u}$;
nicht parallel – ohne gemeinsame Punkte (windschiefe Geraden): $g \cap h = \{\}$, $\vec{v} \neq k \cdot \vec{u}$;
nicht parallel – mit gemeinsamem Schnittpunkt: $g \cap h = \{S\}$, $\vec{v} \neq k \cdot \vec{u}$.

2. Zwei Ebenen

a) mit Skalarprodukt (TG)

Gegeben sind die Ebenen E_1: $a_1x_1 + a_2x_2 + a_3x_3 = d$ und
E_2: $b_1x_1 + b_2x_2 + b_3x_3 = c$
mit den Normalenvektoren $\vec{n}_1 = \begin{pmatrix} a_1 \\ a_2 \\ a_3 \end{pmatrix}$ und $\vec{n}_2 = \begin{pmatrix} b_1 \\ b_2 \\ b_3 \end{pmatrix}$:
Parallel ohne gemeinsamen Punkt $E_1 \cap E_2 = \{\,\}$; $\vec{n}_1 = k \cdot \vec{n}_2$;
parallel mit gemeinsamen Punkten, identische Ebene: $E_1 \cap E_2 = E_1$, $\vec{n}_1 = k \cdot \vec{n}_2$;
nicht parallel: $E_1 \cap E_2 = g$, $\vec{n}_1 \neq k \cdot \vec{n}_2$.
Die Ebenen haben genau eine Schnittgerade gemeinsam.
Für den Richtungsvektor $\vec{v}$ der Schnittgeraden gilt: $\vec{v} \cdot \vec{n}_1 = 0$ und $\vec{v} \cdot \vec{n}_2 = 0$.

b) Ohne Skalarprodukt

Gegeben sind die Ebenengleichungen von E_1 und E_2 in Koordinaten- oder Parameterform. $E_1 \cap E_2$ führt auf ein lineares Gleichungssystem (LGS).

- Ist das LGS unlösbar, folgt $E_1 \parallel E_2$.
- Ist das LGS lösbar mit nur einem frei wählbaren Parameter, folgt E_1 und E_2 haben eine gemeinsame Schnittgerade.
- Ist das LGS lösbar mit zwei frei wählbaren Parametern, folgt E_1 und E_2 sind identisch.

3. Gerade und Ebene

a) Mit Skalarprodukt (TG)

g: $\vec{x} = \vec{p} + r \cdot \vec{v}$, E: $a_1x_1 + a_2x_2 + a_3x_3 = d$, $\vec{n} = \begin{pmatrix} a_1 \\ a_2 \\ a_3 \end{pmatrix}$:

Parallel ohne gemeinsamen Punkt: $g \cap E = \{\}$, $\vec{n} \cdot \vec{v} = 0$;
parallel mit gemeinsamem Punkt, g liegt in E: $g \cap E = g$, $\vec{n} \cdot \vec{v} = 0$;
nicht parallel: $g \cap E = \{D\}$, $\vec{n} \cdot \vec{v} \neq 0$.
Die Gerade und die Ebene haben genau einen Punkt D (Durchstoßpunkt) gemeinsam.

b) Ohne Skalarprodukt

$g \cap E$ führt auf ein lineares Gleichungssystem. Es treten drei Möglichkeiten auf:

1. genau eine Lösung – Die Gerade g durchstößt die Ebene E im Punkt D.
2. keine Lösung – Die Gerade g ist parallel zur Ebene E (kein gemeinsamer Punkt).
3. unendlich viele Lösungen – Die Gerade g liegt in der Ebene E ($g \subset E$).

1.8 Haben Sie alles verstanden?

Üben

AUFGABE 1 Welche Eigenschaften haben die Dreiecke mit den Ecken A, B und C?

a) $A(-2 \mid 4 \mid 0)$, $B(1 \mid 2 \mid -1)$, $C(-1 \mid 1 \mid 2)$ b) $A(6 \mid -7 \mid 4)$, $B(5 \mid -3 \mid 0)$, $C(3 \mid -4 \mid 1)$

AUFGABE 2 Die Eckpunkte eines Dreiecks sind $P(0 \mid 2 \mid 2)$, $Q(0 \mid -3 \mid 2)$ und $R_k(k+2 \mid k \mid 0)$.

Für welchen Wert von $k \in \mathbb{R}$ ist der Umfang des Dreiecks minimal? Geben Sie den minimalen Umfang (gerundet) an.

AUFGABE 3 Eine Gerade kann durch die Parametergleichungen $\begin{pmatrix} x_1 \\ x_2 \\ x_3 \end{pmatrix} = \begin{pmatrix} p_1 \\ p_2 \\ p_3 \end{pmatrix} + r \cdot \begin{pmatrix} v_1 \\ v_2 \\ v_3 \end{pmatrix}$

bzw. $x_1 = p_1 + rv_1$, $x_2 = p_2 + rv_2$, $x_3 = p_3 + rv_3$ beschrieben werden.
Wenn alle v_1, v_2, v_3 ungleich null sind, kann die symmetrische Geradengleichung gebildet werden: $\frac{x_1 - p_1}{v_1} = \frac{x_2 - p_2}{v_2} = \frac{x_3 - p_3}{v_3}$.

a) Finden Sie für die Gerade durch $P(3 \mid 2 \mid 1)$ und $Q(1 \mid -1 \mid 3)$ die Parametergleichung und die symmetrische Gleichung der Geraden.

b) In welchem Punkt durchstößt die Gerade die x_1x_2-Ebene?

AUFGABE 4 Zwei Teilchen T_1 und T_2 bewegen sich in einer Untersuchungskammer. Zur Zeit $t = 0$ sind sie an den Orten $P_1(6 \mid -1 \mid 1)$ und $P_2(1 \mid -1 \mid -7)$. Sie bewegen sich mit den konstanten Geschwindigkeiten $\vec{v}_1 = \begin{pmatrix} 2 \\ 1 \\ 2 \end{pmatrix}$ und $\vec{v} = \begin{pmatrix} 1 \\ 3 \\ -2 \end{pmatrix}$. $[t] = \text{s}$, $[s] = \text{cm}$, $[v] = \frac{\text{cm}}{\text{s}}$.

a) Welches Teilchen erreicht die Orte $A(8 \mid 0 \mid 3)$ oder $B(3 \mid 5 \mid -11)$?

b) Zeigen Sie, dass sich die Teilchen in einer Ebene bewegen.

c) Treffen die Teilchen aufeinander?

d) Nach welcher Zeit, an welchem Ort, mit welcher Geschwindigkeit und unter welchem Winkel trifft das Teilchen T_1 auf die Wand mit der Gleichung $x_1 = 30$? (TG)

AUFGABE 5 In einem kartesischen Koordinatensystem sind die Punkte $A(7 \mid -3 \mid 2)$, $B(0 \mid 2 \mid -1)$ und $P_k(k \mid 2 \mid k+3)$ mit $k \in R$ gegeben. A und B legen die Gerade g fest. Die Geraden h_k gehen durch die Punkte P_k und haben den Richtungsvektor $\vec{v} = \begin{pmatrix} 3 \\ -2{,}5 \\ -1 \end{pmatrix}$.

a) Für welches k schneidet die Gerade h_k die Gerade g?

b) Zeigen Sie, dass die Punkte A, B und P_k für jedes k eine Ebene festlegen.

c) Die Geraden g und h_2 sind windschief. Welchen Abstand haben die Geraden?

AUFGABE 6 In einem kartesischen Koordinatensystem sind die Punkte $A(0 \mid 2 \mid 3)$, $B(1 \mid -2 \mid 6)$ und $C(-4 \mid 2 \mid 15)$ sowie die Geraden g_k: $x_1 = -1 + rk$, $x_2 = 2 + r$, $x_3 = 6 + r(k-2)$; $r,k \in R$ gegeben.

a) Bestimmen Sie eine Koordinatengleichung der Ebene E durch A, B und C. In welchen Punkten durchstoßen die Achsen die Ebene E?

b) Skizzieren Sie E im Koordinatensystem.

c) Für welche k ist g_k parallel zur Ebene E?

AUFGABE 7 Gegeben ist das lineare Gleichungssystem ($t \in \mathbb{R}$):

$$\begin{pmatrix} 1 & 3 & -2 \\ 3 & -2 & 1 \\ 5 & -4 & -1 \end{pmatrix} \cdot \begin{pmatrix} x_1 \\ x_2 \\ x_3 \end{pmatrix} = \begin{pmatrix} 2t+6 \\ 2t \\ 2 \end{pmatrix}$$

Jede Gleichung legt eine Ebene im Anschauungsraum fest.
Interpretieren Sie die Lösungsmenge des Gleichungssystems geometrisch.

AUFGABE 8 Im Anschauungsraum legen die Punkte $A(3|0|0)$, $B(0|6|0)$ und $C(0|0|4)$ die Ebene E fest. Geben Sie die Ebenengleichung in Parameter- und Koordinatenform an.

Die Gerade g mit $\vec{x} = \begin{pmatrix} -3 \\ 9 \\ 2 \end{pmatrix} + s \begin{pmatrix} -3 \\ 6 \\ -4 \end{pmatrix}$ und der Punkt $D(6|6|2)$ legen die Ebene H fest. Untersuchen Sie die gegenseitige Lage von E und H.

AUFGABE 9 Gegeben sind die Geraden g und h durch:

$$g: \vec{x} = \begin{pmatrix} 3 \\ 8 \\ 1 \end{pmatrix} + r \begin{pmatrix} 2 \\ 3 \\ -1 \end{pmatrix}, \quad h: \vec{x} = \begin{pmatrix} -4 \\ 1 \\ 5 \end{pmatrix} + s \begin{pmatrix} -3 \\ -1 \\ 2 \end{pmatrix}.$$

a) Liegen die Geraden g und h in einer Ebene?

b) Welche Gleichung hat die Ebene, die den Ursprung und die Gerade g enthält?

c) Ermitteln Sie eine Gerade k durch den Punkt $A(-2|3|1)$, die auch die Gerade g schneidet.

d) Geben Sie eine zur Gerade g windschiefe Gerade l an, die durch den Punkt A geht.

e) Welcher Punkt B auf der Geraden h hat den kleinsten Abstand vom Punkt A? Geben Sie den Abstand (gerundet) an.

AUFGABE 10 Für welche k ist das lineare Gleichungssystem unlösbar, vieldeutig lösbar und eindeutig lösbar?

$$\begin{aligned} x_1 + (4-k)x_2 - 2x_3 &= -5 \\ x_1 + 2x_2 \qquad + 2x_3 &= -4 \\ x_1 + 2x_2 + (4-k)x_3 &= -5 \end{aligned}$$

Jede Gleichung stellt eine Ebene im Anschauungsraum dar.
Für welches k sind die Ebenen parallel?
Für welches k haben die Ebenen eine gemeinsame Schnittgerade?
Für welche k haben die Ebenen einen gemeinsamen Punkt?

AUFGABE 11 (TG) Im kartesischen Koordinatensystem sind die Punkte $P(4 \mid 2 \mid 0)$, $Q(2 \mid 4 \mid 0)$, $R(0 \mid 4 \mid 2)$ und $S(0 \mid 2 \mid 4)$ gegeben.

a) Untersuchen Sie, ob die Punkte P, Q, R und S in einer Ebene liegen.
Bestimmen Sie die Koordinatengleichung dieser Ebene.

b) Berechnen Sie den Winkel zwischen E und der x_1x_2-Ebene.

c) Welchen Abstand hat der Punkt $A(4 \mid 6 \mid 6)$ von der Ebene E?

AUFGABE 12 (TG) In einem kartesischen Koordinatensystem sind $A(3 \mid -2 \mid 3)$, $B(5 \mid 2 \mid -1)$, $C(1 \mid 6 \mid 1)$ und $S(13 \mid 7 \mid 11)$ die Eckpunkte einer Pyramide mit der Grundfläche ABC und der Spitze S.

a) Zeichnen Sie die Pyramide in ein kartesisches Koordinatensystem.
Welche Eigenschaften hat das Grunddreieck ABC?
Berechnen Sie den Flächeninhalt.

b) Welche Höhe hat die Pyramide?
Bestimmen Sie die Koordinaten des Höhenfußpunktes.

AUFGABE 13 (TG) Eine Ebene E verläuft durch den Punkt $P(1 \mid -2 \mid 3)$ und senkrecht zur Geraden g: $x_1 = 3 + 2t$, $x_2 = 4 + 3t$, $x_3 = 9 + 7t$.
Ermitteln Sie eine Gleichung für E. Welchen Abstand hat die Ebene vom Ursprung?

AUFGABE 14 (TG) In einem kartesischen Koordinatensystem sind gegeben: Die Punkte $A(-1 \mid 0 \mid \frac{15}{16})$, $B(5 \mid 3 \mid 1)$ und $C(-2 \mid 0{,}5 \mid 2)$ und die Ebenenschar E_k:
$(k^2 - 1)x_1 + 4x_2 + 4k^2x_3 = 4(k^2 - 1)$; $(k \in R)$.

a) Ermitteln Sie die Schargerade.

b) Die Punkte B und C liegen auf der Ebene E^*, die senkrecht zur Ebene E_2 ist.
Geben Sie die Koordinatengleichung von E^* an.

c) Welche Gerade h, die in E_2 liegt und durch A geht, hat den größten Schnittwinkel mit der x_1x_2-Ebene?

AUFGABE 15 (TG) Jedes reelle Zahlenpaar $(k;t)$ legt eine Ebene fest.
$E_{k;t}$: $3x_1 + x_2 + kx_3 = 6 + t - k$

a) Welche Punkte auf der Geraden g: $x_1 = 7 + 7r$, $x_2 = -3 - 5r$, $x_3 = 2 + 3r$ haben zur Ebene $E_{k,t}$ mit $k = \frac{1}{2}$ und $t = -\frac{3}{4}$ einen Abstand von 2 LE?

b) Welche Lage hat die Gerade g zur Ebene $E_{k,t}$ in Abhängigkeit von k und t?

Entscheiden

Sind die Aussagen in den Aufgaben 16 – 27 wahr oder falsch?

Begründen Sie Ihre Entscheidungen. Finden Sie bei falschen Aussagen ein Beispiel zur Veranschaulichung.

AUFGABE 16 Die Punkte $A(3 \mid 2 \mid 1)$, $B(8 \mid 7 \mid -2)$ und $C(-2 \mid -3 \mid 4)$ liegen auf einer Linie.

AUFGABE 17 Ein Vektor ist durch zwei Angaben eindeutig bestimmt.

AUFGABE 18 Wird der Punkt A durch $\vec{a}$ auf B und B durch $\vec{b}$ auf den Punkt C abgebildet, so sind die Pfeile von $\vec{a}$ und $\vec{b}$ mindestens so lang wie der Pfeil $\overrightarrow{AC}$.

AUFGABE 19 Die Vektoren $\vec{a} = \begin{pmatrix} 1 \\ -2 \\ 3 \end{pmatrix}$ und $\vec{b} = \begin{pmatrix} -13 \\ -2 \\ 3 \end{pmatrix}$ sind orthogonal.

AUFGABE 20 Es gibt Vektoren $\vec{a}$ und $\vec{b}$, für die gilt:

a) $|\vec{a} \cdot \vec{b}| = |\vec{a}| \cdot |\vec{b}|$ b) $|\vec{a} \cdot \vec{b}| = 0$

AUFGABE 21

a) Zwei Geraden sind parallel, wenn jede von ihnen parallel zu einer dritten Geraden ist.
b) Zwei Geraden sind parallel, wenn jede von ihnen orthogonal zu einer dritten Geraden ist.
c) Zwei Geraden sind parallel, wenn jede von ihnen parallel zu einer dritten Ebene ist.
d) Zwei Ebenen sind parallel, wenn jede von ihnen orthogonal zu einer dritten Ebene ist.
e) Zwei Ebenen sind parallel, wenn jede Ebene parallel zu einer Geraden ist.
f) Zwei Linien, die orthogonal zu einer Ebene sind, sind parallel.
g) Zwei Geraden, die parallel zu einer Ebene sind, sind parallel.
h) Wenn zwei Ebenen orthogonal zu einer Geraden sind, sind sie parallel.
i) Zwei Ebenen, die sich nicht schneiden, sind parallel.
j) Zwei Geraden schneiden sich oder sie sind parallel.
k) Eine Ebene und eine Gerade schneiden sich oder sie sind parallel.

AUFGABE 22 Für ein und dieselbe Gerade können die Geradengleichungen sehr verschieden aussehen. Im Gegensatz dazu ist die Koordinatengleichung einer Ebene eindeutig festgelegt.

AUFGABE 23 Zwei Geraden legen immer eine Ebene fest.

AUFGABE 24 Zu jeder Ebene gibt es eine Gerade, die parallel zur Ebene ist und durch den Ursprung geht.

AUFGABE 25 Zur Berechnung der Winkelweiten zwischen Vektoren werden immer das Skalarprodukt und die Längen der Vektoren benötigt.

AUFGABE 26 $\vec{n} = \begin{pmatrix} 0 \\ -1 \\ 0 \end{pmatrix}$ ist ein Normalenvektor zur x_1x_3-Ebene.

AUFGABE 27 Die Gerade g: $\vec{x} = \begin{pmatrix} 1 \\ 2 \\ 3 \end{pmatrix} + t \cdot \begin{pmatrix} 1 \\ 2 \\ 3 \end{pmatrix}$ ist parallel zur Ebene E:

$\vec{x} = \begin{pmatrix} 4 \\ 5 \\ 0 \end{pmatrix} + t \cdot \begin{pmatrix} 4 \\ 5 \\ 0 \end{pmatrix} + s \cdot \begin{pmatrix} 0 \\ 0 \\ 2 \end{pmatrix}$.

Verstehen

AUFGABE 28 Welcher Punkt $P(6 \mid 2 \mid 3)$, $Q(-5 \mid -1 \mid 4)$ und $R(0 \mid 3 \mid 8)$ liegt der x_1x_2-Ebene am nächsten?
Welcher Punkt liegt in der x_2x_3-Ebene?

AUFGABE 29 Welche Bedeutung hat die Gleichung $x_2 = 3$?

AUFGABE 30 In welcher Beziehung steht ein Punkt $P(3 \mid 2 \mid 5)$ zum Vektor?

AUFGABE 31 Wie viele verschiedene Vektoren können durch die Ecken eines Tetraeders festgelegt werden?

AUFGABE 32 Weshalb sind drei Vektoren in der Ebene und vier Vektoren im Raum linear abhängig?

AUFGABE 33 Zeigen Sie mit Vektoren, dass die Seitenmitten eines beliebigen Vierecks stets ein Parallelogramm bilden.

AUFGABE 34 Für welches c beträgt der Winkel 90° zwischen den Vektoren $\vec{a} = \begin{pmatrix} 2 \\ 1 \\ 1 \end{pmatrix}$ und $\vec{b} = \begin{pmatrix} -1 \\ 3 \\ c \end{pmatrix}$?

AUFGABE 35 Gegeben ist der Vektor $\vec{a} = \begin{pmatrix} 4 \\ 4 \\ -2 \end{pmatrix}$. Für welche Vektoren $\vec{b}$ ist $|\vec{b}_a| = 3$?

AUFGABE 36 Gegeben sind die Gerade g und die Ebene E durch: g: $\vec{x} = \vec{p} + r \cdot \vec{v}$; $r \in \mathbb{R}$ und E: $(\vec{x} - \vec{q}) \cdot \vec{n} = 0$.

a) Welche geometrische Bedeutung haben die Vektoren $\vec{p}$, $\vec{v}$, $\vec{x} - \vec{q}$ und $\vec{n}$ im Raum? Veranschaulichen Sie Ihre Antwort mithilfe einer Skizze.

b) Welche Beziehung müssen für die Vektoren gelten, damit
(1) g parallel zu E ist?
(2) g orthogonal zu E ist?

c) Entwerfen Sie ein konkretes Beispiel für $E \cap g = \{\}$, $E \cap g = \{D\}$.
Berechnen Sie den Winkel zwischen g und E.

AUFGABE 37 Die Flugbahn für ein Flugzeug ist durch $\vec{s} = \vec{s}_0 + t \cdot \vec{v}$ beschrieben. Interpretieren Sie die Formel.

AUFGABE 38 Jede Gerade $g: \vec{x} = \begin{pmatrix} a_1 \\ a_2 \\ a_3 \end{pmatrix} + r \cdot \begin{pmatrix} v_1 \\ v_2 \\ v_3 \end{pmatrix}$ kann als Schnittgerade von zwei Ebenen interpretiert werden. Geben Sie zwei Ebenen E_1 und E_2 an, deren Schnittgerade g ist.

AUFGABE 39 Erläutern Sie, welche Ebenenscharen vorliegen ($k \in \mathbb{R}$).

a) $x_1 + x_2 + x_3 = k$

b) $kx_1 + x_2 + x_3 = 1$

AUFGABE 40 Jeder linearen Gleichung der Form: $a_1 x_1 + a_2 x_2 + a_3 x_3 = d$ entspricht eine Ebene im Anschauungsraum.

a) Welche verschiedenen Fälle können bei einem linearen Gleichungssystem mit zwei Gleichungen und drei Lösungsvariablen eintreten? Deuten Sie geometrisch.

b) Beim Schnitt von drei Ebenen im Anschauungsraum können fünf verschiedene Situationen unterschieden werden. Welche Entsprechungen finden sich im linearen Gleichungssystem mit drei Gleichungen und drei Lösungsvariablen?

AUFGABE 41 Eine Koordinatengleichung der Ebene $E: a_1 x_1 + a_2 x_2 + a_3 x_3 = d$ kann, wenn alle Zahlen a_1, a_2, a_3 und d ungleich null sind, umgeformt werden zu:
$\frac{x_1}{a} + \frac{x_2}{b} + \frac{x_3}{c} = 1$. Welche geometrische Bedeutung haben a, b und c?

AUFGABE 42 Können für a, b, c und d reelle Zahlen gefunden werden, sodass die Geraden

$$g: \vec{x} = \begin{pmatrix} a \\ 2 \\ 3 \end{pmatrix} + r \cdot \begin{pmatrix} 4 \\ b \\ 2 \end{pmatrix} \text{ und } h: \vec{x} = \begin{pmatrix} 3 \\ 0 \\ c \end{pmatrix} + s \cdot \begin{pmatrix} 2 \\ 3 \\ d \end{pmatrix}$$

a) identisch sind;

b) echt parallel sind;

c) sich schneiden;

d) windschief sind?

2 Wirtschaftliche Anwendungen

2.1 Weiterführung der Matrizenrechnung

2.1.1 Die Inverse einer Matrix

In diesem Kapitel über die wirtschaftlichen Anwendungen der Matrizenrechnung möchten wir Ihnen zeigen, wie man bei betriebs- und volkswirtschaftlichen Aufgaben vorteilhaft mit Matrizen umgeht. Wie wir im letzten Schuljahr gelernt haben, sind Matrizen ja nichts anderes als Tabellen, in denen übersichtlich auf engem Raum viele Informationen verpackt sind. Genau damit hat man es bei betrieblichen Abläufen zu tun, wenn man Daten über Lieferungen, Produktionen, Verkaufszahlen, Kosten, Gewinne usw. auflistet. Wenn man nun mit diesen Tabellen bzw. unseren Matrizen rechnet, muss man sie umformen können. Man hat es dann mit Matrizengleichungen zu tun. Diese Gleichungen sind bei uns linear, also vom Typ her denkbar einfach. Bevor wir Ihnen aber den Umgang mit Matrizengleichungen zeigen können, müssen wir noch erklären, was man unter der Inversen einer Matrix versteht. Wir werden in diesem Kapitel daher folgendermaßen vorgehen: Zuerst führen wir die Inverse einer Matrix ein. Dann stellen wir nochmals alle Regeln für das Rechnen mit Matrizen übersichtlich und komplett zusammen. Anschließend behandeln wir systematisch das Lösen von Matrizengleichungen, wo diese Inversen dann eine wichtige Rolle spielen. Nach dieser Vorarbeit wenden wir uns dann dem eigentlichen Thema dieses Kapitels zu, dem praktischen Einsatz der Matrizenrechnung bei der Bewältigung volks- und betriebswirtschaftlicher Fragestellungen.

Den Begriff der Inversen kennen Sie schon aus dem gewöhnlichen Zahlenrechnen, wo man die Inverse auch als Kehrwert bezeichnet. Die Inverse einer Zahl $a \neq 0$ ist $\frac{1}{a}$ oder a^{-1}. Für das Rechnen mit Zahlen gilt: $a \cdot a^{-1} = a^{-1} \cdot a = 1$. Bei Matrizen geht man analog vor.

DEFINITION Die Matrix **B** heißt die **inverse Matrix von A,** wenn gilt: $\mathbf{A} \cdot \mathbf{B} = \mathbf{B} \cdot \mathbf{A} = \mathbf{E}$.

Anmerkung:
Wenn **B** die Inverse von **A** ist, dann ist auch **A** die Inverse von **B**.

Schreibweise: Die Inverse von **A** kürzt man ab mit $\mathbf{A}^{-1}$.

BEISPIEL

$$\mathbf{A} = \begin{pmatrix} 1 & 3 \\ 2 & 0 \end{pmatrix} \qquad \mathbf{A}^{-1} = \begin{pmatrix} 0 & \frac{1}{2} \\ \frac{1}{3} & -\frac{1}{6} \end{pmatrix}$$

Multiplizieren Sie die beiden Matrizen zur Probe miteinander.
Sie erhalten $\mathbf{A} \cdot \mathbf{A}^{-1} = \mathbf{E}$ und $\mathbf{A}^{-1} \cdot \mathbf{A} = \mathbf{E}$.

Dieses einfache Zahlenbeispiel zeigt schon, dass man es einer Matrix nicht einfach „ansieht“, ob sie die Inverse zu einer anderen ist. Das deutet bereits darauf hin, dass es einigen Rechenaufwand erfordert, zu einer Matrix die passende Inverse zu finden.

Hinweise:

- Nur zu einer quadratischen Matrix kann es eine Inverse geben. Warum? Sehen Sie sich die Definition an und denken Sie daran, dass es vom Format der Matrizen abhängt, ob man sie miteinander multiplizieren kann.
- Nicht zu jeder quadratischen Matrix gibt es eine Inverse. Wir verweisen Sie auf die folgenden Übungsaufgaben.
- Zu einer Matrix gibt es immer nur eine einzige Matrix mit der Eigenschaft, Inverse zu sein. Man sagt, die Inverse ist „eindeutig bestimmt".

Beweis:

Wir gehen indirekt vor und nehmen an, $\mathbf{A}_1$ sei eine Inverse von $\mathbf{A}$ und $\mathbf{A}_2$ sei eine Inverse von $\mathbf{A}$ mit $\mathbf{A}_1 \neq \mathbf{A}_2$.

Dann gilt: $\mathbf{A}_1 \cdot \mathbf{A} = \mathbf{E}$ und $\mathbf{A}_2 \cdot \mathbf{A} = \mathbf{E}$
und damit auch $\mathbf{A}_1 \cdot \mathbf{A} = \mathbf{A}_2 \cdot \mathbf{A}$.

Von rechts mit A_1 multipliziert ergibt

$$\mathbf{A}_1 \cdot \underbrace{\mathbf{A} \cdot \mathbf{A}_1}_{\mathbf{E}} = \mathbf{A}_2 \cdot \underbrace{\mathbf{A} \cdot \mathbf{A}_1}_{\mathbf{E}},$$

also $\mathbf{A}_1 = \mathbf{A}_2$.
Unsere Annahme, dass es zwei verschiedene Inversen zu einer Matrix gibt, war offensichtlich falsch.

- Wenn für zwei Matrizen $\mathbf{A} \cdot \mathbf{B} = \mathbf{E}$ gilt, dann gilt auch $\mathbf{B} \cdot \mathbf{A} = \mathbf{E}$.
  Das ist nicht selbstverständlich, da die Multiplikation bei Matrizen nicht kommutativ ist. Wir möchten hier auf einen Beweis verzichten und haben daher die Gleichheit von $\mathbf{A} \cdot \mathbf{A}^{-1}$ und $\mathbf{A}^{-1} \cdot \mathbf{A}$ in die Definition der inversen Matrix mitaufgenommen.

Um zur inversen Matrix zu kommen, muss man die Matrix, von der man ausgeht, mehrmals umformen. Der Rechenaufwand ist meistens recht hoch, aber dafür sind die einzelnen Rechenschritte einfach. Es handelt sich dabei wieder um **elementare Umformungen.** Wie Sie bereits wissen, gehören dazu:

(1) Eine Zeile der Matrix mit einer Zahl $\neq 0$ durchmultiplizieren.

(2) Zwei Zeilen der Matrix miteinander vertauschen.

(3) Die k-te Zeile ersetzen durch die Summe aus k-ter und j-ter Zeile.

(4) Die k-te Zeile ersetzen durch die Summe aus einem Vielfachen der k-ten und einem Vielfachen der j-ten Zeile. (Dies ergibt sich als Kombination der ersten und dritten elementaren Umformung.)

BEISPIELE Zu jeder der genannten elementaren Umformungen zeigen wir Ihnen ein Beispiel. Neben der Matrix notieren wir immer mit einem Pfeil oder einem Faktor, welche Umformung wir gerade vorhaben. Das sollten Sie sich unbedingt angewöhnen. Wenn man diese Markierungen weglässt, hat man später die allergrößte Mühe, seine eigenen Rechnungen nachzuvollziehen.

Zu (1):

$$\begin{pmatrix} 1 & 2 & 3 \\ 4 & 5 & 6 \end{pmatrix} \cdot 2$$
$$\begin{pmatrix} 2 & 4 & 6 \\ 4 & 5 & 6 \end{pmatrix}$$

Zu (2):

$$\begin{pmatrix} 1 & 2 & 3 \\ 4 & 5 & 6 \end{pmatrix} \circlearrowright$$
$$\begin{pmatrix} 4 & 5 & 6 \\ 1 & 2 & 3 \end{pmatrix}$$

Zu (3):

$$\begin{pmatrix} 1 & 2 & 3 \\ 3 & 4 & 5 \end{pmatrix} \lrcorner$$
$$\begin{pmatrix} 1 & 2 & 3 \\ 4 & 6 & 8 \end{pmatrix}$$

Zu (4):

$$\begin{pmatrix} 1 & 2 & 3 \\ 3 & 4 & 5 \end{pmatrix} \begin{matrix} \cdot 2 \\ \cdot 3 \end{matrix} \lrcorner$$
$$\begin{pmatrix} 1 & 2 & 3 \\ 11 & 16 & 21 \end{pmatrix}$$

Kommen Ihnen diese Rechenschritte nicht irgendwie bekannt vor? Richtig, so gingen Sie früher bei Gleichungssystemen auch vor. Man multiplizierte Gleichungen durch, addierte zwei Gleichungen usw. Im Prinzip haben wir Ihnen hier noch nichts Neues erzählt.

Neu für Sie wird es jetzt, wenn wir mit Ihnen zum ersten Mal eine inverse Matrix berechnen. Dabei gehen wir recht ungewöhnlich vor. Wir zeigen Ihnen zuerst nur ein „Kochrezept“ für die Bildung einer inversen Matrix. Akzeptieren Sie es zunächst einfach nach dem Motto „der Erfolg rechtfertigt“. Die mathematische Erklärung reichen wir später nach. Die umgekehrte Reihenfolge wäre zwar logischer und wissenschaftlicher, aber auch schwerer verständlich.

BEISPIEL Wir berechnen die Inverse zu $\mathbf{A} = \begin{pmatrix} 1 & -4 & -2 \\ 3 & -2 & 9 \\ 2 & -3 & 1 \end{pmatrix}$

Schritt 1:

Schreiben Sie die Matrix **A** und die Einheitsmatrix **E** nebeneinander.

$$\left(\begin{array}{ccc|ccc} 1 & -4 & -2 & 1 & 0 & 0 \\ 3 & -2 & 9 & 0 & 1 & 0 \\ 2 & -3 & 1 & 0 & 0 & 1 \end{array}\right)$$

Schritt 2:

Wir formen auf der linken Seite die Matrix **A** so lange elementar um, bis wir die Einheitsmatrix dastehen haben. Dieselben Umformungen führen wir auf der rechten Seite mit der Einheitsmatrix durch. Sie verwandelt sich dabei in die gesuchte inverse Matrix.

$$\left(\begin{array}{rrr|rrr} 1 & -4 & -2 & 1 & 0 & 0 \\ 3 & -2 & 9 & 0 & 1 & 0 \\ 2 & -3 & 1 & 0 & 0 & 1 \end{array}\right) \begin{array}{l} \cdot 3 \quad \cdot 2 \\ \cdot(-1) \\ \quad\; \cdot(-1) \end{array}$$

$$\left(\begin{array}{rrr|rrr} 1 & -4 & -2 & 1 & 0 & 0 \\ 0 & -10 & -15 & 3 & -1 & 0 \\ 0 & -5 & -5 & 2 & 0 & -1 \end{array}\right) \begin{array}{l} \\ \\ \cdot(-2) \end{array}$$

$$\left(\begin{array}{rrr|rrr} 1 & -4 & -2 & 1 & 0 & 0 \\ 0 & -10 & -15 & 3 & -1 & 0 \\ 0 & 0 & -5 & -1 & -1 & 2 \end{array}\right) \begin{array}{l} \cdot 5 \\ \cdot(-2) \\ \\ \end{array}$$

$$\left(\begin{array}{rrr|rrr} 5 & 0 & 20 & -1 & 2 & 0 \\ 0 & -10 & -15 & 3 & -1 & 0 \\ 0 & 0 & -5 & -1 & -1 & 2 \end{array}\right) \begin{array}{l} \\ \quad\; \cdot(-1) \\ \cdot 4 \quad \cdot 3 \end{array}$$

$$\left(\begin{array}{rrr|rrr} 5 & 0 & 0 & -5 & -2 & 8 \\ 0 & 10 & 0 & -6 & -2 & 6 \\ 0 & 0 & -5 & -1 & -1 & 2 \end{array}\right) \begin{array}{l} :5 \\ :10 \\ :(-5) \end{array}$$

$$\left(\begin{array}{rrr|rrr} 1 & 0 & 0 & -1 & -\frac{2}{5} & \frac{8}{5} \\ 0 & 1 & 0 & -\frac{3}{5} & -\frac{1}{5} & \frac{3}{5} \\ 0 & 0 & 1 & \frac{1}{5} & \frac{1}{5} & -\frac{2}{5} \end{array}\right)$$

Damit haben wir die gesuchte Inverse zu **A** gefunden. Sie lautet:

$$\mathbf{A}^{-1} = \begin{pmatrix} -1 & -\frac{2}{5} & \frac{8}{5} \\ -\frac{3}{5} & -\frac{1}{5} & \frac{3}{5} \\ \frac{1}{5} & \frac{1}{5} & -\frac{2}{5} \end{pmatrix} = \frac{1}{5} \cdot \begin{pmatrix} -5 & -2 & 8 \\ -3 & -1 & 3 \\ 1 & 1 & -2 \end{pmatrix}$$

Vertrauen ist gut, Kontrolle ist besser. Wir machen die Probe:

$$\mathbf{A}^{-1} \cdot \mathbf{A} = \frac{1}{5} \cdot \begin{pmatrix} -5 & -2 & 8 \\ -3 & -1 & 3 \\ 1 & 1 & -2 \end{pmatrix} \cdot \begin{pmatrix} 1 & -4 & -2 \\ 3 & -2 & 9 \\ 2 & -3 & 1 \end{pmatrix} = \begin{pmatrix} 1 & 0 & 0 \\ 0 & 1 & 0 \\ 0 & 0 & 1 \end{pmatrix} = \mathbf{E}$$

$$\mathbf{A} \cdot \mathbf{A}^{-1} = \frac{1}{5} \cdot \begin{pmatrix} 1 & -4 & -2 \\ 3 & -2 & 9 \\ 2 & -3 & 1 \end{pmatrix} \cdot \begin{pmatrix} -5 & -2 & 8 \\ -3 & -1 & 3 \\ 1 & 1 & -2 \end{pmatrix} = \begin{pmatrix} 1 & 0 & 0 \\ 0 & 1 & 0 \\ 0 & 0 & 1 \end{pmatrix} = \mathbf{E}$$

Offensichtlich funktioniert unser Rezept für die Herstellung einer inversen Matrix. Wir wissen nur noch nicht, warum. Für die Erklärung müssen wir etwas weiter ausholen. Zunächst zeigen wir an Zahlenbeispielen, dass jede unserer elementaren Umformungen einer Matrizenmultiplikation von links entspricht.

BEISPIELE Zu (1): Multiplikation einer Zeile

$$\begin{pmatrix} 1 & 2 & 3 \\ 4 & 5 & 6 \\ 7 & 8 & 9 \end{pmatrix} \cdot 2$$

$$\begin{pmatrix} 2 & 4 & 6 \\ 4 & 5 & 6 \\ 7 & 8 & 9 \end{pmatrix} \quad \text{entspricht:} \begin{pmatrix} 2 & 0 & 0 \\ 0 & 1 & 0 \\ 0 & 0 & 1 \end{pmatrix} \cdot \begin{pmatrix} 1 & 2 & 3 \\ 4 & 5 & 6 \\ 7 & 8 & 9 \end{pmatrix} = \begin{pmatrix} 2 & 4 & 6 \\ 4 & 5 & 6 \\ 7 & 8 & 9 \end{pmatrix}$$

Zu (2): Vertauschen von zwei Zeilen

$$\begin{pmatrix}1 & 2 & 3\\4 & 5 & 6\\7 & 8 & 9\end{pmatrix} \begin{matrix}\leftarrow\\\leftarrow\\ \end{matrix}$$

$$\begin{pmatrix}4 & 5 & 6\\1 & 2 & 3\\7 & 8 & 9\end{pmatrix} \quad \text{entspricht: } \begin{pmatrix}0 & 1 & 0\\1 & 0 & 0\\0 & 0 & 1\end{pmatrix} \cdot \begin{pmatrix}1 & 2 & 3\\4 & 5 & 6\\7 & 8 & 9\end{pmatrix} = \begin{pmatrix}4 & 5 & 6\\1 & 2 & 3\\7 & 8 & 9\end{pmatrix}$$

Zu (3): Addition von zwei Zeilen

$$\begin{pmatrix}1 & 2 & 3\\4 & 5 & 6\\7 & 8 & 9\end{pmatrix} \begin{matrix}\urcorner +\\\leftarrow\\ \end{matrix}$$

$$\begin{pmatrix}1 & 2 & 3\\5 & 7 & 9\\7 & 8 & 9\end{pmatrix} \quad \text{entspricht: } \begin{pmatrix}1 & 0 & 0\\1 & 1 & 0\\0 & 0 & 1\end{pmatrix} \cdot \begin{pmatrix}1 & 2 & 3\\4 & 5 & 6\\7 & 8 & 9\end{pmatrix} = \begin{pmatrix}1 & 2 & 3\\5 & 7 & 9\\7 & 8 & 9\end{pmatrix}$$

Zu (4): Multiplikation und Addition zweier Zeilen

$$\begin{pmatrix}1 & 2 & 3\\4 & 5 & 6\\7 & 8 & 9\end{pmatrix} \begin{matrix}\cdot 2 \urcorner\\\cdot 3 \leftarrow\\ \end{matrix}$$

$$\begin{pmatrix}1 & 2 & 3\\16 & 19 & 24\\7 & 8 & 9\end{pmatrix} \quad \text{entspricht: } \begin{pmatrix}1 & 0 & 0\\2 & 3 & 0\\0 & 0 & 1\end{pmatrix} \cdot \begin{pmatrix}1 & 2 & 3\\4 & 5 & 6\\7 & 8 & 9\end{pmatrix} = \begin{pmatrix}1 & 2 & 3\\16 & 19 & 24\\7 & 8 & 9\end{pmatrix}$$

Jetzt betrachten wir nochmals unser Herstellungsverfahren für die inverse Matrix. Jede elementare Umformung ersetzen wir durch eine Multiplikation mit einer Matrix $\mathbf{B}_i$.

$\mathbf{A}$	$\mathbf{E}$
$\mathbf{B}_1\,\mathbf{A}$	$\mathbf{B}_1\,\mathbf{E}$
$\mathbf{B}_2\,\mathbf{B}_1\,\mathbf{A}$	$\mathbf{B}_2\,\mathbf{B}_1\,\mathbf{E}$
$\vdots$	$\vdots$
$\mathbf{B}_n\,\mathbf{B}_{n-1}\ldots\,\mathbf{B}_2\,\mathbf{B}_1\,\mathbf{A}$	$\mathbf{B}_n\,\mathbf{B}_{n-1}\ldots\,\mathbf{B}_2\,\mathbf{B}_1\,\mathbf{E}$

Linke Seite des Schemas: $\underbrace{\mathbf{B}_n\,\mathbf{B}_{n-1}\ldots\,\mathbf{B}_2\,\mathbf{B}_1}_{=\mathbf{A}^{-1}}\,\mathbf{A} = \mathbf{E}$ Weil sich bei der Multiplikation mit **A** die Einheitsmatrix **E** ergibt.

Rechte Seite des Schemas: $\underbrace{\mathbf{B}_n\,\mathbf{B}_{n-1}\ldots\,\mathbf{B}_2\,\mathbf{B}_1}_{=\mathbf{A}^{-1}}\,\mathbf{E} = \mathbf{A}^{-1}$ Wie bei der linken Seite. Bei der Multiplikation mit **E** ändert sich nichts.

Sie sehen jetzt nachträglich, dass unser Rezept für die Herstellung einer inversen Matrix ganz pfiffig war. Die umständlichen Matrizenmultiplikationen haben wir durch elementare Umformungen ersetzt, für die das große Einmaleins völlig ausreicht.

Natürlich beherrscht auch Ihr Taschenrechner das Invertieren von Matrizen. Um ihn zu testen, geben wir die Matrix ein, von der wir vorher ausführlich die Inverse berechnet haben. Sehen Sie in Ihrem Handbuch nach, wie man bei Ihrem Gerät Matrizen invertiert. Das Display wird dann ungefähr so aussehen: Links sehen Sie bei der folgenden Abbildung die eingegebene Matrix **A**, rechts die dazugehörige Inverse.

Testen Sie bei den später folgenden Übungsaufgaben Ihre Ergebnisse, die Sie von Hand erzielen, so weit wie möglich mit dem Rechner. Das Rechnen von Hand bleibt uns leider nicht erspart, wenn Formvariable ins Spiel kommen. Dann ist unser Taschenrechner überfordert und versagt.

Ein Beispiel für eine Matrix mit ihrer Inversen drucken wir hier noch ab, damit Sie Ihren Taschenrechner testen können.

*1

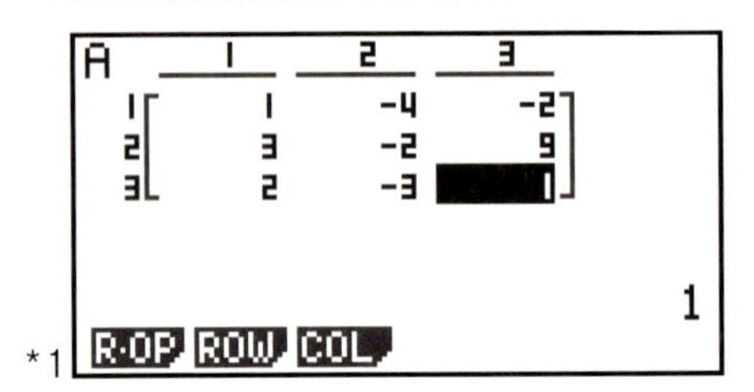

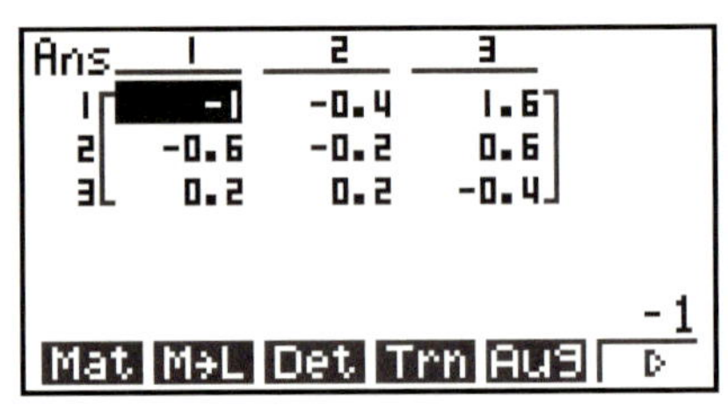

Wundern Sie sich nicht, wenn Ihr Taschenrechner bei Inversenbildungen gelegentlich eine Fehlermeldung bringt. Dies passiert bei Matrizen, zu denen keine Inverse existiert.

Da es nicht zu allen Matrizen eine Inverse gibt, führt man eine sprachliche Unterscheidung ein. Matrizen, zu denen es eine Inverse gibt, heißen **regulär.** Eine Matrix, die keine Inverse besitzt, heißt **singulär.**

2.1.2 Rechenregeln für Matrizen

Die meisten Rechenregeln für Matrizen haben wir bereits kennen gelernt und beim Addieren, Multiplizieren und Invertieren benutzt. Wichtig sind noch zwei Vertauschungsregeln, die ab und zu vorkommen.

REGEL **Für das Invertieren eines Produktes gilt: $(\mathbf{A} \cdot \mathbf{B})^{-1} = \mathbf{B}^{-1} \cdot \mathbf{A}^{-1}$.**

Beweis: Falls $\mathbf{B}^{-1} \cdot \mathbf{A}^{-1}$ die Inverse von $\mathbf{A} \cdot \mathbf{B}$ ist, muss sich bei der Multiplikation der beiden Terme jeweils die Einheitsmatrix ergeben.

$$(\mathbf{A} \cdot \mathbf{B}) \cdot (\mathbf{B}^{-1} \cdot \mathbf{A}^{-1}) = \mathbf{A} \cdot (\mathbf{B} \cdot \mathbf{B}^{-1}) \cdot \mathbf{A}^{-1} = \mathbf{A} \cdot \mathbf{E} \cdot \mathbf{A}^{-1} = \mathbf{A} \cdot \mathbf{A}^{-1} = \mathbf{E}$$

oder

$$(\mathbf{B}^{-1} \cdot \mathbf{A}^{-1}) \cdot (\mathbf{A} \cdot \mathbf{B}) = \mathbf{B}^{-1} \cdot (\mathbf{A}^{-1} \cdot \mathbf{A}) \cdot \mathbf{B} = \mathbf{B}^{-1} \cdot \mathbf{E} \cdot \mathbf{B} = \mathbf{B}^{-1} \cdot \mathbf{B} = \mathbf{E},$$

was zu zeigen war.

REGEL **Für das Transponieren eines Produktes** gilt: $(\mathbf{A} \cdot \mathbf{B})^T = \mathbf{B}^T \cdot \mathbf{A}^T$.

Beweis: Wir vergleichen die Ergebnisse der Multiplikation links und rechts.
Linke Seite: Zeilenvektor a_i mal Spaltenvektor b_j = Element c_{ij}.
c_{ij} transponieren ergibt das Element c_{ji}.

Rechte Seite: Zeilenvektor b_j mal Spaltenvektor a_i = Element c_{ji}.

Das heißt: Die Matrizen, die sich auf der linken und der rechten Seite der Gleichung ergeben, stimmen in allen Elementen c_{ji} überein, sind also gleich.

REGEL Es gilt: $(\mathbf{A}^{-1})^{-1} = \mathbf{A}$.

Wenn man eine Matrix zweimal invertiert, erhält man wieder die Ausgangsmatrix. Analog erhalten Sie beim Zahlenrechnen die alte Zahl wieder, wenn sie zweimal nacheinander den Kehrwert bilden.

Es lohnt sich nicht, alle Rechenregeln für Matrizen auswendig zu lernen. Man sollte aber wissen, wo man sie in der Formelsammlung findet. Wenn Ihre Sammlung kein Kapitel über das Rechnen mit Matrizen enthält, erhalten Sie bei der schriftlichen Abiturprüfung extra ein Blatt mit den notwendigen Formeln. Wir drucken Ihnen als Nächstes eine solche Formelsammlung ab, wie sie beim Abitur verwendet wird. Diese komplette Zusammenstellung wird Ihnen sicher hilfreich sein.

2.1.3 Das muss ich mir merken!

Bei der Überschrift haben wir etwas übertrieben: Natürlich muss man sich nicht jede ausgefallene Definition oder Regel merken. In der Mathematik ist es viel wichtiger, dass man weiß, welche Regeln man benötigt, um ein Problem zu lösen, und wo man diese Regeln findet. Wir wollen Ihnen hier eine komplette Formelsammlung für den Umgang mit Matrizen in der Schule zusammenstellen.

Formelsammlung zur Matrizenrechnung

DEFINITION

Das Zahlenschema $\mathbf{A} = \mathbf{A}_{(\mathbf{m},\mathbf{n})} = \begin{pmatrix} a_{11} & a_{12} & \dots & a_{1n} \\ a_{21} & a_{22} & \dots & a_{2n} \\ \dots & \dots & \dots & \dots \\ \dots & \dots & \dots & \dots \\ a_{m1} & a_{m2} & \dots & a_{mn} \end{pmatrix}$ heißt Matrix

vom Typ $\tau(\mathbf{A}) = (m,n)$.

Die Zahlen a_{ik} heißen Elemente von **A**.
Schreibweisen: $\mathbf{A} = \mathbf{A}_{(\mathbf{m},\mathbf{n})} = (a_{ik})_{(m,n)}$

Besondere Matrizen

Quadratische Matrix: Matrix vom Typ $\tau(\mathbf{A}) = (n,n)$;
n heißt dann die Ordnung der Matrix.

Einheitsmatrix **E***:* Quadratische Matrix mit $e_{ik} = 1$, wenn $i = k$;
und mit $e_{ik} = 0$, wenn $i \neq k$.

Nullmatrix **O**: Matrix von beliebigem Typ mit allen $a_{ik} = 0$.

Transponierte Matrix $\mathbf{A}^T$ *einer Matrix* **A**: $\mathbf{A}^T$ entsteht aus **A**, indem man bei **A** die Zeilen und die Spalten vertauscht.

Vektoren: Matrizen, die nur aus 1 Spalte oder nur aus 1 Zeile bestehen:

Spaltenvektor $\vec{a} = \begin{pmatrix} a_1 \\ a_2 \\ \vdots \\ a_n \end{pmatrix}$

Zeilenvektor $\vec{a}^T = (a_1\ a_2 \ldots a_n)$

Zu einer Matrix **A** *die inverse Matrix* $\mathbf{A}^{-1}$: Wenn $\mathbf{A} \cdot \mathbf{A}^{-1} = \mathbf{A}^{-1} \cdot \mathbf{A} = \mathbf{E}$ erfüllt ist.

Verknüpfungen

Addition: $\mathbf{C} = \mathbf{A} + \mathbf{B}$ mit $\tau(\mathbf{A}) = \tau(\mathbf{B})$

$c_{ik} = a_{ik} + b_{ik}$

Eigenschaften:

$$\mathbf{A} + \mathbf{B} = \mathbf{B} + \mathbf{A}$$
$$(\mathbf{A} + \mathbf{B}) + \mathbf{C} = \mathbf{A} + (\mathbf{B} + \mathbf{C})$$
$$(\mathbf{A} + \mathbf{B})^T = \mathbf{A}^T + \mathbf{B}^T$$
$$\mathbf{A} + \mathbf{O} = \mathbf{A} - \mathbf{O} = \mathbf{O} + \mathbf{A} = \mathbf{A}$$

S-Multiplikation: $\mathbf{B} = r \cdot \mathbf{A}$ mit $b_{ik} = r \cdot a_{ik}$; $r \in \mathbb{R}$

Eigenschaften:

$$r \cdot \mathbf{A} = \mathbf{A} \cdot r$$
$$(r\,s) \cdot \mathbf{A} = r \cdot (s \cdot \mathbf{A})$$
$$1 \cdot \mathbf{A} = \mathbf{A}; \quad 0 \cdot \mathbf{A} = \mathbf{O}$$
$$(r + s) \cdot \mathbf{A} = r \cdot \mathbf{A} + s \cdot \mathbf{A}$$
$$r \cdot (\mathbf{A} + \mathbf{B}) = r \cdot \mathbf{A} + r \cdot \mathbf{B}$$
$$(r \cdot \mathbf{A})^T = r \cdot \mathbf{A}^T$$

Matrizenprodukt: $\mathbf{C}_{(m,n)} = \mathbf{A}_{(m,p)} \cdot \mathbf{B}_{(p,n)}$ mit $c_{ik} = \sum_{j=1}^{n} a_{ij}\, b_{jk}$

(c_{ik} ergibt sich aus der Multiplikation Zeile mal Spalte.)

Eigenschaften:

$$(\mathbf{A} \cdot \mathbf{B}) \cdot \mathbf{C} = \mathbf{A} \cdot (\mathbf{B} \cdot \mathbf{C})$$
$$\mathbf{A} \cdot (\mathbf{B} + \mathbf{C}) = \mathbf{A} \cdot \mathbf{B} + \mathbf{A} \cdot \mathbf{C}$$
$$\mathbf{E} \cdot \mathbf{A} = \mathbf{A} \cdot \mathbf{E} = \mathbf{A}$$
$$\mathbf{O} \cdot \mathbf{A} = \mathbf{A} \cdot \mathbf{O} = \mathbf{O}$$
$$(\mathbf{A} \cdot \mathbf{B})^T = \mathbf{B}^T \cdot \mathbf{A}^T$$

Inverse Matrix: $\mathbf{A}^{-1} \cdot \mathbf{A} = \mathbf{A} \cdot \mathbf{A}^{-1} = \mathbf{E}$

Eigenschaften:

$$\mathbf{A}^{-n} = (\mathbf{A}^{-1})^n = (\mathbf{A}^n)^{-1}$$
$$(\mathbf{A}^{-1})^{-1} = \mathbf{A}$$
$$(\mathbf{A}^{-1})^T = (\mathbf{A}^T)^{-1}$$
$$(\mathbf{A} \cdot \mathbf{B})^{-1} = \mathbf{B}^{-1} \cdot \mathbf{A}^{-1}$$
$$(r \cdot \mathbf{A})^{-1} = \frac{1}{r} \cdot \mathbf{A}^{-1}$$

2.1.4 Matrizengleichungen

Aus der Algebra sind Sie es gewohnt, dass man Formvariable mit a, b, c ... abkürzt und die Lösungsvariable mit x bezeichnet. Das heißt, dass man in der Regel eine Gleichung nach x auflöst und dabei a, b und c als Konstante betrachtet. Ob man die Größe der Konstanten kennt, spielt dabei oft keine Rolle.

In der Matrizenrechnung behalten wir diese Konvention bei. Wenn in einer Gleichung die Matrizen **A**, **B**, **C** und **X** auftauchen, lösen wir sie nach der Matrix **X** auf. Es können mehrere Fälle auftreten, die wir systematisch auflösen. Dabei unterstellen wir, dass die Formate der Matrizen so gewählt sind, dass man die Matrizen addieren und multiplizieren kann und dass die erforderlichen Inversen existieren.

Hinweis: Seien Sie vorsichtig, wenn Sie eine Matrizengleichung durchmultiplizieren. Die Produkte $\mathbf{A} \cdot \mathbf{B}$ und $\mathbf{B} \cdot \mathbf{A}$ sind in der Regel verschieden. Beachten Sie daher genau die Reihenfolge der beiden Faktoren. Dies sind wir nicht gewohnt, weil es beim Rechnen mit Zahlen keine Rolle spielt.

BEISPIELE

1. Fall:

$$t \cdot \mathbf{X} = \mathbf{A} \qquad (t \in \mathbb{R}, t \neq 0)$$
$$\mathbf{X} = \tfrac{1}{t} \cdot \mathbf{A}$$

Beispiel:

$$2 \cdot \mathbf{X} = \begin{pmatrix} 4 & 8 \\ 2 & 6 \end{pmatrix}$$
$$\mathbf{X} = \begin{pmatrix} 2 & 4 \\ 1 & 3 \end{pmatrix}$$

2. Fall:

$$\mathbf{A} \cdot \mathbf{X} = \mathbf{B} \qquad | \cdot \mathbf{A}^{-1} \text{ von links}$$
$$\mathbf{A}^{-1} \cdot \mathbf{A} \cdot \mathbf{X} = \mathbf{A}^{-1} \cdot \mathbf{B}$$
$$\mathbf{E} \cdot \mathbf{X} = \mathbf{X} = \mathbf{A}^{-1} \cdot \mathbf{B}$$

Beispiel:

$$\begin{pmatrix} 1 & 2 \\ -1 & 0 \end{pmatrix} \cdot \mathbf{X} = \begin{pmatrix} 2 & 0 \\ 4 & 2 \end{pmatrix} \qquad \Big| \cdot \underbrace{\begin{pmatrix} 0 & -1 \\ 0{,}5 & 0{,}5 \end{pmatrix}}$$

Zeigen Sie, dass es sich um die gewünschte Inverse handelt.

$$\begin{pmatrix} 0 & -1 \\ 0{,}5 & 0{,}5 \end{pmatrix} \cdot \begin{pmatrix} 1 & 2 \\ -1 & 0 \end{pmatrix} \cdot \mathbf{X} = \begin{pmatrix} 0 & -1 \\ 0{,}5 & 0{,}5 \end{pmatrix} \cdot \begin{pmatrix} 2 & 0 \\ 4 & 2 \end{pmatrix}$$
$$\begin{pmatrix} 1 & 0 \\ 0 & 1 \end{pmatrix} \cdot \mathbf{X} = \begin{pmatrix} -4 & -2 \\ 3 & 1 \end{pmatrix}$$
$$\mathbf{X} = \begin{pmatrix} -4 & -2 \\ 3 & 1 \end{pmatrix}$$

3. Fall:

$$\mathbf{X} \cdot \mathbf{A} = \mathbf{B} \qquad | \cdot \mathbf{A}^{-1} \text{ von rechts}$$
$$\mathbf{X} \cdot \mathbf{A} \cdot \mathbf{A}^{-1} = \mathbf{B} \cdot \mathbf{A}^{-1}$$
$$\mathbf{X} \cdot \mathbf{E} = \mathbf{X} = \mathbf{B} \cdot \mathbf{A} \cdot {}^{-1}$$

Beispiel:

$$\mathbf{X} \cdot \begin{pmatrix} 2 & 1 \\ 1 & 1 \end{pmatrix} = \begin{pmatrix} 1 & 0 \\ 2 & 5 \end{pmatrix} \qquad \Big| \cdot \underbrace{\begin{pmatrix} 1 & -1 \\ -1 & 2 \end{pmatrix}}$$

Zeigen Sie, dass es sich um die gewünschte Inverse handelt.

$$\mathbf{X} \cdot \begin{pmatrix} 2 & 1 \\ 1 & 1 \end{pmatrix} \cdot \begin{pmatrix} 1 & -1 \\ -1 & 2 \end{pmatrix} = \begin{pmatrix} 1 & 0 \\ 2 & 5 \end{pmatrix} \cdot \begin{pmatrix} 1 & -1 \\ -1 & 2 \end{pmatrix}$$

$$\mathbf{X} \cdot \begin{pmatrix} 1 & 0 \\ 0 & 1 \end{pmatrix} = \begin{pmatrix} 1 & -1 \\ -3 & 7 \end{pmatrix}$$

$$\mathbf{X} = \begin{pmatrix} 1 & -1 \\ -3 & 7 \end{pmatrix}$$

4. Fall: $\mathbf{A} \cdot \mathbf{X} \cdot \mathbf{B} = \mathbf{C}$ $\quad | \cdot \mathbf{A}^{-1}$ von links

$\mathbf{A}^{-1} \cdot \mathbf{A} \cdot \mathbf{X} \cdot \mathbf{B} = \mathbf{A}^{-1} \cdot \mathbf{C}$

$\mathbf{E} \cdot \mathbf{X} \cdot \mathbf{B} = \mathbf{X} \cdot \mathbf{B} = \mathbf{A}^{-1} \cdot \mathbf{C}$ $\quad | \cdot \mathbf{B}^{-1}$ von rechts

$\mathbf{X} \cdot \mathbf{B} \cdot \mathbf{B}^{-1} = \mathbf{X} \cdot \mathbf{E} = \mathbf{X} = \mathbf{A}^{-1} \cdot \mathbf{C} \cdot \mathbf{B}^{-1}$

Beispiel:

$$\begin{pmatrix} 1 & 2 \\ -1 & 0 \end{pmatrix} \cdot \mathbf{X} \cdot \begin{pmatrix} 2 & 1 \\ 1 & 1 \end{pmatrix} = \begin{pmatrix} 4 & 6 \\ 0 & 2 \end{pmatrix} \quad \Big| \cdot \begin{pmatrix} 0 & -1 \\ 0{,}5 & 0{,}5 \end{pmatrix}$$

(siehe Fall 2)

$$\mathbf{X} \cdot \begin{pmatrix} 2 & 1 \\ 1 & 1 \end{pmatrix} = \begin{pmatrix} 0 & -1 \\ 0{,}5 & 0{,}5 \end{pmatrix} \cdot \begin{pmatrix} 4 & 6 \\ 0 & 2 \end{pmatrix} = \begin{pmatrix} 0 & -2 \\ 2 & 4 \end{pmatrix} \quad \Big| \cdot \begin{pmatrix} 1 & -1 \\ -1 & 2 \end{pmatrix}$$

(siehe Fall 3)

$$\mathbf{X} = \begin{pmatrix} 0 & -2 \\ 2 & 4 \end{pmatrix} \cdot \begin{pmatrix} 1 & -1 \\ -1 & 2 \end{pmatrix} = \begin{pmatrix} 2 & -4 \\ -2 & 6 \end{pmatrix}$$

Wir lösen mit Ihnen nun zwei Matrizengleichungen nach **X** auf, bei denen man die Rechenregeln für Matrizen und die eben genannten Fälle berücksichtigen muss.

BEISPIEL 1.

$$\begin{aligned} (\mathbf{A} + 2\mathbf{X})^T &= \mathbf{A}^T \mathbf{X}^T && | \text{ transponieren} \\ \mathbf{A} + 2\mathbf{X} &= \mathbf{X}\,\mathbf{A} && | \text{ sortieren} \\ 2\mathbf{X} - \mathbf{X}\,\mathbf{A} &= -\mathbf{A} && | \text{ ausklammern} \\ \mathbf{X}\,(2\mathbf{E} - \mathbf{A}) &= -\mathbf{A} && | \cdot (2\mathbf{E} - \mathbf{A})^{-1} \text{ von rechts} \\ \mathbf{X} &= -\mathbf{A}\,(2\mathbf{E} - \mathbf{A})^{-1} \end{aligned}$$

BEISPIEL 2.

$$\begin{aligned} \mathbf{A}\,(4\mathbf{A}^{-1} + \mathbf{E} + (\mathbf{B}^{-1}\,\mathbf{A})^{-1} - \mathbf{X})\,\mathbf{A}^{-1} &= \mathbf{E} + B\,\mathbf{A}^{-1} && | \cdot \mathbf{A} \text{ von rechts} \\ \mathbf{A}\,(4\mathbf{A}^{-1} + \mathbf{E} + (\mathbf{B}^{-1}\,\mathbf{A})^{-1} - \mathbf{X}) &= \mathbf{A} + \mathbf{B} && | \cdot \mathbf{A}^{-1} \text{ von links} \\ 4\mathbf{A}^{-1} + \mathbf{E} + (\mathbf{B}^{-1}\,\mathbf{A})^{-1} - X &= \mathbf{E} + \mathbf{A}^{-1}\,\mathbf{B} && | - \mathbf{E} \\ 4\mathbf{A}^{-1} + \mathbf{A}^{-1}\,\mathbf{B} - \mathbf{X} &= \mathbf{A}^{-1}\,\mathbf{B} && | - \mathbf{A}^{-1}\,\mathbf{B} \\ 4\mathbf{A}^{-1} - \mathbf{X} &= \mathbf{0} \\ \mathbf{X} &= 4\mathbf{A}^{-1} \end{aligned}$$

2.1.5 Haben Sie alles verstanden?

Üben

AUFGABE 1 Bilden Sie zu der angegebenen Matrix die Inverse. Kontrollieren Sie Ihr Ergebnis mit dem Taschenrechner.

a) $\mathbf{A} = \begin{pmatrix} 2 & -4 \\ 1 & 2 \end{pmatrix}$

b) $\mathbf{B} = \begin{pmatrix} 1 & 2 \\ -3 & 1 \end{pmatrix}$

c) $\mathbf{C} = \begin{pmatrix} 4 & -3 \\ -2 & 0 \end{pmatrix}$

d) $\mathbf{D} = \begin{pmatrix} 1 & 0 & 1 \\ 2 & 0 & 1 \\ 2 & 1 & 1 \end{pmatrix}$

e) $\mathbf{E} = \begin{pmatrix} 2 & 0 & 1 \\ 1 & 1 & -2 \\ -4 & 2 & 1 \end{pmatrix}$

Bei **E** handelt es sich hier ausnahmsweise nicht um die Einheitsmatrix.

f) $\mathbf{F} = \begin{pmatrix} 2 & -3 & 2 \\ -1 & 5 & -2 \\ -1 & 3 & 0 \end{pmatrix}$

g) $\mathbf{G} = \begin{pmatrix} -2 & 0 & 3 \\ 2 & -1 & 1 \\ 4 & 0 & 1 \end{pmatrix}$

h) $\mathbf{H} = \begin{pmatrix} 6 & 1 & 0 \\ 3 & -3 & 3 \\ -6 & 2 & -1 \end{pmatrix}$

i) $\mathbf{I} = \begin{pmatrix} 2 & 6 & 1 \\ -4 & -5 & 3 \\ 0 & 3 & 2 \end{pmatrix}$

j) $\mathbf{J} = \begin{pmatrix} 2 & 0 & 0 & 4 \\ -2 & 1 & 2 & -1 \\ 4 & -4 & 0 & 2 \\ 0 & 1 & 4 & 0 \end{pmatrix}$

k) $\mathbf{K} = \begin{pmatrix} 2 & -2 & 1 & 2 \\ -1 & 3 & 0 & 2 \\ 0 & 2 & -1 & -5 \\ 4 & 0 & 2 & 3 \end{pmatrix}$

AUFGABE 2 a) Zeigen Sie, dass die Matrix $\mathbf{A} = \begin{pmatrix} 1 & 0 \\ 1 & 0 \end{pmatrix}$ keine Inverse besitzen kann, indem Sie sie mit einer beliebigen (2,2)-Matrix multiplizieren und das Ergebnis mit der Einheitsmatrix vergleichen.

b) Zeigen Sie allgemein: Eine Matrix, die eine Nullzeile enthält, kann keine Inverse besitzen.

AUFGABE 3 Bilden Sie die inverse Matrix, falls sie existiert.

a) $\mathbf{A} = \begin{pmatrix} 1 & 2 \\ 2 & 4 \end{pmatrix}$

b) $\mathbf{B} = \begin{pmatrix} 2 & 3 \\ 1 & -6 \end{pmatrix}$

c) $\mathbf{C} = \begin{pmatrix} 1 & -2 & 4 \\ 3 & 0 & 1 \\ 4 & -2 & 5 \end{pmatrix}$

d) $\mathbf{D} = \begin{pmatrix} 2 & 4 & -5 \\ 1 & -4 & 2 \\ 0 & 0 & 6 \end{pmatrix}$

e) $\mathbf{E} = \begin{pmatrix} 1 & 2 & -4 \\ 0 & 3 & 1 \\ 2 & 1 & -9 \end{pmatrix}$

Siehe Anmerkung bei 1 e).

f) $\mathbf{F} = \begin{pmatrix} a+1 & 0 & 3a \\ 2a & -4a & 0 \\ 3-a & 8a & 9a \end{pmatrix}$ mit $a \neq 0$

AUFGABE 4 Für welche Werte der Formvariablen besitzen die Matrizen keine Inverse?

a) $\mathbf{A} = \begin{pmatrix} -t & t & 0 \\ t & 0 & 1 \\ 0 & 1 & 2 \end{pmatrix}$ b) $\mathbf{B} = \begin{pmatrix} k & 2k & 2 \\ -k & 2k & 1 \\ 2 & 0 & k \end{pmatrix}$

AUFGABE 5 Lösen Sie die Gleichungen nach der Matrix **X** auf.

a) $3\,\mathbf{A}\,\mathbf{X} = \mathbf{B} + \mathbf{C} + 2\,\mathbf{A}\,\mathbf{X}$

b) $4\,\mathbf{X} - \mathbf{A}\,\mathbf{X} + \mathbf{B} = 3\,\mathbf{B} + 4\,\mathbf{X}$

c) $3\,\mathbf{B}\,\mathbf{X} - 2\,\mathbf{A}\,\mathbf{X} + \mathbf{B} = \mathbf{E}$

d) $2\,\mathbf{X}\,\mathbf{A} - 4\,\mathbf{X} = -7\,\mathbf{X} + \mathbf{A}$

e) $\mathbf{A}\,\mathbf{X}^{-1}\,\mathbf{B}^{T} = \mathbf{E}$

f) $(\mathbf{X}\,\mathbf{A})^{-1} = \mathbf{A}^{-1}\,\mathbf{B}$

g) $2\,\mathbf{A}\,(3\,\mathbf{X} - 4\,\mathbf{B}) = 2\,\mathbf{A}\,\mathbf{B}$

AUFGABE 6 Gegeben sind:

$$\mathbf{A} = \begin{pmatrix} 0 & 2 \\ -3 & 1 \end{pmatrix} \quad \mathbf{B} = \begin{pmatrix} 1 & 6 \\ -3 & 2 \end{pmatrix} \quad \mathbf{C} = \begin{pmatrix} -4 & 8 \\ 3 & -5 \end{pmatrix}$$

Berechnen Sie damit die Matrix **X**.

a) $2\,\mathbf{A}\,\mathbf{X} = 4\,\mathbf{C} + 6\,\mathbf{E}$

b) $\mathbf{A}\,\mathbf{X}\,\mathbf{B} = \mathbf{C}$

c) $(\mathbf{X}^{-1}\,\mathbf{A} + \mathbf{C}) = 2\,\mathbf{B}$

AUFGABE 7 Zeigen Sie, dass die Matrizengleichung $\mathbf{A}\,\mathbf{X}^{-1} - \mathbf{A} = -3\,\mathbf{A}^{-1}\,\mathbf{X}^{-1}$ gelöst wird durch: $\mathbf{X} = 3\,\mathbf{A}^{-2} + \mathbf{E}$.

Berechnen Sie die Matrix **X** für $\mathbf{A} = \begin{pmatrix} 2 & -1 & 0 \\ -6 & 4 & 0 \\ 8 & -2 & 4 \end{pmatrix}$.

AUFGABE 8 Formen Sie die Aussageform $\mathbf{B} + \mathbf{X}\,\mathbf{B} - \mathbf{B}^{T} = \mathbf{0}$ nach **X** um.

Berechnen Sie die Matrix **X** für $\mathbf{B} = \begin{pmatrix} 0{,}5 & 0{,}5 & 2 \\ 1{,}5 & 0{,}5 & -1 \\ 0 & 1 & 1 \end{pmatrix}$.

AUFGABE 9 Bestätigen Sie durch geeignetes Umformen, dass $\mathbf{X} = \mathbf{B}^{-1}$ die Lösung der folgenden Gleichung ist: $4\,\mathbf{X}\,\mathbf{B} = 2\,\mathbf{X}\,\mathbf{B}\,\mathbf{B}^{T} + 4\,\mathbf{E} - 2\,\mathbf{B}^{T}$.

Berechnen Sie **X** für $\mathbf{B} = \begin{pmatrix} 1 & -4 & -2 \\ 3 & -2 & 9 \\ 2 & -3 & 1 \end{pmatrix}$.

AUFGABE 10 Lösen Sie die Matrizengleichung $\mathbf{A}^2 - \mathbf{B}\,\mathbf{A} = \mathbf{A}\,\mathbf{X}\,\mathbf{A}$ nach **X** auf.

Berechnen Sie **X** für $\mathbf{A} = \begin{pmatrix} 4 & 0 & 2 \\ 0 & 4 & 2 \\ 4 & 2 & 0 \end{pmatrix}$ und $\mathbf{B} = \begin{pmatrix} 0 & 0 & 12 \\ 0 & 12 & 0 \\ 12 & 0 & 0 \end{pmatrix}$.

Entscheiden

Welche der folgenden Aussagen 11 – 23 ist richtig, welche falsch?

AUFGABE 11 Inverse Matrizen gibt es nur zu quadratischen Matrizen.

AUFGABE 12 Wenn die Anzahl der Zeilen und Spalten einer Matrix zu groß wird, dann gibt es zu ihr keine Inverse mehr.

AUFGABE 13 Es gibt keine Matrix, die zu sich selbst invers ist.

AUFGABE 14 Für die (1,1)-Matrix $\mathbf{A} = (2)$ gilt $\mathbf{A}^{-1} = (\frac{1}{2})$.

AUFGABE 15 Für die (2,2)-Matrix $\mathbf{A} = \begin{pmatrix} 1 & 2 \\ 3 & 4 \end{pmatrix}$ gilt $\mathbf{A}^{-1} = \begin{pmatrix} 1 & \frac{1}{2} \\ \frac{1}{3} & \frac{1}{4} \end{pmatrix}$.

AUFGABE 16 Wenn die Elemente einer Matrix immer größer werden, werden die Elemente der dazugehörigen inversen Matrix immer kleiner.

AUFGABE 17 Ein eindeutig lösbares Gleichungssysem $\mathbf{A}\vec{x} = \vec{b}$ lässt sich mithilfe von $\mathbf{A}^{-1}$ lösen.

AUFGABE 18 Für jedes Gleichungssystem $\mathbf{A}\vec{x} = \vec{b}$ lassen sich die Lösungsvektoren in der Form $\vec{x} = \mathbf{A}^{-1}\vec{b}$ angeben.

AUFGABE 19 Eine reguläre Matrix ist immer quadratisch.

AUFGABE 20 Wenn eine singuläre Matrix quadratisch ist, kann man sie invertieren.

AUFGABE 21 Wenn **A** die Inverse von **B** ist, dann ist **B** auch die Inverse von **A.**

AUFGABE 22 Gegeben sind die Matrizen $\mathbf{A} = \begin{pmatrix} -2 & 3 & -1 \\ 2 & -1 & -4 \end{pmatrix}$ und $\mathbf{B} = \begin{pmatrix} 10 & 4 \\ 8 & 3 \\ 3 & 1 \end{pmatrix}$.

Wenn man das Produkt $\mathbf{A} \cdot \mathbf{B}$ bildet, erhält man eine Einheitsmatrix.

AUFGABE 23 Wenn das Produkt $\mathbf{A} \cdot \mathbf{B}$ eine Einheitsmatrix ergibt, muss **B** immer die Inverse von **A** sein. (Tipp: Aufgabe 22 ansehen)

Verstehen

AUFGABE 24
a) Warum lässt sich die Matrizengleichung $\mathbf{A}\,\mathbf{X} = \mathbf{X}\,\mathbf{B}$ nicht durch einfaches Umstellen der Gleichung nach **X** auflösen?
b) Wie könnte man so eine Gleichung mithilfe eines linearen Gleichungssystems lösen?
Wie viele Unbekannte hätte dieses Gleichungssystem?

AUFGABE 25 Warum lässt sich eine Matrix der Ordnung n nicht invertieren, wenn ihr Rang kleiner als n ist?
Tipp: Denken Sie an unser Rechenverfahren für die Bildung inverser Matrizen.

AUFGABE 26 Warum kann es zu Matrizen mit dem Format (m,n) keine Inverse geben, wenn $m \neq n$?

AUFGABE 27 Warum dividiert man eine Matrizengleichung der Form $\mathbf{AX} = \ldots$ nicht einfach durch $\mathbf{A}$, wenn man sie nach $\mathbf{X}$ auflösen will?

AUFGABE 28 Geben Sie eine Matrizengleichung an, die unlösbar ist.

AUFGABE 29 Geben Sie eine Matrizengleichung an, die unendlich viele Lösungen besitzt.

AUFGABE 30 Man kann ein eindeutig lösbares lineares Gleichungssystem $\mathbf{A}\vec{x} = \vec{b}$ lösen, indem man es umformt zu $\vec{x} = \mathbf{A}^{-1}\vec{b}$. Warum geht man trotzdem so nicht vor, wenn man von Hand rechnen muss?

AUFGABE 31 Warum lässt sich eine Matrix, die zwei gleiche Zeilen besitzt, nicht invertieren?

AUFGABE 32 Paula hasst Matrizengleichungen und geht grausam mit ihnen um. Bei einer Klassenarbeit lieferte sie die folgende Rechnung ab. Zählen Sie alle Fehler auf, die Paula gemacht hat.

$$\begin{aligned}
\mathbf{FX} + 2\mathbf{G} - 3\mathbf{H} &= 2\mathbf{F} + (\mathbf{X}^T\mathbf{G})^T + \mathbf{G} \\
\mathbf{FX} + 2\mathbf{G} - 3\mathbf{H} &= 2\mathbf{F} + \mathbf{XG}^T + \mathbf{G} \\
\mathbf{FX} - \mathbf{XG}^T &= 2\mathbf{F} - \mathbf{G} + 3\mathbf{H} \\
(\mathbf{F} - \mathbf{G}^T)\mathbf{X} &= 2\mathbf{F} - \mathbf{G} + 3\mathbf{H} \\
\mathbf{X} &= (2\mathbf{F} - \mathbf{G} + 3\mathbf{H})(\mathbf{F} - \mathbf{G}^T)^{-1}
\end{aligned}$$

2.2 Wirtschaftliche Verflechtungen

2.2.1 Lineare Verflechtungen

Wir wollen in diesem Kapitel zeigen, wie sich Matrizen bei betriebs- und volkswirtschaftlichen Modellrechnungen einsetzen lassen. Zunächst wird man spontan fragen, ob sich unsere einfachen Matrizen dafür überhaupt eignen, weil wirtschaftliche Abläufe doch sehr kompliziert sind, wenn man sie bis ins letzte Detail erfassen will. Gigantische Zahlenmengen müssen dazu erfasst werden. Gut, das ließe sich ja vielleicht noch machen, denn die Zahlen liegen ja irgendwo vor. Das Problem liegt woanders: Alle Zahlen hängen in einem komplexen Wechselspiel voneinander ab. Wenn sich irgendeine der Größen ändert, hat das Auswirkungen auf das ganze System. Zunächst können wir nur feststellen, dass jede Zahl irgendwie jede andere Zahl beeinflusst. Deshalb sprechen wir in der Überschrift von Verflechtungen.

Das modische Schlagwort vom „vernetzten Denken“ bezieht sich gerade auf diese Einsicht, dass sich alle Faktoren eines Systems gegenseitig bedingen. In einem Bild wird klarer, wie wir das meinen: Stellen Sie sich vor, Sie spannen ein großes Netz von Zahlen auf. Wenn Sie nun an einem Knoten ziehen - also eine Zahl verändern -, verformen sich alle Maschen und Knoten und damit das gesamte Netz. Es ist fast nicht zu glauben, dass man bei diesem komplizierten Sachverhalt mit extrem einfachen Modellen noch zu halbwegs sinnvollen Aussagen gelangen kann.

Im Kapitel zu den wirtschaftlichen Verflechtungen beschäftigen wir uns mit dem Materialverbrauch und den Produktionskosten eines Betriebs. Wir nehmen in einer vereinfachten Modellrechnung an, dass aus den Rohstoffen R_1, R_2, R_3, ... irgendwelche Zwischenprodukte Z_1, Z_2, Z_3, ... produziert werden, die man dann zu Endprodukten E_1, E_2, E_3, ... zusammensetzt. Beispiel: Ein Betrieb kauft Holz, Glas usw., fertigt daraus Fensterrahmen, Scheiben usw. und baut dann alles zu Fenstern und Glastüren zusammen.

Wir setzen unsere Überlegungen folgendermaßen an. Die verschiedenen Rohstoffe verbraucht man in bestimmten Mengen für die Produktion der Zwischenprodukte. Diese gehen wieder in unterschiedlicher Zusammensetzung in die Endprodukte ein. Unsere Modellvorstellung ist sicher recht primitiv, aber nur so haben wir die Chance, sie mathematisch in den Griff zu bekommen. Wir gehen dazu sogar noch einen Schritt weiter und setzen voraus, dass die Verflechtungen der Einfachheit halber linear sein sollen. Das bedeutet, dass der Rohstoffverbrauch zur Produktionsmenge proportional ist. Wenn wir unter diesen einfachen Voraussetzungen arbeiten, können wir den Produktionsablauf mithilfe der Matrizenrechnung beschreiben.

Unsere Rechenbeispiele beschränken wir für den Schulgebrauch auf ganz wenige Rohstoffe, Zwischen- und Endprodukte. Das genügt. Sie sollen ja nur das Prinzip kennen lernen, wie man diese Art von Aufgaben anpackt. Wenn man das Rechenverfahren einmal kennt, kann man es ohne große Probleme in der beruflichen Praxis ausbauen und erweitern.

2.2.2 Darstellung einer linearen Verflechtung

Im Folgenden werden wir ein Zahlenbeispiel auf drei verschiedene Arten durchspielen:

1. Zuerst stellen wir die Verflechtung zeichnerisch dar.
2. Dann übernehmen wir die gegebenen Zahlen in Tabellen.
3. Diese Tabellen setzen wir dann in eine Schreibweise mit Matrizen um. Die angegebenen Zahlen stellen irgendwelche Mengeneinheiten dar, abgekürzt mit ME. Für unsere Rechnungen spielt es keine Rolle, ob es sich dabei um Tonnen, Millionen Stück oder Lkw-Ladungen handelt.

BEISPIEL

1. Möglichkeit: Zeichnerische Darstellung mithilfe eines Diagramms.

Die Zahlen geben an, wie viele ME der Rohstoffe in jeweils 1 ME der Zwischenprodukte enthalten sind und wie viele ME an Zwischenprodukten für jeweils 1 ME an Endprodukten benötigt werden.

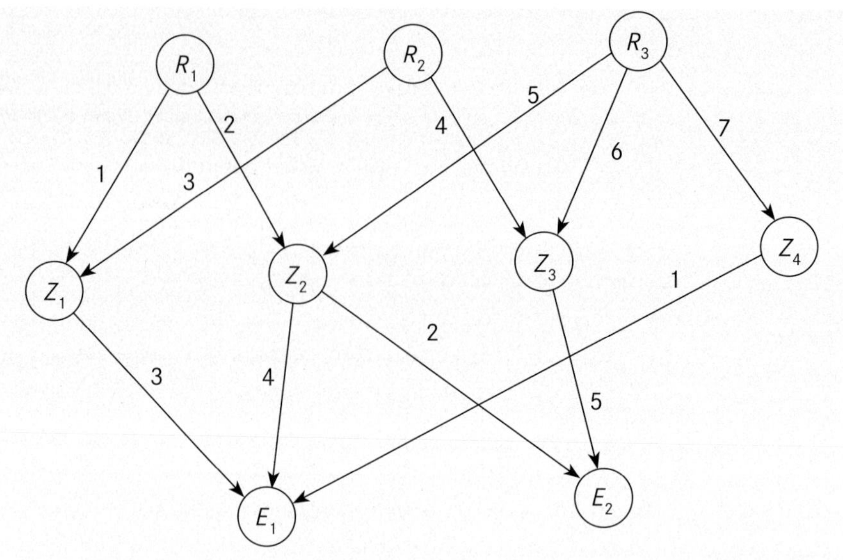

Dieses Diagramm heißt **Gozintograph.** Dieser Name hat sich gehalten, obwohl er aus einer - allerdings sehr gelungenen - Blödelei entstanden ist. Ein Wissenschaftler nannte in einer Veröffentlichung diese Darstellung einen Gozintographen zu Ehren des „celebrated Italian mathematician Zepartzat Gozinto". Nur wusste am Anfang niemand, dass es einen Zepartzat Gozinto nie gegeben hat. Der Name ist nur eine Verballhornung von „the part that goes into".

2. Möglichkeit: Darstellung mithilfe von Tabellen. Wir übernehmen die Zahlen aus dem Diagramm.

	Aufbau von Z_1	Aufbau von Z_2	Aufbau von Z_3	Aufbau von Z_4
Verbrauch an R_1	1	2	0	0
Verbrauch an R_2	3	0	4	0
Verbrauch an R_3	0	5	6	7

	Aufbau von E_1	Aufbau von E_2
Verbrauch an Z_1	3	0
Verbrauch an Z_2	4	2
Verbrauch an Z_3	0	5
Verbrauch an Z_4	1	0

Wir berechnen jetzt noch, wie viele Mengeneinheiten an Rohstoffen in jeweils 1 ME der Endprodukte stecken.

In E_1 sind enthalten
- an R_1: $1 \cdot 3 + 2 \cdot 4 + 0 \cdot 0 + 0 \cdot 1 = 11$
- an R_2: $3 \cdot 3 + 0 \cdot 4 + 4 \cdot 0 + 0 \cdot 1 = 9$
- an R_3: $0 \cdot 3 + 5 \cdot 4 + 6 \cdot 0 + 7 \cdot 1 = 27$

In E_2 sind enthalten
- an R_1: $1 \cdot 0 + 2 \cdot 2 + 0 \cdot 5 + 0 \cdot 0 = 4$
- an R_2: $3 \cdot 0 + 0 \cdot 2 + 4 \cdot 5 + 0 \cdot 0 = 20$
- an R_3: $0 \cdot 0 + 5 \cdot 2 + 6 \cdot 5 + 7 \cdot 0 = 40$

Kommt Ihnen diese Rechnung nicht irgendwie vertraut vor? Aus der ersten Tabelle nimmt man eine Zeile, aus der zweiten eine Spalte. Dann multipliziert man nach dem Schema „Zeile mal Spalte". Sie erinnern sich: Das ist nichts anderes als die uns bekannte Matrizenmultiplikation.

BEISPIEL **3. Möglichkeit**: Darstellung mithilfe von Matrizen.
(Wir übernehmen wieder die Zahlen aus dem Diagramm und aus den Tabellen.)

Die Zahlen der ersten Tabelle fassen wir zusammen zur **Rohstoff-Zwischenprodukt-Matrix $\mathbf{R_Z}$**. Aus den Zahlen der zweiten Tabelle entsteht die **Zwischenprodukt-Endprodukt-Matrix $\mathbf{Z_E}$**.

$$\mathbf{R_Z} = \begin{pmatrix} 1 & 2 & 0 & 0 \\ 3 & 0 & 4 & 0 \\ 0 & 5 & 6 & 7 \end{pmatrix} \begin{matrix} \ldots R_1 \\ \ldots R_2 \\ \ldots R_3 \end{matrix} \quad \text{Spalten: } Z_1, Z_2, Z_3, Z_4$$

$$\mathbf{Z_E} = \begin{pmatrix} 3 & 0 \\ 4 & 2 \\ 0 & 5 \\ 1 & 0 \end{pmatrix} \begin{matrix} \ldots Z_1 \\ \ldots Z_2 \\ \ldots Z_3 \\ \ldots Z_4 \end{matrix} \quad \text{Spalten: } E_1, E_2$$

Aus den Zeilen der ersten Matrix liest man ab, in welchen Mengen ein Rohstoff verbraucht wird. Die Spalten geben an, wie sich ein Zwischenprodukt zusammensetzt. Analog liefern die Zeilen der zweiten Matrix den Verbrauch an Zwischenprodukten und die Spalten den Aufbau der Endprodukte.

Die Frage, in welcher Menge die Rohstoffe in jeweils 1 ME der Endprodukte vorkommen, haben wir gerade bei der Darstellung durch Tabellen schon beantwortet. Wir multiplizieren daher die beiden Matrizen und erhalten so die **Rohstoff-Endprodukt-Matrix $\mathbf{R_E}$**.

$$\mathbf{R_E} = \mathbf{R_Z} \cdot \mathbf{Z_E} = \begin{pmatrix} 1 & 2 & 0 & 0 \\ 3 & 0 & 4 & 0 \\ 0 & 5 & 6 & 7 \end{pmatrix} \cdot \begin{pmatrix} 3 & 0 \\ 4 & 2 \\ 0 & 5 \\ 1 & 0 \end{pmatrix} = \begin{pmatrix} 11 & 4 \\ 9 & 20 \\ 27 & 40 \end{pmatrix} \begin{matrix} \ldots R_1 \\ \ldots R_2 \\ \ldots R_3 \end{matrix} \quad \text{Spalten: } E_1, E_2$$

Aus den Zeilen liest man wieder den Verbrauch an Rohstoffen ab. Die Spalten geben wieder an, wie die Endprodukte zusammengesetzt sind. Die Zahlen beziehen sich dabei auf jeweils 1 ME der Endprodukte.

2.2.3 Verbrauch und Produktion

Unsere Matrix $\mathbf{R_E}$ gibt uns Aufschluss darüber, in welchen Mengen die Rohstoffe verbraucht werden, wenn man jeweils 1 ME an Endprodukten herstellt. Wenn man mehr produziert, muss man die Elemente von $\mathbf{R_E}$ nur noch entsprechend multiplizieren und addieren. Eigentlich handelt es sich dabei lediglich um eine Dreisatzaufgabe, die Sie in der ersten Klasse Realschule auch schon lösen konnten. Neu für uns ist nur die Schreibweise mit Matrizen und Vektoren.

Wir bleiben bei unserem Zahlenbeispiel aus dem vorhergehenden Kapitel. Für 1 ME von E_1 benötigte man 11 ME von R_1, 9 ME von R_2 und 27 ME von R_3. Für 1 ME von

E_2 brauchte man 4 ME von R_1, 20 ME von R_2 und 40 ME von R_3. Wir berechnen nun den Verbrauch an Rohstoffen, wenn man 2 ME von E_1 und 3 ME von E_2 produziert.

Verbrauch an R_1: $11 \cdot 2 + 4 \cdot 3 = 34$
Verbrauch an R_2: $9 \cdot 2 + 20 \cdot 3 = 78$
Verbrauch an R_3: $27 \cdot 2 + 40 \cdot 3 = 174$

Wenn man diese Rechnung wieder als Matrizenmultiplikation schreibt, wird sie übersichtlicher und schneller.

$$\begin{pmatrix} 34 \\ 78 \\ 174 \end{pmatrix} = \begin{pmatrix} 11 & 4 \\ 9 & 20 \\ 27 & 40 \end{pmatrix} \cdot \begin{pmatrix} 2 \\ 3 \end{pmatrix}$$

Auch für diese Rechnung gibt es wieder eine kurze Formel:

$$\vec{r} = \mathbf{R_E} \cdot \vec{p}$$

Wir fassen dabei die Produktionszahlen der Endprodukte zum **Produktionsvektor** $\vec{p} = \begin{pmatrix} 2 \\ 3 \end{pmatrix}$ zusammen. Dann ergibt sich beim Multiplizieren für die Rohstoffe ein **Verbrauchsvektor** oder **Bedarfsvektor** $\vec{r}$, dessen Komponenten die jeweils notwendigen Mengen an Rohstoffen angeben, die man für diese Produktionsziffern benötigt. Wir bezeichnen den Produktionsvektor hier mit $\vec{p}$, so wie es bei den Aufgaben zu den Verflechtungen üblich ist. Bei den später folgenden Input-Output-Modellen gehen wir dazu über, den Produktionsvektor mit $\vec{x}$ zu bezeichnen.

2.2.4 Kostenermittlung

Jetzt werden wir unser Zahlenbeispiel aus den letzten beiden Kapiteln noch auf die Kostenermittlung ausdehnen. An Rohstoffen benötigten wir für 1 ME von E_1 jeweils 11 ME, 9 ME und 27 ME an R_1, R_2 und R_3. Für 1 ME von E_2 brauchten wir 4 ME, 20 ME und 40 ME an R_1, R_2 und R_3. Als Kosten für jeweils 1 ME an Rohstoffen setzen wir an: 10 GE bei R_1, 5 GE bei R_2 und 20 GE bei R_3. Die Abkürzung GE bedeutet in den Aufgaben immer Geldeinheiten. Ob es sich dabei um Euro, Dollar oder Millionen handelt, spielt für die eigentliche Rechnung keine Rolle.

In jeweils 1 ME der Endprodukte gehen dann folgende Rohstoffkosten ein:

Rohstoffkosten bei E_1: $10 \cdot 11 + 5 \cdot 9 + 20 \cdot 27 = 695$
Rohstoffkosten bei E_2: $10 \cdot 4 + 5 \cdot 20 + 20 \cdot 40 = 940$

Wieder lässt sich diese Summenbildung einfacher als Matrizenmultiplikation schreiben.

$$\begin{pmatrix} 695 & 940 \end{pmatrix} = \begin{pmatrix} 10 & 5 & 20 \end{pmatrix} \cdot \begin{pmatrix} 11 & 4 \\ 9 & 20 \\ 27 & 40 \end{pmatrix}$$

Als Formel erhalten wir: $\vec{k}^T = \vec{k}_R^T \cdot \mathbf{R_E}$

Der Zeilenvektor $\vec{k}^T$ gibt die entstehenden Materialkosten an, der Zeilenvektor $\vec{k}_R^T$ die Preise für die eingesetzten Rohstoffe. Man spricht dabei von **Kostenvektoren.**

Diese Zahlen bezogen sich bisher auf die Produktion von jeweils 1 ME eines Endprodukts. Wird mehr produziert, muss man eben wieder entsprechend multiplizieren.

Wenn wir wie im vorhergehenden Kapitel mit einer Produktion von 2 E_1 und 3 E_2 rechnen, ergeben sich für die eingesetzten Rohstoffe Gesamtkosten von

$695 \cdot 2 + 940 \cdot 3 = 4.210.$

Die entsprechende Formel lautet: $K = \vec{k}^T \cdot \vec{p}$

Die Kosten haben wir mit K abgekürzt. Mit diesen Formeln, die Sie auf den letzten Seiten kennen gelernt haben, kommt man aus. Bei den folgenden Übungsaufgaben werden zwar noch weitere Kostenfaktoren dazukommen, etwa für Montage und für die Bereitstellung von Ersatzteilen. Letztendlich läuft dies aber alles nur auf ein paar einfache Additionen hinaus. Man könnte dafür auch noch einen eigenen Formelapparat aufbauen. Aber es lohnt sich nicht.

2.2.5 Aufgaben zur linearen Verflechtung

Die folgenden Aufgaben entsprechen im Schwierigkeitsgrad und in den Formulierungen den Anforderungen der schriftlichen Prüfung. Die Aufgaben, bei denen nur große Zahlenmengen verarbeitet werden, verlieren durch den Einsatz unseres modernen Taschenrechners an Bedeutung. Man sollte sie trotzdem nicht übergehen, um die richtigen Ansätze und Lösungswege zu üben. Dann fallen anschließend die prüfungsrelevanteren Aufgaben einfacher, die Formvariable enthalten. Eine typische Aufgabe, allerdings ohne Formvariable, rechnen wir Ihnen vorher noch als Beispiel vor.

BEISPIEL

Ein Betrieb verarbeitet vier Rohstoffe R_1, R_2, R_3 und R_4 zu drei Zwischenprodukten Z_1, Z_2 und Z_3. Daraus werden dann zwei Endprodukte E_1 und E_2 gefertigt. Den notwendigen Materialfluss in ME geben die folgenden Tabellen an.

	Z_1	Z_2	Z_3
R_1	10	0	20
R_2	20	10	30
R_3	0	5	10
R_4	10	20	10

	E_1	E_2
Z_1	2	1
Z_2	0	1
Z_3	4	2

a) Der Betrieb hat 260 ME von R_1, 500 ME von R_2 und 140 ME von R_3 am Lager. Dieser Vorrat soll komplett verbraucht werden. Wie viele ME der einzelnen Zwischenprodukte lassen sich damit herstellen? Wie viele ME von R_4 benötigt man noch dazu?

b) Die Rohstoffkosten betragen je ME in Euro:

R_1	R_2	R_3	R_4
0,1	0,2	0,6	0,4

Für die Zwischen- und Endprodukte fallen pro ME jeweils Montagekosten an. Aus der folgenden Tabelle kann man sie in Euro ablesen:

Z_1	Z_2	Z_3	E_1	E_2
2	3	5	8	12

Der Betrieb produziert 20 ME von E_1 und 30 ME von E_2. Dabei betragen die Fixkosten 500 €. Wie groß ist dabei der Gewinn des Betriebs, wenn er 1 ME von E_1 für 160 € und 1 ME von E_2 für 200 € verkauft?

Lösung:

a) Den gesuchten Produktionsvektor für die Zwischenprodukte setzen wir an mit

$$\vec{p} = \begin{pmatrix} x \\ y \\ z \end{pmatrix}.$$

Dann ergibt sich für den Rohstoffbedarf mit $\vec{r} = \mathbf{R_Z} \cdot \vec{p}$ das Gleichungssystem:

$$\begin{pmatrix} 10 & 0 & 20 \\ 20 & 10 & 30 \\ 0 & 5 & 10 \\ 10 & 20 & 10 \end{pmatrix} \cdot \begin{pmatrix} x \\ y \\ z \end{pmatrix} = \begin{pmatrix} 260 \\ 500 \\ 140 \\ t \end{pmatrix}$$

Die ersten drei Zeilen des LGS liefern mithilfe des Taschenrechners die Lösung $x = 6, y = 8$ und $z = 10$. Wenn man diese Werte in die vierte Zeile einsetzt, erhält man $t = 320$.

Ergebnis: Man kann 6 ME von Z_1, 8 ME von Z_2 und 10 ME von Z_3 produzieren. Zusätzlich benötigt man 320 ME von R_4.

b) *1. Schritt*: Wir berechnen die Kosten für 1 ME von E_1 und 1 ME von E_2.

Zunächst: Welche Rohstoffmengen sind in den Endprodukten enthalten?

$$\mathbf{R_E} = \mathbf{R_Z} \cdot \mathbf{Z_E} = \begin{pmatrix} 10 & 0 & 20 \\ 20 & 10 & 30 \\ 0 & 5 & 10 \\ 10 & 20 & 10 \end{pmatrix} \cdot \begin{pmatrix} 2 & 1 \\ 0 & 1 \\ 4 & 2 \end{pmatrix} = \begin{pmatrix} 100 & 50 \\ 160 & 90 \\ 40 & 25 \\ 60 & 50 \end{pmatrix}$$

Dann: Welche Kosten entstehen?

Kosten der Rohstoffe $\vec{k}^T = \vec{k}_R^T \cdot \mathbf{R_E} = (0{,}1 \;\; 0{,}2 \;\; 0{,}6 \;\; 0{,}4) \cdot \begin{pmatrix} 100 & 50 \\ 160 & 90 \\ 40 & 25 \\ 60 & 50 \end{pmatrix} = (90 \;\; 58)$

Montagekosten der Zwischenprodukte $(2 \;\; 3 \;\; 5) \cdot \begin{pmatrix} 2 & 1 \\ 0 & 1 \\ 4 & 2 \end{pmatrix} = (24 \;\; 15)$

Montagekosten der Endprodukte $= (\;8 \;\; 12)$

Summe $(122 \;\; 85)$

Die Summe dieser drei Kostenvektoren ergibt $(122 \;\; 85)$. Das heißt, dass die Produktion von 1 ME von E_1 122 € und die Produktion von 1 ME von E_2 85 € an Kosten verursacht.

2. Schritt: Wir berechnen die Kosten für eine Produktion von 20 ME von E_1 und von 30 ME von E_2.

$K = \vec{k}^T \cdot \vec{p} = (122 \quad 85) \cdot \begin{pmatrix} 20 \\ 30 \end{pmatrix} = 4.990$

Dazu kommen noch die Fixkosten von 500

Gesamtkosten K_{ges} für die Produktion 5.490

3. Schritt: Gewinnberechnung
Beim Verkauf wird ein Erlös erzielt von $E = (160 \;\; 200) \cdot \begin{pmatrix} 20 \\ 30 \end{pmatrix} = 9.200$.

Die Differenz zu den Kosten ergibt einen Gewinn von $G = E - K_{ges} = 3.710$.

AUFGABE 1 Ein Betrieb produziert aus fünf Rohstoffen R_i vier Zwischenprodukte Z_j, aus denen dann drei Endprodukte E_k hergestellt werden. Den beiden Tabellen kann man entnehmen, wie viele Mengeneinheiten (ME) an Rohstoffen für jeweils 1 ME der Zwischenprodukte und wie viele ME an Zwischenprodukten für jeweils 1 ME der Endprodukte benötigt werden.

	Z_1	Z_2	Z_3	Z_4
R_1	2	3	0	1
R_2	0	1	4	2
R_3	1	3	4	0
R_4	5	3	1	5
R_5	3	0	6	2

	E_1	E_2	E_3
Z_1	2	1	1
Z_2	0	3	3
Z_3	1	3	6
Z_4	4	2	1

a) Wie hoch sind die Kosten für die Rohstoffe, die für die Produktion von jeweils einem der Endprodukte anfallen? Jeweils 1 ME von R_1 kostet 2,50 €, von R_2 1,80 €, von R_3 1,00 €, von R_4 1,50 € und von R_5 2,00 €.

b) Es sollen 10 ME von E_1, 8 ME von E_2 und 20 ME von E_3 hergestellt werden. Zusätzlich werden 3 ME von Z_1 und 4 ME von Z_2 als Ersatzteile benötigt. Wie viele ME der einzelnen Rohstoffe sind bei diesen Vorgaben nötig?

AUFGABE 2 In einem Betrieb produziert man aus drei Rohstoffen R_1, R_2 und R_3 drei Baugruppen B_1, B_2 und B_3. Eine vierte Baugruppe B_4 wird von einer anderen Firma zugekauft. Diese vier Baugruppen werden zu zwei Endprodukten E_1 und E_2 zusammengesetzt. In den folgenden Tabellen ist aufgelistet, wie viele Mengeneinheiten (ME) an Rohstoffen für jeweils eine Baugruppe und wie viele Baugruppen für jeweils ein Endprodukt benötigt werden.

	B_1	B_2	B_3
R_1	3	1	2
R_2	4	5	1
R_3	1	3	2

	E_1	E_2
B_1	4	1
B_2	3	2
B_3	2	3
B_4	1	4

a) Die Rohstoffe R_1, R_2 und R_3 kosten pro ME 2,00 €, 3,50 € und 2,75 €. Für die Baugruppe B_4, die zugekauft wird, muss man pro Stück 35,00 € bezahlen.
Wie hoch sind die Materialkosten für jeweils ein Endprodukt?

b) Das Zusammensetzen der Baugruppen kostet den Betrieb pro Stück 30,00 € bei B_1, 40,00 € bei B_2 und 50,00 € bei B_3. Die Montage von jeweils einem der Endprodukte kostet bei E_1 70,00 € und bei E_2 80,00 €.
Welche Kosten entstehen dem Betrieb insgesamt, wenn er einen Auftrag über 200 Stück von E_1 und 300 Stück von E_2 abwickelt?

c) Die Montage der Endprodukte aus den Baugruppen kann automatisch durch eine einzige Maschine erfolgen. Für die Bearbeitung einer Baugruppe B_1 benötigt

die Maschine doppelt so lange wie für eine Baugruppe B_3. Die Bearbeitung von B_4 benötigt die gleiche Zeit wie die von B_1. Das Endprodukt E_1 ist auf der Maschine nach 18 Minuten, E_2 nach 17 Minuten fertig.
Wie lange dauert die Bearbeitung der einzelnen Baugruppen?

AUFGABE 3 Eine Firma stellt zunächst aus drei Rohstoffen vier Zwischenprodukte her, die dann im nächsten Verarbeitungsprozess zu drei Endprodukten verarbeitet werden. Wie viele Mengeneinheiten (ME) jeweils zu einem Zwischen- bzw. Endprodukt benötigt werden, ist in den folgenden Tabellen zusammengestellt.

	Z_1	Z_2	Z_3	Z_4
R_1	2	0	3	2
R_2	3	5	0	1
R_3	1	4	1	3

	E_1	E_2	E_3
Z_1	3	2	1
Z_2	4	0	3
Z_3	2	5	1
Z_4	0	4	2

a) Die Firma will einen Auftrag über 300 ME von E_1, 400 ME von E_2 und 250 ME von E_3 abwickeln. Wie viele ME von den einzelnen Rohstoffen werden dafür benötigt?
b) Berechnen Sie die Kosten, die der Firma bei dem unter a) genannten Auftrag entstehen. Die Kosten für jeweils 1 ME der Rohstoffe werden durch den Kostenvektor $\vec{k}_1^T = (2 \;\; 1 \;\; 3)$, die Fertigungskosten für jeweils eines der Zwischenprodukte durch $\vec{k}_2^T = (4 \;\; 5 \;\; 2 \;\; 6)$ und die Montage der Zwischenprodukte zu jeweils einem der Endprodukte durch den Kostenvektor $\vec{k}_3^T = (6 \;\; 8 \;\; 10)$ beschrieben.
c) Zurzeit sind von den Rohstoffen R_1 8 100 ME, von R_2 8 350 ME und von R_3 8 950 ME am Lager. Wie viele ME der einzelnen Endprodukte kann man damit herstellen, wenn der gesamte Vorrat verbraucht werden soll?

AUFGABE 4 Die Firma Knallbonbon stellt für Silvester 3 verschiedene Sortimente S_1, S_2 und S_3 an Raketen (R), Knallern (K) und Fontänen (F) zusammen. Die Tabelle gibt an, wie die Sortimente zusammengesetzt sind.

	S_1	S_2	S_3
R	7	8	12
K	6	10	16
F	3	5	8

Die Sortimente werden in unterschiedlichen Kombinationen in Kisten K_1, K_2 und K_3 verpackt. Die Tabelle gibt an, welche Sortimente ein Karton enthält.

	K_1	K_2	K_3
S_1	5	3	2
S_2	4	7	6
S_3	5	4	8

Es entstehen folgende Kosten in Euro für die Feuerwerkskörper bzw. für die Verpackungen der Sortimente und der Kartons.

R	K	F	S_1	S_2	S_3	K_1	K_2	K_3
0,50	0,20	0,80	1,00	1,20	1,50	1,20	1,90	1,80

a) Ein Warenhaus kauft 50 Kartons K_1, 20 Kartons K_2 und 30 Kartons K_3 und bezahlt für jeden Karton 250,00 €. Welchen Gewinn macht die Firma Knallbonbon bei der Abwicklung dieses Auftrags?

b) Kurz vor Weihnachten sind bei Knallbonbon noch 580 Raketen und 680 Knaller am Lager. Die Fontänen sind ausgegangen. Wie viele Fontänen muss man noch beschaffen, wenn der gesamte Lagerbestand aufgebraucht und zu Sortimenten verarbeitet werden soll?

c) Im nächsten Jahr sollen die Verkaufspreise für K_1, K_2 und K_3 im Verhältnis 2:3:4 stehen und von den Kartons jeweils gleiche Stückzahlen verkauft werden. Welchen Betrag muss man dann für jeden Kartontyp verlangen, wenn der Firma kein Verlust entstehen soll?

AUFGABE 5 Ein kleiner Betrieb stellt für Hobbybastler 3 unterschiedliche Packungen P_1, P_2 und P_3 aus Schrauben (S), Nägeln (N), Dübeln (D) und Haken (H) zusammen. Die Tabelle zeigt, wie viele Mengeneinheiten in jeweils 1 Packung enthalten sind.

	P_1	P_2	P_3
S	2	1	5
N	3	4	2
D	6	4	5
H	2	1	3

Die Packungen werden zu 3 unterschiedlichen Lieferungen L_1, L_2 und L_3 für Baumärkte zusammengestellt. Aus der Tabelle kann man entnehmen, aus wie vielen Packungen jeweils 1 Lieferung besteht.

	L_1	L_2	L_3
P_1	2	3	1
P_2	4	1	2
P_3	3	2	2

a) Zurzeit sind 390 ME von den Schrauben, 460 ME von den Nägeln, 730 ME von den Dübeln und 300 ME von den Haken am Lager. Wegen Umbaumaßnahmen will der Betriebsleiter das Lager ganz leeren. Lässt sich die Anzahl der Packungen so wählen, dass der Lagerbestand komplett aufgebraucht werden kann?

b) Der Betrieb kalkuliert bei den Lieferungen L_1, L_2 und L_3 mit variablen Kosten von 8, 10 und 6 Geldeinheiten GE. Für die Fixkosten werden 145 GE veranschlagt. Ein Kunde bestellt 10 Lieferungen L_1, 15 von L_2 und 20 von L_3. Jede Lieferung kostet gleich viel. Bei welchem Preis für eine Lieferung wird eine Kostendeckung erreicht?

c) Die Nachfrage nach den einzelnen Lieferungen schwankt von Monat zu Monat. Bei L_1 lässt sich die Nachfrage N beschreiben durch $N(t) = -t^3 + 15t^2 - 46t + 1000$ ($t = 1, 2, 3, \ldots, 12$; für Januar gilt $t = 1$ usw. für Dezember $t = 12$).
Beschreiben Sie den Verlauf der Nachfrage in Worten.
In welchem Monat ist die Nachfrage am größten, in welchem Monat am kleinsten?

AUFGABE 6 Ein Fertigungsbetrieb stellt aus vier Grundsubstanzen drei Zwischenprodukte her, die anschließend zu drei Endprodukten verarbeitet werden. Die folgenden Tabellen stellen den Materialfluss für jeweils 1 Mengeneinheit (ME) dar. Dabei ist *a* eine Variable, die von der Fertigung abhängt.

	Z_1	Z_2	Z_3
R_1	3	2	1
R_2	a	0	2
R_3	4	1	2
R_4	2	3	0

	E_1	E_2	E_3
Z_1	a	2	1
Z_2	0	3	2
Z_3	2	a	0

Die Fertigungskosten für jeweils 1 ME eines Endproduktes in Geldeinheiten (GE) setzen sich zusammen aus den Rohstoffkosten, gegeben durch $\vec{k}_R^T$, den Montagekosten der Zwischenprodukte, gegeben durch $\vec{k}_Z^T$, und den Kosten für das Zusammensetzen der Zwischenprodukte zu den Endprodukten, gegeben durch $\vec{k}_E^T$.

$$\vec{k}_R^T = (1+a \quad 1 \quad 1 \quad 3-2a)$$
$$\vec{k}_Z^T = (20 \quad 10 \quad 30)$$
$$\vec{k}_E^T = (40 \quad 60 \quad 50)$$

a) Es sei $a = 0$. Berechnen Sie die Rohstoff-Endprodukt-Matrix. Wie viele ME an Rohstoffen verbraucht der Betrieb, wenn er einen Auftrag über 10 ME von E_1, 25 ME von E_2 und 20 ME von E_3 ausführt? Welche Kosten entstehen dem Betrieb dabei insgesamt?

b) Es sei $a = 0$. Am Lager befinden sich zurzeit von R_1 256 ME, von R_2 40 ME, von R_3 253 ME und von R_4 200 ME. Wie viele ME der einzelnen Endprodukte muss man produzieren, wenn der Vorrat an R_1, R_2 und R_3 ganz aufgebraucht werden soll? Wie viele ME von R_4 muss man noch beschaffen bzw. bleiben dabei übrig?

c) Es sei $a = 1$. Am Lager befinden sich 20 ME von Z_1, 45 ME von Z_2 und 30 ME von Z_3. Zeigen Sie, dass es nicht möglich ist, so viele ME der Endprodukte damit herzustellen, dass der ganze Vorrat an Zwischenprodukten verbraucht wird.

d) Bestimmen Sie für allgemeines *a* die Rohstoff-Endprodukt-Matrix und die Kosten für die Rohstoffe, die entstehen, wenn man von jedem Endprodukt 1 ME herstellt.

Bei welchem Wert von *a* werden die Rohstoffkosten minimal?

AUFGABE 7 Ein Betrieb fertigt aus Rohstoffen Zwischenprodukte und aus diesen Zwischenprodukten Endprodukte. Der Materialfluss in Mengeneinheiten (ME) wird durch die beiden folgenden Tabellen beschrieben:

	Z_1	Z_2	Z_3
R_1	5	4	6
R_2	3	6	7
R_3	0	3	5
R_4	3	6	3

	E_1	E_2	E_3
Z_1	2	2	1
Z_2	1	3	1
Z_3	2	1	2

Die Preise für die Rohstoffe betragen 2,00 € pro ME von R_1, 1,50 € pro ME von R_2, 2,50 € pro ME von R_3 und 2,00 € pro ME von R_4. Die Fertigung der Zwischenprodukte verursacht Kosten von 30,00 € bei jedem Z_1, 20,00 € bei Z_2 und 35,00 € bei

Z_3. Für die Montagekosten der Endprodukte kalkuliert man pro Einheit mit 25,00 € bei E_1, 40,00 € bei E_2 und 35,00 € bei E_3.

a) Wie viele ME der einzelnen Rohstoffe werden benötigt, wenn 30 Einheiten von E_1, 40 von E_2 und 15 von E_3 gefertigt werden?

b) Wie hoch sind die Herstellungskosten für jeweils eine Einheit an Endprodukten?

c) Zurzeit befinden sich im Lager noch 200 ME von Z_1, 300 von Z_2 und 400 von Z_3. Von Z_1 sollen x ME hinzugekauft werden für die Herstellung von 150 ME von E_1. Wie viele ME von E_2 und E_3 muss man produzieren, wenn der Lagerbestand an Zwischenprodukten ganz aufgebraucht werden soll? Wie viele ME von Z_1 werden gekauft?

d) Das technische Verfahren für die Herstellung der Zwischenprodukte aus den Rohstoffen wird geändert. Damit ändert sich auch der Materialfluss, den die erste Tabelle oben beschreibt. Die Zwischenprodukt-Endprodukt-Matrix bleibt unverändert. Wie die Rohstoffe bei dem neuen Verfahren mengenmäßig in jeweils 1 ME der Endprodukte eingehen, gibt die folgende Tabelle an:

	E_1	E_2	E_3
R_1	20	15	15
R_2	30	30	20
R_3	20	20	10
R_4	15	15	10

Wie viele ME der einzelnen Rohstoffe sind bei dem neuen Verfahren in jeweils 1 ME der Zwischenprodukte enthalten?

AUFGABE 8 In einem Unternehmen werden aus Rohstoffen Zwischenprodukte hergestellt, aus denen dann Endprodukte gefertigt werden. Der Materialfluss in Mengeneinheiten (ME) wird durch die folgende Rohstoff-Endprodukt-Matrix und das angegebene Diagramm beschrieben.

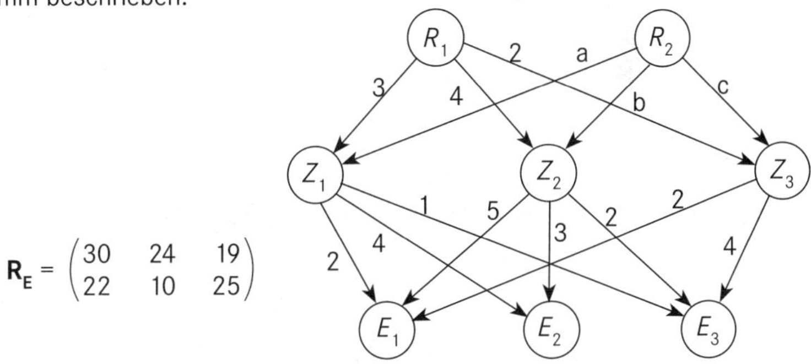

$$\mathbf{R_E} = \begin{pmatrix} 30 & 24 & 19 \\ 22 & 10 & 25 \end{pmatrix}$$

a) Berechnen Sie die Rohstoff-Zwischenprodukt-Matrix.

b) Je 1 ME der Rohstoffe kostet 2,00 € bei R_1 und 3,00 € bei R_2. Die Fabrikation der Zwischenprodukte verursacht Kosten. Für jeweils 1 ME rechnet man mit 5,00 € bei Z_1, 4,00 € bei Z_2 und 3,00 € bei Z_3. Das Zusammensetzen der Endprodukte kostet das Unternehmen pro ME 18,00 € bei E_1, 22,00 € bei E_2 und 32,00 € bei E_3.

Berechnen Sie die gesamten Kosten, die bei der Erzeugung von jeweils 1 ME der Endprodukte anfallen.

c) Der Produktionsvektor ist gegeben durch

$$\vec{p} = \begin{pmatrix} 5\,t^2 - t^3 \\ 14\,t \\ t^2 + 5{,}6\,t \end{pmatrix} \qquad \text{mit } 0 \leq t \leq 7$$

Die Fixkosten betragen 20.000 €. Bestätigen Sie, dass sich die Gesamtkosten $K(t)$ beschreiben lassen durch $K(t) = -180\,t^3 + 1.070\,t^2 + 2.800\,t + 20.000$. Bei welchem Produktionsvektor sind die Gesamtkosten maximal?

2.2.6 Das muss ich mir merken!

Bei den linearen Verflechtungen betrachtet man einen mehrstufigen Prozess. Aus Rohstoffen R_i ($i = 1, \dots m$) stellt man Zwischenprodukte Z_j ($j = 1, \dots p$) her. Diese setzt man zu Endprodukten E_k ($k = 1, \dots n$) zusammen.

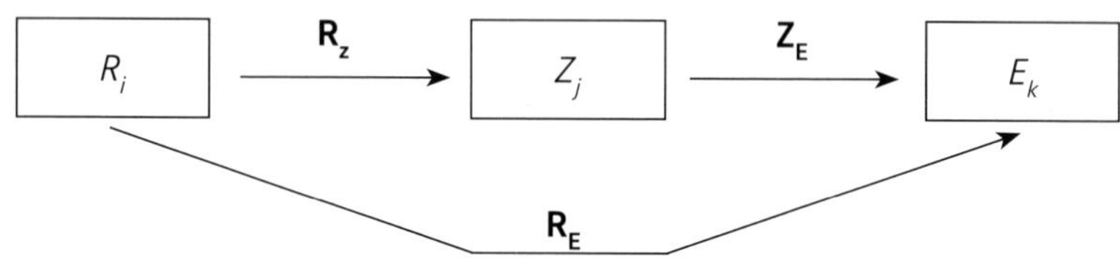

Verflechtungsmatrizen:

$\mathbf{R}_{\mathbf{Z}(m,p)}$: Rohstoff-Zwischenprodukt-Matrix
$\mathbf{Z}_{\mathbf{E}(p,n)}$: Zwischenprodukt-Endprodukt-Matrix
$\mathbf{R}_{\mathbf{E}(m,n)}$: Rohstoff-Endprodukt-Matrix

Es gilt: $\mathbf{R_E} = \mathbf{R_Z} \cdot \mathbf{Z_E}$

Jede Zeile einer Verflechtungsmatrix gibt den Bedarf an eingesetztem Material für die Produktion von jeweils 1 ME der entsprechenden Produkte an.

Jede Spalte beschreibt den Aufbau von 1 ME des entstehenden Produkts.

Bei einem Produktionsvektor $\vec{p}$ für die Endprodukte ergibt sich für die eingesetzten Rohstoffe ein Verbrauchs- oder Bedarfsvektor

$$\vec{r} = \mathbf{R_E} \cdot \vec{p}.$$

Der Kostenvektor für die Produktion von jeweils 1 ME an Endprodukten lautet

$$\vec{k}^T = \vec{k}_R^T \cdot \mathbf{R_E}.$$

Bei einem Produktionsvektor $\vec{p}$ für die Endprodukte berechnen sich die Kosten für die eingesetzten Rohstoffe zu

$$K = \vec{k}^T \cdot \vec{p} = \vec{k}_R^T \cdot \mathbf{R_E} \cdot \vec{p}.$$

2.3 Input-Output-Modell

2.3.1 Wassily Leontief und seine Idee

„Mathematische Ökonomen verstecken ihre flüchtige Erkenntnis hinter einer beeindruckenden Wand an algebraischen Zeichen." Diese Kritik an der Mathematisierung der Wirtschaftswissenschaften formulierte ausgerechnet Wassily Leontief, der selbst ein neues mathematisches Modell in die Volks- und Betriebswirtschaft eingeführt hat. Amüsiert erzählte er sinngemäß in einer Fernsehsendung: „Als ich meine Doktorarbeit in Berlin schrieb, konnte sie mein Professor gar nicht verstehen, weil auch Mathematik darin vorkam. Deshalb habe ich mich dann in Kiel habilitiert."

Wer war dieser Wassily Leontief, der 1973 für seine neuen mathematischen Methoden den Nobelpreis für Wirtschaftswissenschaften erhielt und gleichzeitig so skeptisch gegenüber dem reinen Theoretisieren war? Er wurde am 6. August 1906 in St. Petersburg geboren. Als Jugendlicher erlebte er noch die stürmische Zeit des politischen Umbruchs in Russland mit. Er erinnerte sich noch daran, wie in den Zeiten der Revolution scharf geschossen wurde, während er mit Freunden auf der Straße spielte. Gut hatte er auch noch im Gedächtnis, wie Lenin in St. Petersburg politisch agitierte. Mit einer Sondergenehmigung durfte Leontief schon mit 15 Jahren an die Universität. Der junge Student war politisch aktiv und nahm bei seinen Meinungsäußerungen keine Rücksicht darauf, dass er nun in einer kommunistischen Diktatur lebte. Zu den zwangsläufigen Konsequenzen meinte er in fortgeschrittenem Alter trocken: „Zeitweise im Gefängnis, zeitweise an der Uni - es war eine gute Schule" und „ein junger Mensch kann das schon vertragen."

Im Jahre 1925 durfte Wassily Leontief nach Deutschland ausreisen, wo er seine wirtschaftswissenschaftlichen Studien in Berlin fortsetzte. Er promovierte dort 1928 und wechselte dann an das Institut für Weltwirtschaft in Kiel. In der Fachwelt machte sich der junge Wissenschaftler bald einen Namen. Lassen wir ihn selbst erzählen: „Ich hatte von Anfang an einen starken Hang zu empirischen Fragestellungen und, obwohl ich eher als Mathematiker oder theoretischer Ökonom bekannt bin, war mir schon immer klar, dass jegliche Theorie nur ein Mittel ist, um sich mit der Realität zu beschäftigen. ... Jeder weiß, was Angebots- und Nachfragekurven sind. Sie geben an, in welcher Weise der Marktpreis von der angebotenen bzw. nachgefragten Menge des betreffenden Gutes abhängig ist. Das ist so weit alles nur Theorie. Deshalb fragte ich mich, ob man diese Kurven nicht auf empirische Art ermitteln kann, also mithilfe mathematisch-statistischer Methoden. Und genau das habe ich gemacht und entwickelte die ersten Angebots- und Nachfragekurven."

Als Leontief im Jahre 1931 eine Einladung zu einem Forschungsaufenthalt in die Vereinigten Staaten erhielt, ließ er sich diese Chance nicht entgehen. Er blieb dann in den USA und wurde amerikanischer Staatsbürger. Von 1932 an lehrte er über 40 Jahre lang an der renommierten Harvarduniversität. Dort entstanden seine bedeutendsten Werke „The structure of American economy“ aus dem Jahr 1941 und die 1953 erschienenen „Studies in the structure of the American economy. Theoretical and empirical explorations in input-output-analysis“.

Welche Idee steckt nun hinter dieser „Input-Output-Analyse“? Bevor wir näher darauf eingehen, möchten wir eine prinzipielle Bemerkung zu Modellrechnungen machen. Die wirtschaftlichen Abläufe in einem Staat sind so vielfältig und komplex, dass man sich fragen muss, ob man überhaupt eine Chance hat, sie in geeigneter Weise zu berechnen. „Geeignet“ heißt in diesem Zusammenhang nicht zuletzt, dass sich der mathematische Aufwand in vernünftigen Grenzen halten muss. Diese Beschränkung wiederum lässt dann nur grob vereinfachende Modellvorstellungen zu. Damit stellt sich natürlich sofort die Frage, ob solch ein einfaches Modell realistische Ergebnisse liefert, also für die Praxis etwas taugt.

Leontief gelang es tatsächlich, mit ein paar genialen Ideen diese verzwickte Aufgabe zu lösen. Zunächst teilte er die ganze Volkswirtschaft in einzelne Wirtschaftssektoren oder Branchen auf, wie Textilindustrie, Kohlebergbau usw. Dann fasste er in großen Tabellen zusammen, wie viel diese Sektoren verbrauchten („input“) und welche Werte sie dabei produzierten („output“). In solch einer schachbrettartigen Tabelle lässt sich dann aus den Spalten ablesen, welche Rohprodukte ein Sektor von anderen Branchen benötigt. Zeilenweise kann man verfolgen, wohin ein Sektor seine fertigen Produkte liefert. In diesen „Input-Output-Tabellen“ hängt dann jede Zahl von allen anderen ab, denn Produktionsänderungen in einem Sektor beeinflussen automatisch die Produktion der anderen Sektoren. Um mathematisch weiterzukommen, ging Leontief davon aus, dass in jedem Sektor der Input proportional zum Output ist. Dadurch blieben alle seine Gleichungen linear, vom Typ her also denkbar einfach.

In seinen ersten Untersuchungen stellte Leontief so den wechselseitigen Warenaustausch von 42 Sektoren der amerikanischen Volkswirtschaft zusammen. Der Rechenaufwand scheint auf den ersten Blick gewaltig, wenn man bedenkt, dass eine Tabelle bzw. Matrix mit 42 Zeilen und Spalten fast 2000 Zahlen enthält und damals noch kein PC auf dem Schreibtisch stand, der einem die rechnerische Knochenarbeit abnahm. Im Vergleich zu heute wirken jedoch diese Anfänge mehr als bescheiden. In Japan arbeitete man später mit Tabellen, die 5000 Branchen erfassten. Die Zahlenkolonnen füllten ganze Bücher und konnten nur noch mithilfe von Computern verarbeitet werden. 1985 erhielt Leontief vom japanischen Kaiser die höchste Auszeichnung, die einem Ausländer in Japan verliehen werden kann, mit der Begründung, er habe geholfen, die wirtschaftliche Entwicklung des Landes zu beschleunigen.

Leontief wurde weltberühmt. Die Regierung der USA beauftragte ihn mit Forschungsvorhaben und für die Vereinten Nationen analysierte er die Entwicklung der globalen wirtschaftlichen Beziehungen. Sein Buch „Die Zukunft der Weltwirtschaft“ wurde in 13 Sprachen übersetzt. Bei all dem Rummel um seine Person blieb Leontief sich selbst und seiner Maxime treu, „Gedanken frei zu äußern“. Als er bei einer Konferenz in Genf als Papst der Input-Output-Analyse tituliert wurde, wehrte er ab, dass er sich gar nicht päpstlich vorkomme. Er würde aber diese Rolle akzeptieren, wenn sie ihm ermögliche, seine Stimme gegen den Vietnamkrieg zu erheben.

In der Fernsehsendung „Die stillen Stars“ wurde Leontief zum Schluss um ein Statement gebeten, das er den Zuschauern mit auf den Weg geben sollte. Er sagte: „Man sollte nicht ängstlich sein und nicht zu viele Kompromisse machen. Man sollte das verfolgen, von dessen Richtigkeit man überzeugt ist. Das gilt nicht nur für moralische Fragen, sondern für alle Lebensbereiche. Die Verteidigung eigener Gedanken, das ist, glaube ich, das Wichtigste.“

Wassily Leontief starb im Jahre 1999.

2.3.2 Das Leontief-Modell

Uns geht es hier nicht darum, die riesigen Zahlenmengen zu bewegen, von denen wir gerade erzählt haben. Wir wollen nur das Prinzip der Input-Output-Analyse an einfachen Beispielen verstehen. Dazu teilen wir unsere Volkswirtschaft in drei Sektoren ein: Industrie, Landwirtschaft und Dienstleistungsbereich. Die folgende Tabelle gibt an, wie diese Sektoren miteinander in Wechselwirkung stehen. Jeder Sektor bezieht Waren oder Leistungen von allen anderen Sektoren, gibt dafür aber auch an alle anderen Sektoren wieder etwas ab. Was dann von der Produktion noch übrig bleibt, fließt in den Konsum. Die angegebenen Zahlen beziehen sich auf den Wert dieser Warenströme. Wir haben die Zahlen so gewählt, dass unsere Rechnungen einfach werden; mit der Realität haben sie in diesem Beispiel nichts zu tun.

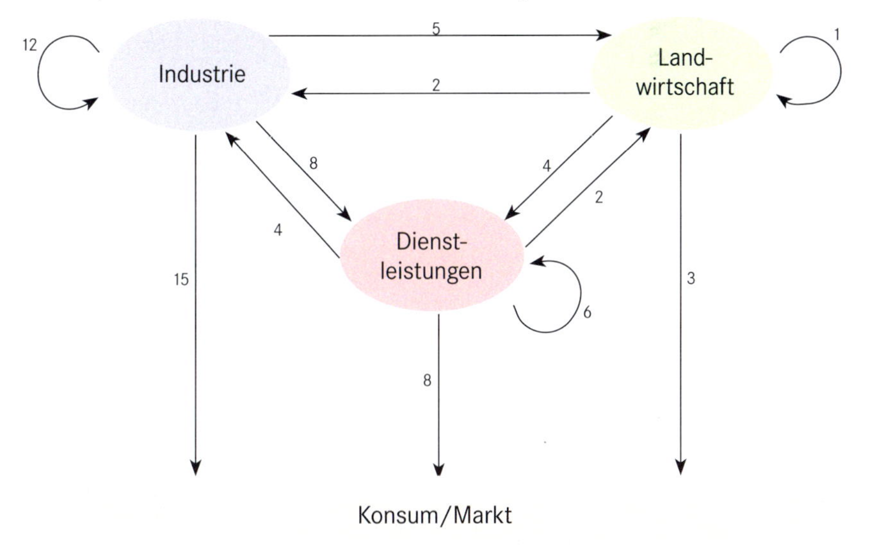

	Industrie	Landwirtschaft	Dienstleistungen	Verbrauch, Markt oder Konsum	Gesamtproduktion
Industrie	12	5	8	15	40
Landwirtschaft	2	1	4	3	10
Dienstleistungen	4	2	6	8	20

Die oberste Zeile ist so zu verstehen: Die Industrie verbraucht von ihren Produkten 12 Einheiten selbst, an die Landwirtschaft liefert sie 5 und an den Dienstleistungssektor 8 Einheiten; an den Endverbraucher gehen 15 Einheiten. Dies ergibt eine Gesamtproduktion der Industrie von 40 Einheiten. Analog geht man bei den beiden anderen Zeilen vor. Aus den Zeilen der Tabelle lässt sich so der gesamte Output eines Sektors ablesen. In den Spalten der Tabelle wird gleichzeitig der gesamte Input eines Sektors aufgelistet. So erhält der Industriesektor 2 Einheiten vom Bereich Landwirtschaft und 4 Einheiten aus dem Dienstleistungsbereich.

Die Zahlen stehen dabei in einem komplizierten Wechselspiel. Stellen Sie sich vor, die Landwirtschaft erhöht ihre Produktion. Dann benötigt sie mehr Traktoren aus dem industriellen Sektor, gleichzeitig nimmt sie stärker die Dienste von Post und Bahn in Anspruch. Die Post kauft daraufhin mehr Geräte bei der Industrie usw.

Zunächst müssen wir einige Abkürzungen einführen, die es uns nachher erleichtern werden, die Zahlen formelmäßig zu erfassen. Wir nummerieren unsere Sektoren durch, behalten dabei aber die Zahlen unseres Beispiels bei:

	Sektor 1	Sektor 2	Sektor 3	Konsum	Gesamtproduktion
Sektor 1	$x_{11} = 12$	$x_{12} = 5$	$x_{13} = 8$	$y_1 = 15$	$x_1 = 40$
Sektor 2	$x_{21} = 2$	$x_{22} = 1$	$x_{23} = 4$	$y_2 = 3$	$x_2 = 10$
Sektor 3	$x_{31} = 4$	$x_{32} = 2$	$x_{33} = 6$	$y_3 = 8$	$x_3 = 20$

Die x_{ij} aus der Tabelle fassen wir zu einer Matrix zusammen, die Verbrauchswerte y_i zu einem Konsumvektor $\vec{y} = \begin{pmatrix} y_1 \\ y_2 \\ y_3 \end{pmatrix}$. Die Produktionsziffern ergeben den Produktionsvektor $\vec{x} = \begin{pmatrix} x_1 \\ x_2 \\ x_3 \end{pmatrix}$.

Die Tabelle ist für uns natürlich wieder eine Matrix. Man nennt sie auch **Verflechtungsmatrix.** Sie hat nur noch einen Schönheitsfehler: Sie sollte eigentlich nur die Struktur der gegenseitigen Verflechtung widerspiegeln. An dieser Struktur ändert sich sicher nichts, wenn wir alle Zahlen in unserem Beispiel verdoppeln, verzehnfachen oder halbieren. Daher interessieren uns die absoluten Zahlen eigentlich gar nicht so sehr. Viel wichtiger ist die gegenseitige Beziehung dieser Zahlen. Um eine eindeutige Darstellung der Verflechtungsstruktur zu erreichen, werden wir alle Zahlen x_{ij} so umrechnen, dass sie einer Gesamtproduktion von einer Einheit entsprechen. Der Sektor 1 produziert bei uns 40 Einheiten. Bei der Produktion von 1 Einheit sinkt sein Bedarf an Produktionsmitteln auf den 40. Teil. Analog müssen wir die Zahlen für die beiden anderen Sektoren mit 10 bzw. 20 dividieren, wenn wir sie auf eine jeweilige Gesamtproduktion von einer ME zurückrechnen. Unsere Tabelle erhält dann folgendes Aussehen:

	Sektor 1	Sektor 2	Sektor 3
Sektor 1	$\frac{12}{40}$	$\frac{5}{10}$	$\frac{8}{20}$
Sektor 2	$\frac{2}{40}$	$\frac{1}{10}$	$\frac{4}{20}$
Sektor 3	$\frac{4}{40}$	$\frac{2}{10}$	$\frac{6}{20}$

Die Koeffizienten x_{ij} wurden ersetzt durch die Koeffizienten $a_{ij} = \frac{x_{ij}}{x_j}$. Für diese Koeffizienten a_{ij} sind leider mehrere Bezeichnungen in Gebrauch. Sie heißen **Produktions-**, **Input-**, **Verflechtungs-** oder **technische Koeffizienten.** Die Matrix, die sie bilden, heißt **Inputmatrix,** gelegentlich auch **Produktionsmatrix.** Bei unserem Beispiel ergibt sich diese Inputmatrix zu:

$$\mathbf{A} = \begin{pmatrix} \frac{12}{40} & \frac{5}{10} & \frac{8}{20} \\ \frac{2}{40} & \frac{1}{10} & \frac{4}{20} \\ \frac{4}{40} & \frac{2}{10} & \frac{6}{20} \end{pmatrix}$$

Normalerweise kürzt man diese Brüche oder schreibt sie als Dezimalzahlen. Wir lassen sie hier so stehen, damit Sie leichter den Zusammenhang zwischen der Inputmatrix **A,** dem Konsumvektor $\vec{y}$ und dem Produktionsvektor $\vec{x}$ sehen. Bei unserem Zahlenbeispiel ergibt sich für die Gesamtproduktion:

$$\begin{pmatrix} 40 \\ 10 \\ 20 \end{pmatrix} = \begin{pmatrix} \frac{12}{40} & \frac{5}{10} & \frac{8}{20} \\ \frac{2}{40} & \frac{1}{10} & \frac{4}{20} \\ \frac{4}{40} & \frac{2}{10} & \frac{6}{20} \end{pmatrix} \cdot \begin{pmatrix} 40 \\ 10 \\ 20 \end{pmatrix} + \begin{pmatrix} 15 \\ 3 \\ 8 \end{pmatrix}$$

Beim Ausmultiplizieren erhält man wieder die ursprüngliche Tabelle. Damit haben wir jetzt endlich eine handliche Formel gefunden, die uns den gesuchten Zusammenhang beschreibt:

$$\vec{x} = \mathbf{A} \cdot \vec{x} + \vec{y} \qquad (*)$$

Aus der Sicht der Mathematik liegen ganz einfache Verhältnisse vor. Die Formel enthält eine Konstante **A** und zwei Variable $\vec{x}$ und $\vec{y}$. Wenn man eine dieser Variablen vorgibt, kann man die andere berechnen. Das bedeutet für unseren konkreten Fall: Man kann bei einer bekannten wirtschaftlichen Struktur, die durch die Inputmatrix beschrieben wird, einen bestimmten Verbrauch vorgeben und dann berechnen, wie hoch dafür die Produktion sein muss. Umgekehrt lässt sich auch bei einer bestimmten Produktionshöhe ausrechnen, wie viel davon für den privaten Verbrauch übrig bleibt, wenn auch die anderen Sektoren ihren Anteil benötigen. Wir lösen dazu unsere obige Formel (*) zuerst nach $\vec{y}$ und dann nach $\vec{x}$ auf. Erinnern Sie sich noch an unsere Matrizengleichungen?

Konsumvektor: $\vec{y} = (\mathbf{E} - \mathbf{A}) \cdot \vec{x}$

Daraus ergibt sich dann sofort für den

Produktionsvektor: $\vec{x} = (\mathbf{E} - \mathbf{A})^{-1} \cdot \vec{y}$.

Die Matrix (**E** – **A**) nennt man **Technologiematrix** oder **technologische Matrix.** Ihre Inverse heißt zu Ehren ihres Erfinders auch **Leontief-Inverse.**

Die beiden Formeln für den Produktions- und Konsumvektor sind unerwartet kurz und einfach herausgekommen, wenn man bedenkt, wie kompliziert die Ausgangssituation eigentlich war. Vielleicht raucht Ihnen trotzdem der Kopf, weil sich die Erklärungen etwas in die Länge gezogen haben. Wir rechnen Ihnen daher noch systematisch zwei Aufgaben als Musterbeispiele vor. An ihnen können Sie sich dann bei den später folgenden Aufgaben orientieren.

BEISPIEL

1. Für drei Sektoren einer Volkswirtschaft ergeben sich für das laufende Jahr folgende Daten:

	Sektor 1	Sektor 2	Sektor 3	Konsum
Sektor 1	10	5	16	69
Sektor 2	30	10	8	2
Sektor 3	40	5	24	11

a) Berechnen Sie die Gesamtproduktion der einzelnen Sektoren.
b) Bestimmen Sie die Inputmatrix, welche die Verflechtung der Sektoren untereinander beschreibt.
c) Für das kommende Jahr wird geplant die Gesamtproduktion zu steigern. Der erste Sektor soll 120 Einheiten, der zweite Sektor 80 Einheiten und der dritte Sektor 100 Einheiten produzieren.
Wie groß wird dann der private Verbrauch sein können?
d) Wie groß müssen die Produktionszahlen sein, wenn von den Gütern des ersten Sektors 80 Einheiten, des zweiten Sektors 20 Einheiten und des dritten Sektors 40 Einheiten in den privaten Verbrauch fließen?
e) Begründen Sie, warum bei dieser Verflechtung die Produktion jeder Nachfrage gerecht werden kann.

Lösung

a) **Tabelle**

	Sektoren S1	S2	S3	Konsum $\vec{y}$	Gesamtproduktion $\vec{x}$ (alle Zeilen addieren)
S1	10	5	16	69	100
S2	30	10	8	2	50
S3	40	5	24	11	80
	:100	:50	:80		

Produktion des 1. Sektors: 100 Einheiten
Produktion des 2. Sektors: 50 Einheiten
Produktion des 3. Sektors: 80 Einheiten

b) **Inputmatrix**

Alle Spalten der Matrix wie bei a) angegeben dividieren:

$$\mathbf{A} = \begin{pmatrix} 0{,}1 & 0{,}1 & 0{,}2 \\ 0{,}3 & 0{,}2 & 0{,}1 \\ 0{,}4 & 0{,}1 & 0{,}3 \end{pmatrix}$$

c) Für den **Konsumvektor** gilt: $\vec{y} = (\mathbf{E} - \mathbf{A}) \cdot \vec{x}$

Zahlen einsetzen: $\vec{y} = \begin{pmatrix} 0{,}9 & -0{,}1 & -0{,}2 \\ -0{,}3 & 0{,}8 & -0{,}1 \\ -0{,}4 & -0{,}1 & 0{,}7 \end{pmatrix} \cdot \begin{pmatrix} 120 \\ 80 \\ 100 \end{pmatrix} = \begin{pmatrix} 80 \\ 18 \\ 14 \end{pmatrix}$

Es können verbraucht werden: 80 Einheiten des 1. Sektors
18 Einheiten des 2. Sektors
14 Einheiten des 3. Sektors

d) Für den **Produktionsvektor** gilt: $\vec{x} = (\mathbf{E} - \mathbf{A})^{-1} \cdot \vec{y}$

1. Schritt: Inverse berechnen (vergleiche Kapitel 2.1.1)

0,9	-0,1	-0,2	1	0	0
-0,3	0,8	-0,1	0	1	0
-0,4	-0,1	0,7	0	0	1
	⋮			⋮	
1	0	0	1,375	0,225	0,425
0	1	0	0,625	1,375	0,375
0	0	1	0,875	0,325	1,725

gesuchte Inverse

2. Schritt: Zahlen einsetzen

$$\vec{x} = \begin{pmatrix} 1{,}375 & 0{,}225 & 0{,}425 \\ 0{,}625 & 1{,}375 & 0{,}375 \\ 0{,}875 & 0{,}325 & 1{,}725 \end{pmatrix} \cdot \begin{pmatrix} 80 \\ 20 \\ 40 \end{pmatrix} = \begin{pmatrix} 131{,}5 \\ 92{,}5 \\ 145{,}5 \end{pmatrix}$$

Es müssen produziert werden: im 1. Sektor 131,5 Einheiten,
im 2. Sektor 92,5 Einheiten,
im 3. Sektor 145,5 Einheiten.

e) Die Leontief-Inverse $(\mathbf{E} - \mathbf{A})^{-1}$ existiert. Keines ihrer Elemente ist negativ.

Zu dieser Musterlösung müssen wir noch zwei Anmerkungen machen. Zunächst zu der letzten Frage, warum jede Nachfrage befriedigt werden kann. Den Nachfragevektor $\vec{y}$ setzt man in die Formel für den Produktionsvektor $\vec{x}$ ein. Diese Formel enthält die Inverse einer Matrix. Wie Sie wissen, gibt es nicht zu jeder Matrix eine Inverse. Es ist also nicht von vornherein selbstverständlich, dass es die Leontief-Inverse überhaupt gibt. So viel zum ersten Teil unserer Antwort. Nun zum zweiten Teil. Auch wenn die Leontief-Inverse existiert, kann es noch Probleme geben, falls sie negative Elemente enthält. Denn dann könnte es passieren, dass sich bei bestimmten Werten von $\vec{y}$ eine negative Komponente des Produktionsvektors $\vec{x}$ ergibt, was natürlich keinen Sinn macht. Die Teilaufgabe e) ist schon ab und zu bei Abituraufgaben aufgetaucht. Eine kurze Antwort wie bei unserer Musterlösung genügt.

Sehen Sie sich nun die Aufgabe d) nochmals an. Wir rechneten nach der Formel $\vec{x} = (\mathbf{E} - \mathbf{A})^{-1} \cdot \vec{y}$. Das ist in Ordnung, wenn man einen Taschenrechner besitzt, der einem das Invertieren abnimmt. Wir wollten Sie hier nochmals daran erinnern, wie man eigenhändig eine Inverse bildet. Wenn Sie aber aus irgendeinem Grund tatsächlich von Hand rechnen müssen, raten wir Ihnen, die langwierige Inversenbildung zu vermeiden. Sehen Sie sich daher noch den zweiten Lösungsweg für den Teil d) an.

Wir setzen den gesuchten Produktionsvektor an mit $\vec{x} = \begin{pmatrix} x_1 \\ x_2 \\ x_3 \end{pmatrix}$ und setzen ihn in die Formel $\vec{y} = (\mathbf{E} - \mathbf{A}) \cdot \vec{x}$ ein. Wir erhalten dann mit unseren Zahlen:

$$\begin{pmatrix} 0{,}9 & -0{,}1 & -0{,}2 \\ -0{,}3 & 0{,}8 & -0{,}1 \\ -0{,}4 & -0{,}1 & 0{,}7 \end{pmatrix} \cdot \begin{pmatrix} x_1 \\ x_2 \\ x_3 \end{pmatrix} = \begin{pmatrix} 80 \\ 20 \\ 40 \end{pmatrix}$$

Unser gesuchter Produktionsvektor $\vec{x}$ ergibt sich nun als Lösung eines linearen Gleichungssystems. Wenn man ohne Taschenrechner auskommen muss, kommt man so viel schneller ans Ziel als bei dem Weg über die Inverse. Man formt einfach das Gleichungssystem mithilfe des Gauß-Algorithmus um und erhält wieder

$$\vec{x} = \begin{pmatrix} 131{,}5 \\ 92{,}5 \\ 145{,}5 \end{pmatrix}.$$

BEISPIEL 2.

Gegeben ist die Inputmatrix **A** einer wirtschaftlichen Verflechtung von drei Sektoren.

$$\mathbf{A} = \begin{pmatrix} 0,1 & 0,2 & 0,2 \\ 0 & 0,6 & 0,4 \\ 0,4 & 0,5 & 0,1 \end{pmatrix}$$

a) Zeichnen Sie ein Verflechtungsdiagramm für die Produktion $\vec{x} = \begin{pmatrix} 30 \\ 60 \\ 50 \end{pmatrix}$.

b) Berechnen Sie für den Konsumvektor $\vec{y} = \begin{pmatrix} 8 \\ 5 \\ 7 \end{pmatrix}$ den entsprechenden Produktionsvektor.

c) Wir gehen von einer beliebigen Nachfrage aus. Plötzlich wächst die Nachfrage nach den Gütern des dritten Sektors um eine Einheit an, während die Nachfrage nach den anderen Gütern unverändert bleibt. Wie muss sich dann in unserem Modell die Produktion verändern?

Lösung:

a) Zunächst benötigen wir die Zahlen der Verflechtungstabelle und bilden das Produkt

$$\mathbf{A} \cdot \vec{x} = \begin{pmatrix} 0,1 & 0,2 & 0,2 \\ 0 & 0,6 & 0,4 \\ 0,4 & 0,5 & 0,1 \end{pmatrix} \cdot \begin{pmatrix} 30 \\ 60 \\ 50 \end{pmatrix} = \begin{pmatrix} 3 + 12 + 10 \\ 0 + 36 + 20 \\ 12 + 30 + 5 \end{pmatrix}.$$

Damit erhalten wir die Tabellenwerte für die drei Sektoren S1, S2 und S3. Wir komplettieren dann die Tabelle mit den bekannten Zahlen für die Produktion und den Verbrauch.

	S1	S2	S3	Konsum	Produktion
S1	3	12	10	5	30
S2	0	36	20	4	60
S3	12	30	5	3	50

Entsprechendes Diagramm:

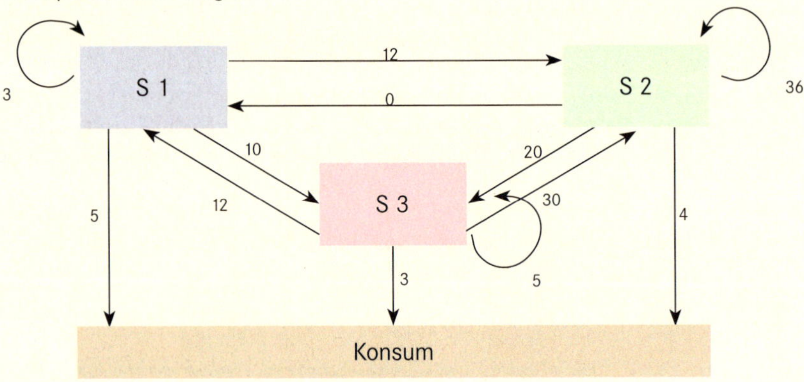

b) Nach Leontief gilt für den Produktionsvektor $\vec{x} = (\mathbf{E} - \mathbf{A})^{-1} \cdot \vec{y}$.

1. Schritt: Bestimme die Technologiematrix

$$(\mathbf{E} - \mathbf{A}) = \begin{pmatrix} 1 & 0 & 0 \\ 0 & 1 & 0 \\ 0 & 0 & 1 \end{pmatrix} - \begin{pmatrix} 0{,}1 & 0{,}2 & 0{,}2 \\ 0 & 0{,}6 & 0{,}4 \\ 0{,}4 & 0{,}5 & 0{,}1 \end{pmatrix} = \begin{pmatrix} 0{,}9 & -0{,}2 & -0{,}2 \\ 0 & 0{,}4 & -0{,}4 \\ -0{,}4 & -0{,}5 & 0{,}9 \end{pmatrix}$$

2. Schritt: Leontief-Inverse bestimmen mithilfe des Taschenrechners

$$(\mathbf{E} - \mathbf{A})^{-1} = \begin{pmatrix} 2 & 3{,}5 & 2 \\ 2 & 9{,}125 & 4{,}5 \\ 2 & 6{,}625 & 4{,}5 \end{pmatrix}$$

3. Schritt: Produktionsvektor berechnen

$$\vec{x} = (\mathbf{E} - \mathbf{A})^{-1} \cdot \vec{y} = \begin{pmatrix} 2 & 3{,}5 & 2 \\ 2 & 9{,}125 & 4{,}5 \\ 2 & 6{,}625 & 4{,}5 \end{pmatrix} \cdot \begin{pmatrix} 8 \\ 5 \\ 7 \end{pmatrix} = \begin{pmatrix} 47{,}5 \\ 93{,}125 \\ 80{,}625 \end{pmatrix}$$

c) Die Differenz beim Konsum ergibt $\Delta\vec{y} = \begin{pmatrix} 0 \\ 0 \\ 1 \end{pmatrix}$.

Das Einsetzen in die Gleichung von Leontief ergibt für die entsprechende Differenz bei der Produktion:

$$\Delta\vec{x} = \begin{pmatrix} 2 & 3{,}5 & 2 \\ 2 & 9{,}125 & 4{,}5 \\ 2 & 6{,}625 & 4{,}5 \end{pmatrix} \cdot \begin{pmatrix} 0 \\ 0 \\ 1 \end{pmatrix} = \begin{pmatrix} 2 \\ 4{,}5 \\ 4{,}5 \end{pmatrix}$$

2.3.3 Aufgaben zum Leontief-Modell

Wie Sie schon an unseren Beispielen gesehen haben, gibt es nicht viele Möglichkeiten, die Aufgaben zum Leontief-Modell zu variieren. Im Grunde genommen gibt es nur zwei Aufgabentypen. Man kann die Produktion angeben und fragen, wie viel davon für den Konsum übrig bleibt, oder man kann umgekehrt vorgehen und zu einem gewünschten Konsum die erforderliche Produktion berechnen lassen. Daher sind die Aufgaben zum Leontief-Modell im Abitur bei Schülern und Lehrern recht beliebt, sofern die Rechnungen nicht durch Formvariable verkompliziert werden.

AUFGABE 1 In den drei Zweigwerken Z1, Z2 und Z3 eines großen Betriebes wird jeweils für die beiden anderen Zweigwerke und für den Endverbrauch produziert. Die folgende Tabelle gibt die Produktionszahlen in Mengeneinheiten (ME) an. Sie beziehen sich auf eine Produktionsperiode. Die gegenseitige Abhängigkeit der Zweigwerke wird durch das Modell von Leontief beschrieben.

	Z1	Z2	Z3	Endverbrauch
Z1	0	10	10	10
Z2	10	0	10	40
Z3	0	30	0	30

a) Berechnen Sie die Inputmatrix nach dem Leontief-Modell.

b) Wie viele Mengeneinheiten stehen für den Endverbrauch zur Verfügung, wenn im ersten Zweigwerk 100 ME, im zweiten Zweigwerk 180 ME und im dritten Zweigwerk 120 ME produziert werden?

c) In der nächsten Produktionsperiode benötigt man für den Endverbrauch 60 ME vom Werk Z1, 75 ME vom Werk Z2 und 90 ME vom Werk Z3. Berechnen Sie, wie viele ME dann in den einzelnen Zweigwerken produziert werden müssen.

AUFGABE 2 Für die drei Sektoren S1, S2 und S3 einer Volkswirtschaft legt man das Modell von Leontief zugrunde. Die Gesamtproduktion von S1 beträgt 30 Einheiten, von S2 40 Einheiten und von S3 ebenfalls 40 Einheiten. Die gegenseitige Verflechtung in der laufenden Produktionsperiode wird durch das folgende Diagramm beschrieben:

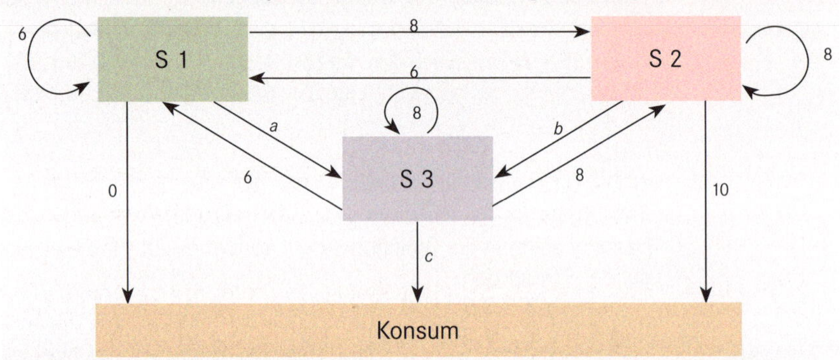

a) Berechnen Sie die Werte von a, b und c und stellen Sie die gegenseitige Verflechtung der Sektoren in einer Tabelle dar.

b) Welcher Konsumvektor ergibt sich bei einem Produktionsvektor $(40 \;\; 50 \;\; 30)^T$?

c) Wie viele Einheiten müssen die Sektoren in einer Periode produzieren, wenn der Konsumvektor $(18 \;\; 24 \;\; 12)^T$ beträgt?

d) Bei einer Planungsrechnung geht man von einem Produktionsvektor $\vec{x} = (2t \;\; 3t \;\; 10)^T$ aus, der eine positive Variable t enthält

Bestimmen Sie den Konsumvektor $\vec{y}$ in Abhängigkeit von t.

Welche Mengen, die die Sektoren S2 und S3 produzieren, stehen für den Konsum zur Verfügung, wen der erste Sektor 2 ME für den Konsum produziert?

AUFGABE 3 Drei Sektoren A, B und C eines Unternehmens sind so miteinander verflochten, dass man sie mit dem Modell von Leontief beschreiben kann. Die folgende Tabelle gibt an, welche Mengeneinheiten in der vergangenen Produktionsperiode produziert und geliefert wurden.

	A	B	C	Markt	Produktion
A	15	20	x	20	60
B	20	20	y	30	80
C	10	0	z	20	40

a) Berechnen Sie, welche Mengeneinheiten an den Sektor C geliefert wurden, und bestimmen Sie die Inputmatrix, die zu dieser Verflechtung gehört.

b) Die Nachfrage nach den Produkten der Sektoren *A* und *B* steigt, während die Nachfrage nach den Produkten des Sektors *C* unverändert bleibt. Man beschließt daher, die Produktion des Sektors A um 20 % und die Produktion von *B* um 40 % zu steigern. Wie viele Mengeneinheiten mehr müssen dann im Sektor *C* produziert werden?

c) Für die nächste Produktionsperiode rechnet man mit einer geänderten Nachfrage. Man geht davon aus, dass von den Produkten des Sektors *A* 24 Einheiten, von Sektor *B* 20 Einheiten und von *C* 16 Einheiten nachgefragt werden. Wie viel muss dann in den einzelnen Sektoren produziert werden, wenn man sich an diese neue Situation anpasst?

d) Durch ein neues Produktionsverfahren ändert sich die Inputmatrix. Sie enthält nun die reelle Variable *t*.

$$\mathbf{A} = \begin{pmatrix} 0{,}25 & 0{,}25 & t^2 - 0{,}09 \\ 0{,}9 - t & 0{,}25 & 0{,}25 \\ 2t - 0{,}4 & 0 & 0{,}25 \end{pmatrix}$$

Für welche Werte von *t* ist A überhaupt eine Inputmatrix?

Überprüfen Sie, ob für $t = 0{,}5$ jede Nachfrage befriedigt werden kann.

AUFGABE 4 Die gegenseitige Verflechtung von drei Zweigwerken Z1, Z2 und Z3 eines Unternehmens lässt sich mit dem Modell von Leontief beschreiben. Die Lieferungen untereinander, die Marktabgabe und die Gesamtproduktion sind in Geldeinheiten (GE) angegeben. Die Leontief-Inverse ist bekannt.

$$(\boldsymbol{E} - \boldsymbol{A})^{-1} = \frac{1}{25}\begin{pmatrix} 51 & 14 & 24 \\ 24 & 36 & 26 \\ 4 & 6 & 46 \end{pmatrix}$$

a) Berechnen Sie die Inputmatrix A.

b) Im aktuellen Quartal beträgt der Produktionsvektor $\vec{x} = (40 \quad 50 \quad 30)^T$. Stellen Sie die entsprechende Input-Output-Tabelle auf.

c) Die Marktabgabe der 3 Zweigwerke soll im nächsten Quartal gleich sein. In welchem Verhältnis müssen dann die Produktionsmengen der einzelnen Zweigwerke zueinander stehen?

d) Das 1. Zweigwerk soll im 3. Quartal für 9 GE und das 3. Zweigwerk für 3 GE produzieren. Für wie viele GE muss dann das 2. Zweigwerk mindestens bzw. höchstens produzieren, wenn alle Zweigwerke den Markt beliefern sollen?

AUFGABE 5 Drei Sektoren *A*, *B* und *C* einer Volkswirtschaft tauschen entsprechend der folgenden Tabelle untereinander Waren aus und beliefern den Markt. Die Zahlen beziehen sich auf Mengeneinheiten in der laufenden Produktionsperiode. Man geht davon aus, dass die Sektoren nach dem Leontief-Modell miteinander verknüpft sind.

	A	*B*	*C*	Markt
A	8	39	13	20
B	0	39	26	65
C	32	0	13	20

a) Bestimmen Sie die Inputmatrix.

b) Berechnen Sie zum Produktionsvektor $\vec{x} = \begin{pmatrix} 120 \\ 130 \\ 100 \end{pmatrix}$ den Marktabgabevektor.

c) Berechnen Sie zum Marktabgabevektor $\vec{y} = \begin{pmatrix} 40 \\ 80 \\ 40 \end{pmatrix}$ den Produktionsvektor.

d) Für den kommenden Produktionszeitraum erwartet man, dass sich die Nachfrage nach den Gütern von *B* und *C* nicht ändert, aber die Nachfrage nach den Gütern von *A* steigt. Man beschließt daher, die Produktion im Sektor *A* um 70 ME zu erhöhen. (Die Angaben beziehen sich auf die anfangs gegebene Tabelle, nicht auf die Aufgaben *b* und *c*.) Um wie viele ME steigt dann auch die Produktion in den Sektoren *B* und *C*?

e) Von einer Verflechtung dreier Sektoren kennt man die folgende Leontief-Inverse und den Marktabgabevektor:

$$(\boldsymbol{E} - \boldsymbol{A})^{-1} = \frac{1}{40} \cdot \begin{pmatrix} 56 & 24 & 26 \\ 16 & 64 & 36 \\ 28 & 12 & 63 \end{pmatrix} \qquad \vec{y}_k = \begin{pmatrix} -0{,}5\,k^2 + 50 \\ 7\,k + 100 \\ 80 \end{pmatrix}$$

Für welchen Wert von *k* erhält man sowohl für die Produktionsmenge des Sektors *A* als auch für die Produktionsmenge des Sektors *C* ein relatives Maximum?

AUFGABE 6 Drei Sektoren S1, S2 und S3 einer Volkswirtschaft sind nach dem Leontief-Modell miteinander verknüpft. Die gegenseitigen Lieferungen während einer Produktionsperiode in Mengeneinheiten (ME), die Abgabe an den Markt und die Gesamtproduktion sind der folgenden Tabelle zu entnehmen:

	S1	S2	S3	Markt	Produktion
S1	x_{11}	0	100	20	240
S2	48	x_{22}	0	80	160
S3	72	64	x_{33}	24	200

a) Bestimmen Sie die Inputmatrix, die zu dieser Verflechtung gehört.

b) Wie groß muss die Produktion in jedem der Sektoren sein, wenn eine Marktabgabe $\vec{y} = (32 \quad 96 \quad 48)^T$ ermöglicht werden soll?

c) Welche Mengen können bei einer Produktion $\vec{x} = (350 \quad 100 \quad 250)^T$ an den Markt abgegeben werden?

d) Für die nächste Periode plant man in S1 eine Produktion von 300 ME, in S2 von 220 ME. Jeder Sektor soll so viel produzieren, dass von den Gütern jedes Sektors mindestens 20 ME an den Markt abgegeben werden können.
Wie viele ME muss man dann in S3 mindestens, wie viele höchstens produzieren?

e) Im Folgenden hängt der Produktionsvektor von einer positiven Variablen *a* ab. Es gilt $\vec{x_a} = (a^3 \quad 15 + 5a \quad 3\,a^2)^T$.
Beim Verkauf erzielt man bei den Gütern von S1 und S3 jeweils 15 GE (Geldeinheiten), bei S2 30 GE pro Mengeneinheit.
Bei welchem Wert von *a* nehmen die Gesamteinnahmen *c* ein relatives Maximum an?

AUFGABE 7 Drei Zweigwerke Z1, Z2 und Z3 eines großen Betriebes sind nach dem Leontief-Modell miteinander verknüpft. Das Diagramm gibt an, welche Mengeneinheiten in einem bestimmten Produktionszeitraum zwischen den Zweigwerken ausgetauscht und welche Mengen an den Markt abgegeben werden.

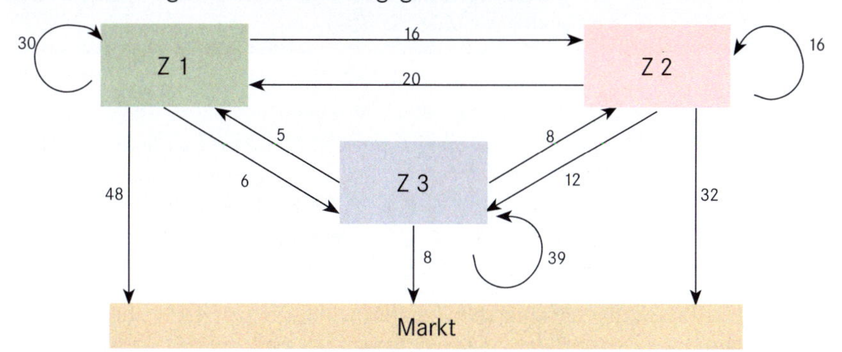

a) Für die nächste Periode plant man einen Produktionsvektor $\vec{x} = (120\ 100\ 80)^T$. Wie viele Mengeneinheiten werden dann von den Zweigwerken an den Markt abgegeben?

b) Berechnen Sie den Marktabgabe- und den Produktionsvektor für den Fall, dass alle Zeigwerke gleich viel an den Markt abgeben und im dritten Zweigwerk 66 Mengeneinheiten produziert werden.

c) Durch eine neue Technologie ändert sich die Inputmatrix so, dass

$$(\mathbf{E} - \mathbf{A})^{-1} = 0{,}05 \cdot \begin{pmatrix} 6 & 4 & t-4 \\ 4 & 4 & 1-2t \\ 1 & 2 & -6 \end{pmatrix}.$$

Mit t wird ein technologieabhängiger Parameter bezeichnet. Für welchen Wert von t nimmt die Summe aller Produktionen der drei Zweigwerke ein Maximum an, wenn für den Marktabgabevektor $\vec{y}_t = (10 \quad 5t \quad 6\ \mathrm{t})^T$ vorgesehen ist?

AUFGABE 8 Die Verflechtung dreier Sektoren A, B und C einer Volkswirtschaft soll dem Leontief-Modell genügen. Sie wird durch die folgende Inputmatrix beschrieben:

$$\mathbf{A} = \begin{pmatrix} 0{,}5 & 0 & 0{,}2 \\ 0{,}2 & 0{,}1 & 0{,}3 \\ 0{,}4 & 0{,}2 & 0{,}2 \end{pmatrix}$$

a) In der vergangenen Produktionsperiode stellte Sektor A insgesamt 400 Mengeneinheiten (ME) her, Sektor B 600 ME und Sektor C 500 ME. Geben Sie in einer Tabelle an, wie viele Mengeneinheiten die Sektoren untereinander austauschten und an den Konsum abgaben.

b) In der laufenden Produktionsperiode rechnet man mit einer Nachfrage von 125 ME nach den Gütern von A, 300 ME nach den Gütern von B und 150 ME nach den Gütern von C. Bestimmen Sie die entsprechenden Produktionsmengen in den einzelnen Sektoren.

c) Der Produktionsvektor $\vec{x}_k = (200k \quad 100 \quad \frac{100}{k})^T$ hängt von der positiven Variablen k ab. Für welche Werte von k (auf zwei Dezimalen) ist die Marktabgabe von B größer als die Marktabgabe von Sektor A?

d) Für die nächste Produktionsperiode hat man vor, die Fertigung umzustellen. Dadurch ändern sich die Koeffizienten a_{13} und a_{23} der Inputmatrix. Die Gesamtproduktionen der Sektoren *A*, *B* und *C* verhalten sich dann wie 5 : 3 : 4. Berechnen Sie die neue Inputmatrix und den neuen Produktionsvektor für einen Konsumvektor $\vec{y} = (52 \quad 4 \quad 24)T$.

AUFGABE 9 Die gegenseitige Abhängigkeit von drei Werken W1, W2 und W3 eines Unternehmens lässt sich nach dem Leontief-Modell beschreiben. Die Produkte von W1 werden ausschließlich intern verbraucht. Das Werk W2 kann 5 ME, das Werk W3 10 ME an den Konsum abgeben.

a) Bestimmen Sie mithilfe der folgenden Tabelle die entsprechende Inputmatrix.

	W1	W2	W3	Produktion
W1	10	5	*c*	40
W2	10	*b*	10	40
W3	*a*	10	10	50

b) Untersuchen Sie, ob es möglich ist, dass in W3 doppelt so viel produziert wird wie in W2, wenn die Produkte von W1 weiterhin nicht für den Konsum bestimmt sind.

2.3.4 Das muss ich mir merken!

Falls Ihre eingeführte Formelsammlung nicht die Formeln zum Leontief-Modell enthält, erhalten Sie bei der schriftlichen Abiturprüfung ein Blatt, auf dem alles Wesentliche vermerkt ist. Es wird nicht ganz so ausführlich sein, aber so ähnlich aussehen wie die folgende Zusammenstellung für drei Sektoren.

	Sektor 1	Sektor 2	Sektor 3	Marktabgabevektor $\vec{y}$	Produktionsvektor $\vec{x}$
Sektor 1	x_{11}	x_{12}	x_{13}	y_1	x_1
Sektor 2	x_{21}	x_{22}	x_{23}	y_2	x_2
Sektor 3	x_{31}	x_{32}	x_{33}	y_3	x_3

In jeder Zeile liest man ab, wie viele Mengeneinheiten ein Sektor an die anderen Sektoren abgibt. In jeder Spalte steht, wie viele Mengeneinheiten ein Sektor von den anderen Sektoren bekommt.

Allgemein: x_{ij} ... Lieferung des Sektors *i* an den Sektor *j*

Um eine eindeutige Darstellung für die gegenseitige Abhängigkeit der Sektoren zu erhalten, werden die Elemente der Verflechtungsmatrix $\mathbf{X} = (x_{ij})$ umgerechnet auf eine Gesamtproduktion von jeweils einer Mengeneinheit der einzelnen Sektoren. Dazu dividiert man die Größen x_{ij} durch die jeweilige Produktionsziffer. Man erhält so die Input- oder Produktionskoeffizienten

$$a_{ij} = \frac{x_{ij}}{x_j}.$$

Diese Koeffizienten bilden die Input- oder Produktionsmatrix $\mathbf{A} = (a_{ij})$.

Bei einer Inputmatrix $\mathbf{A} = (a_{ij})$ gilt für alle Elemente: $0 \leq a_{ij} \leq 1$.

Die Elemente der Matrix **X** erhält man wieder durch die Multiplikation $\mathbf{A} \cdot \vec{x}$.

Für den Zusammenhang zwischen dem Produktions- und dem Marktabgabevektor gelten die Formeln von Leontief:

$$\vec{y} = (\mathbf{E} - \mathbf{A}) \cdot \vec{x}$$
$$\vec{x} = (\mathbf{E} - \mathbf{A})^{-1} \cdot \vec{y}$$

Die Matrix $(\mathbf{E} - \mathbf{A})^{-1}$ heißt **Leontief-Inverse.**

Falls die Leontief-Inverse existiert und keine negativen Elemente enthält, kann jede Nachfrage befriedigt werden.

2.4 Lineare Optimierung

2.4.1 Worum geht es beim linearen Optimieren?

Um dies deutlich zu machen, besprechen wir zuerst eine Aufgabe aus dem Gebiet der linearen Optimierung, die so einfach ist, dass wir sie jetzt schon ohne weitere Vorkenntnisse lösen können. Anhand dieser Aufgabe erklären wir dann anschließend, um welche Problemstellungen es in diesem Kapitel geht und welche Lösungsmethoden wir dafür kennen lernen werden. Beginnen wir also mit unserem ersten **LOP,** das ist die gängige Abkürzung für lineares Optimierungsproblem.

BEISPIEL Herr Deissenrieder und Herr Benz haben von der Schule endgültig die Nase voll. Sie ziehen sich auf eine Alm zurück und wollen von nun an Pferde und Kühe aufziehen. In den Stall passen höchstens sechs Tiere. Sie wollen mindestens so viele Kühe wie Pferde haben, aber höchstens vier Kühe. An einem Pferd verdienen sie 200,00 €, an einer Kuh nur 100,00 €. Wie viele Pferde und Kühe werden sie halten, wenn sie möglichst viel verdienen wollen? In einer Art Pawlow'schem Reflex (fragen Sie zur Not Ihren Biologielehrer, was das ist) beschließen die beiden, das Problem natürlich streng mathematisch zu lösen, und machen den folgenden Ansatz:

Anzahl der Kühe: x
Anzahl der Pferde: y

Kapazitätsbeschränkung durch den Stall:	$x + y \leq 6$	(1)
Mindestens so viele Kühe wie Pferde:	$x \geq y$	(2)
Höchstens 4 Kühe:	$x \leq 4$	(3)

Damit liegt nun ein System von Ungleichungen vor, bei dem x und y ganzzahlig sein müssen und natürlich noch die beiden Bedingungen zu erfüllen sind:

$$x \geq 0 \qquad (4)$$
$$y \geq 0 \qquad (5)$$

Dieses System von fünf Ungleichungen hat 13 Lösungen, die man schnell und ohne viel zu rechnen findet. Wir fassen sie zu einer Lösungsmenge zusammen.

$L = \{(0 \mid 0), (1 \mid 0), (1 \mid 1), (2 \mid 0), (2 \mid 1), (2 \mid 2), (3 \mid 0), (3 \mid 1), (3 \mid 2), (3 \mid 3), (4 \mid 0), (4 \mid 1), (4 \mid 2)\}$

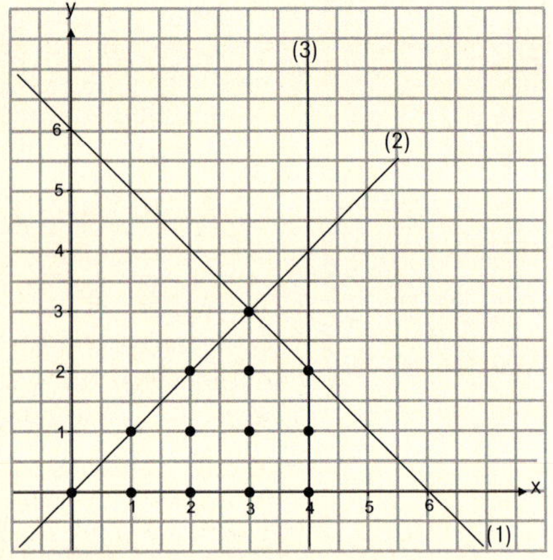

Diese möglichen Lösungen unseres Ungleichungssystems lassen sich auch grafisch bestimmen, wenn man die Ungleichungen nach y auflöst. Man erhält dann:

$$y \leq -x + 6 \quad (1)$$
$$y \leq x \quad (2)$$
$$x \leq 4 \quad (3)$$
$$x \geq 0 \quad (4)$$
$$y \geq 0 \quad (5)$$

Die Punkte, die zu (1) gehören, erhält man, indem man zuerst die Gerade mit der Gleichung $y = -x + 6$ zeichnet. Damit erhält man den Rand des Lösungsgebietes von (1). Die Punkte, die unter der Geraden liegen, erfüllen die Bedingung $y < -x + 6$. Analog verfährt man mit den weiteren Ungleichungen und sucht dann die Punkte, die gleichzeitig alle fünf Ungleichungen erfüllen.
Die Frage ist nun, welche dieser Lösungen „optimal" ist, das heißt hier, den höchsten Gewinn verspricht. Der Gewinn berechnet sich nach der Formel

$$z = 100\,x + 200\,y.$$

Wir kürzen ihn mit z ab, weil man in der Regel bei Optimierungsaufgaben von einem Ziel oder einer Zielfunktion spricht. Wenn Sie alle Zahlenpaare aus der Lösungsmenge durchprobieren, werden Sie feststellen, dass z bei $x = 3$ und $y = 3$ am größten wird. Damit ist unsere erste Aufgabe zur linearen Optimierung erfolgreich gelöst. Herr Deissenrieder und Herr Benz werden sich drei Pferde und drei Kühe anschaffen.

Damit haben wir Ihnen ein recht gekünsteltes, aber typisches Beispiel aus dem Gebiet der linearen Optimierung vorgestellt. Es handelt sich zunächst immer um anwendungsbezogene Probleme. Bei den meisten Aufgaben geht es um die Produktion von verschiedenen Gütern, für die es irgendwelche Beschränkungen gibt, beispielsweise durch die Kapazität der eingesetzten Maschinen. Bei den Produktionsziffern bleibt einem dann ein gewisser Spielraum, den man „optimal" nutzt, um möglichst geringe Kosten oder einen möglichst hohen Gewinn zu erzielen. Für die Suche nach solchen optimalen Lösungen gibt es systematische Verfahren. Dabei muss man immer Ungleichungssysteme betrachten. Die entsprechenden Ungleichungen bleiben aber immer linear, um die Verhältnisse nicht unnötig zu komplizieren. Um diese angesprochenen Lösungsverfahren geht es uns in dem Kapitel über die lineare Optimierung. Wir werden Ihnen zuerst ein zeichnerisches Verfahren vorstellen, mit dem man einfache Aufgaben lösen kann. Dann zeigen wir Ihnen noch ein Rechenverfahren, mit dem man auch kompliziertere Aufgaben bewältigt.

2.4.2 Das zeichnerische Lösungsverfahren

BEISPIEL Im Vorfeld betrachten wir nochmals unser Beispiel aus dem letzten Kapitel. Unsere Zielfunktion wurde beschrieben durch

$$z = 100\,x + 200\,y.$$

Wir hatten 13 Zahlenpaare $(x \mid y)$ zur Auswahl, die alle eine mögliche Lösung darstellten. Kein normaler Mensch würde für z alle diese 13 Zahlenpaare durchprobieren, wenn z so groß wie möglich werden soll. Für eine optimale Lösung kommen nur Zahlenpaare mit großen Zahlen infrage. Das sind in unserer Grafik die Punkte mit großen Koordinaten. Die größten Koordinaten haben natürlich die Eckpunkte unseres Lösungsgebietes. Einer dieser Eckpunkte wird uns die gesuchte optimale Lösung liefern. Die anderen Punkte des Lösungsgebietes interessieren uns nicht. Wir werden uns daher die Darstellung des Lösungsgebietes in Zukunft einfacher machen und nicht mehr alle einzelnen Punkte einzeichnen. Für das Ungleichungssystem aus Kapitel 2.4.1 genügt die nebenstehende Grafik.

$y \leq -x + 6$ (1)
$y \leq x$ (2)
$x \leq 4$ (3)
$x \geq 0$ (4)
$y \geq 0$ (5)

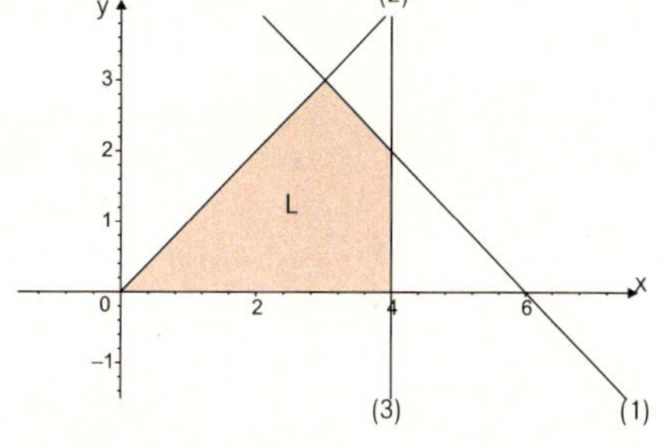

Diese Zeichnung benutzen wir jetzt, um die optimale Lösung grafisch zu bestimmen. Dazu lösen wir die Gleichung für die Zielfunktion nach y auf und erhalten

$$y = -\tfrac{1}{2}x + \tfrac{z}{200}.$$

Diese Gleichung beschreibt eine Gerade mit der Steigung $m = -\frac{1}{2}$ und dem y-Achsenabschnitt $b = \frac{z}{200}$.

1. Schritt:

Wir zeichnen die Gerade für $z = 0$, also die Gerade mit $y = -\frac{1}{2}x$.
(Dass dies einen Sinn ergibt, sieht man erst im 2. Schritt.)

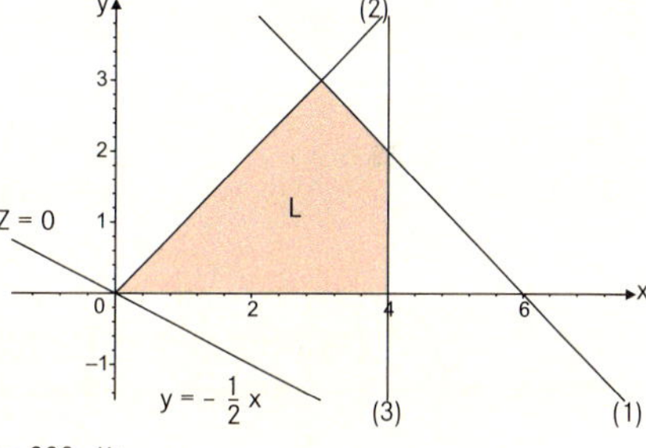

2. Schritt:

Jetzt lassen wir den Wert für z wachsen. Das bedeutet, dass wir die Gerade mit $y = -\frac{1}{2}x$ parallel nach oben schieben.

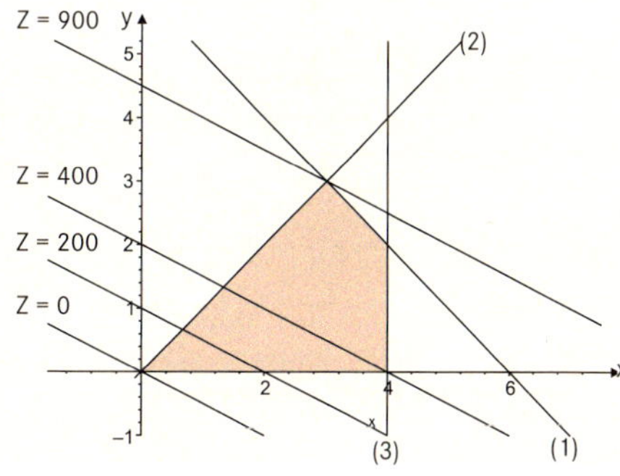

3. Schritt:

Wir verschieben die Gerade bis zum äußersten Punkt des Lösungsgebietes. Sie geht dann durch die Ecke (3 | 3). Dies ist der Punkt, der uns die optimale Lösung liefert. Auf der y-Achse liest man den Achsenabschnitt $4{,}5 = \frac{z}{200}$ ab.

Also wird $z_{max} = 900$ bei $x = 3$ und $y = 3$.

Wir führen Ihnen diese Lösungsstrategie noch an einer weiteren Aufgabe vor.

BEISPIEL Eine Firma produziert Kaffeemaschinen und Espressoautomaten. Von den Espressoautomaten will man am Tag höchstens 20 mehr produzieren als von den Kaffeemaschinen. Die Montage einer Kaffeemaschine dauert 3 Minuten, die eines Espressoautomaten 9 Minuten. Die Arbeit muss innerhalb von 9 Stunden (= 540 Minuten) erledigt sein. Die Montagekosten betragen bei einer Kaffeemaschine 10,00 € und bei einem Espressoautomaten 5,00 €. Sie sollen insgesamt den Betrag von 800,00 € nicht überschreiten.

a) Stellen Sie ein Ungleichungssystem für x Kaffeemaschinen und y Espressoautomaten auf.

b) Skizzieren Sie die Lösungsmenge des Ungleichungssystems.

c) Die Firma verdient beim Verkauf an beiden Maschinen gleich viel. Stellen Sie die Gleichung der Zielfunktion auf und lösen Sie zeichnerisch, bei welchen Produktionszahlen der Gewinn der Firma am größten wird.

a) (1) $y \leq x + 20$
(2) $3x + 9y \leq 540$
(3) $10x + 5y \leq 800$
(4) $x \geq 0$
(5) $y \geq 0$

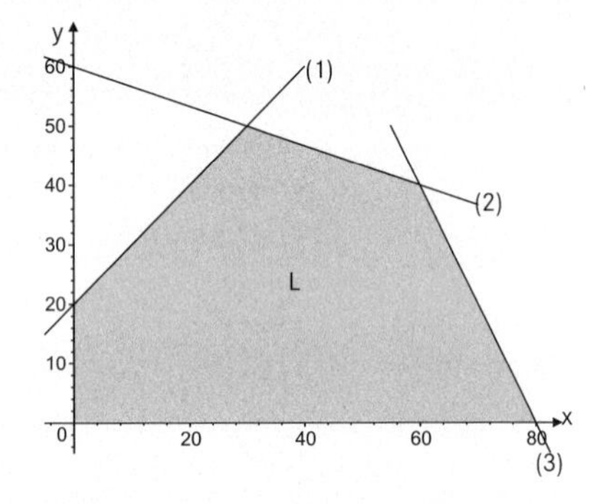

b) Für die Zeichnung werden die Ungleichungen (1) – (3) umgestellt.
(1) $y \leq x + 20$
(2) $y \leq -\frac{1}{3}x + 60$
(3) $y \leq -2x + 160$

c) Bei einem Verkaufspreis von p Euro ergibt sich für die Zielfunktion

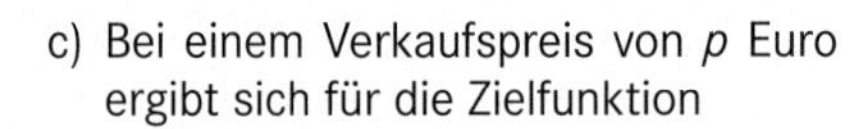

$$z = px + py$$

bzw. $y = -x + \frac{z}{p}$.

Für $z = 0$ erhält man die Gerade mit $y = -x$.

Die Gerade lässt sich parallel nach oben schieben, bis sie nur noch durch den Eckpunkt (60 | 40) geht.

Die optimale Lösung liegt bei 60 Kaffeemaschinen und 40 Espressoautomaten.

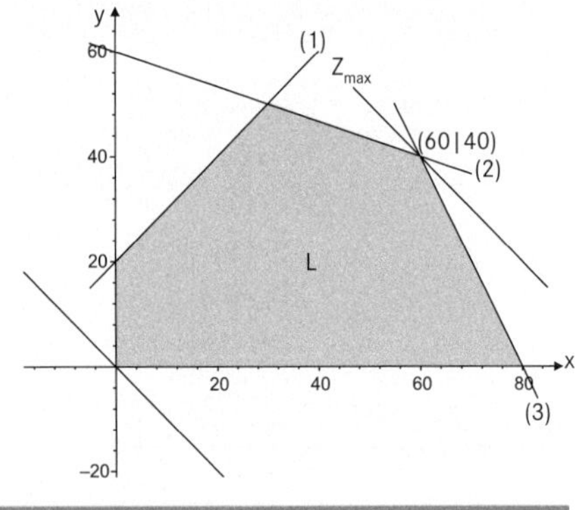

Solange man LOPs (lineare Optimierungsprobleme) zeichnerisch lösen kann, hat man es natürlich denkbar einfach. Solche Aufgaben hätten wir in der Mittelstufe auch schon lösen können. Den Weg über eine zeichnerische Lösung kann man gehen, solange bei den Aufgaben nur zwei Variablen auftreten. Dabei wird das Lösungsgebiet immer durch Geraden begrenzt, sodass im Koordinatensystem ein Vieleck entsteht. Bei Aufgaben mit drei Variablen wäre eine Zeichnung theoretisch noch möglich, aber erheblich schwieriger und völlig unübersichtlich. Für das Lösungsgebiet würde sich ein räumliches Gebilde ergeben, das durch Ebenen begrenzt ist. Besonders einfach wäre hier noch ein Quader, bei dem wir in einer der sechs Ecken die optimale Lösung suchen könnten. Wenn mehr als drei Variable im Spiel sind, versagen alle zeichnerischen Methoden. Dann bleiben nur noch reine Rechenverfahren für die Lösung von LOPs übrig. Das allereinfachste werden Sie im Kapitel 2.4.4 kennen lernen.

2.4.3 Aufgaben zur zeichnerischen Lösung

AUFGABE 1 Geben Sie in einem Koordinatensystem die Punkte im 1. Quadranten an, deren Koordinaten die folgenden Ungleichungen erfüllen.

(1) $x + 2y \leq 21$
(2) $2x - y \geq 2$
(3) $3x - y \leq 14$
(4) $-x + 2y \geq 2$

a) Für welches Punktepaar $(x \mid y)$ ist der Wert der Zielfunktion mit $z = 2x + 2y$ maximal, für welches minimal?

b) Für welches Punktepaar $(x \mid y)$ ist der Wert der Zielfunktion mit $z = 3x - 3y$ maximal, für welches minimal?

AUFGABE 2 a) Bestimmen Sie zeichnerisch, bei welchen Werten für x und y die Zielfunktion mit $z = 2x + 3y$ ein Maximum annimmt, wenn folgende Nebenbedingungen erfüllt sein müssen. Wie groß ist dieser maximale Wert von z?

$x + y \leq 1000$
$y \leq 4x$
$y \geq 0{,}2x + 280$

b) Wie groß kann unter diesen Nebenbedingungen z höchstens werden, wenn $z = x + y$? Bei welchen Werten von x und y wird dieses z_{max} erreicht?

AUFGABE 3 Lösen Sie mithilfe einer Zeichnung: Bei welchem ganzzahligen Zahlenpaar $(x \mid y)$ nimmt $z = 3x + 4y$ einen maximalen Wert an, wenn folgende Restriktionen berücksichtigt werden:

$x, y \geq 0;$
$x + 3y \leq 21;$
$x + y \leq 10?$

AUFGABE 4 Die Zeichnung zeigt die Lösungsmenge eines Ungleichungssystems. Die Gleichungen der Geraden, die das Lösungsgebiet begrenzen, sind angegeben.

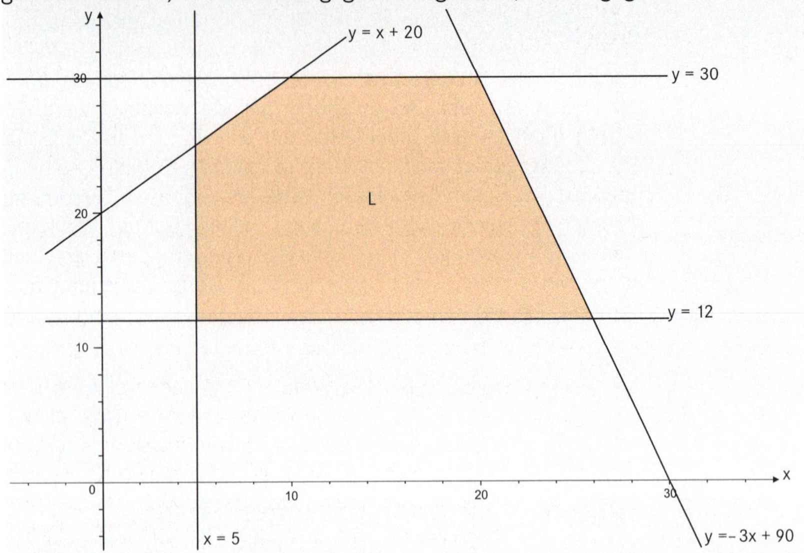

Ermitteln Sie zeichnerisch die optimale Lösung, wenn die Zielfunktion gegeben ist durch:

a) $z = 2x + 2y$ (Maximum von z gesucht)
b) $z = 3x - y$ (Minimum von z gesucht)
c) $z = 8x - 2y$ (Maximum von z gesucht)
d) $z = -x + 4y$ (Minimum von z gesucht)

AUFGABE 5 Von einem linearen Optimierungsproblem kennt man das folgende Diagramm für die Lösungsmenge.

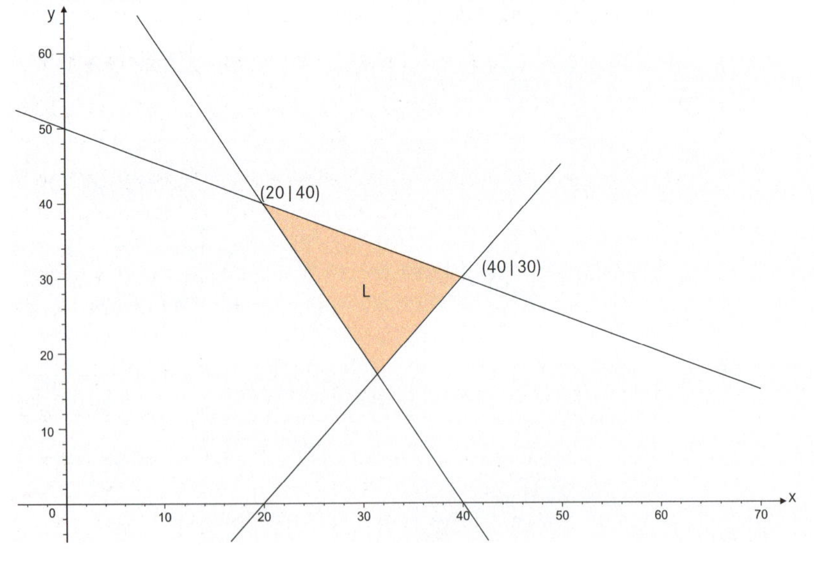

Formulieren Sie eine mögliche Gleichung für die Zielfunktion $z = f(x,y)$ so, dass

a) (20 | 40) eine optimale Lösung ist;

b) (40 | 30) eine optimale Lösung ist;

c) sowohl (20 | 40) als auch (40 | 30) zu den optimalen Lösungen gehören.

AUFGABE 6 Ein Tankstellenpächter verkauft auch Limonade und Bier. Einmal in der Woche füllt er sein Lager auf. Er kalkuliert dabei mit folgenden Zahlen, die sich jeweils auf einen Getränkekasten beziehen.

	Bier	Limonade
Mindestverkauf	100 Kästen	50 Kästen
Einkaufspreis in €	4,00	3,00
Verkaufspreis in €	10,00	8,00

Er will beim Einkauf nicht mehr als 1.800,00 € ausgeben. In seinem Lager hat er höchstens Platz für 500 Kästen.

Lösen Sie zeichnerisch: Wie viele Kästen wird der Pächter einkaufen, wenn er seinen Gewinn aus dem Getränkeverkauf maximieren will?

AUFGABE 7 Ein Unternehmen fertigt zwei Produkte P_1 und P_2, die beide zum gleichen Preis verkauft werden. Für die Produktion benötigt man die Rohstoffe R_1, R_2 und R_3. Die Rohstoffverbrauchsmatrix ist gegeben durch:

$$\mathbf{R} = \begin{pmatrix} 2 & 1 \\ 2 & 3 \\ 1 & 3 \end{pmatrix}$$

Der Vektor $\vec{r}_{max} = (r_1 \;\; r_2)^T = (20 \;\; 48)^T$ gibt die maximal zur Verfügung stehenden Mengen von R_1 und R_2 an. Bei R_3 handelt es sich um ein Recyclingmaterial, von dem mindestens 15 Mengeneinheiten verbraucht werden sollen.

a) Stellen Sie die Ungleichungen des linearen Optimierungsproblems auf.

b) Lösen Sie zeichnerisch, bei welchen Produktionsziffern das Unternehmen einen maximalen Erlös erzielt.

AUFGABE 8 Bei der Produktion durchlaufen zwei Produkte A und B jeweils drei Maschinen M_1, M_2 und M_3. Die folgende Tabelle gibt die jeweilige Bearbeitungszeit in Minuten an.

	A	B
M_1	8	4
M_2	4	4
M_3	6	12

Beim Verkauf von A verdient der Betrieb 5,00 €, beim Verkauf von B 4,00 € pro Stück.

a) Stellen Sie das entsprechende System von Ungleichungen auf, wenn jede Maschine höchstens 108 Minuten zur Verfügung steht.

b) Wie viele Stück von A und von B muss der Betrieb produzieren, wenn er einen möglichst großen Gewinn erzielen möchte?

c) Welche der Ungleichungen ist überflüssig? Begründen Sie Ihre Antwort.

AUFGABE 9 In das Fertigungsprogramm einer Firma wurden zwei neue Produkte *A* und *B* aufgenommen. Von *B* sollen höchstens doppelt so viele Stück produziert werden wie von *A*. Man benötigt von *B* aber mindestens $\frac{2}{3}$ der Anzahl von *A*. Von A kann man täglich höchstens 20, von B höchstens 25 herstellen. Insgesamt lassen die Kapazitäten nur 40 Stück am Tag zu. Beim Verkauf von einem *A* erzielt die Firma einen Gewinn von 10,00 €, an jedem *B* verdient sie 20,00 €.

Wie groß ist der maximale Gewinn, den die Firma aus der Tagesproduktion von *A* und *B* erzielen kann?

AUFGABE 10 Susi hat zwei Freunde Max und Moritz. Sie geht mal mit Max abends aus, mal mit Moritz. Ein Abend mit Max kostet sie 5,00 €, ein Abend mit Moritz 10,00 €, da Moritz anspruchsvoller ist. Sie will aber im Monat höchstens 40,00 € für diese Abende ausgeben. Wenn sie mit Moritz ausgeht, verbraucht sie 6 emotionale Einheiten, wenn sie mit Max ausgeht nur 4, da sie Moritz eigentlich etwas netter findet. Sie will aber monatlich nicht mehr als 24 emotionale Einheiten in die beiden Knaben investieren, da sie sich lieber voll auf das Abitur konzentriert. Auf ihrer privaten Spaßskala bewertet sie einen Abend mit Max mit 3 Punkten, einen Abend mit Moritz mit 5 Punkten, da Moritz der lustigere Typ ist.

Wie oft wird Susi pro Monat mit den beiden Jungs ausgehen, wenn sie möglichst viel Spaß haben will?

2.4.4 Rechnerische Lösung mit dem Simplexverfahren

Im Grunde genommen sind Optimierungsprobleme so alt wie die Mathematik. Wenn Sie im Supermarkt überlegen, ob Sie im Sonderangebot 2 kg Tomaten mitnehmen, obwohl sie eigentlich nur 1 kg benötigen, suchen Sie ja für sich auch eine vernünftige, sprich unter den gegebenen Bedingungen optimale Lösung. Bei der industriellen Produktion und in der Wirtschaft sind Fragen nach Verbesserungen, Rationalisierungen und immer effizienteren Methoden natürlich an der Tagesordnung. Früher waren die mathematischen Möglichkeiten, solche Fragestellungen zu beantworten, begrenzt durch die gigantischen Mengen an Zahlen, die man dabei verarbeiten muss. Durch die Erfindung des Computers hat sich auch hier alles geändert. In der Mathematik wurden neue Rechenverfahren entwickelt und in der Praxis mithilfe von Computern umgesetzt. Eines dieser neuen Verfahren ist das so genannte **Simplexverfahren.** Es wurde Mitte des 20. Jahrhunderts zum ersten Mal vorgestellt. Damit kann man bei vielen Variablen unter Einhaltung vieler Randbedingungen systematisch eine optimale Lösung bestimmen. Das erfordert bei realistischen Aufgaben natürlich einigen Aufwand. Inzwischen gibt es von diesem Verfahren mehrere Varianten. Die einfachste, das **reguläre Simplexverfahren,** stellen wir Ihnen – nochmals vereinfacht – an kurzen Beispielen vor. Sie sind mit uns sicherlich derselben Ansicht, dass es für den Schulalltag völlig ausreicht, wenn man das Prinzip des Verfahrens kennt.

BEISPIEL

Im ersten Beispiel betrachten wir ein System von Ungleichungen, wie wir es bereits kennen.

$$x + 2y \leq 10 \quad (1)$$
$$x + y \leq 7 \quad (2)$$

Das Lösungsgebiet erhält man zeichnerisch wie in Kapitel 2.4.2, indem man die Ungleichungen nach y umstellt.

$$y \leq -0{,}5\,x + 5 \quad (1)$$
$$y \leq -x + 7 \quad (2)$$

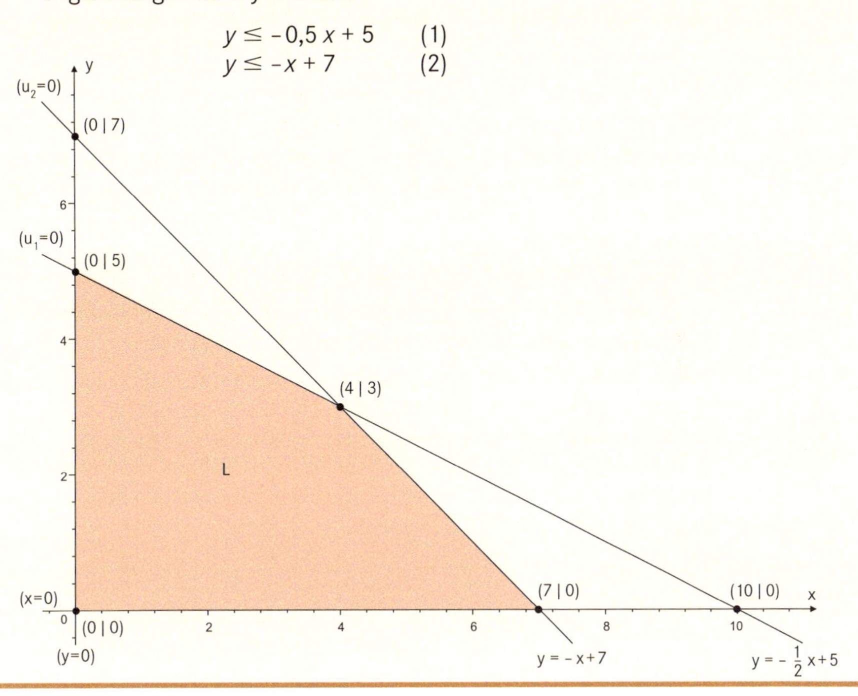

Wir machten bei diesem Beispiel mehrere Einschränkungen, die wir im ganzen Kapitel beibehalten werden:

Die Koeffizienten der Variablen sind positiv.

Bei den Abschätzungen arbeiten wir nur mit „kleiner oder gleich".

Die Kombination $x = 0$ und $y = 0$ (bzw. alle Variablen der Ungleichungen gleich null) ist in der Lösungsmenge enthalten.

Die Nichtnegativitätsbedingung für die Variablen setzen wir stillschweigend voraus.

Ungleichungssysteme sind rechnerisch schwer zu behandeln. Dagegen ist das Handling von linearen Gleichungssystemen ausgesprochen einfach, vor allem wenn man über den Matrizenkalkül und den Gauß-Alogrithmus verfügt. Die Ausgangsidee des Simplexverfahrens ist nun, dass man mit einem einfachen Trick aus einem System von Ungleichungen ein System von Gleichungen macht. Man führt dazu weitere Variablen ein, die eine Ungleichung so ergänzen, dass daraus eine Gleichung entsteht. Das ist im Prinzip ganz einfach. Wir zeigen es Ihnen an der folgenden Ungleichung:

$x + y \leq 6$
Eine mögliche Lösung ist das Zahlenpaar $x = 2$ und $y = 1$.
Nun führt man eine neue Variable u ein und bildet damit
$x + y + u = 6$.
Bei $x = 2$ und $y = 1$ muss u den Wert 3 annehmen. Dann kann man mit einer Gleichung weiterrechnen.

Diese Idee wenden wir jetzt auf unser letztes Beispiel an, das wir gerade zeichnerisch gelöst haben.

Für unsere Ungleichungen

$$x + 2y \leq 10 \quad (1)$$
$$x + y \leq 7 \quad (2)$$

benötigen wir zwei zusätzliche Variablen u_1 und u_2 so, dass aus dem System von Ungleichungen ein altbekanntes lineares Gleichungssystem entsteht. Wir erhalten so:

$$\begin{aligned} x + 2y + u_1 \quad\quad &= 10 \\ x + y \quad\quad + u_2 &= 7 \end{aligned}$$

x und y heißen **Problemvariable;** u_1 und u_2 nennt man **Schlupfvariable.** Diese Schlupfvariablen können bei unseren Voraussetzungen nie negativ werden.

Der Nachteil dieses Verfahrens besteht nun darin, dass jeder Eckpunkt in unserem Lösungsgebiet nicht mehr zwei, sondern vier Koordinaten hat. Wir schreiben sie übersichtlich als Vektor mit vier Komponenten $(x\ y\ u_1\ u_2)^T$. Sehen Sie sich die Eckpunkte und die Werte der Problem- und Schlupfvariablen nochmals genau an. Die Geraden, die das Lösungsgebiet begrenzen, werden beschrieben durch die Gleichungen $x = 0$, $y = 0$, $u_1 = 0$ und $u_2 = 0$.

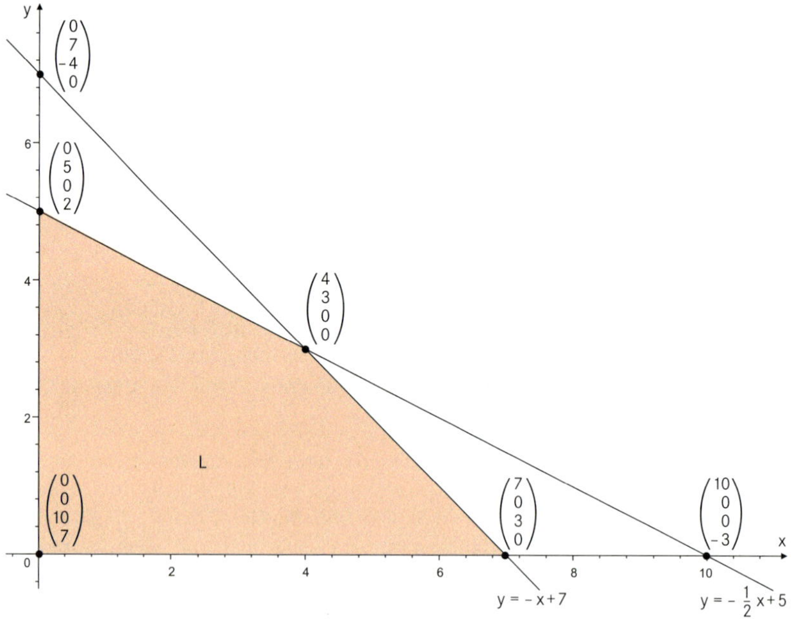

Wir schreiben unser Gleichungssystem in gewohnter Weise mithilfe einer Matrix. In den ersten beiden Spalten stehen die Koeffizienten der Variablen x und y. In die beiden folgenden Spalten schreiben wir die Koeffizienten der beiden Schlupfvariablen u_1 und u_2.

$$\left(\begin{array}{cccc|c} 1 & 2 & 1 & 0 & 10 \\ 1 & 1 & 0 & 1 & 7 \end{array}\right)$$

Damit liegt nun ein unterbestimmtes Gleichungssystem mit zwei Gleichungen und vier Variablen vor. Diese Variablen sind alle aus dem Bereich der nicht negativen reellen Zahlen. Ein solches Gleichungssystem hat unendlich viele Lösungen, die man auf unterschiedliche Art und Weise beschreiben kann. Zwei Variable kann man beliebig vorgeben. Die beiden anderen Variablen macht man dann passend. Hier bietet sich an:

$$\begin{aligned} x &= s \in \mathbb{R}^+ && \text{beliebig gewählt,} \\ y &= t \in \mathbb{R}^+ && \text{beliebig gewählt,} \\ \text{dann wird } u_1 &= 10 - s - 2t && \\ \text{und } u_2 &= 7 - s - t, && \text{wobei } u_1 \text{ und } u_2 \text{ nicht negativ werden dürfen.} \end{aligned}$$

Damit ergibt sich für die Lösungsmenge $L = \left\{ \begin{pmatrix} 0 \\ 0 \\ 10 \\ 7 \end{pmatrix} + s \cdot \begin{pmatrix} 1 \\ 0 \\ -1 \\ -1 \end{pmatrix} + t \cdot \begin{pmatrix} 0 \\ 1 \\ -2 \\ -1 \end{pmatrix} \middle| \; s, t \in \mathbb{R}^+ \right\}$

Falls man $s = t = 0$ setzt, erhält man die so genannte **Basislösung** $\begin{pmatrix} 0 \\ 0 \\ 10 \\ 7 \end{pmatrix}$.

Sehen Sie sich unsere Zeichnung an. Diese Basislösung entspricht dem Koordinatenursprung. Er ist eine Ecke unseres Lösungsgebietes. Die anderen Punkte, die zur Lösung gehören, erhält man, wenn man für s und t entsprechende Werte einsetzt. Das wollen wir aber nicht. Wir interessieren uns im Moment nur für die Eckpunkte des Lösungsgebietes.

Die Variablen u_1 und u_2 heißen bei der gerade betrachteten Lösungsmenge **Basisvariable;** x und y sind hier die **Nichtbasisvariablen.** Durch elementare Umformungen kann man aus Basisvariablen Nichtbasisvariable machen und umgekehrt. Bei vier Variablen gibt es sechs verschiedene Möglichkeiten, um zwei davon als Basisvariable auszuwählen. Diese sechs Varianten spielen wir jetzt in aller Ausführlichkeit durch. Wir beginnen mit unserem obigen Gleichungssystem und ersetzen durch geschicktes Kombinieren einen Vektor $(0 \quad 1)^T$ in einer Spalte durch einen Vektor $(0 \quad 1)^T$ in einer anderen Spalte.

$$\left(\begin{array}{cccc|c} 1 & 2 & \mathbf{1} & \mathbf{0} & 10 \\ 1 & 1 & \mathbf{0} & \mathbf{1} & 7 \end{array}\right) \quad \cdot(-0{,}5)$$

$$\left(\begin{array}{cccc|c} 1 & 2 & 1 & 0 & 10 \\ 0{,}5 & 0 & -0{,}5 & 1 & 2 \end{array}\right) \quad :2$$

$$\left(\begin{array}{cccc|c} 0{,}5 & \mathbf{1} & 0{,}5 & \mathbf{0} & 5 \\ 0{,}5 & \mathbf{0} & -0{,}5 & \mathbf{1} & 2 \end{array}\right)$$

Wir setzen hier $x = s \in \mathbb{R}^+$ beliebig gewählt,
$u_1 = t \in \mathbb{R}^+$ beliebig gewählt;

dann wird $y = 5 - 0{,}5\,s - 0{,}5\,t$
und $u_2 = 2 - 0{,}5s + 0{,}5\,t$, wobei y und u_2 nicht negativ werden dürfen.

Damit ergibt sich für die Lösungsmenge $L = \left\{ \begin{pmatrix} 0 \\ 5 \\ 0 \\ 2 \end{pmatrix} + s \cdot \begin{pmatrix} 1 \\ -0{,}5 \\ 0 \\ -0{,}5 \end{pmatrix} + t \cdot \begin{pmatrix} 0 \\ -0{,}5 \\ 1 \\ -0{,}5 \end{pmatrix} \;\middle|\; s, t \in \mathbb{R}^+ \right\}$

Wenn man $s = t = 0$ setzt, erhält man wieder eine Basislösung, nämlich $\begin{pmatrix} 0 \\ 5 \\ 0 \\ 2 \end{pmatrix}$.

Auch diese Basislösung enthält zwei Nullen und entspricht daher wieder einem Eckpunkt unseres Lösungsgebietes. Wie Sie aus der Zeichnung sehen, sind wir durch den Wechsel eines der beiden Basisvektoren von der ersten Ecke zu einer benachbarten Ecke weitergesprungen. Das wundert uns nicht. Wenn eine Null bei der Basislösung auf ihrem Platz bleibt und die andere Null ihren Platz wechselt, rutscht man in der Zeichnung auf einer Grenzgeraden um einen Schnittpunkt weiter. Wir werden im Folgenden noch mehrmals die Basisvektoren wechseln und dabei alle Ecken unseres Lösungsgebietes durchlaufen. Machen Sie sich die Mühe, dies bei der Rechnung und in der Zeichnung zu verfolgen.

Nach diesen Überlegungen machen wir jetzt mit dem Gleichungssystem weiter.

$$\left(\begin{array}{cccc|c} 0{,}5 & \mathbf{1} & 0{,}5 & \mathbf{0} & 5 \\ 0{,}5 & \mathbf{0} & -0{,}5 & \mathbf{1} & 2 \end{array}\right) \quad \cdot(-1) \text{ (zur 2. Zeile)}$$

$$\left(\begin{array}{cccc|c} 0{,}5 & 1 & 0{,}5 & 0 & 5 \\ 0 & -1 & -1 & 1 & -3 \end{array}\right) \quad \cdot 2$$

$$\left(\begin{array}{cccc|c} \mathbf{1} & 2 & 1 & \mathbf{0} & 10 \\ \mathbf{0} & -1 & -1 & \mathbf{1} & -3 \end{array}\right)$$

In dieser Form ergibt sich für die Basislösung $\begin{pmatrix} 10 \\ 0 \\ 0 \\ -3 \end{pmatrix}$.

Diese Basislösung ist nicht zulässig, da sie eine negative Komponente enthält. Wie Sie in der Zeichnung sehen, handelt es sich hier um den Schnittpunkt der beiden Geraden, die zu den Gleichungen $y = 0$ und $u_1 = 0$ gehören. Dieser Schnittpunkt liegt aber nicht mehr im Lösungsgebiet. Wir machen trotzdem mit diesem Gleichungssystem weiter und wechseln wieder einen der beiden Basisvektoren aus.

$$\left(\begin{array}{cccc|c} \mathbf{1} & 2 & 1 & \mathbf{0} & 10 \\ \mathbf{0} & -1 & -1 & \mathbf{1} & -3 \end{array}\right) \quad \cdot 2 \text{ (zur 1. Zeile)}$$

$$\left(\begin{array}{cccc|c} 1 & 0 & -1 & 2 & 4 \\ 0 & -1 & -1 & 1 & -3 \end{array}\right) \quad \cdot(-1)$$

$$\left(\begin{array}{cccc|c} \mathbf{1} & \mathbf{0} & -1 & 2 & 4 \\ \mathbf{0} & \mathbf{1} & 1 & -1 & 3 \end{array}\right)$$

Damit haben wie jetzt die Basislösung $\begin{pmatrix} 4 \\ 3 \\ 0 \\ 0 \end{pmatrix}$.

Sie entspricht wie erwartet der nächsten Ecke unseres Lösungsgebietes. Wir machen wieder mit diesem Gleichungssystem weiter.

$$\left(\begin{array}{cccc|c} \mathbf{1} & \mathbf{0} & -1 & 2 & 4 \\ \mathbf{0} & \mathbf{1} & 1 & -1 & 3 \end{array}\right)$$

$$\left(\begin{array}{cccc|c} \mathbf{1} & 1 & \mathbf{0} & 1 & 7 \\ \mathbf{0} & 1 & \mathbf{1} & -1 & 3 \end{array}\right)$$

Die Basislösung lautet hier $\begin{pmatrix} 7 \\ 0 \\ 3 \\ 0 \end{pmatrix}$ und entspricht wieder einem Eckpunkt.

Wir fahren mit dem vorherigen Gleichungssystem fort.

$$\left(\begin{array}{cccc|c} \mathbf{1} & 1 & \mathbf{0} & 1 & 7 \\ \mathbf{0} & 1 & \mathbf{1} & -1 & 3 \end{array}\right) \quad \cdot (-1)$$

$$\left(\begin{array}{cccc|c} 1 & \mathbf{1} & \mathbf{0} & 1 & 7 \\ -1 & \mathbf{0} & \mathbf{1} & -2 & -4 \end{array}\right)$$

Dieses Mal erhalten wir wieder eine nicht zulässige Basislösung $\begin{pmatrix} 0 \\ 7 \\ -4 \\ 0 \end{pmatrix}$ mit einer negativen Komponente. Sie entspricht dem Schnittpunkt der beiden Geraden, die zu $x = 0$ und $u_2 = 0$ gehören. Dieser Punkt gehört nicht mehr zum Lösungsgebiet.

Damit haben wir jetzt alle möglichen Variationen für die Basisvariablen durchgespielt. Wir haben dabei gesehen: Wenn man eine Basisvariable wechselt, bedeutet dies geometrisch, dass man von einer Ecke des Lösungsgebietes auf einer Grenzgeraden weitergeht zu einem anderen Schnittpunkt dieser Grenzgeraden. In der Regel landet man so wieder in einem Eckpunkt des Lösungsgebietes. Falls der neue Schnittpunkt keine mögliche Lösung darstellt, gehört er zu einer nicht zulässigen Basislösung. Diese erkennt man daran, dass sie eine negative Komponente enthält.

Jetzt müssen wir uns noch um die eigentliche Optimierung kümmern. Wir wissen aus dem vorangehenden Kapitel, dass wir die Lösungen unserer Optimierungsaufgaben in den Eckpunkten des Lösungsgebietes finden. Wir greifen unser Beispiel nochmals auf und formulieren zusätzlich eine Zielfunktion durch

$$z = 20\,x + 30\,y.$$

Wir ändern diese Gleichung etwas ab, weil die Eckpunkte des Lösungsgebietes durch vier Koordinaten beschrieben werden. Zu jedem Eckpunkt gehört nun

$$z = 20\,x + 30\,y + 0\,u_1 + 0\,u_2,$$

da die Schlupfvariablen die Größe von z nicht beeinflussen.

Unser Beispiel hat vier zulässige Basislösungen. Zu jeder Basislösung gehört folgender Wert von z:

Zulässige Basislösung	Wert von z
$\begin{pmatrix} 0 \\ 0 \\ 10 \\ 7 \end{pmatrix}$	$z = 20 \cdot 0 + 30 \cdot 0 = 0$
$\begin{pmatrix} 0 \\ 5 \\ 0 \\ 2 \end{pmatrix}$	$z = 20 \cdot 0 + 30 \cdot 5 = 150$
$\begin{pmatrix} 4 \\ 3 \\ 0 \\ 0 \end{pmatrix}$	$z = 20 \cdot 4 + 30 \cdot 3 = 170$
$\begin{pmatrix} 7 \\ 0 \\ 3 \\ 0 \end{pmatrix}$	$z = 20 \cdot 7 + 30 \cdot 0 = 140$

Die Basislösung $(4\ \ 3\ \ 0\ \ 0)^T$ liefert den optimalen Wert für z. Wir wollen nun klären, wie man ohne Zeichnung und ohne solche Tabellen den optimalen Wert von z durch eine systematische Rechnung findet. Wir bleiben bei unserem Beispiel und wollen sehen, wie man den optimalen Wert $z_{max} = 170$ rechnerisch erreicht.

Wir erinnern nochmals an das System von Ungleichungen, das unserem Beispiel zugrunde liegt.

$$\begin{aligned} x + 2y &\leq 10 \qquad (1) \\ x + y &\leq 7 \qquad (2) \end{aligned}$$

Daraus wurde durch die Einführung von Schlupfvariablen ein Gleichungssystem.

$$\begin{aligned} x + 2y + u_1 \qquad &= 10 \\ x + y \qquad + u_2 &= 7 \end{aligned}$$

Dieses Gleichungssystem schreibt man am besten in Form einer Matrix.

$$\left(\begin{array}{cccc|c} 1 & 2 & \mathbf{1} & \mathbf{0} & 10 \\ 1 & 1 & \mathbf{0} & \mathbf{1} & 7 \end{array}\right)$$

Soweit ist uns alles bekannt. Wir ergänzen nun dieses Gleichungssystem um eine weitere Gleichung für die Zielgröße z. Hier ist $z = 20\,x + 30\,y + 0\,u_1 + 0\,u_2$.

$$\left(\begin{array}{cccc|c} 1 & 2 & \mathbf{1} & \mathbf{0} & 10 \\ 1 & 1 & \mathbf{0} & \mathbf{1} & 7 \\ \hdashline 20 & 30 & \mathbf{0} & \mathbf{0} & z \end{array}\right)$$

Die Basislösung $\begin{pmatrix} 0 \\ 0 \\ 10 \\ 7 \end{pmatrix}$ liest man sofort ab. Zu dieser Basislösung gehört $z = 0$.

Dieser Basislösung entspricht der Koordinatenursprung. Er ist eine Ecke unseres Lösungsgebietes. In dieser Ecke startet unser Verfahren automatisch, wenn wir unser Gleichungssystem aufstellen. Natürlich hat dort z nur den Wert null. Jetzt kann z nur noch zunehmen. Hätte man in der Basislösung x oder y als Basisvariable dabei gehabt, hätte sich für z natürlich ein höherer Wert ergeben. Ein Wechsel der Basislösung durch Austausch einer Basisvariablen bedeutet hier geometrisch, dass man in Richtung der x-Achse oder in Richtung der y-Achse zur nächsten Ecke des Lösungsgebietes geht. Aus der letzten Zeile des Gleichungssystems liest man ab, dass der Wert von z steigen würde, wenn man x oder y einbeziehen könnte, da die beiden Koeffizienten positiv sind. Der Koeffizient von y ist größer als der von x. Daher wird y das Anwachsen von z stärker beeinflussen als x. Wir entschließen uns daher, y als Basisvariable einzuführen. Damit stellt sich sofort die Frage, ob wir dafür auf u_1 oder u_2 als Basisvariable verzichten sollen. Aus dem Gleichungssystem lesen wir für y zwei Bedingungen ab:

aus (1): $2y \leq 10$, also $y \leq 5$
aus (2): $y \leq 7$

Wir orientieren uns an der Bedingung aus Zeile (1), da sie den y-Wert stärker einschränkt. Sehen Sie sich unsere Zeichnung an. Im Grenzfall bedeutet $y = 5$, dass wir beim Basiswechsel eine Ecke des Lösungsgebietes erreichen, nämlich den Punkt (0 | 5) auf der y-Achse. Dort ist $u_1 = 0$. Bei $y = 7$ würden wir den Schnittpunkt (0 | 7) der y-Achse mit der Geraden, die zu $u_2 = 0$ gehört, erreichen. Der liegt aber außerhalb des Lösungsgebietes und gehört zu einer nicht zulässigen Basislösung. Wir verzichten daher auf u_1 als Basisvariable, weil dann die Komponente für u_1 null wird. Damit stellen wir sicher, dass wir im nächsten Schritt den Punkt (0 | 5) und nicht aus Versehen den Punkt (0 | 7) erreichen.

Wir formen unser Gleichungssystem jetzt entsprechend um.

$$\left(\begin{array}{cccc|c} 1 & 2 & \mathbf{1} & \mathbf{0} & 10 \\ 1 & 1 & \mathbf{0} & \mathbf{1} & 7 \\ \hline 20 & 30 & \mathbf{0} & \mathbf{0} & z \end{array}\right) \quad \begin{array}{l} \cdot(-15) \text{ (zur 3. Zeile)} \\ \cdot(-2) \text{ (zur 2. Zeile)} \\ \end{array}$$

$$\left(\begin{array}{cccc|c} 1 & 2 & 1 & 0 & 10 \\ -1 & 0 & 1 & -2 & -4 \\ \hline 5 & 0 & -15 & 0 & z-150 \end{array}\right) \quad \begin{array}{l} :2 \\ :(-2) \\ \\ \end{array}$$

$$\left(\begin{array}{cccc|c} 0{,}5 & \mathbf{1} & 0{,}5 & \mathbf{0} & 5 \\ 0{,}5 & \mathbf{0} & -0{,}5 & \mathbf{1} & 2 \\ \hline 5 & \mathbf{0} & -15 & \mathbf{0} & z-150 \end{array}\right)$$

Zu der entsprechenden Basislösung $\begin{pmatrix} 0 \\ 5 \\ 0 \\ 2 \end{pmatrix}$ gehört der Eckpunkt (0 | 5) und der Wert der Zielfunktion $z = 20 \cdot 0 + 30 \cdot 5 = 150$.

Aus der letzten Zeile unseres Gleichungssystems lesen wir ab, dass sich der Wert von z schrittweise um fünf Einheiten erhöhen könnte, wenn x als Basisvariable dabei wäre. Deshalb muss man jetzt noch x als Basisvariable einführen. Gleichzeitig verzichten wir auf die Basisvariable u_2. Wir formen unser Gleichungssystem wieder entsprechend um.

$$\left(\begin{array}{cccc|c} 0{,}5 & \mathbf{1} & 0{,}5 & \mathbf{0} & 5 \\ 0{,}5 & \mathbf{0} & -0{,}5 & \mathbf{1} & 2 \\ \hdashline 5 & \mathbf{0} & -15 & \mathbf{0} & z-150 \end{array}\right) \quad \cdot(-1)$$

$$\left(\begin{array}{cccc|c} 0 & 1 & 1 & -1 & 3 \\ 0{,}5 & 0 & -0{,}5 & 1 & 2 \\ \hdashline 5 & 0 & -15 & 0 & z-150 \end{array}\right) \quad \cdot 2$$

$$\left(\begin{array}{cccc|c} 0 & 1 & 1 & -1 & 3 \\ 1 & 0 & -1 & 2 & 4 \\ \hdashline 5 & 0 & -15 & 0 & z-150 \end{array}\right) \quad \cdot(-5)$$

$$\left(\begin{array}{cccc|c} \mathbf{0} & \mathbf{1} & 1 & -1 & 3 \\ \mathbf{1} & \mathbf{0} & -1 & 2 & 4 \\ \hdashline \mathbf{0} & \mathbf{0} & -10 & -10 & z-170 \end{array}\right)$$

Jetzt stehen in der letzten Zeile des Gleichungssystems keine positiven Koeffizienten mehr. Das heißt, dass die Änderung einer Basisvariablen den Wert von z nicht mehr erhöhen kann. Daher bricht das Verfahren an dieser Stelle ab. Wir haben nun die Ecke gefunden, in der z den höchsten Wert annimmt. Sie gehört zur Basislösung $(4 \quad 3 \quad 0 \quad 0)^T$ und hat in unserem Lösungsgebiet die Koordinaten (4 | 3). Dort erreicht z den optimalen Wert mit $z_{max} = 20 \cdot 4 + 30 \cdot 3 = 170$. Wir werden Ihnen noch ein weiteres Beispiel vorrechnen, das mehr Ungleichungen enthält.

Wichtig: Achten Sie bei den Zeilenumformungen der Matrix darauf, dass

a) die Koeffizienten der Problemvariablen möglichst positiv bleiben und

b) die letzte Zeile für die Zielfunktion nie mit einer negativen Zahl multipliziert wird.

BEISPIEL Suchen Sie rechnerisch das Maximum von $z = 4x + 2y$, wenn folgende Randbedingungen eingehalten werden müssen:

$$\begin{aligned} x + 5y &\leq 330 \\ 2x + 3y &\leq 240 \\ 3x + y &\leq 220 \\ x, y &\geq 0 \end{aligned}$$

Als Erstes führen wir drei Schlupfvariablen u_1, u_2 und u_3 so ein, dass aus dem System von Ungleichungen ein lineares Gleichungssystem wird.

$$\begin{aligned} x + 5y + u_1 &= 330 \quad (1) \\ 2x + 3y + u_2 &= 240 \quad (2) \\ 3x + y + u_3 &= 220 \quad (3) \end{aligned}$$

Dieses Gleichungssystem schreiben wir in Form einer Matrix.

$$\left(\begin{array}{ccccc|c} 1 & 5 & \mathbf{1} & \mathbf{0} & \mathbf{0} & 330 \\ 2 & 3 & \mathbf{0} & \mathbf{1} & \mathbf{0} & 240 \\ 3 & 1 & \mathbf{0} & \mathbf{0} & \mathbf{1} & 220 \end{array}\right)$$

Wir ergänzen diese Matrix um eine weitere Zeile für die Zielfunktion, gegeben durch

$$z = 4x + 2y + 0u_1 + 0u_2 + 0u_3.$$

$$\left(\begin{array}{ccccc|c} 1 & 5 & \mathbf{1} & \mathbf{0} & \mathbf{0} & 330 \\ 2 & 3 & \mathbf{0} & \mathbf{1} & \mathbf{0} & 240 \\ 3 & 1 & \mathbf{0} & \mathbf{0} & \mathbf{1} & 220 \\ \hdashline 4 & 2 & \mathbf{0} & \mathbf{0} & \mathbf{0} & z \end{array}\right)$$

Aus dieser Matrizendarstellung erhält man sofort die Basislösung $\begin{pmatrix} 0 \\ 0 \\ 330 \\ 240 \\ 220 \end{pmatrix}$.

Zu dieser Basislösung gehört als Wert für die Zielfunktion $z = 0$, da in die Gleichung für z sowohl $x = 0$ als auch $y = 0$ eingesetzt werden muss. Geometrisch betrachtet startet unser Verfahren wieder im Koordinatenursprung, der eine Ecke in unserem Lösungsgebiet ist. In der Zeile für z stehen bei x und y positive Koeffizienten. Das bedeutet, dass der Wert für z wächst, wenn man x oder y in die Berechnung für z einbezieht. Wir entscheiden uns dafür, x in die Berechnung für z einzubeziehen, da bei x der größere Koeffizient steht. x wird also das Wachsen von z stärker beeinflussen als y. Wir benötigen daher in der Matrix als ersten Spaltenvektor den Vektor $(1\ \ 0\ \ 0\ \ 0)^T$, $(0\ \ 1\ \ 0\ \ 0)^T$ oder $(0\ \ 0\ \ 1\ \ 0)^T$, damit wir für x in der Basislösung einen Wert $\neq 0$ erhalten. Einer dieser Spaltenvektoren muss in die erste Spalte der Matrix „rein". Dafür muss derselbe Spaltenvektor an der Stelle „raus", wo er zurzeit steht. Aber welcher Spaltenvektor? Wie im ersten Beispiel betrachten wir die Bedingungen, die x einschränken. Aus den ersten drei Zeilen liest man ab:

$$\begin{array}{ll} x \leq 330 & \\ 2x \leq 240, & \text{also } x \leq 120 \\ 3x \leq 220, & \text{also } x \leq 73{,}3 \end{array}$$

Die letzte Bedingung schränkt x am stärksten ein. Wir entscheiden uns daher für den Spaltenvektor, der zu u_3 gehört, und formen unsere Matrix so um, dass x neue Basisvariable wird anstelle der bisherigen Basisvariablen u_3.

$$\left(\begin{array}{ccccc|c} \text{rein} & & & & \text{raus} & \\ 1 & 5 & \mathbf{1} & \mathbf{0} & \mathbf{0} & 330 \\ 2 & 3 & \mathbf{0} & \mathbf{1} & \mathbf{0} & 240 \\ 3 & 1 & \mathbf{0} & \mathbf{0} & \mathbf{1} & 220 \\ \hdashline 4 & 2 & \mathbf{0} & \mathbf{0} & \mathbf{0} & z \end{array}\right) \begin{array}{l} \\ \cdot 3 \\ \qquad \cdot 3 \\ \cdot(-1)\ \cdot(-2)\ \cdot(-4) \\ \qquad\qquad \cdot 3 \end{array}$$

Mit diesen elementaren Umformungen erhält man

$$\left(\begin{array}{ccccc|c} \mathbf{0} & 14 & \mathbf{3} & \mathbf{0} & -1 & 770 \\ \mathbf{0} & 7 & \mathbf{0} & \mathbf{3} & -2 & 280 \\ \mathbf{3} & 1 & \mathbf{0} & \mathbf{0} & 1 & 220 \\ \hdashline \mathbf{0} & 2 & \mathbf{0} & \mathbf{0} & -4 & \end{array}\right).$$

Wir haben die Zeilenoperationen wieder so gewählt, dass die Koeffizienten bei den Variablen x und y positiv blieben. Bei der letzten Zeile achteten wir darauf, dass wir sie nicht mit einer negativen Zahl durchmultiplizierten. Da uns die Basislösung, die zu der so entstandenen Matrix gehört, nicht interessiert, verzichten wir darauf, die Zeilen durch 3 zu dividieren. In dieser Basislösung wäre $y = 0$. Aus der letzen Zeile sehen wir an der positiven Zahl 2, dass z noch wachsen würde, wenn man y auch in die Berechnung von z einbezöge. (Sehen Sie jetzt, warum man die letzte Zeile nicht mit einer negativen Zahl multiplizieren soll?) Wir möchten daher, dass y in der Basislösung erscheint. In die zweite Spalte muss also der Vektor $(1\ \ 0\ \ 0\ \ 0)^T$ oder $(0\ \ 1\ \ 0\ \ 0)^T$ „rein" und dafür der entsprechende Spaltenvektor bei u_1 oder u_2 „raus". Für welchen der beiden Vektoren wir uns entscheiden, hängt von den Einschränkungen für die Variable y ab. Wegen dieser Betrachtung wollten wir beim Umformen keine negativen Koeffizienten haben. Aus der Matrix lesen wir nun ab:

$$14\,y \leq 770, \text{ also } y \leq 55;$$
$$7\,y \leq 280, \text{ also } y \leq 40.$$

Wir entscheiden uns daher für den Spaltenvektor, der zu u_2 gehört, und formen die Matrix entsprechend um.

$$\begin{array}{c} \\ \left(\begin{array}{ccccc|c} & \text{rein} & & \text{raus} & & \\ \mathbf{0} & 14 & \mathbf{3} & \mathbf{0} & -1 & 770 \\ \mathbf{0} & 7 & \mathbf{0} & \mathbf{3} & -2 & 280 \\ \mathbf{3} & 1 & \mathbf{0} & \mathbf{0} & 1 & 220 \\ \hdashline \mathbf{0} & 2 & \mathbf{0} & \mathbf{0} & -4 & \end{array}\right) \end{array} \begin{array}{l} \\ \cdot 7 \\ \cdot(-14)\quad \cdot(-1)\quad \cdot(-2) \\ \cdot 7 \\ \\ \cdot 7 \end{array}$$

$$\left(\begin{array}{ccccc|c} \mathbf{0} & \mathbf{0} & \mathbf{21} & -42 & 21 & 1470 \\ \mathbf{0} & \mathbf{7} & \mathbf{0} & 3 & -2 & 280 \\ \mathbf{21} & \mathbf{0} & \mathbf{0} & -3 & 9 & 1260 \\ \hdashline \mathbf{0} & \mathbf{0} & \mathbf{0} & -6 & -24 & \end{array}\right) \begin{array}{l} :21 \\ :7 \\ :21 \\ \\ \end{array}$$

Da in der letzten Zeile die Koeffizienten bei x und y nicht mehr positiv sind, lässt sich der Wert von z jetzt nicht mehr erhöhen. Wir haben offensichtlich die optimale Ecke des Lösungsgebietes erreicht. Sie gehört zu der Basislösung

$$\left(\tfrac{1260}{21}\ \ \tfrac{280}{7}\ \ \tfrac{1470}{21}\ \ 0\ \ 0\right)^T = (60\ \ 40\ \ 70\ \ 0\ \ 0)^T.$$

Der Wert von z erreicht hier seinen maximalen Wert mit

$$z_{max} = 4 \cdot 60 + 2 \cdot 40 = 320.$$

2.4.5 Das muss ich mir merken!

Bei Optimierungsproblemen muss man für eine Zielgröße z den größten oder kleinsten Wert finden. Dabei muss man Randbedingungen (Restriktionen) einhalten. Jede solche Randbedingung ist mathematisch als lineare Ungleichung formuliert. Damit erhält man ein System von Ungleichungen, für das man zuerst die Lösungsmenge bestimmen muss. Im Prinzip muss man dann alle Lösungen in die Zielfunktion einsetzen und die Werte vergleichen, die z annimmt. Dann wählt man die „beste" Lösung aus.

Wenn es dabei nur zwei Variable gibt, löst man das Optimierungsproblem ganz einfach mithilfe einer Zeichnung. Die Lösung jeder einzelnen Ungleichung ergibt sich als Halbebene unter oder über einer Grenzgeraden. Die gemeinsamen Punkte aller Halbebenen entsprechen der Lösungsmenge. Dabei handelt es sich um Dreiecke,

Vierecke usw. Abgesehen von Sonderfällen findet man die optimale Lösung für z in einer der Ecken des Lösungsgebietes, weil dort die Koordinaten der Punkte am größten oder kleinsten sind.

Bei drei Variablen könnte man noch eine zeichnerische Lösung des Ungleichungssystems versuchen. Die Lösung jeder einzelnen Ungleichung ergibt sich dann als Halbraum unter oder über einer Grenzebene. Die gemeinsamen Punkte aller Halbräume entsprechen der Lösungsmenge. In den einfachsten Fällen bilden sie eine Pyramide oder einen Quader. Für die optimale Lösung von z muss man sich wieder die richtige Ecke des Körpers aussuchen.

Wenn mehr als drei Variable im Spiel sind, ist eine zeichnerische Lösung nicht mehr möglich. Dann lässt sich ein Optimierungsproblem nur noch rechnerisch lösen. Wir lernten dazu die einfachste Version des Simplexverfahrens kennen. Es setzt voraus, dass alle Koeffizienten positiv sind, nur „Kleiner-oder-gleich"-Beziehungen auftreten und $x_1 = x_2 = x_3 = \ldots = 0$ zur Lösungsmenge der Ungleichungen gehört. Beim Simplexverfahren führt man zu jeder Ungleichung eine Schlupfvariable so ein, dass aus der Ungleichung eine Gleichung wird. Damit verwandelt sich das System von Ungleichungen in ein lineares Gleichungssystem. Es ist unterbestimmt und hat viele Lösungen. Wenn man das LGS in Matrizenform anschreibt, liest man sofort die Basislösung mit $x_1 = x_2 = x_3 = \ldots = 0$ ab. Dabei sind die Schlupfvariablen die Basisvariablen. Diese Lösung entspricht dem Koordinatenursprung und damit einer „Ecke" des Lösungsgebietes. Zu einer benachbarten Ecke gelangt man, wenn man eine der Problemvariablen $x_1, x_2, \ldots$ zur Basisvariablen und dafür eine der Schlupfvariablen zur Nichtbasisvariablen macht. Das Verfahren bricht ab, wenn man die „richtige Ecke" des Lösungsgebietes erreicht hat.

Das Simplexverfahren lässt sich noch weiter formalisieren, was in diesem Buch nicht mehr gezeigt wird, und somit auch gut programmieren. Es spielt daher in der Praxis eine große Rolle. Denn bei komplexen Optimierungsproblemen in der Industrie und der Wissenschaft hat man es mit riesigen Zahlenmengen zu tun, die man nur noch mithilfe von Computern bewältigen kann.

2.4.6 Haben Sie alles verstanden?

Üben

AUFGABE 1 Lösen Sie die Aufgabe 8 von Kapitel 2.4.3 zur Kontrolle schriftlich und berechnen Sie den maximal möglichen Gewinn. Beachten Sie für Ihren rechnerischen Ansatz den Teil c) der Aufgabe.

AUFGABE 2 Warum kann man Aufgabe 2 von Kapitel 2.4.3 nicht rechnerisch mit der regulären Simplexmethode lösen?

AUFGABE 3 Maximieren Sie $z = 3x_1 + 2x_2 + x_3$. Halten Sie dabei die folgenden Restriktionen ein.

$$\begin{aligned} 2x_1 + 5x_2 + 3x_3 &\leq 30 \\ 3x_1 + 4x_2 + 8x_3 &\leq 24 \\ x_1 + x_2 + x_3 &\leq 6 \end{aligned}$$

AUFGABE 4 Bei welchen Werten von x_1, x_2 und x_3 wird $z = x_1 + 2\,x_2 + 3\,x_3$ am größten, wenn folgende Randbedingungen eingehalten werden? Geben Sie z_{max} an.

$$\begin{aligned} x_1 + x_2 + 3\,x_3 &\leq 6 \\ 2\,x_1 + x_2 + x_3 &\leq 4 \\ 3\,x_1 + x_2 + 2\,x_3 &\leq 6 \end{aligned}$$

AUFGABE 5 Lösen Sie rechnerisch das folgende LOP mit

$$\begin{aligned} 2\,x_1 + 4\,x_2 + x_3 &\leq 8 \\ x_1 + x_2 + x_3 &\leq 3 \\ 3\,x_1 + x_2 + 2\,x_3 &\leq 6 \end{aligned}$$

und $z = 3\,x_1 + 6\,x_2 + x_3$.

Entscheiden

Welche der folgenden Aussagen 6 – 26 ist richtig, welche falsch?

AUFGABE 6 Ein LOP (lineares Optimierungsproblem) kann unlösbar sein.

AUFGABE 7 Der Koordinatenursprung gehört immer zum Lösungsgebiet.

AUFGABE 8 Das Lösungsgebiet eines LOP kann die Form eines regelmäßigen Sechsecks haben.

AUFGABE 9 In speziellen Fällen kann die Lösungsmenge bei einem LOP in der zeichnerischen Darstellung eine Kreisfläche sein.

AUFGABE 10 In der Regel nimmt die Zielfunktion in einer der Ecken des entsprechenden Lösungsgebietes ihren optimalen Wert an.

AUFGABE 11 Die Zielfunktion nimmt immer in einer der Ecken des entsprechenden Lösungsgebietes ihren optimalen Wert an.

AUFGABE 12 Bei der zeichnerischen Lösung eines LOP gehören die Schnittpunkte der Grenzgeraden immer zur Lösungsmenge.

AUFGABE 13 Beim Simplexverfahren ist die Anzahl der Schlupfvariablen immer gleich der Anzahl der Problemvariablen.

AUFGABE 14 Beim Simplexverfahren ist die Anzahl der Schlupfvariablen immer größer als die Anzahl der Problemvariablen.

AUFGABE 15 Beim Simplexverfahren ist die Anzahl der Schlupfvariablen immer kleiner als die Anzahl der Problemvariablen.

AUFGABE 16 Die Anzahl der Schlupfvariablen ist gleich der Anzahl der Restriktionen, wenn man von der Nichtnegativitätsbedingung für die Variablen absieht.

AUFGABE 17 Die Gleichungssysteme, mit denen man es beim Simplexverfahren zu tun hat, sind immer unterbestimmt.

AUFGABE 18 Aufgaben, die zwei Problemvariable enthalten und mit unserer Version des Simplexverfahrens lösbar sind, kann man immer auch zeichnerisch lösen.

AUFGABE 19 LOP-Aufgaben, die zwei Problemvariable enthalten und zeichnerisch lösbar sind, kann man immer auch mit unserer Version des Simplexverfahrens lösen.

AUFGABE 20 Basislösungen enthalten immer wenigstens eine Null.

AUFGABE 21 Eine zulässige Basislösung hat nur positive Komponenten.

AUFGABE 22 Eine zulässige Basislösung hat ausschließlich nichtnegative Komponenten.

AUFGABE 23 Bei einem LGS (lineares Gleichungssystem) mit n Gleichungen haben die Basislösungen immer n Komponenten.

AUFGABE 24 Bei einem LGS mit n Variablen haben die Basislösungen immer n Komponenten.

AUFGABE 25 Alle Basislösungen eines LOP haben gleich viele Komponenten.

AUFGABE 26 Bei allen Basislösungen eines LOP ist die Anzahl der Komponenten, die null sind, gleich.

Verstehen

AUFGABE 27 Welchen Sinn macht es, für Problemvariable eine Nichtnegativitätsbedingung zu verlangen?

AUFGABE 28 Normalerweise steigt der Schwierigkeitsgrad einer Aufgabe, wenn die Anzahl der Variablen zunimmt. Warum vereinfacht sich dagegen beim Simplexverfahren die gestellte Aufgabe, wenn man zusätzliche Variablen einführt?

AUFGABE 29 Welchen Vorteil bringt es beim Simplexverfahren, dass der Koordinatenursprung zum Lösungsgebiet gehört?

AUFGABE 30 Warum beschränkt man sich bei Optimierungsaufgaben mit mehreren Restriktionen auf lineare Fälle?

AUFGABE 31 Warum darf man sich bei der Lösung eines LOP auf die Untersuchung von Eckpunkten des Lösungsgebietes beschränken?

AUFGABE 32 Unter welchen Voraussetzungen hat ein LOP unendlich viele Lösungen?

AUFGABE 33 Warum erhält man beim Simplexverfahren prinzipiell nur unterbestimmte Gleichungssysteme?

3 Vektorräume

3.1 Linearkombinationen von Vektoren

3.1.1 Was versteht man unter einer Linearkombination?

Falls Sie das 1. Kapitel zur vektoriellen Geometrie behandelt haben, kennen Sie sich bereits mit Linearkombinationen aus und Sie können dieses Thema schnell überfliegen. Wir behandeln die Linearkombinationen hier trotzdem nochmals ganz ausführlich im Kapitel über die Vektorräume, weil beide Kapitel für uns im Wahlbereich liegen. Sie können sich mit der Theorie der Vektorräume beschäftigen, ohne vorher die analytische Geometrie zu bearbeiten und umgekehrt. Das kommt Ihnen sicher entgegen, bedeutet aber, dass wir in unserem Buch ab und zu einen Fachbegriff zweimal an verschiedenen Stellen erklären müssen.

Vektoren sind Ihnen schon seit einigen Jahren vertraut. Zuerst begegneten sie Ihnen im Physikunterricht der Eingangsklasse. Ganz sicher haben Sie damals physikalische Aufgaben mit Vektoren zeichnerisch gelöst. Denken Sie etwa an die Konstruktion eines Kräfteparallelogramms. Allerdings konnten Sie zu diesem Zeitpunkt mit Vektoren noch nicht systematisch rechnen. Dazu fehlte Ihnen bis zum Ende der letzten Klasse der mathematische Hintergrund. Mit dem wurden Sie erst vertraut, als wir damals die Vektoren im Rahmen der Matrizentheorie behandelten. Wir fassten sie als einspaltige bzw. einzeilige Matrizen auf. Damit wurde die Vektorrechnung zu einem einfachen Spezialfall der Matrizenrechnung. Was uns jetzt zum Abschluss noch fehlt, ist der Begriff des **Vektorraumes.** Entstanden ist dieser Begriff aus der geometrischen Anschauung und wir werden auch versuchen, ihn möglichst anschaulich einzuführen. Wir gehen so vor, obwohl sich im Laufe der Zeit der Begriff des Vektorraumes, mit dem man mathematische Strukturen beschreibt, zu einem abstrakten Gebilde verselbstständigt hat. In der Mathematik spielt er eine ganz große Rolle. Darauf werden wir aber erst am Ende dieses Kapitels kurz eingehen können. Bei unserer verhältnismäßig einfachen Einführung in die Theorie der Vektorräume lässt sich anfangs die Tragweite dieses Begriffes kaum ermessen. Aber kurz vor dem Abitur sind Sie sicher froh, dass wir dieses Thema nicht in voller Breite behandeln. Dennoch wird es Ihnen etwas schwierig oder gelegentlich seltsam vorkommen. Das muss so sein, damit Sie sich gegebenenfalls nach der Schule ohne Probleme an einer Hochschule mit diesem Thema weiter auseinandersetzen können.

Bevor wir uns den Vektorräumen zuwenden können, benötigen wir noch ein paar vorbereitende Begriffe zu den Vektoren selbst.

DEFINITION

Gegeben sind die Vektoren $\vec{a}_1, \vec{a}_2, \vec{a}_3, \dots, \vec{a}_n$ und die Menge der reellen oder rationalen Zahlen.

Der Vektor $\vec{a} = \lambda_1\vec{a}_1 + \lambda_2\vec{a}_2 + \lambda_3\vec{a}_3 \dots + \lambda_n\vec{a}_n$ (wobei $\lambda_i \in \mathbb{Q}$ oder $\lambda_i \in \mathbb{R}$) heißt eine **Linearkombination** aus den Vektoren $\vec{a}_1, \vec{a}_2, \vec{a}_3, \dots, \vec{a}_n$.

BEISPIEL Wir gehen aus von den Vektoren

$$\vec{a}_1 = \begin{pmatrix} 1 \\ 3 \\ 5 \end{pmatrix}, \vec{a}_2 = \begin{pmatrix} 2 \\ 4 \\ 7 \end{pmatrix}, \vec{a}_3 = \begin{pmatrix} 4 \\ 1 \\ 2 \end{pmatrix}.$$

Eine mögliche Linearkombination aus diesen gegebenen Vektoren ist

$$\vec{a} = \vec{a}_1 + 2\,\vec{a}_2 - 3\,\vec{a}_3 = \begin{pmatrix} 1 \\ 3 \\ 5 \end{pmatrix} + 2 \cdot \begin{pmatrix} 2 \\ 4 \\ 7 \end{pmatrix} - 3 \cdot \begin{pmatrix} 4 \\ 1 \\ 2 \end{pmatrix} = \begin{pmatrix} -7 \\ 8 \\ 13 \end{pmatrix}.$$

Man sagt auch, $\vec{a}$ werde aus den Vektoren $\vec{a}_1$, $\vec{a}_2$ und $\vec{a}_3$ **linear kombiniert**. Der Begriff einer Linearkombination ist recht praktisch. Er beinhaltet immer, dass man gegebene Vektoren zuerst mit Zahlen multipliziert und sie dadurch verkürzt oder verlängert. Dann setzt man sie zu einem neuen Vektor zusammen, indem man sie addiert. Mithilfe dieses neuen Fachausdruckes werden wir im Folgenden Mengen von Vektoren bequem beschreiben können.

Hinweis: Wenn wir von Linearkombinationen sprechen, ohne die eigentlich dazugehörige Zahlenmenge zu erwähnen, gehen wir stillschweigend von der Menge der reellen Zahlen aus.

3.1.2 Lineare Abhängigkeit und Unabhängigkeit

DEFINITION Die Vektoren $\vec{a}_1, \vec{a}_2, \vec{a}_3, \ldots, \vec{a}_n$ heißen **voneinander linear unabhängig**, wenn sich der Nullvektor aus ihnen nur trivial kombinieren lässt; sonst nennt man sie **voneinander linear abhängig.**

Das bedeutet rechnerisch: Bei linear voneinander unabhängigen Vektoren $\vec{a}_1$, $\vec{a}_2$, $\vec{a}_3, \ldots, \vec{a}_n$ folgt aus dem Ansatz $\lambda_1\vec{a}_1 + \lambda_2\vec{a}_2 + \lambda_3\vec{a}_3 \ldots + \lambda_n\vec{a}_n = \vec{0}$ als einzige Lösungsmöglichkeit, dass

$$\lambda_1 = \lambda_2 = \lambda_3 = \ldots = \lambda_n = 0.$$

Anders kann man in diesem Fall den Nullvektor nicht erzeugen. Dass man eine solche Lösung „trivial" nennt, wissen Sie noch von den homogenen Gleichungssystemen.

BEISPIEL Die Vektoren $\vec{a} = \begin{pmatrix} 5 \\ -1 \\ 3 \end{pmatrix}$, $\vec{b} = \begin{pmatrix} 2 \\ 3 \\ 4 \end{pmatrix}$, $\vec{c} = \begin{pmatrix} -11 \\ 9 \\ -1 \end{pmatrix}$

sind voneinander linear abhängig, denn es gilt:

$$3 \cdot \begin{pmatrix} 5 \\ -1 \\ 3 \end{pmatrix} - 2 \cdot \begin{pmatrix} 2 \\ 3 \\ 4 \end{pmatrix} + \begin{pmatrix} -11 \\ 9 \\ -1 \end{pmatrix} = \begin{pmatrix} 0 \\ 0 \\ 0 \end{pmatrix}.$$

In diesem Fall lässt sich jeder der drei Vektoren durch die beiden anderen darstellen bzw. aus den beiden anderen linear kombinieren:

$$\vec{a} = \tfrac{2}{3} \cdot \vec{b} - \tfrac{1}{3} \cdot \vec{c} = \tfrac{2}{3} \cdot \begin{pmatrix} 2 \\ 3 \\ 4 \end{pmatrix} - \tfrac{1}{3} \cdot \begin{pmatrix} -11 \\ 9 \\ -1 \end{pmatrix} = \begin{pmatrix} 5 \\ -1 \\ 3 \end{pmatrix}$$

$$\vec{b} = \tfrac{3}{2} \cdot \vec{a} + \tfrac{1}{2} \cdot \vec{c} = \tfrac{3}{2} \cdot \begin{pmatrix} 5 \\ -1 \\ 3 \end{pmatrix} + \tfrac{1}{2} \cdot \begin{pmatrix} -11 \\ 9 \\ -1 \end{pmatrix} = \begin{pmatrix} 2 \\ 3 \\ 4 \end{pmatrix}$$

$$\vec{c} = 3 \cdot \vec{a} - 2 \cdot \vec{b} = 3 \cdot \begin{pmatrix} 5 \\ -1 \\ 3 \end{pmatrix} - 2 \cdot \begin{pmatrix} 2 \\ 3 \\ 4 \end{pmatrix} = \begin{pmatrix} -11 \\ 9 \\ -1 \end{pmatrix}$$

MERKE Bei einer Menge von Vektoren, die voneinander linear abhängen, lässt sich in der Regel jeder Vektor durch eine Linearkombination der anderen Vektoren darstellen.

Eine **Ausnahme** von dieser Regel bilden seltene Fälle wie etwa $\vec{a} = \begin{pmatrix} 1 \\ 2 \end{pmatrix}$, $\vec{b} = \begin{pmatrix} 2 \\ 4 \end{pmatrix}$ und $\vec{c} = \begin{pmatrix} 3 \\ 5 \end{pmatrix}$. Diese Vektoren sind voneinander linear abhängig, da $2\vec{a} - \vec{b} + 0\vec{c} = \vec{0}$. Wegen des Faktors 0 beim Vektor $\vec{c}$ lässt sich die Vektorgleichung aber nicht nach $\vec{c}$ auflösen.

Beachten Sie, dass die Eigenschaft, linear abhängig oder unabhängig zu sein, nicht einem einzelnen Vektor zukommt, sondern immer einer Menge von Vektoren. Mit „abhängig“ oder „unabhängig“ wird zum Ausdruck gebracht, in welcher Beziehung diese Vektoren zueinander stehen.

Wenn Vektoren voneinander linear abhängig sind, haben sie besondere geometrische Eigenschaften, die Sie aus dem folgenden Beispiel ersehen können:

$$\vec{a} = \begin{pmatrix} 0{,}5 \\ 2 \end{pmatrix}, \quad \vec{b} = \begin{pmatrix} 2 \\ 1 \end{pmatrix}, \quad \vec{c} = \begin{pmatrix} 7 \\ 7 \end{pmatrix}$$

sind voneinander linear abhängig, da $2\vec{a} + 3\vec{b} - \vec{c} = \vec{0}$ bzw. $\vec{c} = 2\vec{a} + 3\vec{b}$.

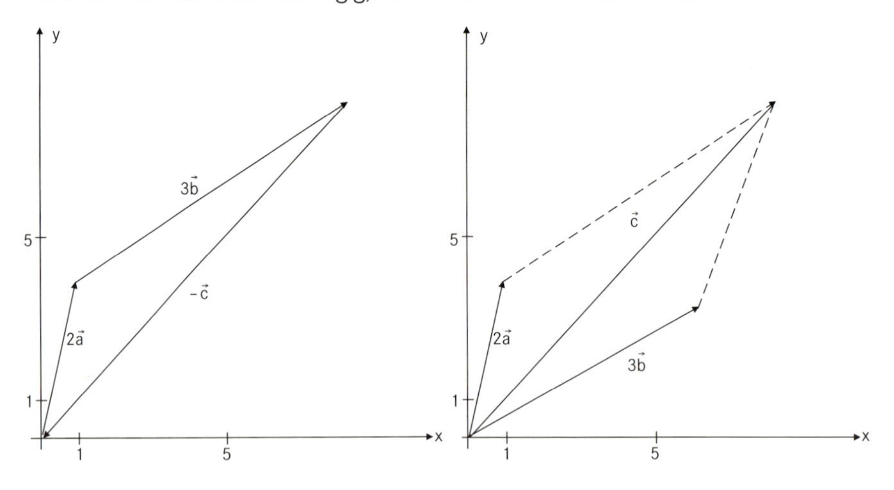

Wenn Sie die Vektoren in ein Koordinatensystem zeichnen, erhalten Sie im ersten Fall einen geschlossenen Streckenzug. Erinnern Sie sich noch, wie Sie früher Vektoren zeichnerisch addierten? An den ersten Pfeil wurde der zweite angehängt, daran der dritte usw. Der Ergebnispfeil zeigte dann vom Anfangspunkt des ersten Vektors bis zur Spitze des letzten Vektors. Bei der zweiten Darstellung kommt gut zum Ausdruck, dass $\vec{c}$ in der Ebene liegt, die durch $\vec{a}$ und $\vec{b}$ aufgespannt wird. Dieselben Eigenschaften zeigen auch drei Vektoren mit drei Komponenten, falls sie voneinander linear abhängig sind, wenn man sie räumlich darstellt.

Aus drei Vektoren, die in der Ebene des *xy*-Koordinatensystems liegen, kann man immer einen geschlossenen Streckenzug konstruieren, indem man sie geschickt verlängert oder verkürzt. Das bedeutet, dass hier höchstens zwei Vektoren voneinander linear unabhängig sein können. Dazu müssen sie aber unterschiedliche Richtungen haben. Wenn zwei Vektoren dieselbe Richtung haben, lässt sich einer als Vielfaches des anderen darstellen und damit sind sie voneinander abhängig. Analog überlegt man sich, dass im Raum drei Vektoren dann voneinander linear abhängig sind, wenn sie in einer Ebene liegen oder in dieselbe Richtung zeigen.

3.1.3 Aufgaben zu Linearkombinationen

AUFGABE 1 Gegeben sind die Vektoren $\vec{a} = \begin{pmatrix} 2 \\ 3 \end{pmatrix}$ und $\vec{b} = \begin{pmatrix} 3 \\ 4 \end{pmatrix}$.

Stellen Sie $\vec{c} = \begin{pmatrix} 1 \\ 3 \end{pmatrix}$ und $\vec{d} = \begin{pmatrix} -2 \\ -4 \end{pmatrix}$ als Linearkombinationen von $\vec{a}$ und $\vec{b}$ dar.

AUFGABE 2 Gegeben sind die Vektoren $\vec{a} = \begin{pmatrix} 2 \\ 3 \\ 1 \end{pmatrix}$ und $\vec{b} = \begin{pmatrix} 1 \\ 4 \\ -3 \end{pmatrix}$.

Welche der folgenden Vektoren lassen sich als Linearkombination aus $\vec{a}$ und $\vec{b}$ darstellen? Geben Sie gegebenenfalls diese Linearkombination an.

$$\vec{x} = \begin{pmatrix} 1 \\ -11 \\ 18 \end{pmatrix}, \quad \vec{y} = \begin{pmatrix} -4 \\ -11 \\ 5 \end{pmatrix}, \quad \vec{z} = \begin{pmatrix} 1 \\ 3 \\ 7 \end{pmatrix}$$

AUFGABE 3 Stellen Sie $\vec{u} = \begin{pmatrix} 1 \\ 4 \\ 19 \end{pmatrix}$ und $\vec{v} = \begin{pmatrix} -3 \\ 10 \\ -4 \end{pmatrix}$ als Linearkombination von

$$\vec{a} = \begin{pmatrix} 2 \\ 0 \\ 4 \end{pmatrix}, \quad \vec{b} = \begin{pmatrix} 1 \\ 2 \\ 0 \end{pmatrix} \text{ und } \vec{c} = \begin{pmatrix} 0 \\ 2 \\ 1 \end{pmatrix} \text{ dar.}$$

AUFGABE 4 Sind die Vektoren $\vec{a}_1 = \begin{pmatrix} 1 \\ 2 \\ 3 \end{pmatrix}$, $\vec{a}_2 = \begin{pmatrix} 4 \\ 5 \\ 6 \end{pmatrix}$ und $\vec{a}_3 = \begin{pmatrix} 7 \\ 8 \\ 9 \end{pmatrix}$

voneinander linear abhängig? Stellen Sie gegebenenfalls jeweils einen der Vektoren durch die beiden anderen dar.

AUFGABE 5 Für welche Werte von t sind die Vektoren

$$\vec{a} = \begin{pmatrix} -1 \\ -2 \\ 1 \end{pmatrix}, \vec{b} = \begin{pmatrix} 1 \\ 2 \\ -2 \end{pmatrix} \text{ und } \vec{c} = \begin{pmatrix} 7t \\ t^2 + 9t + 6 \\ -3 - 3t \end{pmatrix}$$

voneinander linear unabhängig?

AUFGABE 6 Gegeben sind die Vektoren

$$\vec{a} = \begin{pmatrix} 1 \\ a + 3 \\ 2 \\ a^2 + a - 2 \end{pmatrix}, \vec{b} = \begin{pmatrix} 0 \\ 3 \\ 0 \\ 0 \end{pmatrix}, \vec{c} = \begin{pmatrix} 2 \\ 2a \\ 3a^2 - 8 \\ 8 \end{pmatrix} \text{ und } \vec{d} = \begin{pmatrix} 1 \\ a \\ 2 \\ 4 \end{pmatrix}.$$

a) Für welche Werte von a sind die vier Vektoren voneinander linear unabhängig?

b) Stellen Sie $\vec{d}$ für a = 2 als Linearkombination der anderen Vektoren dar.

3.2 Vektorraum

3.2.1 Wann bilden Vektoren einen Vektorraum?

Man spricht davon, dass Vektoren unter gewissen Voraussetzungen einen Raum bilden bzw. einen Raum aufspannen. Dieser Begriff des Raumes, genauer eines Vektorraumes, ist so gefasst, dass sich im zweidimensionalen Fall eine Ebene und im dreidimensionalen Fall unser gewohnter Anschauungsraum ergibt. Dabei benutzen wir die Begriffe zwei- und dreidimensional zunächst so, wie es umgangssprachlich üblich ist. Die genaue Definition dessen, was man als Dimension eines Raumes bezeichnet, steht noch aus.

Auf einen Punkt möchten wir Sie noch hinweisen, bevor wir jetzt gleich mit der Definition des Vektorraumes beginnen. Bei Räumen hat man es prinzipiell immer mit zwei Mengen zu tun, mit einer Zahlenmenge und einer Menge von Elementen, die wir Vektoren nennen. Ganz banal formuliert: Man hat einen Sack voller Zahlen und einen Sack, in dem Pfeile stecken. Innerhalb des Zahlensackes gibt es Rechengesetze für die Zahlen untereinander. Als entsprechende Zahlenmengen verwenden wir in diesem Buch fast immer die reellen Zahlen, nur gelegentlich beschränken wir uns auf die rationalen Zahlen. Die Rechengesetze dafür sind uns seit langen Jahren vertraut. Im Sack mit den Vektoren gelten Regeln, wie man die Vektoren miteinander kombiniert, denken Sie etwa an die Addition bzw. an das Kräfteparallelogramm. Zu diesen internen Regeln, die innerhalb der einzelnen Säcke gelten, muss man noch Vorschriften definieren, wie man die Zahlen aus dem einen Sack mit den Vektoren aus dem anderen Sack zusammensetzen darf. (Verwenden Sie in Zukunft nie den Begriff Sack, wenn Sie Mengen meinen, Sie werden sonst leicht als „dummer Sack" apostrophiert. Es gibt diesen Begriff in der Mathematik nicht. Wir nahmen uns hier lediglich die Freiheit, die Geschichte etwas salopp zu formulieren, damit sie anschaulicher wird. Es geht gleich mathematisch seriöser weiter.)

DEFINITION Gegeben sind eine nicht leere Menge V von Vektoren und die Menge der reellen Zahlen $\mathbb{R}$ (oder der rationalen Zahlen $\mathbb{Q}$).

Die Menge V heißt **Vektorraum über $\mathbb{R}$** (oder **Vektorraum über $\mathbb{Q}$**), wenn für alle Elemente von V gilt:

(1) Falls $\vec{a} \in V$, dann ist auch $\lambda\vec{a} \in V$, wobei $\lambda \in \mathbb{R}$ (oder $\lambda \in \mathbb{Q}$).
(2) Falls $\vec{a}_1 \in V$ und $\vec{a}_2 \in V$, dann ist auch $\vec{a}_1 + \vec{a}_2 \in V$.

BEISPIEL Die Menge $V = \{ \begin{pmatrix} x_1 \\ x_2 \end{pmatrix} \mid x_1, x_2 \in \mathbb{R} \}$ bildet einen Vektorraum über $\mathbb{R}$.

Begründung: (1): Mit $\begin{pmatrix} x_1 \\ x_2 \end{pmatrix} \in V$ gehört auch $\lambda \cdot \begin{pmatrix} x_1 \\ x_2 \end{pmatrix} = \begin{pmatrix} \lambda x_1 \\ \lambda x_2 \end{pmatrix}$ zu V.

(2): Mit $\begin{pmatrix} x_1 \\ x_2 \end{pmatrix} \in V$ und $\begin{pmatrix} y_1 \\ y_2 \end{pmatrix} \in V$ gehört auch

$\begin{pmatrix} x_1 \\ x_2 \end{pmatrix} + \begin{pmatrix} y_1 \\ y_2 \end{pmatrix} = \begin{pmatrix} x_1 + y_1 \\ x_2 + y_2 \end{pmatrix}$ zu V.

BEISPIEL Die Menge $V = \left\{ t \cdot \begin{pmatrix} 1 \\ 2 \\ 3 \end{pmatrix} \mid t \in \mathbb{R} \right\}$ bildet einen Vektorraum über $\mathbb{R}$.

Begründung: (1): Mit $t_1 \cdot \begin{pmatrix} 1 \\ 2 \\ 3 \end{pmatrix} \in V$ gehört auch $\lambda t_1 \cdot \begin{pmatrix} 1 \\ 2 \\ 3 \end{pmatrix}$ zu V, da $\lambda t_1 \in \mathbb{R}$.

(2): Mit $t_1 \cdot \begin{pmatrix} 1 \\ 2 \\ 3 \end{pmatrix} \in V$ und $t_2 \cdot \begin{pmatrix} 1 \\ 2 \\ 3 \end{pmatrix} \in V$ gehört auch

$(t_1 + t_2) \cdot \begin{pmatrix} 1 \\ 2 \\ 3 \end{pmatrix}$ zu V, da $(t_1 + t_2) \in \mathbb{R}$.

Ab und zu erhält man eine Menge von Vektoren und soll zuerst überprüfen, ob es sich dabei überhaupt um einen Vektorraum handelt. Dann kann man wie in den beiden Beispielen vorgehen und untersuchen, ob die erforderlichen Eigenschaften erfüllt sind. Das ist verhältnismäßig umständlich und zeitintensiv. Bequemer hat man es oft, wenn einem der folgende Begriff der linearen Hülle zur Verfügung steht.

DEFINITION Die **lineare Hülle** der Vektoren $\vec{a}_1, \vec{a}_2, \vec{a}_3, \ldots, \vec{a}_n$ ist die Menge aller Linearkombinationen, die sich aus $\vec{a}_1, \vec{a}_2, \vec{a}_3, \ldots, \vec{a}_n$ bilden lässt.

Schreibweise: $H = [\, \vec{a}_1, \vec{a}_2, \vec{a}_3, \ldots, \vec{a}_n \,]$.

Bei einer linearen Hülle sind immer die beiden Eigenschaften (1) und (2) aus unserer Definition des Vektorraumes erfüllt.

MERKE Die lineare Hülle von Vektoren bildet immer einen Vektorraum.

Sprechweise: Die Vektoren, aus denen die lineare Hülle aufgebaut wird, **spannen den Vektorraum auf.**

Diese Sprechweise ist sehr anschaulich. Wir werden sie mit den folgenden Beispielen verdeutlichen. Anschließend stellen wir dann die wichtigsten Eigenschaften eines Vektorraumes zusammen.

BEISPIEL Gegeben ist die lineare Hülle $H = \left[\begin{pmatrix}1\\2\\0\end{pmatrix}, \begin{pmatrix}2\\-1\\0\end{pmatrix}, \begin{pmatrix}-2\\3\\0\end{pmatrix}\right]$.

Der von diesen Vektoren aufgespannte Vektorraum ist:

$$V = \left\{\begin{pmatrix}x_1\\x_2\\0\end{pmatrix} \middle| \; x_1, x_2 \in \mathbb{R}\right\}$$

Dabei handelt es sich um alle Vektoren, die in der $x_1 x_2$-Ebene des Koordinatensystems liegen. Jeden Vektor in dieser Ebene kann man mit einer geschickten Linearkombination aus Vektoren der linearen Hülle erzeugen.

BEISPIEL Gegeben ist die lineare Hülle $H = \left[\begin{pmatrix}1\\2\\4\end{pmatrix}, \begin{pmatrix}2\\-1\\2\end{pmatrix}, \begin{pmatrix}-2\\3\\1\end{pmatrix}\right]$.

Wenn man diese drei Vektoren mit reellen Zahlen entsprechend multipliziert und zusammensetzt, erhält man alle Vektoren in einem räumlichen Koordinatensystem. Diese Vektoren spannen daher den folgenden Vektorraum auf:

$$V = \left\{\begin{pmatrix}x_1\\x_2\\x_3\end{pmatrix} \middle| \; x_1, x_2, x_3 \in \mathbb{R}\right\}.$$

Diesen Raum haben wir immer als dreidimensionalen Anschauungsraum bezeichnet. Dabei benutzen wir den Begriff Dimension mehr gefühlsmäßig; präzise definiert wird er erst im Kapitel 3.4.

3.2.2 Eigenschaften eines Vektorraumes

Aus der Definition eines Vektorraumes ergeben sich sofort wichtige Eigenschaften über räumliche Strukturen, die wir kurz zusammenstellen.

(1) Ein Vektorraum enthält immer den Nullvektor.

Begründung: Dies ergibt sich sofort aus unserer Definition, wenn wir einen gegebenen Vektor mit 0 multiplizieren.

(2) Wenn in einem Vektorraum der Vektor $\vec{a}$ enthalten ist, dann gehört $-\vec{a}$ auch zu diesem Vektorraum.

Begründung: Dies ergibt sich sofort aus unserer Definition, wenn wir einen gegebenen Vektor mit -1 multiplizieren.

(3) Ein Vektorraum ist immer **abgeschlossen.** Darunter versteht man:

- Ein Vektorraum enthält zu jedem Vektor $\vec{a}$ auch alle Vielfache von $\vec{a}$.
- Ein Vektorraum enthält zu zwei Vektoren $\vec{a}_1$ und $\vec{a}_2$ immer auch deren Summe, den Vektor $\vec{a}_1 + \vec{a}_2$.

Begründung: Ist eigentlich überflüssig, wenn Sie sich unsere Definition ansehen. Diese so genannte **Abgeschlossenheit** eines Vektorraumes ist eine seiner wichtigsten Eigenschaften. Deshalb hat sie extra einen Namen bekommen.

Eine Menge von Vektoren, die einen Vektorraum bildet, kann Untermengen enthalten, die ihrerseits auch wieder die Bedingungen eines Vektorraumes erfüllen. Man legt daher den folgenden Begriff eines Unterraumes fest.

DEFINITION Es sei V ein Vektorraum und U eine Untermenge (bzw. Teilmenge) von V. U heißt **Untervektorraum** oder kurz **Unterraum** von V, wenn U selbst ein Vektorraum ist.

BEISPIEL

$$V = \left\{ \begin{pmatrix} x_1 \\ x_2 \\ x_3 \end{pmatrix} \middle| \; x_1, x_2, x_3 \in \mathbb{R} \right\}$$

$$U = \left\{ \begin{pmatrix} x_1 \\ x_2 \\ 0 \end{pmatrix} \middle| \; x_1, x_2 \in \mathbb{R} \right\}$$

U ist ein Untervektorraum von V. Die Teilmenge U ist ganz in V enthalten und bildet selbst auch einen Vektorraum. In der geometrischen Veranschaulichung wird das schnell klar. Bei V handelt es sich um die Menge aller Vektoren im Anschauungsraum, bei U nur um die Menge der Vektoren, die in der x_1x_2-Ebene des Koordinatensystems liegen.

$$W = \left\{ \begin{pmatrix} x_1 \\ 0 \\ 0 \end{pmatrix} \middle| \; x_1 \in \mathbb{R} \right\}$$

W ist in U enthalten und damit ein Untervektorraum von U. Da U wiederum ein Unterraum von V ist, ist W ebenfalls ein Unterraum von V. Geometrisch handelt es sich bei W um alle Vektoren, die in Richtung der x_1-Achse liegen. Diese Gerade ist in der x_1x_2-Ebene enthalten, die ihrerseits im Anschauungsraum liegt.

3.2.3 Aufgaben zu Vektorräumen

AUFGABE 1 Welche der Vektoren $\vec{a} = \begin{pmatrix} 0 \\ 10 \\ 16 \end{pmatrix}$, $\vec{b} = \begin{pmatrix} 7 \\ 5 \\ 0 \end{pmatrix}$ und $\vec{c} = \begin{pmatrix} 5 \\ -5 \\ -18 \end{pmatrix}$

sind in der linearen Hülle $\left[\begin{pmatrix} 2 \\ 0 \\ -4 \end{pmatrix}, \begin{pmatrix} 3 \\ 5 \\ 2 \end{pmatrix}\right]$ enthalten?

AUFGABE 2 Zeigen Sie, dass U ein Vektorraum ist.

a) $U = \left\{\begin{pmatrix} x_1 \\ x_2 \\ x_3 \end{pmatrix} \middle| x_3 = x_1 + x_2 \text{ mit } x_1, x_2, x_3 \in \mathbb{R}\right\}$

b) $U = \left\{\begin{pmatrix} x_1 \\ x_2 \\ 0 \end{pmatrix} \middle| x_1, x_2 \in \mathbb{R}\right\}$

c) $U = \left\{t \cdot \begin{pmatrix} 1 \\ 2 \\ 3 \end{pmatrix} \middle| t \in \mathbb{R}\right\}$

AUFGABE 3 Zeigen Sie, dass U kein Vektorraum ist.

a) $U = \left\{\begin{pmatrix} x_1 \\ x_2 \\ x_3 \end{pmatrix} \middle| x_3 = x_1 + 3 \text{ mit } x_1, x_2, x_3 \in \mathbb{R}\right\}$

b) $U = \left\{\begin{pmatrix} x_1 \\ x_2 \\ 1 \end{pmatrix} \middle| x_1, x_2 \in \mathbb{R}\right\}$

c) $U = \left\{\begin{pmatrix} t+4 \\ 2t \\ 3t \end{pmatrix} \middle| t \in \mathbb{R}\right\}$

AUFGABE 4 Sind die angegebenen Hüllen tatsächlich gleich? Begründen Sie Ihre Antwort.

$$\left[\begin{pmatrix} 2 \\ 4 \\ 1 \end{pmatrix}, \begin{pmatrix} 0 \\ 8 \\ 14 \end{pmatrix}, \begin{pmatrix} -7 \\ -4 \\ 14 \end{pmatrix}, \begin{pmatrix} -1 \\ 0 \\ 3 \end{pmatrix}\right] = \left[\begin{pmatrix} -1 \\ 0 \\ 3 \end{pmatrix}, \begin{pmatrix} -7 \\ 4 \\ 28 \end{pmatrix}, \begin{pmatrix} 2 \\ 4 \\ 1 \end{pmatrix}\right]$$

$$= \left[\begin{pmatrix} 2 \\ 4 \\ 1 \end{pmatrix}, \begin{pmatrix} -1 \\ 0 \\ 3 \end{pmatrix}\right] = \left[\begin{pmatrix} -2 \\ 0 \\ 6 \end{pmatrix}, \begin{pmatrix} 4 \\ 8 \\ 2 \end{pmatrix}\right]$$

AUFGABE 5 Geben Sie die Menge aller Vektoren unseres Anschauungsraumes, die in der x_1x_2-Ebene (der x_2x_3-Ebene, der x_1x_3-Ebene) liegen, als lineare Hülle mit möglichst wenigen Elementen an. Warum gibt es jeweils unendlich viele Möglichkeiten?

AUFGABE 6 Zeigen Sie, dass die Menge, die als einziges Element den Nullvektor enthält, auch ein Vektorraum ist.

3.3 Erzeugendensystem und Basis

3.3.1 Vektoren, die einen Raum erzeugen

Die Vektorräume, die wir betrachten, besitzen immer unendlich viele Elemente. (Eine völlig unwichtige Ausnahme bildet der Nullvektor, der für sich alleine genommen auch die formalen Kriterien eines Vektorraumes erfüllt.) Dass es so viele Vektoren gibt, liegt an den unendlich vielen rationalen bzw. reellen Zahlen. Man kann einen Vektor mit einer solchen Zahl multiplizieren und erhält als Ergebnis wieder einen Vektor. Ein Vektorraum muss aber zu jedem in ihm enthaltenen Vektor auch dessen Vielfache enthalten. Dies ist eine der Eigenschaften, die zur so genannten Abgeschlossenheit eines Vektorraumes gehören. Im letzten Kapitel sind wir darauf eingegangen. Man kann sozusagen innerhalb des Raumes aus wenigen Vektoren beliebig viele weitere Vektoren herstellen, indem man sie geschickt multipliziert und addiert. Damit stellt sich die Frage, ob vielleicht einige wenige Vektoren ausreichen, um damit den gesamten Vektorraum aufzubauen oder, besser gesagt, zu **erzeugen.** Am besten zeigen wir Ihnen an einem Beispiel, wie wir das meinen.

BEISPIEL Gegeben ist der Vektorraum

$$V = \left\{ \begin{pmatrix} x_1 \\ x_2 \end{pmatrix} \middle| \, x_1, x_2 \in \mathbb{R} \right\}.$$

Aus diesem Vektorraum greifen wir vier Vektoren heraus:

$$\left\{ \begin{pmatrix} 3 \\ 2 \end{pmatrix}, \begin{pmatrix} -1 \\ 4 \end{pmatrix}, \begin{pmatrix} 7 \\ 0 \end{pmatrix}, \begin{pmatrix} 5 \\ 22 \end{pmatrix} \right\}.$$

Mit diesen vier Vektoren lassen sich tatsächlich sämtliche Vektoren aus V erzeugen. Wir zeigen es Ihnen an dem Vektor $\vec{a}$ mit den Komponenten $x = 20$ und $y = -10$.

$$\vec{a} = \begin{pmatrix} 20 \\ -10 \end{pmatrix} = 5 \cdot \begin{pmatrix} 3 \\ 2 \end{pmatrix} + 6 \cdot \begin{pmatrix} -1 \\ 4 \end{pmatrix} + 3 \cdot \begin{pmatrix} 7 \\ 0 \end{pmatrix} - 2 \cdot \begin{pmatrix} 5 \\ 22 \end{pmatrix}$$

Eine andere Möglichkeit der Darstellung wäre

$$\vec{a} = \begin{pmatrix} 20 \\ -10 \end{pmatrix} = 4 \cdot \begin{pmatrix} 3 \\ 2 \end{pmatrix} - 10 \cdot \begin{pmatrix} -1 \\ 4 \end{pmatrix} - \begin{pmatrix} 7 \\ 0 \end{pmatrix} + \begin{pmatrix} 5 \\ 22 \end{pmatrix}.$$

Es gibt bei unserem vorhergehenden Beispiel sogar unendlich viele Möglichkeiten, den Vektor $\vec{a}$ durch die vier gegebenen Vektoren darzustellen. Dies erkennt man sofort, wenn man rechnerisch versucht, die Koeffizienten zu bestimmen. Man setzt den Vektor $\vec{a} = (20 \;\; -10)^T$ als Linearkombination der vier gegebenen Vektoren an mit

$$\vec{a} = \begin{pmatrix} 20 \\ -10 \end{pmatrix} = \lambda_1 \cdot \begin{pmatrix} 3 \\ 2 \end{pmatrix} + \lambda_2 \cdot \begin{pmatrix} -1 \\ 4 \end{pmatrix} + \lambda_3 \begin{pmatrix} 7 \\ 0 \end{pmatrix} + \lambda_4 \begin{pmatrix} 5 \\ 22 \end{pmatrix}$$

und erhält für die vier Koeffizienten ein lineares Gleichungssystem:

$$\begin{aligned} 20 &= 3\lambda_1 - \lambda_2 + 7\lambda_3 + 5\lambda_4 \\ -10 &= 2\lambda_1 + 4\lambda_2 + 22\lambda_4 \end{aligned}$$

Dies ist allerdings ein lineares Gleichungssystem mit nur 2 Gleichungen für 4 Unbekannte. Solche Gleichungssysteme mit weniger Gleichungen als Unbekannten haben unendlich viele Lösungen. Man nennt sie unterbestimmt. Vielleicht erinnern Sie sich noch daran. Am Ende der letzten Klasse wurden sie systematisch behandelt. Im Zweifelsfall schlagen Sie im Buch für die Jahrgangsstufe 1 nach. Dort finden Sie solche Gleichungssysteme im Kapitel 9.6.

Wir haben Ihnen jetzt an dem Vektor $\vec{a} = (20\ -10)^T$ gezeigt, wie man ihn aus den gegebenen vier Vektoren linear kombinieren kann. Sie glauben uns hoffentlich nach diesem einen Zahlenbeispiel, dass man mit jedem beliebigen Vektor aus V so verfahren könnte. Wir halten daher fest: Jeder Vektor aus V lässt sich mit diesen vier gegebenen Vektoren linear kombinieren. Man bezeichnet deshalb die Menge aus diesen vier Vektoren als **Erzeugendensystem** des Vektorraumes V. Wir kürzen dieses erste Erzeugendensystem ab mit E_1.

$$E_1 = \left\{\begin{pmatrix}3\\2\end{pmatrix}, \begin{pmatrix}-1\\4\end{pmatrix}, \begin{pmatrix}7\\0\end{pmatrix}, \begin{pmatrix}5\\22\end{pmatrix}\right\}$$

Wir weisen nochmals darauf hin, dass die Darstellung eines Vektors mithilfe dieses Erzeugendensystems nicht eindeutig ist, weil die Rechnung immer auf ein unterbestimmtes Gleichungssystem führt.

Schauen wir unser Erzeugendensystem genauer an: Seine Vektoren sind voneinander linear abhängig. Wir hätten beispielsweise den vierten Vektor aus den anderen auch wie folgt linear kombinieren und dadurch ersetzen können:

$$\begin{pmatrix}5\\22\end{pmatrix} = 3 \cdot \begin{pmatrix}3\\2\end{pmatrix} + 4 \cdot \begin{pmatrix}-1\\4\end{pmatrix}$$

Aus unserer ersten Darstellung des Vektors $\vec{a} = (20\ -10)^T$ eliminieren wir nun den vierten Vektor. Dann ergibt sich:

$$\begin{aligned}\vec{a} = \begin{pmatrix}20\\-10\end{pmatrix} &= 5 \cdot \begin{pmatrix}3\\2\end{pmatrix} + 6 \cdot \begin{pmatrix}-1\\4\end{pmatrix} + 3 \cdot \begin{pmatrix}7\\0\end{pmatrix} - 2 \cdot \left[3 \cdot \begin{pmatrix}3\\2\end{pmatrix} + 4 \cdot \begin{pmatrix}-1\\4\end{pmatrix}\right]\\ &= -\begin{pmatrix}3\\2\end{pmatrix} - 2 \cdot \begin{pmatrix}-1\\4\end{pmatrix} + 3 \cdot \begin{pmatrix}7\\0\end{pmatrix}\end{aligned}$$

Sie sehen, unser Erzeugendensystem E_1 war umfangreicher als unbedingt nötig. Wir hätten uns auf die ersten drei Vektoren beschränken können. Mit ihnen alleine lassen sich auch alle Vektoren aus V erzeugen. Damit hat sich unser Erzeugendensystem E_1 reduziert auf die Menge E_2, die ebenfalls ein Erzeugendensystem darstellt.

$$E_2 = \left\{\begin{pmatrix}3\\2\end{pmatrix}, \begin{pmatrix}-1\\4\end{pmatrix}, \begin{pmatrix}7\\0\end{pmatrix}\right\}$$

Dieses Erzeugendensystem ist aber immer noch umfangreicher als unbedingt notwendig. Die drei Vektoren sind wieder voneinander linear abhängig. So lässt sich etwa der dritte durch die beiden ersten Vektoren linear kombinieren und damit ersetzen:

$$\begin{pmatrix}7\\0\end{pmatrix} = 2 \cdot \begin{pmatrix}3\\2\end{pmatrix} - \begin{pmatrix}-1\\4\end{pmatrix}$$

In unserer vorher gewonnenen Darstellung für den Vektor $\vec{a} = (20\ -10)^T$ durch die Vektoren von E_2 werden wir daher auch noch den dritten Vektor eliminieren.

$$\begin{aligned}\vec{a} = \begin{pmatrix}20\\-10\end{pmatrix} &= -\begin{pmatrix}3\\2\end{pmatrix} - 2 \cdot \begin{pmatrix}-1\\4\end{pmatrix} + 3 \cdot \begin{pmatrix}7\\0\end{pmatrix}\\ &= -\begin{pmatrix}3\\2\end{pmatrix} - 2 \cdot \begin{pmatrix}-1\\4\end{pmatrix} + 3 \cdot \left[2 \cdot \begin{pmatrix}3\\2\end{pmatrix} - \begin{pmatrix}-1\\4\end{pmatrix}\right]\\ &= 5 \cdot \begin{pmatrix}3\\2\end{pmatrix} - 5 \cdot \begin{pmatrix}-1\\4\end{pmatrix}\end{aligned}$$

Die beiden übrig gebliebenen Vektoren bilden immer noch ein Erzeugendensystem. Wir nennen es E_3.

$$E_3 = \left\{\begin{pmatrix}3\\2\end{pmatrix}, \begin{pmatrix}-1\\4\end{pmatrix}\right\}$$

Können wir bei diesem Erzeugendensystem nochmals auf einen der beiden übrig gebliebenen Vektoren verzichten und ihn durch den anderen ersetzen? Nein. Das geht jetzt nicht mehr. Die beiden Vektoren sind voneinander linear unabhängig. Keiner lässt sich daher durch den anderen darstellen und ersetzen. Jeder Vektor dieses Erzeugendensystems ist jetzt unverzichtbar. Ein solches minimales Erzeugendensystem aus linear unabhängigen Vektoren nennt man eine **Basis** von V. Die Vektoren, die in der Basis enthalten sind, heißen **Basisvektoren.** Wir haben mit E_3 eine Basis aus zwei Vektoren erhalten. Wir nennen sie B.

$$B = \left\{\begin{pmatrix}3\\2\end{pmatrix}, \begin{pmatrix}-1\\4\end{pmatrix}\right\}$$

In unserem Zahlenbeispiel stellten wir den Vektor $\vec{a} = (20 \quad -10)^T$ immer wieder durch unterschiedliche Linearkombinationen dar. In den ersten beiden Fällen gab es unendlich viele Möglichkeiten für eine Linearkombination. Nachdem wir unser Erzeugendensystem jetzt auf eine Basis reduziert haben, gibt es nur noch eine einzige. Dies sieht man sofort, wenn man die Linearkombination rechnerisch ansetzt:

$$\vec{a} = \begin{pmatrix}20\\-10\end{pmatrix} = \lambda_1 \cdot \begin{pmatrix}3\\2\end{pmatrix} + \lambda_2 \cdot \begin{pmatrix}-1\\4\end{pmatrix}$$

Man erhält für die beiden Koeffizienten das Gleichungssystem:

$$\begin{aligned} 20 &= 3\lambda_1 - \lambda_2 \\ -10 &= 2\lambda_1 + 4\lambda_2 \end{aligned}$$

Dieses Gleichungssystem ist eindeutig lösbar mit $\lambda_1 = 5$ und $\lambda_2 = -5$.

Nachdem Sie dieses Zahlenbeispiel durchgearbeitet haben, macht Ihnen jetzt die allgemeine Definition unserer Begriffe keine Schwierigkeiten mehr.

DEFINITION

Gegeben ist der Vektorraum V und eine Untermenge $U \subseteq V$.
U heißt ein **Erzeugendensystem** von V, wenn sich jedes Element von V durch eine Linearkombination der Elemente aus U darstellen lässt.

Ein Erzeugendensystem U heißt **Basis**, wenn die Elemente von U voneinander linear unabhängig sind. Die Elemente einer Basis heißen **Basisvektoren.**

MERKE

Es gibt immer nur eine einzige Möglichkeit, einen Vektor als Linearkombination von Basisvektoren darzustellen. Man sagt dann, er ist **eindeutig darstellbar.**

3.3.2 Aufgaben zu Erzeugendensystemen und Basen

AUFGABE 1 Im dreidimensionalen Anschauungsraum sind die folgenden Mengen gegeben. Welche stellen in diesem Raum ein Erzeugendensystem dar, welche eine Basis?

a) $A = \left\{ \begin{pmatrix} 1 \\ 2 \\ 3 \end{pmatrix}, \begin{pmatrix} 2 \\ 0 \\ 5 \end{pmatrix} \right\}$

b) $B = \left\{ \begin{pmatrix} 2 \\ 3 \\ 4 \end{pmatrix}, \begin{pmatrix} 0 \\ 1 \\ 2 \end{pmatrix}, \begin{pmatrix} 2 \\ 5 \\ 8 \end{pmatrix}, \begin{pmatrix} 2 \\ 7 \\ 10 \end{pmatrix} \right\}$

c) $C = \left\{ \begin{pmatrix} 2 \\ 0 \\ 0 \end{pmatrix}, \begin{pmatrix} 0 \\ 3 \\ 0 \end{pmatrix}, \begin{pmatrix} 0 \\ 0 \\ 1 \end{pmatrix} \right\}$

d) $D = \left\{ \begin{pmatrix} 1 \\ 2 \\ 0 \end{pmatrix}, \begin{pmatrix} 4 \\ 5 \\ 2 \end{pmatrix}, \begin{pmatrix} 0 \\ 2 \\ 1 \end{pmatrix}, \begin{pmatrix} -3 \\ 2 \\ -1 \end{pmatrix} \right\}$

e) $E = \left\{ \begin{pmatrix} 1 \\ 2 \\ -1 \end{pmatrix}, \begin{pmatrix} 0 \\ 3 \\ 2 \end{pmatrix}, \begin{pmatrix} 1 \\ 5 \\ 4 \end{pmatrix} \right\}$

AUFGABE 2 Gegeben ist die Menge $U \subseteq V$ mit $V = \left\{ \begin{pmatrix} x_1 \\ x_2 \\ x_3 \end{pmatrix} \middle| \; x_1, x_2, x_3 \in \mathbb{R} \right\}$.

Zeigen Sie, dass U ein Untervektorraum von V ist, und geben Sie eine mögliche Basis von U an.

a) $U = \left\{ \begin{pmatrix} x_1 \\ x_2 \\ x_3 \end{pmatrix} \middle| \; x_3 = x_1 - x_2 \right\}$

b) $U = \left\{ \begin{pmatrix} t \\ 2t \\ 3t \end{pmatrix} \middle| \; t \in \mathbb{R} \right\}$

c) $U = \left\{ \begin{pmatrix} x_1 \\ x_2 \\ 0 \end{pmatrix} \middle| \; x_2 = 2x_1 \right\}$

d) $U = \left\{ \begin{pmatrix} x_1 \\ x_2 \\ x_3 \end{pmatrix} \middle| \; x_1 = 3x_3 \right\}$

AUFGABE 3 Gegeben ist der Vektorraum $V = \left\{ \begin{pmatrix} x_1 \\ x_2 \\ x_3 \\ x_4 \end{pmatrix} \middle| \; x_1, x_2, x_3, x_4 \in \mathbb{R} \right\}$

a) Zeigen Sie, dass die Menge $A = \left\{ \begin{pmatrix} 1 \\ 0 \\ 2 \\ 0 \end{pmatrix}, \begin{pmatrix} 0 \\ 2 \\ 3 \\ 1 \end{pmatrix}, \begin{pmatrix} -2 \\ 3 \\ 0 \\ 4 \end{pmatrix}, \begin{pmatrix} -1 \\ 7 \\ 8 \\ 6 \end{pmatrix} \right\}$ keine Basis von V ist.

b) Ändern Sie einen Vektor von A so ab, dass A eine Basis wird.

c) Geben Sie für V die denkbar einfachste Basis an.

AUFGABE 4 Die angegebenen Mengen A, B und C bilden im Vektorraum $V = \left\{ \begin{pmatrix} x_1 \\ x_2 \end{pmatrix} \middle| \; x_1, x_2 \in \mathbb{R} \right\}$ jeweils eine Basis. (Dies brauchen Sie nicht nachzuweisen.)

$A = \left\{ \begin{pmatrix} 1 \\ 2 \end{pmatrix}, \begin{pmatrix} 3 \\ 4 \end{pmatrix} \right\}$ $\quad B = \left\{ \begin{pmatrix} -4 \\ 3 \end{pmatrix}, \begin{pmatrix} 2 \\ -1 \end{pmatrix} \right\}$ $\quad C = \left\{ \begin{pmatrix} 1 \\ 0 \end{pmatrix}, \begin{pmatrix} 0 \\ 1 \end{pmatrix} \right\}$

Stellen Sie den Vektor $\vec{a} = (5 \quad 6)^T$ jeweils als Linearkombination aus den Basisvektoren von A, B und C dar.

AUFGABE 5 Die angegebenen Mengen A, B und C bilden im Vektorraum $V = \left\{ \begin{pmatrix} x_1 \\ x_2 \\ x_3 \end{pmatrix} \middle| \, x_1, x_2, x_3 \in \mathbb{R} \right\}$ jeweils eine Basis. (Dies brauchen Sie nicht nachzuweisen.)

$$A = \left\{ \begin{pmatrix} 1 \\ -2 \\ 0 \end{pmatrix}, \begin{pmatrix} -1 \\ 3 \\ 4 \end{pmatrix}, \begin{pmatrix} 0 \\ -1 \\ 2 \end{pmatrix} \right\} \qquad B = \left\{ \begin{pmatrix} 2 \\ 1 \\ -1 \end{pmatrix}, \begin{pmatrix} -2 \\ 0 \\ 2 \end{pmatrix}, \begin{pmatrix} -1 \\ 4 \\ 1 \end{pmatrix} \right\}$$

$$C = \left\{ \begin{pmatrix} 1 \\ 0 \\ 0 \end{pmatrix}, \begin{pmatrix} 0 \\ 1 \\ 0 \end{pmatrix}, \begin{pmatrix} 0 \\ 0 \\ 1 \end{pmatrix} \right\}$$

Stellen Sie den Vektor $\vec{b} = (-1 \quad 5 \quad 18)^T$ jeweils als Linearkombination aus den Basisvektoren von A, B und C dar.

AUFGABE 6 Die Basen C in den beiden vorhergehenden Aufgaben nennt man **kanonische Basis.** In dem Wort „kanonisch“ steckt das griechische Wort für Richtschnur. Es bedeutet hier so viel wie „besonders geeignet“ oder „am besten angepasst“.

Versuchen Sie, mehrere Gründe dafür zu finden, warum die Basis C in den Aufgaben 4 und 5 zu Recht als kanonisch bezeichnet wird.

3.4 Basis und Dimension

3.4.1 Die Dimension eines Raumes

Wir greifen unser Zahlenbeispiel aus dem letzten Kapitel noch einmal auf. Wir waren dort ausgegangen von einem Erzeugendensystem $U = \left\{ \begin{pmatrix} 3 \\ 2 \end{pmatrix}, \begin{pmatrix} -1 \\ 4 \end{pmatrix}, \begin{pmatrix} 7 \\ 0 \end{pmatrix}, \begin{pmatrix} 5 \\ 22 \end{pmatrix} \right\}$. Dieses Erzeugendensystem reduzierten wir zuerst um den letzten, dann um den vorletzten Vektor. Schließlich hatten wir die Basis $\left\{ \begin{pmatrix} 3 \\ 2 \end{pmatrix}, \begin{pmatrix} -1 \\ 4 \end{pmatrix} \right\}$ übrig. Dabei sind wir willkürlich vorgegangen. Was wäre denn passiert, wenn wir die beiden ersten Vektoren von U eliminiert hätten oder den ersten und den vierten? Jedes Mal wäre eine andere Basis übrig geblieben. Die Konsequenzen, die sich für unser Zahlenbeispiel ergeben hätten, sehen wir uns an:

Mit der Basis $B_1 = \left\{ \begin{pmatrix} 3 \\ 2 \end{pmatrix}, \begin{pmatrix} -1 \\ 4 \end{pmatrix} \right\}$ wird $\vec{a} = \begin{pmatrix} 20 \\ -10 \end{pmatrix} = 5 \cdot \begin{pmatrix} 3 \\ 2 \end{pmatrix} - 5 \cdot \begin{pmatrix} -1 \\ 4 \end{pmatrix}$;

mit der Basis $B_2 = \left\{ \begin{pmatrix} 7 \\ 0 \end{pmatrix}, \begin{pmatrix} 5 \\ 22 \end{pmatrix} \right\}$ wird $\vec{a} = \begin{pmatrix} 20 \\ -10 \end{pmatrix} = \frac{35}{11} \cdot \begin{pmatrix} 7 \\ 0 \end{pmatrix} - \frac{5}{11} \cdot \begin{pmatrix} 5 \\ 22 \end{pmatrix}$;

mit der Basis $B_3 = \left\{ \begin{pmatrix} -1 \\ 4 \end{pmatrix}, \begin{pmatrix} 7 \\ 0 \end{pmatrix} \right\}$ wird $\vec{a} = \begin{pmatrix} 20 \\ -10 \end{pmatrix} = -\frac{5}{2} \cdot \begin{pmatrix} -1 \\ 4 \end{pmatrix} + \frac{5}{2} \cdot \begin{pmatrix} 7 \\ 0 \end{pmatrix}$.

Wir zielen auf die folgende Tatsache ab: In einem Vektorraum gibt es viele Möglichkeiten, sich eine Basis auszuwählen. Die Anzahl der Basisvektoren ist aber immer dieselbe. Wir nehmen diesen Sachverhalt ohne Beweis hin. In der Koordinatenebene mit nur einer x-Achse und einer y-Achse wie in unserem Beispiel erkennt man dies leicht. Man benötigt eben zwei Basisvektoren, die nicht in dieselbe Richtung zeigen. Damit kann man jeden Vektor der Ebene konstruieren. Man muss die beiden Basisvektoren nur geschickt verlängern oder verkürzen und dann nach der Parallelogrammregel zusammensetzen. Wir legen nun fest:

DEFINITION Gegeben ist der Vektorraum V. Die Anzahl der Basisvektoren, die eine beliebige Basis von V enthält, heißt die **Dimension** von V.

Damit ist nun für unser obiges Beispiel klar, dass wir es mit Vektoren eines zweidimensionalen Raumes zu tun haben. Klar ist aber auch, dass wir nicht gerade die einfachsten Basen ausgewählt haben. Wer nicht das Rechnen mit krummen Brüchen zu seinem großen Hobby erklärt hat, wird sich als Basis natürlich die kanonische Basis mit den beiden Einheitsvektoren $\vec{e}_1 = (1 \quad 0)^T$ und $\vec{e}_2 = (0 \quad 1)^T$ wählen. Sehen Sie sich nochmals schnell die letzte Aufgabe des vorangehenden Kapitels an. Wir nehmen, wenn es nicht ausdrücklich anders verlangt wird, immer diese Basis:

$$B = \left\{\begin{pmatrix}1\\0\end{pmatrix}, \begin{pmatrix}0\\1\end{pmatrix}\right\}.$$

Damit wird die Darstellung unseres Vektors $\vec{a}$ von vorher ganz einfach:

$$\vec{a} = \begin{pmatrix}20\\-10\end{pmatrix} = 20 \cdot \begin{pmatrix}1\\0\end{pmatrix} - 10 \cdot \begin{pmatrix}0\\1\end{pmatrix}.$$

Entsprechend arbeitet man im dreidimensionalen Raum auch am liebsten mit den Einheitsvektoren der kanonischen Basis

$$B = \left\{\begin{pmatrix}1\\0\\0\end{pmatrix}, \begin{pmatrix}0\\1\\0\end{pmatrix}, \begin{pmatrix}0\\0\\1\end{pmatrix}\right\}.$$

Ein Vektor $\vec{a}$ mit den Komponenten a_1, a_2 und a_3 wird damit zu

$$\vec{a} = \begin{pmatrix}a_1\\a_2\\a_3\end{pmatrix} = a_1 \cdot \begin{pmatrix}1\\0\\0\end{pmatrix} + a_2 \cdot \begin{pmatrix}0\\1\\0\end{pmatrix} + a_3 \cdot \begin{pmatrix}0\\0\\1\end{pmatrix}.$$

Den Begriff einer Dimension haben wir in der Umgangssprache schon oft benutzt. Jetzt ist er endlich präzise gefasst worden. Warum wir bisher schon Geraden als eindimensionale und Ebenen als zweidimensionale Gebilde bezeichnen durften, zeigen die nächsten Beispiele.

BEISPIELE

1. $$V = \left\{x_1 \cdot \begin{pmatrix}1\\0\\0\end{pmatrix} \,\middle|\, x_1 \in \mathbb{R}\right\}$$ ist ein Vektorraum mit der Basis $\left\{\begin{pmatrix}1\\0\\0\end{pmatrix}\right\}$.

Die Basis besteht nur aus einem Basisvektor. Der Raum hat daher die Dimension 1.

Geometrische Deutung: V ist die Menge aller Vektoren, die in Richtung der x_1-Achse zeigen. Mit ihnen kann man alle Punkte der x_1-Achse erreichen.

2.
$$V = \left\{ x_1 \cdot \begin{pmatrix} 1 \\ 0 \\ 0 \end{pmatrix} + x_2 \cdot \begin{pmatrix} 0 \\ 1 \\ 0 \end{pmatrix} \middle| \, x_1, x_2, \in \mathbb{R} \right\}$$

ist ein Vektorraum mit der Basis $\left\{ \begin{pmatrix} 1 \\ 0 \\ 0 \end{pmatrix}, \begin{pmatrix} 0 \\ 1 \\ 0 \end{pmatrix} \right\}$.

Die Basis besteht aus zwei Basisvektoren. Der Raum hat daher die Dimension 2.

Geometrische Deutung: V ist die Menge aller Vektoren, die in der x_1x_2-Ebene des Koordinatenystems liegen. Mit ihnen kann man alle Punkte dieser Ebene erreichen.

3.
$$V = \left\{ x_1 \cdot \begin{pmatrix} 1 \\ 0 \\ 0 \end{pmatrix} + x_2 \cdot \begin{pmatrix} 0 \\ 1 \\ 0 \end{pmatrix} + x_3 \cdot \begin{pmatrix} 0 \\ 0 \\ 1 \end{pmatrix} \middle| \, x_1, x_2, x_3 \in \mathbb{R} \right\}$$

ist ein Vektorraum mit der Basis $\left\{ \begin{pmatrix} 1 \\ 0 \\ 0 \end{pmatrix}, \begin{pmatrix} 0 \\ 1 \\ 0 \end{pmatrix}, \begin{pmatrix} 0 \\ 0 \\ 1 \end{pmatrix} \right\}$.

Die Basis besteht aus drei Basisvektoren. Der Raum hat daher die Dimension 3.

Geometrische Deutung: V ist die Menge aller Vektoren, die im räumlichen Koordinatensystem liegen. Mit ihnen kann man alle Punkte unseres Anschauungsraumes erreichen.

Abkürzung:
Die Vektorräume aus den letzten drei Beispielen werden wir in Zukunft mit $\mathbb{R}^1$, $\mathbb{R}^2$ und $\mathbb{R}^3$ bezeichnen.
Diese Abkürzungen liegen nahe, weil wir hier mit Vektoren arbeiten, die aus reellen Zahlen aufgebaut sind, und weil wir diese Vektoren mit reellen Zahlen multiplizieren. Der systematische Aufbau unserer Vektorräume $\mathbb{R}^1$, $\mathbb{R}^2$ und $\mathbb{R}^3$ bietet sich für eine Verallgemeinerung auf Räume mit einer höheren Dimension geradezu an.

DEFINITION Unter dem ***n*-dimensionalen Vektorraum $\mathbb{R}^n$** versteht man die Menge aller Linearkombinationen, die sich mithilfe von reellen Zahlen aus den n Einheitsvektoren mit jeweils n Komponenten bilden lassen. Jeder solche Vektor hat die Form

$$\vec{x} = \lambda_1 \cdot \begin{pmatrix} 1 \\ 0 \\ 0 \\ 0 \\ \vdots \\ 0 \end{pmatrix} + \lambda_2 \cdot \begin{pmatrix} 0 \\ 1 \\ 0 \\ 0 \\ \vdots \\ 0 \end{pmatrix} + \lambda_3 \cdot \begin{pmatrix} 0 \\ 0 \\ 1 \\ 0 \\ \vdots \\ 0 \end{pmatrix} + \lambda_4 \cdot \begin{pmatrix} 0 \\ 0 \\ 0 \\ 1 \\ \vdots \\ 0 \end{pmatrix} + \ldots + \lambda_n \cdot \begin{pmatrix} 0 \\ 0 \\ 0 \\ 0 \\ \vdots \\ 1 \end{pmatrix}.$$

Wir müssen hier keine n-dimensionalen Räume untersuchen. Vektoren mit vier Komponenten, also Vektoren aus dem Raum $\mathbb{R}^4$, sind uns allerdings früher schon begegnet. Wir konnten mit diesen Vektoren auch ohne Probleme rechnen und haben uns keine Gedanken um die Dimension gemacht. Seltsam ist dies im Rückblick schon. Kein Mensch kann sich ein anschauliches Bild von einem vier- oder fünfdimensionalen Raum machen. Zum Rechnen in diesen Räumen benötigt man aber – mit etwas Understatement – nicht viel mehr als das große Einmaleins.

3.4.2 Aufgaben zur Dimension

AUFGABE 1 Die Menge aller Vektoren, die in der xy-Ebene des Koordinatensystems liegen, bildet einen zweidimensionalen Vektorraum. Geben Sie für diesen Vektorraum drei verschiedenene Basen an. Weisen Sie jeweils nach, dass es sich tatsächlich um eine Basis handelt.

AUFGABE 2 Bestimmen Sie die Dimension der linearen Hülle $H = \left[\begin{pmatrix} 2 \\ 3 \\ 5 \end{pmatrix}, \begin{pmatrix} -1 \\ 2 \\ 3 \end{pmatrix}, \begin{pmatrix} 0 \\ 7 \\ 11 \end{pmatrix}\right]$.

AUFGABE 3 Welche Dimension hat der Raum, den die Vektoren $\begin{pmatrix} 1 \\ 2 \\ -3 \\ 5 \end{pmatrix}, \begin{pmatrix} 2 \\ 4 \\ -6 \\ 10 \end{pmatrix}, \begin{pmatrix} -3 \\ -6 \\ 9 \\ -15 \end{pmatrix}$ aufspannen?

AUFGABE 4 Welche Dimension besitzen die folgenden Vektorräume?

a) $U = \left\{ \begin{pmatrix} x_1 \\ x_2 \\ x_3 \end{pmatrix} \middle| \, x_1 + x_2 = x_3 \quad \text{mit } x_1, x_2, x_3 \in \mathbb{R} \right\}$

b) $U = \left\{ \begin{pmatrix} x_1 \\ x_2 \\ x_3 \end{pmatrix} \middle| \, x_1 = x_2 \quad \text{mit } x_1, x_2 \in \mathbb{R} \right\}$

c) $U = \left\{ \begin{pmatrix} t + 2s \\ 3t - s \\ 4t + 5s \end{pmatrix} \middle| \, t, s \in \mathbb{R} \right\}$

d) $U = \left\{ \begin{pmatrix} a + b - 2c \\ b \\ a + c \end{pmatrix} \middle| \, a, b, c \in \mathbb{R} \right\}$

3.5 Gleichungssysteme und Vektorräume

3.5.1 Die Struktur der Lösungsmenge

Gleichungssysteme haben wir in einem früheren Kapitel ausführlich behandelt. Jetzt können wir noch ergänzen, was Gleichungssysteme mit Vektorräumen zu tun haben. Wenn man die Lösungen von Gleichungssystemen betrachtet, die mehrdeutig lösbar sind, macht man eine erstaunliche Entdeckung, die wir im folgenden Merksatz festhalten.

MERKE Die Lösungsmenge eines linearen homogenen Gleichungssystems bildet immer einen Vektorraum.

Wir verzichten hier auf einen exakten Beweis, versuchen aber mit dem folgenden Zahlenbeispiel, Ihnen diesen Sachverhalt plausibel zu machen.

BEISPIEL Gegeben ist das homogene lineare Gleichungssystem $\mathbf{A} \cdot \vec{x} = \vec{0}$ mit $n = 3$ Unbekannten. Wir bezeichnen sie mit x, y und z.

1. Fall: $\mathbf{A} = \begin{pmatrix} 1 & 2 & 3 \\ 0 & 1 & 2 \\ 0 & 0 & 4 \end{pmatrix}$ Rang $\mathbf{A} = 3$

Hier gibt es nur die triviale Lösung $\vec{x} = \begin{pmatrix} 0 \\ 0 \\ 0 \end{pmatrix}$.

Die entsprechende Lösungsmenge enthält nur den Nullvektor $L = \left\{\begin{pmatrix} 0 \\ 0 \\ 0 \end{pmatrix}\right\}$.

Diese Menge erfüllt alle Kriterien eines Vektorraumes. Man spricht ihr die Dimension 0 zu.

Geometrisch handelt es sich um den Koordinatenursprung.

2. Fall: $\mathbf{A} = \begin{pmatrix} 1 & 2 & 3 \\ 0 & 1 & 2 \\ 0 & 0 & 0 \end{pmatrix}$ Rang $\mathbf{A} = 2$

Hier ist eine Variable frei wählbar: Wir wählen $z = t$ beliebig aus $\mathbb{R}$.
Dann erhalten wir aus der zweiten Zeile $y = -2\,t$.
Wir setzen z und y in die erste Zeile ein und erhalten $x = t$.

Für die Lösungsvektoren ergibt sich $L = \left\{t \cdot \begin{pmatrix} 1 \\ -2 \\ 1 \end{pmatrix}\right\}$.

Die Lösungsvektoren bilden einen Vektorraum der Dimension 1 mit dem Basisvektor $\vec{b} = (1 \quad -2 \quad 1)^T$.

Geometrisch handelt es sich um alle Vektoren, die auf einer Ursprungsgeraden liegen.

3. Fall: $\mathbf{A} = \begin{pmatrix} 1 & 2 & 3 \\ 0 & 0 & 0 \\ 0 & 0 & 0 \end{pmatrix}$ Rang $\mathbf{A} = 1$

Hier sind zwei Variable frei wählbar: Wir wählen $z = t$ und $y = s$ beliebig aus $\mathbb{R}$.
Damit erhält man aus der ersten Zeile $x = -2\,s - 3\,t$.

Für die Lösungsvektoren ergibt sich $L = \left\{t \cdot \begin{pmatrix} -3 \\ 0 \\ 1 \end{pmatrix} + s \cdot \begin{pmatrix} -2 \\ 1 \\ 0 \end{pmatrix}\right\}$.

Die Lösungsvektoren bilden einen Vektorraum der Dimension 2 mit den Basisvektoren $\vec{b}_1 = (-3 \quad 0 \quad 1)^T$ und $\vec{b}_2 = (-2 \quad 1 \quad 0)^T$.

Geometrisch handelt es sich um alle Vektoren, die in einer Ebene durch den Koordinatenursprung liegen.

Wie Sie unserem Beispiel entnehmen können, nimmt die Anzahl der frei wählbaren Variablen bei den Lösungsvektoren zu, wenn der Rang der Koeffizientenmatrix abnimmt. Gleichzeitig wächst die Dimension des Lösungsraumes an. Das wäre bei umfangreicheren Gleichungssystemen genauso. Weiter vertiefen wollen wir dieses Kapitel hier nicht. Sie haben aber sicher erkannt, wie eng die Gesetze der Matrizenrechnung mit den Rechenregeln für Gleichungssysteme und der Theorie der Vektorräume verbunden sind.

3.5.2 Aufgaben zu Lösungsmengen und Vektorräumen

AUFGABE 1 Warum bildet die Lösungsmenge eines inhomogenen linearen Gleichungssystems keinen Vektorraum? (*Tipp:* Welcher Vektor muss in jedem Vektorraum enthalten sein?)

AUFGABE 2 Geben Sie die Lösungsmenge des homogenen linearen Gleichungssystems $\mathbf{A} \cdot \vec{x} = \vec{0}$ als Linearkombination von Basisvektoren an.

a) $\mathbf{A} = \begin{pmatrix} 1 & 2 \\ 3 & 6 \end{pmatrix}$

b) $\mathbf{A} = \begin{pmatrix} 2 & 3 & 6 \\ 3 & 1 & 2 \\ 5 & 4 & 8 \end{pmatrix}$

c) $\mathbf{A} = \begin{pmatrix} 2 & 3 & 6 \\ 4 & 6 & 12 \\ 8 & 12 & 24 \end{pmatrix}$

d) $\mathbf{A} = \begin{pmatrix} 1 & 2 & -2 & 0 \\ 2 & 0 & 1 & -2 \\ -1 & 2 & -4 & 1 \\ 2 & 4 & -5 & -1 \end{pmatrix}$

e) $\mathbf{A} = \begin{pmatrix} 1 & 2 & -2 & 0 \\ 2 & 0 & 1 & -2 \\ 3 & 2 & -1 & -2 \\ 6 & 4 & -2 & -4 \end{pmatrix}$

f) $\mathbf{A} = \begin{pmatrix} 1 & 2 & -2 & 1 \\ 2 & 4 & -4 & 2 \\ 3 & 6 & -6 & 3 \\ -1 & -2 & 2 & -1 \end{pmatrix}$

AUFGABE 3 Geben Sie bei Aufgabe 2 jeweils den Rang der Koeffizientenmatrix **A,** die Anzahl der Unbekannten des linearen Gleichungssystems und die Dimension des Lösungsraumes an. Welche Gesetzmäßigkeit vermuten Sie?

AUFGABE 4 Gegeben ist das homogene lineare Gleichungssystem $\mathbf{A} \cdot \vec{x} = \vec{0}$. Bestimmen Sie mithilfe des Rangs von **A** die Dimension des Lösungsraumes. (*Hinweis:* Um diese Aufgabe lösen zu können, müssen Sie vorher die Aufgabe 3 bearbeitet haben.)

a) $\mathbf{A} = \begin{pmatrix} 1 & 3 \\ 4 & -2 \end{pmatrix}$

b) $\mathbf{A} = \begin{pmatrix} 2 & 5 \\ 6 & 15 \end{pmatrix}$

c) $\mathbf{A} = \begin{pmatrix} 1 & -2 & 3 \\ 4 & 6 & -1 \\ 6 & 2 & 5 \end{pmatrix}$

d) $\mathbf{A} = \begin{pmatrix} -2 & 4 & 6 \\ 1 & -2 & -3 \\ 4 & -8 & -12 \end{pmatrix}$

e) $\mathbf{A} = \begin{pmatrix} 1 & -3 & 2 & 0 \\ 2 & 3 & -1 & 2 \\ 0 & 1 & -4 & 1 \\ 4 & -2 & -1 & 3 \end{pmatrix}$

f) $\mathbf{A} = \begin{pmatrix} 2 & 4 & -2 & 1 \\ -2 & 0 & 3 & 5 \\ 0 & 4 & 1 & 6 \\ -2 & 4 & 4 & 11 \end{pmatrix}$

3.6 Allgemeine Betrachtung von Vektorräumen

3.6.1 Verallgemeinerte Definition eines Vektorraumes

Um unser Kapitel über die Vektorräume möglichst einfach und anschaulich zu halten, taten wir bisher so, als bestehe ein Vektorraum immer aus einer Menge von Vektoren, die man sich als Pfeile vorstellen kann. In der Einleitung zum Kapitel 3 haben wir kurz erwähnt, dass der Begriff des Vektorraumes eigentlich viel allgemeiner gefasst ist. Das möchten wir Ihnen zunächst an zwei Beispielen erläutern.

BEISPIELE

1. Die Menge V aller (2 | 2)-Matrizen bildet einen Vektorraum über $\mathbb{R}$.

   $V = \left\{ \begin{pmatrix} a & b \\ c & d \end{pmatrix} \mid a, b, c, d \in \mathbb{R} \right\}$

   Diese quadratischen Matrizen erfüllen alle Forderungen, die wir an einen Vektorraum stellen. Mit jeder Matrix **M** ist auch ihr Vielfaches $\lambda \cdot \mathbf{M}$ in V, wobei λ eine reelle Zahl bedeutet. Nimmt man zwei Matrizen $\mathbf{M}_1$ und $\mathbf{M}_2$ aus V, dann ist auch deren Summe $\mathbf{M}_1 + \mathbf{M}_2$ wieder eine (2 | 2)-Matrix, die ebenfalls zu V gehört.

   Wir können sogar ohne große Rechnung eine Basis von V angeben:

   $B = \left\{ \begin{pmatrix} 1 & 0 \\ 0 & 0 \end{pmatrix}, \begin{pmatrix} 0 & 0 \\ 1 & 0 \end{pmatrix}, \begin{pmatrix} 0 & 1 \\ 0 & 0 \end{pmatrix}, \begin{pmatrix} 0 & 0 \\ 0 & 1 \end{pmatrix} \right\}.$

   Mit diesen vier Matrizen lässt sich jede (2 | 2)-Matrix durch geschicktes Multiplizieren mit reellen Zahlen und anschließendes Addieren erzeugen. Unser Vektorraum aus diesen quadratischen Matrizen hat also die Dimension 4.

2. Die Menge aller ganzrationalen Funktionen, die höchstens den Grad 3 haben, bildet einen Vektrorraum V.

   $V = \{ x \longrightarrow f(x) \mid f(x) = a_3 x^3 + a_2 x^2 + a_1 x + a_0 \}$, wobei $a_i \in \mathbb{R}$ }

   Wie Sie leicht nachprüfen können, ist V abgeschlossen. Eine Funktion ändert ihren Grad nicht, wenn man den Funktionsterm mit einer reellen Zahl $\neq 0$ multipliziert. Wenn man die Funktionsterme von zwei Funktionen aus V addiert, erhält man wieder eine Funktion höchstens dritten Grades. Als Basis würde man hier am besten $B = \{ x \longrightarrow x^3, x \longrightarrow x^2, x \longrightarrow x, x \longrightarrow 1 \}$ nehmen. Die Dimension dieses Funktionenraumes beträgt dann 4. Wenn Sie höhere x-Potenzen zulassen, wird die Dimension entsprechend größer. Dabei können Sie beliebig weit gehen. Wenn Sie V auf die Menge aller ganzrationalen Funktionen verallgemeinern, erhalten Sie sogar einen Vektorraum mit unendlicher Dimension.

   Sie sehen bereits an diesen beiden Beispielen, dass ein Vektorraum eigentlich ein recht abstrakter Begriff ist. Unsere einführende Definition im Kapitel 3.2 war nicht falsch, aber doch etwas (zu) eng gefasst. Sie sollte uns den Einstieg in die Theorie erleichtern. Nachdem Sie in den letzten Kapiteln eine anschauliche Vorstellung über Vektorräume gewonnen haben, möchten wir Ihnen die genaue Definition nicht mehr vorenthalten.

DEFINITION Gegeben ist eine Menge $V = \{ a, b, c, \dots \}$ und die Menge der reellen Zahlen $\mathbb{R}$. (Die Elemente von V nennen wir Vektoren.) V heißt **reeller Vektorraum,** wenn folgende Bedingungen erfüllt sind:

1. Zwischen allen Elementen $a, b, c, \dots$ von V gibt es eine Rechenvorschrift (wir bezeichnen sie mit $\oplus$, damit wir sie nicht mit der Addition von Zahlen verwechseln) mit den Eigenschaften:
   - $a \oplus b$ ist ein Element von V;
   - $a \oplus b = b \oplus a$;
   - $a \oplus (b \oplus c) = (a \oplus b) \oplus c$;
   - es gibt in V ein Element $\mathbf{o}$ (**neutrales Element** oder **Nullvektor** genannt) so, dass $a \oplus \mathbf{o} = a$ für alle $a \in V$;
   - es gibt zu jedem Element $a \in V$ ein Element a' aus V (das **inverse Element** von a) so, dass $a \oplus a' = \mathbf{o}$.

2. Zwischen den Elementen von V und den reellen Zahlen $R = \{ \lambda_1, \lambda_2, \lambda_3, \dots \}$ gelten die folgenden Regeln:
   - $a \odot \lambda_i = \lambda_i \odot a$ ist ein Element von V. (Wir schreiben $\odot$ für die Rechenoperation Zahl mal Vektor, damit wir sie von der Multiplikation Zahl mal Zahl unterscheiden können.)
   - $\lambda_1 \odot (\lambda_2 \odot a) = (\lambda_1 \cdot \lambda_2) \odot a$
   - $\lambda_i \odot (a \oplus b) = (\lambda_i \odot a) \oplus (\lambda_i \odot b)$
   - $(\lambda_1 + \lambda_2) \odot a = (\lambda_1 \odot a) \oplus (\lambda_2 \odot a)$
   - $1 \odot a = a$ und $0 \odot a = \mathbf{o}$

Wir haben uns bei der Definition des Vektorraumes nicht auf bestimmte Elemente festgelegt, sondern uns lediglich auf Eigenschaften zwischen diesen Elementen bezogen. Das heißt, dass uns nur die Struktur, aber nicht der Inhalt interessierte. Diese typisch mathematische Vorgehensweise bereitet anfangs immer Schwierigkeiten, weil sie zwangsläufig auf Anschaulichkeit verzichten muss. Sie bietet aber enorme Vorteile. Wenn Sie allgemeine Gesetzmäßigkeiten über Vektorräume kennen, dürfen Sie diese Regeln auf jeden speziellen Vektorraum übertragen, also etwa auf das Rechnen mit den gewohnten Vektoren, Matrizen, Lösungsmengen von homogenen linearen Gleichungssystemen oder bestimmten Funktionen wie in unserem zweiten Beispiel.

Ist Ihnen aufgefallen, dass wir in unserer letzten Definition von einem „reellen Vektorraum" sprechen? Wie Sie richtig vermuten, liegt das daran, dass wir beim Rechnen die reellen Zahlen benutzen. Das ist der übliche Fall, muss aber nicht unbedingt sein. Man könnte auch mit anderen Zahlenmengen Vektorräume bilden. Wir wollen dies aber nur am Rande erwähnen. Mit dem Unterricht in der Schule hat dieses Thema wirklich nichts mehr zu tun, aber Sie ahnen vielleicht, wie vielfältig man die Theorie der Vektorräume noch ausbauen kann. Es bliebe für einen Mathematikunterricht in einem 14. Schuljahr immer noch etwas zu tun. Aber es reicht jetzt. Für Ihr erstes Semester an einer Hochschule soll auch noch etwas übrig bleiben.

3.6.2 Aufgaben zu allgemeinen Vektorräumen

AUFGABE 1 Die Menge aller Dreiecksmatrizen mit übereinstimmender Zeilenzahl bildet einen Vektorraum. (Dreiecksmatrix: quadratische Matrix, bei der unter der Hauptdiagonalen alle Elemente gleich null sind.) Welche Dimension hat dieser Raum, wenn die Anzahl der Zeilen

a) 2 beträgt; b) 3 beträgt; c) n beträgt?

Geben Sie jeweils eine mögliche Basis an.

AUFGABE 2 a) Zeigen Sie, dass die Matrizen

$$M_1 = \begin{pmatrix} 1 & 2 \\ 0 & 3 \end{pmatrix}, \; M_2 = \begin{pmatrix} 2 & 1 \\ 1 & 0 \end{pmatrix}, \; M_3 = \begin{pmatrix} 0 & 1 \\ 1 & 1 \end{pmatrix} \text{ und } M_4 = \begin{pmatrix} 1 & 2 \\ 2 & 1 \end{pmatrix}$$

voneinander linear unabhängig sind und damit eine Basis im Vektorraum der zweizeiligen quadratischen Matrizen bilden.

b) Stellen Sie die folgenden Matrizen jeweils als Linearkombination dieser Basismatrizen dar.

$$A = \begin{pmatrix} -5 & 3 \\ -1 & 9 \end{pmatrix}, \; B = \begin{pmatrix} 29 & 26 \\ 18 & 10 \end{pmatrix}, \; C = \begin{pmatrix} -8 & -1 \\ -5 & 10 \end{pmatrix}$$

AUFGABE 3 Was vermuten Sie: Bildet die Menge aller Sinusfunktionen mit $f(x) = k \cdot \sin(x - t)$ mit $k, t \in \mathbb{R}$ einen Vektorraum? Es genügt, wenn Sie die notwendige Abgeschlossenheit der Menge mit Ihrem grafikfähigen Taschenrechner an einigen Beispielen testen.

AUFGABE 4 Was vermuten Sie: Bildet die Menge aller Sinusfunktionen mit $f(x) = k \cdot \sin(t \cdot x)$ mit $k, t \in \mathbb{R}$ einen Vektorraum? Es genügt wieder, wenn Sie die notwendige Abgeschlossenheit der Menge mit Ihrem grafikfähigen Taschenrechner an einigen Beispielen testen.

AUFGABE 5 a) Begründen Sie: Bildet die Menge $\left\{ \begin{pmatrix} a & b & c \\ d & e & f \end{pmatrix} \middle| \; a, b, c, d, e, f \in \mathbb{N} \right\}$ einen reellen Vektorraum?

b) Wie lautet Ihre Antwort, wenn die Elemente der Matrizen nicht nur wie bei a) natürliche Zahlen, sondern Elemente aus $\mathbb{Z}$, $\mathbb{Q}$ oder $\mathbb{R}$ sind?

3.7 Das muss ich mir merken!

Wenn man gegebene Vektoren $\vec{a}_1, \vec{a}_2, \vec{a}_3, \ldots \vec{a}_n$ mit Zahlen multipliziert (anschaulich: verlängert oder verkürzt) und dann addiert (anschaulich: zusammensetzt wie bei einem Kräfteparallelogramm), heißt der so entstehende neue Vektor $\vec{a}$ eine **Linearkombination** von $\vec{a}_1, \vec{a}_2, \vec{a}_3, \ldots \vec{a}_n$. Er wird aus ihnen **linear kombiniert.**

$\vec{a} = \lambda_1\vec{a}_1 + \lambda_2\vec{a}_2 + \lambda_3\vec{a}_3 \ldots + \lambda_n\vec{a}_n$ (wobei $\lambda_i \in \mathbb{R}$, wenn es nicht anders verlangt ist).

Die Vektoren $\vec{a}_1, \vec{a}_2, \vec{a}_3, \ldots \vec{a}_n$ heißen **voneinander linear unabhängig,** wenn sich der Nullvektor aus ihnen nur trivial kombinieren lässt; sonst nennt man sie **voneinander linear abhängig.**

Das bedeutet rechnerisch: Bei linear voneinander unabhängigen Vektoren $\vec{a}_1, \vec{a}_2, \vec{a}_3, \ldots \vec{a}_n$ folgt aus dem Ansatz $\lambda_1\vec{a}_1 + \lambda_2\vec{a}_2 + \lambda_3\vec{a}_3 \ldots + \lambda_n\vec{a}_n = \vec{0}$ als einzige Lösungsmöglichkeit, dass

$$\lambda_1 = \lambda_2 = \lambda_3 = \ldots = \lambda_n = 0.$$

Die Eigenschaft, linear abhängig oder unabhängig zu sein, bezieht sich nicht auf einen einzelnen Vektor, sondern auf die gegenseitige Lage von mehreren Vektoren. Wenn Vektoren voneinander linear abhängig sind, lässt sich (bis auf wenige Ausnahmen) jeder als Linearkombination der anderen darstellen.

Die Menge V heißt **Vektorraum über $\mathbb{R}$** (oder **Vektorraum über $\mathbb{Q}$**), wenn für alle Elemente von V gilt:
(1) Falls $\vec{a} \in V$, dann ist auch $\lambda\vec{a} \in V$, wobei $\lambda \in \mathbb{R}$ (oder $\lambda \in \mathbb{Q}$);
(2) falls $\vec{a}_1 \in V$ und $\vec{a}_2 \in V$, dann ist auch $\vec{a}_1 + \vec{a}_2 \in V$.

Ein Vektorraum ist immer **abgeschlossen.** Dies bedeutet:
(1) Wenn er einen Vektor $\vec{a}$ enthält, dann enthält er auch alle seine Vielfache $\lambda\vec{a}$.
(2) Wenn er zwei Vektoren $\vec{a}_1$ und $\vec{a}_2$ enthält, dann enthält er auch deren Summe $\vec{a}_1 + \vec{a}_2$.

In der Regel benutzt man zum Rechnen die reellen Zahlen. Man spricht dann vom **reellen Vektorraum.** Die Menge aller Vektoren mit zwei reellen Komponenten bildet den Vektorraum $\mathbb{R}^2$, die Menge aller Vektoren mit drei reellen Komponenten bildet den Vektorraum $\mathbb{R}^3$ usw.

Wenn eine Untermenge U eines Vektorraumes V selbst ein Vektorraum ist, heißt sie **Untervektorraum** von V.

Die **lineare Hülle** der Vektoren $\vec{a}_1, \vec{a}_2, \vec{a}_3, \ldots \vec{a}_n$ ist die Menge aller Linearkombinationen, die sich aus $\vec{a}_1, \vec{a}_2, \vec{a}_3, \ldots \vec{a}_n$ bilden lässt. *Schreibweise:* $H = [\vec{a}_1, \vec{a}_2, \vec{a}_3, \ldots \vec{a}_n]$.
Die lineare Hülle von Vektoren bildet immer einen Vektorraum.

Gegeben sei ein Vektorraum V. Die Menge $U \subseteq V$, die meistens nur wenige Vektoren enthält, heißt ein **Erzeugendensystem** von V, wenn sich jedes Element von V durch eine Linearkombination der Elemente aus U darstellen lässt.

Ein Erzeugendensystem U heißt **Basis,** wenn die Elemente von U voneinander linear unabhängig sind. Die Elemente einer Basis heißen **Basisvektoren.**

Jeden Vektor $\vec{a}$ eines Vektorraumes V kann man als Linearkombination aus den Vektoren einer gegebenen Basis von V darstellen. Es gibt aber nur eine einzige Möglichkeit, den Vektor $\vec{a}$ aus ihnen zu kombinieren. Die Koeffizienten der Basisvektoren sind festgelegt. Man sagt, dass jeder Vektor von V mithilfe von Basisvektoren immer **eindeutig darstellbar** ist.

Unterschiedliche Basen in einem Vektorraum V enthalten immer dieselbe Anzahl an Vektoren. Diese gemeinsame Zahl nennt man die **Dimension** von V.

Eine Ebene ist zweidimensional. Man kann jeden Vektor der Ebene mithilfe von zwei Basisvektoren erzeugen. Mit diesen beiden Vektoren kann man die Ebene **aufspannen.**

Unser Anschauungsraum ist dreidimensional. Man kann jeden Vektor dieses Raumes mithilfe von drei Basisvektoren erzeugen. Diese drei Vektoren spannen den Raum auf.

Am geeignetsten ist jeweils die **kanonische Basis** $\left\{\begin{pmatrix}1\\0\end{pmatrix}, \begin{pmatrix}0\\1\end{pmatrix}\right\}$ bzw. $\left\{\begin{pmatrix}1\\0\\0\end{pmatrix}, \begin{pmatrix}0\\1\\0\end{pmatrix}, \begin{pmatrix}0\\0\\1\end{pmatrix}\right\}$.

Die Lösungsmenge eines homogenen linearen Gleichungssystems bildet immer einen Vektorraum.

3.8 Haben Sie alles verstanden?

Üben

AUFGABE 1 Im $\mathbb{R}^3$ sind die folgenden Vektoren gegeben:

$$\vec{a} = \begin{pmatrix} 2 \\ -4 \\ 0 \end{pmatrix}, \quad \vec{b}_t = \begin{pmatrix} -2 \\ 10-t \\ -6+t \end{pmatrix}, \quad \vec{c}_t = \begin{pmatrix} 4 \\ -14+t \\ 10 \end{pmatrix}, \quad \vec{d}_t = \begin{pmatrix} 2 \\ -4-t \\ -4 \end{pmatrix}.$$

a) Zeigen Sie, dass $\vec{a}$, $\vec{b}_1$ und $\vec{c}_1$ voneinander linear unabhängig sind.

b) Für welche Werte von t sind die Vektoren $\vec{a}$, $\vec{b}_t$ und $\vec{c}_t$ voneinander linear abhängig?

c) Für welche Werte von t hat die Vektorgleichung
$x_1 \cdot \vec{a} + x_2 \cdot \vec{b}_t + x_3 \cdot \vec{c}_t = \vec{d}_t$
keine Lösung, genau eine Lösung, unendlich viele Lösungen?

AUFGABE 2 Im Vektorraum $\mathbb{R}^4$ sind die folgenden Spaltenvektoren der Matrix $\mathbf{A_t}$ gegeben:

$$\vec{a} = \begin{pmatrix} 2 \\ -2 \\ 8 \\ 2 \end{pmatrix}, \quad \vec{b}_t = \begin{pmatrix} 4 \\ t-2 \\ 2t+20 \\ t+6 \end{pmatrix}, \quad \vec{c}_t = \begin{pmatrix} -t \\ t+8 \\ 16-4t \\ 8 \end{pmatrix}, \quad \vec{d}_t = \begin{pmatrix} 2 \\ t \\ t^2+2t+8 \\ t+4 \end{pmatrix}.$$

a) Für welche Werte von t sind die vier Vekoren voneinander linear abhängig?

b) Welche Dimension hat der Untervektorraum, den die Vektoren $\vec{a}$, $\vec{b}_2$, $\vec{c}_2$ und $\vec{d}_2$ aufspannen?

c) Für welchen Wert von t lässt sich $\vec{c}_t$ als Linearkombination aus $\vec{a}$ und $\vec{b}_t$ darstellen?

Geben Sie diese Darstellung an.

d) Die Matrix $\mathbf{B_t} = \mathbf{A_t} + \mathbf{A_{-t}}$ bildet die Koeffizientenmatrix des Gleichungssystems $\mathbf{B_t} \cdot \vec{x} = \vec{a}$.

Für welche Werte von t hat das Gleichungssystem keine, genau eine, unendlich viele Lösungen?

AUFGABE 3 Die Koeffizientenmatrix $\mathbf{A_s}$ und der Ergebnisvektor $\vec{b}_s$ sind gegeben durch

$$\mathbf{A_s} = \begin{pmatrix} 1 & 0 & 3 & 1 \\ s & 4 & s & s+4 \\ 4 & 0 & s^2+20 & 4 \\ -4 & 0 & -12 & s^2-2s-12 \end{pmatrix}, \quad \vec{b}_s = \begin{pmatrix} 2 \\ s+6 \\ -s^2+4s \\ s^2-12 \end{pmatrix}.$$

a) Welchen Rang hat die Matrix $\mathbf{A_s}$ für $s = 0$?
Welche Aussage lässt sich daraus für die Lösbarkeit des Gleichungssystems $\mathbf{A_0} \cdot \vec{x} = \vec{b}_0$ treffen?

b) Für welche Werte von s ist das Gleichungssystem $\mathbf{A_s} \cdot \vec{x} = \vec{b}_s$ eindeutig lösbar?
Geben Sie für diesen Fall den Lösungsvektor an.

c) Bestimmen Sie die Lösungsmenge des Gleichungssystems: $\mathbf{A_{-2}} \cdot \vec{x} = \vec{0}$
Zeigen Sie, dass diese Lösungsmenge einen Untervektorraum des $\mathbb{R}^4$ bildet.

d) Bestimmen Sie die Lösungsmenge des Gleichungssystems: $\mathbf{A_{-2}} \cdot \vec{x} = \vec{b}_{-2}$
ZeigenSie, dass es sich bei dieser Lösungsmenge nicht um einen Untervektorraum des $\mathbb{R}^4$ handelt.

AUFGABE 4 Gegeben sind die Matrix $\mathbf{A_k}$ und der Vektor $\vec{b}_k$ durch

$$\mathbf{A_k} = \begin{pmatrix} 1 & 1 & 1 & 0 \\ 6 & 2k & -k & -2k \\ 0 & 2 & 2 & k \\ 6k & 0 & 12 & -36 \end{pmatrix}, \quad \vec{b}_k = \begin{pmatrix} 1 \\ 0 \\ 2 \\ -k^2+6k \end{pmatrix}.$$

a) Für welche Werte von k gibt es außer $\vec{x} = (0 \quad 0 \quad 0 \quad 0)^T$ weitere Lösungen für das Gleichungssystem $\mathbf{A_k} \cdot \vec{x} = 0$?
Geben Sie jeweils die Lösungsmenge für $k = 4$ und $k = 0$ an.

b) Zeigen Sie, dass der Vektor $\vec{c} = \begin{pmatrix} -15 \\ 9 \\ 6 \\ -8 \end{pmatrix}$

in der linearen Hülle $H = \left[\begin{pmatrix} 2 \\ -1 \\ -1 \\ 1 \end{pmatrix}, \begin{pmatrix} 0 \\ -3 \\ 3 \\ 1 \end{pmatrix} \right]$ liegt.

c) Für welche Werte von k ist das Gleichungssystem $\mathbf{A_k} \cdot \vec{x} = \vec{b}_k$ mehrdeutig lösbar, eindeutig lösbar, unlösbar?

d) Die Matrix $\mathbf{A_3}$ lässt sich in vier (2 | 2)-Matrizen zerlegen.

$$\mathbf{A_3} = \begin{pmatrix} \mathbf{B_1} & \mathbf{B_2} \\ \mathbf{B_3} & \mathbf{B_4} \end{pmatrix}$$

ZeigenSie, dass die Matrizen $\mathbf{B_1}$, $\mathbf{B_2}$, $\mathbf{B_3}$ und $\mathbf{B_4}$ eine Basis des vierdimensionalen Vektorraumes aller (2 | 2)-Matrizen bilden. (Sie brauchen nicht zu zeigen, dass die Menge aller (2 | 2)-Matrizen einen Vektorraum bildet.)

AUFGABE 5 Im vierdimensionalen reellen Vektorraum sind die folgenden Vektoren gegeben:

$$\vec{a} = \begin{pmatrix} 2 \\ 2 \\ 4 \\ 6 \end{pmatrix}, \quad \vec{b}_k = \begin{pmatrix} 4 \\ 4+k \\ 8+k \\ 12 \end{pmatrix}, \quad \vec{c}_k = \begin{pmatrix} k \\ 2+k \\ -4+3k \\ 6k-0{,}5k^2 \end{pmatrix}, \quad \vec{d}_k = \begin{pmatrix} 6 \\ 10 \\ 34-0{,}5k^2 \\ k^2-6k+18 \end{pmatrix}.$$

a) Die Vektoren $\vec{a}$, $\vec{b}_k$ und $\vec{c}_k$ bilden die Spalten der Matrix $\mathbf{A}$. Mit dieser Matrix wird das Gleichungssystem $\mathbf{A} \cdot \vec{x} = \vec{d}_k$ gebildet. Der Vektor $\vec{u} = (-3 \quad 0 \quad t)^T$ soll eine Lösung dieses Gleichungssystems sein. Welche Werte müssen dazu k und t annehmen?

b) Der Vektor $\vec{d}_k$ soll als Linearkombination der übrigen drei Vektoren dargestellt werden. Für welche Werte von k ist dies möglich?

c) Die vier Vektoren spannen einen Vektorraum V auf. Wie hängt seine Dimension von k ab?

Entscheiden

Sind die in den Aufgaben 6 – 28 gemachten Aussagen falsch oder richtig?

AUFGABE 6 Wenn Vektoren voneinander linear abhängig sind, lässt sich immer jeder einzelne durch die anderen linear kombinieren.

AUFGABE 7 Wenn sich unter einer Menge von Vektoren der Nullvektor befindet, dann sind diese Vektoren immer voneinander linear abhängig.

AUFGABE 8 Vektoren, die voneinander linear abhängig sind, lassen sich zu einem geschlossenen Streckenzug zusammensetzen, wenn man sie geschickt verlängert bzw. verkürzt.

AUFGABE 9 Vektoren, die voneinander linear unabhängig sind, lassen sich zu einem geschlossenen Streckenzug zusammensetzen, wenn man sie geschickt verlängert bzw. verkürzt.
(Verkürzen heißt hier nicht, dass man alle Vektoren mit null multiplizieren darf.)

AUFGABE 10 Aus Vektoren, die voneinander linear unabhängig sind, kann man keine Linearkombinationen bilden.

AUFGABE 11 Vier Vektoren sind im dreidimensionalen Raum immer voneinander linear abhängig.

AUFGABE 12 Drei Vektoren, die eine Ebene aufspannen, sind immer voneinander linear abhängig.

AUFGABE 13 Eine Ebene kann, muss aber nicht drei voneinander linear unabhängige Vektoren enthalten.

AUFGABE 14 Jede Basis eines Vektorraumes ist ein Erzeugendensystem dieses Vektorraumes.

AUFGABE 15 Jedes Erzeugendensystem eines Vektorraumes ist eine Basis dieses Vektorraumes.

AUFGABE 16 Die Lösungsmenge eines inhomogenen linearen Gleichungssystems kann ein Vektorraum sein, muss es aber nicht.

AUFGABE 17 Die Lösungsmenge eines homogenen linearen Gleichungssystems kann ein Vektorraum sein, muss es aber nicht.

AUFGABE 18 Der Lösungsraum eines homogenen linearen Gleichungssystems kann die Dimension 0 haben.

AUFGABE 19 Der Lösungsraum eines homogenen linearen Gleichungssystems mit n Unbekannten kann die Dimension n haben. (Koeffizientenmatrix $\neq$ Nullmatrix)

AUFGABE 20 Man kann spezielle Vektoren so auswählen, dass die lineare Hülle aus diesen Vektoren keinen Vektorraum bildet.

AUFGABE 21 Die lineare Hülle aus drei voneinander linear unabhängigen Vektoren bildet einen Vektorraum mit der Dimension 3.

AUFGABE 22 Die Dimension einer linearen Hülle aus fünf voneinander linear abhängigen Vektoren ist immer kleiner als 5.

AUFGABE 23 Die Dimension einer linearen Hülle aus fünf voneinander linear abhängigen Vektoren ist immer größer als 1.

AUFGABE 24 Eine lineare Hülle ist immer abgeschlossen.

AUFGABE 25 In jedem reellen Vektorraum, der mehr als ein Element enthält, gibt es unendlich viele unterschiedliche Erzeugendensysteme.

AUFGABE 26 In jedem reellen Vektorraum, der mehr als ein Element enthält, gibt es unendlich viele unterschiedliche Basen.

AUFGABE 27 Jeder zweidimensionale Vektorraum ist Untervektorraum von jedem dreidimensionalen Vektorraum.

AUFGABE 28 Der Vektorraum $\mathbb{R}^2$ enthält unendlich viele Untervektorräume.

Verstehen

AUFGABE 29 Gegeben sind die Einheitsvektoren $\vec{e}_1 = (1 \quad 0 \quad 0)^T$, $\vec{e}_2 = (0 \quad 1 \quad 0)^T$ und $\vec{e}_3 = (0 \quad 0 \quad 1)^T$.

Die linearen Hüllen $H_1 = [\vec{e}_1]$, $H_2 = [\vec{e}_2, \vec{e}_3]$ und $H_3 = [\vec{e}_1, \vec{e}_2, \vec{e}_3]$ bilden jeweils einen Vektorraum.

Begründen Sie: Bildet die Menge $H = H_1 \cup H_2$ einen Vektorraum?

AUFGABE 30 Wir formulierten den Satz, dass die Lösungsmenge eines homogenen linearen Gleichungssystems einen Vektorraum bildet.
Warum beschränkten wir diese Aussage Ihrer Meinung nach sowohl auf „homogene“ als auch auf „lineare“ Gleichungssysteme?

AUFGABE 31 Die kanonische Basis im $\mathbb{R}^2$ besteht aus den beiden Einheitsvektoren $\vec{e}_1 = (1 \quad 0)^T$ und $\vec{e}_2 = (0 \quad 1)^T$. Man spricht von einer **orthonormierten** Basis, weil die beiden Vektoren zueinander orthogonal und normiert sind, d. h. den Betrag 1 haben.
Gibt es im $\mathbb{R}^2$ weitere orthonormierte Basen? Geben Sie eine solche Basis an, falls Sie sich sich für „Ja“ entscheiden, oder begründen Sie Ihre Ablehnung.

AUFGABE 32 Warum sind $n + 1$ Vektoren im $\mathbb{R}^n$ immer voneinander linear abhängig?

AUFGABE 33 In Kapitel 3.6.2 haben Sie bei der Aufgabe 3 gefunden, dass die Menge aller Sinusfunktionen mit $f(x) = k \cdot \sin(x - t)$ mit k, $t \in \mathbb{R}$ einen Vektorraum bildet.

Lässt sich dieses Ergebnis ohne weitere Rechnung auf die Menge der entsprechenden Kosinusfunktionen übertragen?

AUFGABE 34 Von einem unbekannten homogenen linearen Gleichungssystem kennt man zwei Lösungen:

$$x_1 = 2, y_1 = 3, z_1 = 5 \text{ und } x_2 = -4, y_2 = 6, z_2 = -8.$$

Begründen Sie: Kann dann die Kombination $x = -28$, $y = 102$, $z = -46$ ebenfalls eine Lösung sein?

AUFGABE 35 U_1 und U_2 sind Untervektorräume eines Vektorraumes V. Ist die Schnittmenge $U_1 \cap U_2$ ebenfalls ein Untervektorraum von V?

a) Suchen Sie zuerst nach anschaulichen Beispielen. Formulieren Sie dann eine Vermutung.

b) Bestätigen Sie Ihre Vermutung, indem Sie überprüfen, ob $U_1 \cap U_2$ die Bedingungen eines Vektorraumes erfüllt.

AUFGABE 36 Eine ebene Rechteck- oder ebene Kreisfläche wird umgangssprachlich als zweidimensionales, ein Würfel oder eine Kugel als dreidimensionales Gebilde bezeichnet.

a) Warum deckt sich unser Dimensionsbegriff aus der Theorie der Vektorräume nicht ganz mit dem umgangssprachlichen Gebrauch des Begriffes Dimension?

b) Nennen Sie weitere Fälle für naturwissenschaftlich definierte Begriffe, die umgangssprachlich etwas anders benutzt werden.

AUFGABE 37 Welche Punkte erreicht man mit den Linearkombinationen

$\left\{\lambda \cdot \begin{pmatrix}1\\4\end{pmatrix} + (1-\lambda) \cdot \begin{pmatrix}5\\2\end{pmatrix} \,\middle|\, 0 \leq \lambda \leq 1\right\}$?

AUFGABE 38 Die Vektoren $\vec{a} = \begin{pmatrix}1\\2\\3\end{pmatrix}$ und $\vec{b} = \begin{pmatrix}-2\\4\\0\end{pmatrix}$ spannen im $\mathbb{R}^3$ einen Untervektorraum auf.

Könnte man in diesem Unterraum die Menge $B = \left\{\begin{pmatrix}0\\8\\6\end{pmatrix}, \begin{pmatrix}-1\\14\\9\end{pmatrix}\right\}$ als Basis benutzen?

4 Stochastik

Stochastik (griechisch: stochastike téchné) ist die „Kunst des Erratens und Vermutens". Aber auch vom Zufall abhängige Ereignisse und Prozesse werden als stochastische Vorgänge bezeichnet.

Vermutungen über den Ausgang bei Glücksspielen, die ja nicht sicher sind, sondern mehr oder weniger wahrscheinlich, führten zu Überlegungen, wie Gewinn und Verlust berechnet werden könnten.

Schon 1563 erkannte *Cardano*[1], dass es vorteilhaft ist, beim Würfeln mit **einem** Würfel darauf zu wetten, dass bei vier Würfen eine Sechs erscheint. Aus dem Verhältnis von vier Würfen zu sechs Ausgängen schloss *A. G. Chevalier de Méré*[2], dass es günstig sein müsste, beim Würfeln mit **zwei** Würfeln auf die Doppelsechs bei 24 Würfen zu setzen, da sich 24 Würfe zu den 36 möglichen Ausgängen wie 4:6 verhalten. Er beklagte sich bei *Pascal*[3], dass hier die Mathematik einen Fehler aufweise, da seine Erfahrungen beim Spielen zeigten, dass es erst bei 25 Würfen günstig sei, auf das Erscheinen einer Doppelsechs zu setzen. In einem Brief an *Fermat*[4] findet Pascal die Lösung des Problems. Darüber hinaus gelingt es Pascal auch noch, ein anderes von *de Méré* gestelltes Problem zu lösen: Zwei gleich starke Mannschaften spielen ein Ballspiel. Sieger ist diejenige Mannschaft, die zuerst sechs Spiele gewonnen hat. Aus unvorhergesehenen Umständen muss die Partie beim Stand von 5:2 abgebrochen werden. Wie ist die Siegprämie von 160 Goldstücken aufzuteilen? Diese und andere Fragen bei Spielen, die dem Zufall unterworfen sind, veranlassten *Pascal*, *Fermat*, *C. Huygens*[5] u. a. eine Mathematik des Zufalls zu entwickeln, eine Vereinigung von scheinbar Gegensätzlichem: strengste und exakteste Wissenschaft und die Ungewissheit des Zufalls.

Blaise Pascal

Pierre de Fermat

Bevor wir uns der Lösung der oben angeführten Spielprobleme zuwenden können, ist es vorteilhaft, mit einfachen Zufallsversuchen zu beginnen. Wir wollen dabei Begriffe, Modelle, Sätze und Strategien einführen, die dann zur Lösung und fachsprachlichen Darstellung von komplizierten Situationen beitragen.

---

[1] *Girolamo Cardano* (1501 Pavia - 1576 Rom), berühmter Arzt und Mathematiker (Lösungen von Gleichungen 3. Grades).

[2] *Marquis de George Méré* (1607 - 1684) lebte in Paris als „honnête homme" in der dortigen eleganten Gesellschaft.

[3] *Blaise Pascal* (1623 Clermont-Ferrand - 1662 Paris), Mathematiker, Physiker (Luftdruck), Techniker (Rechenmaschine) und Theologe (Pensées).

[4] *Pierre de Fermat* (1601 - 1665 Toulouse), Jurist; Mathematik nur in Briefen an Freunde (Achsengeometrie vor Descartes, Extremwertaufgaben, Zahlentheorie).

[5] *Christiaan Huygens* (1629 - 1695) lebte in Den Haag, Holland. Mathematiker, Physiker (Wellentheorie), Astronom und Techniker (Feder-Unruh bei Uhren).

4.1 Zufallsexperimente

4.1.1 Ein- und mehrstufige Zufallsexperimente – Darstellung durch Baumdiagramme – Ergebnis und Ergebnismenge

Experimente sind uns aus dem Physikunterricht bekannt und bezeichnen Vorgänge, die man unter gleichen Bedingungen beliebig oft wiederholen kann. In der klassischen Physik ist das Ergebnis eines Versuches* determiniert.

Den Versuchsbedingungen ist eindeutig ein Ergebnis zugeordnet.

Beispiel: Durch einen ohmschen Widerstand von $R = 100\ \Omega$ fließt ein Strom der Stärke $I = 0{,}2$ A, wenn eine Spannung von 20 V angelegt wird.

Es gibt aber auch Experimente, die bei „gleichen" Versuchsbedingungen ein nicht vorherbestimmbares Ergebnis haben.

a) Das wohl bekannteste Zufallsexperiment ist das Werfen eines Würfels und die Frage nach der oben liegenden Augenzahl.

Die möglichen Ergebnisse (Ausgänge) des Experiments werden zur Ergebnismenge $S = \{1,2,3,4,5,6\}$ zusammengefasst.

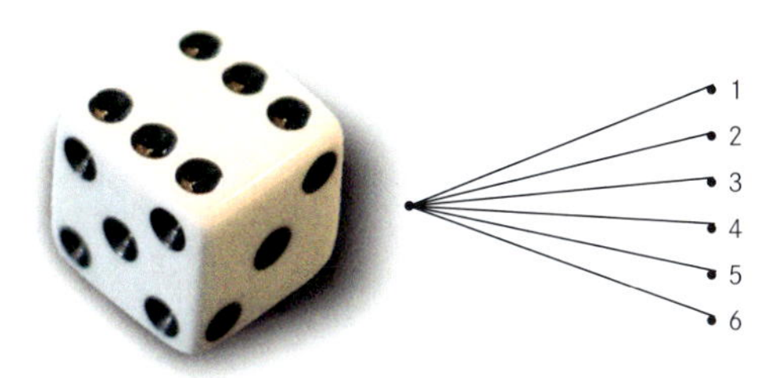

b) Beim Spiel „Mensch ärgere dich nicht" wirft man wiederum einen Würfel und fragt sich, ob die oben liegende Augenzahl sechs (6) oder nicht sechs ($\bar{6}$) ist.
Die möglichen Ergebnisse dieses Experiments haben die Ergebnismenge $S = \{6, \bar{6}\}$.

c) Zu Beginn eines Fußballspiels wird die Platzwahl durch das Werfen einer Münze entschieden. Man fragt, ob Zahl (Z) oder Wappen (W) oben liegt.

Die Ergebnismenge ist hier $S = \{Z,W\}$.

Wird ein Würfel oder eine Münze geworfen, dann ist sicher, dass sie liegen bleiben. Ob 1, 2, ... 6 bzw. Zahl oder Wappen oben liegt, ist vollkommen zufällig.

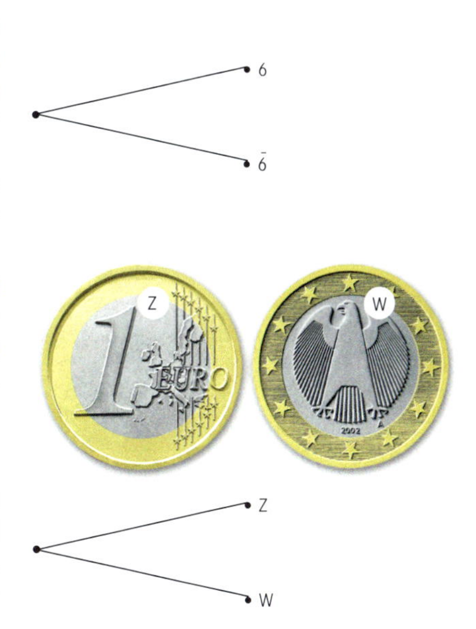

* Versuch: Einmalige Durchführung eines Experimentes.

DEFINITIONEN

Ein **Zufallsexperiment** ist ein Experiment, bei dem der einzelne Ausgang nicht vorhersehbar ist.

Das **Ergebnis** ist jeder mögliche Ausgang eines Zufallsexperiments. Wir beschränken uns stets auf Experimente mit endlich vielen Ergebnissen, die wir mit $e_1, e_2, \ldots, e_m$ ($m \in \mathbb{N}$) symbolisieren.

$S = \{ e_1, e_2, e_3, \ldots, e_m \}$ **heißt Ergebnismenge** (Ergebnisraum) des Zufallsexperiments.

Bei jeder Durchführung des Zufallsexperiments muss eines der Ergebnisse $e_1, e_2, \ldots, e_m$ eintreten.

Die Anzahl $|S|$ der Ergebnisse der Ergebnismenge heißt **Mächtigkeit von S.**

BEISPIEL

Ein Skatblatt besteht aus den 32 abgebildeten Karten:

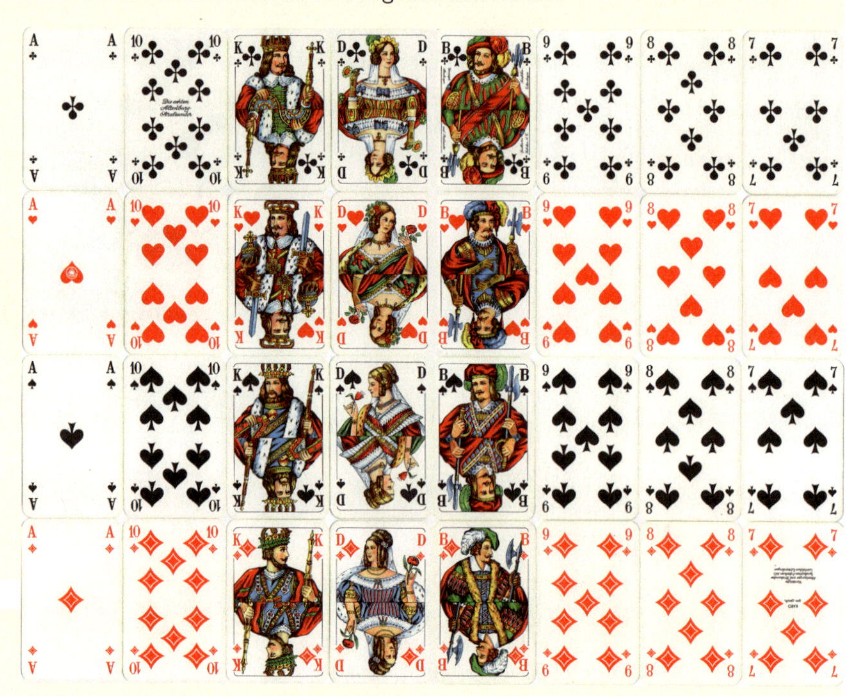

Wenn wir zufällig aus diesem Kartenspiel eine Karte ziehen, dann erhalten wir genau eine der 32 Karten. Die Ergebnismenge für dieses Experiment hat dann sämtliche 32 Karten als Elemente. S = {Kreuz: Ass, 10er, K, ..., Karo: ..., 8er, 7er}
Man kann auch weniger mächtige Ergebnismengen bilden.
Ziehen einer Karte und die Frage nach der Figur der gezogenen Karte:
S = {König, Dame, Bube, keine Figurenkarte}
Ziehen einer Karte und die Frage nach der Farbe der gezogenen Karte:
S = {Kreuz, Pik, Herz, Karo}

AUFGABE 1 Geben Sie die Ergebnismenge für die Zufallsexperimente an.

a) Werfen eines Reißnagels und die Frage, in welcher Lage er liegen bleibt.
b) Geburt eines Kindes und die Frage nach seinem Geschlecht.
c) Ziehen eines Loses und die Frage, ob Gewinn oder Niete.
d) Qualitätskontrolle in einer Porzellanmanufaktur nach 1. Wahl, 2. Wahl oder Ausschuss.

AUFGABE 2 Geben Sie zwei oder drei mögliche Ergebnismengen an für die folgenden „Zufallsexperimente".

a) Umfrage unter den Schüler/-innen nach der Religionszugehörigkeit.
b) Bei einer Wahl treten die Parteien A, B, C, D, E und F an.
c) In einer Urne* liegen schwarze oder weiße Kugeln mit den Ziffern 1 bis 5. Eine Kugel wird gezogen.

Mehrstufige Zufallsexperimente

Man kann verschiedene einstufige Zufallsexperimente hintereinander oder ein Zufallsexperiment mehrmals ausführen.

BEISPIELE

1. Zweimaliges Werfen einer Münze

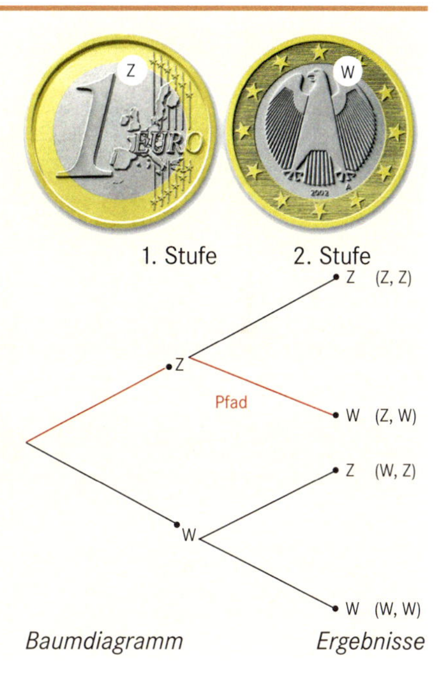

Baumdiagramm *Ergebnisse*

Das Baumdiagramm ermöglicht die Ergebnismenge
$S = \{(Z,Z), (Z,W), (W,Z), (W,W)\}$ leicht aufzufinden.
Jedes Ergebnis entspricht einem Pfad von links nach rechts durch den Baum.
Bei einem zweistufigen Zufallsexperiment kann man die Ergebnisse als (geordnete) Paare angeben.

---

* *Jakob Bernoulli* (1654 – 1705) führte als Erster eine „Urne" zur Simulation von Zufallsexperimenten ein. Eine Urne enthält dabei gleich geformte Kugeln, die sich nur durch die Farbe, eine Ziffer oder ein anderes Merkmal unterscheiden.
Man zieht die Kugeln so aus der Urne, dass man erst nach dem Ziehen feststellen kann, welches Merkmal die Kugel trägt.

2. Eine Urne enthält zwei weiße, eine rote und zwei schwarze Kugeln.

Es wird zweimal nacheinander eine Kugel (blind) gezogen und die Farbe notiert.

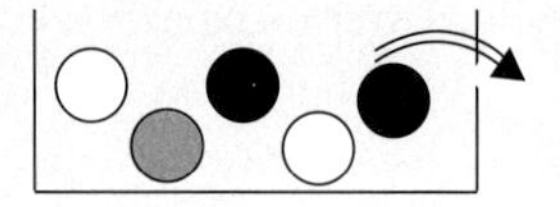

Dieses Zufallsexperiment kann auf **vier** verschiedene Arten durchgeführt werden.

Ziehen mit Zurücklegen

Der Inhalt der Urne bleibt bei jeder Ziehung gleich. Die zuerst gezogene Kugel wird zurückgelegt und kann ein zweites Mal gezogen werden.

a) *Reihenfolge wird beachtet*

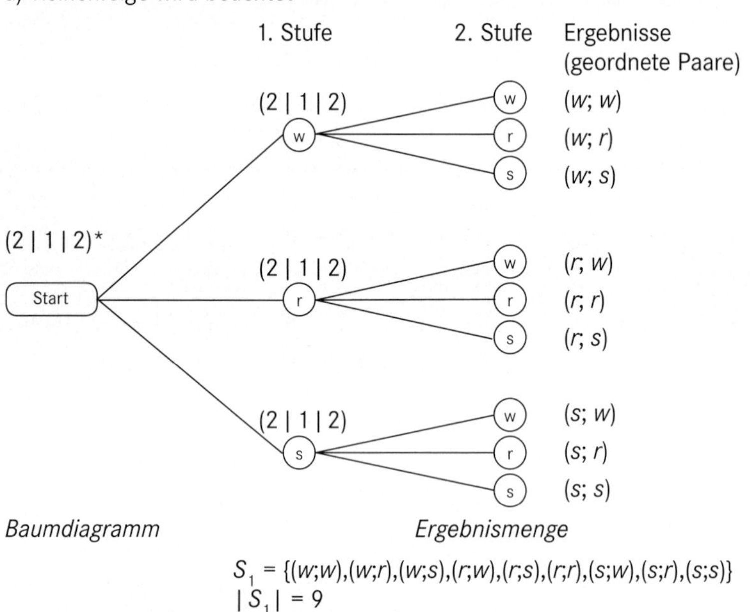

Baumdiagramm *Ergebnismenge*

$S_1 = \{(w;w),(w;r),(w;s),(r;w),(r;s),(r;r),(s;w),(s;r),(s;s)\}$
$|S_1| = 9$

b) *Reihenfolge wird nicht beachtet*

Ergebnisse (ungeordnete Paare):
$(w;r)(r;w)$, $(s;w)(w;s)$ und $(r;s)(s;r)$ sind dann gleiche Ergebnisse. Die Ergebnismenge (der Ergebnisraum) ist hier
$S_2 = \{(w,w)(w,r),(w,s),(r,r),(r,s),(s,s)\}$
$|S_2| = 6$

* Inhalt der Urne vor der nächsten Ziehung

Ziehen ohne Zurücklegen
Der Inhalt der Urne ändert sich nach jeder Ziehung: Die gezogene Kugel wird nicht in die Urne zurückgelegt.

a) *Reihenfolge wird beachtet*

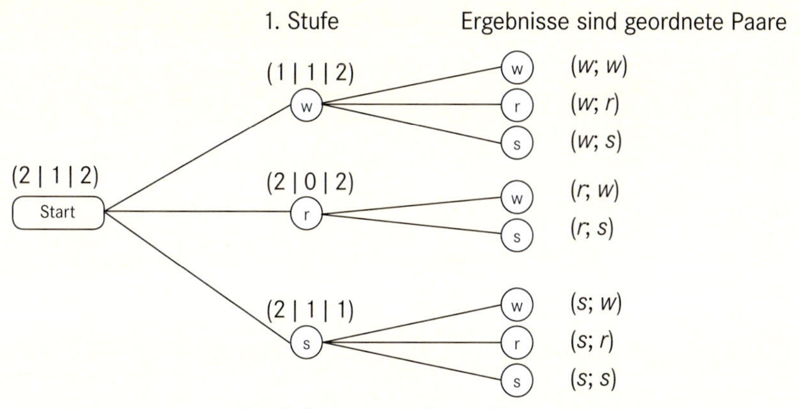

Ergebnismenge: $S_3 = \{(w,w),(w,r),(w,s),(r,w),(r,s),(s,w),(s,r),(s,s)\}$; $|S_3| = 8$
Die rote Kugel kann kein zweites Mal gezogen werden.

Eine andere Möglichkeit, eine Ergebnismenge für dieses Zufallsexperiment zu gewinnen, ist die **Mehrfeldertafel.**

$S_3{}^*$ enthält aufgrund seiner systematischen Konstruktion auch das Ergebnis (r,r), das jedoch ebenso wie die Null beim Würfeln nicht auftreten kann. Dennoch ist $S_3{}^*$ eine zulässige Ergebnismenge.

$S_3{}^*$		2. Zug		
		w	r	s
1. Zug	w	ww	wr	ws
	r	rw	rr	rs
	s	sw	sr	ss

2-mal Ziehen ohne Zurücklegen

b) *Reihenfolge wird nicht beachtet* („Lottoziehung")

Ergebnisse sind ungeordnete Paare.
Die Paare (w,r), (r,w) und (r,s), (s,r) und (w,s), (s,w) sind gleiche Ergebnisse.

Ergebnismenge: $S_4 = \{(w,w),(w,r),(w,s),(r,s),(s,s)\}$;
$|S_4| = 5$

3. Werden zwei Zufallsexperimente nacheinander durchgeführt, so kann man dies auch als ein Zufallsexperiment auffassen. Die Ergebnismenge ist jedoch verschieden, je nachdem wie die Ergebnisse notiert werden.

a) Ein Würfel wird zweimal nacheinander geworfen. Nach jedem Wurf wird die oben liegende Augenzahl notiert. (Entspricht dem Experiment: Zwei unterscheidbare Würfel werden zugleich geworfen.)

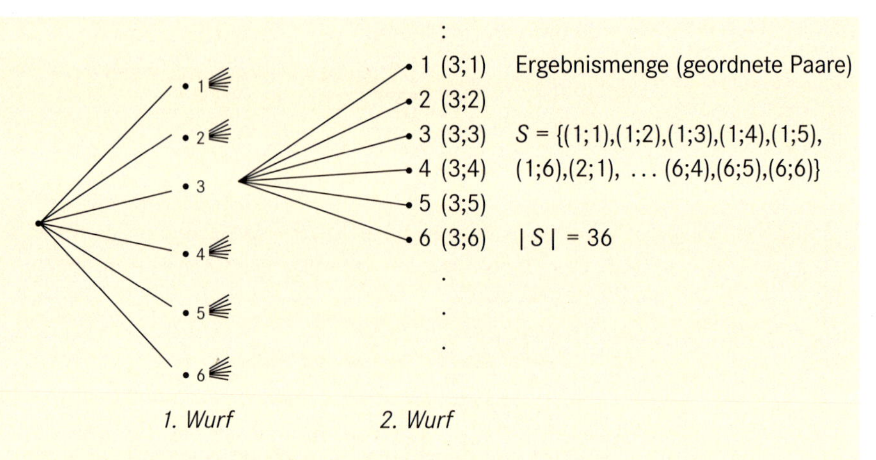

b) Ein Würfel wird zweimal nacheinander geworfen.

Es wird nur die Summe der Augenzahlen aus beiden Würfen notiert. (Entspricht dem Experiment: Zwei nicht unterscheidbare Würfel werden zugleich geworfen.)

Mehrere Ausgänge des Zufallsexperiments von a) gehören zu einem Ergebnis.

Ausgänge	Augensumme
(1;1)	2
(1;2) (2;1)	3
(1;3) (2;2) (3;1)	4
(1;4) (2;3) (3;2) (4;1)	5
(1;5) (2;4) (3;3) (4;2) (5;1)	6
(1;6) (2;5) (3;4) (4;3) (5;2) (6;1)	7
(2;6) (3;5) (4;4) (5;3) (6;2)	8
(3;6) (4;5) (5;4) (6;3)	9
(4;6) (5;5) (6;4)	10
(5;6) (6;5)	11
(6;6)	12

Zu den 36 Ausgängen des Zufallsexperiments von a) gehört nun die Ergebnismenge $S^* = \{2,3,4,5,6,7,8,9,10,11,12\}$; $|S^*| = 11$.

S^* stellt eine Vergröberung von S dar.

Baumdiagramme

Vor allem bei mehrstufigen Zufallsexperimenten sind Baumdiagramme unverzichtbar für die Übersicht.

Von einem „Wurzelpunkt" aus zeichnet man Wege bzw. Pfade zu den sich ausschließenden Ergebnissen, die bei der ersten Stufe des Experiments auftreten. Von dort geht man entsprechend weiter zu den Ergebnissen der weiteren Stufen. Jeder vom Wurzelpunkt zu einem Endpunkt führende Pfad entspricht einem Ausfall (Ergebnis) des mehrstufigen Experiments.

n-Tupel

Die Ergebnisse bei einem 2-stufigen Experiment heißen Paare (e_1,e_2), bei einem 3-stufigen Experiment Tripel (e_1,e_2,e_3). Bei einem n-stufigen Experiment erhält man als Ergebnisse n-Tupel $(e_1,e_2, \ldots e_n)$.

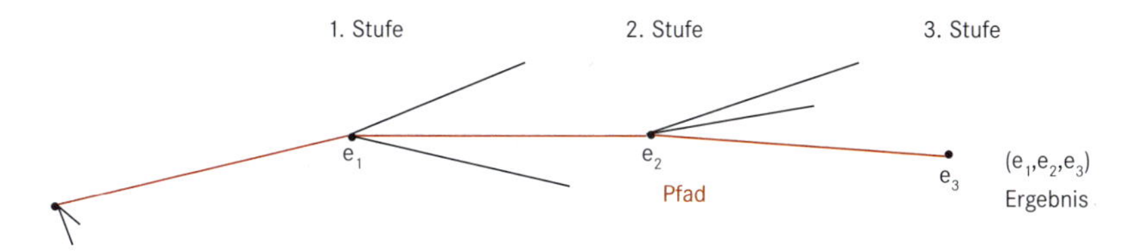

AUFGABE 3 Eine Münze wird zweimal nacheinander geworfen.

a) Welche Ergebnismenge erhält man, wenn nach jedem Wurf die oben liegende Seite notiert wird?

b) Welche Ergebnismenge erhält man, wenn man sich nur dafür interessiert, welche Seiten oben liegen, nicht jedoch in welchem Wurf?

c) Welche Ergebnismenge erhält man, wenn man zwei verschiedene Münzen zugleich wirft?

d) Welche Ergebnismenge erhält man, wenn man zwei gleiche Münzen zusammen wirft?

Veranschaulichen Sie durch Baumdiagramme.

AUFGABE 4 Eine Urne enthält drei weiße und zwei schwarze Kugeln.
Man zieht drei Kugeln

a) gleichzeitig (in einem Griff);

b) nacheinander, ohne die gezogenen Kugeln zurückzulegen;

c) nacheinander, indem man die gezogenen Kugeln zurücklegt.

Veranschaulichen Sie mit Baumdiagrammen und geben Sie die jeweiligen Ergebnismengen an.

AUFGABE 5 Eine private Krankenkasse möchte ihre Versicherungsprämien für Raucher und Alkoholiker anheben. Welche Tarifklassen sind nötig?

Veranschaulichen Sie die Tarifklassen (Ergebnisse) als zweistufiges Zufallsexperiment.

AUFGABE 6 Beim Herrentennisturnier in Bolheim gewinnt der Spieler, der die ersten beiden Spiele nacheinander oder zuerst insgesamt drei Spiele gewinnt.

Welche Ergebnisse sind möglich? Zeichnen Sie ein Baumdiagramm.

AUFGABE 7 Das Zufallsexperiment „Werfen eines Würfels“ wird so lange durchgeführt, bis eine Sechs erscheint, aber höchstens 6-mal.

Entwerfen Sie ein geeignetes Baumdiagramm und geben Sie eine Ergebnismenge an.

AUFGABE 8 Kinder erfinden ein Zahlenlotto „3 aus 5“.

Welche Ergebnisse sind möglich?
(Bei Lotto spielt die Reihenfolge der gezogenen Zahlen keine Rolle.)

AUFGABE 9 In einer Schachtel (Urne) liegen die Buchstaben A, S, U.

Man zieht dreimal hintereinander (ohne zurücklegen) und bildet ein „Wort“.
Geben Sie die Menge S aller möglichen Wörter an.

AUFGABE 10 Aus allen Familien mit drei Kindern wird eine Familie ausgelost und die Geschlechter der Kinder notiert.

a) Welche Ergebnismenge ergibt sich, wenn die Kinder nach Alter geordnet werden?

b) Welche Ergebnismenge erhält man, wenn man nur auf das Geschlecht achtet?

Veranschaulichen Sie die Zufallsexperimente mit Baumdiagrammen.

AUFGABE 11 Es stehen zwei Urnen zur Wahl.
In der Urne I befinden sich zwei weiße Kugeln und eine schwarze Kugel. Die Urne II enthält eine weiße und zwei schwarze Kugeln. (Alle Kugeln unterscheiden sich nur durch ihre Farbe.)

a) Man wählt zuerst eine Urne aus und dann aus dieser Urne zwei Kugeln nacheinander ohne Zurücklegen.

b) Man wählt zuerst eine Urne aus und dann aus dieser Urne zwei Kugeln nacheinander mit Zurücklegen.

Welche Ergebnismengen haben die Zufallsexperimente?
Zeichnen Sie die Baumdiagramme.

4.1.2 Ereignisse und ihre Wahrscheinlichkeiten

Beim **Roulette** wird eine Kugel in Umlauf gesetzt und landet in einem der 36 abwechselnd roten und schwarzen Fächer des „Kessels" oder im weißen Fach mit der Zahl 0.

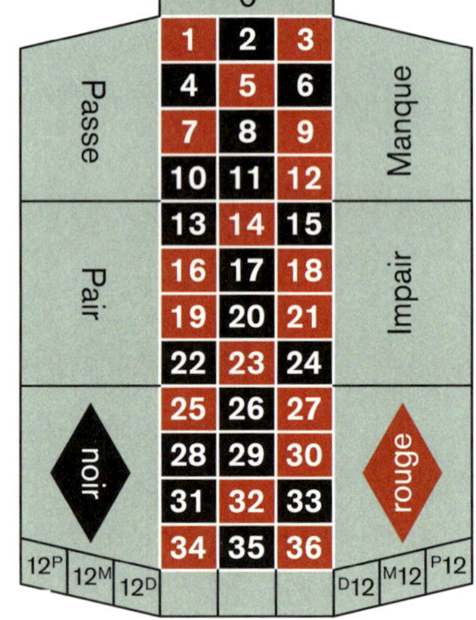

Roulette: Schema des Kessels (l.) und des Tisches (r.)

Eine geeignete Ergebnismenge dieses Zufallsexperiments ist $S = \{0,1,2,\ldots, 36\}$. Die Spieler können nun auf bestimmte Teilmengen des Ergebnisraumes setzen. Diese Teilmengen werden als Ereignisse bezeichnet. Für das Eintreten eines Ereignisses gibt es bestimmte Gewinnchancen.

Ereignisse		Teilmenge von S	Auszahlung als Vielfaches des Einsatzes	Gewinn
pleine	eine Zahl	z. B. {5}	36	35
à cheval	2 angrenzende Zahlen	z. B. {7,8}	18	17
transversale pleine	Querreihe von 3 Zahlen	z. B. {16,17,18}	12	11
transversale simple	2 benachbarte Querreihen	z. B. {1,2,3,4,5,6}	6	5
carré	4 Zahlen, deren Felder in einem Punkt zusammenstoßen	z. B. {20,21,23,24}	9	8
colonne	Längsreihe von 12 Zahlen	z. B. {2,5,8,..., 32,35}	3	2
douze premier	das erste Dutzend	{1,2,3,..., 12}	3	2
douze milieu	das mittlere Dutzend	{13,14,15,..., 24}	3	2
douze dernier	das letzte Dutzend	{25,26,27,..., 36}	3	2
pair	alle geraden Zahlen außer 0	{2,4,6,..., 36}	2	1
impair	alle ungeraden Zahlen	{1,3,5,..., 35}	2	1
rouge	alle roten Zahlen	{1,3,..., 36}	2	1
noir	alle schwarzen Zahlen	{2,4,..., 35}	2	1
manque	die 1. Hälfte	{1,2,..., 18}	2	1
passe	die 2. Hälfte	{19,20,..., 36}	2	1

Die Einsatzmöglichkeit „pair“ kann durch die Menge $\{2,4,6,\ldots, 34,36\} \subseteq S$ beschrieben werden. Das Ereignis „pair“ tritt somit ein, wenn die Kugel auf einer Zahl (einem Element) dieser Menge liegen bleibt.

Jede der aufgeführten Einsatzmöglichkeiten ist eine gewisse Teilmenge des Ergebnisraumes S. Man kann auch sagen, dass mit jedem Ausgang des Zufallsexperiments Ereignisse eintreten.

Ist zum Beispiel das Spielergebnis 5, dann sind die Ereignisse „pleine“ $\{5\} \subseteq S$, „à cheval“ $\{5,8\} \subseteq S$, „transversale pleine“ $\{4,5,6\} \subseteq S$, „carré“ $\{1,2,4,5\} \subseteq S$, „erstes Dutzend“ $\{1,2,\ldots, 12\}$, „rouge“ $\{1,3,5,7,\ldots, 36\}$ oder „impair“ $\{1,3,5,\ldots, 35\}$ eingetreten.

DEFINITION Jede Teilmenge A des Ergebnisraumes $S = \{e_1,e_2,\ldots, e_m\}$ heißt Ereignis. Ein Ereignis A tritt ein, wenn das Ergebnis zu A gehört.
Insbesondere sind die möglichen Ergebnisse $\{e_1\}$, $\{e_2,\ldots, \{e_m\}$ auch Teilmengen von S. Man bezeichnet sie als Elementarereignisse.

In der Mengenlehre sind die beiden Extremfälle, die leere Menge {} und die Grundmenge S, auch Teilmengen von S.

Ein Ereignis, das durch die leere Menge {} repräsentiert wird, kann nie eintreten. {} enthält kein Element von S. {} wird auch als „unmögliches" Ereignis bezeichnet.

Die Menge S dagegen symbolisiert ein Ereignis, das bei jedem Versuch eines Zufallsexperiments eintritt. $S = \{e_1, e_2, \ldots, e_m\}$ ist das sichere Ereignis.

Ist ein Ergebnis kein Element eines Ereignisses A, so ist das Gegenereignis $\bar{A}$ (*sprich:* A quer) eingetreten.

Die Menge aller Ereignisse (Teilmengen) von S heißt Ereignisraum $P(S)$ (Potenzmenge von S). Die Mächtigkeit beträgt $|P(S)| = 2^m$.

Jedes Ereignis E kann als Vereinigung von Elementarereignissen dargestellt werden; z. B. „transversale simple": $E = \{16,17,18,19,20,21\} = \{16\} \cup \{17\} \cup \{18\} \cup \{19\} \cup \{20\} \cup \{21\}$.

Zwei Ereignisse heißen unvereinbar, wenn sie kein gemeinsames Element enthalten: $E_1 \cap E_2 = \{\}$.

Die Ereignisse $E_1 = \{0\}$, $E_2 = \{1,3,5,7,9,12,14,16,18,19,21,23,25,27,30,32,34,36\}$ (rouge) und $E_3 = \{2,4,6,8,10,11,13,15,17,20,22,24,26,28,29,31,33,35\}$ (noir) bilden eine Zerlegung von $S = \{0,1,2,3,\ldots,35,36\}$, da sie a) nicht leer, b) paarweise unvereinbar sind und c) vereinigt S ergeben.

Ereignisalgebra

Für das Rechnen mit Ereignissen gelten die Gesetze der Mengenalgebra.

Zu jedem Ereignis E aus S gibt es das komplementäre Ereignis $\bar{E}$ – **Gegenereignis** –, das alle Elemente aus S enthält, die nicht zu E gehören.

Es gilt also $E \cap \bar{E} = \{\}$, $E \cup \bar{E} = S$. Zum Beispiel:

$E = \{2,4\}$, $\bar{E} = \{1,3,5,6\}$, $S = \{1,2,\ldots,6\}$

Ist E_1 Teilmenge von E_2, so ist $E_1 \cap E_2 = E_1$ und $E_1 \cup E_2 = E_2$.

Man sagt auch: Wenn das Ereignis E_1 eintritt, dann tritt auch das Ereignis E_2 ein. Zum Beispiel: $E_1 = \{2,4\}$, $E_2 = \{2,4,6\}$. Immer wenn eine Zwei oder Vier gewürfelt wird, tritt auch das Ereignis E_2 ein.

Weiter gelten für Ereignisse $E_1 \in S$, $E_2 \in S$ und $E_3 \in S$ die Mengengesetze:

Kommutativgesetze	$E_1 \cup E_2 = E_2 \cup E_1$	$E_1 \cap E_2 = E_2 \cap E_1$
Absorptionsgesetze	$E_1 \cup (E_1 \cap E_2) = E_1$	$E_1 \cap (E_1 \cup E_2) = E_1$
De-Morgan-Gesetze	$\overline{E_1 \cup E_2} = \bar{E}_1 \cap \bar{E}_2$	$\overline{E_1 \cup E_2} = \bar{E}_1 \cap \bar{E}_2$
Assoziativgesetze	$(E_1 \cup E_2) \cup E_3 = E_1 \cup (E_2 \cup E_3)$	
	$(E_1 \cap E_2) \cap E_3 = E_1 \cap (E_2 \cap E_3)$	
Distributivgesetze	$E_1 \cup (E_2 \cap E_3) = (E_1 \cup E_2) \cap (E_1 \cup E_3)$	
	$E_1 \cap (E_2 \cup E_3) = (E_1 \cap E_2) \cup (E_1 \cap E_3)$	

BEISPIEL Ein Glücksrad hat drei gleiche Sektoren in den Farben Schwarz (s), Rot (r) und Weiß (w).
Ergebnismenge $S = \{s,r,w\}$.
Welche Ereignisse sind möglich?

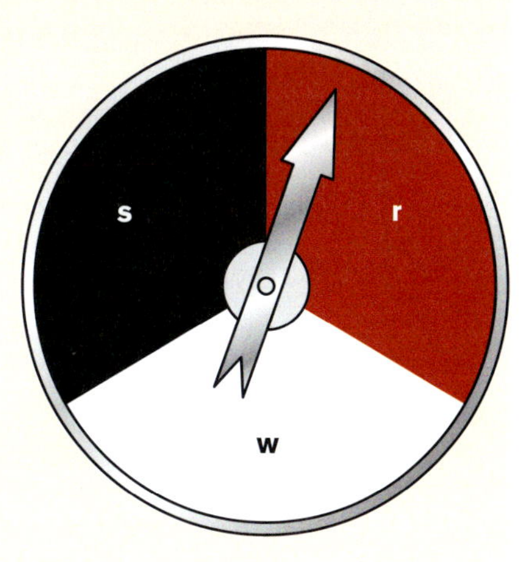

$\emptyset = \{\}$:	unmögliches Ereignis
$\{s\}, \{r\}, \{w\}$	Elementarereignisse
$\{s,r\}, \{r,w\}, \{w,s\}$	Ereignisse mit zwei Elementen
$S = \{s,r,w\}$:	sicheres Ereignis

$|P(S)| = 2^3 = 8$ unterschiedliche Ereignisse

Mit welcher Wahrscheinlichkeit treten die Ereignisse ein?

Wenn an dem Glücksrad nichts manipuliert ist, dann trifft jedes Elementarereignis $\{s\}, \{r\}, \{w\}$ mit der gleichen Wahrscheinlichkeit $\frac{1}{3}$ ein, da für ein Elementarereignis ein Ausgang günstig ist und drei gleich wahrscheinliche Ausgänge insgesamt möglich sind.

Für das Ereignis $\{s,r\}$ sind zwei Ausgänge günstig bei drei möglichen gleich wahrscheinlichen Ausgängen. Die Wahrscheinlichkeit P (von engl. *probability*) beträgt daher für das Ereignis $P(\{s,r\}) = \frac{2}{3}$.

Das unmögliche Ereignis hat die Wahrscheinlichkeit $P(\{\}) = \frac{0}{3} = 0$.

Das sichere Ereignis hat die Wahrscheinlichkeit $P(\{s,r,w\}) = \frac{3}{3} = 1$.

Im Baumdiagramm können die Wahrscheinlichkeiten an die Pfade geschrieben werden.

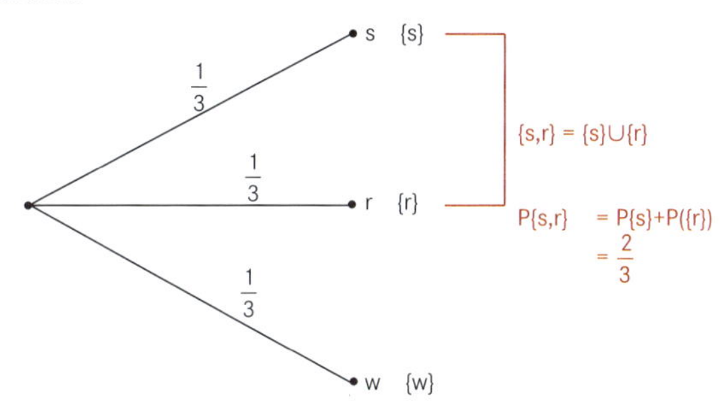

Besteht ein Ereignis aus der Vereinigung zweier Elementarereignisse, dann ist seine Wahrscheinlichkeit gleich der Summe der Wahrscheinlichkeiten für die beiden Elementarereignisse.

Wir können nun den Gewinnplan beim Spiel mit einem Roulette verstehen.

Sieht man vom Ausgang „Zero“ ab, bei dem alle Einsätze (außer dem Einsatz auf die „Zero“ als „pleine“) an die Bank fallen, ist das Roulette ein faires Spiel, insofern alle gesetzten Gelder an die Spieler verteilt werden. Alle {1}, {2},..., {36} Elementarereignisse sind gleich wahrscheinlich. (Roulettetische werden staatlich kontrolliert!)

- Die Gewinnwahrscheinlichkeit für ein Elementarereignis (ohne 0) beträgt $P(\text{pleine}) = \frac{1}{36}$.
  Der Spieler, dessen Elementarereignis eingetreten ist, erhält daher 36-mal seinen Einsatz zurück. Sein Gewinn ist dann der 35fache Einsatz.
- Die Gewinnwahrscheinlichkeit für das Ereignis „carré“ beträgt $P(\text{carré}) = \frac{4}{36} = \frac{1}{9}$.
  Der Spieler erhält bei eingetretenem Ereignis 9-mal seinen Einsatz zurück. Sein Gewinn ist dann der 8fache Einsatz.
- Die Gewinnwahrscheinlichkeit für das Ereignis „impair“ beträgt $P(\text{impair}) = \frac{18}{36} = \frac{1}{2}$.
  Der Spieler erhält bei einer gefallenen ungeraden Zahl 2-mal seinen Einsatz zurück. Sein Gewinn ist dann der 1fache Einsatz.

Die restlichen Gewinnchancen können Sie jetzt sicher selbst berechnen.

Laplace-Versuche und Definition der *klassischen Wahrscheinlichkeit*

*Pierre Simon Marquis de Laplace** führte 1812 den Begriff der Gleichmöglichkeit für die Ausgänge eines Zufallsversuches ein. Dies ist jedoch problematisch, da wir vorher wissen müssten, dass alle Ergebnisse des Experiments wirklich gleichmöglich sind. Dennoch hat sich diese Festlegung für all jene Situationen bewährt, in denen wir aus Symmetrieüberlegungen keinen Grund erkennen können, weshalb ein Ausgang gegenüber den anderen bevorzugt eintreten sollte.

Es kommt somit darauf an, für einen solchen Zufallsversuch einen endlichen Ergebnisraum $S = \{e_1, e_2, \ldots, e_n\}$ zu bestimmen, dessen Elemente alle „gleichmöglichen“ Ausgänge sind. Günstig für ein Ereignis E sind die Ergebnisse e_i, deren Eintreten E zur Folge hat ($e_i \in E$).

DEFINITION

Laplace definiert als Wahrscheinlichkeit $P(E)$ des Ereignisses E die Zahl

$$P(E) = \frac{\text{Anzahl der für } E \text{ günstigen Ergebnisse}}{\text{Anzahl der möglichen Ergebnisse, sofern sie gleichmöglich sind}} = \frac{|E|}{|S|}$$

Dies ist eine Zahl zwischen 0 und 1; sie heißt **klassische Wahrscheinlichkeit des Ereignisses *E*.**

* *Pierre Simon Laplace* (1749 Beaumont-en-Auge – 1827 Paris): Mathematiker, Vorsitzender der Kommission für Maße und Gewichte, 1799 glückloser Innenminister unter Napoleon

$0 \leq P(E) \leq 1$, $P(E) = 0$ unmögliches Ereignis; $P(E) = 1$ sicheres Ereignis.
Jedes Elementarereignis hat die Wahrscheinlichkeit $P(E) = \frac{1}{n}$.
Ist $\bar{E}$ das Gegenereignis zu E, dann gilt: $P(\bar{E}) = 1 - P(E)$.

Bemerkung: Oft wird die klassische Wahrscheinlichkeit für ein Ereignis E mit

$$P(E) = \frac{\text{Anzahl der für } E \text{ günstigen Ergebnisse}}{\text{Anzahl der möglichen Ergebnisse}} \text{ angegeben.}$$

Es kommt jedoch entscheidend darauf an, dass die möglichen Ergebnisse eine gleich wahrscheinliche Zerlegung des Ergebnisraumes darstellen.

Das Zufallsexperiment „Zwei Münzen werfen“ kann durch die Ergebnisräume $S_1 = \{(w,w),(w,z),(z,w),(z,z)\}$ oder $S_2 = \{(w,w),(w,z),(z,z)\}$ dargestellt werden (Münzen unterscheidbar, nicht unterscheidbar).

Die Elementarereignisse von S_2 haben jedoch nicht die gleiche Wahrscheinlichkeit.

BEISPIELE

1. *Ziehen einer Karte aus 32 Skatkarten*

Man gewinnt, wenn man ein Ass zieht. Die möglichen Ergebnisse sind:

$$S = \left\{\begin{array}{ll} \text{Kreuz:} & \text{A,K,D,B,10,9,8,7} \\ \text{Pik:} & \text{A,K,D,B,10,9,8,7} \\ \text{Herz:} & \text{A,K,D,B,10,9,8,7} \\ \text{Karo:} & \text{A,K,D,B,10,9,8,7} \end{array}\right\}$$

Bei einem gut gemischten und nicht präparierten Kartenspiel liegt ein Laplace-Experiment vor.

Die Gewinnwahrscheinlichkeit für das Ereignis E_1: „Die gezogene Karte ist ein Ass“ beträgt dann

$P(E_1) = \frac{4}{32} = 0{,}125$.

2. *Glücksrad*

Ein Kreis ist in 12 gleiche Sektoren aufgeteilt. Man gewinnt, wenn der Zeiger bei einem Teiler von 12 stehen bleibt. Die *Ergebnismenge* ist

$S = \{1,2,3,4,\ldots, 12\}$.

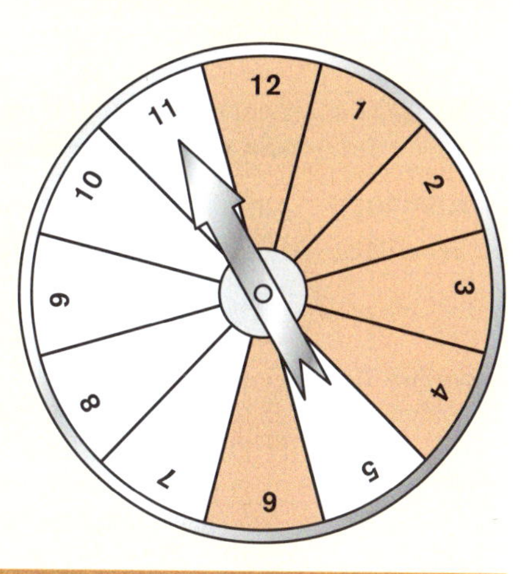

Für ein nicht manipuliertes Glücksrad erwarten wir, dass ein Laplace-Experiment vorliegt.

Die Gewinnwahrscheinlichkeit für das Ereignis E_2: „Der Zeiger bleibt bei $\{1,2,3,4,6,12\}$ stehen“ beträgt dann $P(E_2) = \frac{6}{12} = \frac{1}{2}$.

AUFGABE 1 Im Damentennis wird ein Match so lange gespielt, bis eine Spielerin zwei Sätze gewonnen hat. Bezeichnen Sie den Sieg der 1. Spielerin mit G, den Sieg der 2. Spielerin mit V.

a) Geben Sie eine geeignete Ergebnismenge S an.

b) Geben Sie folgende Ereignisse an:

E_1: Eine Spielerin hat keinen Satz gewonnen.
E_2: Die 2. Spielerin hat gewonnen.
E_3: Eine Spielerin hat genau einen Satz gewonnen.
E_4: Die 1. Spielerin hat zwei Sätze nacheinander gewonnen.
E_5: Die zweite Spielerin hat das Match verloren, aber den 2. Satz gewonnen.
Welche Ereignisse sind unvereinbar? Welche Ereignisse bilden eine Zerlegung von S?

AUFGABE 2 Die Ereignisse $E_1 = \{2,3,5,6\}$, $E_2 = \{1,2,3,5\}$ und $E_3 = \{1,4,6\}$ gehören zu der Ergebnismenge $S = \{1,2,3,4,5,6\}$.

a) Bestimmen Sie $\overline{E_1}$ und $\overline{E_3}$.

b) Bestimmen Sie $E_1 \cap E_2$ und $E_2 \cup E_3$.

c) Zeigen Sie mit den obigen Ereignissen die Distributivgesetze.

AUFGABE 3 Welche Beziehung muss zwischen E_1 und E_2 bestehen, dass gilt:
$|E_1 \cup E_2| = |E_1| + |E_2|$?
Wie muss die obige Gleichung lauten, dass sie für beliebige Ereignisse E_1 und E_2 gilt?

AUFGABE 4 Für das Werfen mit einem Würfel wurde als Ergebnismenge $S = \{1,2,3,4,5,6\}$ angegeben.
Nennen Sie weitere mögliche Ergebnismengen.

AUFGABE 5 Man zieht 3 Lose aus einer Lostrommel.

a) Welche Ergebnismenge S_1 ergibt sich, wenn man die Reihenfolge der Nieten (N) und Treffer (T) beachtet?

b) Welche Ergebnismenge S_2 ergibt sich, wenn man die Reihenfolge der Nieten (N) und Treffer (T) nicht beachtet?

c) Zeigen Sie, dass S_2 eine Vergröberung von S_1 darstellt.

d) Geben Sie in Worten und in Mengenschreibweise das Ereignis $E \subseteq S_1$ „Mindestens ein Los ist Treffer" an. Wie lautet das Gegenereignis $\overline{E}$?

AUFGABE 6 Aus der Menge der ersten 100 natürlichen Zahlen wird zufällig eine Zahl ausgewählt. Wie groß ist die Wahrscheinlichkeit, dass diese Zahl durch 4 teilbar ist?

AUFGABE 7 Aus einem Skatblatt (32 Karten) wird eine Karte zufällig gezogen.
Welche Wahrscheinlichkeit haben folgende Ereignisse?
E_1: Die gezogene Karte ist Herz.
E_2: Die gezogene Karte ist ein König.

AUFGABE 8 Eine Urne enthält fünf weiße und drei schwarze Kugeln.

a) Geben Sie eine Ergebnismenge an.

b) Mit welcher Wahrscheinlichkeit wird eine schwarze Kugel gezogen?

c) In der Urne sind nun n schwarze Kugeln. Eine weiße Kugel wird mit der Wahrscheinlichkeit $\frac{1}{3}$ gezogen.
Wie viele weiße und schwarze Kugeln sind in der Urne enthalten?

AUFGABE 9 Betrachten Sie folgende Versuche:

Sind es Zufallsversuche? Geben Sie jeweils eine Ergebnismenge an.
Welche Versuche sind Laplace-Versuche?

a) Ausschütten einer Schachtel mit Reißnägeln.
b) Umfrage, welche Partei gewählt würde.
c) Bestimmen des Körpergewichts von Schülern.
d) Ziehung der Lottozahlen.
e) Messen der Außentemperatur.
f) Erhebung der monatlichen Einkünfte.
g) Messung der Anzahl von Zerfallsimpulsen pro Minute für ein radioaktives Präparat.
h) Ausgang eines Fußballspiels.
i) Ermitteln der Geburtstage aller Schüler.

AUFGABE 10 Es werden ein roter und ein weißer Würfel geworfen.

a) Notieren Sie die Ergebnismenge.
b) Geben Sie folgende Ereignisse an:
   E_1: Augensumme ist gerade; E_2: Produkt der Augen ist 10;
   E_3: Augensumme ist 8; E_4: Produkt der Augen ist 12;
   E_5: beide Augenzahlen sind ungerade; E_6: Augensumme ist kleiner als 12.

Welche Wahrscheinlichkeit haben die Ereignisse?

AUFGABE 11 Welcher Unterschied besteht zwischen „E_1 und E_2 sind unvereinbar" und „E_1 ist das Gegenereignis zu E_2"? Geben Sie ein Beispiel an.

AUFGABE 12 Zwei ideale Würfel werden geworfen. Geben Sie verschiedene Ergebnismengen an. Mit welcher Wahrscheinlichkeit ergibt sich die Augensumme 8?

4.1.3 Relative Häufigkeit und Wahrscheinlichkeit – Statistische Wahrscheinlichkeit

Bereits in der Eingangsklasse (Buch Kapitel 1.1.3) haben wir absolute und relative Häufigkeiten zur Beschreibung von Merkmalsausprägungen eingeführt.

Zur Erinnerung: Ihr Mathematikkurs hat $n = 23$ Teilnehmer.
Die absolute Häufigkeit für die Note „gut" beträgt: $H_{23}(\text{„}gut\text{“}) = 9$.
Dann ist die relative Häufigkeit für die Note „gut": $h(\text{„}gut\text{“}) = \frac{9}{23}$.

Wir können für Ereignisse E analog definieren:

Absolute Häufigkeit $H_n(E)$: Anzahl des Eintretens des Ereignisses E bei n-maliger Durchführung eines Zufallsversuches unter jeweils gleichen Bedingungen.

Relative Häufigkeit $h_n(E)$: Quotient aus der absoluten Häufigkeit $H_n(E)$ und der Anzahl n der durchgeführten Versuche: $h_n(E)$: $\frac{H_n(E)}{n}$.

Kann ein Zufallsversuch unter gleichen Bedingungen beliebig oft wiederholt werden, so nähert sich die relative Häufigkeit für ein Ereignis in vielen Fällen einem festen Wert. Dieser Wert ist der Schätzwert für die Wahrscheinlichkeit $P(E)$.

VERSUCH Von 25 Schülern würfelt jeder Schüler 10-, 20-, 50- und dann 100-mal und notiert die Häufigkeiten für die Ereignisse {1}, {2}, {3}, {4}, {5}, {6}. Durch Addition der Ergebnisse aller Schüler gelangt man zu n = 2 500 Versuchen.

	Ereignis	$\{x_i\}$:	{1}	{2}	{3}	{4}	{5}	{6}
Schüler A	n = 10	$H(x_i)$:	3	0	2	2	2	1
		$h(x_i)$:	0,3	0	0,2	0,2	0,2	0,1
	n = 20	$H(x_i)$:	2	4	6	3	2	3
		$h(x_i)$:	0,1	0,2	0,3	0,15	0,1	0,15
	n = 50	$H(x_i)$:	7	12	10	4	12	5
		$h((x_i)$:	0,14	0,24	0,2	0,08	0,24	0,1
	n = 100	$H(x_i)$:	13	17	16	22	12	20
		$h((x_i)$:	0,13	0,17	0,16	0,22	0,12	0,2
alle 25 Schüler	n = 2 500	$H(x_i)$:	407	443	438	378	414	420
		$h(x_i)$:	0,163	0,177	0,175	0,151	0,166	0,168

	Ereignis	(x_i)	{1}	{2}	{3}	{4}	{5}	{6}
viermalige Wiederholung	n = 10 000	$H(x_i)$:	1 653	1 702	1 640	1 635	1 716	1 654
		$h(x_i)$:	0,165	0,17	0,164	0,163	0,172	0,165
achtmalige Wiederholung	n = 20 000	$H(x_i)$:	3 310	3 290	3 263	3 278	3 354	3 505
		$h(x_i)$:	0,166	0,164	0,163	0,164	0,168	0,175
zehnmalige Wiederholung	n = 25 000	$H(x_i)$:	4 300	4 009	4 233	4 141	4 106	4 211
		$h(x_i)$:	0,172	0,16	0,169	0,166	0,164	0,168
zwölfmalige Wiederholung	n = 30 000	$H(x_i)$:	5 045	5 049	4 888	5 058	5 014	4 946
		$h(x_i)$:	0,168	0,168	0,163	0,169	0,167	0,165

Relative Häufigkeit $h(E)$ für das Elementarereignis E = {6} in Abhängigkeit von n:

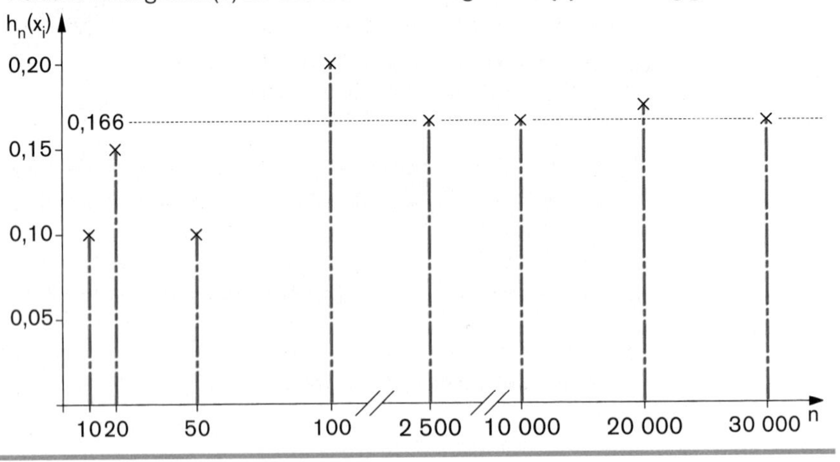

Aus dieser „Stabilität" der relativen Häufigkeiten eines Ereignisses E hat *Richard von Mises** 1931 versucht, die Wahrscheinlichkeit $P(E)$ eines Ereignisses durch einen Zahlenwert zu definieren, dem sich die relativen Häufigkeiten $h_n(E)$ beliebig nähern, wenn nur n genügend groß ist.

DEFINITION **Statistische Wahrscheinlichkeit** $P(E)$ des Ereignisses E: $P(E) = \lim_{n \to \infty} h_n(E)$
($h_n(E)$: relative Häufigkeit für E nach n Versuchen)

Gegen diese Definition ist jedoch Folgendes einzuwenden:

Der Limesbegriff kann nicht auf eine Zufallsfolge angewendet werden, da es nicht möglich ist, zu einem vorgegebenen ε ein $n_0 \in N$ zu finden, sodass $| h_n(E) - P(E) | < \varepsilon$ für alle $n > n_0$.

Es kann immer eine Versuchsreihe auftreten, in der die relativen Häufigkeiten für große n außerhalb einer vorgegebenen Umgebung liegen. Der Grenzwert $\lim_{n \to \infty} h_n(E)$ muss nicht existieren.

AUFGABE 1 Führen Sie das Experiment „Werfen einer Münze" 2 000-mal durch. Berechnen Sie die relative Häufigkeit für Wappen nach jeweils 100 Würfen.

Untersuchen Sie, ob $| h_n(\{w\}) - \frac{1}{2} | < 0{,}01$ ab $n_0 = 1000$ gilt.

Bisher haben wir für die Laplace-Experimente die Annäherung der relativen Häufigkeit an die berechnete Wahrscheinlichkeit getestet. Anders ist die Situation bei **Nicht-Laplace-Versuchen.**

Werfen wir Reißnägel auf eine Glasplatte, so können wir vorab keine Aussage darüber treffen, mit welcher Wahrscheinlichkeit die Reißnägel in der Lage „Kopf" oder „Dorn" liegen bleiben. Für jede Reißnagelsorte (leichter, langer Dorn, flacher, schwerer, plastiküberzogener Kopf, ...) gehen wir dennoch davon aus, dass auch bei diesen Nicht-Laplace-Versuchen Wahrscheinlichkeiten zugrunde liegen. Da wir diese nicht kennen, müssen wir mit langen Versuchsreihen die relativen Häufigkeiten ermitteln und hieraus die Wahrscheinlichkeiten schätzen.

AUFGABE 2

a) Besorgen Sie für die Hälfte der Schüler/-innen in Ihrer Klasse je 100 Reißnägel mit Plastikköpfen (Gruppe A) und für die andere Hälfte je 100 Reißnägel mit flachen Köpfen und starken Dornen (Gruppe B).

b) Werfen Sie die Reißnägel auf eine harte Unterlage (Glasscheibe).
Notieren Sie in jeder Gruppe die Anzahl von Kopf bei 100, 200, ..., 1200, n geworfenen Reißnägeln. Berechnen Sie die jeweilige Häufigkeit für Kopf.

c) Zeichnen Sie ein Diagramm: Relative Häufigkeit $h(n)$ (Ordinate), Anzahl der geworfenen Reißnägel n (Abszisse).

---

* Richard von Mises (1883 – 1953)

Wahrscheinlichkeit und relative Häufigkeit sind verschiedene Begriffe. Wahrscheinlichkeiten machen Aussagen über die Ausgänge bei noch durchzuführenden Zufallsversuchen. Im Gegensatz dazu geben die relativen Häufigkeiten die Zahlenverhältnisse für bereits stattgefundene Versuche an.

Empirisches Gesetz der großen Zahlen
Wird ein Zufallsversuch häufig durchgeführt und ist der Ausgang eines jeden Experiments von den vorausgegangen Versuchen unbeeinflusst (Bernoulli-Ketten), dann liegen die relativen Häufigkeiten in der Nähe der Wahrscheinlichkeit des Ereignisses.

Häufigkeitsprognose

Hat ein Ereignis die Wahrscheinlichkeit p, dann vermuten wir, dass nach einer großen Zahl n von Versuchen das Ereignis circa $(n \cdot p)$-mal auftreten wird.

BEISPIEL Die relative Häufigkeit für eine Reißnagelsorte stabilisiert sich bei h_n (Kopf) = 0,54. Wir erwarten daher, dass bei 867 geworfenen Reißnägeln $867 \cdot 0{,}54 = 468$ Reißnägel in der Lage „Kopf“ liegen.

Warnung an Spieler:

Das Ergebnis eines Zufallsversuches lässt sich nicht voraussagen. Wenn über eine lange Serie beim Roulettespiel das Ereignis „rouge“ gefallen ist, ist die Wahrscheinlichkeit für „rouge“ im nächsten Spiel wieder $\frac{18}{37}$. Der Zufall hat kein Gedächtnis.

Ein Ereignis mit sehr kleiner Wahrscheinlichkeit muss nicht erst nach vielen Versuchen auftreten. Ein Lottogewinn ist bei nur einer Spielteilnahme möglich. Beängstigend ist dies aber auch bei Wahrscheinlichkeiten für das Eintreten eines technischen Unfalls. Ein Super-GAU bei einem Kernkraftwerk mit einer sehr kleinen Wahrscheinlichkeit muss daher nicht erst in 1 000 Jahren eintreten.

Für eine endgültige Definition der Wahrscheinlichkeit wird man berücksichtigen, dass die relativen Häufigkeiten $h_n(E)$ mit der Wahrscheinlichkeit $P(E)$ in enger Verbindung stehen. Die Eigenschaften der relativen Häufigkeit führen dann zur axiomatischen Definition der Wahrscheinlichkeit.

Eigenschaften der relativen Häufigkeit

I. Für die absolute Häufigkeit $H_n(E)$ für ein Ereignis E bei n Versuchen gilt stets: $0 \leq H_n(E) \leq n$. Somit nach Division mit n: $0 \leq h_n(E) \leq 1$.

II. Für das sichere Ereignis $E = S$ gilt: $h_n(S) = 1$.

III. Sind E_1 und E_2 zwei unvereinbare Ereignisse ($E_1 \cap E_2 = \{\}$), so gilt: $h_n(E_1 \cup E_2) = h_n(E_1) + h_n(E_2)$.

Beispiel: Würfelexperiment $E_1 = \{1,3\}$, $E_2 = \{4,6\}$ (Seite 252)

$$h_{30\,000}(\{1,3,4,6\}) = h_{30\,000}(\{1,3\}) + h_{30\,000}(\{4,6\})$$

$$\frac{19\,937}{30\,000} = \frac{9\,933}{30\,000} + \frac{10\,004}{30\,000}$$

IV. Sind E_1 und E_2 vereinbare Ereignisse ($E_1 \cap E_2 \neq \{\}$), so gilt:
$h_n(E_1 \cup E_2) = h_n(E_1) + h_n(E_2) - h_n(E_1 \cap E_2)$.
Die Ergebnisse, denen E_1 und E_2 angehören, sind in der Summe $h_n(E_1) + h_n(E_2)$ doppelt gezählt und müssen daher einmal subtrahiert werden.

Beispiel: Würfelexperiment $E_1 = \{1,2,3,4\}$, $E_2 = \{2,4,6\}$ (Seite 252)

$$h_{30\,000}(\{1,2,3,4,6\}) = h_{30\,000}(\{1,2,3,4\}) + h_{30\,000}(\{2,4,6\}) - h_{30\,000}(\{2,4\})$$

$$\frac{25\,986}{30\,000} = \frac{20\,040}{30\,000} + \frac{15\,053}{30\,000} - \frac{10\,107}{30\,000}$$

85

AUFGABE 3 In einem beruflichen Gymnasium mit 180 Schülern haben 145 Schüler das Fach Englisch, 74 Schüler das Fach Französisch und 25 Schüler Spanisch. 39 Schüler haben Englisch und Französisch und 10 Schüler Englisch und Spanisch. Französisch und Spanisch hat kein Schüler.

a) Wie groß ist die relative Häufigkeit der Schüler, die nur eine Sprache gewählt haben?

b) Wie groß ist die relative Häufigkeit der Schüler, die Englisch oder Französisch belegt haben?

AUFGABE 4 In Deutschland* leben ca. 82 Mio. Menschen. Davon sind 51,62 % Frauen. 27 % aller Männer rauchen. Wie groß ist die relative Häufigkeit der rauchenden Männer in Deutschland?

AUFGABE 5 In Deutschland leben 51 463 300 erwachsene Personen. Davon verbrachten 13 487 200 ihren Urlaub im Ausland. 2 347 800 besuchten die USA. 11 023 400 Personen machten keinen Urlaub.

a) Geben Sie die relativen Häufigkeiten für die Ereignisse A: Urlaub in Deutschland, B: Urlaub in den USA, C: Urlaub im Ausland an.

b) Bestimmen Sie die relativen Häufigkeiten für $A \cup B$, $B \cap C$, $\overline{A}$, $\overline{A} \cap \overline{B}$, $\overline{A \cup B}$, $B \cup C$.

AUFGABE 6 Ein Bleistiftspitzer soll 100-, 200-, ..., 1000-mal auf eine weiche Unterlage geworfen werden.

Notieren Sie, welche der sechs Seiten jeweils oben liegt.

Lässt sich eine Stabilisierung der relativen Häufigkeiten erkennen?

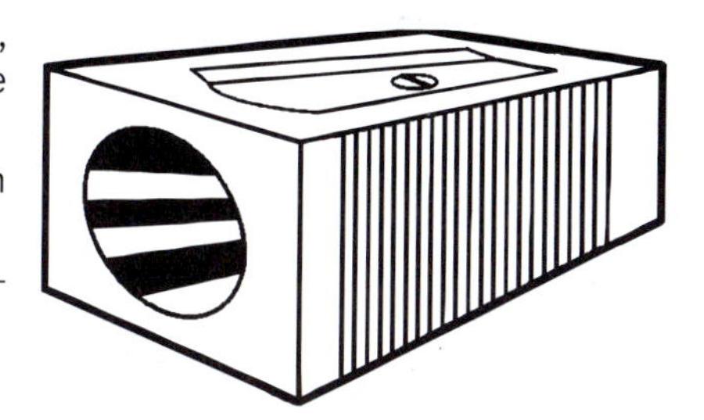

AUFGABE 7 In Deutschland sind von allen zugelassenen Pkws 21 % ausländische Fabrikate. Unter den ausländischen Marken haben die sehr zuverlässigen Autos der Firma T einen Anteil von 23,8 %.
Wie groß ist die relative Häufigkeit der Pkws des Herstellers T unter den in Deutschland zugelassenen Pkws?

* Statistisches Jahrbuch für die BRD

AUFGABE 8 Erfragen Sie die Blutgruppenzugehörigkeit 0, *A*, *B*, *AB* bei Ihren Mitschüler/-innen in der Klasse.

a) Bestimmen Sie die relativen Häufigkeiten.

b) Ermitteln Sie, welche Verteilung 0 : A : B : AB für die Bürger Deutschlands vermutet wird (Internet).

4.1.4 Simulation von Zufallsversuchen; Monte-Carlo-Methode

Will man der Stabilisierung der relativen Häufigkeiten bei Zufallsexperimenten nachgehen, so ist dies mit großem Zeitaufwand verbunden. Zum Beispiel muss man 10 000-mal einen Würfel werfen und die Ergebnisse für eine stochastische Auswertung notieren.

Computer und die Computer-Algebra-Systeme (CAS) oder die grafikfähigen Taschenrechner (GTR) besitzen einen so genannten Zufallsgenerator (Randomfunktion), der „Pseudozufallszahlen" erzeugt, die tatsächlichen Zufallszahlen hinreichend nahe kommen. Der Zufallsgenerator ist Teil des Betriebsprogramms. Beispielsweise sind zwei Konstanten $A = 11\,879\,546{,}4$ und $B = 3{,}927\,677\,78$ E-08 gespeichert. Die laufende Zufallszahl wird mit A malgenommen, dann wird B addiert. Man kann nun weitere Manipulationen vornehmen (z. B. mit 137 multiplizieren). Die erhaltene Zahl wird um ihren ganzzahligen Anteil vermindert, sodass nur die Ziffernfolge hinter dem Komma übrig bleibt. Die ersten fünf Nachkommastellen bilden nun die erste Zufallszahl zwischen 0 und 1. Der Vorgang wird dann mit dieser neuen Zahl wiederholt. Auf diese Weise entstehen Zufallszifferntabellen, die den Zufallszahlentabellen sehr ähnlich sind, die mit den Roulette-Spieltischen von Monte Carlo ermittelt werden.
Mit diesen Zufallszahlen kann der Computer Zufallsexperimente simulieren.

Münzwurf

(GTR: Zufallszahlen = randInt(0,1,*N*); Zufallszahl 0 – Kopf; Zufallszahl 1 – Zahl)

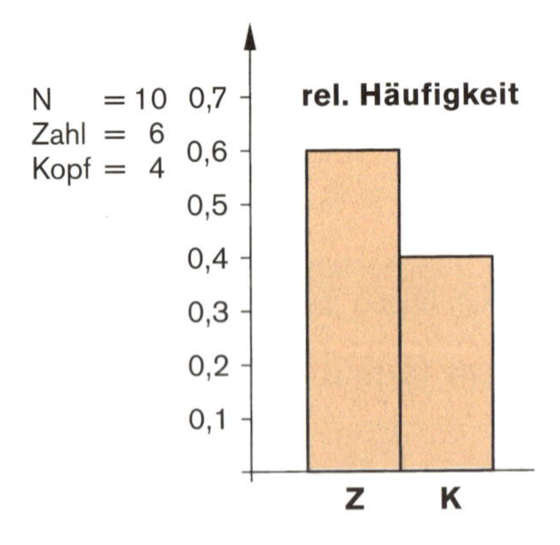

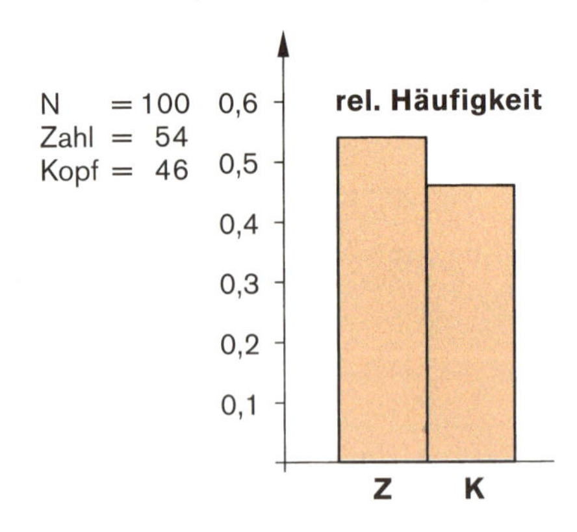

Würfel

(Augenzahl = randInt(1,6,N))

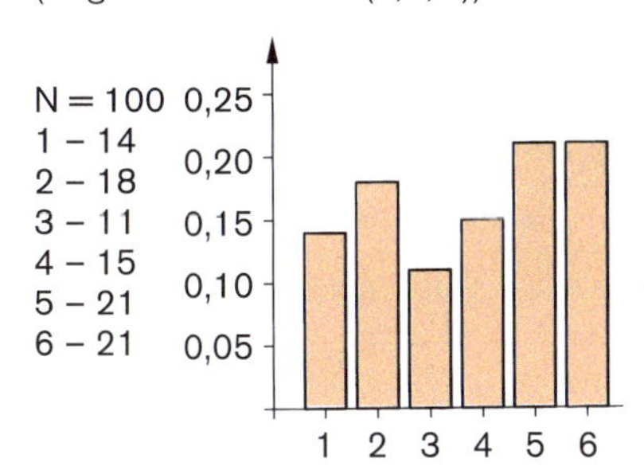

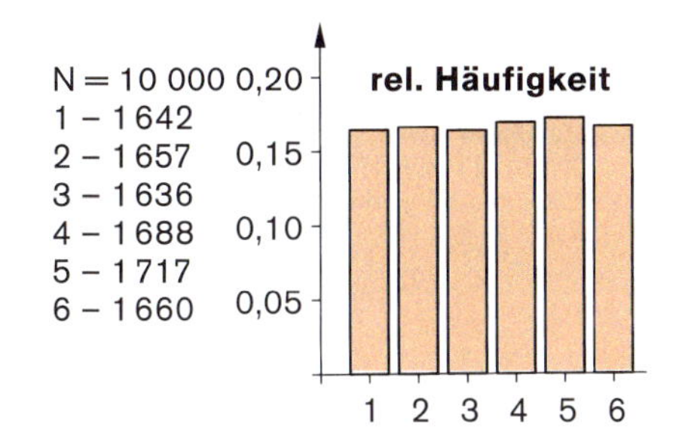

Bestimmung der Zahl π*

Man lässt auf die Quadratfläche A = 1 FE N_R Zufallspunkte „regnen" und bestimmt die Anzahl der Punkte im Kreis.

Es gilt dann:

$$\frac{\textit{Anzahl der Treffer im Kreis}}{\textit{Anzahl der Treffer im Quadrat}} \approx \frac{\pi r^2}{(2r)^2} = \frac{\pi}{4}$$

$N_R = 1000$, $N_K = 785$,

$$\pi = 4 \cdot \frac{785}{1000} \approx 3{,}14$$

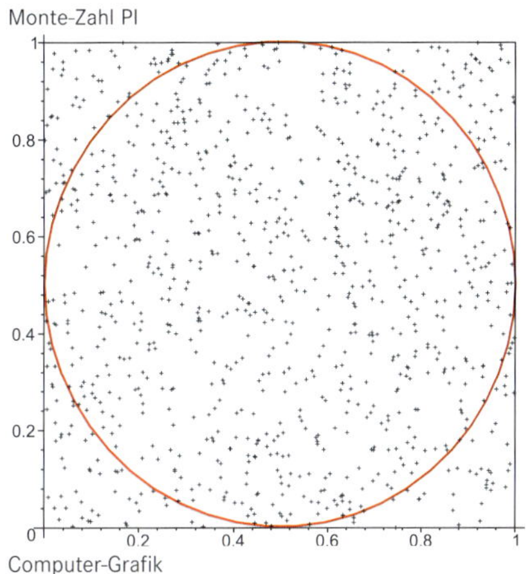

Computer-Grafik
Zufallsregen auf das Einheitsquadrat zur angenäherten Bestimmung von π

4.1.5 Axiomatische Definition der Wahrscheinlichkeit durch Kolmogorow

Bei der Definition der klassischen Wahrscheinlichkeit setzen wir die „Gleichwahrscheinlichkeit" der Elementarereignisse voraus. Wir verwenden also zur Definition einen Begriff, den man erst definieren will. Bei Glücksspielen hat sich dies dennoch sehr bewährt. Man kennt alle Ausgänge und es ist hier in der Regel möglich, die Ergebnisse so festzulegen, dass sie als gleich wahrscheinlich erscheinen. Bei der Anwendung der Wahrscheinlichkeitsrechnung auf Probleme der Wirtschaft, Technik oder Medizin ist es jedoch schwierig, alle gleichmöglichen Fälle vollständig anzugeben. Die Probleme bei der statistischen Definition der Wahrscheinlichkeit wurden in Kapitel 4.1.3 erörtert.

In der modernen Mathematik umgeht man die Schwierigkeit, einem Begriff wie Wahrscheinlichkeit eine inhaltliche Bedeutung zu geben. Ein bekanntes Beispiel

* Die Lösungs-CD enthält das Programm zur Bestimmung von π.

hierfür liefert die Geometrie: Man ergründet nicht, was ein Punkt, eine Gerade oder Ebene ist, sondern beschränkt sich auf die Festlegung der wesentlichen Beziehungen zwischen diesen Elementen, die so genannten Axiome. Ein Beispiel: Durch zwei Punkte ist eindeutig eine Gerade festgelegt.

*Andrei Nikolajewitsch Kolmogorow** führte 1933 einen solchen rein **axiomatischen Wahrscheinlichkeitsbegriff** ein. Erstaunlicherweise genügt es, die für die relativen Häufigkeiten aufgezeigten Eigenschaften als Axiome festzulegen (siehe 4.1.3).

Für einen endlichen Ergebnisraum S und die Ereignisse E_1 und E_2 aus S mit den Gesetzen der Ereignisalgebra wird festgelegt:

DEFINITION

Eine Funktion P: $E \mapsto P(E)$ mit $E \in P(S)$ und $P(E) \in \mathbb{R}$ heißt Wahrscheinlichkeit, wenn sie folgende Axiome erfüllt:

I. Axiom: (Nichtnegativität)	Die Wahrscheinlichkeit $P(E)$ eines Ereignisses E ist eine eindeutig festgelegte, nicht negative reelle Zahl, die höchstens gleich 1 sein kann. $P(E) \leq 1$
II. Axiom: (Normierung)	Das sichere Ereignis besitzt die Wahrscheinlichkeit eins. $P(S) = 1$
III. Axiom: (Additivität)	Für zwei unvereinbare Ereignisse E_1, E_2 ($E_1 \cap E_2 = \{\}$) gilt: $P(E_1 \cup E_2) = P(E_1) + P(E_2)$

Aus diesem Kolmogorow´schen Axiomensystem können die grundlegenden Regeln der Wahrscheinlichkeitsrechnung gefolgert werden:

MERKE

Grundlegende Regeln der Wahrscheinlichkeitsrechnung

(1) $0 \leq P(E) \leq 1$, $P(\{\}) = 0$, $P(S) = 1$
Wahrscheinlichkeiten sind reelle Zahlen aus $[0;1]$.

(2) Die Wahrscheinlichkeit für das Ereignis $E = \{e_1, e_2, \ldots, e_n\}$ ergibt sich aus der Summe der Wahrscheinlichkeiten der einzelnen zugehörigen Elementarereignisse.
$P(E) = P(\{e_1\}) + P(\{e_2\}) + \ldots + P(\{e_n\})$.

(3) Für die Wahrscheinlichkeit eines Oder-Ereignisses gilt:
$P(E_1 \cup E_2) = P(E_1) + P(E_2) - P(E_1 \cap E_2)$

(4) $P(E) + P(\bar{E}) = 1$

BEISPIEL

Im klimatisch begünstigten Land Baden gedeihen Walnussbäume. Ein Mathematiklehrer aus Emmendingen erfand folgende Aufgabe:

Vor vielen Jahren, als es noch keine PC-Spiele gab, spielte man in der Weihnachtszeit beim Nüsseknabbern mit den Nussschalen. Halbe Nussschalen werden geworfen und bleiben so ∪ oder so ∩ liegen. Wir haben immer zwei halbe Schalen geworfen. Zwei Nussschalen liegen beide nach oben (∪∪) oder beide nach unten (∩∩) oder

* *Andrei Nikolajewitsch Kolmogorow* (1903 – 1987), Mathematiker, u. a. auch statistische Kontrollmethoden bei der Massenproduktion.

eine nach unten (∩) und die andere nach oben (∪) geöffnet. Ich erinnere mich, dass ∩∩ am seltensten zu liegen kam. Aber die beiden anderen Fälle (∪∪ und verschiedene Lage) waren etwa gleich häufig.
Wenn das so ist, dann kann man doch wohl ausrechnen, mit welcher Wahrscheinlichkeit eine halbe Nussschale in die Lage ∪ fällt. Knacken Sie die „Nuss“!

Lösung:
Die Wahrscheinlichkeit für Nussschale nach oben sei $P(\cup) = p$. Dann erhalten wir:

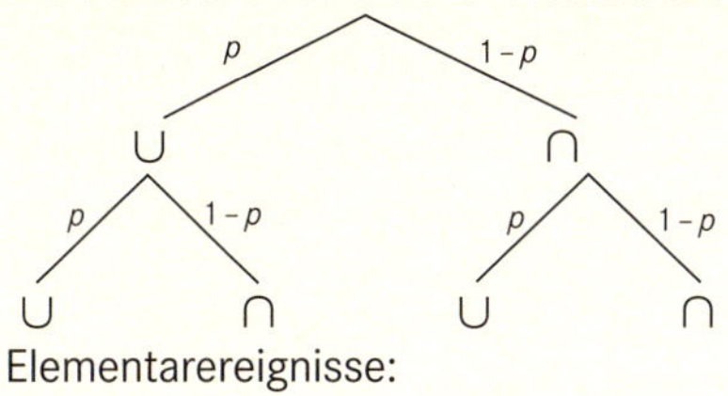

Elementarereignisse:
∪∪ ∪∩ ∩∪ ∩∩

E_i	E_1	E_2	E_3	E_4
Ereignis	∪∪	∪∩	∩∪	∩∩
$P(E_i)$	p^2	$p(1-p)$	$(1-p)p$	$(1-p)^2$

Für die Summe aller Ereignisse gilt: $P(E_1) + P(E_2) + P(E_3) + P(E_4) = 1$.

Weiter soll $P(E_1) = P(E_2) + P(E_3)$ gelten. Dies führt zu den Gleichungen:
(1) $p^2 + 2p(1-p) + (1-p)^2 = 1$ und (2) $p^2 = 2p(1-p)$. Mit (2) in (1) gilt:

$$p^2 + p^2 + 1 - 2p + p^2 = 1 \Rightarrow 3p^2 - 2p = 0 \Rightarrow p(3p - 2) = 0.$$

$p = 0$ kann nicht sein, da $P(E_4)$ am seltensten vorkommt. Somit fällt eine halbe Nussschale in die Lage ∪ mit der Wahrscheinlichkeit $P(\cup) = \frac{2}{3}$.

AUFGABE 1 Ein Würfel mit $S = \{1,2,3,4,5,6\}$ wird auf der Seite mit der Augenzahl 6 mit Blei beschwert.
Dadurch wird $P(\{1\}) = 0{,}3$; $P(\{2\}) = P(\{3\}) = P(\{4\}) = P(\{5\})$.

a) Bestimmen Sie die Wahrscheinlichkeit für die Elementarereignisse.

b) Welche Wahrscheinlichkeit haben $E_1 = \{1,3,5\}$, $E_2 = \{2,4,6\}$, $E_3 = \{1,4\}$?

c) Geben Sie die Wahrscheinlichkeiten für $E_1 \cup E_2$, $E_1 \cup E_3$, $E_2 \cup E_3$ an.

AUFGABE 2 In einer Urne liegen Kugeln mit den Nummern 1 bis 100. Eine Kugel wird gezogen. Bestimmen Sie die Wahrscheinlichkeiten folgender Ereignisse:

a) E_1: Die Zahl ist durch 5 und 3 teilbar.

b) E_2: Die Zahl ist nicht durch 5 oder nicht durch 3 teilbar.

c) E_3: Die Zahl ist weder durch 5 noch durch 3 teilbar.

d) E_4: Die Zahl ist nicht durch 15 und nicht durch 9 teilbar.

AUFGABE 3 Beim Roulette setzt ein Spieler jeweils 10,00 € auf „pair“ (gerade Zahlen) und auf „manque“ (Zahlen von 1 bis 18).
Mit welcher Wahrscheinlichkeit gewinnt der Spieler?

AUFGABE 4 Für zwei Ereignisse E_1 und E_2 gilt $P(E_1) = \frac{3}{5}$, $P(E_2) = \frac{3}{10}$ und $P(E_1 \cap E_2) = \frac{1}{5}$.
Welche Wahrscheinlichkeiten haben die Ereignisse $E_1 \cup E_2$, $\overline{E}_1$, $\overline{E}_2$, $E_1 \cup \overline{E}_2$, $\overline{E}_1 \cap E_2$?

AUFGABE 5 Für zwei Ereignisse E_1 und E_2 eines Zufallsexperiments gilt:
$P(E_1 \cup E_2) = \frac{3}{4}$, $P(\bar{E}_2) = \frac{1}{3}$, $P(E_1 \cap E_2) = \frac{1}{12}$.
Geben Sie $P(E_2)$, $P(E_1)$, $P(\bar{E}_1 \cap E_2)$ und $P(E_1 \setminus E_2)$ an.

AUFGABE 6 Ein Würfel ist so manipuliert, dass die Wahrscheinlichkeit für das Auftreten einer Augenzahl proportional zur Augenzahl ist.

a) Berechnen Sie die Wahrscheinlichkeit für jede Augenzahl.
b) Mit welcher Wahrscheinlichkeit ist die Augenzahl ungerade?
c) Mit welcher Wahrscheinlichkeit ist die Augenzahl eine Primzahl?
d) Mit welcher Wahrscheinlichkeit ist die Augenzahl gerade oder eine Primzahl?

AUFGABE 7 Die drei Ereignisse E_1, E_2, E_3 gehören demselben Ereignisraum an. Zeigen Sie mithilfe der grundlegenden Regeln der Wahrscheinlichkeitsrechnung:

$$P(E_1 \cup E_2 \cup E_3) = P(E_1) + P(E_2) + P(E_3) - P(E_1 \cap E_2) - P(E_1 \cap E_3) - P(E_2 \cap E_3) - P(E_1 \cap E_2 \cap E_3)$$

AUFGABE 8 Drei Spaziergänger stellen ihre Regenschirme in den Schirmständer einer Gastwirtschaft.
Beim Gehen greift sich jeder zufällig einen Schirm. Mit welcher Wahrscheinlichkeit hat mindestens ein Spaziergänger seinen eigenen Regenschirm bekommen?

4.1.6 Berechnung der Wahrscheinlichkeit bei mehrstufigen Zufallsexperimenten – Baumdiagramme und Pfadregeln

Bisher haben wir zumeist nur einen Zufallsversuch betrachtet: Einmal würfeln, eine Münze werfen usw. Nun wollen wir uns *mehrstufigen Experimenten* zuwenden.

BEISPIEL 1.
In ein „Billig-Radio" werden drei Transistoren eingebaut. Die Transistoren sind zu 10 % defekt. Mit welcher Wahrscheinlichkeit ist das Radio in Ordnung? Mit welcher Wahrscheinlichkeit sind in dem Radio ein, zwei oder drei defekte Transistoren eingebaut? Sehr vorteilhaft lassen sich ein solches dreistufiges Zufallsexperiment und seine Ergebnisse bzw. Elementarereignisse durch ein Baumdiagramm darstellen.

Beim Einbau eines jeden Transistors gibt es zwei Möglichkeiten:
ⓓ: Transistor ist **d**efekt. ⓖ: Transistor ist **g**ut.

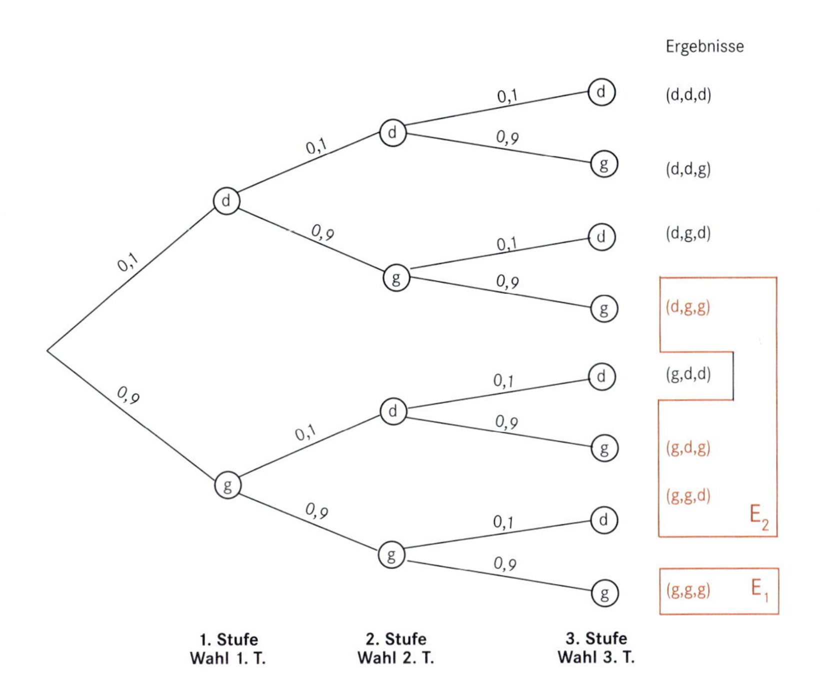

Insgesamt gibt es $2 \cdot 2 \cdot 2 = 2^3$ Ergebnisse, wenn man die Reihenfolge von ⓓ und ⓖ beachtet. Zu jedem Ergebnis gehört ein *Streckenzug*, ein so genannter *Pfad*. Man trägt die Wahrscheinlichkeiten für das Ergebnis ⓓ bzw. ⓖ in das Baumdiagramm ein.

Die Summe der Wahrscheinlichkeiten auf den Ästen, die von einem Verzweigungspunkt ausgehen, muss stets 1 betragen.

Wenn man davon ausgeht, dass die Transistoren aus einem großen Vorratskarton entnommen werden, ändert sich die Wahrscheinlichkeit in den nachfolgenden Stufen praktisch nicht (Ziehen mit Zurücklegen).

Geht man von 1000 hergestellten Radios aus, so ergibt sich in der

1. Stufe:	100	Radios (10 % von 1000) haben 1 defekten Transistor.
	900	Radios (90 % von 1000) sind in Ordnung.
	1000	

2. Stufe:	10	Radios (10 % von 100) haben 2 defekte Transistoren.
	90	Radios (90 % von 100) haben 1 defekten und 1 guten Transistor.
	90	Radios (10 % von 900) haben 1 guten und 1 defekten Transistor.
	810	Radios (90 % von 900) haben 2 gute Transistoren.
	1000	

3. Stufe:
1 Radio (10 % von 10) hat 3 defekte Transistoren.
9 Radios (90 % von 10) haben 2 defekte und 1 guten Transistor.
9 Radios (10 % von 90) haben 1 defekten, 1 guten und 1 defekten Transistor.
81 Radios (90 % von 90) haben 1 defekten und 2 gute Transistoren.
9 Radios (10 % von 90) haben 1 guten und 2 defekte Transistoren.
81 Radios (90 % von 90) haben 1 guten, 1 defekten und 1 guten Transistor.
81 Radios (10 % von 810) haben 2 gute und 1 defekten Transistor.
729 Radios (90 % von 810) haben 3 gute Transistoren.
1000

Damit ergibt sich für die Wahrscheinlichkeiten der Elementarereignisse:

$P(\{d,d,d\}) = \frac{1}{1000} = 0{,}1 \cdot 0{,}1 \cdot 0{,}1$ $\quad P(\{g,d,d\}) = \frac{9}{1000} = 0{,}9 \cdot 0{,}1 \cdot 0{,}1$
$P(\{d,d,g\}) = \frac{9}{1000} = 0{,}1 \cdot 0{,}1 \cdot 0{,}9$ $\quad P(\{g,d,g\}) = \frac{81}{1000} = 0{,}9 \cdot 0{,}1 \cdot 0{,}9$
$P(\{d,g,d\}) = \frac{9}{1000} = 0{,}1 \cdot 0{,}9 \cdot 0{,}1$ $\quad P(\{g,g,d\}) = \frac{81}{1000} = 0{,}9 \cdot 0{,}9 \cdot 0{,}1$
$P(\{d,g,g\}) = \frac{81}{1000} = 0{,}1 \cdot 0{,}9 \cdot 0{,}9$ $\quad P(\{g,g,g\}) = \frac{729}{1000} = 0{,}9 \cdot 0{,}9 \cdot 0{,}9$

Bei der Berechnung der Wahrscheinlichkeit eines Elementarereignisses erkennt man, dass dies auch durch die Multiplikation der Wahrscheinlichkeiten längs des zugehörigen Pfades geschehen kann. Die Berechnung ist nicht an unser Beispiel gebunden, sondern allgemein so durchführbar. Es gilt daher für die Wahrscheinlichkeit eines Elementarereignisses bei einem mehrstufigen Zufallsversuch:

SATZ

1. Pfadregel: Pfadmultiplikation

Die Wahrscheinlichkeit eines Elementarereignisses bei einem mehrstufigen Zufallsversuch (entspricht einem Pfad im Baumdiagramm) ist gleich dem Produkt der Wahrscheinlichkeiten längs dieses Pfades, der zu dem Elementarereignis führt.

Wahrscheinlichkeit von Ereignissen

RECHNUNG

Zu den Ereignissen:

E_1: „Radio ist in Ordnung" gehört nur ein Elementarereignis $\{g,g,g\}$, also ist $P(E_1) = P(\{g,g,g\}) = 0{,}729$.

E_2: „Im Radio ist ein Transistor defekt" gehören die Elementarereignisse $\{d,g,g\}$, $\{g,d,g\}$ und $\{g,g,d\}$.
$P(E_2) = P(\{d,g,g\} \cup \{g,d,g\} \cup \{g,g,d\}) = P(\{d,g,g\}) + P(\{g,d,g\}) + P(\{g,g,d\})$
$= \frac{81}{1000} + \frac{81}{1000} + \frac{81}{1000} = \frac{243}{1000} = 0{,}243$

E_3: „Im Radio sind zwei Transistoren defekt" gehören die Elementarereignisse $\{d,d,g\}$, $\{d,g,d\}$ und $\{g,d,d\}$.
$P(E_3) = P(\{d,d,g\} \cup \{d,g,d\} \cup \{g,d,d\}) = P(\{d,d,d\}) + P(\{d,g,d\}) + P(\{g,d,d\})$
$= \frac{9}{1000} + \frac{9}{1000} + \frac{9}{1000} = \frac{27}{1000} = 0{,}027$

E_4: „Im Radio sind drei Transistoren defekt" gehört nur das Elementarereignis $\{d,d,d\}$.
$P(E_4) = P(\{d,d,d\}) = 0{,}001$

Unser Beispiel lässt die Berechnung der Wahrscheinlichkeit mithilfe des Baumdiagramms erkennen. Jeder Pfad ist ein Elementarereignis des mehrstufigen Zufallsversuches. Ist ein Ereignis eine Vereinigungsmenge von Elementarereignissen, so errechnet sich die Wahrscheinlichkeit $P(E)$ über die Additionsregel. Dies kann für das Baumdiagramm folgendermaßen formuliert werden:

SATZ **2. Pfadregel: Pfadaddition**

Gehören bei einem mehrstufigen Zufallsversuch zu einem Ereignis mehrere Elementarereignisse, so ist die Wahrscheinlichkeit gleich der Summe der Wahrscheinlichkeiten der Pfade, die dieses Ereignis bilden. Im vollständigen Baumdiagramm ist die Summe der Wahrscheinlichkeiten aller Pfade gleich 1 (sicheres Ereignis).

BEISPIEL 2.

Dasselbe Zufallsexperiment „Billig-Radio“ gestaltet sich anders, wenn man nun die Transistoren aus einem Gebinde von nur 100 Stück entnimmt. Hier stehen nun 10 defekte und 90 gute Transistoren zur Verfügung. Die Wahrscheinlichkeit ändert sich dann von Stufe zu Stufe in Abhängigkeit der jeweiligen Transistorwahl. Bei Einbau eines defekten Transistors sind nur noch 9 defekte Transistoren bei 99 insgesamt vorhandenen Transistoren im Vorratsgebinde (Ziehen ohne Zurücklegen).

Für dieses Zufallsexperiment ergibt sich folgendes Baumdiagramm:

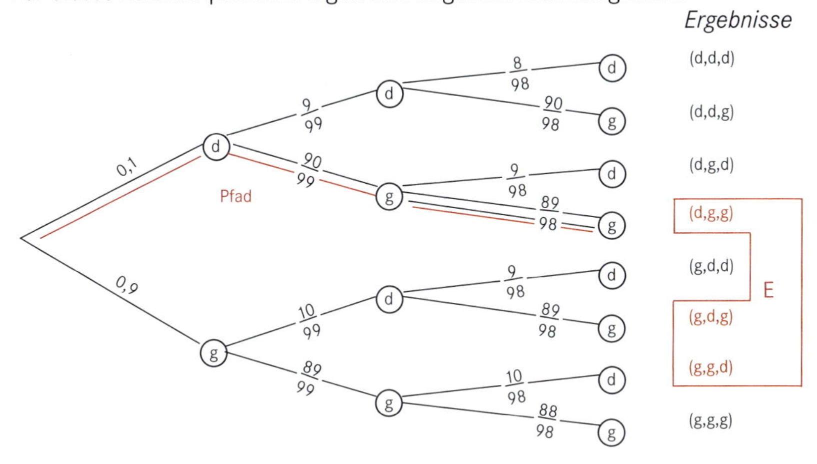

Die Wahrscheinlichkeit für das Elementarereignis $\{d,g,g\}$ ist:

$P(\{d,g,g\}) = \frac{10}{100} \cdot \frac{90}{99} \cdot \frac{89}{98} = 0{,}082\,56$ (Pfadmultiplikation).

Das Ereignis E: „Ein Transistor ist defekt“ hat die Wahrscheinlichkeit

$$P(E) = P(\{d,g,g\} \cup \{g,d,g\} \cup \{g,g,d\}) = P(\{d,g,g\}) + P(\{g,d,g\}) + P(\{g,g,d\})$$

$$= \frac{10}{100} \cdot \frac{90}{99} \cdot \frac{89}{98} + \frac{90}{100} \cdot \frac{10}{99} \cdot \frac{89}{98} + \frac{90}{100} \cdot \frac{89}{99} \cdot \frac{10}{98}$$

$= 0{,}247\,68$ (Pfadaddition).

AUFGABE 1 Geben Sie die Wahrscheinlichkeit für das Ereignis *E*: „In das Radio sind mindestens 2 defekte Transistoren eingebaut“ an. Rechnen Sie vorteilhaft.

BEISPIEL 3.
Das Zufallsexperiment „Billig-Radio“ ändert sich nochmals, wenn man jetzt die Transistoren aus einer Schachtel mit jeweils zehn Transistoren entnimmt. Die Schachtel enthält dann einen defekten und neun gute Transistoren.

Das Baumdiagramm für dieses Zufallsexperiment:

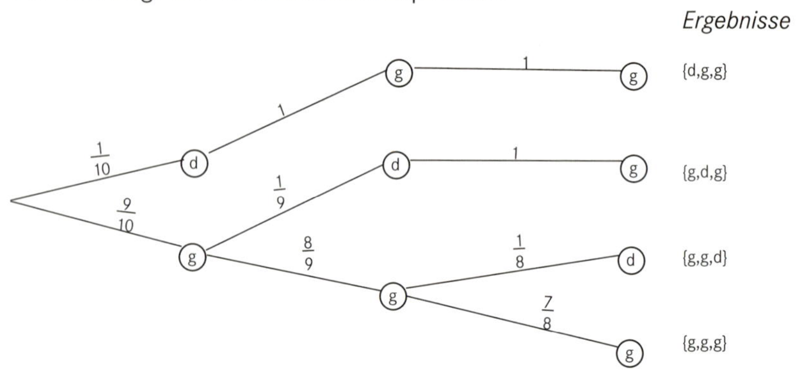

AUFGABE 2 Ermitteln Sie die Wahrscheinlichkeiten für die Elementarereignisse.
Bestimmen Sie die Wahrscheinlichkeit für *E*: „Das Radio hat 1 defekten Transistor.“
Zeigen Sie, dass die Summe der Elementarereignisse 1 ist.

Modelle für Zufallsexperimente

Wie die eben besprochenen Beispiele zeigen, ändert sich die Wahrscheinlichkeit von Stufe zu Stufe, wenn die Wahrscheinlichkeit vom Ergebnis der vorherigen Stufe abhängt. Ein häufig verwendetes **Modell** für solche abhängigen Ergebnisse bei mehrstufigen Experimenten ist das **Ziehen einer Kugel** aus einer **Urne ohne Zurücklegen.**

Beispiel 2 entspricht dann folgendem Modellexperiment:
Gegeben ist eine Urne mit zehn schwarzen und 90 weißen Kugeln. Es werden drei Kugeln ohne Zurücklegen gezogen.

Beispiel 3 entspricht diesem Zufallsexperiment:
Gegeben ist eine Urne mit einer schwarzen Kugel und neun weißen Kugeln. Es werden drei Kugeln nacheinander ohne Zurücklegen entnommen.

Die Situation in Beispiel 1, wo sich wegen der großen Zahl der Transistoren die Wahrscheinlichkeit von Stufe zu Stufe nicht ändert, entspricht einem **Urnenmodell mit Zurücklegen.**
Gegeben ist eine Urne mit neun weißen Kugeln und einer schwarzen Kugel. Es werden drei Kugeln nacheinander mit Zurücklegen gezogen.

BEISPIEL 4.

Für alle, die keinen Spaß am Basteln haben, eine Aufgabe mit Skatkarten (S. 238). Wir ziehen zufällig 3-mal nacheinander eine Karte (ohne Zurücklegen) aus einem Skatspiel mit 32 Karten. Mit welcher Wahrscheinlichkeit haben wir das Ereignis E: „mindestens 2 Buben“?

(Wenn die Karten gut gemischt sind und wahllos eine Karte entnommen wird, können wir die Laplace-Annahme als erfüllt ansehen.)

B: Bube, $\bar{B}$: nicht Bube, Anzahl der Karten vor der jeweiligen Ziehung: 32, 31 bzw. 30.

Baumdiagramm

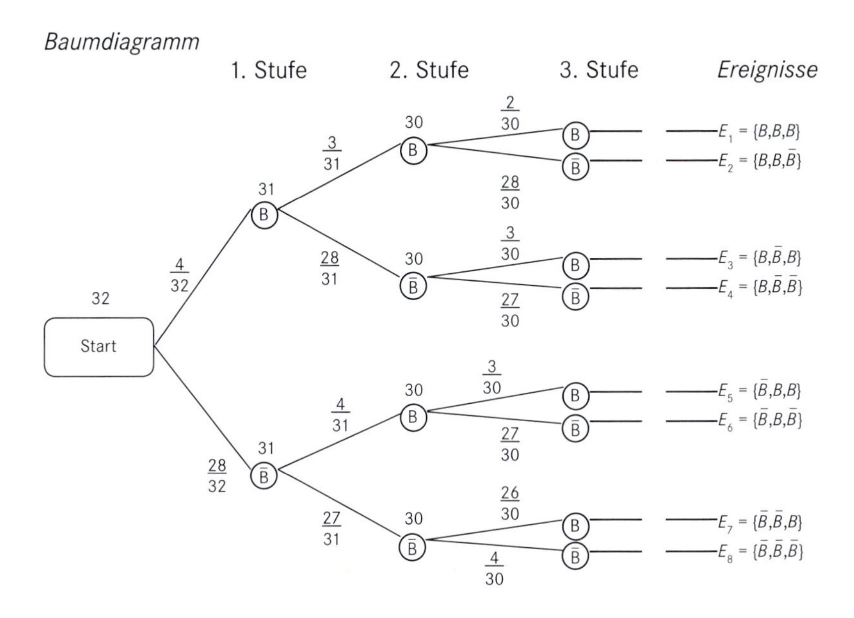

Die Elementarereignisse E_1, E_2, E_3 und E_5 bilden zusammen das Ereignis E.

$$P(E) = P(E_1) + P(E_2) + P(E_3) + P(E_5) = \frac{1}{1\,240} + \frac{7}{620} + \frac{7}{620} + \frac{7}{620} = \frac{43}{1\,240} \; *$$

Viele Zufallsversuche wie Münzen-, Würfelwerfen oder Glücksrad drehen ändern die Wahrscheinlichkeit von Stufe zu Stufe nicht. Diese Unabhängigkeit zeigt sich in den gleichen Teilbäumen.

---

* In Kapitel 4.1.7 zeigen wir: $P(E) = \frac{1}{1\,240} + \frac{\binom{4}{2} \cdot \binom{28}{1}}{\binom{32}{3}}$

BEISPIEL Bei einer Werbeveranstaltung bietet ein Autohaus Glücksspiele an.

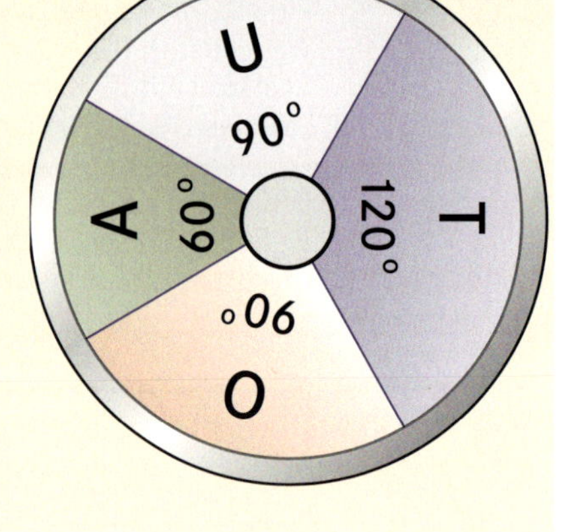

Das Glücksrad ist in 4 Sektoren aufgeteilt und nebenstehend schematisch dargestellt. Das Rad wird in Drehung versetzt und der Pfeil zeigt bei Stillstand genau auf einen Sektor *A*, *U*, *T* oder *O*.

a) Mit welcher Wahrscheinlichkeit wird bei einmaligem Drehen *A*, *U*, *T* oder *O* angezeigt?
b) Bei viermaligem Drehen entsteht eine Folge aus vier Buchstaben. Welche Wahrscheinlichkeit haben folgende Ereignisse?
   G_1: Es ergibt sich das Wort *AUTO*. (Gewinn einer Probefahrt)
   G_2: Die Buchstaben *A*, *U* kommen nicht vor. (Gewinn eines Tankgutscheins)
   G_3: Es wird mindestens einmal der Buchstabe *A* angezeigt. (Gewinn eines Autoatlas)
c) Bei einem anderen Spiel erhält man dann einen Gewinn (Oldtimerbild), wenn nach dem Drehen der Pfeil auf *O* zeigt. Wie oft muss man mindestens das Glücksrad drehen, damit die Wahrscheinlichkeit für mindestens einen Gewinn größer als 50 % ist?

Lösung:

a) Bei einem nicht manipulierten Glücksrad wird die Wahrscheinlichkeit proportional zur Sektorengröße sein.

Buchstabe	*A*	*U*	*T*	*O*
Winkel	60°	90°	120°	90°
P(Buchstabe)	$\frac{60}{360} = \frac{1}{6}$	$\frac{90}{360} = \frac{1}{4}$	$\frac{120}{360} = \frac{1}{3}$	$\frac{90}{360} = \frac{1}{4}$

b) G_1: Es gibt im vierstufigen Baumdiagramm nur genau einen Pfad zum Ereignis „*AUTO*“ (Ziehen mit Zurücklegen):

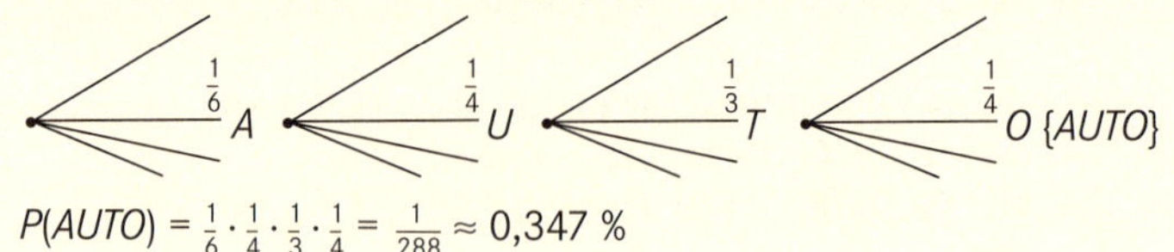

$P(AUTO) = \frac{1}{6} \cdot \frac{1}{4} \cdot \frac{1}{3} \cdot \frac{1}{4} = \frac{1}{288} \approx 0{,}347\ \%$

G_2: Vorteilhaft ist es, ein neues Baumdiagramm mit nur zwei Ausgängen zu entwerfen (*AU* oder nicht $\overline{AU}$). $P(AU) = \frac{5}{12}$, $P(\overline{AU}) = \frac{7}{12}$:

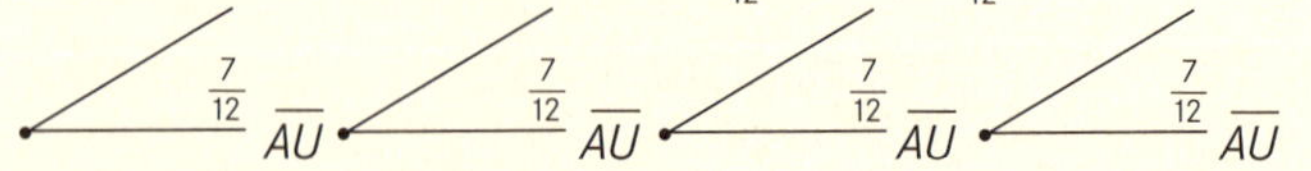

Zum Ereignis „die Buchstaben *A*, *U* kommen nicht vor“ führt wiederum nur genau ein Pfad. *P*(„nie *A* oder *U*“) $= \left(\frac{7}{12}\right)^4 \approx 11{,}579\ \%$.

G_3: Ein neues Baumdiagramm mit den Ausgängen A oder $\bar{A}$ ermöglicht die einfache Berechnung der Wahrscheinlichkeit für „mindestens ein A“ über das Gegenereignis „kein A“. $P(A) = \frac{1}{6}$, $P(\bar{A}) = \frac{5}{6}$.

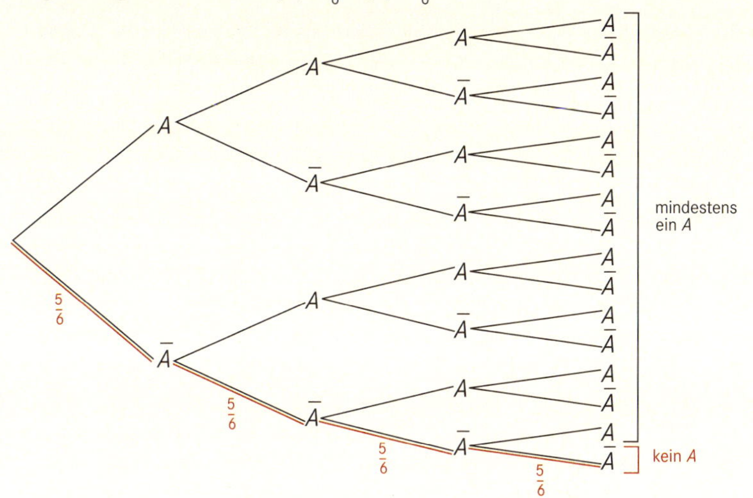

Die Wahrscheinlichkeit für das Gegenereignis „kein A“ (genau ein Pfad) beträgt $P(\text{„kein } A\text{“}) = (\frac{5}{6})^4$. Die Wahrscheinlichkeit für „mindestens ein A“ ist dann: $P(\text{„mindestens ein } A\text{“}) = 1 - P(\text{„kein } A\text{“}) = 1 - (\frac{5}{6})^4 = (\frac{671}{1296})^4 \approx 51{,}75\ \%$.

c) Wiederum ist ein Baumdiagramm mit den Ausgängen O und $\bar{O}$ mit $P(O) = \frac{1}{4}$, $P(\bar{O}) = \frac{3}{4}$ sehr hilfreich.

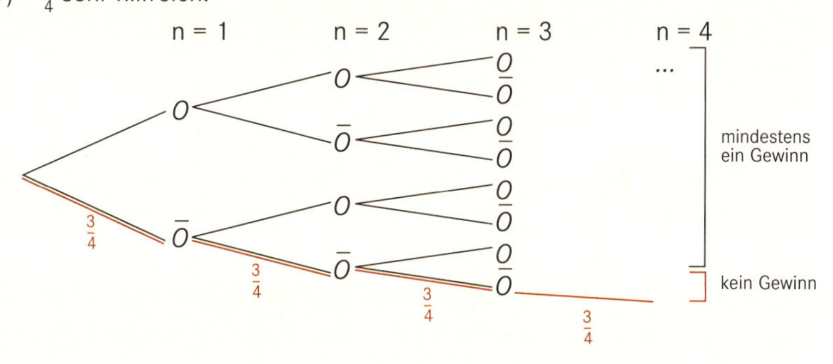

Die Wahrscheinlichkeit für „mindestens ein O“ bei n Versuchen ergibt sich wiederum über das Gegenereignis.
$P(\text{„mindestens ein } O\text{“}) = 1 - P(\text{„kein } O\text{“}) = 1 - (\frac{3}{4})^n$.

Hiermit erhalten wir die Ungleichung:

$$1 - (\tfrac{3}{4})^n > 0{,}5 \qquad | - 0{,}5 + (\tfrac{3}{4})^n.$$
$$0{,}5 > (\tfrac{3}{4})^n \qquad | \ \ln$$
$$\ln(0{,}5) > n \cdot \ln(0{,}75) \qquad | : \ln(0{,}75), \text{ beachte } \ln(0{,}75) \text{ ist negativ}$$
$$\frac{\ln(0{,}5)}{\ln(0{,}75)} < n \quad \Rightarrow \quad n > 2{,}41$$

Ergebnis: Man muss mindestens 3-mal das Glücksrad drehen.

AUFGABE 3 a) Ermitteln Sie die Ergebnismenge (Ergebnisraum) für das Experiment:
1. Werfen eines weißen und roten Würfels (gleichzeitig).
2. Zweimaliges Werfen des weißen Würfels (nacheinander).

b) Zeichnen Sie ein Baumdiagramm.

c) Welche Wahrscheinlichkeit hat das Ereignis: „Ein Würfel zeigt 5"?

d) Wie kann man das Zufallsexperiment „Werfen von drei Münzen" darstellen? Welche Wahrscheinlichkeit hat das Ereignis: „Eine Münze zeigt Wappen"?

AUFGABE 4 Im Mittelalter hat man Ausgänge von Zufallsversuchen als „Gottesurteile" betrachtet. Ein Lehrer lässt sich hiervon zur Ermittlung der Noten durch Würfeln anregen. Er wirft drei Laplace-Würfel und nimmt die kleinste auftretende Augenzahl als Note. Mit welcher Wahrscheinlichkeit erhält man die Noten 1 bis 6?

AUFGABE 5 a) Eine Maus hat einen Wurf mit vier Jungmäusen. Die Wahrscheinlichkeit für weibliche Nachkommen beträgt 0,47. Berechnen Sie die Wahrscheinlichkeiten für die Ereignisse:
A: Es kommt kein Männchen vor.
B: Alle Mäuse haben gleiches Geschlecht.
C: Es treten gleich viel Männchen wie Weibchen auf.
D: Es treten mehr Weibchen als Männchen auf.

b) In einem Käfig befinden sich ein Weibchen und drei Männchen. Es werden blind drei Mäuse aus dem Käfig herausgenommen. Mit welcher Wahrscheinlichkeit hat man
- genau zwei Männchen,
- mindestens zwei Männchen,
- höchstens 2 Männchen,
- kein Weibchen?

AUFGABE 6 Eine Urne enthält drei rote und zwei blaue Kugeln. Die Kugeln unterscheiden sich nur durch die Farbe.

a) Man zieht drei Kugeln nacheinander (mit Zurücklegen).
Bestimmen Sie die Wahrscheinlichkeit für folgende Ereignisse:
A: Keine Kugel ist blau.
B: Die erste Kugel ist nicht blau.
C: Mindestens eine Kugel ist blau.
D: Höchstens zwei Kugeln sind blau.
E: Genau zwei Kugeln sind rot.

b) Welches Baumdiagramm und welche Wahrscheinlichkeiten ergeben sich für den Fall: Ziehen ohne Zurücklegen?

c) Uli und Franz ziehen abwechselnd ohne Zurücklegen eine Kugel. Uli beginnt. Wer zuerst eine blaue Kugel zieht, hat gewonnen.
Mit welcher Wahrscheinlichkeit gewinnt Franz?
Hat der beginnende Spieler einen Vorteil?

AUFGABE 7 In einer Urne liegen drei rote und n blaue Kugeln.

a) Es werden nacheinander zwei Kugeln mit Zurücklegen gezogen.
Wie viele blaue Kugeln müssen in der Urne liegen, dass man genau eine blaue Kugel mit der Wahrscheinlichkeit $\frac{3}{8}$ zieht?

b) Nun werden zwei Kugeln nacheinander ohne Zurücklegen gezogen.
Wie viele blaue Kugeln müssen in der Urne liegen, dass die Wahrscheinlichkeit, genau eine blaue Kugel zu ziehen, gleich $\frac{1}{2}$ beträgt?

AUFGABE 8 Unter Landsknechten war folgendes Würfelspiel sehr beliebt: Es wurden drei Würfel im Becher auf einmal geworfen. Bei jeder Spielteilnahme war ein Taler Einsatz zu zahlen. Bei drei Sechsen erhielt man 100 Taler, bei zwei Sechsen 5 Taler.

a) Die Würfel sind Laplace-Würfel.
- Welche Wahrscheinlichkeit haben die Ereignisse „drei Sechsen“, „zwei Sechsen“, höchstens „eine Sechs“?
- Wie viel Prozent der Spieleinsätze werden im statistischen Mittel einbehalten?

b) Ein Landsknecht führt genau Buch und zählt bei 1000 Spielen nur dreimal das Ereignis drei Sechsen.
- Er erklärt sich die beobachtete Häufigkeit damit, dass drei gleichartige, verfälschte Würfel benutzt werden.
- Wie groß ist in diesem Fall die Wahrscheinlichkeit, mit einem Würfel eine Sechs zu werfen?
- Mit welcher Wahrscheinlichkeit hat man im Spiel mit drei Würfeln das Ereignis zwei Sechsen?

c) Ein anderer Landsknecht erklärt sich die beobachtete Häufigkeit damit, dass zwei Laplace-Würfel und nur ein verfälschter Würfel im Spiel sind.
- Erstellen Sie hierzu ein Baumdiagramm.
- Wie groß ist die Wahrscheinlichkeit, mit dem verfälschten Würfel eine Sechs zu werfen?
- Welche Wahrscheinlichkeit hat hier das Ereignis „zwei Sechsen“ bei einem Spiel?

AUFGABE 9 Ein Getränkeautomat ist defekt. Man wirft einen Euro ein. Die Wahrscheinlichkeit dafür, dass man ein Getränk erhält, ist $\frac{1}{2}$. Die Wahrscheinlichkeit, dass der Apparat das Geld wieder auswirft, ist $\frac{1}{3}$. Die Wahrscheinlichkeit, dass das Getränk nicht herauskommt und das Geld zurückgegeben wird, ist $\frac{1}{6}$.

a) Welche Ergebnisse sind möglich?

b) Wie groß ist die Wahrscheinlichkeit für ein bezahltes Getränk?

c) Mit welcher Wahrscheinlichkeit bekommt man kein Getränk und kein Geld zurück?

d) Mit welcher Wahrscheinlichkeit erhält man das Getränk kostenlos?

e) Wie groß ist die Wahrscheinlichkeit, dass man ein Getränk erhält oder das Geld zurückbekommt?

AUFGABE 10 Für die Ereignisse E_1 und E_2 gilt $P(E_1) + P(E_2) > 1$.
Beweisen Sie, dass E_1 und E_2 vereinbare Ereignisse sind.

AUFGABE 11 Die Ereignisse E_1 und E_2 sind Elemente desselben Ereignisraumes.
Es ist gegeben: $P(E_1) = \frac{1}{5}$; $P(E_2) = \frac{1}{3}$ und $P(E_1 \cap E_2) = \frac{1}{6}$.
Berechnen Sie $P(E_1 \cup E_2)$, $P(\bar{E}_1 \cap \bar{E}_2)$ und $P(\bar{E}_1 \cup \bar{E}_2)$.

AUFGABE 12 Ein Schüler tippt 6-mal blind auf die Tastatur eines Computers (nur 26 Buchstaben des lat. Alphabets).
Mit welcher Wahrscheinlichkeit schreibt er das Wort „Ferien“?

AUFGABE 13 Eine Urne enthält vier grüne, drei gelbe und zwei rote Kugeln.
Man zieht drei Kugeln nacheinander, ohne sie zurückzulegen.

a) Zeichnen Sie ein Baumdiagramm für dieses Experiment.

b) Welche Wahrscheinlichkeit haben folgende Ereignisse?
A: Alle gezogenen Kugeln haben die gleiche Farbe.
B: Alle gezogenen Kugeln haben verschiedene Farben.
C: Mindestens eine Kugel ist rot.
D: Keine Kugel ist rot und höchstens eine Kugel ist gelb.

AUFGABE 14 Zum griechischen Dreikönigsfest werden Münzen in Kuchenstücken versteckt. Dimitra hat 18 Kuchenstücke gebacken und davon sechs mit einer Münze versehen.

a) Mit welcher Wahrscheinlichkeit erhält man ein Kuchenstück mit Münze?

b) Dimitra legt ihre Kuchen auf drei Teller mit jeweils sechs Kuchenstücken. Auf dem ersten Kuchenteller ist eine Münze, auf dem zweiten Teller sind zwei Münzen und die restlichen Münzen sind in den Kuchenstücken des dritten Tellers. Der zum Fest geladene Bürgermeister wählt erst einen Teller und dann ein Kuchenstück aus. Mit welcher Wahrscheinlichkeit erhält er eine Münze?

c) Wie muss Dimitra ihre 18 Kuchenstücke auf die drei Teller verteilen, damit die Wahrscheinlichkeit, dass der Bürgermeister eine Münze erhält, möglichst groß wird?

AUFGABE 15 In einer Lostrommel sind ein Gewinnlos und neun Nieten.
Von zehn Personen darf jede ein Los ziehen. Hat man als erster Ziehungsberechtigter eine größere Chance auf den Gewinn?

Zeichnen Sie ein Baumdiagramm und betrachten Sie z. B. das Ereignis „Ziehen des Gewinnloses als Fünfter“.

AUFGABE 16 Bei der theoretischen Fahrschulprüfung muss man bei einigen Fragen zwischen vorgegebenen Antworten wählen. Ein völlig unvorbereiteter Prüfling kann nur raten.
Wie groß ist die Wahrscheinlichkeit, dass man bei vier Fragen und jeweils drei möglichen Antworten

a) alle Antworten; b) keine Antwort ; c) genau zwei Antworten richtig ankreuzt?

4.1.7 Anzahlbestimmungen – Kombinatorische Hilfsmittel

Bei den bisher betrachteten Zufallsexperimenten haben wir uns auf zwei bis drei Stufen und wenige Ausgänge beschränkt. So konnten wir über Baumdiagramme oder noch überschaubare Überlegungen die Anzahl der Elemente für den Ergebnisraum bestimmen. Für das am Anfang erwähnte Experiment „Werfen von zwei Würfeln" und zur Beantwortung der Frage, ob es günstig ist, auf eine Doppelsechs bei 24 Würfen zu setzen, muss man die Anzahl der möglichen Ergebnisse bei 24 Würfen kennen und wissen, wie oft dabei eine Doppelsechs vorkommt.

Die *Kombinatorik* bemüht sich darum, die Abzählvorgänge so zu systematisieren, dass kein Element übersehen oder doppelt gezählt wird. Für einige einfache und typische Abzählvorgänge wollen wir im Folgenden Regeln entwickeln.

Allgemeines Zählprinzip – Produktregel

Die Basis für alle Abzähltechniken in diesem Kapitel soll durch ein Beispiel eingeführt werden.

Das beliebte Kinderspiel „Mix-Max" bietet drei Hüte, vier Gesichter, zwei Körper und fünf Füße an. Mit den jeweils verschiedenen Teilen lassen sich immer andere „Männchen" zusammenfügen. Wie viele Möglichkeiten ergeben sich?

Das Spiel kann als mehrstufiges Zufallsexperiment mit einem Baumdiagramm veranschaulicht werden.

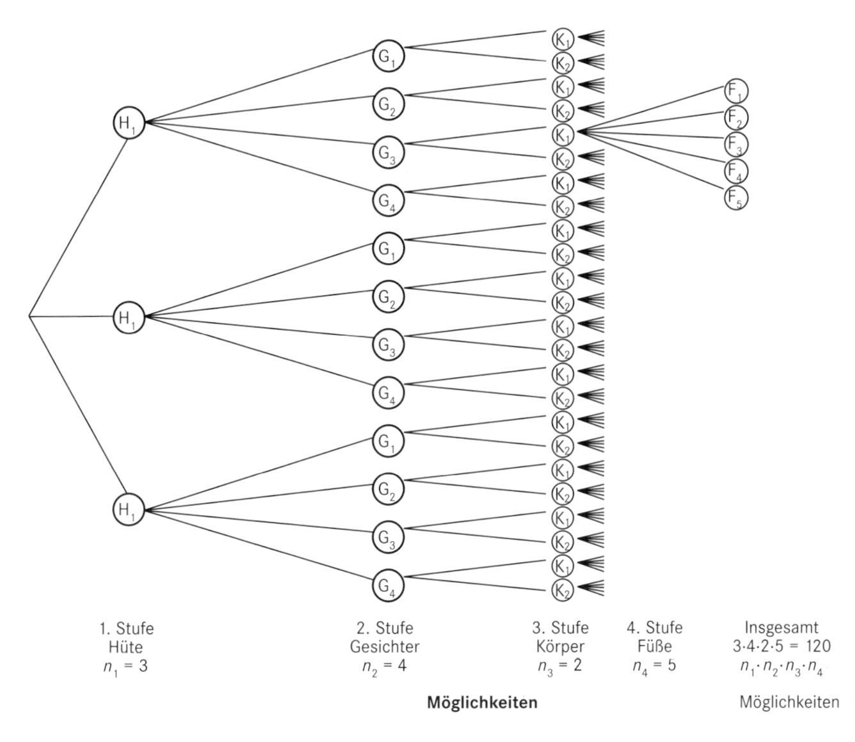

Eine ähnliche Situation entsteht für die Anzahl der verschiedenen Zahlen bei einem dreistelligen Kombinationsschloss. Für jede Stelle stehen die Zahlen 0, 1, ..., 9 zur Auswahl.

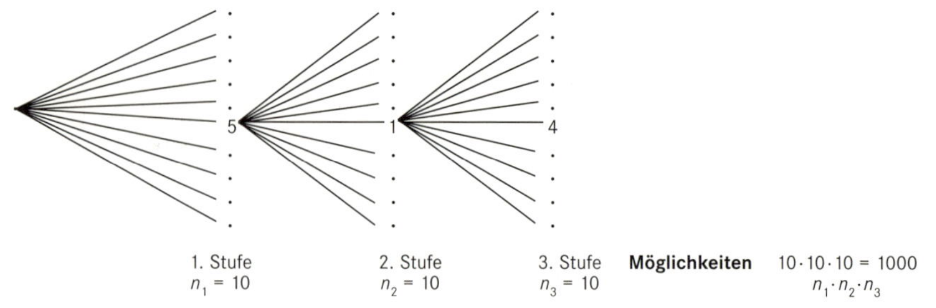

Ist erst der Blick für diese Situation geöffnet, entdeckt man leicht weitere Anwendungen für dieses Zählprinzip.

BEISPIELE

a) Maximale Anzahl der Telefonanschlüsse bei einer vierstelligen Nummer innerhalb eines Fernmeldebezirks.

b) Die Telefonvorwahlnummern beginnen mit 0 und sind dann vierstellig. Wie viele Fermeldebezirke kann man maximal einrichten?

c) Die Postleitzahlen sind fünfstellig. Wie viele Zustellbezirke sind möglich?

d) Kfz-Kennzeichen bestehen aus einer Kombination von zwei Buchstaben und drei oder vier Ziffern, wie z. B. **S – AE 661** oder **ES – EL 9813**.
Wie viele Möglichkeiten stehen zur Verfügung?

e) Die Schulkantine bietet 3 Vorspeisen, 4 Hauptgerichte und 2 Nachspeisen an. Wie viele Menüs sind möglich?

AUFGABE 1 Ermitteln Sie die Anzahl der Möglichkeiten in den obigen Beispielen. Beachten Sie, dass nicht immer alle Ziffern bzw. Buchstaben erlaubt sind.

REGEL

Fundamentales Zählprinzip oder Produktregel

Hat ein Zufallsexperiment k Stufen und hat das Experiment auf den einzelnen Stufen $n_1, n_2, n_3, \ldots, n_k$ mögliche Ergebnisse, so gilt für die Zahl n der möglichen Ergebnisse des gesamten Experimentes:

$$n = n_1 \cdot n_2 \cdot n_3 \cdot, \ldots, n_k$$

Ist $n_1 = n_2 = \ldots = n_k$, dann ist $n = n_1^k$.

Man kann die Ergebnisse eines k-stufigen Zufallsexperimentes auch als k-Tupel $(a_1, a_2, \ldots, a_k)$ bezeichnen. $n_1, n_2, n_3, \ldots, n_k$ sind dann die Besetzungsmöglichkeiten für $a_1, a_2, a_3, \ldots, a_k$. Hierbei kann die Anzahl der Möglichkeiten n_i für die Besetzung von a_i abhängig sein von den Besetzungen für $a_1, a_2, \ldots, a_{i-1}$.

BEISPIEL

Wie groß ist die Wahrscheinlichkeit, dass eine zufällig ausgewählte dreistellige Zahl lauter verschiedene Ziffern hat?

Um die Laplace-Wahrscheinlichkeit für dieses Ereignis

$$P(E) = \frac{\text{Anzahl der für } E \text{ günstigen Ergebnisse}}{\text{Anzahl der möglichen gleich wahrscheinlichen Ergebnisse}} = \frac{|E|}{|S|}$$

berechnen zu können, benötigt man zunächst die Anzahl der Elemente der Ergebnismenge. Hier kann man leicht $S = \{100, 101, \ldots, 998, 999\}$ und damit $|S| = 900$ finden.

Oder man wählt das Zählprinzip: $n_1 = 9$ für a_1; $n_2 = 10$ für a_2 und $n_3 = 10$ für a_3; also ergibt $n = 9 \cdot 10 \cdot 10 = 900$ Möglichkeiten.

Für $|E|$ wendet man das Zählprinzip folgendermaßen an:
Man hat ein (a_1,a_2,a_3)-Tupel (dreistufiges Zufallsexperiment; $k = 3$). In der ersten Stufe für die Besetzung von a_1 stehen $n_1 = 9$ (1,2,..., 9) Ziffern zur Verfügung. In der zweiten Stufe für a_2 gibt es wieder $n_2 = 9$ (0,1,2,3,..., 9; außer der Ziffer an der ersten Stelle) Möglichkeiten. In der dritten Stufe für die Besetzung von a_3 hat man nun nur $n_3 = 8$ (0,1,2,..., 9 außer den Ziffern an der ersten und zweiten Stelle) Möglichkeiten.

$|E| = n_1 \cdot n_2 \cdot n_3 = 9 \cdot 9 \cdot 8 = 648$. $P(E) = \frac{|E|}{|S|} = \frac{648}{900} = 0{,}72$

AUFGABE 2 Bei der Stadtratswahl werden für die Stadt zehn Ratsmitglieder und für drei Teilgemeinden weitere vier, drei und zwei Ratsmitglieder gewählt.
Wie viele Möglichkeiten für die Zusammenstellung des Stadtrates gibt es?

AUFGABE 3 Wie viele Ergebnisse gibt es beim Würfeln mit zwei, drei oder vier unterscheidbaren Würfeln?

AUFGABE 4 In einem Spielautomaten drehen sich drei Scheiben, auf denen die Ziffern von 0 bis 9 angebracht sind.
Welche Anzahl von Zahlenkombinationen gibt es?
Berechnen Sie die Laplace-Wahrscheinlichkeit für drei gleiche und drei verschiedene Ziffern.

AUFGABE 5 Der neue Personalausweis hat eine zehnstellige Zahl, von der die erste Ziffer ungleich null ist. Wie viele Personalausweise können ausgestellt werden?

AUFGABE 6 In einer Urne befinden sich vier gleiche Kugeln mit den Nummern 1 bis 4.
Es werden drei Kugeln
a) mit Zurücklegen b) ohne Zurücklegen
gezogen. Wie viele verschiedene Zahlen gibt es jeweils?

AUFGABE 7 Wie viele verschiedene Tippreihen gibt es bei der „Elferwette"?

AUFGABE 8 Im Endlauf über 100 Meter treten acht Läufer an.
a) Wie viele Möglichkeiten gibt es für die drei Medaillenplätze?
b) Wie viele Möglichkeiten gibt es für die gesamte Rangliste?

Lösung der Aufgabe 8

Bei der Berechnung der letzten Aufgabe erhält man:

a) acht Möglichkeiten für Gold, sieben für Silber und sechs für Bronze; also $8 \cdot 7 \cdot 6 = 336$ Möglichkeiten.
b) Für den 1. Platz bestehen acht Möglichkeiten, sieben für den 2. Platz usw.; insgesamt $8 \cdot 7 \cdot 6 \cdot 5 \cdot 4 \cdot 3 \cdot 2 \cdot 1 = 40\,320$ Möglichkeiten.

Das Produkt der n ersten Zahlen kommt bei kombinatorischen Rechnungen häufig vor. Man hat deshalb für das Produkt $1 \cdot 2 \cdot 3 \ldots \cdot (n-1) \cdot n$ die Abkürzung $n!$ eingeführt (sprich „n Fakultät“).

DEFINITION

Fakultät

$n! = 1 \cdot 2 \cdot 3 \ldots \cdot \ldots (n-1) \cdot n$ für $(n > 1)$, $1! = 1$ und $0! = 1$

Bemerkung: Es gilt $n! = (n-1)! \cdot n$, $2! = 1! \cdot 2$ und $1! = 0! \cdot 1$.

Permutationen

Das Problem, n Personen auf n verschiedene Rangplätze zu verteilen, führt dazu, dass alle Personen einmal jeden Platz einnehmen. Sie werden beliebig auf alle n Plätze vertauscht. Man nennt dies eine Permutation.

Permutation

Für jedes n-Tupel $(a_1, a_2, \ldots, a_n)$ gibt es $n!$ Permutationen.

Zum Beispiel $n = 3$ (a_1, a_2, a_3), (a_1, a_3, a_2), (a_2, a_3, a_1), (a_2, a_1, a_3), (a_3, a_1, a_2), (a_3, a_2, a_1) sind $3! = 6$ Permutationen.

BEISPIELE

1. Ein Schüler besitzt sechs verschiedene Bücher. Kann er an jedem Tag eines Jahres eine andere Anordnung in seinem Bücherregal vornehmen?

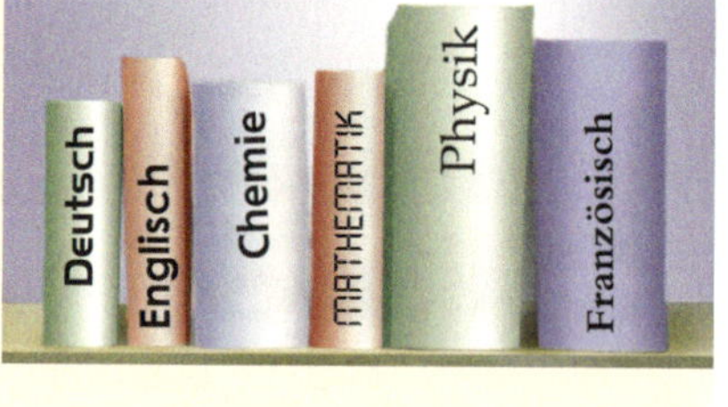

   - Für das 1. Buch links gibt es sechs Möglichkeiten, für das rechts daneben stehende Buch fünf Möglichkeiten usw.:

   $n = 6 \cdot 5 \cdot 4 \cdot 3 \cdot 2 \cdot 1 = 6! = 720$ mögliche Anordnungen.

2. Sechs Kinder wollen „Mensch ärgere dich nicht!“ spielen. Die Spielanordnung wird zufällig ausgelost. Kathrin möchte neben Florian spielen. Mit welcher Wahrscheinlichkeit tritt dieses Ereignis ein?
   - Es gibt insgesamt 6! verschiedene Anordnungen für sechs Kinder auf sechs Plätzen.

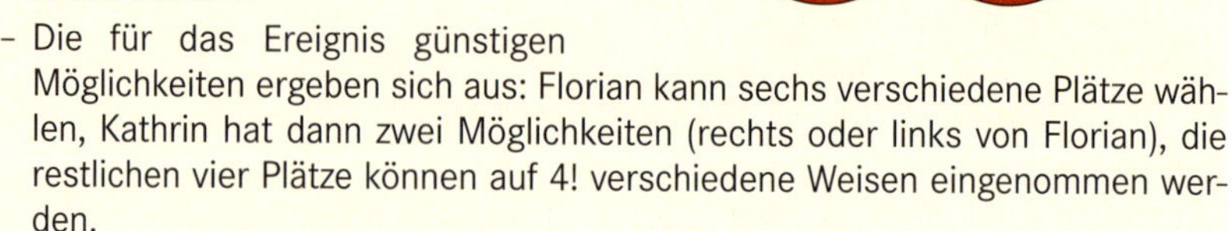

   - Die für das Ereignis günstigen Möglichkeiten ergeben sich aus: Florian kann sechs verschiedene Plätze wählen, Kathrin hat dann zwei Möglichkeiten (rechts oder links von Florian), die restlichen vier Plätze können auf 4! verschiedene Weisen eingenommen werden.

   $$P(E) = \frac{6 \cdot 2 \cdot 4!}{6!} = \frac{2}{5}.$$

3. Beim Militär werden acht Rekruten einer Stube in zufälliger Reihenfolge in einer Linie aufgestellt.
   Mit welcher Wahrscheinlichkeit stehen die beiden Freunde Franz und Erich nebeneinander?
   Es gibt 8! mögliche Permutationen. Das Ereignis „Franz und Erich stehen nebeneinander" tritt ein, wenn die Freunde die sieben Platzpaare (1,2), (2,3), (3,4), ..., (7,8) einnehmen. Die restlichen sechs Plätze können in 6! Anordnungen von den anderen Rekruten eingenommen werden. Wegen der Berücksichtigung der Reihenfolge für die sieben Platzpaare (Franz, Erich) = (Erich, Franz) erhält man insgesamt $2 \cdot 7 \cdot 6!$ günstige Fälle für E.

   $$P(E) = \frac{2 \cdot 7 \cdot 6!}{8!} = \frac{1}{4}.$$

Permutation mit Wiederholungen

Bei den Elementen F,e,e tritt das Element e wiederholt auf. Um die Anzahl der Permutationen mit Wiederholung ermitteln zu können, indizieren wir zunächst die Elemente e: F,e_1,e_2. Da nun n = 3 ist, ergibt sich für die Anzahl der Permutation

$3! = 6.$

F, e_1, e_2; e_1, e_2, F; e_2, F, e_1

F, e_2, e_1; e_2, e_1, F; e_1, F, e_2

Wenn man die Indizes wieder wegnimmt, bleiben nur die Permutationen der ersten Reihe übrig. Die Anzahl der Permutationen ist gleich $\frac{3!}{2!} = \frac{6}{2} = 3$.

AUFGABE 9 Betrachten Sie die Elemente O_1,T_1,T_2,O_2 und O,T,T,O.

Zeigen Sie, dass es für O,T,T,O: $\frac{4!}{2!2!} = \frac{24}{4} = 6$ Permutationen gibt.

MERKE Die Anzahl der Permutationen von n Elementen, unter denen sich n_1 gleiche einer ersten Art, n_2 gleiche einer zweiten Art, ..., n_k gleiche einer k-ten Art mit $n_1 + n_2 + \ldots + n_k = n$ befinden, ist:

$$\frac{n!}{n_1! \cdot n_2! \ldots \cdot n_k!}$$

(n-Tupel $(a_1,a_2,\ldots, n_k)$ mit $n_1, n_2,\ldots, n_k$ Wiederholungen von a_1, a_2 bzw. a_k)

AUFGABE 10 Wie viele Permutationen können aus den Buchstaben folgender Wörter gebildet werden?

a) TOR b) ANNA c) PAPPE d) STUTTGART

AUFGABE 11 Die Elemente $a_1, a_2, \ldots, a_n$ werden

a) in einer Reihe, b) in einem Kreis angeordnet.

Wie viele Permutationen gibt es, bei denen a_1 und a_2 nebeneinander stehen?

AUFGABE 12 Das Morsealphabet besteht aus den Elementen „Punkt“ und „Strich“, wobei bis zu fünf Elemente für ein Zeichen benutzt werden.
Wie viele Zeichen lassen sich damit zusammenstellen?

AUFGABE 13 Dem Gemeinderat gehören drei Landwirte, vier Handwerker, fünf Lehrer und drei Kaufleute an. Es soll ein Ausschuss für Schulangelegenheiten gebildet werden. In den Ausschuss sollen ein Landwirt, ein Handwerker, zwei Lehrer und ein Kaufmann gewählt werden. Auf wie viele verschiedene Arten ist dies möglich, falls

a) jeder gewählt werden kann,

b) ein bestimmter Lehrer delegiert werden muss,

c) zwei bestimmte Lehrer nicht delegiert werden können?

AUFGABE 14 Bringen Sie folgende Terme in eine einfachere Form. Berechnen Sie für $n = 5$.

a) $\frac{(n+1)!}{n!}$ b) $\frac{n!}{(n-2)!}$ c) $\frac{n!}{n-1}$ d) $\frac{(n-3)!}{(n-2)!}$ e) $(n+1) \cdot n!$

AUFGABE 15 Ein Mathematikkurs hat 22 Schüler. Auf wie viel verschiedene Arten könnte die Kursliste erstellt werden?

AUFGABE 16 Ein Mädchen hat fünf rote, zwei grüne und eine blaue Glasperle, die sich nur in der Farbe unterscheiden.
Wie viele verschiedene Möglichkeiten hat das Mädchen, diese Perlen

a) in einer Reihe,

b) in einem Ring anzuordnen?

AUFGABE 17 Florian besitzt für seine Modelleisenbahn eine Lokomotive, vier Personenwagen der Klasse 2, einen Personenwagen der Klasse 1, einen Speisewagen, zwei Schlafwagen und einen Gepäckwagen.
Wie viele verschiedene Züge kann Florian zusammenstellen?

AUFGABE 18 Eine Firma will sich den Namen BALLABALLA schützen lassen. Um auszuschließen, dass ein Konkurrent einen ähnlichen Namen verwendet, sollen alle „Wörter“, die mit den Buchstaben von BALLABALLA gebildet werden können, ebenfalls geschützt werden.
Wie viele Wörter sind dies?

AUFGABE 19 Ein Geheimzeichen hat die Struktur ❑❍❑❍❑. Für ❑ kann ein Buchstabe des lateinischen Alphabets und für ❍ eine Ziffer von 0 bis 9 eingesetzt werden.
Wie viele verschiedene Zeichen sind möglich?

Stichproben-Ziehen von k Kugeln aus einer Urne mit n Kugeln

Viele Fragestellungen bei Wahrscheinlichkeitsproblemen lassen sich analog zum Modell: Ziehen von k Kugeln aus einer Urne mit n Kugeln behandeln.

Hierbei unterscheiden wir drei Fälle.

1. Geordnete Stichprobe mit Zurücklegen

- Ziehen von k Kugeln mit Zurücklegen aus n Kugeln unter Beachtung der Reihenfolge.

Ein mögliches Ergebnis zeigt das Bild. Da nach jedem Ziehen die Kugel zurückgelegt wird, kann dieselbe Ziffer mehrfach vorkommen.

Das Ergebnis | 3 | 4 | 2 | 4 | unterscheidet sich durch die Anordnung vom vorherigen Ergebnis. Mithilfe des Zählprinzips lässt sich die Anzahl der möglichen k-Tupel $(a_1, a_2, \ldots, a_k)$ bestimmen.

Für die erste Ziehung hat man $n_1 = n$ Möglichkeiten. Da man zurücklegt, stehen für die zweite Ziehung wiederum $n_2 = n$ Möglichkeiten zur Verfügung.

MERKE Bei k Ziehungen mit Zurücklegen und Beachten der Reihenfolge erhält man daher:
$n_1 \cdot n_2 \cdots n_k = \underbrace{n \cdot n \cdots n}_{k \text{ Faktoren}} = n^k$ Möglichkeiten.

Standardbeispiel als Merkhilfe:

Fußballtoto:

$n = 3^{11} = 177\,147$ verschiedene Tippreihen

AUFGABE 20 In einer Urne befinden sich fünf Kugeln mit den Zahlen 1 bis 3. Es werden drei Kugeln mit Zurücklegen und unter Beachtung der Reihenfolge gezogen.
Wie viele Ergebnisse sind möglich? Zeichnen Sie ein Baumdiagramm.

AUFGABE 21 Man hat die Elemente 0 und 1. Es werden hieraus Zeichen gebildet, die aus jeweils acht Elementen bestehen.
Wie viele verschiedene Zeichen sind möglich?
Wo wird diese Zeichenbildung angewendet?

AUFGABE 22 In der Blindenschrift werden Buchstaben, Zahlen oder Satzzeichen durch Anordnung von 6 Punkten, die erhaben oder als Löcher in Papier gestanzt werden, dem Blinden fühlbar gemacht. Wie viele Zeichen sind möglich?

AUFGABE 23 Wie viele vierstellige Zahlen gibt es?

AUFGABE 24 Eine Münze wird 4-mal geworfen und jedes Mal wird W oder Z notiert.
Wie viele Ergebnisse sind möglich?

AUFGABE 25 Ein Würfel wird 3-mal geworfen und man notiert jedes Mal die Augenzahl. Wie viele Ergebnisse sind möglich?

AUFGABE 26 Ein Ziffernschloss zur Sicherung eines Fahrrades hat fünf Einstellungen der Ziffern 0 bis 9.
Für eine Einstellung benötigt man drei Sekunden.
Welche Zeit benötigt man, um alle Einstellungen durchzuprobieren?

AUFGABE 27 Man kann das Experiment „Ziehen von k Kugeln aus n Kugeln mit Zurücklegen und unter Beachten der Reihenfolge“ umkehren.
k Kugeln (z. B. $k = 4$) werden auf n Urnen (Fächer) verteilt (z. B. $n = 5$).

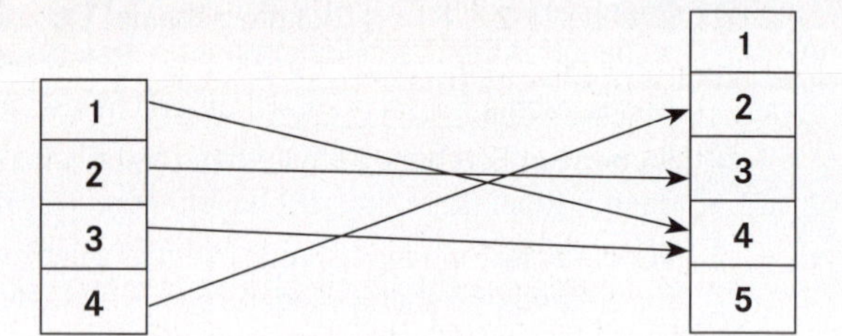

Dabei können auch mehrere Kugeln in dieselbe Urne kommen, andererseits können Urnen auch leer bleiben. Die Anzahl der Möglichkeiten lässt sich hierfür ebenfalls leicht einsehen.
Die 1. Kugel kann in n Urnen gelegt werden, die 2. Kugel ebenfalls in n Urnen usw.

MERKE **Es gibt somit n^k Möglichkeiten, k Kugeln beliebig auf n Urnen zu verteilen.**

a) Wie viele Möglichkeiten gibt es, 22 Schüler auf zehn Klassenzimmer zu verteilen?
b) Eine Schulklasse mit 26 Schülern fährt nach Prag. Die Schüler können sich für eine Veranstaltung in der Staatsoper, im Nationaltheater, im Ständetheater, im Rudolfinum, in der Laterna Magica oder auf der Prager Burg entscheiden.
Wie viele Möglichkeiten gibt es für die Schüler, sich auf die Veranstaltungen zu verteilen?

AUFGABE 28 Bei der Einführung zur Wahrscheinlichkeitsrechnung wurden die Fragen, die der Chevalier de Méré im Jahre 1654 an Blaise Pascal richtete, erwähnt. Jetzt dürfte es keine große Mühe sein, mithilfe der bisher erarbeiteten Kenntnisse die Antworten zu finden.

a) Wie groß ist die Wahrscheinlichkeit, bei viermaligem Werfen eines idealen Würfels wenigstens eine Sechs zu werfen?
- Betrachten Sie hierzu die Anzahl der möglichen Ergebnisse und die Anzahl der Fälle, in denen keine Sechs geworfen wird.

$$\text{Zeigen Sie: } P(E) = \frac{6^4 - 5^4}{6^4} = 1 - \left(\frac{5}{6}\right)^4 = 0{,}517\ 746\ 913$$

b) Wie groß ist die Wahrscheinlichkeit, bei 24-maligem Werfen von zwei Würfeln mindestens eine Doppelsechs zu werfen?
- Betrachten Sie hierzu wiederum die Anzahl der möglichen Ergebnisse und die Anzahl der Fälle, in denen keine Doppelsechs auftritt.

$$\text{Zeigen Sie: } P(E) = \frac{36^{24} - 35^{24}}{36^{24}} = 1 - \left(\frac{35}{36}\right)^{24} = 0{,}491\ 403\ 875$$

2. Geordnete Stichprobe ohne Zurücklegen

- Ziehen von k Kugeln ohne Zurücklegen aus n Kugeln unter Beachtung der Reihenfolge.

Ein mögliches Ergebnis zeigt das Bild. Da eine gezogene Kugel nicht zurückgelegt wird, kann dieselbe Ziffer nur einmal vorkommen.

Das Ergebnis | 2 | 1 | 5 | 3 | unterscheidet sich durch die Anordnung vom vorherigen Ergebnis. Man erhält nur k-Tupel, die an allen Stellen verschieden besetzt sind; solche k-Tupel heißen auch k-Permutationen. Früher sprach man auch von Variationen k-ter Ordnung aus n Elementen ohne Wiederholung.

Die Berechnung der Anzahl der Stichproben für unser obiges Beispiel kann mithilfe der Produktregel leicht vorgenommen werden. Für die erste Ziehung hat man fünf Möglichkeiten, für die zweite vier Möglichkeiten, für die dritte drei Möglichkeiten und für die vierte Ziehung zwei Möglichkeiten; insgesamt also $5 \cdot 4 \cdot 3 \cdot 2 = 120$ Möglichkeiten.

Allgemein gibt es beim ersten Ziehen n, beim zweiten Ziehen $(n-1), \ldots$, beim k-ten Ziehen $(n-k+1)$, insgesamt also $n \cdot (n-1) \cdot (n-2) \cdot \ldots \cdot (n-k+1)$ mögliche Ergebnisse.

Mithilfe der Fakultät kann dieses Produkt auch folgendermaßen dargestellt werden:

$$n \cdot (n-1) \cdot (n-2) \cdot \ldots \cdot (n-k+1) = \frac{1 \cdot 2 \cdot 3 \cdots (n-k)(n-k+1) \cdots (n-1) \cdot n}{1 \cdot 2 \cdot 3 \cdots (n-k)} = \frac{n!}{(n-k)!}$$

MERKE **Aus einer Urne mit n Elementen kann man ohne Zurücklegen $\frac{n!}{(n-k)!}$ geordnete Stichproben vom Umfang k entnehmen. Es muss $k \leq n$ sein!**

Man spricht auch von der Anzahl der möglichen Permutationen von k Objekten aus einer Gesamtheit von n Objekten.

Mit dem grafikfähigen Taschenrechner (GTR) können diese möglichen geordneten Anordnungen der k Elemente aus der Menge mit n verschiedenen Elementen direkt berechnet werden.

GTR: [n] eingeben Taste [nPr] [k] eingeben [ENTER] $\frac{n!}{(n-k)!}$ wird ausgegeben.

BEISPIEL [5] [nPr] [3] [ENTER] [60]; $\frac{5!}{2!} = 3 \cdot 4 \cdot 5 = 60$

Standardbeispiel als Merkhilfe: Spielpaarungen der Bundesliga

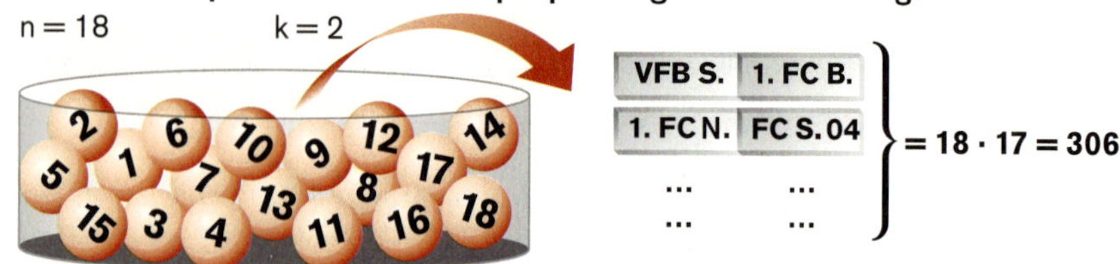

Die Bundesliga umfasst 18 Vereine. Jede Spielpaarung ist eine geordnete Stichprobe (VFB S. | 1. FC B. ≠ 1. FC B. | VFB S. ohne Zurücklegen), da ein Verein nicht gegen sich selbst spielen kann.

Für die Ansetzung der Spiele am ersten Spieltag einer Saison gibt es also 18 · 17 = 306 verschiedene Möglichkeiten.

BEISPIEL Eine Urne enthält 5 Kugeln mit den Beschriftungen *a*, *b*, *c*, *d*, *e*.
Es werden 3 Kugeln ohne Zurücklegen gezogen.

a) Geben Sie alle Permutationen mit 3 Buchstaben aus den 5 Buchstaben an.
b) Bestimmen Sie die Anzahl der möglichen Permutationen von 3 Buchstaben, die aus den 5 Buchstaben gebildet werden können.
Verwenden Sie die hergeleitete Formel und berechnen Sie auch mithilfe des allgemeinen Zählprinzips.

Lösung

a)

abc	*abd*	*abe*	*acd*	*ace*	*ade*	*bcd*	*bce*	*bde*	*cde*
acb	*adb*	*aeb*	*adc*	*aec*	*aed*	*bdc*	*bec*	*bed*	*ced*
bac	*bad*	*bae*	*cad*	*cae*	*dae*	*cbd*	*cbe*	*dbe*	*dce*
bca	*bda*	*bea*	*cda*	*cea*	*dea*	*cdb*	*ceb*	*deb*	*dec*
cab	*dab*	*eab*	*dac*	*eac*	*ead*	*dbc*	*ebc*	*ebd*	*ecd*
cba	*dba*	*eba*	*dca*	*eca*	*eda*	*dcb*	*ecb*	*edb*	*edc*

b) $\frac{n!}{(n-k)!} = \frac{5!}{(5-3)!} = \frac{5 \cdot 4 \cdot 3 \cdot 2 \cdot 1}{2 \cdot 1} = 60;$

Man hat 5 Möglichkeiten für den ersten Buchstaben, 4 Möglichkeiten für den 2. Buchstaben und 3 Möglichkeiten für den 3. Buchstaben: 5 · 4 · 3 = 60.

AUFGABE 29 Der Intercity „Mozart" hält in zehn Städten. Wie viele verschiedene Fahrkarten können ausgestellt werden?

AUFGABE 30 Eine Schulklasse mit 14 Buben und 10 Mädchen feiert eine Tanzparty. Alle Mädchen werden zum Tanzen aufgefordert. Wie viele Möglichkeiten gibt es hierfür?

AUFGABE 31 Aus einer Urne mit von 1 bis 10 gekennzeichneten Kugeln werden sechs Kugeln unter Beachtung der Reihenfolge ohne Zurücklegen gezogen. Wie groß ist die Wahrscheinlichkeit, dass die Kugeln mit den Nummern 1, 2 und 3 unmittelbar nacheinander in dieser Reihenfolge gezogen werden?

AUFGABE 32 Wie viele vierziffrige Zahlen gibt es, deren Ziffern alle verschieden sind?

AUFGABE 33 Im 100-m-Endlauf bei Olympia stehen acht Läufer. Wie viele Möglichkeiten bestehen für die Vergabe der Gold-, Silber- und Bronzemedaille?

AUFGABE 34 Auch hier kann man das Urnenmodell umkehren. Die vier Kugeln mit den Ziffern 1, 2, 3 und 4 sollen in fünf Urnen mit den Ziffern 1, 2, 3, 4 und 5 gelegt werden, wobei jedoch in eine Urne höchstens eine Kugel gelegt werden darf.

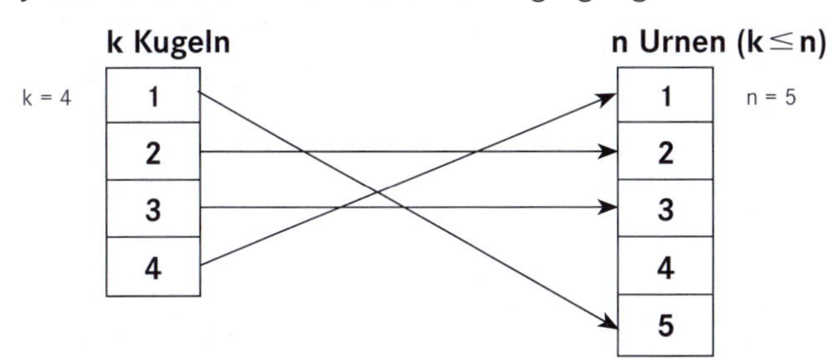

Man erkennt sofort die möglichen Anordnungen. Die erste Kugel kann in n Urnen, die zweite in $(n-1)$ Urnen, ..., die k-te Kugel in $(n-k+1)$ Urnen gelegt werden:

$$n \cdot (n-1) \cdot \ldots \cdot (n-k+1) = \frac{n!}{(n-k)!}$$

a) In wie vielen Anordnungen können fünf Personen auf acht Stühlen Platz nehmen?

b) Ein Zug hat zehn Wagen. Vier Personen wollen einsteigen, wobei jede Person in einem anderen Wagen sitzen will. Wie viele Möglichkeiten gibt es?

AUFGABE 35 In der Abiturprüfung werden häufig Aufgaben folgender Art gestellt:
In einer Urne sind zwölf Kugeln: sechs rote, vier weiße und zwei schwarze. Die Kugeln werden nacheinander ohne Zurücklegen gezogen. Die Reihenfolge wird notiert.

Wie groß ist die Wahrscheinlichkeit, dass die Kugeln mit gleicher Farbe nebeneinander liegen?

- Die drei Farben Rot, Weiß und Schwarz können auf 3! Arten angeordnet werden. Die Kugeln gleicher Farbe kann man ebenfalls permutieren; für rot 6!, für weiß 4! und für schwarz 2! Möglichkeiten.

  Es gibt somit für das Ereignis 3! 6! 4! 2! = 207 360 Möglichkeiten. Die Gesamtzahl der Permutationen der 12 Kugeln ist 12! = 479 001 600.

$$P(E) = \frac{207\,360}{479\,001\,600} = \frac{1}{2\,310} = 0{,}000\,433$$

a) Fünf Ehepaare nehmen an einem Empfang teil. Die zehn Personen werden zufällig in eine Reihe gestellt.
Mit welcher Wahrscheinlichkeit stehen alle Ehepaare nebeneinander?

b) Die fünf Ehepaare nehmen an einem runden Tisch auf zehn Stühlen Platz. Die Tischordnung wird ausgelost.
Mit welcher Wahrscheinlichkeit sitzen nun sämtliche Ehepaare nebeneinander?

AUFGABE 36 In vielen Darstellungen zur Wahrscheinlichkeitsrechnung findet sich das „Geburtstagsproblem“.

Wie groß ist die Wahrscheinlichkeit für das Ereignis E, dass von n Personen ($n \leq 365$) wenigstens zwei am selben Tag Geburtstag haben?

a) Betrachten Sie das Gegenereignis, dass also n Personen verschiedene Geburtstage haben, und zeigen Sie: $P(E) = 1 - \frac{365 \cdot 364 \cdot 363 \cdots (365 - n + 1)}{365^n}$

b) Berechnen Sie für $n = 5, 10, 15, 20$ und $n = 25$. Ab welchem n ist $P(E) \geq 0{,}9$?

3. Ungeordnete Stichproben ohne Zurücklegen

- Ziehen von k Kugeln ohne Zurücklegen aus n Kugeln ($k \leq n$) ohne Beachtung der Reihenfolge.

Ein mögliches Ergebnis zeigt das nebenstehende Bild. Die Ergebnisse

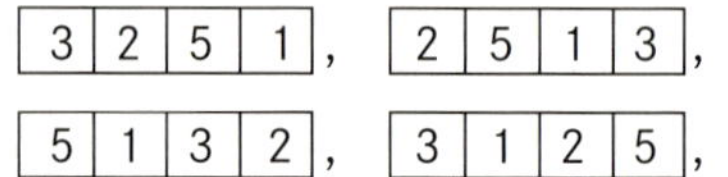

usw. (d. h. 4! bzw. $k!$ Anordnungen) liefern dieselbe ungeordnete Stichprobe.

Die Anzahl der ungeordneten Stichproben kann nun folgendermaßen berechnet werden:

Zunächst gibt es $\frac{n!}{(n-k)!}$ geordnete Stichproben. Da sich nun jede k-elementige Menge auf $k!$ Arten (bei Beachtung der Reihenfolge) anordnen lässt, gilt:

MERKE **Die Anzahl der ungeordneten k-elementigen Teilmengen einer n-elementigen Menge ist** $\frac{n!}{k!(n-k)!}$.

Bemerkung: Früher bezeichnete man diese k-Mengen auch als Kombinationen von n Elementen zur k-ten Klasse ohne Wiederholung.

$$C_n(k) = \frac{n!}{k!(n-k)!} \quad (n \geq k)$$

Beachte: Ordnung ist wichtig bei Permutationen, aber nicht bei Kombinationen.

BEISPIEL **Standardbeispiel als Merkhilfe:**
Lotto „6 aus 49“

Ziehung ohne Zurücklegen und ohne Beachten der Reihenfolge

$$\frac{49 \cdot 48 \cdot 47 \cdot 46 \cdot 45 \cdot 44}{6!} = \frac{49!}{6!\,43!} = 13\,983\,816$$

$$\frac{n \cdot (n-1) \cdot (n-2) \cdots (n-k+1)}{k!} = \frac{n!}{k!(n-k)!}$$

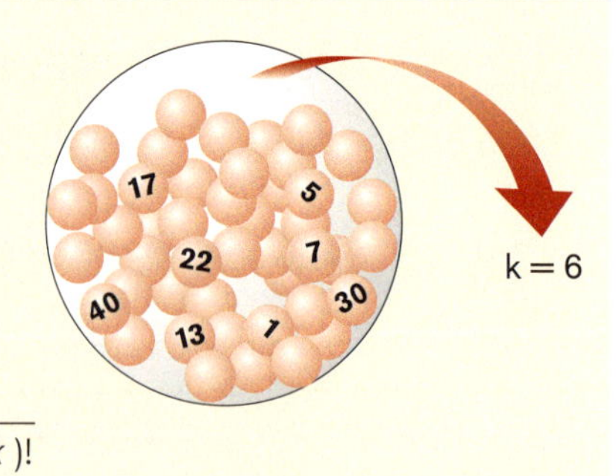

Binomialkoeffizienten

Für $\frac{n!}{k!(n-k)!}$ führt man die Abkürzung $\binom{n}{k}$ ein (sprich „n über k"). Für $n, k \in \mathbb{N}$ mit $k \leq n$ wird definiert: $\binom{n}{k} = \frac{n!}{k!(n-k)!}$.

Der Name Binomialkoeffizient rührt daher, dass die Zahlen $\binom{n}{k}$ als Koeffizienten bei der Berechnung von Binomen $(a + b)^n$ auftreten.

$(a + b)^0$: 1
$(a + b)^1$: $1\,a^1b^0 + 1\,a^0b^1$
$(k = 0)$ $(k = 1)$
$(a + b)^2$: $1\,a^2b^0 + 2\,a^1b^1 + 1\,a^0b^2$
$(k = 0)$ $(k = 1)$ $(k = 2)$
$(a + b)^3$: $1\,a^3b^0 + 3\,a^2b^1 + 3\,a^1b^2 + 1\,a^0b^3$
$(k = 0)$ $(k = 1)$ $(k = 2)$ $(k = 3)$
$(a + b)^4$: $1\,a^4b^0 + 4\,a^3b^1 + 6\,a^2b^2 + 4\,a^1b^3 + 1\,a^0b^4$

$(a + b)^0$: $\binom{0}{0} = 1$

$(a + b)^1$: $\binom{1}{0} = 1$; $\binom{1}{1} = 1$

$(a + b)^2$: $\binom{2}{0} = 1$; $\binom{2}{1} = 2$; $\binom{2}{2} = 1$

$(a + b)^3$: $\binom{3}{0} = 1$; $\binom{3}{1} = 3$; $\binom{3}{2} = 3$; $\binom{3}{3} = 1$

$(a + b)^4$: $\binom{4}{0} = 1$; $\binom{4}{1} = 4$; $\binom{4}{2} = 6$; $\binom{4}{3} = 4$; $\binom{4}{4} = 1$

Allgemein gilt: $(a + b)^n = \sum_{k=0}^{n} \binom{n}{k} a^{n-k} \cdot b^k$

Aus den Beispielen ergibt sich:

$$\binom{0}{0} = 1;\ \binom{n}{0} = 1;\ \binom{n}{1} = n;\ \binom{n}{n-1} = n;\ \binom{n}{n} = 1$$

$$\binom{n}{k} = \binom{n}{n-k};\ \binom{n}{k} + \binom{n}{k+1} = \binom{n+1}{k+1}$$

Die Binomialkoeffizienten $\binom{n}{k}$ sind üblicherweise im Taschenrechner verfügbar, sodass die ungeordneten Stichproben ohne Zurücklegen rasch berechnet werden können.

GTR: [n] eingeben, Taste [nCR], [k] eingeben, [ENTER], $\binom{n}{k}$ wird ausgegeben.

BEISPIEL [5] [nCr] [2] [ENTER] [10]

BEISPIEL Gegeben ist eine Menge mit 5 Buchstaben: $U = \{a, b, c, d, e\}$.

a) Geben Sie alle Kombinationen mit 3 Buchstaben aus diesen 5 Buchstaben der Menge U an.

b) Bestimmen Sie die Anzahl der möglichen Kombinationen von 3 Buchstaben aus 5 Buchstaben an (ungeordnet, ohne Wiederholung).

Lösung:

a) Die ungeordneten Untermengen mit 3 Buchstaben aus den ersten 5 Buchstaben des Alphabets sind: $\{a,b,c\}$, $\{a,b,d\}$, $\{a,b,e\}$, $\{a,c,d\}$, $\{a,c,e\}$, $\{a,d,e\}$, $\{b,c,d\}$,$\{b,c,e\}$, $\{b,d,e\}$, $\{c,d,e\}$.

b) Die Anzahl der ungeordneten Untermengen mit 3 Elementen aus einer Menge mit 5 Elementen (ohne Wiederholungen) ist gegeben durch :

$$\binom{5}{3} = \frac{5!}{3!(5-3)!} = 10.$$

AUFGABE 37 Berechnen Sie: $\binom{6}{5}, \binom{5}{2}, \binom{10}{3}, \binom{6}{4}, \binom{2}{0}, \binom{3}{3}, \binom{3}{5}$

AUFGABE 38 a) Zwischen sechs Punkten (keine drei von ihnen liegen auf einer Geraden) sollen alle möglichen Verbindungsstrecken gezogen werden. Wie viele sind es?

b) Wie viele Diagonalen hat ein Sechseck, Achteck, n-Eck?

AUFGABE 39 20 Personen bewerben sich um drei kostenlose Fahrten nach Paris.
Wie viele verschiedene Reisegruppen sind möglich?

AUFGABE 40 Aus 1 000 Personen werden 20 willkürlich zu einer Befragung ausgewählt.
Wie viele Möglichkeiten gibt es?

AUFGABE 41 Ein Skatblatt hat 32 Karten. Jeder der drei Spieler erhält zehn Karten, zwei Karten kommen in den „Skat".
Mit welcher Wahrscheinlichkeit liegen zwei Buben im Skat?

AUFGABE 42 a) Zwölf Außenminister treffen sich in Brüssel. Dabei gibt jeder Außenminister jedem zur Begrüßung einmal die Hand. Wie viele Händedrücke werden ausgetauscht?

b) Was ergibt sich bei einer beliebigen Anzahl von n Personen?

c) Am Neujahrsempfang des Bundespräsidenten sollen 6 000 Personen teilnehmen.
Wie oft würden die Gläser klingen, wenn jede Person mit jeder Person anstieße?

AUFGABE 43 Ein Sportverein mit 65 Mitgliedern stellt eine Gruppe von fünf zufällig ausgewählten Mitgliedern zur Betreuung einer Spielstraße zusammen.
Wie viele verschiedene Gruppen sind möglich?

Zusammenfassung der Stichproben

Es werden k-Elemente aus einer Menge von n Elementen ausgewählt. Die Anzahl der Anordnungen der k-Elemente ist abhängig vom Auswahlverfahren:

Stichproben	Mit Beachtung der Reihenfolge	Ohne Beachtung der Reihenfolge
Mit Wiederholung ($k \in \mathbb{N}$)	n^k	–
Ohne Wiederholung ($k \leq n$)	$\frac{n!}{(n-k)!}$	$\binom{n}{k}$

Anwendung der Zählprinzipien zur Berechnung der Wahrscheinlichkeit

Für Zufallsexperimente mit $m = |S|$ gleichwahrscheinlichen Ergebnissen und $n = |E|$ für das Ereignis günstigen Ausgängen ist die klassische Wahrscheinlichkeit (Laplace) durch

$P(E) = \frac{n}{m}$ gegeben. Leider ist es nicht immer einfach, n und m bei Wahrscheinlichkeitsproblemen zu bestimmen. Oft benötigen wir die kombinatorischen Regeln zur Bestimmung der möglichen Ausgänge m und der Anzahl n der für das Ereignis günstigen Ergebnisse eines Zufallsversuches. Wir wollen nun hierzu zwei typische Beispiele betrachten:

1. Bei der Geburt von Kindern beträgt die Wahrscheinlichkeit für ein Mädchen bzw. einen Buben ungefähr 50 %. Im Kreiskrankenhaus sollen am Neujahrstag 9 Kinder auf die Welt kommen. Bestimmen Sie die Wahrscheinlichkeit, dass genau 5 Mädchen geboren werden.

   Lösung:
   Da die Wahrscheinlichkeit für Mädchen-/Bubengeburt beinahe gleich ist, sind die möglichen Ausgänge des „Zufallsexperiments" gleich wahrscheinlich und wir können die Wahrscheinlichkeit mit der Laplace-Regel $P(E) = \frac{n}{m}$ berechnen.

   Zunächst bestimmen wir die Anzahl m der möglichen Ausgänge. Es gibt zwei Möglichkeiten für das erste Kind (Mädchen/Bube), zwei Möglichkeiten für das zweite Kind, zwei Möglichkeiten für das dritte Kind, usw. Mit dem allgemeinen Zählprinzip (Produktregel) erhalten wir $m = 2 \cdot 2 \cdot 2 \cdot ... \cdot 2 = 2^9 = 512$.

   Nun bestimmen wir die Anzahl n der für das Ereignis E „genau fünf Mädchen" günstigen Möglichkeiten. Dies ist jedoch die Anzahl von möglichen Kombinationen von fünf „Objekten" aus neun „Objekten": $n = \binom{9}{5} = 126$.

   Damit ergibt sich für die Wahrscheinlichkeit, dass von 9 geborenen Kindern genau fünf Kinder Mädchen sind: $P(E) = \frac{n}{m} = \frac{126}{512} = 0{,}246$.

2. Die Qualitätskontrolleure im Heidenheimer Kondensatorenwerk untersuchen immer ein Gebinde mit 100 Kondensatoren. Es werden 5 Kondensatoren aus dem Gebinde zufällig entnommen und genau untersucht. Unter der Annahme, dass 6 % der Kondensatoren im untersuchten Gebinde defekt sind, soll die Wahrscheinlichkeit, dass genau 2 von den 5 entnommenen Kondensatoren defekt sind, bestimmt werden.

Lösung:
Da die Auswahl der Kondensatoren zufällig erfolgt, ist wiederum jeder mögliche Ausgang m des Zufallsexperiments gleich wahrscheinlich und wir können zur Berechnung der Wahrscheinlichkeit (Laplace) ansetzen: $P(E) = \frac{n}{m}$.

Zunächst berechnen wir die Anzahl m der möglichen Ausgänge:

$m = \binom{100}{5} = 75\,287\,520$
(Anzahl der Kombinationen von 5 Objekten aus 100 Objekten)

Die Bestimmung der Anzahl n von günstigen Möglichkeiten für das Ereignis E: „genau 2 defekte Kondensatoren unter den 5 ausgewählten Kondensatoren" erfolgt in zwei Schritten. Für 100 Kondensatoren gilt (6 % defekt):

	defekt: 6	nicht defekt: 94
gewünschte Anzahl	2	3
Kombinationen	$\binom{6}{2}$	$\binom{94}{3}$

alle Möglichkeiten:
(Produktregel) $n = \binom{6}{2} \cdot \binom{94}{3} = 15 \cdot 134\,044 = 2\,010\,660$

Die Wahrscheinlichkeit beträgt somit $P(E) = \frac{n}{m} = \frac{2\,010\,660}{75\,287\,520} \approx 0{,}027 = 2{,}7\ \%$

Das letzte Beispiel kann durch ein allgemeines **Urnenmodell** dargestellt werden. Oft kann bei praktischen Anwendungen der Wahrscheinlichkeitsrechnung eine Menge von Elementen betrachtet werden, die sich in zwei Merkmalen unterscheiden.

So können Lose in Treffer/Niete, Menschen in männlich/weiblich, Geräte in brauchbar/unbrauchbar, elektrische Schalter in ein/aus, Spiele in gewonnen/verloren oder die Ziffern im Dualsystem in 0/1 eingeteilt werden.

Urnenmodell: Wahrscheinlichkeit für genau k_1 schwarze Kugeln beim Ziehen ohne Zurücklegen

Die Urne enthalte n Kugeln: n_1 schwarze und n_2 weiße Kugeln bzw. nicht schwarze Kugeln. Aus der Urne werden k Kugeln ohne Zurücklegen und **ohne Beachtung der Reihenfolge** herausgegriffen (k Kugeln mit einem Griff).

($n = n_1 + n_2$; n_1: schwarze Kugeln, n_2: weiße bzw. nicht schwarze Kugeln;
$k = k_1 + k_2$, k_1: schwarze Kugeln, k_2: weiße bzw. nicht schwarze Kugeln, $k_1 \leq n_1$, $k_2 \leq n_2$)

Lösung:

Es werden k Kugeln aus der Menge von n Kugeln entnommen, wobei es nicht auf die Reihenfolge ankommt. Es gibt daher insgesamt:

$$\binom{n}{k} = \binom{n_1 + n_2}{k_1 + k_2} \text{ mögliche Fälle.}$$

Aus den n_1 schwarzen Kugeln lassen sich k_1 Kugeln auf $\binom{n_1}{k_1}$ verschiedene Arten auswählen.
Zu jeder bestimmten Auswahl der k_1 schwarzen Kugeln gibt es dann $\binom{n - n_1}{k - k_1} = \binom{n_2}{k_2}$ verschiedene Möglichkeiten, um die restlichen k_2 weißen Kugeln aus der Menge der weißen Kugeln auszuwählen. Für das Ergebnis E_{k_1s} „Unter den k gezogenen Kugeln befinden sich genau k_1 schwarze Kugeln" gibt es daher $\binom{n_1}{k_1} \cdot \binom{n_2}{k_2}$ günstige Fälle.

Damit gilt:

SATZ Zieht man aus einer Urne mit n Kugeln, wovon n_1 schwarz sind, k Kugeln ohne Zurücklegen, so gilt für die Anzahl k_1 der gezogenen schwarzen Kugeln:

$$P(E_{k_1s}) = \frac{\binom{n_1}{k_1} \cdot \binom{n_2}{k_2}}{\binom{n}{k}} = \frac{\binom{n_1}{k_1} \cdot \binom{n - n_1}{k - k_1}}{\binom{n_1 + n_2}{k_1 + k_2}}$$

BEISPIELE

1. Gewinnklassen beim Zahlenlotto 6 aus 49

a) Mit welcher Wahrscheinlichkeit hat man 6 „Richtige"? $P(E_6) = \frac{1}{\binom{49}{6}}$

b) Mit welcher Wahrscheinlichkeit hat man 5 „Richtige" mit Zusatzzahl, 5, 4 oder 3 „Richtige"?
Man teilt die 49 Kugeln in 6 schwarze („Richtige") und 42 bzw. 43 weiße Kugeln auf.

5 „Richtige" mit Zusatzzahl: $P(E_{5uZ}) = \frac{\binom{6}{5} \cdot 1}{\binom{49}{6}}$; 5 „Richtige": $P(E_5) = \frac{\binom{6}{5} \cdot \binom{42}{1}}{\binom{49}{6}}$;

4 „Richtige": $P(E_4) = \frac{\binom{6}{4} \cdot \binom{43}{2}}{\binom{49}{6}}$; 3 „Richtige": $P(E_3) = \frac{\binom{6}{3} \cdot \binom{43}{3}}{\binom{49}{6}}$

2. Wahrscheinlichkeit für E_{k_1}: Genau zwei Buben aus Skatblatt bei dreimaligem Ziehen (Siehe Seite 265, Lösung mit Baumdiagramm.)

Wir können unser Urnenmodell anwenden.
$n = 32$, $n_1 = 4$ (Buben), $n_2 = 28$ (nicht Buben), $k = 3$, $k_1 = 2$, $k_2 = 1$

$$P(E_{k_1}) = \frac{\binom{4}{2} \cdot \binom{28}{1}}{\binom{32}{3}} = 0{,}033\,87 = 3{,}387\ \%$$

AUFGABE 44 Eine Schulklasse mit 11 Schülern und 14 Schülerinnen will eine Studienfahrt nach Rom durchführen. Es soll ein Planungskomitee mit drei Schülern und vier Schülerinnen gewählt werden. Wie viele Besetzungsmöglichkeiten gibt es?

AUFGABE 45 Zur Abiturfeier kauft ein Schüler fünf Käsestücke, drei Brote und drei Flaschen Wein. Das Feinkostgeschäft hatte 26 Käsesorten, 8 Brotspezialitäten und 17 Weinsorten im Angebot.

In wie vielen Kombinationen hätte der Schüler seine Wahl treffen können?

AUFGABE 46 Eine Urne enthält fünf grüne und sieben rote Kugeln. Man entnimmt mit einem Griff vier Kugeln.

Mit welcher Wahrscheinlichkeit hat man zwei rote und zwei grüne Kugeln?

Veranschaulichen Sie auch mit einem Baumdiagramm.

AUFGABE 47 Beim Skatspiel erhält jeder Spieler zunächst zehn Karten.

Wie groß ist die Wahrscheinlichkeit dafür, dass er

a) genau vier Buben,

b) genau acht Pik-Karten erhält?

AUFGABE 48 Ein Obsteinkäufer auf dem Großmarkt prüft 10 von 100 gelieferten Apfelkisten. Er nimmt die Ware nur an, wenn sämtliche überprüften 10 Kisten einwandfrei sind. Der Apfelbauer hat aber unter die 100 Kisten 10 Kisten mit fauligen Äpfeln gemischt.

Mit welcher Wahrscheinlichkeit wird die Apfellieferung dennoch angenommen?

AUFGABE 49 In einer Ferienreiseshow muss sich der Kandidat für ein Auslosungsverfahren entscheiden, um eine Reise gewinnen zu können.

a) In einer Lostrommel sind 4 Gewinnlose (Reise) und 2 Nieten.

b) Er muss aus zwei Lostrommeln je ein Los ziehen.
Die erste Lostrommel enthält eine gleiche Anzahl von Reisegewinnen wie Nieten. Die zweite Lostrommel ist die Lostrommel aus a). Er gewinnt eine Reise, wenn er aus beiden Lostrommeln jeweils einen Reisegewinn oder witzigerweise jeweils eine Niete gezogen hat.

Welche Situation ist für den Kandidaten günstiger?

AUFGABE 50 Bei einem großen Unternehmen bewerben sich 20 Abiturientinnen und 90 Abiturienten um einen Ausbildungsplatz. Es werden 90 Ausbildungsplätze durch Los vergeben.

a) Wie groß ist die Wahrscheinlichkeit, dass alle Bewerberinnen eingestellt werden?

b) Wie groß ist die Wahrscheinlichkeit, dass genau 13 Abiturientinnen einen Ausbildungsplatz erhalten?

c) Würden Sie wetten, dass höchstens 16 Studentinnen einen Ausbildungsplatz erhalten?

Vermischte Aufgaben

AUFGABE 51 Beim Pferdetoto muss der Einlauf der ersten drei Pferde eines Pferderennens vorhergesagt werden.

Es sind acht Pferde am Start. Wie viele Ergebnisse für die ersten drei Plätze sind möglich?

AUFGABE 52 Welches Zufallsexperiment hat die höchste Anzahl von Ergebnissen? (Ziehen unter Beachtung der Reihenfolge)

a) Ziehen von drei Kugeln mit Zurücklegen aus einer Urne mit vier Kugeln?

b) Ziehen von vier Kugeln mit Zurücklegen aus einer Urne mit drei Kugeln?

c) Ziehen von drei Kugeln ohne Zurücklegen aus einer Urne mit fünf Kugeln?

AUFGABE 53 Ein Eiweißmolekül hat die Struktur einer Kette. Das Molekül besitzt 60 Glieder. Jedes Glied ist irgendeine von 15 Aminosäuren.

Wie viele verschiedene Eiweißmoleküle sind möglich?

AUFGABE 54 Damit die Reifen (einschließlich Reserverad) eines Pkw gleichmäßig abgefahren werden, sollen die Räder regelmäßig vertauscht werden. Auf wie viele Arten ist dies möglich?

AUFGABE 55 Es werden fünf Briefe und fünf Briefumschläge geschrieben. Man steckt nun rein zufällig die Briefe in die Umschläge.
Mit welcher Wahrscheinlichkeit befindet sich jeder Brief im richtigen Umschlag?
Was ergibt sich bei n Briefen?

AUFGABE 56 Bei der Mathematikprüfung müssen drei Aufgaben aus zwei Gruppen (Analysis, Stochastik) bearbeitet werden. Der Schüler bekommt für jede Gruppe drei Aufgabenvorschläge und muss mindestens eine Aufgabe aus jeder Gruppe auswählen.
Wie viele Aufgabenzusammenstellungen gibt es?

AUFGABE 57 Der Schülerparkplatz hat 68 Stellplätze. 54 Schüler kommen mit dem Auto. Wie viele Möglichkeiten gibt es, die Wagen auf die Parkplätze zu verteilen?

AUFGABE 58 Eine Lostrommel enthält 50 Lose, von denen 10 Lose gewinnen. Man zieht 10 Lose. Wie groß ist die Wahrscheinlichkeit, dass

a) alle Lose gewinnen,

b) kein Los gewinnt,

c) genau zwei Lose gewinnen,

d) genau ein Los gewinnt,

e) mindestens ein Los gewinnt,

f) höchstens ein Los gewinnt?

AUFGABE 59 Aus einem Skatspiel (32 Karten) werden drei Karten mit Zurücklegen gezogen. Wie viele Möglichkeiten gibt es, wenn es auf die Reihenfolge der Karten ankommt (nicht ankommt)?
Wie viele Möglichkeiten gibt es, wenn die Karten nicht zurückgelegt werden?

AUFGABE 60 In einer Tennistasche befinden sich zehn weiße, sechs rote und vier gelbe Bälle. Man holt zufällig zwei Bälle heraus. Mit welcher Wahrscheinlichkeit erhält man zwei gleichfarbige Bälle?

AUFGABE 61 Die Kellnerin nimmt an einem Tisch die Bestellung von zwei Gläsern Weißwein (Silvaner) und drei Gläsern Weißwein (Riesling) auf. Die Wirtin vergisst, in welche Gläser sie Silvaner bzw. Riesling eingeschenkt hat. Die Kellnerin serviert die fünf Gläser in der Hoffnung, dass die Gäste keine Weinkenner sind.

Mit welcher Wahrscheinlichkeit hat jeder Gast dennoch den bestellten Wein bekommen?

4.1.8 Bedingte Wahrscheinlichkeit

Der viertgrößte Jackpot der deutschen Lottogeschichte vom Mittwoch ist geknackt. Die 16,9 Millionen Euro teilten sich ein Tipper aus Hannover und eine Tippgemeinschaft mit 111 Mitgliedern, deren Schein aus dem Saarland stamme, teilten die Lottoveranstalter am Donnerstag mit. Für jeden Spieler der Tippgemeinschaft bleiben 75.000 Euro. Sowohl der Hannoveraner Lottokönig als auch die Tippgemeinschaft hatten außer den sechs richtigen Zahlen auch die Superzahl 4 auf ihren Scheinen. (ddp)

Mit welcher Wahrscheinlichkeit knackt man den „Jackpot" $\{J\}$ (6 Richtige mit Superzahl)?

$$P(\{J\}) = \frac{1}{\binom{49}{6}} \cdot \frac{1}{10} = 7{,}15 \cdot 10^{-9}$$

$$= 0{,}000\,000\,715\ \%$$

Falls man aber schon 6 Richtige hat, dann ist die Wahrscheinlichkeit für den Gewinn des „Jackpots" $P_{6R}(\{J\}) = 10\ \%$.

Das *Werfen eines regulären Würfels* mit der Ergebnismenge $S = \{1,2,3,4,5,6\}$ stellt ein Laplace-Experiment dar. Sämtliche Elementarereignisse haben die Wahrscheinlichkeit $\frac{1}{6}$. Einem Spieler, der den Ausgang des Würfelwurfs noch nicht kennt, wird gesagt, dass das Ereignis B „die Augenzahl ist größer als 4" eingetreten ist. Die Wahrscheinlichkeit für das Ereignis A „Augenzahl 6" wird der Spieler nun folgendermaßen berechnen. Da das Ereignis „Augenzahl größer als 4" schon eingetreten ist, sind nur noch 5 oder 6 mit gleicher Wahrscheinlichkeit möglich. Die Wahrscheinlichkeit für eine 6 beträgt dann $\frac{1}{2}$.

Durch die Tatsache, dass das Ereignis B schon eingetreten ist, liegt eine neue Wahrscheinlichkeitsverteilung vor. Allen mit B unvereinbaren Elementarereignissen wird die Wahrscheinlichkeit 0 zugeordnet. Die für A überhaupt noch möglichen Fälle sind die Ergebnisse, die zu B gehören. Weiter sind die für das Ereignis A günstigen Ergebnisse noch diejenigen Ergebnisse, die auch zum vorher eingetretenen Ereignis B gehören, also $|A \cap B|$. Für die Wahrscheinlichkeit des Ereignisses A unter der Voraussetzung, dass B eingetreten ist, führt man die Bezeichnung $P_B(A)$ ein.

Es ist dann $P_B(A) = \frac{|A \cap B|}{|B|}$; mit $P(A \cap B) = \frac{|A \cap B|}{|S|}$ und $P(B) = \frac{|B|}{|S|}$ erhält man:

Die bedingte Wahrscheinlichkeit von A unter der Bedingung B ist:

$$P_B(A) = \frac{P(A \cap B)}{P(B)}.$$ [1]

In unserem Beispiel: $P(A \cap B) = \frac{1}{6}$, $P(B) = \frac{2}{6}$; $P_B(A) = \frac{1}{6} \cdot \frac{6}{2} = \frac{1}{2}$

1 Oft wird $P_B(A)$ auch $P(A\,|\,B)$ geschrieben; $A\,|\,B$ ist jedoch keine Menge, kein Ereignis.

Wir legen allgemein fest:

DEFINITION **Bedingte Wahrscheinlichkeit**

Ist S die Ergebnismenge eines Zufallsexperiments und P die in Kapitel 4.1.2 definierte Wahrscheinlichkeit, dann gilt:

Ist $B \subseteq S$ ein Ereignis mit $P(B) > 0$ und $A \subseteq S$ ein beliebiges Ereignis, dann heißt

$P_B(A) = \dfrac{P(A \cap B)}{P(B)}$ die **bedingte Wahrscheinlichkeit** von A unter der Bedingung B.*

Baumdiagramm und Mehrfeldertafel

Die Verwendung eines Baumdiagramms oder einer *Mehrfeldertafel* lässt $P_B(A)$, $P(A \cap B)$ und $P(B)$ oft besser erkennen als die reine Rechnung.

Baumdiagramm

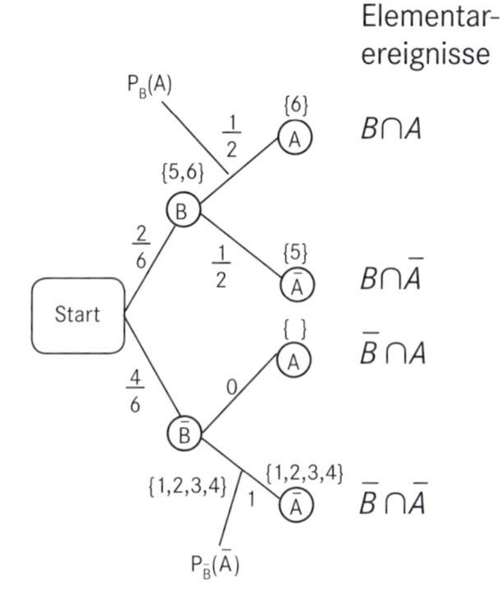

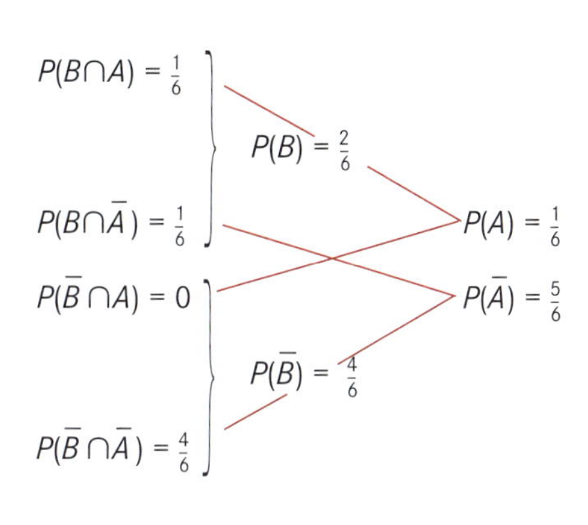

Vierfeldertafel

		2. Zug		
		A	$\bar{A}$	gesamt
1. Zug	B	$P(B \cap A)$	$P(B \cap \bar{A})$	$P(B)$
	$\bar{B}$	$P(\bar{B} \cap A)$	$P(\bar{B} \cap \bar{A})$	$P(\bar{B})$
	gesamt	$P(A)$	$P(\bar{A})$	1

	A „6“	$\bar{A}$ „keine 6“	gesamt
B „>4“	$\frac{1}{6}$	$\frac{1}{6}$	$\frac{2}{6}$
$\bar{B}$ „≤4“	0	$\frac{4}{6}$	$\frac{4}{6}$
gesamt	$\frac{1}{6}$	$\frac{5}{6}$	1

$$P_B(A) = \frac{P(A \cap B)}{P(B)} = \frac{\frac{1}{6}}{\frac{2}{6}} = \frac{1}{2}$$

* $P_B(A)$ bezeichnet man auch als Wahrscheinlichkeit des Ereignisses A
- unter der Voraussetzung, dass B eingetreten ist;
- unter der Annahme, dass B eintritt;
- wenn man schon weiß, dass B eingetreten ist.

Eine häufige Fehlerquelle bei der Berechnung der *bedingten Wahrscheinlichkeit* besteht darin, dass $P_B(A)$ mit $P(A \cap B)$ verwechselt wird. Es handelt sich in beiden Fällen um dieselbe Menge $A \cap B$. Bei $P(A \cap B)$ ist jedoch die gesamte Ergebnismenge S die Bezugsmenge $P(A \cap B) = \frac{|A \cap B|}{|S|}$. Bei $P_B(A)$ ist die Bezugsmenge nur die Teilmenge B. $P_B(A) = \frac{|A \cap B|}{|B|}$.

$P_B(A)$ stellt geometrisch den Anteil von $A \cap B$ an B dar.

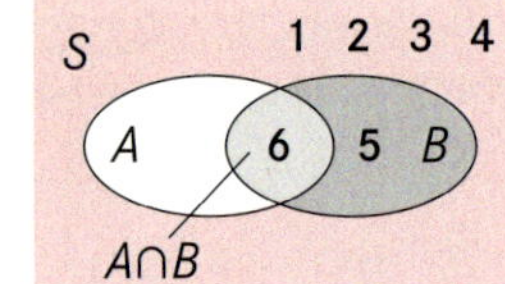

Aus der Vierfeldertafel können auch komplizierte bedingte Wahrscheinlichkeiten abgelesen und berechnet werden, die sonst nur sehr unanschaulich ermittelt werden könnten, z. B.:

$$P_{(A \cup \bar{B})}(\bar{A}) = \frac{P((A \cup \bar{B}) \cap \bar{A})}{P(A \cup \bar{B})} = \frac{\frac{4}{6}}{\frac{5}{6}} = \frac{4}{5}$$

In vielen Fällen ist die bedingte Wahrscheinlichkeit $P_B(A)$ bekannt bzw. leicht zu berechnen, gesucht ist jedoch die Wahrscheinlichkeit des Durchschnitts $P(A \cap B)$. Aus der Definition der bedingten Wahrscheinlichkeit $P_B(A) = \frac{P(A \cap B)}{P(B)}$ bzw. $P_A(A) = \frac{P(A \cap B)}{P(A)}$ ergibt sich die Wahrscheinlichkeit für das Ereignis $A \cap B$:

SATZ

Allgemeiner Multiplikationssatz
$P(A \cap B) = P_B(A) \cdot P(B)$, $P(B) \neq 0$ oder $P(A \cap B) = P_A(B) \cdot P(A)$, $P(A) \neq 0$.

BEISPIEL

In einer Urne liegen sechs schwarze und zwei weiße Kugeln, die sich nur in ihrer Farbe unterscheiden. Es werden zwei Kugeln ohne Zurücklegen gezogen. Wie groß ist die Wahrscheinlichkeit, eine schwarze und eine weiße Kugel zu ziehen?

Lösung:
Man führt die Ereignisse A: „erste Kugel ist schwarz“ und B: „zweite Kugel ist schwarz“ ein. $(A \cap \bar{B}) \cup (\bar{A} \cap B)$ entspricht dann dem Ereignis einer schwarzen und weißen Kugel. Da $(A \cap \bar{B})$ und $(\bar{A} \cap B)$ unvereinbar sind, gilt $P((A \cap \bar{B}) \cup (\bar{A} \cap B)) = P(A \cap \bar{B}) + P(\bar{A} \cap B)$.

Baumdiagramm

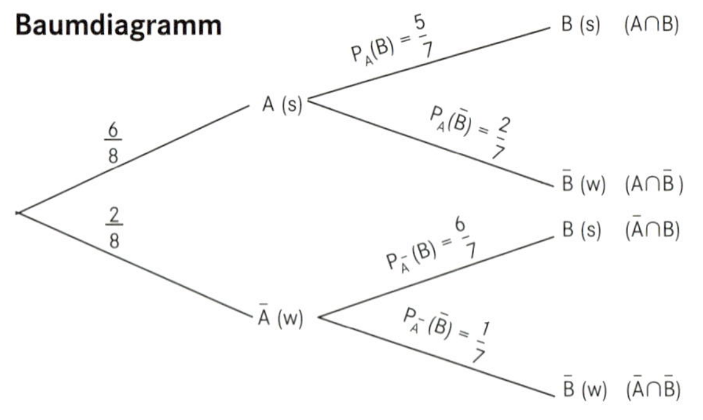

Vierfeldertafel

	B	$\bar{B}$	
A	$\frac{30}{56}$	$\frac{12}{56}$	$\frac{42}{56}$
$\bar{A}$	$\frac{12}{56}$	$\frac{2}{56}$	$\frac{14}{56}$
	$\frac{42}{56}$	$\frac{14}{56}$	1

Es ist $P(A) = \frac{6}{8}$ und $P(\bar{A}) = \frac{2}{8}$. Weiter ist, da man die erste Kugel nicht zurücklegt,

$P_A(\bar{B}) = \frac{2}{7}$ und $P_A(B) = \frac{5}{7}$.

Die Anwendung des Multiplikationssatzes ergibt:

$$P(A \cap \bar{B}) = P_A(\bar{B}) \cdot P(A) = \frac{2}{7} \cdot \frac{6}{8} = \frac{12}{56} = \frac{3}{14}$$

$$P(\bar{A} \cap B) = P_{\bar{A}}(B) \cdot P(\bar{A}) = \frac{6}{7} \cdot \frac{2}{8} = \frac{12}{56} = \frac{3}{14}$$

Die Wahrscheinlichkeit für eine schwarze und weiße Kugel ist damit:

$$P((A \cap \bar{B}) \cup (\bar{A} \cap B)) = \frac{3}{14} + \frac{3}{14} = \frac{6}{14} = \frac{3}{7}$$

Produktsatz und 1. Pfadregel

Die Wahrscheinlichkeit für „Und-Ereignisse" $P(A \cap B) = P(A) \cdot P_A(B)$, $(P(B) \neq 0)$ kann für längere Pfade bzw. mehrfache „Und-Ereignisse" verallgemeinert werden. Zum Beispiel ergibt sich für drei Ereignisse der Produktsatz:
$P(A \cap B \cap C) = P(A) \cdot P_A(B) \cdot P_{A \cap B}(C)$, wenn $P(A \cap B) \neq 0$.

Die Produktsätze sind daher algebraische Ausdrücke für die 1. Pfadregel.

BEISPIEL Die Wahrscheinlichkeit dafür, dass chinesische Grippeviren Deutschland erreichen, beträgt 1 %. Die Wahrscheinlichkeit, infiziert zu werden, beträgt 90 %.

Wie groß ist die Wahrscheinlichkeit dafür, dass

a) nach dem Eindringen der Grippeviren eine Grippeerkrankung erfolgt?

b) Grippeviren nach Deutschland eindringen und eine Grippeerkrankung erfolgt?

Lösung:

a) $P_V(G) = 0{,}9$ (gegeben)

b) $P(V \cap G) = P(V) \cdot P_V(G) = \frac{1}{100} \cdot \frac{90}{100} = \frac{9}{1000}$

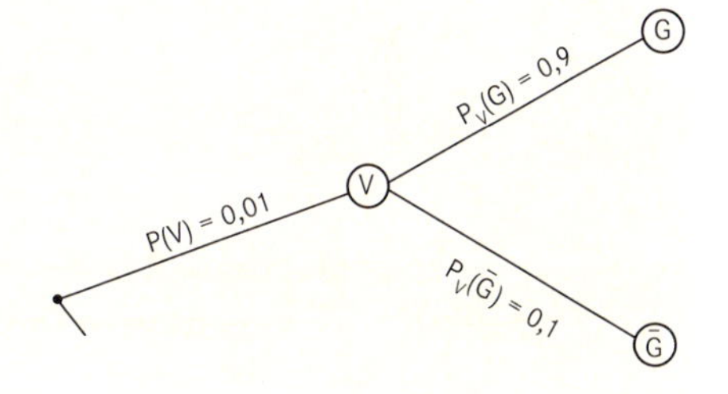

AUFGABE 1 In einer Urne liegen sechs blaue, zwei schwarze und eine weiße Kugel. Man zieht zweimal ohne Zurücklegen je eine Kugel. Als Bedingung soll das Ereignis B: „Die erste Kugel ist schwarz" gewählt werden. Mit welcher Wahrscheinlichkeit ist die zweite Kugel blau, schwarz oder weiß?

AUFGABE 2 Zeigen Sie die Richtigkeit der am Anfang des Kapitels angegebenen Wahrscheinlichkeiten zum Gewinn des „Jackpots".

AUFGABE 3 Beim „Mensch ärgere dich nicht" darf man bis zu dreimal versuchen, durch Werfen einer Sechs ins Spiel zu kommen. Der rote Spielstein steht zwei Felder vor dem Einsetzfeld für die schwarzen Spielsteine. „Rot" würfelt die Augenzahl 5. Nachfolgend würfelt „Schwarz".

a) Mit welcher Wahrscheinlichkeit kann der schwarze Spielstein den roten schlagen?

b) Mit welcher Wahrscheinlichkeit kann „Schwarz" den roten Spielstein schlagen, wenn sein erster Wurf „6" ist?

AUFGABE 4 Zwei Würfel werden geworfen.
Man erhält nur die Information, dass zwei verschiedene Zahlen oben liegen.
Mit welcher Wahrscheinlichkeit ist die Augensumme gerade?

AUFGABE 5 Bei einer alten Schatztruhe liegt ein Zettel mit fünf verschiedenen Zauberwörtern zum Öffnen der Truhe.
Berechnen Sie die Wahrscheinlichkeiten für die folgenden Ereignisse:

a) Das richtige Zauberwort wird erst beim dritten Mal gerufen.

b) Das richtige Zauberwort wird erst beim vierten Mal gerufen.

Wir haben bisher die bedingte Wahrscheinlichkeit für Laplace-Experimente eingeführt. Die bedingte Wahrscheinlichkeit ist jedoch auch für statistische Wahrscheinlichkeiten sinnvoll. Sie spielt eine zentrale Rolle bei der Untersuchung von gegenseitigen Abhängigkeiten bei Zufallstabellen.

BEISPIEL Im Statistischen Jahrbuch 2006 des Bundesamts für Statistik wird für das Wintersemester 2005/2006 angegeben, dass von 1 032 374 Studenten ($\bar{B}$) 264 147 und von 944 604 Studentinnen (B) 67 000 Ingenieurwissenschaften (I) studieren.

Wir können eine solche Erhebung als zweistufiges Zufallsexperiment notieren.
B: Frau, $\bar{B}$: Mann, A: Ingenieur, $\bar{A}$: nicht Ingenieur

Baumdiagramm

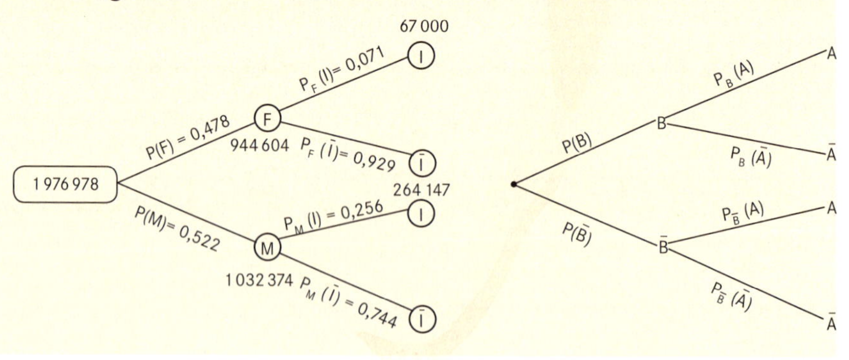

Vierfeldertafel

	A: „Ingenieur“	$\bar{A}$: „nicht Ingenieur“	Summe
B: „Frau“	$P(A \cap B) = \frac{67\,000}{1\,976\,978} = 0{,}0339$	$P(\bar{A} \cap B) = \frac{877\,604}{1\,976\,978} = 0{,}4439$	$P(B) = 0{,}4778$
$\bar{B}$: „Mann“	$P(A \cap \bar{B}) = \frac{264\,147}{1\,976\,978} = 0{,}1336$	$P(\bar{A} \cap \bar{B}) = \frac{768\,227}{1\,976\,978} = 0{,}3886$	$P(\bar{B}) = 0{,}5222$
Summe	$P(A) = 0{,}1675$	$P(\bar{A}) = 0{,}8325$	1

Wir können nun leicht die bedingte Wahrscheinlichkeit, dass eine studierende Person Ingenieurwissenschaften studiert, unter der Bedingung, dass sie eine Frau ist, also $P_B(A)$ oder $P(A \mid B)$ berechnen.

$$P_B(A) = \frac{P(A \cap B)}{P(B)} = \frac{0{,}0339}{0{,}4778} = 0{,}071 \approx 7{,}1\,\%$$

BEISPIEL

Eine Untersuchung hat ergeben, dass 9,6 % aller Schüler eine nicht staatliche Schule besuchen. Von allen Schülern besuchen nur 3,84 % ein privates Gymnasium.

Welcher Prozentsatz von Schülern an nicht staatlichen Schulen ist Schüler an einem privaten Gymnasium?

Lösung:
Wir übersetzen den Text in die Fachsprache. Für einen zufällig ausgewählten Schüler definieren wir die Ereignisse:
A: der Schüler ist an einem Gymnasium;
B: der Schüler besucht eine nicht staatliche Schule.

Wir müssen die bedingte Wahrscheinlichkeit $P_B(A) = \frac{P(A \cap B)}{P(B)}$ bestimmen.

Aus dem Aufgabentext wissen wir, dass $P(B) = 0{,}096$ und $P(A \cap B) = 0{,}0384$ ist.

Somit erhalten wir $P_B(A) = \frac{0{,}0384}{0{,}096} = 0{,}4$. 40 % der Schüler an nicht staatlichen Schulen besuchen ein Gymnasium.

AUFGABE 6 Das statistische Jahrbuch 2006 gibt folgende Daten (in Mio.) an:
Erwachsene Personen nach Familienstand des Haupteinkommensbeziehers und das Geschlecht (m/f)

	ledig (F_1)	verheiratet (F_2)	verwitwet (F_3)	geschieden (F_4)	$\sum (G_i)$
Mann (G_1)	6 081	17 196	949	1 753	25 979
Frau (G_2)	4 112	2 674	4 125	2 288	13 199
$\sum (F_i)$	10 193	19 870	5 074	4 041	39 178

Bestimmen Sie für eine zufällig in Deutschland ausgewählte erwachsene Person
a) die Wahrscheinlichkeit, dass sie geschieden ist, unter der Bedingung, dass es ein Mann ist;
b) die Wahrscheinlichkeit, dass es ein Mann ist, unter der Bedingung, dass die Person geschieden ist.

AUFGABE 7 Das neu eröffnete Hallenbad der Stadt Herbrechtingen wird zu 68 % von Einheimischen und zu 32 % von Auswärtigen genutzt.
Von den Einheimischen sind 52 % Frauen, von den Auswärtigen 46 %.
a) Wir groß ist der Anteil der weiblichen Besucher?
b) Der 10 000. Besucher erhält einen Einkaufsgutschein.
Falls es eine Frau ist: Mit welcher Wahrscheinlichkeit kommt sie von außerhalb?
Falls es ein Mann ist: Mit welcher Wahrscheinlichkeit ist es ein Einheimischer?

AUFGABE 8 Vor einem Pferderennen schätzen die Trainer die Siegeschancen der Pferde Wild, One und Carmen auf 40 %, 30 % und 10 %. Kurz vor Start verletzt sich Wild und kann nicht starten. Wie groß sind nun die Wahrscheinlichkeiten von One und Carmen?

4.1.9 Unabhängigkeit von Ereignissen

Wir betrachten erneut die Urne mit sechs schwarzen und zwei weißen Kugeln, ziehen aber jetzt zwei Kugeln nacheinander mit Zurücklegen. Für die beiden Ereignisse A: „erste Kugel ist schwarz“ und B: „zweite Kugel ist schwarz“ ergeben sich das folgende Baumdiagramm und die danebenstehende Vierfeldertafel:

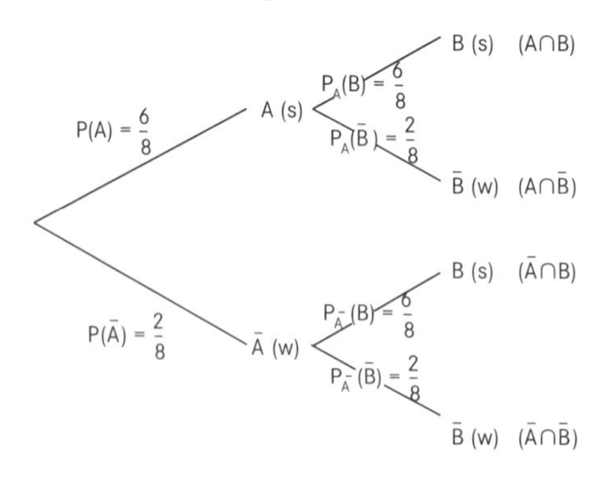

	B	$\bar{B}$		
A	$\frac{36}{64} = \frac{9}{16}$	$\frac{12}{64} = \frac{3}{16}$	$\frac{12}{16} = \frac{3}{4}$	$P(A)$
$\bar{A}$	$\frac{12}{64} = \frac{3}{16}$	$\frac{4}{64} = \frac{1}{16}$	$\frac{4}{16} = \frac{1}{4}$	$P(\bar{A})$
	$\frac{3}{4}$ $P(B)$	$\frac{1}{4}$ $P(\bar{B})$	1	

Für die bedingten Wahrscheinlichkeiten erhält man beim Ziehen mit Zurücklegen:

$$P_A(B) = \frac{P(A\cap B)}{P(A)} = \frac{\frac{9}{16}}{\frac{3}{4}} = \frac{3}{4} \quad \text{und } P_{\bar{A}}(B) = \frac{P(\bar{A}\cap B)}{P(\bar{A})} = \frac{\frac{3}{16}}{\frac{1}{4}} = \frac{3}{4}$$

damit ist $P_A(B) = P_{\bar{A}}(B) = P(B)$

Das Ereignis A hat also keinen Einfluss auf die Wahrscheinlichkeit des Ereignisses B. B ist unabhängig von A.

Wegen $P_A(B) = P(B)$ ergibt sich für den Multiplikationssatz:

$$P(A\cap B) = P(A) \cdot P_A(B) = P(A) \cdot P(B)$$

Da auch $P_B(A) = P(A)$, d. h. A von B unabhängig ist, gilt auch
$P(A\cap B) = P_B(A) \cdot P(B) = P(A) \cdot P(B)$.

SATZ **Spezieller Multiplikationssatz: Unabhängigkeit von Ereignissen**
Zwei Ereignisse A und B heißen genau dann **stochastisch unabhängig** voneinander, wenn gilt: $P(A\cap B) = P(A) \cdot P(B)$.
Andernfalls heißen die Ereignisse **stochastisch abhängig.**

Stochastische Unabhängigkeit im Baumdiagramm und in der Vierfeldertafel

Da bei stochastisch unabhängigen Ereignissen $P_A(B) = P_{\bar{A}}(B) = P(B)$ und $P_A(\bar{B}) = P_{\bar{A}}(\bar{B}) = P(\bar{B})$ ist, ergibt sich für das Baumdiagramm, dass auf den Ästen der zweiten Stufe statt der bedingten Wahrscheinlichkeiten die unbedingten Wahrscheinlichkeiten $P(B)$ und $P(\bar{B})$ stehen.

Bei stochastisch unabhängigen Ereignissen A und B steht im ersten Feld der Vierfeldertafel für $P(A\cap B)$ das Produkt $P(A) \cdot P(B)$.

Im Feld für $P(\bar{A}\cap B)$ ergibt sich aus $P((A\cup\bar{A})\cap B) = P(B) = P(A\cap B) + P(\bar{A}\cap B)$ mit $P(\bar{A}\cap B) = P(B) - P(A\cap B)$ und $P(\bar{A}\cap B) = P(B) - P(A) \cdot P(B)$ und $P(\bar{A}\cap B) = (1 - P(A)) \cdot P(B)$ das Produkt: $P(\bar{A}) \cdot P(B)$.

Für die weiteren Felder folgt dann ebenfalls aus der Produkteigenschaft des ersten Feldes:
$P(A\cap\bar{B}) = P(A) \cdot P(\bar{B})$ und $P(\bar{A}\cap\bar{B}) = P(\bar{A}) \cdot P(\bar{B})$.

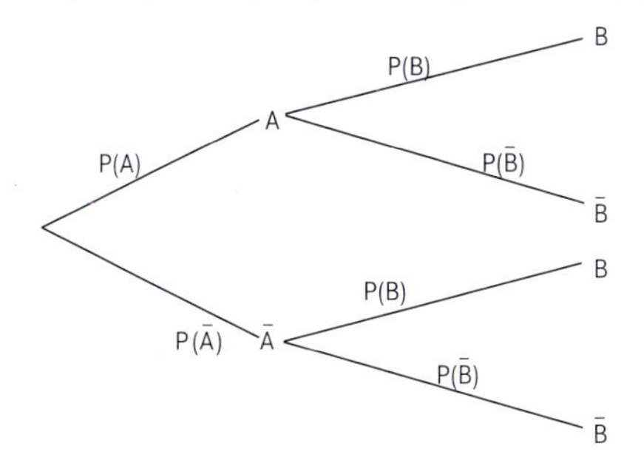

	B	B̄	
A	P(A) · P(B)	P(A) · P(B̄)	P(A)
Ā	P(Ā) · P(B)	P(Ā) · P(B̄)	P(Ā)
	P(B)	P(B̄)	

MERKE Die Ereignisse A und B sind eindeutig stochastisch unabhängig, wenn die Vierfeldertafel der Wahrscheinlichkeiten eine Multiplikationstafel ist.

Oft lässt der Ablauf der Zufallsexperimente die Unabhängigkeit der Ereignisse leicht erkennen, d. h., das Eintreten eines Ereignisses beeinflusst das andere Ereignis nicht. In diesen Fällen vereinfacht die Anwendung des speziellen Multiplikationssatzes viele Berechnungen. Insbesondere kann der spezielle Multiplikationssatz für mehrstufige Experimente, deren Ergebnisse nicht von den vorherigen Stufen abhängen, erweitert werden.

MERKE Sind die Ereignisse $A_1, A_2, \ldots, A_n$ unabhängig, dann gilt:

$P(A_1 \cap A_2 \cap \ldots \cap A_n) = P(A_1) \cdot P(A_2) \cdot \ldots \cdot P(A_n)$.

BEISPIEL Man wirft eine ideale Münze fünfmal.
Mit welcher Wahrscheinlichkeit erhält man stets „Zahl"?

Lösung:

Die Ereignisse sind unabhängig, da das Ergebnis eines Münzwurfes den nächsten Münzwurf nicht beeinflusst.

$E_1, E_2, \ldots, E_5$ sei „Zahl" $P(E_1) = P(E_2) = \ldots = P(E_5) = \frac{1}{2}$

Damit $P(E_1 \cap E_2 \cap \ldots \cap E_5) = P(E_1) \cdot P(E_2) \cdot \ldots \cdot P(E_5) = \left(\frac{1}{2}\right)^5 = \frac{1}{32}$

In vielen Anwendungsbeispielen, z. B. Raucher/Lungenkrebs, Bildungsabschluss/Einkommen, Geschlecht/Lebenserwartung usw., ist der Zusammenhang zwischen zwei Ereignissen unklar. In diesen Fällen lässt dann meist nur der Vergleich der Wahrscheinlichkeiten $P(A \cap B)$ mit $P(A) \cdot P(B)$ bzw. $P_A(B)$ mit $P(B)$ die Abhängigkeit oder Unabhängigkeit erkennen.

BEISPIEL Die Verkehrsbetriebe eines Landkreises haben untersucht, wie die Beschäftigten zu ihren Arbeitsstätten gelangen (Daten in Tsd.):

Wohnung / Verkehrsmittel	städtischer Bereich ($W1$)	ländlicher Raum ($W2$)	Summe
Auto ($V1$)	30	10	40
öffentl. Bus /Bahn ($V2$)	13	1	14
Summe	43	11	54

a) Berechnen Sie $P(V1)$ und $P_{W2}(V1)$.
b) Sind die Ereignisse V1 und W2 unabhängige Ereignisse?
c) Ist das Ereignis, dass ein Beschäftigter im städtischen Bereich wohnt, unabhängig von dem Ereignis, dass er für den Weg zur Arbeit ein Auto benutzt?

Lösung:

Bei insgesamt 54 Beschäftigten gilt für die Wahrscheinlichkeiten:

a) $P(V1) = \frac{40}{54} = 0{,}741$; $P(V1 \cap W2) = \frac{10}{54} = 0{,}185$; $P(W2) = \frac{11}{54} = 0{,}2037$

$P_{W2}(V1) = \frac{10}{54} \cdot \frac{54}{11} = 0{,}90909$

b) Nein, da $P(V1) \cdot P(W2) \neq P(V1 \cap W2)$: $0{,}741 \cdot 0{,}2037 = 0{,}151 \neq 0{,}185$

c) $P(W1) = \frac{43}{54} = 0{,}7963$; $P(V1 \cap W1) = \frac{30}{54} = 0{,}5556 \neq P(W1) \cdot P(V1) = 0{,}59$

bzw. $P_{W1}(V1) = \frac{30}{43} \neq P(V1) = \frac{40}{54}$.

Die Ereignisse $W1$ und $V1$ sind somit stochastisch abhängig.

BEISPIEL

Das statistische Jahrbuch 2006 für die Bundesrepublik Deutschland enthält Angaben über Studierende an Hochschulen (Wintersemester 2005/2006). Sie sind in einer Vierfeldertafel dargestellt.

Staatsangehörigkeit / Geschlecht	Deutscher (A)	Ausländer ($\bar{A}$)	gesamt
männlich (B)	908 624	123 750	1 032 374
weiblich ($\bar{B}$)	820 867	123 737	944 604
gesamt	1 729 491	247 487	1 976 798

Berechnen Sie die folgenden Wahrscheinlichkeiten:

a) $P_B(A)$ b) $P_{\bar{B}}(A)$ c) $P_A(B)$ d) $P_{\bar{A}}(B)$

Sind die Ereignisse A und B unabhängig? (Hat das Geschlecht einen Einfluss auf die Aufnahme eines Studiums in Deutschland?)

Lösung:

Betrachtet man als Ergebnismenge S die Anzahl der Studierenden, dann ist die Wahrscheinlichkeit, ausgewählt zu werden, für jeden Studierenden gleich groß. Es ist damit als ein Laplace-Experiment anzusehen. Man kann die relativen Häufigkeiten ermitteln und die ermittelten Anteile als Wahrscheinlichkeiten für die zufällige Auswahl eines (einer) Studierenden auffassen.

$P(A) = \frac{|A|}{|S|} = \frac{1\,729\,491}{1\,976\,978} = 87{,}48\ \%$ $\quad P(\bar{A}) = \frac{|\bar{A}|}{|S|} = \frac{247\,487}{1\,976\,978} = 12{,}52\ \%$

$P(B) = \frac{|B|}{|S|} = \frac{1\,032\,374}{1\,976\,978} = 52{,}22\ \%$ $\quad P(\bar{B}) = \frac{|\bar{B}|}{|S|} = \frac{944\,604}{1\,976\,978} = 47{,}78\ \%$

$$P(A\cap B)=\frac{|A\cap B|}{|S|}=\frac{908\,624}{1\,976\,978}=45{,}96\,\%,\quad P(A\cap\bar{B})=\frac{|A\cap\bar{B}|}{|S|}=\frac{820\,867}{1\,976\,978}=41{,}52\,\%$$

$$P(\bar{A}\cap B)=\frac{|\bar{A}\cap B|}{|S|}=\frac{123\,750}{1\,976\,978}=6{,}26\,\%,\quad P(\bar{A}\cap\bar{B})=\frac{|\bar{A}\cap\bar{B}|}{|S|}=\frac{123\,737}{1\,976\,978}=6{,}26\,\%$$

$$P_B(A)=\frac{P(A\cap B)}{P(B)}=\frac{|A\cap B|}{|B|}=\frac{908\,624}{1\,032\,374}=\frac{0{,}4596}{0{,}5222}=0{,}8801$$

$$P_{\bar{B}}(A)=\frac{P(A\cap\bar{B})}{P(\bar{B})}=\frac{|A\cap\bar{B}|}{|\bar{B}|}=\frac{820\,867}{944\,604}=\frac{0{,}4152}{0{,}4778}=0{,}8690$$

$$P_A(B)=\frac{P(A\cap B)}{P(A)}=\frac{|A\cap B|}{|A|}=\frac{908\,624}{1\,729\,491}=\frac{0{,}4596}{0{,}8748}=0{,}5254$$

$$P_{\bar{A}}(B)=\frac{P(\bar{A}\cap B)}{P(\bar{A})}=\frac{|\bar{A}\cap B|}{|\bar{A}|}=\frac{123\,750}{247\,487}=\frac{0{,}0626}{0{,}1252}=0{,}5000$$

Man erkennt:

$P_B(A)\neq P(A)$, $P_{\bar{B}}(A)\neq P(A)$, $P_A(B)\neq P(B)$ und $P_{\bar{A}}(B)\neq P(B)$

Es ergibt sich folgende Vierfeldertafel:

	A	$\bar{A}$	
B	$P(A\cap B)$ 45,96 %	$P(\bar{A}\cap B)$ 6,26 %	$P(B)$ 52,22 %
$\bar{B}$	$P(A\cap\bar{B})$ 41,52 %	$P(\bar{A}\cap\bar{B})$ 6,26 %	$P(\bar{B})$ 47,78 %
	$P(A)$ 87,48 %	$P(\bar{A})$ 12,52 %	100 %

A und *B* wären unabhängig, wenn die Vierfeldertafel eine Multiplikationstafel wäre. Da aber z. B. $P(A\cap B)\neq P(A)\cdot P(B)$ (45,96 % ≠ 87,48 % · 52,25 %), sind die Ereignisse *A* und *B* nicht unabhängig. Man könnte aber auch eine beinahe Unabhängigkeit feststellen, da die Wahrscheinlichkeiten nur geringfügig von einer Multiplikationstabelle abweichen.

	A	$\bar{A}$	
B	$P(A\cap B)$ 45,68 %	$P(\bar{A}\cap B)$ 6,54 %	$P(B)$ 52,22 %
$\bar{B}$	$P(A\cap\bar{B})$ 41,80 %	$P(\bar{A}\cap\bar{B})$ 5,98 %	$P(\bar{B})$ 47,78 %
	$P(A)$ 87,48 %	$P(\bar{A})$ 12,52 %	100 %

Dieses Ergebnis ist auch im Baumdiagramm zu erkennen:

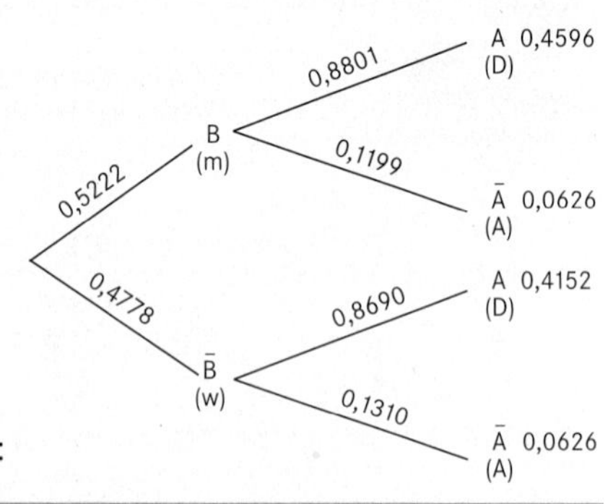

AUFGABE 1 Die Karten eines Skatblattes werden gut gemischt, sodass jede Karte mit der gleichen Wahrscheinlichkeit gezogen wird (Laplace-Experiment).
Es werden nun zwei Karten *ohne Zurücklegen* entnommen.
Wie groß ist die Wahrscheinlichkeit dafür, zwei Buben zu ziehen?
Zeichnen Sie einen „Ereignisbaum".

AUFGABE 2 Eine Urne enthält zwei schwarze und drei weiße Kugeln. Es werden zwei Kugeln nacheinander ohne Zurücklegen gezogen. Mit welcher Wahrscheinlichkeit sind beide Kugeln schwarz, beide Kugeln weiß, die Kugeln verschiedenfarbig?

AUFGABE 3 Zwölf Fluggäste kommen zur Zollabfertigung. Zwei Personen haben Schmuggelware dabei. Die Zöllner kontrollieren nur drei Personen.
Mit welcher Wahrscheinlichkeit wird wenigstens ein Schmuggler erwischt?

AUFGABE 4 Karl und Franz gehen zur Jagd. Karl trifft mit der Wahrscheinlichkeit $\frac{3}{4}$ und Franz mit der Wahrscheinlichkeit $\frac{1}{2}$. Beide schießen auf ein und denselben Hasen.
Mit welcher Wahrscheinlichkeit wird der Hase getroffen?

AUFGABE 5 Bei Kernkraftwerken funktioniert das Kühlsystem mit der Wahrscheinlichkeit von 99 %. Das Reservekühlsystem funktioniert zu 98 %.
Mit welcher Wahrscheinlichkeit sind beide Systeme gleichzeitig defekt?

AUFGABE 6 Ein Textilgeschäft bezieht Waren aus Hongkong. Bei einer Lieferung von 24 Hemden werden drei Hemden zufällig kontrolliert. Die Sendung wird angenommen, wenn sich kein Mangel ergibt. Mit welcher Wahrscheinlichkeit wird die Sendung gekauft, wenn vier Hemden mangelhaft sind?

AUFGABE 7 In einer Urne befinden sich zwei rote und drei schwarze Kugeln. Eine Kugel wird gezogen und diese Kugel mit einer weiteren Kugel derselben Farbe dann zurückgelegt. Diese Ziehungen werden mehrfach wiederholt. Wie groß ist die Wahrscheinlichkeit, beim dritten Zug eine schwarze Kugel zu erhalten?

AUFGABE 8 Für zwei Ereignisse A und B gilt $P(A) = \frac{1}{2}$, $P(B) = \frac{1}{2}$ und $P(A \cap B) = \frac{1}{4}$. Berechnen Sie:

a) $P_A(B)$ b) $P_B(A)$ c) $P(A \cup B)$ d) $P_{\bar{A}}(\bar{B})$

AUFGABE 9 Beweisen Sie: $\frac{P_A(B)}{P(B)} = \frac{P_B(A)}{P(A)}$ und $(P(A) > 0,\ P(B) > 0)$

AUFGABE 10 Es werden Familien mit zwei Kindern betrachtet. Das Ereignis E_1 sei „die Familie hat wenigstens ein Mädchen" und das Ereignis E_2 sei „beide Kinder sind Mädchen". Wie groß ist die Wahrscheinlichkeit, dass die Familie zwei Mädchen hat, wenn schon bekannt ist, dass sie wenigstens ein Mädchen hat?

AUFGABE 11 Zwei Würfel werden geworfen. Es liegen zwei verschiedene Zahlen oben.
Mit welcher Wahrscheinlichkeit ist die Augensumme gerade?

AUFGABE 12 Eine Lebensversicherung möchte einen Sondertarif für Nichtraucher einführen. Sie lässt daher 1 000 Personen befragen.

Wie groß sind die Wahrscheinlichkeiten für folgende Ereignisse:

a) Frau und Nichtraucher?

b) Mann und Raucher?

	Raucher	Nichtraucher	gesamt
Männer	187	203	390
Frauen	108	502	610
gesamt	295	705	1 000

AUFGABE 13 Zu Beginn der Eingangsklasse wird ein Algebratest durchgeführt. Aus Erfahrung weiß man, dass 20 % der Schüler das Abitur nicht erreichen, wobei 80 % dieser Schüler zu Beginn ein negatives Testergebnis hatten. Nur 2 % hatten beim anfänglichen Algebratest versagt und trotzdem die Abiturprüfung bestanden.
Mit welcher Wahrscheinlichkeit erreicht ein Schüler das Abitur, der den Algebratest zu Beginn bestanden hat?

AUFGABE 14 Die Ereignisse A und B sind unabhängig. Es gilt $P(A) = \frac{3}{8}$ und $P(A \cup B) = \frac{5}{8}$.
Berechnen Sie $P(B)$, $P_B(A)$, $P_A(\bar{B})$ und $P_B(\bar{A})$.

AUFGABE 15 Man zieht aus einem Skatblatt nacheinander zwei Karten mit Zurücklegen.
Mit welcher Wahrscheinlichkeit hat man zwei Buben?

AUFGABE 16 Man setzt in 5 Spielen nacheinander auf „pair“ beim Roulette.
Mit welcher Wahrscheinlichkeit gewinnt man alle 5 Spiele?

AUFGABE 17 Sind die Blutgruppen 0, A, B, AB bei Frauen und Männern vom Geschlecht unabhängig? Ein Doktorand ermittelt folgende Daten.

	0	A	B	AB
m	369	328	82	45
w	350	310	75	39

Helfen Sie ihm bei der Auswertung.

AUFGABE 18 Aus den Anfängen der Wahrscheinlichkeitsrechnung wird berichtet, dass der englische Schriftsteller S. Pepys (1633 – 1703) im Jahre 1693 Sir Isaak Newton (1643 – 1727) folgende Frage gestellt hat:
Was ist wahrscheinlicher – bei sechs Würfen mit einem idealen Würfel mindestens einmal eine Sechs oder bei zwölf Würfen mindestens zweimal eine Sechs zu erhalten?

AUFGABE 19 Aus den Anfängen der Wahrscheinlichkeitsrechnung stammt folgendes „Brief- und Briefumschlagsproblem“:
Der adelige Herr schreibt drei Briefe und die Adressen auf drei Briefumschläge.
Der Diener steckt blind jeden Brief in einen Umschlag.
Wie groß ist die Wahrscheinlichkeit, dass kein Brief im richtigen Umschlag steckt?

AUFGABE 20 Eine gute Biathletin ist leider keine herausragende Schützin. Sie trifft bei 30 Schüssen durchschnittlich 17-mal.

Mit welcher Wahrscheinlichkeit trifft sie mindestens viermal bei fünf Schüssen? (Ermüdungserscheinungen sollen unberücksichtigt bleiben.)

AUFGABE 21 Alle Rinder werden im Schlachthof auf BSE getestet.
Der Test (positiv) zeigt bei 99 % aller an BSE erkrankten Rindern die Erkrankung an. Leider reagiert der Test bei 3 % der gesunden Tiere und zeigt eine Erkrankung an. Erfahrungsgemäß haben glücklicherweise nur 0,02 % der Rinder BSE.

Mit welcher Wahrscheinlichkeit hat ein positiv getestetes Rind tatsächlich die BSE-Krankheit?

4.1.10 Das muss ich mir merken!

Zufallsexperiment

- Beliebig oft wiederholbar unter „gleichen" Bedingungen.
- Es sind mehrere Ergebnisse (Ausgänge) möglich, die nicht vorhersagbar (zufällig) sind.

Ergebnismenge

Die Ergebnisse eines Zufallsexperiments werden zur Ergebnismenge bzw. zum Ergebnisraum $S = \{e_1, e_2, \ldots, e_n\}$ zusammengefasst. Wir betrachten nur endliche Ergebnismengen.
Es tritt genau ein Ergebnis aus S ein, wenn das Zufallsexperiment durchgeführt wird.

Urnenmodell

In einer Urne sind gleiche Kugeln, die sich nur durch Merkmale (Farbe, Ziffern) unterscheiden.
Die Kugeln werden „blind" gezogen, sodass das Merkmal der Kugel erst nach der Ziehung notiert werden kann.
Man kann durch die Anzahl von Kugeln mit verschiedenen Merkmalen und die Ziehungsart (mit Zurücklegen, ohne Zurücklegen, Beachten der Reihenfolge) Zufallsexperimente ideal simulieren.

Ereignis

Jede Teilmenge A von S heißt Ereignis ($A \subseteq S$).
Das Ereignis A tritt ein, wenn bei einem Zufallsversuch ein Ergebnis aus A eintritt.
Gegenereignis $\bar{A}$ ist die Menge aller Ereignisse, die nicht zu A gehören. $\bar{A} = S \setminus A$.
Sicheres Ereignis $A = S$. Unmögliches Ereignis $A = \{\}$.
Elementarereignisse: $\{e_1\}, \{e_2\}, \ldots, \{e_n\}$, die einelementigen Teilmengen von S.
Zusammengesetzte Ereignisse: Nach den Regeln der Mengenalgebra können aus Ereignissen neue Ereignisse gebildet werden.

Ereignis A und B: $A \cap B$. Ereignis A oder B: $A \cup B$.
Ereignis entweder A oder B: $(A \cap \bar{B}) \cup (\bar{A} \cap B)$.

Unvereinbare Ereignisse: A und B können nicht gleichzeitig eintreten. $A \cap B = \{\}$,
z. B. $A \cap \bar{A} = \{\}$.

Wahrscheinlichkeit

Statistische Wahrscheinlichkeit

Die beobachtete relative Häufigkeit für das Eintreten eines Ereignisses A. $h_n(A)$ nähert sich einem stabilen Wert $Z(A)$.
$Z(A)$ kann als Wahrscheinlichkeit des Ereignisses $P(A)$ festgelegt werden (empirisches Gesetz der großen Zahlen).

Mathematische Wahrscheinlichkeit

Eine Zuordnung P, die jedem Ereignis $A \subseteq S$ eine reelle Zahl $P(A)$ zuordnet, heißt (nach Kolmogorow) Wahrscheinlichkeitsfunktion, wenn

a) für alle Elementarereignisse $\{e_i\}$ mit $i = 1, \ldots, m$ gilt:
$P(\{e_i\}) \geq 0$ und $P(\{e_1\}) + P(\{e_2\}) + \ldots + P(\{e_m\}) = 1$

b) für alle Ereignisse A mit $A = \{e_1, e_2, \ldots, e_k\}$ gilt:
$P(A) = P(\{e_1\}) + P(\{e_2\}) + \ldots + P(\{e_k\})$
$P(S) = 1$, $P(\{\}) = 0$, $P(A\ ) = 1 - P(A)$

Laplace-Wahrscheinlichkeit (klassische Wahrscheinlichkeit)

Haben alle Elementarereignisse eines Zufallsversuches gleiche Wahrscheinlichkeiten (Symmetrieüberlegungen, z. B. Münze, Würfel, Karten usw.), dann gilt:

$$P(A) = \frac{\text{Anzahl der für } A \text{ günstigen Ergebnisse}}{\text{Anzahl der möglichen gleich wahrscheinlichen Ergebnisse}}$$

Mehrstufige Zufallsversuche

1. Pfadregel:

Die Wahrscheinlichkeit eines Ereignisses ist gleich dem **Produkt** der Wahrscheinlichkeiten entlang des jeweiligen Pfades im Baumdiagramm.

$P(BE) = p_2 \cdot p_5$ (Produktregel)

2. Pfadregel:

Die Wahrscheinlichkeit eines Ereignisses ist gleich der **Summe** der Wahrscheinlichkeiten aller Pfade, die für das Ereignis günstig sind.

$P(\{AD\} \cup \{BE\}) = p_1 \cdot p_4 + p_2 \cdot p_5$ (Summenregel)

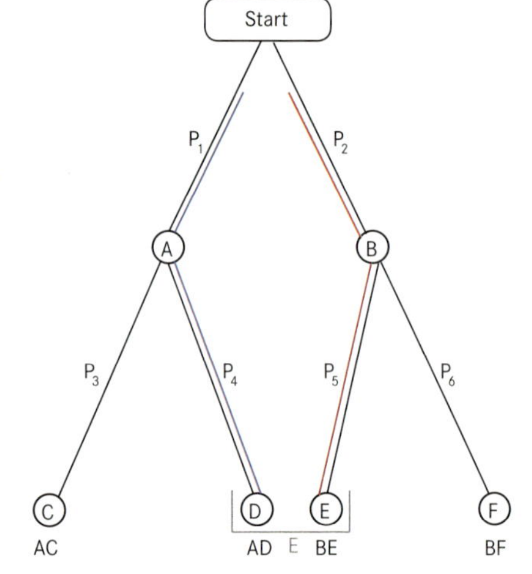

Additionssatz: Rechnen mit Wahrscheinlichkeiten

Für die Wahrscheinlichkeit des Ereignisses A oder des Ereignisses B gilt:
$P(A \cup B) = P(A) + P(B) - P(A \cap B)$.
Falls $A \cap B = \{\}$, d. h. A und B unvereinbar: $P(A \cup B) = P(A) + P(B)$

Bedingte Wahrscheinlichkeit

Für die Wahrscheinlichkeit des Eintretens von A unter der Bedingung, dass das Ereignis B schon eingetreten ist, gilt:

$$P_B(A) = P(A \mid B) = \frac{P(A \cap B)}{P(B)}$$

Vierfeldertafel

	A	$\bar{A}$	Summe
B	$P(A \cap B)$	$P(B \cap \bar{A})$	$P(B)$
$\bar{B}$	$P(A \cap \bar{B})$	$P(\bar{A} \cup \bar{B})$	$P(\bar{B})$
Summe	$P(A)$	$P(\bar{A})$	$P(S) = 1$

Baumdiagramm

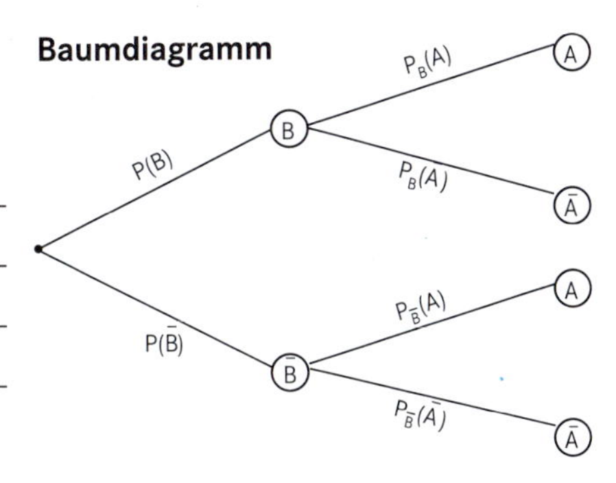

Multiplikationssatz

Die Wahrscheinlichkeit für das Eintreten des Ereignisses A **und** des Ereignisses B beträgt:

$P(A \cap B) = P(B) \cdot P_B(A) = P(A) \cdot P_A(B)$

Unabhängigkeit

Die Ereignisse A und B heißen unabhängig, wenn das Eintreffen von A (bzw. B) nicht die Wahrscheinlichkeit für das Eintreffen von B (bzw. A) beeinflusst.

Es gilt dann: $P(A \cap B) = P(A) \cdot P(B)$

Insbesondere gilt dann: $P_B(A) = P_A(B)$

Kombinatorische Hilfsmittel

Fakultät

$n! = 1 \cdot 2 \cdot 3 \ldots \cdot (n-1) \cdot n$

$0! = 1; \quad 1! = 1; \quad 2! = 2; \quad 3! = 6$

Binomialkoeffizient $\quad \binom{n}{k} = \frac{n!}{k!(n-k)!}$

Allgemeines Zählprinzip

Die voneinander unabhängigen Teilexperimente auf den einzelnen Stufen eines k-stufigen Zufallsexperiments haben $n_1, n_2, \ldots, n_k$ Ergebnisse. Dann ist die Gesamtzahl der Ergebnisse $n_1 \cdot n_2 \cdot \ldots \cdot n_k$. Ist $n_1 = n_2 = \ldots = n_k$, dann gilt: n^k.

Permutationen

Anordnungsmöglichkeiten von n verschiedenen Elementen: $n!$

Anordnungsmöglichkeiten, wenn sich in den n Elementen Gruppen von k_1, k_2 gleichen Elementen befinden: $\frac{n!}{k_1!k_2!}$.

Stichproben

Jeweils k Elemente aus einer Menge von n Elementen.

	Nicht Zurücklegen, ohne Wiederholung	Mit Zurücklegen, mit Wiederholung
Mit Anordnung – Variationen	$\frac{n!}{(n-k)!}$	n^k
Ohne Anordnung – Kombinationen	$\binom{n}{k}$	–

Urnenmodell
Die Urne enthält n Kugeln, davon n_1 schwarze und n_2 nicht schwarze Kugeln.
Es werden k Kugeln ohne Zurücklegen gezogen (ungeordnet).

Die Wahrscheinlichkeit für k_1 schwarze Kugeln ist: $\dfrac{\binom{n_1}{k_1} \cdot \binom{n - n_1}{k - k_1}}{\binom{n}{k}}$

4.1.11 Haben Sie alles verstanden?

Üben

AUFGABE 1 Man kann für das beliebte Knobelspiel „Schere - Stein - Papier" einen Ergebnisbaum zeichnen. Wie viele Ereignisse gibt es insgesamt?
Wie oft endet das Spiel unentschieden?
Sind die Chancen zum Gewinnen des Spiels auf die beiden Spieler gleich verteilt?

AUFGABE 2 Ein Würfel, eine 20-Cent-Münze und eine 1-Euro-Münze werden gleichzeitig geworfen.

a) Welche Ergebnismenge hat dieses Zufallsexperiment, wenn man zuerst die Ergebnisse der Münzwürfe und dann das Würfelergebnis notiert?

b) Ermitteln Sie folgende Ereignisse:
A: Es erscheint zweimal Wappen und eine ungerade Zahl.
B: Es erscheint die Zahl 4.
C: Es erscheint genau einmal Wappen und eine gerade Zahl.

c) Ermitteln Sie die Ereignisse:
D: A oder B tritt ein.
E: A und B treten ein.
F: A oder B tritt ein, aber nicht C.
G: Höchstens zwei der Ereignisse A, B, C treten ein.

AUFGABE 3 Ein Schnäppchenmarkt lockt Kunden mit dem Versprechen, dass jeder 10. Kunde 5,00 €, jeder 15. Kunde 25,00 € und jeder 20. Kunde 50,00 € erhält.
Wie kann dieses „Zufallsexperiment" durchgeführt werden?

a) Wie groß ist die Wahrscheinlichkeit, nichts zu erhalten?

b) Mit welcher Wahrscheinlichkeit erhält man mindestens 25,00 €?

AUFGABE 4 Es werden Familien mit zwei Kindern untersucht.

a) Geben Sie bei Berücksichtigung der Geburtenfolge die Ergebnismenge an.

b) Ereignis A: „Die Familie hat wenigstens einen Jungen";
Ereignis B: „Beide Kinder sind Jungen".
Mit welcher Wahrscheinlichkeit hat die Familie zwei Jungen, falls schon bekannt ist, dass sie wenigstens einen hat?

AUFGABE 5 Für einen Laplace-Würfel betrachten wir die Ereignisse $A = \{2,4\}$, $B = \{2,3,5\}$ und $C = \{2,4,5,6\}$.

a) Bestimmen Sie $A \cap B$, $A \cap C$ und $B \cap C$.

b) Zeigen Sie: $P(A) \cdot P(B) = P(A \cap B)$, $P(B) \cdot P(C) = P(B \cap C)$.

c) Gilt auch: $P(A) \cdot P(C) = P(A \cap C)$?

Entscheiden

Sind die Aussagen in den Aufgaben 6 – 15 wahr oder falsch? Begründen Sie Ihre Entscheidungen. Finden Sie bei falschen Aussagen ein Beispiel zur Veranschaulichung.

AUFGABE 6 Jedes Zufallsexperiment hat genau eine Ergebnismenge.

AUFGABE 7 Bei einem Zufallsexperiment ist mit jedem Ergebnis auch ein Ereignis eingetreten.

AUFGABE 8 Ein Ergebnis kann mehrere Ereignisse eintreten lassen.

AUFGABE 9 Beim Werfen einer Münze tritt entweder das Ereignis $A = \{W\}$ oder das Ereignis $B = \{Z\}$ ein. Es gilt dann: $(A \cap \bar{B}) \cup (B \cap \bar{A})$.

AUFGABE 10 Beim Werfen eines Würfels treten die Ereignisse $A = \{1,3,5\}$ und $B = \{2,3,5\}$ auf. $P(A \cup B) = \frac{2}{3}$

AUFGABE 11 Es gilt immer: $P(A) + P(\bar{A}) = 1$.

AUFGABE 12 Die Wahrscheinlichkeit beim Werfen eines Würfels ist $\frac{1}{3}$, wenn man zuvor die Information hat, dass keine Primzahl gefallen ist.

AUFGABE 13 Wenn zwei Ereignisse unabhängig sind, dann gilt $P_A(B) = P_B(A)$.

AUFGABE 14 Man zieht aus einer Urne mit einer roten, schwarzen, blauen, grünen und weißen Kugel drei Kugeln unter Beachtung der Reihenfolge ohne Zurücklegen.
Es gibt $\binom{5}{3} \cdot 3!$ verschiedene Tripel.

AUFGABE 15 In einer Schulklasse sind 18 Mädchen und 13 Buben.
Für eine Fahrt zur Partnerschule in Clichy werden fünf Schüler/-innen ausgelost. Die Wahrscheinlichkeit für genau zwei Mädchen in der Reisegruppe beträgt: 25,7 %.

Verstehen

AUFGABE 16 Was ist ein Experiment? Was versteht man unter einem Zufallsexperiment?

AUFGABE 17 Welcher Unterschied besteht zwischen einem Ergebnis und einem Ereignis?

AUFGABE 18 Welchen Zusammenhang zwischen Wahrscheinlichkeit und relativer Häufigkeit hat Jakob Bernoulli (1654 – 1705) aufgedeckt?

AUFGABE 19 Wie kann ein physikalischer Messwert interpretiert werden?

AUFGABE 20 Welche Festlegung für die Wahrscheinlichkeit eines Ereignisses kennen Sie?

AUFGABE 21 Worauf muss man besonders achten, wenn man die „klassische" Wahrscheinlichkeit berechnet?

AUFGABE 22 Bei mehrstufigen Zufallsexperimenten spricht man von der 1. und 2. Pfadregel. Erläutern Sie.
Lösen Sie: Man wirft drei ideale Münzen.
Mit welcher Wahrscheinlichkeit hat man nur Wappen (W)?
Mit welcher Wahrscheinlichkeit hat man mindestens zweimal Zahl (Z)?

AUFGABE 23 Wie kann man in komplizierten Fällen die Wahrscheinlichkeit der Schnittmenge zweier Ereignisse $P(A \cap B)$ bestimmen?

AUFGABE 24 Für welche Ereignisse A und B gilt:
$P(A \cap B) = P(A) + P(B)$?

AUFGABE 25 Gegeben ist das Baumdiagramm:

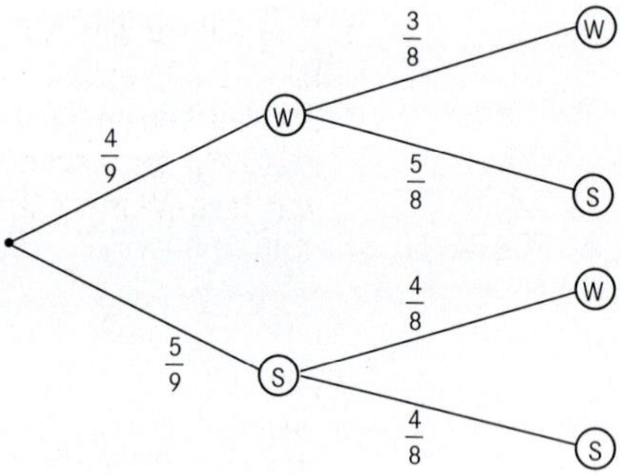

Erfinden Sie eine Aufgabe dazu.

AUFGABE 26 Unterscheiden Sie die Begriffe **Unabhängigkeit** und **Unvereinbarkeit.**
Zeigen Sie: Sind die Ereignisse A und B unabhängig, dann sind sie miteinander vereinbar.

4.2 Zufallsvariable

4.2.1 Diskrete Zufallsvariable

Die Ergebnisse von Zufallsversuchen sind oft keine Zahlen. So sind die Elementarereignisse beim Werfen einer Münze („Wappen oder Zahl") die beiden Seiten der Münze, beim Ziehen einer Skatkarte („As, Bube usw.") die jeweilige(n) Karte(n) und beim Werfen eines Würfels die sechs verschiedenen Seiten.

Bei vielen Zufallsexperimenten interessiert man sich jedoch weniger für die Ergebnisse als vielmehr für gewisse Zahlen, die den Ergebnissen zugeordnet sind.

BEISPIELE

1. Drei Münzen werden geworfen. Jedem Ergebnis $e_k \in S$ wird als Zahl $X(e_k) = x_j$ die Anzahl von „Wappen" zugeordnet.

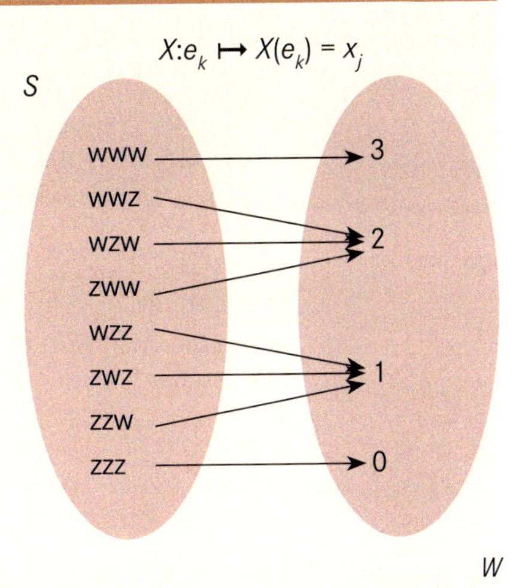

2. Eine Münze wird so lange geworfen, bis „Zahl" erscheint. Den Zufallsergebnissen $e_k \in S$ wird als Zahl $X(e_k) = x_j$ die Anzahl der hierzu notwendigen Würfe zugeordnet.

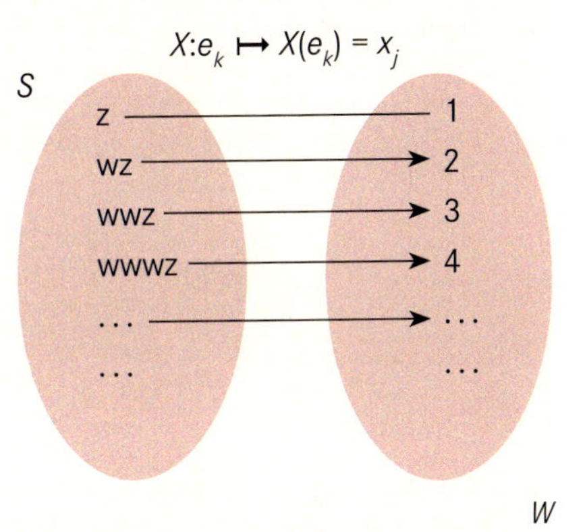

3. Eine Speisekarte enthält eine Anzahl von Gerichten. Jedem Gericht e_k ist eine Zahl (Preis) $X(e_k) = x_j$ zugeordnet. Es handelt sich um ein Zufallsexperiment, da nicht von vornherein klar ist, welcher Gast sich für welches Gericht entscheidet.

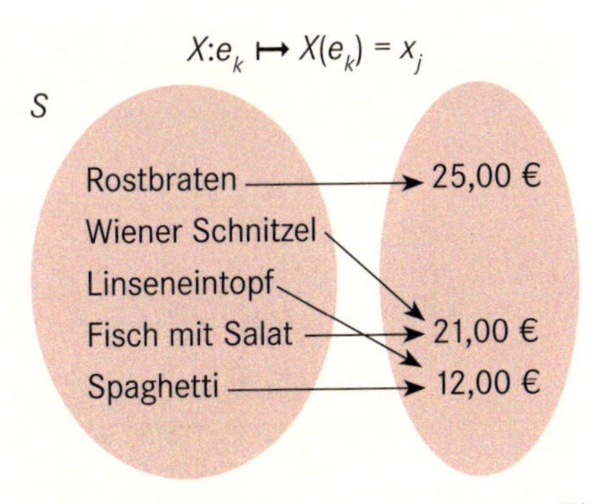

4. Münzspiel
Eine Münze wird dreimal geworfen. Jedem Ergebnis $e_k \in S$ wird der Gewinn (Verlust) $X(e_k) = x_j$ nach folgendem Plan zugeordnet:

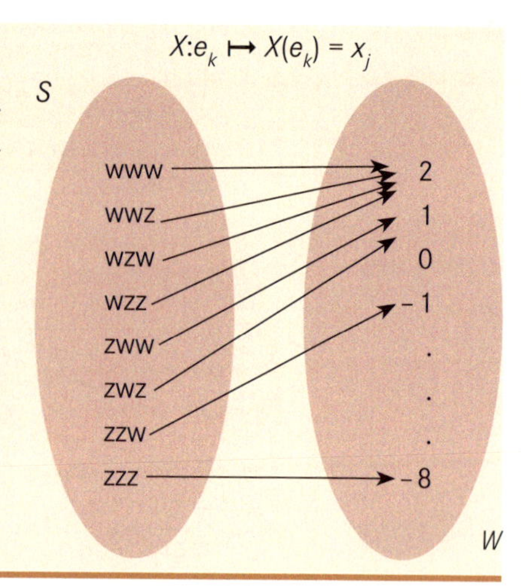

DEFINITION Es liegt ein Zufallsexperiment mit der endlichen Ergebnismenge $S = \{e_1, e_2, \ldots, e_n\}$ vor. Eine Funktion X, die jedem Ergebnis $e_k \in S$ des Zufallsexperiments eine Zahl $X(e_k) = x_j \in \mathbb{R}$ zuordnet, heißt (diskrete) **Zufallsvariable.**

$$X\colon S \mapsto \mathbb{R} \text{ mit } e_k \mapsto X(e_k) = x_j$$

Dabei ist $k \in \{1, 2, \ldots, n\}$ und $j \in \{1, 2, \ldots, m\}$ mit $m \leq n$. Der Funktionswert x_j heißt Merkmalswert des Ergebnisses e_k.

Zufallsvariablen werden mit großen Buchstaben $X, Y, \ldots$, die Funktionswerte mit entsprechend kleinen Buchstaben $x, y, \ldots$ bezeichnet. $X = x$ bezeichnet die Menge $\{e_k \mid X(e_k) = x_j\}$.

Bemerkungen:

1. In vielen Büchern zur Wahrscheinlichkeitsrechnung wird die Funktion X häufig auch „*Zufallsgröße*“ genannt.
2. Wir werden ausschließlich Zufallsvariablen betrachten, deren Wertemenge endlich bzw. abzählbar ist. Ferner beschränken wir uns auf „diskrete“ Zufallsvariablen.
   Die Werte $X(e_1) = x_1$ und $X(e_2) = x_2$ sind dann stets voneinander trennbar, d. h., es gibt zu jedem Wert x_j eine Umgebung $U(x_j)$, in der kein anderer Wert x_k (mit $k \neq j$) liegt.
3. Ist die Ergebnismenge nicht endlich, so kann die Menge der möglichen Werte einer Zufallsgröße die Menge R oder ein Intervall reeller Zahlen sein; dann handelt es sich um eine stetige Zufallsvariable.

4.2.2 Wahrscheinlichkeitsfunktion

Man nennt X eine Zufallsvariable, da auch die Werte der Funktion X wie die Ergebnisse e_k eines Zufallsexperiments vom Zufall abhängen. Betrachtet man das Beispiel 4 (Münzenspiel), so kann der Name „Variable“ für die Funktion X dadurch erklärt werden, dass jedem Spielausgang eine „Gewinnzahl“, aber auch jeder Gewinnzahl eine Wahrscheinlichkeit $P(X = x_j)$ zugeordnet werden kann.

Für Laplace-Münzen ergibt sich:

$P(X = 2) = \frac{1}{2}$, $P(X = 1) = \frac{1}{4}$, $P(X = -1) = \frac{1}{8}$, $P(X = -8) = \frac{1}{8}$.

$X{:}e_k \mapsto X(e_k) = x_j \qquad f{:}x_j \mapsto P(X = x_j)$

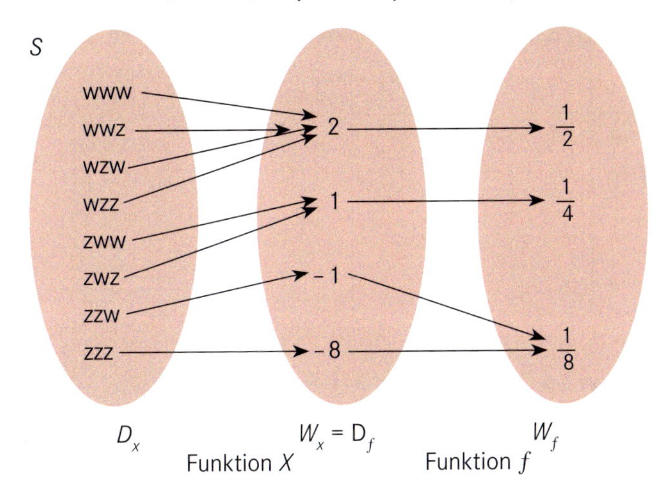

Das Pfeildiagramm stellt somit zwei Funktionen dar:

1. Die Zufallsvariable X, die jedem Ergebnis $e_k \in S$ eine Zahl x_j zuordnet.
2. Die zweite Funktion f, durch die jedem Wert x_j der Zufallsvariablen X, also jedem $x_j \in W_x = D_f$, eine Wahrscheinlichkeit zugeordnet ist.
   Diese zweite Funktion bezeichnet man als die
   ***Wahrscheinlichkeitsfunktion* der Zufallsvariablen X.**

In unserem Beispiel sind $f(2) = P(X = 2) = \frac{1}{2}$, $f(1) = P(X = 1) = \frac{1}{4}$, $f(-1) = P(X = -1) = \frac{1}{8}$, $f(-8) = P(X = -8) = \frac{1}{8}$.

Dies notieren wir üblicherweise in einer Wertetabelle:

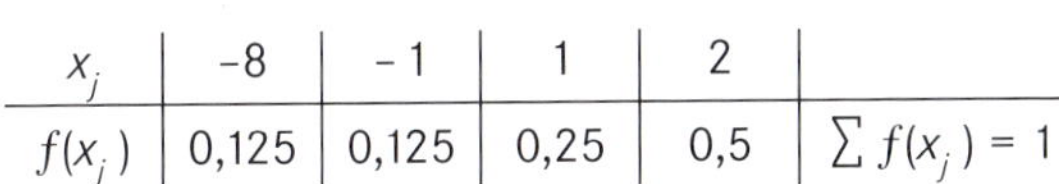

x_j	-8	-1	1	2	
$f(x_j)$	0,125	0,125	0,25	0,5	$\sum f(x_j) = 1$

Das **Stabdiagramm** der Funktion f:

Verbindet man die Endpunkte der einzelnen Stäbe, so entsteht das *Wahrscheinlichkeitspolygon*.

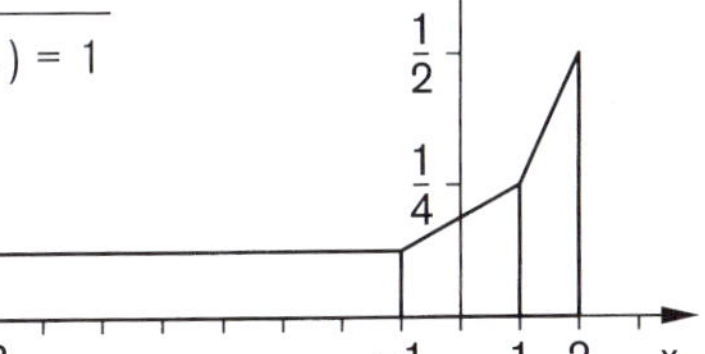

Man kann die Wahrscheinlichkeitsfunktion auch durch ein **Histogramm** veranschaulichen:

Auf der 1. Achse (Abszisse) trägt man die Zufallsvariablen x_j ab, auf der 2. Achse (Ordinate) die zugehörigen Wahrscheinlichkeiten $P(x = x_j)$.

Man zeichnet Rechtecke mit einer Höhe h, sodass die Breite Δx_j mal Höhe h:
$\Delta x_j \cdot h = P(x_j)$ (Rechtecksfläche $\triangleq$ Wahrscheinlichkeit für $X = x_j$) ist.
Da die Flächenmaßzahl die zu x_j gehörende Wahrscheinlichkeit $P(X = x_j)$ angibt, ergeben sich die Höhen der jeweiligen Rechtecke wie folgt:

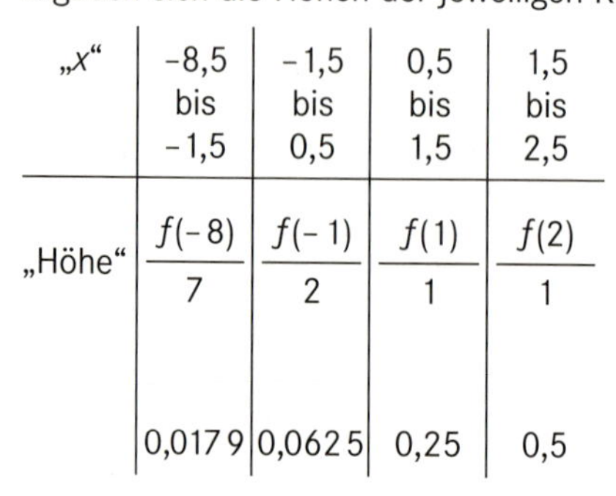

„x“	-8,5 bis -1,5	-1,5 bis 0,5	0,5 bis 1,5	1,5 bis 2,5
„Höhe“	$\frac{f(-8)}{7}$	$\frac{f(-1)}{2}$	$\frac{f(1)}{1}$	$\frac{f(2)}{1}$
	0,0179	0,0625	0,25	0,5

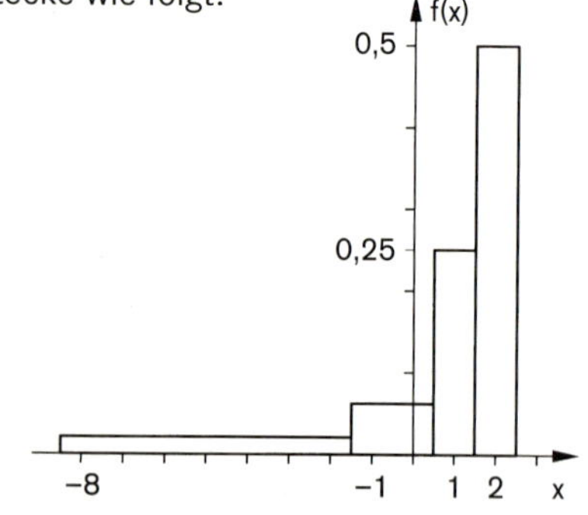

DEFINITION Die Funktion $f{:}\mathbb{R} \mapsto [0;1]$ mit $x \mapsto f(x) = P(X = x)$ heißt **Wahrscheinlichkeitsfunktion** der Zufallsvariablen X. Der Funktionswert $f(x) = P(X = x)$ gibt die Wahrscheinlichkeit dafür an, dass X den Wert x annimmt.

Die (diskrete) Wahrscheinlichkeitsfunktion wird durch ein Punkt- oder Stabdiagramm oder ein Histogramm veranschaulicht.

Bemerkung: Die Funktion f wird häufig auch „Wahrscheinlichkeitsverteilung“ genannt. Diese Bezeichnung vermeiden wir, da dies leicht zur Verwechslung mit dem Begriff „Verteilungsfunktion“ führen kann.

MERKE Für jede diskrete Zufallsvariable ist die Summe aller Wahrscheinlichkeiten 1:
$\sum_j P(X = x_j) = 1$

BEISPIELE

1. An dem bekannten Beispiel „Werfen von zwei unterscheidbaren Würfeln“ mit der Augensumme als Zufallsvariable sollen die bisherigen Sachverhalte nochmals verdeutlicht werden.

Ergebnisse $S = \{e_1, e_2, \ldots, e_{36}\}$	Zufallsvariable X $X(e_k) = x_j$ ($j = 2, \ldots, 12$)	Wahrscheinlichkeitsfunktion $f(x_j) = P(X = x_j)$
(1,1)	$x = 2$	$f(2) = P(X = 2) = \frac{1}{36}$
(1,2);(2,1)	$x = 3$	$f(3) = P(X = 3) = \frac{2}{36}$
(1,3);(2,2);(3,1)	$x = 4$	$f(4) = P(X = 4) = \frac{3}{36}$
(1,4);(2,3);(3,2);(4,1)	$x = 5$	$f(5) = P(X = 5) = \frac{4}{36}$
(1,5);(2,4);(3,3);(4,2);(5,1)	$x = 6$	$f(6) = P(X = 6) = \frac{5}{36}$
(1,6);(2,5);(3,4);(4,3);(5,2);(6,1)	$x = 7$	$f(7) = P(X = 7) = \frac{6}{36}$
(2,6);(3,5);(4,4);(5,3);(6,2)	$x = 8$	$f(8) = P(X = 8) = \frac{5}{36}$
(3,6);(4,5);(5,4);(6,3)	$x = 9$	$f(9) = P(X = 9) = \frac{4}{36}$
(4,6);(5,5);(6,4)	$x = 10$	$f(10) = P(X = 10) = \frac{3}{36}$
(5,6);(6,5)	$x = 11$	$f(11) = P(X = 11) = \frac{2}{36}$
(6,6)	$x = 12$	$f(12) = P(X = 12) = \frac{1}{36}$
		$\Sigma\ 1$

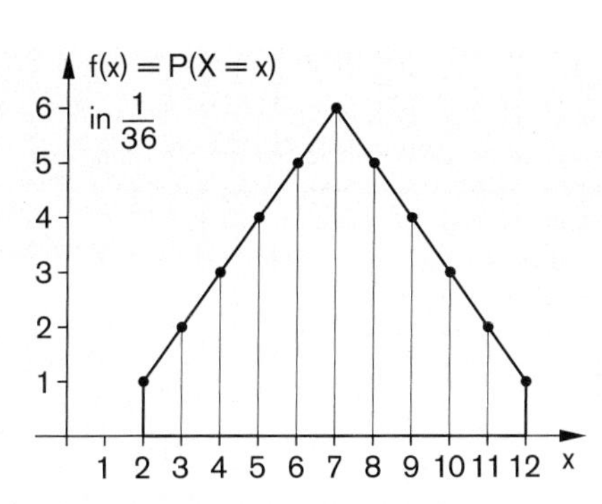

Das Stabdiagramm der Wahrscheinlichkeitsfunktion f mit Wahrscheinlichkeitspolygon

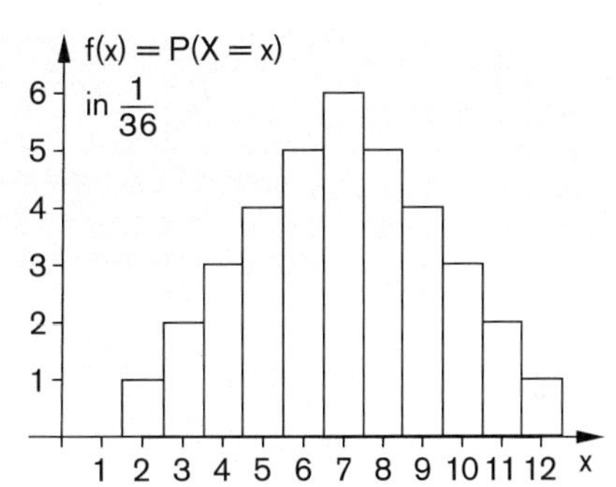

Histogramm mit $\Delta x_j = 1$. Wählt man $P(X = x_j)$ als Ordinate, so entspricht die Wahrscheinlichkeit den Rechteckflächen.

2. Eine Schulklasse mit 8 Mädchen und 16 Buben befindet sich im Schullandheim. Es werden zufällig (mit gleicher Wahrscheinlichkeit) drei Schüler/-innen für eine Tourenerkundung ausgewählt.
Mit welcher Wahrscheinlichkeit sind 0, 1, 2, 3 Mädchen in der Erkundungsgruppe?

Lösung:
- Die Zufallsvariabe X sei die Anzahl der Mädchen in der Erkundungsgruppe;
- X kann somit die Werte 0, 1, 2, 3 annehmen;
- da wir für die Auswahl gleiche Wahrscheinlichkeit annehmen, können wir mithilfe des Urnenmodells folgende Wertetabelle erstellen:

x_j	0	1	2	3	
$P(X = x_j)$	$\frac{\binom{8}{0} \cdot \binom{16}{3}}{\binom{24}{3}}$	$\frac{\binom{8}{1} \cdot \binom{16}{2}}{\binom{24}{3}}$	$\frac{\binom{8}{2} \cdot \binom{16}{1}}{\binom{24}{3}}$	$\frac{\binom{8}{3} \cdot \binom{16}{0}}{\binom{24}{3}}$	
	$\frac{70}{253}$	$\frac{120}{253}$	$\frac{56}{253}$	$\frac{7}{253}$	$\sum$ 1
	0,276 6	0,474	0,221	0,0276 6	1

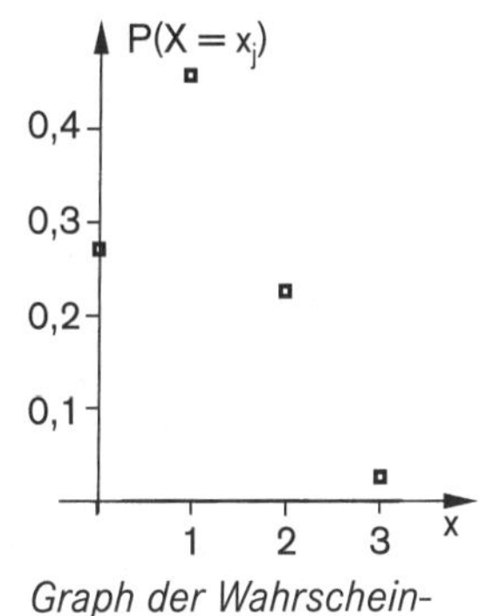

Graph der Wahrscheinlichkeitsfunktion

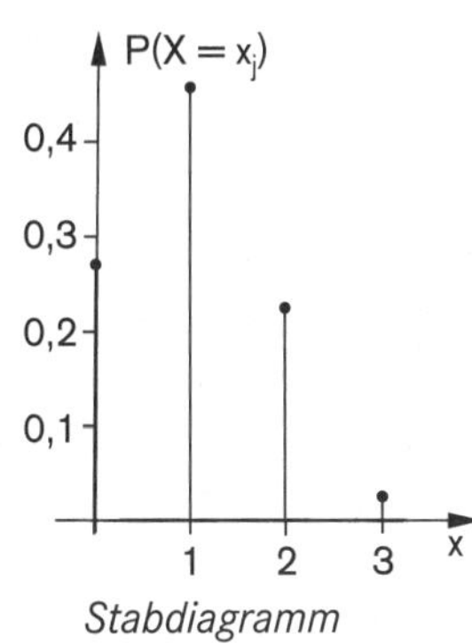

Stabdiagramm

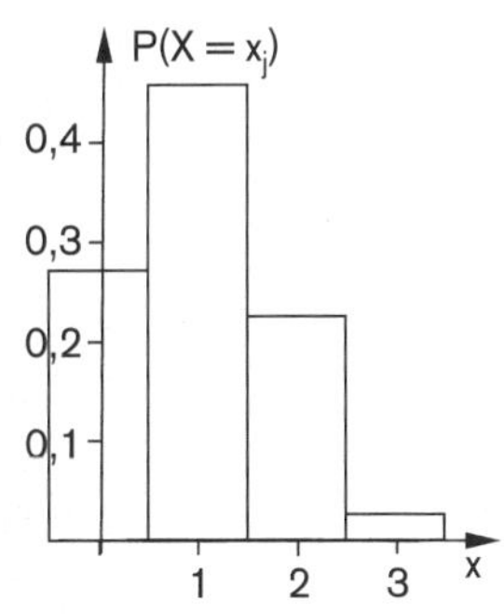

Histogramm

3. Ein unordentlicher Student hat in seiner Schublade vier schwarze und sechs dunkelblaue Socken liegen. Der Student zieht blind einen Socken nach dem anderen heraus. Die Zufallsvariable sei die Anzahl der Ziehungen, bis der Student zwei gleichfarbige Socken hat.

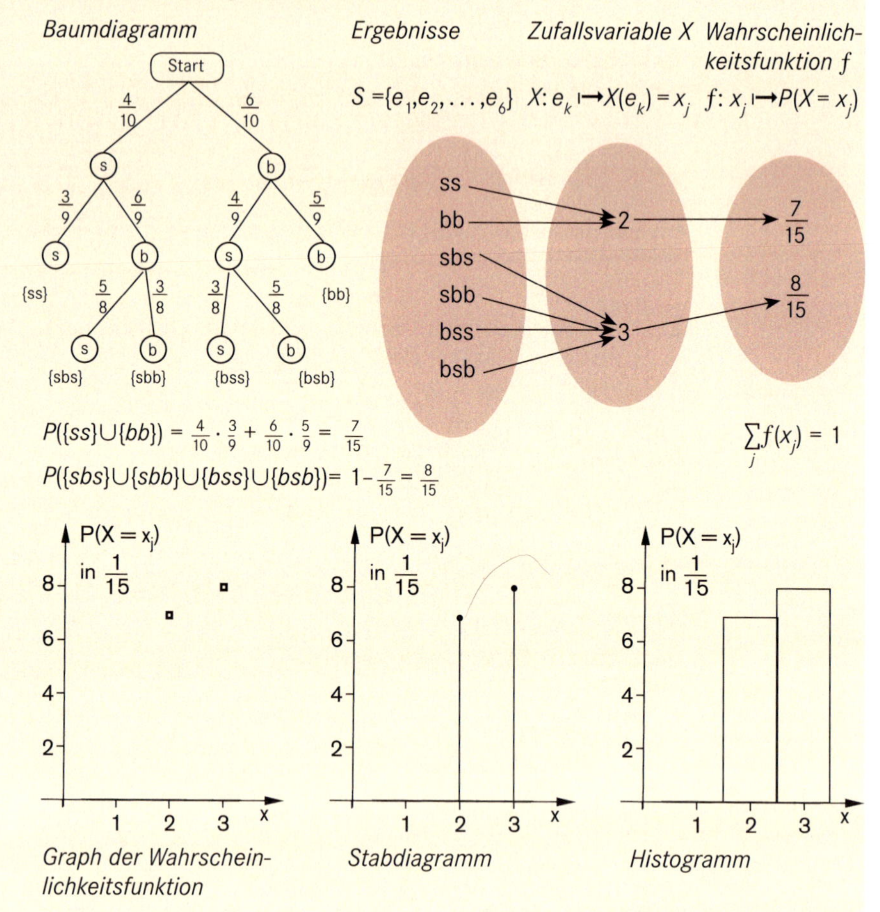

4.2.3 Die kumulative Verteilungsfunktion einer Zufallsvariablen

Häufig betrachtet man nicht nur die Wahrscheinlichkeiten für einzelne Werte x_j einer Zufallsvariablen X, vielmehr interessiert man sich für die Wahrscheinlichkeit, dass eine Zufallsvariable X Werte annimmt, die nicht größer als ein fest vorgegebener Wert x sind, d. h. für $P(X \leq x)$.

BEISPIEL

Erich und Rolf spielen mit zwei Würfeln. Ergebnisse sind die Augensummen der beiden geworfenen Würfel. Jeder darf beliebig oft würfeln. Das Spiel gewinnt derjenige, der insgesamt die höchste Augensumme erreicht mit der Bedingung, dass diese Augensumme höchstens 30 betragen darf. Wer 31 oder mehr Augen würfelt, hat

grundsätzlich verloren. Erich hat bereits 24 Augen erreicht. Wie groß ist nun die Wahrscheinlichkeit, dass er bei einem weiteren Wurf unter 31 Augen bleibt, also höchstens 6 Augen wirft?
Gesucht ist die Wahrscheinlichkeit für das Ereignis $E = \{e_k \mid X(e_k) \leq 6\}$.
Wir schreiben hierfür $P(X \leq 6)$.

Für diskrete Zufallsvariable gilt:

$$\begin{aligned} P(X \leq 6) &= P(X = 2) + P(X = 3) + P(X = 4) + P(X = 5) + P(X = 6) \\ &= f(2) + f(3) + f(4) + f(5) + f(6) \\ &= \tfrac{1}{36} + \tfrac{2}{36} + \tfrac{3}{36} + \tfrac{4}{36} + \tfrac{5}{36} \\ &= \tfrac{15}{36} = 0{,}416\,67 \end{aligned}$$

Für Erich ist es daher ratsam, auf einen weiteren Wurf zu verzichten.

Anmerkung:
$P(X \leq x)$ lässt sich auch dann berechnen, wenn x nicht zum Wertebereich von X gehört, z. B.: $P(X \leq 3{,}2) = P(X = 2) + P(X = 3) = \frac{1}{36} + \frac{2}{36} = \frac{1}{12}$.

DEFINITION

Die reellwertige Funktion F: $\mathbb{R} \mapsto [0; 1]$

$$F(x) = P(X \leq x) = \sum_{x_s \leq X} P(X = x_s) = \sum_{x_s \leq X} f(x_s)$$

heißt **Verteilungsfunktion** der diskreten Zufallsvariablen X.

Entsprechend erhält man für $a \leq b$: $P(a \leq X \leq b) = \sum_{a \leq x_s \leq b} f(x_s) = F(b) - F(a)$

Schaubild der Verteilungsfunktion F für unser Beispiel „Augensumme bei zwei Würfeln“

$$\begin{array}{ll} x < 2 & F(x) = 0 \\ 2 \leq x < 3 & F(x) = \frac{1}{36} \\ 3 \leq x < 4 & F(x) = \frac{1}{36} + \frac{2}{36} = \frac{1}{12} \\ \ldots & \ldots \\ 11 \leq x < 12 & F(x) = \frac{33}{36} + \frac{2}{36} = \frac{35}{36} \\ 12 \leq x & F(x) = \frac{35}{36} + \frac{1}{36} = 1 \end{array}$$

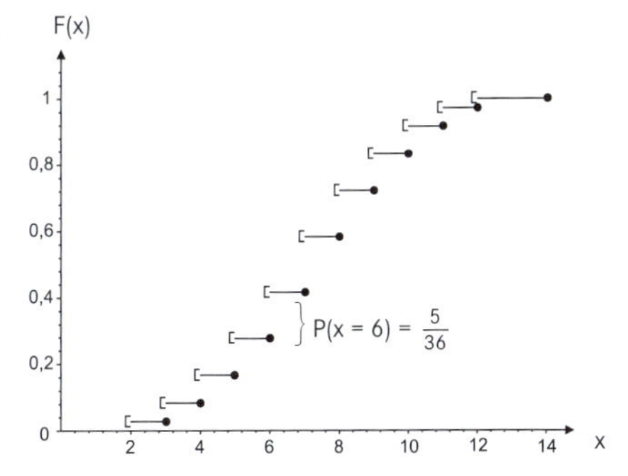

Man erkennt, dass jede diskrete Zufallsvariable X als Verteilungsfunktion eine monoton steigende Treppenfunktion F besitzt.
An den Stellen x_j aus dem Wertebereich sind Sprünge der Höhe $P(X = x_j)$. Im Schaubild ist dies für die Stelle $x_j = 6$ eingetragen.

AUFGABE 1

Auf dem Jahrmarkt ist folgendes Spiel angeboten:
Beim Werfen zweier Laplace-Würfel erhält man 10,00 €, wenn beide Würfel eine Sechs zeigen, 2,00 €, wenn ein Würfel eine Sechs zeigt. Pro Spiel muss ein Einsatz von 1,00 € bezahlt werden. Die Zufallsvariable sei der Gewinn (Verlust) des Spielers.

Ermitteln Sie die Wahrscheinlichkeitsfunktion und die zugehörige Verteilungsfunktion.

AUFGABE 2 Beim Samstagslotto werden die Kugeln mit den Ziffern 1 bis 49 mit gleicher Wahrscheinlichkeit gezogen. Die Zufallsvariable X sei die Anzahl der Primfaktoren, die in der gezogenen Zahl enthalten ist.

X hat für die Zahl 1 und jede Primzahl den Wert 1.

Ermitteln Sie die Wahrscheinlichkeitsfunktion f und die Verteilungsfunktion F der Zufallsvariablen X.

AUFGABE 3 Ein Dodekaeder (regulärer „Zwölfflach") soll auf seinen zwölf Flächen einmal die Eins und die Fünf, dreimal die Zwei und die Vier und viermal die Drei tragen. Die geworfene Zahl sei die Zufallsvariable X.

Ermitteln Sie die Wahrscheinlichkeitsfunktion und zeichnen Sie ein Histogramm. Zeichnen Sie zusätzlich das Schaubild der Verteilungsfunktion.

AUFGABE 4 Man wirft einen Laplace-Tetraeder (regulärer „Vierflach") zweimal. Die Seitenflächen sind mit 1 bis 4 durchnummeriert. Die unten liegende Zahl sei die geworfene Augenzahl. Bei zweimal 1 beträgt der Gewinn 2,00 €, bei einmal 1 ist der Gewinn 1,00 €. In allen anderen Fällen beträgt der Verlust 1,00 €. Die Zufallsvariable X sei der „Gewinn".

a) Geben Sie die Wahrscheinlichkeitsfunktion für die Zufallsvariable X an und zeichnen Sie ein Stabdiagramm.

b) Erläutern Sie an diesem Beispiel die Begriffe „Zufallsvariable" und „Wahrscheinlichkeitsfunktion".

AUFGABE 5 Ein idealer Würfel trägt je zweimal die Ziffern 1, 2 und 3. Die Zufallsvariable X sei das Produkt der Augenzahlen bei zwei Würfen. Stellen Sie die Verteilungsfunktion für X auf.

Wie groß ist die Wahrscheinlichkeit, ein Produkt

a) größer als 5, b) von höchstens 4

zu erzielen?

AUFGABE 6 Zeichnen Sie das Schaubild der Wahrscheinlichkeitsfunktion für das Werfen eines Würfels. Die Zufallsvariable X sei die Augenzahl. Geben Sie die Verteilungsfunktion an.

AUFGABE 7 Eine ideale Münze wird ein Mal geworfen. Die Zufallsvariable X sei die Anzahl von „Z". Geben Sie die Wahrscheinlichkeitsfunktion an.

AUFGABE 8 Ermitteln Sie die Wahrscheinlichkeitsfunktion über die Anzahl der Würfe eines Laplace-Würfels bis zum Eintreten der ersten Sechs. Geben Sie auch die Verteilungsfunktion an.

Berechnen Sie $P(3 \leq X \leq 10)$ und zeigen Sie $\lim\limits_{n \to \infty} P(X \leq n) = 1$.

AUFGABE 9 Drei Würfel werden zugleich geworfen und die Augensumme notiert.

Bestimmen Sie folgende Wahrscheinlichkeiten:

a) $P(X \leq 18)$ b) $P(X \geq 7)$ c) $P(X < 5 \text{ oder } X > 15)$ d) $P(7 \leq X \leq 12)$

4.2.4 Charakteristische Zahlen der Wahrscheinlichkeitsfunktionen

Erwartungswert einer Zufallsvariablen

Oft interessiert man sich für das „mittlere Ergebnis", wenn ein Zufallsexperiment mit mehreren Ausfällen öfter wiederholt wird. Untersucht man den Fall einer Kugel aus der Höhe von 1 m, so wird man viele verschiedene Ergebnisse erhalten. Den arithmetischen Mittelwert $\bar{x} = 0{,}451\,5\ s$ betrachten wir als wahrscheinlichsten Wert für dieses zumindest gedanklich determinierte Experiment. Für das in 4.2.1 beschriebene Münzspiel (Beispiel 4) nehmen wir an, dass es an einem Tag n-mal gespielt wird. Dabei werde der Gewinn von 2,00 € H_2-mal, der Gewinn von 1,00 € H_1-mal, der Verlust von 1,00 € H_{-1}-mal und der Verlust von 8,00 € H_{-8}-mal erzielt. Der ausbezahlte Gesamtgewinn x beträgt dann:

$$x = 2 \cdot H_2 + 1 \cdot H_1 - 1 \cdot H_{-1} - 8 \cdot H_{-8}$$

Die Division durch n ergibt den durchschnittlichen Gewinn $\bar{x}$ je Spiel:

$$\bar{x} = 2 \cdot \frac{H_2}{n} + 1 \cdot \frac{H_1}{n} - 1 \cdot \frac{H_{-1}}{n} - 8 \cdot \frac{H_{-8}}{n}$$

$$\bar{x} = 2 \cdot h_2 + 1 \cdot h_1 - 1 \cdot h_{-1} - 8 \cdot h_{-8}$$

Hierbei sind h_2, h_1, h_{-1} und h_{-8} die relativen Häufigkeiten der Spiele, bei denen 2,00, 1,00, – 1,00 und – 8,00 € gewonnen bzw. verloren wurden. Wir können bei idealen Münzen und einer großen Zahl n von Spielen davon ausgehen, dass die relativen Häufigkeiten mit hoher Wahrscheinlichkeit in der unmittelbaren Nähe der entsprechenden Wahrscheinlichkeitswerte liegen.

$$\bar{x} \approx 2 \cdot P(X = 2) + 1 \cdot P(X = 1) + (-1) \cdot P(X = -1) + (-8) \cdot P(X = -8)$$

Da der mittlere Gewinn (Durchschnittsgewinn) mit großer Wahrscheinlichkeit in der Nähe dieses Zahlenwertes liegt, nennen wir ihn den *Erwartungswert* der Zufallsvariablen X und bezeichnen ihn mit $E(X)$.

(In Büchern wird für $E(X)$ oft der griechische Buchstabe μ verwendet: $E(X) = \mu$.)

Für unser Beispiel erhalten wir:

$$E(X) = 2 \cdot P(X = 2) + 1 \cdot P(X = 1) - 1 \cdot P(X = -1) - 8 \cdot P(X = -8)$$

$$E(X) = 2 \cdot \tfrac{1}{2} + 1 \cdot \tfrac{1}{4} - 1 \cdot \tfrac{1}{8} - 8 \cdot \tfrac{1}{8} = \tfrac{1}{8}$$

Für große n würde daher der mittlere Gewinn ungefähr 0,125 € betragen. Dieses Spiel dürfte somit von keiner Spielbank angeboten werden, weil es nicht fair ist.

Man bezeichnet ein Spiel als **„fair"**, wenn der Erwartungswert der Zufallsvariablen „Gewinn (Auszahlung – Einzahlung)" null ist: $E(X) = 0$. Bei $E(X) > 0$ ist ein Spiel „günstig" für den Spieler; gilt $E(X) < 0$, so ist das Spiel für den Spieler „ungünstig".

Oft wird als Zufallsvariable X nicht der Gewinn, sondern nur die Auszahlung gewählt. Hier ist ein Spiel „fair", wenn der Erwartungswert für die Auszahlungen gleich dem Einsatz für ein Spiel ist.

Lösung:

$S = \{(1,1),(1,2),(1,3),\ldots,(6,4),(6,5),(6,6)\}$, $|S| = 36$

Alle Elementarereignisse haben dieselbe Wahrscheinlichkeit $\frac{1}{36}$.

Ereignis $E_2 = \{(1,1),(2,2),(3,3),(4,4),(5,5)\}$,
$|E_2| = 5$

Ereignis $E_6 = \{(6,6)\}$, $|E_6| = 1$

Ereignis $E_1 = \{(1,6),(2,6),(3,6),\ldots,(6,5)\}$,
$|E_1| = 10$

Ereignis $E_{SE} = \{(1,2),(1,3),\ldots(5,4)\}$,
$|E_{SE}| = 20$

Wertetabelle

x_j	2	6	1	$-SE$
$P(X = x_j)$	$\frac{5}{36}$	$\frac{1}{36}$	$\frac{10}{36}$	$\frac{20}{36}$

Erwartungswert $E(X) = 2 \cdot \frac{5}{36} + 6 \cdot \frac{1}{36} + 1 \cdot \frac{10}{36} - SE \cdot \frac{20}{36}$, faires Spiel: $E(X) = 0$.

Der Spieleinsatz muss also 1,30 € betragen.

Ist man misstrauisch gegenüber dem Ergebnis, so kann man mit dem GTR 999 Simulationen durchführen und dann nachsehen, ob die Gewinnsumme ca. 1.300,00 € beträgt.

Linkes Rad: randInt(1,6,999)
Rechtes Rad: randInt(1,6,999)
Man kann nun die Paare (3,4),(1,6), (4,4),(1,6),(1,6),(6,5), (2,1), ... bilden.

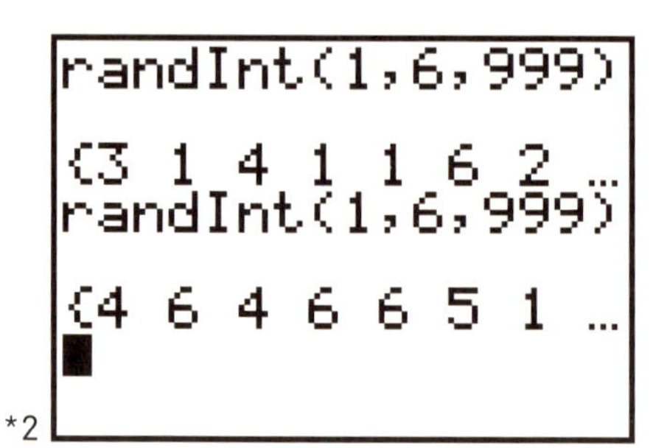

*2

AUFGABE 1 Berechnen Sie den Erwartungswert der Zufallsvariablen X in den Aufgaben 1, 3, 5, 6 auf Seite 315 und 316.

AUFGABE 2 Eine Urne enthält vier weiße und drei schwarze Kugeln. Es wird eine Kugel nach der anderen ohne Zurücklegen gezogen, bis eine schwarze Kugel erscheint.
Mit wie vielen Ziehungen muss man durchschnittlich rechnen?

AUFGABE 3 Bei der Lotterie „Glückshafen" enthält eine Urne mit 1 000 Losen folgende Gewinne: Ein Los mit 500,00 €, vier Lose mit je 100,00 € und fünf Lose mit je 10,00 €. Der Kauf eines Loses kostet 1,00 €. Wie groß ist der durchschnittliche Verlust?

AUFGABE 4 Es wird ein Spiel mit zwei Würfeln vorgeschlagen. Die Augensummen zwei oder zwölf gewinnen das Zehnfache der Augenzahl in Euro, die Augensummen drei oder elf das Fünffache und die Augensummen vier oder zehn das Dreifache. In allen anderen Fällen erfolgt keine Auszahlung.
Welcher Erwartungswert ergibt sich für den Gewinn?
Welcher Spieleinsatz müsste mindestens verlangt werden?

AUFGABE 5 In einer Schachtel liegen drei schwarze und fünf rote Kugeln. Man darf fünf Kugeln mit einem Griff entnehmen. Hat man mindestens zwei schwarze Kugeln gezogen, erhält man 2,00 €; andernfalls muss man 1,00 € bezahlen.
Welche Gewinnchancen hat man bei diesem Spiel?

AUFGABE 6 Eine Kosmetikfirma führt ein Preisausschreiben durch. Unter den Einsendern werden ein 1. Preis im Wert von 20.000,00 €, zwei 2. Preise von je 5.000,00 € und drei 3. Preise von je 2.000,00 € sowie hundert Trostpreise von je 100,00 € ausgelost.

Wie hoch ist der Erwartungswert des Gewinns bei 40 000 Teilnehmern?

Bei wie vielen Einsendern lohnt sich die Teilnahme gerade noch (Postkartenporto 0,45 €)?

AUFGABE 7 Eine „Glücksmaschine" hat zwei Räder, die durch Hebeldruck in Bewegung kommen. Auf jedem Rad sind vier Erdbeeren, fünf Birnen und ein Apfel in regelmäßigen Abständen abgebildet. Wenn die Räder zum Stillstand kommen, ist in einem Fenster je ein Bild von Rad 1 und Rad 2 zu sehen. Für zwei Äpfel erhält man 10,00 €, für zwei Erdbeeren 2,00 € und für zwei Birnen 1,00 €. Der Spieleinsatz beträgt 1,00 €.
Welche Gewinnchance hat man bei diesem Spiel?

AUFGABE 8 Eine Oma bereitet ihren Enkelkindern eine große Überraschung. Sie gibt in eine Urne 30 Münzen im Wert von 50 Cent, 16 Münzen im Wert von 1,00 € und 14 Münzen im Wert von 2,00 €. Ein Kind darf drei Münzen blindlings entnehmen.

Wie hoch ist der durchschnittlich entnommene Betrag?

AUFGABE 9 Zwei gleiche Glücksräder (*siehe Abbildung*) werden unabhängig voneinander gedreht. Die Wahrscheinlichkeit für das Erscheinen einer Ziffer im Fenster entspricht ihrem Flächenanteil auf der Kreisfläche.

a) Welcher Ergebnisraum S ist geeignet? Geben Sie die Wahrscheinlichkeiten für die Elementarereignisse an.

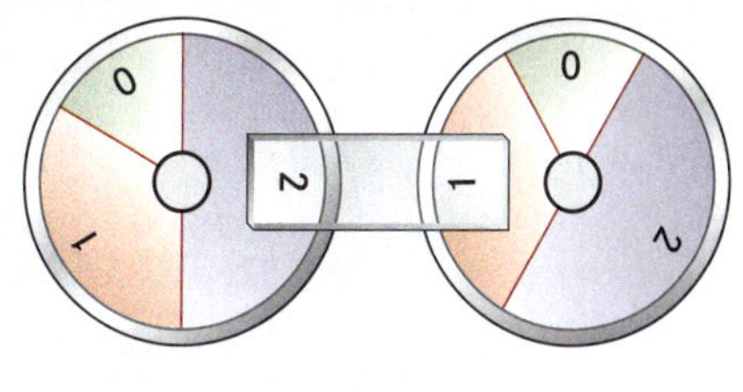

b) Die Ziffernsumme des Experiments sei die Zufallsvariable X. Geben Sie die Wahrscheinlichkeitsfunktion und Verteilungsfunktion von X an (Tabellen und Schaubilder).

c) Das obige Zufallsexperiment soll als Glücksspiel angeboten werden. Folgender Gewinnplan ist vorgesehen: Zwei gleiche Ziffern im Fenster: 2,00 €; zwei verschiedene Ziffern ohne 0: 1,00 €; zwei verschiedene Ziffern mit 0: kein Gewinn.

Welcher Einsatz pro Spiel muss mindestens verlangt werden?

AUFGABE 10 Eine Wahrscheinlichkeitsfunktion einer Zufallsvariablen sei symmetrisch zu $x = c$, d. h.: $P(X = c + x) = P(X = c - x)$. Beweisen Sie: $E(X) = C$.

Zeigen Sie dies auch an der Augensumme von zwei Würfeln.

AUFGABE 11 Eine ideale Münze wird so lange geworfen, bis eine von beiden Seiten zum zweiten Mal erscheint. Die Zufallsvariable sei die Anzahl der Würfe. Berechnen Sie $E(X)$.

AUFGABE 12 Viele Roulette-Spieler vertrauen auf folgendes System:
Man setzt auf einfache Chancen (pair, rouge usw.) einen Betrag a. Gewinnt man, so hört man auf und erhält nach den Spielregeln als Auszahlung den doppelten Einsatz $2a$; der Gewinn beträgt also a. Verliert man, so verdoppelt man den Einsatz und spielt weiter. Beurteilen Sie diese Strategie.
Welche Maßnahmen haben die Spielbanken gegen diese Spieler ergriffen?

AUFGABE 13 „Chuck a luck" ist ein beliebtes Glücksspiel in den USA. Der Spieler muss 1 US-$ pro Spiel einsetzen und eine Zahl von eins bis sechs nennen. Er wirft dann drei Würfel. Zeigt ein Würfel seine Zahl, so erhält er den Einsatz zurück. Für jeden Würfel, der seine Zahl zeigt, erhält er zusätzlich 1 US-$ ausbezahlt. Zeigt kein Würfel seine Zahl, so ist der Einsatz verloren.
Geben Sie die Wahrscheinlichkeitsfunktion für die Zufallsvariable Gewinn an. Welcher Erwartungswert ergibt sich?
Stellen Sie die kumulative Verteilungsfunktion der Zufallsvariablen Gewinn auf und zeichnen Sie ihren Graphen.

AUFGABE 14 Schüler wollen an einem Elternsprechtag mit einem Stand „Mathe live" etwas Geld für ihren USA-Aufenthalt einnehmen. Sie planen ein Urnenexperiment: Aus einer Urne mit 10 roten und 15 schwarzen Kugeln soll nach einem Einsatz von 1,00 € ein- bzw. zweimal gezogen werden dürfen. Folgende Fragen werden zur Gewinnabschätzung erörtert:

a) Wie groß ist die Wahrscheinlichkeit, bei einem **einzigen Zug** eine schwarze Kugel zu erhalten? Wie groß ist die erwartete Zahl der roten Kugeln bei 200 Spielen?

b) Wenn **zweimal mit Zurücklegen** gezogen werden soll, wie groß ist dann
- die Wahrscheinlichkeit, zwei schwarze Kugeln zu ziehen;
- die Wahrscheinlichkeit, zwei rote Kugeln zu ziehen;
- die Wahrscheinlichkeit, eine schwarze und eine rote Kugel zu ziehen?

c) Beantworten Sie dieselben Fragen wie in b), jedoch für das zweimalige Ziehen **ohne Zurücklegen.**

d) Die Schüler entscheiden sich, das Spiel: „Zweimaliges Ziehen ohne Zurücklegen" anzubieten. Wenn zwei rote Kugeln gezogen werden, wird der doppelte Einsatz ausbezahlt.

e) Am Abend haben die Schüler 79,00 € eingenommen. Es wurden angeblich 121 Spiele durchgeführt. Kann man dieser Angabe glauben?

f) Simulieren Sie das obige „Glücksspiel" mit den Zufallszahlen Ihres Taschenrechners (30 Spiele).

AUFGABE 15 Wir kommen auf unser bekanntes „Brief- und Briefumschlag-Problem" zurück. n Briefe werden blind in n adressierte Umschläge gesteckt. X sei die Anzahl der Briefe, die sich im richtigen Umschlag befinden.
Berechnen Sie die Wahrscheinlichkeitsfunktion und den Erwartungswert von X für a) $n = 2$, b) $n = 3$, c) $n = 4$.

AUFGABE 16 Uli und Franz gehen unter die Glücksspieler. Jeder muss zunächst 5,00 € auf den Tisch legen. Auf dem Tisch liegen verdeckt drei Skatkartenstapel mit roten und schwarzen Karten. Im ersten Stapel befinden sich acht Karten (drei mit roter und fünf mit schwarzer Farbe). Im zweiten und dritten Stapel sind sieben Karten (vier mit roter und drei mit schwarzer Farbe).

Uli zieht zunächst eine Karte aus dem ersten Stapel und legt sie in den zweiten Stapel, mischt und zieht dann eine Karte aus dem zweiten Stapel, die er in den dritten Kartenstapel legt. Nachdem man diesen dritten Stapel gemischt hat, darf Uli hieraus schließlich eine Karte ziehen. Hat sie die rote Farbe, erhält Uli das Geld auf dem Tisch, andernfalls Franz.

a) Wer ist im Vorteil? Berechnen Sie hierzu den Erwartungswert der Zufallsvariablen X „Gewinn von Uli".

b) Wie müssen die Einsätze gewählt werden, damit das Spiel fair ist?

Varianz und Standardabweichung einer Zufallsvariablen

Der Erwartungswert allein beschreibt die Verteilung nicht vollständig. Er gibt nur Auskunft, um welchen mittleren Wert sie gruppiert ist. Als Maß für die Abweichungen der Werte x_j vom Erwartungswert $E(X)$ berechnet man daher analog zur beschreibenden Statistik die Standardabweichung:

BEISPIEL **Beschreibende Statistik**

Betrachtet werden die Anzahl der Kinder in $n = 500$ Familien.
$H_n(x_i)$ ist die absolute Häufigkeit, $h_n(x_i)$ ist die relative Häufigkeit für kein, ein, zwei, drei oder vier Kinder. $\bar{x}$ ist das arithmetische Mittel
und $\sigma_x = \sqrt{\sum((x_i - \bar{x})^2 \cdot h_n(x_i))}$ ist die Standardabweichung.

x_i	$H_{500}(x_i)$	$h_{500}(x_i)$	$x_i \cdot h_{500}(x_i)$	$x_i - \bar{x}$	$(x_i - \bar{x})^2$	$(x_i - \bar{x})^2 \cdot h_{500}(x_i)$
0	153	0,306	0	-1,208	1,459	0,446
1	172	0,344	0,344	-0,208	0,043	0,015
2	112	0,224	0,448	0,792	0,627	0,141
3	44	0,088	0,264	1,792	3,211	0,283
4	19	0,038	0,152	2,792	7,795	0,296
	500	1,000	$\bar{x} = 1,208$	Varianz: $\sigma_x^2 = 1,181$ Standardabweichung: $\sigma_x = 1,087$		

DEFINITION Ist X eine Zufallsvariable mit den Werten $x_1, x_2, \ldots, x_m$ und ist $E(X)$ der zugehörige Erwartungswert, dann heißt die Zahl

$$V(X) = (x_1 - E(X))^2 \cdot P(X = x_1) + \ldots + (x_m - E(X))^2 \cdot P(X = x_m)$$
$$= \sum_{j=1}^{j=m} (x_j - E(X))^2 \cdot P(X = x_j)$$ die **Varianz von X.**

Die Zahl $\sigma(X) = \sqrt{V(X)} = \sqrt{\sum_{j=1}^{j=m} (x_j - E(X))^2 \cdot P(X = x_j)}$

heißt **Standardabweichung von *X*.** ($\sigma_x = \sigma(X)$ *oder nur* σ: lies „Sigma *x*")

Die Standardabweichung σ_x der Zufallsvariablen X ist ein Maß für die Streuung der möglichen Werte x_j der Zufallsvariablen relativ zum Erwartungswert $E(X)$. Bei kleiner Standardabweichung σ_x liegen die Zufallsvariablen x_j nahe beim Erwartungswert.

BEISPIELE

Zufallsvariable X

Ein Laplace-Würfel wird dreimal hintereinander geworfen. Die Zufallsvariable X zähle die Anzahl der „Sechsen" in einer „Dreierserie". Bestimmen Sie die Wahrscheinlichkeitsfunktion f von X, den Erwartungswert $E(X)$, die Varianz σ_x^2 und die Standardabweichung σ_x.

x_i	$P(X = x_j)$	$x_j \cdot P(X = x_j)$	$x_j - E(X)$	$(x_j - E(X))^2$	$(x_j - E(X))^2 \cdot P(X = x_j)$
0	0,5787	0	-0,5	0,25	0,1447
1	0,3473	0,347	0,5	0,25	0,0868
2	0,0694	0,139	1,5	2,25	0,1562
3	0,0046	0,014	2,5	6,25	0,0288
	1,0000	$E(X) = 0,5$	Varianz: $\sigma_x^2 = 0,4165$ Standardabweichung: $\sigma_x = 0,6454$		

BEISPIELE

1. Im Folgenden zeigen wir, dass zwei Verteilungen denselben Erwartungswert haben können und dennoch sehr verschieden sind.

Wir denken uns hierzu zwei Münzspiele mit je drei Würfen.
Aus den Tabellen sind alle Informationen zu entnehmen.

a) *Münzspiel 1* (aus 4.2.1)

e_k	x_j	$P(X = x_j)$	$x_j \cdot P(X = x_j)$
www, wwz, wzw, wzz	2	$\frac{1}{2}$	1
zwz, zww	1	$\frac{1}{4}$	$\frac{1}{4}$
zzw →	-1	$\frac{1}{8}$	$-\frac{1}{8}$
zzz →	-8	$\frac{1}{8}$	-1
			$E_{a)}(X) = \frac{1}{8}$

b) *Münzspiel 2*

e_k	x_j	$P(X = x_j)$	$x_j \cdot P(X = x_j)$
www →	2	$\frac{1}{8}$	$\frac{1}{4}$
wwz, wzw	1	$\frac{1}{4}$	$\frac{1}{4}$
wzz, zwz	0	$\frac{1}{4}$	0
zww, zzw, zzz	-1	$\frac{3}{8}$	$-\frac{3}{8}$
			$E_{b)}(X) = \frac{1}{8}$

$V_{a)}(X) \quad = (2 - \frac{1}{8})^2 \cdot \frac{1}{2} + (1 - \frac{1}{8})^2 \cdot \frac{1}{4} + (-1 - \frac{1}{8})^2 \cdot \frac{1}{8} + (-8 - \frac{1}{8})^2 \cdot \frac{1}{8} = 10{,}375$

$\sigma_{a)}(X) = \sqrt{V_{a)}(x)} = \sqrt{10{,}375} = 3{,}22$

$V_{b)}(X) = (2 - \frac{1}{8})^2 \cdot \frac{1}{8} + (1 - \frac{1}{8})^2 \cdot \frac{1}{4} + (0 - \frac{1}{8})^2 \cdot \frac{1}{4} + (-1 - \frac{1}{8})^2 \cdot \frac{3}{8} = 1{,}109\,375$

$\sigma_{b)}(X) = \sqrt{V_{b)}(X)} = \sqrt{1{,}109\,375} = 1{,}053$

Stabdiagramme

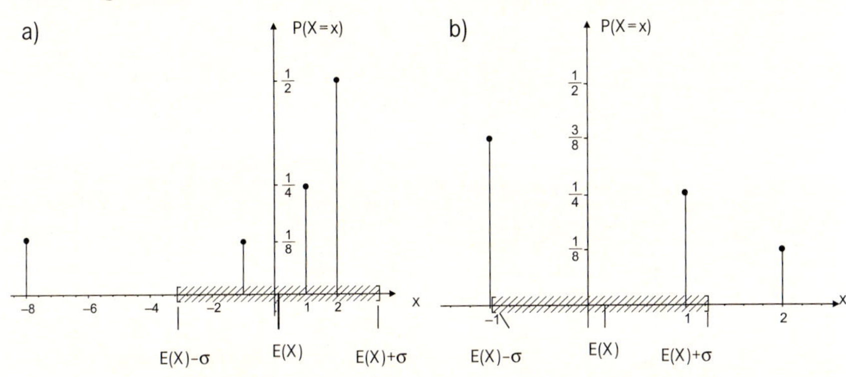

Die „Gewinne" x_j liegen beim zweiten Spiel deutlich näher beim Erwartungswert $E(X) = 0{,}125$. Dies wird durch die Varianzen und die Standardabweichungen ausgedrückt. Der Erwartungswert drückt den Gewinn auf Dauer (durchschnittlicher Gewinn bei sehr vielen Spielen) aus. Die größere Standardabweichung im Spiel 1 zeigt das größere Wagnis bei wenigen Spielen. Die Varianz des Gewinns ist erheblich größer.

2. Einen Sonderfall stellt auch hier wiederum eine Zufallsvariable X dar, deren (endlich viele) Werte alle mit derselben Wahrscheinlichkeit angenommen werden. Betrachten wir die Zufallsvariable X: Beim einmaligen Werfen eines Laplace-Würfels nimmt X alle Werte 1, 2, 3, 4, 5, 6 mit der gleichen Wahrscheinlichkeit $\frac{1}{6}$ an.

Den Erwartungswert $E(X) = \dfrac{x_1 + x_2 + \ldots + x_m}{m} = \dfrac{1+2+3+4+5+6}{6} = 3{,}5$

haben wir bereits berechnet (Seite 318).

Für die Varianz ergibt sich hier: $V(X) = \sum_{j=1}^{j=m} \frac{1}{m}(x_j - E(X))^2$.

$$V(X) = (1 - 3{,}5)^2 \cdot \tfrac{1}{6} + (2 - 3{,}5)^2 \cdot \tfrac{1}{6} + \ldots + (6 - 3{,}5)^2 \cdot \tfrac{1}{6}$$
$$= \tfrac{1}{6} \cdot (2{,}5^2 + 1{,}5^2 + 0{,}5^2 + 1{,}5^2 + 2{,}5^2) = \tfrac{35}{12} \approx 2{,}92$$

Standardabweichung: $\sigma(X) = \sqrt{V(X)} = \sqrt{\frac{35}{12}} = 1{,}71$

AUFGABE 17 Berechnen Sie Varianz und Standardabweichung für die Aufgaben 4, 5, 8 auf der Seite 316.

AUFGABE 18 Beim zweimaligen Würfeln wird der Betrag der Differenz der beiden Augenzahlen als Zufallsvariable X gewählt.
Geben Sie die Wahrscheinlichkeitsfunktion, den Erwartungswert und die Varianz dieser Zufallsvariablen an.

AUFGABE 19 In eine Urne werden zehn Kugeln mit den Nummern 1 bis 10 gelegt. Es werden zwei Kugeln a) mit Zurücklegen, b) ohne Zurücklegen gezogen. Die Zufallsvariable X sei die größere der dabei gezogenen Nummern.
Berechnen Sie die Wahrscheinlichkeitsfunktion, den Erwartungswert und die Varianz von X.

AUFGABE 20 Ein Nachtwächter hat einen Schlüsselbund mit fünf Schlüsseln. Zum Öffnen einer Türe probiert er einen Schlüssel nach dem anderen aus, wobei er darauf achtet, dass kein Schlüssel zweimal benutzt wird. Die Zufallsvariable X sei die Anzahl der Schlüssel, die erprobt werden, bis die Tür sich öffnen lässt.
Berechnen Sie die Wahrscheinlichkeitsfunktion, den Erwartungswert und die Standardabweichung von X.

AUFGABE 21 Benutzen Sie die obige Formel, um die Varianz der folgenden Wahrscheinlichkeitsfunktion zu berechnen.

x	-3	-2	-1	0	1	2
$P(X=x)$	0,1	0,2	0,25	0,15	0,2	0,1

AUFGABE 22 Es wird mit drei Würfeln gespielt. Für drei aufeinander folgende Augenzahlen erhält man 5,00 €, bei drei gleichen Augenzahlen werden 6,00 € ausgezahlt. In allen sonstigen Fällen erfolgt keine Auszahlung. Der Spieleinsatz beträgt 1,00 €.
Berechnen Sie den Erwartungswert und die Standardabweichung des Gewinns.

AUFGABE 23 Berechnen Sie zu der Wahrscheinlichkeitsfunktion

x	62	64	65	67	70	72	80	86
$P(X=x)$	0,05	0,15	0,2	0,25	0,15	0,1	0,05	0,05

den Erwartungswert und die Standardabweichung und zeichnen Sie $E(X)$ und σ in das Stabdiagramm ein.

AUFGABE 24 Ein Ehepaar spielt Roulette im Kasino in Baden-Baden. Die Frau setzt in jedem Spiel 10,00 € auf „rouge“, der Mann setzt stets 10,00 € auf {9} („pleine“).
Welchen Gewinn auf Dauer können Mann und Frau erwarten?
Welche Varianz des Gewinns haben die beiden Spiele?
Welches Spiel ist spannender?

AUFGABE 25 Nicole und Sandra spielen mit einem Würfel, der zweimal die Vier und viermal die Eins trägt. Sandra würfelt immer so oft, bis sie mindestens die Summe vier hat. Bei einem, zwei oder drei Würfen erhält Sandra 1,00 €, 2,00 € bzw. 3,00 € von Nicole. Bei vier Würfen muss Sandra 4,00 € an Nicole zahlen.
Wer ist bei diesem Spiel auf Dauer im Vorteil?
Wie groß ist die Wahrscheinlichkeit, bei 100 Spielen einen Gewinn zu erhalten, der um 20 Cent vom Erwartungswert abweicht?

AUFGABE 26 Ein Computersystem weist zwei typische Fehler A und B auf. In 50 % der Fälle tritt Fehler A, in 35 % der Fälle Fehler B allein auf. In 15 % der Fälle treten beide Fehler gleichzeitig auf. Die Behebung von Fehler A kostet 30,00 €, von Fehler B 70,00 €.

a) Berechnen Sie die durchschnittlichen Kosten für die Instandsetzung des Systems pro Ausfall.

b) Wie groß ist die Standardabweichung dieser Kosten?

c) Wie groß sind Erwartungswert und Standardabweichung der Reparaturkosten, wenn auf je 50 verkaufte Computersysteme eine Reklamation kommt?

AUFGABE 27 Die Milchwerke in Heidenheim und Schwäbisch Hall liefern H-Milch an ein großes Handelsunternehmen. Die Wareneingangskontrolle hat die auftretenden Abweichungen von der Sollmenge 1 000 ml untersucht. Es ergaben sich folgende Werte:

H-Milch Heidenheim

x_j	990	995	1 000	1 005	1 010
$P(X = x_j)$	0,025	0,2	0,55	0,2	0,025

H-Milch Schwäbisch Hall

x_j	990	995	1 000	1 005	1 010
$P(X = x_j)$	0,05	0,15	0,575	0,2	0,025

Verwenden Sie die Angaben zur Berechnung von $E(X)$ und $V(X)$ für die H-Milch von Heidenheim und Schwäbisch Hall. Begründen Sie, weshalb die Lieferung von Heidenheim besser beurteilt wird.

4.3 Binomial verteilte Zufallsvariablen

4.3.1 Bernoulli-Experimente und Bernoulli-Ketten

Bei vielen Zufallsexperimenten ist es möglich, nur zwei verschiedene Ergebnisse als Ausfälle zu betrachten. Man bezeichnet diese zwei (Elementar-) Ereignisse dann in der Regel als **Erfolg bzw. Treffer (*T*)** mit der Wahrscheinlichkeit $P(T) = p$ oder als **Fehlschlag bzw. Niete (*N*)**. Da N das Gegenereignis zu T ist, gilt: $N = \bar{T}$ und $P(N) = 1 - p = q$.

Zufallsexperimente dieser Art mit $S = \{T,N\}$ werden Bernoulli*-Experimente genannt.

Jakob Bernoulli

* *Jakob Bernoulli* (1654 - 1705), Schweizer Mathematiker

BEISPIELE

1. Einmaliger Münzwurf: Wappen (T) - Zahl ($\bar{T}$);
2. Würfelspiel: Wurf einer Sechs (T) - Wurf einer anderen Zahl ($\bar{T}$);
3. Urne mit Kugeln: Ziehen einer bestimmten Kugel (T) - andere Kugel ($\bar{T}$);
4. Kontrolle von Werkstücken: brauchbar (T) - unbrauchbar ($\bar{T}$);
5. Lotterie: Gewinn (T) - Niete ($\bar{T}$);
6. Geburt: weiblich (T) - männlich ($\bar{T}$);
7. Elektr. Schaltung: ein (T) - aus ($\bar{T}$).

AUFGABE Finden Sie weitere Zufallsexperimente, bei denen man sich nur dafür interessiert, ob ein bestimmtes Ereignis eintritt oder nicht.

Die Beispiele verdeutlichen, dass es sich bei den Ereignissen T und $\bar{T}$ um einfache Elementarereignisse handeln kann (Münzwurf, Geburt), aber auch, dass es möglich ist, durch die Wahl von T ein Bernoulli-Experiment zu erhalten.

Beim Würfelspiel kann z. B. $T = \{2,4,6\}$ und $\bar{T} = \{1,3,5\}$ sein.

Man kann Bernoulli-Experimente mithilfe einer Zufallsvariablen X beschreiben. Man setzt für Treffer $X = 1$ und für Niete $X = 0$.

Die zugehörige Wahrscheinlichkeitsfunktion ist dann:

$P(X = 1) = P(T) = p$
$P(X = 0) = P(\bar{T}) = 1-p = q$

x_i	1	0
$P(x_i)$	p	$q = 1-p$

Vereinfacht schreibt man $p(1) = p$ und $p(0) = 1-p = q$.

Wir interessieren uns für die n-fache Wiederholung eines solchen Bernoulli-Experimentes, also etwa den 10fachen Würfelwurf.

Die Grundwahrscheinlichkeit für Treffer (eine Sechs) ist in jeder Stufe gleich $P(T) = \frac{1}{6}$.

Wie wahrscheinlich ist es, genau 3-mal eine Sechs zu erhalten? Man kann 10-mal nacheinander würfeln oder 10 unterscheidbare Würfel zugleich werfen.

Symbolisieren wir Treffer mit 1 und Niete (ungleich Sechs) mit 0, so ist jeder mögliche Ausgang mit drei Treffern durch ein (1,0)-Tupel beschreibbar. Das Tupel (0,0,0,1,0,0, 1,1,0,0) würde bedeuten, dass im vierten, siebten und achten Durchgang eine Sechs gefallen ist.

Für alle Tupel mit drei Treffern (0,1,0,0,0,1,0,0,1,0), (1,0,1,0,0,0,0,0,1,0) usw. ergibt sich nach der 1. Pfadregel die Wahrscheinlichkeit:

$$\frac{1}{6}\cdot\frac{1}{6}\cdot\frac{1}{6}\cdot\frac{5}{6}\cdot\frac{5}{6}\cdot\frac{5}{6}\cdot\frac{5}{6}\cdot\frac{5}{6}\cdot\frac{5}{6}\cdot\frac{5}{6} = \left(\frac{1}{6}\right)^3\cdot\left(\frac{5}{6}\right)^7.$$

Nach der 2. Pfadregel müssen wir die Wahrscheinlichkeiten für alle verschiedene (untereinander unvereinbare) Pfade mit drei Treffern (3-mal 1, 7-mal 0) addieren. Doch, wie viele Möglichkeiten gibt es? Wie gut, dass wir bei unseren kombinatorischen Überlegungen auf Seite 282 herausgefunden haben: Es gibt $\binom{n}{k}$ Möglichkeiten, k-Elemente aus n-Elementen zu ziehen, hier also $\binom{10}{3} = 120$ Möglichkeiten bzw. verschiedene Pfade mit drei Treffern und sieben Nieten. Wir erhalten somit für die Wahrscheinlichkeit, bei zehn Würfen drei Sechsen zu erhalten:

$$\binom{10}{3} \cdot \left(\frac{1}{6}\right)^3 \cdot \left(\frac{5}{6}\right)^7 \approx 0{,}155 = 15{,}5\ \%.$$

Bernoulli-Kette der Länge 10. Beispiele zu Pfaden mit drei Treffern:

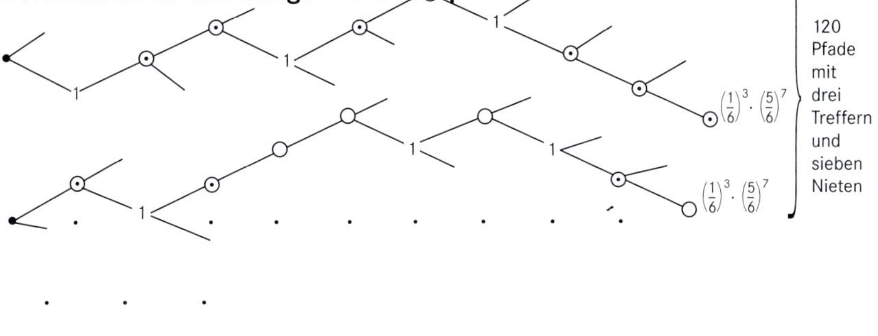

Diese Überlegungen kann man verallgemeinern auf beliebige Ketten und festlegen:

MERKE

Bernoulli-Experiment

1. Ein Zufallsexperiment, bei dem nur zwei Ereignisse (T und $\bar{T}$) betrachtet werden, heißt Bernoulli-Experiment.
2. Die Zufallsvariable X nimmt nur die zwei Werte $X(T) = 1$ und $X(T) = 0$ an. Die Werte der zugehörigen Wahrscheinlichkeitsfunktion bezeichnet man mit $p(1) = p$ und $p(0) = 1 - p = q$.

Bernoulli-Kette

Wird ein Bernoulli-Experiment mehrfach (n-mal) wiederholt, sodass die Wahrscheinlichkeit p für Treffer von Versuch zu Versuch gleich bleibt und sich die Versuche gegenseitig nicht beeinflussen, so spricht man von einer n-stufigen Bernoulli-Kette (der Länge n).

Eine Bernoulli-Kette kann somit auf zwei Weisen realisiert werden:

1. Ein Bernoulli-Experiment wird mehrmals hintereinander ausgeführt.
2. Mehrere „gleiche“ Bernoulli-Experimente werden „gleichzeitig“ durchgeführt.

Bernoulli-Formel

Wenn p die Wahrscheinlichkeit für das Eintreten des Ereignisses „Treffer“ ist und der Bernoulli-Versuch n-mal wiederholt wird, dann gilt:

Die Wahrscheinlichkeit für genau k Treffer ist:

$$P(X = k) = \binom{n}{k} \cdot p^k \cdot (1 - p)^{n-k}$$

BEISPIELE

1. Der dreifache Münzwurf kann entweder als dreimaliges Werfen einer Münze aufgefasst werden oder aber als gleichzeitiges Werfen von drei unterscheidbaren Münzen.
2. Mehrfaches Werfen eines Würfels, wobei Treffer eine Sechs ist.
3. Ziehen von Kugeln aus einer Urne mit m schwarzen und n weißen Kugeln.

   (Treffer: schwarze Kugel mit $p = \frac{m}{m+n}$)

   Die Kugeln müssen dann jeweils wieder in die Urne zurückgelegt werden, damit die einzelnen Ziehungen voneinander unabhängig sind, d. h. die Wahrscheinlichkeit sich nicht ändert.
4. Oft dienen n Glücksräder mit zwei Feldern T und N oder ein Glücksrad, das n-mal gedreht wird, als Modell für eine Bernoulli-Kette.
   Die Größe der Felder ist so eingeteilt, dass
   $P(T) = p$ und $P(N) = 1 - p = q$ ist.
5. Ein weiteres beliebtes Beispiel für eine Bernoulli-Kette ist ein Wegenetz, in dem bei jedem Knotenpunkt die Entscheidung links (T) oder rechts ($\bar{T}$) getroffen werden muss.

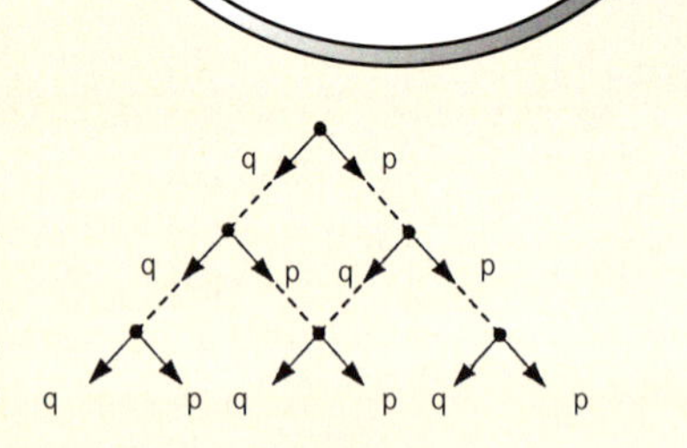

4.3.2 Die Binomialverteilung

Die Bernoulli-Kette und Binomialverteilung kann am Galton*-Brett demonstriert werden (siehe Abbildung auf der folgenden Seite).

In einem senkrecht aufgestellten Brett wird ein Quadratgitter durch Nägel erzeugt. Lässt man nun Kugeln durch einen Trichter auf den ersten Nagel fallen, so wird die Kugel mit der Wahrscheinlichkeit $p = \frac{1}{2}$ („Treffer") nach rechts oder mit $q = 1 - p = \frac{1}{2}$ nach links („Niete") abgelenkt. Die Anordnung ist so eingerichtet, dass die Kugeln wieder senkrecht auf die Nägel der nächsten Reihe (n) treffen, wo sie wiederum mit

* *Sir Francis Galton* (1822 – 1911), englischer Biologe (Vererbungslehre)

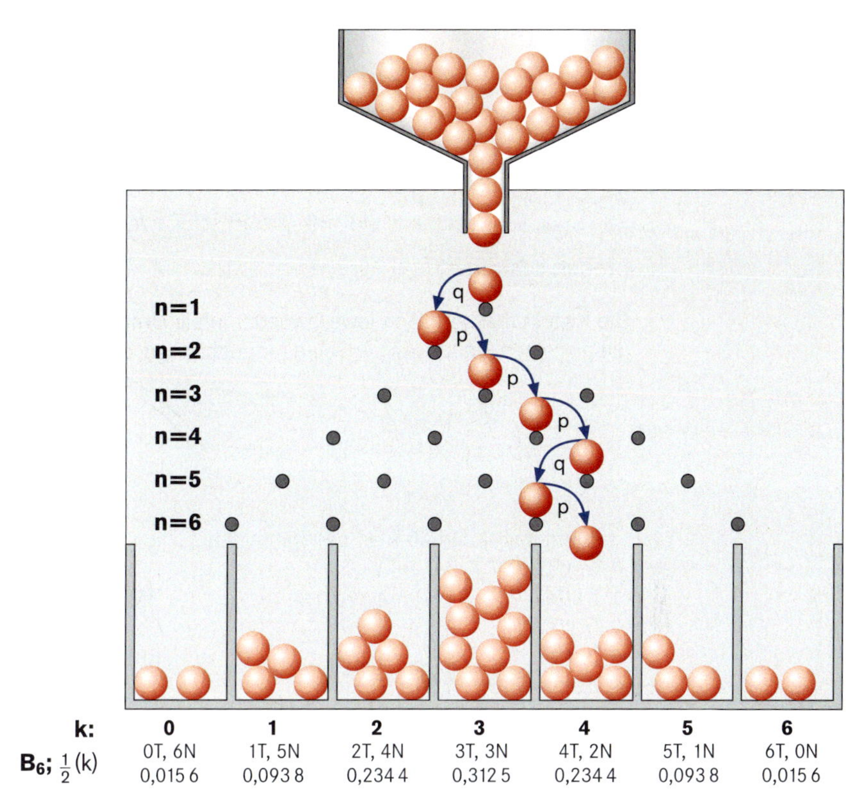

$p = \frac{1}{2}$ (bzw. $q = \frac{1}{2}$) nach rechts oder links fallen.
In den Kästen 0 bis 6 sammeln sich die Kugeln dann so an, dass in Kasten 6 diejenigen Kugeln liegen, die 6-mal nach rechts gefallen sind. In Kasten 5 liegen diejenigen Kugeln, die 5-mal nach rechts und einmal nach links gefallen sind, usw.

Es wird nun hier sofort die Frage auftauchen, wie groß die Wahrscheinlichkeit dafür ist, dass bei n Versuchen (Reihen) bzw. bei Bernoulli-Ketten der Länge n k-mal das Ereignis T (Treffer) eintritt ($0 \leq k \leq n$).

Die Wahrscheinlichkeitsfunktion für die Anzahl der Treffer kann auf herkömmliche Weise durch ein Baumdiagramm und die Pfadregeln gewonnen werden.

Für große n bedient man sich jedoch der Kombinatorik.

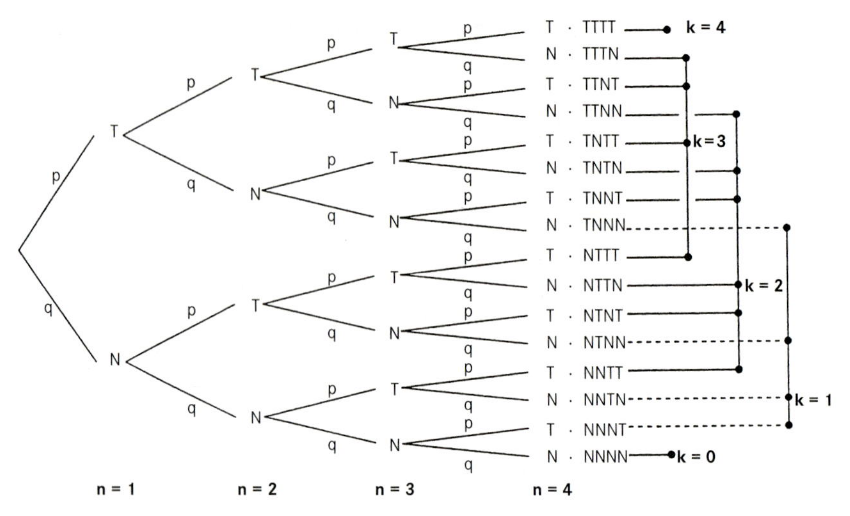

Mit den Pfadregeln erhält man die Wahrscheinlichkeiten:

$k = 4$ Treffer $P(4\ T, 0\ N) = 1\ p^4q^0$

$k = 3$ Treffer $P(3\ T, 1\ N) = 4\ p^3q^1$

$k = 2$ Treffer $P(2\ T, 2\ N) = 6\ p^2q^2$

$k = 1$ Treffer $P(1\ T, 3\ N) = 4\ p^1q^3$

$k = 0$ Treffer $P(0\ T, 4\ N) = 1\ p^0q^4$

Dieses Ergebnis erinnert stark an die binomische Formel $(a+b)^n = \sum_{k=0}^{k=n} \binom{n}{k} \cdot a^k \cdot b^{n-k}$.

Wir können daher festhalten:

DEFINITION Wird ein Bernoulli-Experiment n-mal unabhängig hintereinander ausgeführt und bezeichnet die Zufallsvariable X_i das Ergebnis des Experimentes in der i-ten Durchführung (Niete $x_i = 0$, Treffer $x_i = 1$), so gibt die Zufallsvariable $X = X_1 + X_2 + \ldots + X_n$ an, wie oft Erfolg bei den n-Experimenten eintritt.

Die Zufallsvariable X beschreibt die Anzahl der Treffer. X ist binomial verteilt mit dem Index n und dem Erfolgsparameter (der Trefferwahrscheinlichkeit) p.

$$P(X = k) = B_{n;p}(k) = \binom{n}{k} p^k(1-p)^{n-k} = \binom{n}{k} p^k q^{n-k}$$

mit $q = 1-p$, $k \in \{0,1,2,\ldots,n\}$.

Die Werte der **Wahrscheinlichkeitsfunktion $B_{n;p}(k)$** sind in Tabellen (siehe Formelsammlung) ablesbar bzw. in vielen Taschenrechnern vorprogrammiert.

Mit unseren grafikfähigen Taschenrechnern ist es sehr einfach, Werte der Funktion $B_{n;p}(k) \triangleq$ binompf(n,p,k) zu berechnen:

Beispiel: $n = 10$, $p = \frac{1}{6}$, $k = 3$ *2

```
binompdf(10,1/6,
3)
            .1550453596
```

Für den skizzierten Galton-Brett-Versuch ($n = 6$; $p = \frac{1}{2}$) ergibt sich:

$B_{6;\frac{1}{2}}(0) = 0{,}015\,6$; $B_{6;\frac{1}{2}}(1) = 0{,}093\,8$; $B_{6;\frac{1}{2}}(2) = 0{,}234\,4$; $B_{6;\frac{1}{2}}(3) = 0{,}312\,5$;

$B_{6;\frac{1}{2}}(4) = 0{,}234\,4$; $B_{6;\frac{1}{2}}(5) = 0{,}093\,8$; $B_{6;\frac{1}{2}}(6) = 0{,}015\,6$

Die Wahrscheinlichkeitsfunktion $B_{n;p}(k) = \binom{n}{k} p^k\, q^{n-k}$ für die Trefferzahl k einer Bernoulli-Kette der Länge n kann auch folgendermaßen begründet werden:

Jedes Ergebnis ist ein n-Tupel aus T und N bzw. aus den Zahlen 1 und 0. Für k Treffer und damit $n - k$ Nieten gibt es daher insgesamt $\frac{n!}{k!\,(n-k)!} = \binom{n}{k}$ verschiedene Anordnungen. Jede Anordnung tritt mit der Wahrscheinlichkeit $p^k\,(1-p)^{n-k} = p^k\, q^{n-k}$ auf, z. B. $n = 4$, $k = 3$: (TTTN), (TTNT), (TNTT), (NTTT):

$$B_{4;p}(3) = \frac{4!}{3!\,1!}\, p^3\, q^1 = \binom{4}{3} p^3\, q$$

Sehr oft benötigt man bei binomialverteilten Zufallsgrößen nicht nur die Wahrscheinlichkeiten $P(X = k)$, sondern auch Wahrscheinlichkeiten wie $P(X \leq k)$ oder $P(a \leq X \leq b)$.

Diese Zusammenfassung von mehreren Werten tritt immer bei Fragestellungen wie „höchstens…" oder „mindestens…" auf:

- „höchstens zwei" Treffer ist dann dasselbe wie „kein oder ein oder zwei" Treffer;
- „mindestens zwei" Treffer ist dasselbe wie „zwei oder drei oder vier… oder n" Treffer.

Zu diesem Zweck sind auch die aufsummierten Werte $P(X \leq k)$ der **kumulativen Binomialverteilung**

$$P(X \leq k) = F_{n;p}(k) = B_{n;p}(0) + B_{n;p}(1) + \ldots + B_{n;p}(k) = \sum_{i=0}^{i=k} B_{n;p}(i) = \sum_{i=0}^{i=k} \binom{n}{k} p^i (1-p)^{p-i}$$

in Tabellen zusammengefasst (Formelsammlung) oder bequemer natürlich im GTR verfügbar.

$$\sum_{i=0}^{i=k} B_{n;p}(i) = \sum_{i=0}^{i=k} \binom{n}{k} p^i (1-p)^{n-i} \mathrel{\hat{=}} \text{binomcdf}(n,p,k)$$

BEISPIEL

```
binomcdf(4,.3,0)
               .2401
binomcdf(4,.3,1)
               .6517
```

```
binomcdf(4,.3,2)
               .9163
binomcdf(4,.3,3)
               .9919
```

```
binomcdf(4,.3,4)
                   1
```

*2

BEISPIELE

1. Eine Urne enthält zwei rote, eine blaue und drei weiße Kugeln. Petra zieht drei Kugeln mit Zurücklegen. Wie groß ist die Wahrscheinlichkeit, dass Petra als erste und letzte Kugel eine blaue Kugel zieht?

Lösung:

Bernoulli-Experiment $S = \{\text{blau } b, \text{ nicht blau } \bar{b}\}$, $P(b) = P(T) = \frac{1}{6}$, $P(N) = \frac{5}{6}$

Ereignis: $E = \{b\bar{b}b\}$

$P(E) = \frac{1}{6} \cdot \frac{5}{6} \cdot \frac{1}{6} = \frac{5}{216} = 2{,}3\,\%$

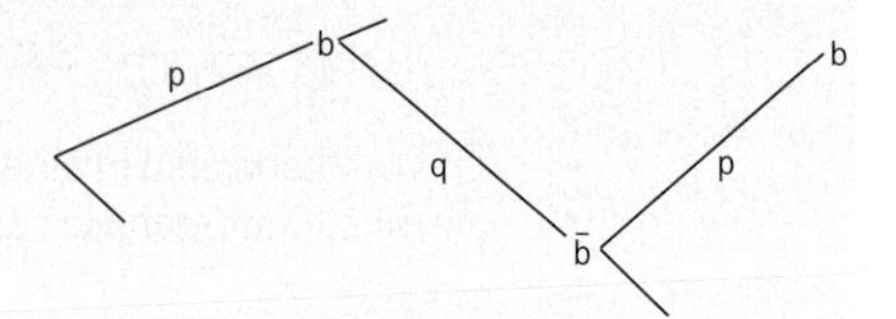

2. Ein Jäger trainiert monatlich seine Fähigkeit im Stehendschießen. Am Jahresende ermittelt er für seine Treffsicherheit 65 %. Beim Schützenfest müssen fünf Schüsse nacheinander auf eine handbemalte Scheibe abgegeben werden.
Wie groß ist die Wahrscheinlichkeit dafür, dass er

a) keinen,
b) genau einen,
c) mindestens einen,
d) höchstens einen Fehlschuss hat?

Lösung:

Bernoulli-Experiment mit $n = 5$, $p = 0{,}35$ (Fehlschuss), Zufallsvariable X (Fehlschuss), k Anzahl der Fehlschüsse

a) $P(X = 0) = B_{5;0,35}(0) = \binom{5}{0} \cdot 0{,}35^0 \cdot 0{,}65^5 \quad = 11{,}6\,\%$

b) $P(X = 1) = B_{5;0,35}(1) = \binom{5}{1} \cdot 0{,}35^1 \cdot 0{,}65^4 \quad = 31{,}2\,\%$

c) $P(X \geq 1) = 1 - P(X = 0) = 1 - 0{,}116 = 88{,}4\,\%$

d) $P(X \leq 1) = F_{5;0,35}(1) = 42{,}8\,\%$

3. Für die Steuerung einer Rakete wird ein Bauteil mit sechs Elementen zusammengesetzt. Ist auch nur ein Element defekt, dann funktioniert die Steuerung nicht mehr. Mit welcher Wahrscheinlichkeit müssen die einzelnen Elemente in Ordnung sein, damit die Steuerung der Rakete zu 80 % funktioniert?

Lösung:

$p^6 > 0{,}8 \Rightarrow \quad p = \sqrt[6]{0{,}8} = 0{,}963\,5$

4. Oft wird die Länge n der Bernoulli-Kette gesucht. Da n im Exponenten steht, benötigt man zur Lösung der Exponential(un)gleichung den Logarithmus.
Wie oft muss mit einem idealen Würfel mindestens geworfen werden, um mit einer Wahrscheinlichkeit von mehr als 50 % eine Sechs zu erhalten?

Lösung:

$p = \frac{1}{6}$, k = Anzahl der Sechser, n ist gesucht.

$P(X \geq 1) = 1 - P(X = 0) \Rightarrow 1 - \left(1 - \frac{1}{6}\right)^n > 0{,}5 \Rightarrow 1 - \left(\frac{5}{6}\right)^n > 0{,}5$

$\Rightarrow \left(\frac{5}{6}\right)^n < 0{,}5 \mid \ln \Rightarrow n \cdot \ln \frac{5}{6} < \ln(0{,}5) \mid : \ln \frac{5}{6} (< 0!!)$

$n > \frac{\ln 0{,}5}{\ln 5 - \ln 6} = 3{,}8 \Rightarrow n \geq 4$

Man kann also in einem Glücksspiel darauf wetten, dass bei $n = 4$ Würfen mindestens eine Sechs erscheint.

5. Eine weitere Anwendung der Bernoulli-Kette stellen so genannte Warteaufgaben dar: Mit welcher Wahrscheinlichkeit fällt beim mehrmaligen Werfen eines idealen Würfels im n-ten (z. B. 4-ten) Wurf erstmalig eine Sechs (Treffer)?

Lösung:

$E = \{\bar{6}, \bar{6}, \bar{6}, 6\}$, $P(E) = \left(\frac{5}{6}\right)^3 \cdot \frac{1}{6} = 0{,}096\,45$

Allgemein gilt: Treffer im n-ten Wurf: $(1 - p)^{n-1} \cdot p$, weil dem ersten Treffer $(n - 1)$ Nieten vorangehen.

6. Eine Laplace-Münze wird 100-mal geworfen. Wie groß ist die Wahrscheinlichkeit, dass „Zahl“ mindestens 48-mal, höchstens 52-mal oben liegt?

Lösung:

$p = \frac{1}{2}$, $n = 100$, $P(48 \geq X \geq 52)$;

P(„Treffer höchstens 52“) $= F_{100;\frac{1}{2}}(52)$ − P(„Treffer höchstens 48“) $= F_{100;\frac{1}{2}}(48)$

$= 0{,}691\,35 - 0{,}382\,18 = 0{,}309\,17$ oder $B_{100;0{,}5}(48) + \ldots + B_{100;0{,}5}(52)$

4.3.3 Erwartungswert, Varianz und Standardabweichung einer binomial verteilten Zufallsvariablen

In einer Klausur werden 15 Multiple-Choice-Fragen gestellt. Bei jeder Frage stehen fünf Antworten zur Auswahl, von denen genau eine richtig ist. Ein völlig unvorbereiteter Schüler kreuzt bei jeder Frage zufällig eine Antwort an. Mit wie viel richtig beantworteten Fragen kann der Schüler rechnen (Erwartungswert)?

Es handelt sich um eine Bernoulli-Kette mit $n = 15$, $p = 0{,}2$.

Der Erwartungswert berechnet sich gemäß der Definition als

$E(X) = \sum_{j=1}^{j=m} x_j \cdot P(X = x_j) = \sum_{k=0}^{k=n} k \cdot B_{n;p}(k)$, also hier $E(X) = \sum_{k=0}^{k=n} k \cdot B_{15;0,2}(k)$

$$E(X) = \begin{cases} 0 \cdot 0{,}032\,5 + 1 \cdot 0{,}131\,9 + 2 \cdot 0{,}230\,9 + 3 \cdot 0{,}250\,1 + 4 \cdot 0{,}187\,6 \\ + 5 \cdot 103\,2 + 6 \cdot 0{,}043\,0 + 7 \cdot 0{,}013\,8 + 8 \cdot 0{,}003\,5 + 9 \cdot 0{,}000\,7 \\ + 10 \cdot 0{,}000\,1 + \ldots + 15 \cdot 3{,}28 \cdot 10^{-11} \approx 3 \end{cases}$$

Dies gilt sogar bei beliebiger Genauigkeit!

Der Grund dafür ist, dass sich eine $B_{n;p}$-verteilte Zufallsvariable als Summe von unabhängigen Bernoulli-Variablen darstellen lässt.

X_i sei die Anzahl der Treffer an der Stelle i der Bernoulli-Kette der Länge n.

$$X_i = \begin{cases} 1 & \text{falls beim } \boldsymbol{i}\text{-ten Versuch Treffer eintritt;} \\ 0 & \text{sonst } (i = 1,2,3, \ldots, n) \end{cases}$$

Die Zufallsgröße X_i besitzt die Wahrscheinlichkeitsverteilung:

x_i	0	1
$P(X = x_i)$	q	p

und den Erwartungswert $E(X_i) = 0 \cdot q + 1 \cdot p = p$.
Die Anzahl X der Treffer einer Bernoulli-Kette ist die Summe der Treffer X_i an den Stellen i.

Also: $X = X_1 + X_2 + \ldots + X_n = \sum\limits_{i=1}^{i=n} X_i$

Der Erwartungswert ist daher:
$E(X) = E(X_1) + E(X_2) + \ldots + E(X_n) = \sum\limits_{i=1}^{i=n} E(X_i) = \sum\limits_{i=1}^{i=n} p = n \cdot p$

Erwartungswert: $E(X) = np$, in unserem Beispiel also $E(X) = 15 \cdot 0{,}2 = 3$

Wegen $V(X_i) = (1-p)^2 \cdot p + (0-p)^2 \cdot q = p \cdot q$ und $V(\sum\limits_{i=1}^{i=n} X_i) = \sum\limits_{i=1}^{i=n} V(X_i)$
erhält man analog für die

Varianz einer binomial verteilten Zufallsvariablen X: $V(X) = n\,p\,q$;

somit beträgt die **Standardabweichung** $\sigma = \sqrt{V(X)} = \sqrt{n \cdot p \cdot q}$.

Beispiel:
$\sigma = \sqrt{15 \cdot 0{,}2 \cdot 0{,}8} = 1{,}55$

AUFGABE 1 Bestimmen Sie mithilfe der Tabelle bzw. des Taschenrechners:

a) $B_{8;0,4}(4)$ b) $B_{20;0,8}(15)$ c) $B_{10;0,2}(3)$

d) $\sum\limits_{k=0}^{k=8} B_{10;0,2}(k)$ e) $\sum\limits_{k=5}^{12} B_{20;0,5}(k)$ f) $\sum\limits_{k=4}^{k=7} B_{8;0,9}(k)$

AUFGABE 2 Ein Idealer Würfel wird 100-mal geworfen.
Mit welcher Wahrscheinlichkeit erhält man

a) 20-mal, b) höchstens 20-mal

die Augenzahl sechs?
Geben Sie den Erwartungswert und die Standardabweichung an.

AUFGABE 3 Wie oft muss ein Laplace-Würfel mindestens geworfen werden, um mit mindestens 90 % Wahrscheinlichkeit mindestens einmal die Augenzahl Sechs zu erhalten?

AUFGABE 4 Eine reguläre Münze wird 50-mal geworfen.
Mit welcher Wahrscheinlichkeit erhält man
a) genau 30-mal Zahl, b) höchstens 30-mal Zahl,
c) mindestens 30-mal Zahl, d) mehr Zahl als Kopf,
e) 10- bis 40-mal Zahl?

AUFGABE 5 Eine Familie hat fünf Kinder. Mit welcher Wahrscheinlichkeit sind genau (mindestens, höchstens) zwei Kinder Söhne; nur die ersten beiden Kinder Söhne? ($p = \frac{1}{2}$ für Sohn bzw. Tochter)

AUFGABE 6 Aus einer Urne mit zehn blauen, sieben roten und drei gelben Kugeln werden nacheinander vier Kugeln mit Zurücklegen gezogen.
Mit welcher Wahrscheinlichkeit ist
a) die erste Kugel blau, b) nur die erste Kugel blau,
c) genau eine Kugel blau, d) höchstens eine Kugel blau,
e) mindestens eine Kugel blau, f) eine Kugel blau, eine gelb und zwei rot?

AUFGABE 7 4 % aller Männer sind farbenblind.
Mit welcher Wahrscheinlichkeit findet man unter 100 Männern
a) genau sechs, b) weniger als sechs, c) zwei bis sechs Farbenblinde?

AUFGABE 8 75 % aller Schüler fertigen regelmäßig ihre Hausaufgaben an.
Mit welcher Wahrscheinlichkeit findet man unter 30 Schülern
a) genau 6, b) mindestens 24, c) 6 bis 24 Schüler,
die regelmäßig ihre Hausaufgaben anfertigen?

AUFGABE 9 Wie viele Schüler muss man kontrollieren, um mit einer Wahrscheinlichkeit von mehr als 99 % mindestens einen zu finden, der die Hausaufgaben angefertigt hat?

AUFGABE 10 Thomas weiß, dass 20 % der Gummibärchen rot sind.
Wie groß ist seine Chance, in einer Tüte mit 25 Stück
a) mindestens zwei, b) höchstens fünf, c) genau zehn rote Bärchen
zu finden?

AUFGABE 11 Ein Jäger trifft einen Hasen mit der Wahrscheinlichkeit $p = 30\ \%$. Wie oft muss er auf einen Hasen schießen, damit er wenigstens einmal mit 90%iger Wahrscheinlichkeit trifft?
Beachten Sie: Wenigstens ein Treffer: $1 - B_{n;p}(0) = 1 - q^n$;
wenigstens eine Niete: $1 - B_{n;p}(n) = 1 - p^n$.

AUFGABE 12 Beantworten Sie die Fragen von Chevalier de Méré an Pascal:
a) Ist es günstig, darauf zu wetten, dass bei vier Würfen mit einem Würfel wenigstens einmal eine Sechs fällt?
b) Ist es günstig, darauf zu wetten, dass bei 24 Würfen mit zwei Würfeln wenigstens eine Doppelsechs fällt?

AUFGABE 13 Bei der Hemdenproduktion in Vietnam rechnet man mit einem Ausschuss von 5 %. Wie groß ist die Wahrscheinlichkeit dafür, dass

a) unter 10 Hemden kein Ausschuss,

b) unter 20 Hemden höchstens ein Hemd unbrauchbar ist?

AUFGABE 14 Der Anteil der Linkshänder in einer Schule beträgt 10 %. In einer Klasse von 30 Schülern werden sechs Schüler zufällig ausgewählt. Wie groß ist die Wahrscheinlichkeit dafür, dass keiner (einer) der Schüler Linkshänder ist?

AUFGABE 15 Kinder haben im Wald die Orientierung verloren. Im nebenstehenden Wegenetz gehen sie bei jedem Wegknoten mit der Wahrscheinlichkeit $p = \frac{1}{3}$ nach rechts und mit $q = \frac{2}{3}$ nach oben.

Mit welcher Wahrscheinlichkeit finden sie nach Hause?

AUFGABE 16 Ein Computer enthält 20 Chips und arbeitet nur einwandfrei, wenn alle 20 Chips gleichzeitig und unabhängig voneinander funktionieren.

a) Berechnen Sie die Wahrscheinlichkeit für das Versagen des Computers, wenn die Chips aus einem großen Lager, das etwa 2 % defekte Chips enthält, zufällig entnommen wurden.

b) Mit welcher Wahrscheinlichkeit arbeitet der Computer einwandfrei?

AUFGABE 17 Eine binomial verteilte Zufallsvariable hat den Erwartungswert $E(X) = 8{,}1$ und die Standardabweichung $\sigma = 2{,}7$. Berechnen Sie n und p.

AUFGABE 18 Ein Fußballer geht auf folgendes Spiel ein. Er schießt 10-mal auf eine Torwand. Für jeden Treffer erhält er 400,00 €. Trifft er nicht, so muss er jedes Mal 100,00 € bezahlen. Seine Treffsicherheit beträgt 20 %.

a) Wie groß ist die Wahrscheinlichkeit, dass er mindestens zweimal trifft?

b) Wie viel Geld hat er zu erwarten?

AUFGABE 19 „Le problème de partis“ – Eine berühmte Aufgabe ist das Problem, wie bei einem vorzeitigen Spielabbruch der Einsatz gerecht aufgeteilt werden soll.

Die Spieler A und B spielen Tennis. Ein gewonnenes Spiel ist 1 Punkt wert. Sieger ist, wer zuerst sechs Punkte erreicht. Jeder Spieler setzt 100,00 € ein. Wegen einsetzendem Regen muss das Spiel beim Stand von 5:2 für A abgebrochen werden.

Wie soll der Einsatz von 200,00 € gerecht verteilt werden?

4.3.4 Bernoulli'sches Gesetz der großen Zahlen

Bei den ersten Überlegungen zur Wahrscheinlichkeit gingen wir von der Erfahrung aus, dass bei einer großen Zahl von Versuchen die relativen Häufigkeiten Näherungswerte für die Wahrscheinlichkeit eines Ereignisses $P(E)$ sind.

So wird man für das Ereignis einer Sechs beim Würfeln erwarten, dass $\lim_{n\to\infty} \frac{H_6}{n} = \frac{1}{6}$ ist. Dieses empirische Gesetz der großen Zahlen kann nun für Bernoulli-Ketten mathematisch begründet werden.

Die Zufallsvariable X sei die Anzahl der Treffer bei einer Kette von n Versuchen. Wir führen als neue Zufallsvariable die relative Häufigkeit von Treffern bei n Versuchen ein: $\bar{X} = \frac{1}{n} X$.

Wegen $E(X) = n \cdot p$ und $V(X) = n \cdot p \cdot q$ und den Gesetzen $E(aX) = a \cdot E(X)$, $V(aX) = a^2 \cdot V(X)$ ergibt sich daher für den Erwartungswert und die Varianz von $\bar{X}$:

$$E(\bar{X}) = \frac{1}{n} \cdot E(X) = \frac{1}{n} np = p$$

$$V(\bar{X}) = \frac{1}{n^2} V(X) = \frac{n \cdot p \cdot q}{n^2} = \frac{p \cdot q}{n} = \frac{p(1-p)}{n}$$

Der Erwartungswert für die relativen Häufigkeiten von Erfolgen ist somit gerade die Wahrscheinlichkeit für Treffer $P(T) = p$, und die Varianz der relativen Häufigkeit (Abweichungen vom Erwartungswert) wird umso geringer, je größer die Anzahl n der Versuche ist.

BEISPIEL Herr Meier will einen Würfel testen und sucht daher die Wahrscheinlichkeit, mit der bei 1200 Würfen mit einem idealen Würfel die Anzahl der Sechsen zwischen 190 und 210 liegen müsste.

$$E(X) = n \cdot p = 1200 \frac{1}{6} = 200; \sigma = \sqrt{1200 \cdot \frac{1}{6} \cdot \frac{5}{6}} = 12{,}9$$

$$P(190 \leq x \leq 210) = F_{1200;\frac{1}{6}}(210) - F_{1200;\frac{1}{6}}(190) = 0{,}7928 - 0{,}2321 = 0{,}5607 = 56\,\%$$

AUFGABE 1 Berechnen Sie die Wahrscheinlichkeit, dass von 800 Schülern genau drei am 1. Januar Geburtstag haben.

AUFGABE 2 Eine Brauerei gibt bei 0,5-l-Bierflaschen an, dass der Mindestinhalt 0,48 l betrage. Die Standardabweichung beträgt 0,01 l. Wie viel Prozent der Bierflaschen haben einen Inhalt, der unter 0,48 l liegt?

Die folgenden Aufgaben 3 bis 5 umfassen größere Stoffgebiete.

AUFGABE 3 Ein Spielautomat ist so eingerichtet, dass die Bilder A, B und C mit folgenden Wahrscheinlichkeiten ausgewählt werden:

Treffer	A	B	C
Wahrscheinlichkeit	$\frac{1}{4}$	$\frac{1}{4}$	$\frac{3}{8}$

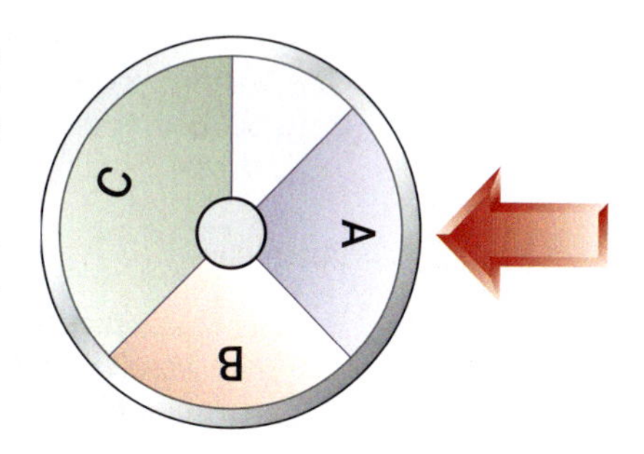

a) Welche Wahrscheinlichkeiten haben folgende Ereignisse, wenn einmal gespielt wird?
E_1: Es erscheint kein Bild A, B oder C.
E_2: Es erscheint nicht A.
E_3: Es erscheint nicht A oder nicht C.
E_4: Es erscheint weder B noch C.

b) Ein Spieler will einen Treffer erzielen. Hierfür gelten folgende Regeln:
Beim 1. Spiel gilt als Treffer, wenn A, B oder C erscheint.
Es gibt dann keinen 2. Versuch.
Beim 2. Spiel gilt als Treffer, wenn A oder B erscheint.
Ist dies der Fall, gibt es keinen 3. Versuch.
Beim 3. Versuch gilt als Treffer, wenn A erscheint.
Einen 4. Versuch gibt es nicht.

Entwerfen Sie zu diesem Spiel ein Baumdiagramm und ermitteln Sie die Wahrscheinlichkeiten folgender Ereignisse:
E_5: Der Spieler erzielt keinen Treffer.
E_6: Der Spieler spielt mindestens zweimal.
E_7: Der Spieler spielt höchstens zweimal.

c) Für einen Einsatz von y € darf der Spieler dreimal die Glücksscheibe des Automaten starten.
Erscheint t-mal das Bild A, dann bekommt er $(3\,t^2)$ € ausbezahlt.
Bis zu welchem Wert von y ist das Spiel günstig für den Spieler?

d) Ein neues Spiel wird für den Automaten geplant. Der Spieler spielt nur einmal. Erscheint Bild C, erhält er $16\,x$ €. Erscheint Bild B, erhält er $18\,x^2$ € und bei Bild A bekommt er $24\,x^3$ €. Wenn kein Bild A, B oder C erscheint, dann muss der Spieler $a\,x^4$ € bezahlen ($a \in \mathbb{R}^+, x \in \mathbb{R}^+$). Bestimmen Sie a so, dass der Spieler bei $x = 2$ im Durchschnitt 30,00 € gewinnt, und beweisen Sie, dass bei diesem Wert für a der Gewinn nie höher als 30,00 € sein kann.

AUFGABE 4 Eine Urne enthält vier grüne, sechs gelbe und fünf blaue Kugeln, die sich nur durch ihre Farbe unterscheiden.

a) Es wird eine Kugel aus der Urne gezogen. Welche Wahrscheinlichkeiten haben die Ereignisse:
E_1: Die gezogene Kugel ist gelb;
E_2: die gezogene Kugel ist nicht blau;
E_3: die gezogene Kugel ist grün oder nicht gelb?

b) Es werden nacheinander zwei Kugeln ohne Zurücklegen aus der Urne gezogen, wobei jeweils die Farbe der entnommenen Kugel sofort notiert wird.
Zeichnen Sie ein Baumdiagramm und geben Sie den Ergebnisraum an.

c) Man entnimmt nun der Urne mit einem Griff drei Kugeln.
Welche Wahrscheinlichkeiten ergeben sich für die Ereignisse:
E_5: Die drei Kugeln haben die gleiche Farbe;
E_6: alle drei Kugeln haben verschiedene Farben;
E_7: höchstens zwei Kugeln haben die gleiche Farbe?

d) Folgendes Spiel wird mit der Urne geplant:
Der Einsatz beträgt k €. Es werden mit einem Griff drei Kugeln gezogen.
Es soll folgender Gewinnplan gelten:
drei Kugeln grün - Auszahlung: fünffacher Einsatz plus 4,25 €;
zwei Kugeln grün - Auszahlung: dreifacher Einsatz;
eine Kugel grün - Auszahlung: einfacher Einsatz.
Die Zufallsvariable X sei die Anzahl der gezogenen grünen Kugeln.
Ermitteln Sie die Wertetafel für die zugehörige Wahrscheinlichkeitsfunktion.
Bei welchem Einsatz ist das Spiel fair? Welchen Einsatz muss ein Spielveranstalter mindestens fordern, wenn bei 100 Spielen mindestens 17,00 € Gewinn erzielt werden sollen?

AUFGABE 5 In einer Urne befinden sich „gleiche" Karten mit den Buchstaben A, B, C, D, E, F, G, H, I.
Ein Spielbrett enthält dieselben Buchstaben in der nebenstehenden Anordnung.

A	B	C
D	E	F
G	H	I

Eine Spielrunde besteht darin, dass eine Karte gezogen und das Feld mit dem gleichen Buchstaben auf dem Brett durch eine weiße Karte abgedeckt wird.

a) Zunächst wird folgendes Spiel durchgeführt: Es werden drei Karten nacheinander mit Zurücklegen aus der Urne gezogen.
Welche Wahrscheinlichkeiten haben die folgenden Ereignisse?
E_1: Es ist nur ein Feld abgedeckt;
E_2: Es sind genau zwei Felder abgedeckt;
E_3: Es sind drei Felder abgedeckt;
E_4: Es ist eine waagerechte oder eine senkrechte oder eine diagonale Reihe abgedeckt.

b) Zeigen Sie, dass $P_{E3}(E_4) < 0{,}1$ ist.

c) Nun sollen maximal fünf Karten mit Zurücklegen aus der Urne gezogen werden. Das Spiel ist sofort beendet, wenn der Buchstabe eines bereits abgedeckten Feldes gezogen wird.
Die Zufallsvariable X sei die Anzahl der abgedeckten Felder. Berechnen Sie $E(X)$.
Zu diesem Spiel schlägt Florian seinem Freund Daniel folgenden Gewinnplan vor:
- Ende des Spiels nach zwei Ziehungen: 5,00 € für Daniel;
- Ende des Spiels nach drei Ziehungen: 3,00 € für Daniel;
- Ende des Spiels nach vier Ziehungen: 1,00 € für Daniel.

Sind nach der fünften Ziehung auch fünf Felder abgedeckt, so erhält Florian x €. Welchen Betrag x muss Florian festlegen, damit er auf Dauer gewinnt?

d) Es werden nun aus der Urne so lange Karten mit Zurücklegen gezogen, bis als Buchstabe ein Vokal erscheint. Ermitteln Sie eine Formel für die Wahrscheinlichkeit, dass dies nach n Zügen der Fall ist.
Für welchen Wert von n ist die Wahrscheinlichkeit größer als 0,99?

4.4 Das muss ich mir merken!

Wahrscheinlichkeitsverteilung einer diskreten Zufallsvariablen X

Die diskrete Zufallsvariable X kann die Werte x_j ($j = 1, 2, \ldots, k$) annehmen.
$P(X = x_j) = p_j$ ist die Wahrscheinlichkeit für das Eintreten von x_j.

Es gilt dann:

$E(X) = \sum_{j=1}^{j=k} x_j \cdot p_j = \mu$ — Erwartungswert der Zufallsvariablen X (Mittelwert, Gewinnerwartung auf Dauer)

$V(X) = \sum_{j=1}^{j=k} (x_j - E(X))^2 \cdot p_j$ — Varianz der Zufallsvariablen X

$\sigma(X) = \sqrt{V(X)}$ — Standardabweichung von X

Bernoulli-Experimente

Bei einem Bernoulli-Zufallsversuch interessiert man sich nur für zwei Ausgänge: Treffer oder nicht Treffer.
Eine Bernoulli-Kette ist eine Serie unabhängiger Bernoulli-Versuche.
In jeder Stufe ist dieselbe Wahrscheinlichkeit p für Treffer.
Wird der Zufallsversuch n-mal wiederholt, dann gilt:

- Die Wahrscheinlichkeit für genau k Treffer ist:
$$P(X = k) = B_{n;p}(k) = \binom{n}{k} p^k \cdot (1 - p)^{n-k}$$
- Die Wahrscheinlichkeit für mindestens einen Treffer ist:
$$P(X \geq 1) = 1 - (1 - p)^n$$
- Soll die Wahrscheinlichkeit für mindestens einen Treffer größer oder gleich a ($0 < a < 1$) sein, so gilt für die Länge n der Kette:
$$n \geq \frac{\ln(1 - a)}{\ln(1 - p)}$$

Binomialverteilung

Eine Zufallsvariable heißt binomial verteilt mit den Parametern n und p, wenn für alle k ($k = 1, 2, 3, \ldots, n$) gilt: $P(X = k) = B_{n;p}(k) = \binom{n}{k} p^k \cdot (1 - p)^{n-k}$

Erwartungswert: $E(X) = n \cdot p$
Varianz: $V(X) = n \cdot p \cdot (1 - p)$
Standardabweichung: $\sigma(X) = \sqrt{n \cdot p \cdot (1 - p)}$

4.5 Haben Sie alles verstanden?

Üben

AUFGABE 1 Eine Urne enthalte eine weiße und zwei blaue Kugeln. Die Kugeln werden nacheinander ohne Zurücklegen gezogen. Die Zufallsvariable X sei die Anzahl der Ziehungen, bis die weiße Kugel gezogen ist. Stellen Sie die Zufallsvariable und die Wahrscheinlichkeitsfunktion in einem Pfeildiagramm, einer Wertetabelle und einem Histogramm dar.

AUFGABE 2 Eine Hausfrau hat 40 Maronen für einen Weinabend besorgt. Man muss davon ausgehen, dass leider 30 % im Innern verfault sind. Ihr Ehemann greift sich blind drei Maronen als Stichprobe heraus. Die Zufallsvariable X sei die Anzahl der schlechten Maronen in der Stichprobe. Stellen Sie die Wahrscheinlichkeitsfunktion von X auf.

AUFGABE 3 Ein Zeitschriftenhändler bezieht wöchentlich drei Wochenendausgaben von „Le Monde" für je 1,50 €. Die Nachfragesituation gibt die untenstehende Tabelle wieder:

Anzahl Nachfragen pro Woche	0	1	2	3	≥4
rel. Häufigkeit (bzw. Wahrsch.)	0,15	0,3	0,4	0,1	0,05

Der Händler verkauft die Zeitung für 2,50 €, unverkaufte Exemplare sind für ihn ein Verlust. Ist dieses Geschäft auf lange Sicht lohnend?

AUFGABE 4 In einer Urne sind sieben rote und vier schwarze Kugeln. Man zieht mit einem Griff (ohne Zurücklegen) a) drei, b) vier Kugeln.

Bestimmen Sie die Wahrscheinlichkeitsfunktion, den Erwartungswert und die Standardabweichung der Zufallsvariablen: „Anzahl der schwarzen Kugeln in der Ziehung".

AUFGABE 5 In einer Urne liegen n Kugeln, beschriftet mit den Ziffern $1, 2, 3, \dots, n$. Man zieht eine Kugel und notiert ihre Ziffer. X sei Zufallsvariable für die ausgewählte Ziffer. Berechnen Sie $E(X)$ und $V(X)$.

AUFGABE 6 Die Zufallsvariable X sei die Anzahl der Stunden, die ein Fernsehgerät bei einer Familie an einem Tag in Betrieb ist. Beobachtungen über einen längeren Zeitraum legen folgende Tabelle für die Wahrscheinlichkeitsfunktion fest.

x_j	0	1	2	3	4	≥ 5
$P(X = x_j)$	0,1	0,2	0,3	0,2	?	0,05

a) Mit welcher Wahrscheinlichkeit wird vier Stunden ferngesehen?

b) Zeichnen Sie ein Histogramm für die Zufallsvariable X.

c) Bestimmen Sie die kumulative Verteilungsfunktion der Zufallsvariablen X und zeichnen Sie ihr Schaubild.

d) Mit welcher Wahrscheinlichkeit wird höchstens, mindestens, genau zwei Stunden ferngesehen?

e) Wie groß ist die Wahrscheinlichkeit dafür, dass mindestens zwei Stunden ferngesehen wird unter der Voraussetzung, dass überhaupt ferngesehen wird?

f) Berechnen Sie den Erwartungswert und die Varianz der Zufallsvariablen X. Welche Bedeutung haben die beiden Werte?

AUFGABE 7 Aus einem Skatblatt (32 Karten) wird eine Karte gezogen und wieder zurückgelegt.
Wie oft muss man ziehen (mit Zurücklegen), um mit einer Wahrscheinlichkeit, die größer als 50 % ist, mindestens zwei Kreuzkarten gezogen zu haben?

AUFGABE 8 In Deutschland leben ca. 80 Millionen Menschen. Nach einer statistischen Erhebung sind 12 % zuckerkrank. Man bestimmt zufällig 20 Personen aus der gesamten Bevölkerung. Mit welcher Wahrscheinlichkeit sind

a) genau vier Personen, b) höchstens vier Personen zuckerkrank?

AUFGABE 9 Florian und Daniel haben dieselbe Spielstärke beim Tennisspielen. –
Was ist wahrscheinlicher:

a) Florian gewinnt drei von vier Spielen oder Florian gewinnt fünf von acht Spielen?

b) Daniel gewinnt mindestens drei von vier oder mindestens fünf von acht Spielen?

AUFGABE 10 Ein idealer Würfel wird achtmal nacheinander geworfen. Wie groß ist die Wahrscheinlichkeit, dass jede Augenzahl mindestens einmal auftritt?

Entscheiden

Sind die Aussagen 11 – 20 wahr oder falsch?
Begründen Sie Ihre Entscheidung. Finden Sie bei falschen Aussagen ein Beispiel zur Veranschaulichung.

AUFGABE 11 Eine Zufallsvariable X ordnet jedem Ergebnis eines Zufallsexperiments eindeutig eine Zahl zu.

AUFGABE 12 Ein Ereignis $X = x_j$ gehört nur zu einem Ergebnis.

AUFGABE 13 Die Ergebnisse eines Zufallsexperiments müssen mit Zahlen dargestellt werden können, sonst kann man keine Wahrscheinlichkeitsfunktion definieren.

AUFGABE 14 Der Erwartungswert einer Zufallsvariablen $X = x_j$ ist dasselbe wie das arithmetische Mittel der x_j.

AUFGABE 15 Ein Spiel ist nur spannend, wenn die Varianz der Zufallsvariablen Gewinn einen großen Wert hat.

AUFGABE 16 Schade, dass man seinen Lebensunterhalt nicht mehr mit Glücksspielen wie einst im 17. Jahrhundert in Paris bestreiten darf.
Es lohnt sich, das Werfen von drei Würfeln anzubieten mit einem Einsatz von 1,00 € pro Spiel und einer Gewinnvergabe von 1,00 € für eine Sechs, 2,00 € für zwei Sechsen und 3,00 € für drei Sechsen.

AUFGABE 17 Man kann alle Zufallsexperimente als Bernoulli-Experimente auffassen.

AUFGABE 18 Wiederholt man ein Experiment genügend oft, so ist die gemessene relative Häufigkeit gleich der theoretischen Wahrscheinlichkeit.

AUFGABE 19 Wahrscheinlichkeitsfunktion und Verteilungsfunktion der Zufallsvariablen X bedeuten dasselbe.

AUFGABE 20 Bei einem Galton-Brett sammeln sich die Kugeln in den Fächern so an, dass ihre Verteilung der Binomialverteilung $B_{n;\frac{1}{2}}(k)$ entspricht.

Verstehen

AUFGABE 21 Erläutern Sie, was man mathematisch unter einer Zufallsvariablen versteht.

AUFGABE 22 Welche Beziehungen bestehen zwischen Ergebnis, der Zufallsvariablen und Wahrscheinlichkeitsfunktion?

AUFGABE 23 Was versteht man unter dem Erwartungswert einer Zufallsvariablen?

AUFGABE 24 Erläutern Sie, was unter einem „fairen Spiel“ verstanden wird.

AUFGABE 25 Wann heißt ein Zufallsexperiment ein Bernoulli-Experiment?

AUFGABE 26 Was versteht man unter einer Bernoulli-Kette?

AUFGABE 27 Welche Wahrscheinlichkeit hat ein Ergebnis mit k Treffern bei einer Bernoulli-Kette der Länge n mit dem Parameter p? Weshalb tritt in der Formel $\binom{n}{k}$ auf?

AUFGABE 28 Wie kann man mit dem Taschenrechner $B_{5;04}(3)$ und $F_{5;0,4}(3)$ berechnen? Welche Bedeutung haben die Terme?

AUFGABE 29 Man wirft 100-mal einen Laplace-Würfel. Die Zufallsvariable X sei die Anzahl der Sechsen.
Berechnen Sie die Wahrscheinlichkeit $P(E(X) - \sigma(X) \leq X \leq E(X) + \sigma(X))$.
Interpretieren Sie das Ergebnis.

Stichwortverzeichnis

A

Abgeschlossen 215, 230
Abhängigkeit von Ereignissen 297
Abhängigkeit, lineare 37, 209, 229
Abstand, Ebene - Ebene 129
Abstand, Punkt - Ebene 127
Abstand, Punkt - Gerade 66, 119
Abstand, Punkt - Punkt 12
Abstand, windschiefe Geraden 130
Achsenabschnittsform, Ebene 80
Addition von Vektoren 24
Algorithmus, Gauß'scher 38
Angriffspunkt 14
Anschauungsraum 40
Arithmetisches Mittel 318
Aufpunkt 47
Aufspannen eines Vektorraums 214

B

Basis 41, 217, 230
Basis, kanonische 42, 221, 230
Basis, orthonormierte 234
Basislösung 197
Basisvariable 197
Basisvektor 41, 219, 230
Baumdiagramm 237, 239
Bedarfsvektor 164
Bernoulli-Experimente 327
Bernoulli-Formel 329
Bernoulli-Kette 329
Bernoulli, Gesetz der großen Zahlen 338
Bernoulli, Jakob 327
Binomialkoeffizienten 283
Binomialverteilung 330
Binomialverteilung, kumulative 333

C

Cardano, Girolamo 236

D

Descartes, René 5
Dimension 20, 221, 230
Drei-Punkte-Form der Ebenengleichung 69
Durchstoßpunkt 86

E

Ebenen 68
Ebenen, identische 91
Ebenen, parallele 93
Ebenen, Parametergleichung 69
Ebenen, Schnitt 91
Ebenengleichung, Koordinatenform 77
Ebenengleichung, Normalenform 121
Ebenengleichung, Vektordarstellung 69
Ebenengleichungen, besondere 80
Ebenenscharen 100
Einheitsmatrix 148
Einheitsvektor 43
Element 237
Element, inverses 228
Element, neutrales 228

Elementarereignis 245
Ereignis, sicheres 246
Ereignis, unmögliches 246
Ereignisalgebra 246
Ereignis 244
Ereignis, abhängiges 297
Ereignis, unabhängiges 296
Ergebnis 237
Ergebnismenge 238
Erwartungswert, Zufallsvariable 317
Erzeugendensystem 217, 230
Euklid 5
Experiment 238
Experiment, mehrstufiges 239

F

Fakultät 274
Fermat, Pierre de 236

G

Galton, Francis 330
Galtonbrett 331
Gaußalgorithmus 38
Gegenereignis 246
Gegenvektor 29
Geraden 47
Geraden, besondere 57
Geraden, Identität 52
Geraden, Lagebeziehungen 60
Geraden, Raum 47
Geraden, Schnitt 60
Geraden, Schnittwinkel 118
Geraden, windschiefe 60
Geradengleichung, Parameterform 48
Geradengleichung, Punkt-Richtungs-Form 47
Geradengleichung, Zweipunkteform 53
Geradengleichungen 47
Geradenschar 64
Gesetz der großen Zahlen 338
Gewinn, mittlerer 317
Gewinnplan 317
Gleichungssystem, eindeutig lösbares 87, 91
Gleichungssystem, unendlich viele Lösungen 87, 91
Gleichungssystem, unlösbares 87, 91
Gozintograph 162

H

Häufigkeit, absolute 251
Häufigkeit, relative 251
Hilfsmittel, kombinatorische 271
Histogramm 311
Hülle, lineare 213, 230
Huygens, Christian 236

I

Input-Output-Analyse 174
Input-Output-Modell 173
Input-Output-Tabelle 174
Inputkoeffizient 176
Inputmatrix 177

Integration, stochastische 257
Inverse einer Matrix 147

K

Koeffizient, technischer 176
Kollinearität 27
Kolmogorow, Andrei Nikolajewitsch 258
Kombinatorik 271
Komponente 20
Konsumvektor 177
Koordinatenebenen 7
Koordinatenform der Ebenengleichung 77
Koordinatensystem im Raum 5
Koordinatensystem, kartesisches 5
Kostenvektor 164
Kräfteparallelogramm 14
Kraftvektor 14

L

Lagebeziehungen, Ebenen 91
Lagebeziehungen, Gerade – Ebene 85
Laplace-Versuch 248
Laplace, Pierre Simon Marquis de 248
Leontief-Inverse 177, 187
Leontief-Modell 175
Leontief, Wassily 173
linear abhängig 37, 209, 229
linear unabhängig 37, 209, 229
Linearkombination 39, 208, 229
LOP 187
Lotto 282

M

Marktabgabevektor 184
Matrix, inverse 147
Matrix, quadratische 153
Matrix, reguläre 152
Matrix, singuläre 152
Matrix, technologische 177
Matrix, transponierte 154
Matrizengleichung
Matrizenmultiplikation 154
Matrizenprodukt 154
Mehrfeldertafel 241
Menelaos aus Alexandria 45
Méré, George, Marquis de 236
Mieses, Richard von 253
Mittel, arithmetisches 318
Monte-Carlo-Methode 356
Multiplikationssatz, allgemeiner 292
Multiplikationssatz, spezieller 297

N

Nichtbasisvariable 197
Normalbild in Isometrie 6
n-Tupel 242
Nullmatrix 154
Nullvektor 23

O

Oktant 8
Optimierung, lineare 187

Optimierungsproblem, lineares 187
Ordnung einer Matrix 153
Ortsvektor 20

P

Paar 20
Parallelverschiebung 19
Parameterdarstellung von Ebenen 69
Parameterdarstellung von Geraden 48
Pascal, Blaise 236
Permutation 274
Permutation, Wiederholungen 275
Pfad 239
Pfadaddition 263
Pfadmultiplikation 262
Pfadregeln 260
Pfeil 17
Pfeile, äquivalente 19
Pfeile, parallelgleiche 19
Problemvariable 196
Produktionskoeffizient 176
Produktionsmatrix 177, 186
Produktionsvektor 164
Produktregel 272
Projektion von Vektoren 108
Punktraum, affiner 40
Punkt-Richtungs-Form der Ebenengleichung 72
Punkt-Richtungs-Form einer Geraden 47

R

Randomfunktion 256
Raum aufspannen 214
regulär 152
Richtungsvektor 47
Rohstoff-Endprodukt-Matrix 163
Rohstoff-Zwischenprodukt-Matrix 163
Roulette 244

S

Schlupfvariable 196
Schnitt, Gerade - Ebene 85
Schnittgerade 91
Schnittwinkel, Ebene - Ebene 124
Schnittwinkel, Gerade - Ebene 125
Schnittwinkel, Gerade - Gerade 118
Schnittwinkel, Vektoren 110
Schrägbild 7
Simplexverfahren 194
Simplexverfahren, reguläres 194
Singulär 152
Skalar 14
Skalarprodukt von Vektoren 106
S-Multiplikation 154
Spannvektor 69
Spiel, faires 317
Spurgerade 97
Spurpunkt 55, 89
Stabdiagramm 313
Standardabweichung, Zufallsvariable 323
Stichprobe 277
Stichprobe, geordnete 277
Stichprobe, ungeordnete 282
Stochastik 236
Streckenlänge 12
Stützvektor 69

T

Technologiematrix 177
Trippel 20
Typ einer Matrix 153

U

Umformung, elementare 148
Unabhängigkeit, lineare 37, 209
Unabhängigkeit, stochastische 297
Unabhängigkeit von Ereignissen 296
Unterraum 215, 230
Untervektorraum 215, 230
Unvereinbarkeit 246
Urne 239
Urnenmodell 264, 286

V

Varianz, Zufallsvariable 323
Vektor, Betrag 22
Vektor, freier 21
Vektor, Koordinaten 20
Vektor, mathematischer 17
Vektor, ortsgebundener 20
Vektor, physikalischer 13
Vektor, Repräsentant 21
Vektor, Richtungswinkel 111
Vektor, zwei-, dreidimensionaler 20
Vektoren 13
Vektoren, Addition 14, 24
Vektoren, Eigenschaften 32
Vektoren, kollineare 27
Vektoren, Komponenten 43
Vektoren, Koordinaten 43
Vektoren, linear abhängige 37
Vektoren, linear unabhängige 37
Vektoren, Multiplikation mit Skalar 27
Vektoren, orthogonale 109
Vektoren, Projektion 108
Vektoren, Skalarprodukt 107
Vektorkette 14
Vektorraum 32, 208, 212
Vektorraum, n-dimensionaler 32, 223
Vektorraum, reeller 213
Vektorraum aufspannen 214
Vektorraum über Q 213
Vektorraum über R 213
Vektorrechnung, anschauliche 24
Verbrauchsvektor 164
Verflechtung, lineare 160
Verflechtung, wirtschaftliche 160
Verflechtungskoeffizient 176
Verflechtungsmatrix 176, 186
Verschiebung 19
Versuch 237
Verteilungsfunktion, kumulative 314
Vierfeldertafel 291

W

Wahrscheinlichkeit, axiomatische 258
Wahrscheinlichkeit, bedingte 290
Wahrscheinlichkeit, klassische 248
Wahrscheinlichkeit, mehrstufige Experimente 239
Wahrscheinlichkeit, statistische 253
Wahrscheinlichkeitsfunktion 310

Wahrscheinlichkeitsrechnung, Regeln 258
Wahrscheinlichkeitsverteilung 314
Windschief 62
Winkel, Vektoren 110
Wirtschaftliche Verflechtungen 160

Z

Zahlen, charakteristische 317
Zahlengerade 17
Zählprinzip 271
Zerlegen von Vektoren 14
Ziehungen mit Zurücklegen 240
Ziehungen ohne Zurücklegen 241
Zielfunktion 188
Zufallsexperiment 237
Zufallsgenerator 256
Zufallsgröße 310
Zufallsvariable 308
Zufallsvariable, diskrete 308
Zufallsvariable, binomial verteilte 330
Zufallsversuch 237
Zufallsversuch, mehrstufiger 239
Zwischenprodukt-Endprodukt-Matrix 163

Bildquellenverzeichnis

picture-alliance/dpa 171 (dpa-Bildarchiv)
ullstein bild 327, 236.2 (The Granger Collection), 248 (The Granger Collection)

Infografiken: Claudia Hild, Angelburg

Trotz intensiver Nachforschungen ist es uns in einigen Fällen nicht gelungen, die Rechteinhaber zu ermitteln. Wir bitten diese, sich mit dem Verlag in Verbindung zu setzen.